TURING 图灵数学经典 · 05

# 复分析：
# 可视化方法

[美] 特里斯坦·尼达姆 —— 著

齐民友 —— 译

U0234079

人民邮电出版社
北　京

# 图书在版编目（CIP）数据

复分析：可视化方法/(美)特里斯坦·尼达姆著；
齐民友译. —北京：人民邮电出版社，2021.2（2024.5重印）
（图灵数学经典）
ISBN 978-7-115-55277-8

Ⅰ. ①复… Ⅱ. ①特… ②齐… Ⅲ. ①复分析 Ⅳ.
① O174.5

中国版本图书馆 CIP 数据核字(2020)第 221987 号

## 内 容 提 要

  本书是在复分析领域产生了广泛影响的一本著作. 作者独辟蹊径，用丰富的图例展示各种概念、定理和证明思路，十分便于读者理解，充分揭示了复分析的数学美. 书中讲述的内容有作为变换看的复函数、默比乌斯变换、微分学、非欧几何学、环绕数、复积分、柯西公式、向量场、调和函数等.

  本书可作为大学本科生或研究生的复分析课程教材或参考书.

◆ 著   [美] 特里斯坦·尼达姆
  译   齐民友
  责任编辑 傅志红
  责任印制 周昇亮
◆ 人民邮电出版社出版发行  北京市丰台区成寿寺路 11 号
  邮编 100164  电子邮件 315@ptpress.com.cn
  网址 https://www.ptpress.com.cn
  固安县铭成印刷有限公司印刷
◆ 开本：700×1000 1/16
  印张：34.25        2021 年 2 月第 1 版
  字数：690 千字     2024 年 5 月河北第 14 次印刷
  著作权合同登记号  图字：01-2006-7032 号

定价：159.00 元
读者服务热线：(010)84084456-6009 印装质量热线：(010) 81055316
反盗版热线：(010)81055315
广告经营许可证：京东市监广登字 20170147 号

# 版 权 声 明

*Visual Complex Analysis* was originally published in English in 1997. This translation is published by arrangement with Oxford University Press. Posts & Telecom Press Co., Ltd is solely responsible for this translation from the original work and Oxford University Press shall hove on liability for any errors, omissions or inaccuracies or ambiguities in such translation or for any losses caused by reliance thereon.

Copyright © Tristan Needham 1997.

本书中文简体字版由英国牛津大学出版社授权人民邮电出版社出版, 仅限在中华人民共和国境内 (不包括香港、澳门特别行政区和台湾省) 销售.

版权所有, 侵权必究.

谨以本书献给

罗杰·彭罗斯爵士（Sir Roger Penrose）

和

乔治·伯内特–斯图尔特（George Burnett-Stuart）

# 翻 译 说 明

这个译本依据的是原书 2006 年第 12 次印刷本. 在翻译时进行了以下变动.

1. 原书的标题分三级：章、节、小节. 为了方便读者查阅，我们使用了统一的编号. 例如 3.4.1 表示第 3 章第 4 节第 1 小节, 5.2 表示第 5 章第 2 节（有些节下面没有小节）. 公式的编号则在一章之内统一编号，而不专门指明出自哪一节和小节. 例如 (10.3) 表示第 10 章的第 3 个式子（结论）. 但是, 本书完全避免了常见的定义、定理和证明的模式，许多 "式子" 其实就是定理，其证明的开始时常未加指明，但在相当多的情况下，我们注明了 "证毕" 或用其他话表示证明结束. 插图的编号也是按章来编排的. 例如, 图 3-5 表示第 3 章的第 5 个图.

2. 本书很注重介绍历史发展, 涉及不少人名（不只是数学家）. 为了避免误读，除了最著名的大人物, 如欧几里得、高斯等, 译者给出了他们名字的外文拼法、生卒年份和国籍. 这里有两种情况：一是同一个人的名字，其英文拼写与其本国文字拼法不同，我们力求说明; 二是有一些话语如 "伟大的" 等是译者加的，虽然其中并无深意，也一定会有不同看法. 当然也还有未曾找到出处的，只好付诸阙如. 这些材料很大一部分来自著名的数学史网站 The MacTutor History of Mathematics archive. 本书全由译者负责，欢迎读者批评指正.

3. 译者根据需要加了一些注解. 译者认为原书说法有不妥之时，多数情况下尊重作者的意图（请看原作者的前言），未加变动; 少数情况认为有必要时加了一些说明. 这些注解放在一页之末，以译者注形式出现，并且我自己承担责任. 不妥之处希望读者指正，原书有少量错误，其中大部分只是印刷上的问题，翻译时随时加以改正，未加说明，但比较重要的都说明了，这是译者的责任. 最后还有一些地方，原文涉及外国人的日常生活之处，外国人一看就懂，我国读者则可能比较生疏，译者也做了一些文字的变通.

总之, 翻译中必然有各种问题、缺陷和错误, 都请读者不吝指正.

齐民友

# 前　　言

已知的各种理论，时常可以用不同的物理概念来描述，而它们做出的一切预测可能都是等价的，因此它们在科学上没有区别．然而，当试图从那个基础走向未知世界时，这些理论在人们心理上则是不同的．因为不同的观点可能会提示做出不同的修正，所以在企图了解尚未被理解的事物时，由它们产生的假设并非是等价的．

R. P. Feynman [1966]

## ● 一个寓言

假想有一个社会，在那里，鼓励（甚至是强迫）到了一定年龄的公民去读乐谱（有时还要谱曲），这一切都是令人尊敬的．然而这个社会有一个非常奇怪且令人苦恼的法律（几乎没有人记得这个法律是怎么来的）—— 禁止听音乐和演奏音乐！

在这个社会里，虽然音乐的重要性是被广泛承认的，但是由于某些原因，音乐并没有被广泛地欣赏．可以肯定，教授们在起劲地揣摩巴赫、瓦格纳等人的伟大作品，他们尽其所能地向学生们传授他们在这些作品中找到的美丽的含义，但是如果劈头劈脑地问问他们 "这究竟有什么意义"，他们只能无言以对！

这个寓言里，立法禁止学音乐的学生直接从 "声音的直觉" 去体验与理解音乐，这明显是不公正不合理的．但是在我们的数学家社会里就有这样的法律．这是一条不成文的法律．虽然轻视它的人也还可能发迹，但是这是一条法律，那就是：禁止数学成为可视的！

很可能当一个人随便打开一本关于随便什么主题的现代数学教材时，他面对的就是抽象的符号推理，与他关于实际世界的感官经验完全脱节，尽管他正在研究的现象时常是借助于几何（可能还有物理）直觉才发现的．

这反映了一个事实：近几百年来形象思维在数学中的名声被玷污了．虽然伟大的数学家们从来也不在意这种风尚，然而 "街头巷尾的数学家们" 直到前不久才接受了几何的挑战．

这本书将用一种新的、可以看得见的（即可视化的）论证方式解释初等复分析的真理，公开地向当前占统治地位的纯符号逻辑推理叫板！

## ● 计算机

对几何学的兴趣之所以又重新升起，部分是由于广大群众都能使用计算机来画出种种数学对象, 也可能是由于与此有关的对混沌与分形理论的狂热的兴趣. 本书则主张比较清醒地把计算机作为几何**推理**的辅助.

我一直鼓励读者这样来看计算机: 把它比喻为一个物理学家的实验室——它既可以用来检验关于世界构造的现有观念, 又可以用来发现新现象, 从而要求用新的观念做出新的解释. 我在全书中都建议这样来使用计算机, 但是我刻意避免给出**详细的教导**. 理由很简单: 数学观念是长存的东西, 而几乎很少有比计算机硬件和软件更加转瞬即逝的东西了.

尽管如此, "$f(z)$" 程序仍是当前可视地探讨本书中各种观念的最好工具, 可以从 Lascaux Graphics 公司的网站免费下载其试用版. 如能使用诸如 Maple® 或 Mathematica® 这种多用途的数学引擎, 有时也是有好处的. 然而我想强调一下: 不使用计算机也能完全理解全书.[①]

- **本书是在牛顿的 "创世纪" 中生成的**

1982 年夏天, 我在韦斯特福尔著名的牛顿传记 (Westfall [1980]) 的鼓舞下, 用功研读了牛顿的杰作《自然哲学的数学原理》 (*Philosophiae Naturalis Principia Mathematica*, Newton [1687], 以下简称《原理》). 诺贝尔物理学奖得主昌德拉塞卡 (S. Chandrasekhar) 的书 (Chandrasekhar [1995]) 追求的是完全展示牛顿在《原理》中提出的各种结论中所蕴含的自然本性, 本书则是着迷于牛顿的**方法**.

众所周知, 1665 年出版的牛顿的微积分的最初版本和我们现在学的微积分很不一样: 它的本质是幂级数运算, 而牛顿把对于幂级数的运算比喻为在算术中运用十进制小数展开式. 符号演算——就是现在每一本标准教科书上的那种微积分的讲法——通常是与莱布尼茨的名字连在一起的, 牛顿虽然完全熟悉它, 却认为它对于自己只有附带的意义. 毕竟, 牛顿运用幂级数就能计算 $\int e^{-x^2}dx$ 那样的积分, 像计算 $\int \sin x\, dx$ 一样容易. 请莱布尼茨也来试试这件事!

人们不甚知晓的是, 到了 1680 年左右, 牛顿对这两种方法都不再着迷, 那时他着手撰写微积分的第 3 种版本, 并以**几何**为基础. 这种 "几何微积分" 正是推动牛顿的《原理》走向辉煌的物理学的数学动力.

我在掌握了牛顿的方法以后, 就立刻在我教微积分入门课程中试了试自己的身手. 可以举一个例子来帮助说明这是什么意思. 我们来证明, 如果 $T = \tan\theta$, 则 $\frac{\mathrm{d}T}{\mathrm{d}\theta} = 1 + T^2$. 如果我们让 $\theta$ 增加一个小量 $\mathrm{d}\theta$, 则 $T$ 也将增加一个量 $\mathrm{d}T$, 如下图所示. 要想得出结果, 只需注意到, 当 $\mathrm{d}\theta$ 趋向 0 时, 其极限情况将是: 图上的黑色三角形将最终相似于阴影三角形 [练习]. 所以极限将是

---

[①] 在原书的下面一段中, 作者详细介绍了他在编辑与印刷本书时所使用的软件, 由于中文译本并未使用它们, 或者它们与汉字并不兼容, 所以翻译时略去了这一段. ——译者注

$$\frac{\mathrm{d}T}{L\mathrm{d}\theta} = \frac{L}{1} \qquad \Rightarrow \qquad \frac{\mathrm{d}T}{\mathrm{d}\theta} = L^2 = 1 + T^2.$$

后来我才逐渐看到这种思维方式可以多么自然地用于复平面的几何学——那是在发现复平面几乎 300 年后的事了!

### ● 怎样读这本书

为了使这本书读起来有趣, 我一直想把它写成好像向一位朋友面对面地解释其中的思想. 相应于此, 我也一直试图使你 (读者) 主动参与展开这些思想. 例如, 我在论证进展中, 时常有意地放上一两块逻辑的垫脚石, 放得相当远, 你需要停一下, 轻快地从一块石头跳到另一块石头. 这些地方都注上了 "[练习]" 标记; 它们通常只需要做一点简单计算, 稍微想一想就行了.

这样就进到真正的习题, 它们放在每一章末尾. 我相信, 求解一个问题最本质的前提是有一种**愿望**要去找到解答, 所以我尽力给出一些能激起好奇心的习题. 这些习题比通常所见范围广得多, 而且在其中又时常会确立一些以后在正文中会自由用到的重要事实. 我一方面避免了那种从头至尾就只是例行计算的问题, 并且相信在求解这些问题的过程中, 读者会自动地发展出恰当的计算技巧. 另一方面, 在大量习题中我的意图正是要表明几何思维时常可以**代替**冗长的计算.

书中凡标有星号 (*) 的部分初读时均可略去. 如果你真想读加了星号的某节, 也可以略去加了星号的任何小节. 然而请注意, 加了星号的部分不一定比其他部分更难, 也不一定没有什么意思或不甚重要.

### ● 怎样教这本书

全书大约可在一年内教完. 如果想开一学期的课程, 首先必须确定, 把这门复分析教成什么**类型**的课程, 然后选定教这本书的路径. 我这里只提出 3 种可能的路径.

- **传统课程**. 第 1~9 章, 略去所有加星号的材料 (例如第 6 章全章).
- **向量场课程**. 为了利用 Pólya 向量场方法所提供的使复积分可视化的好处, 可以仍按上述的 "传统课程" 来教, 但略去第 9 章而加上第 10~11 章中未加星号的部分.
- **非欧几何课程**. 可以不教所有关于积分的材料, 集中注意默比乌斯 (Möbius)

变换和非欧几何. 复分析的这两个相关的部分可能是它对于现代数学和物理学最重要的部分, 同时又是在本科生教材中几乎被完全忽视了的部分. 但研究生水平的著作又总是假设你已经在本科生阶段见到了其主要思想: 这是第 22 条军规的又一个例子!

这种课程可以这样来教: 第 1 章全部; 第 2 章无星号部分; 第 3 章全部, 包括加了星号的各节, 但是 (也可以) 略去加了星号的小节; 第 4 章全部; 第 6 章全部, 包括加了星号的各节, 但是 (也可以) 略去加了星号的小节.

## ● 省略与致歉

如果你和我一样, 相信数学和物理学最终是统一的, 那么你会因为复数在统辖物质的量子力学规律中所起的作用而深感复数之必要性. 同样, 罗杰·彭罗斯 (Roger Penrose) 爵士的研究也 (越来越有力地) 表明, 复数在管辖**时空**结构的相对论规律中也起同样的中心作用. 说真的, 如果物质和时空的规律最终会得到统一, 则很可能只有在复数的援助之下才行. 本书不可能探讨这些问题, 我们只能向有兴趣的读者推荐以下著作: Feynman [1963, 1985]、Penrose [1989, 1994] 和 Penrose and Rindler [1984].

一个更严重的省略是本书缺少了对黎曼曲面的讨论. 我原打算在最后一章来讨论它, 但是当我看到严肃的处理必定导致全书不合理的膨胀时, 这个计划就被放弃了. 然而, 到本书写成时, 这部分内容的架构大部分已经搭建起来了, 且仍保留在已完成的书中. 特别地, 我希望有兴趣的读者会发现, 本书最后 3 章对理解黎曼最初对物理学的洞察是有帮助的, 而在 Klein [1881] 中对此有所阐述. 也可参看 Springer [1957, 第 1 章], 它基本上复述了 Klein 的专著, 又加上了一些很有好处的评述.

我以为数学史对理解数学的现状与其未来的轨迹都是不可或缺的工具. 遗憾的是, 我在本书中只能略微触及一点历史事实, 我只能推荐读者去读 J. Stillwell 的一本好书《数学及其历史》(*Mathematics and Its History*), 即文献中的 John Stillwell [1989]. 说真的, 我强烈鼓励你随本书一起读它: 它不仅追溯和解释了复分析的发展, 还探讨和说明了它和其他数学领域的联系.

我愿向专业的读者致歉, 因为我发明了一个词: "伸扭" (amplitwist) [第 4 章] 作为 "导数" 的同义语, 我从 "伸缩" (amplification) 和 "扭转" (twist) 两字中各取部分凑在一起, 创造了 "伸扭" 这个新词. 我只能说, 我是在教学过程中不得已才造了这样一个词的. 如果不用这样的词来讲授本书的思想, 那你很快就会明白我这样做的用意! 附带说一下, 还有一个先例可为 "伸扭" 一词辩解, 那就是克莱因 (F. Klein) 和比伯巴赫 (Bieberbach) 等人的老德国学派也造了一个类似的词. 他们用的是 "eine Drehstreckung", 即由 "drehen" (扭转) 和 "strecken" (拉伸) 合成.

就我所知, 本书中很大一部分几何的事实和论证都是新的. 我在正文中没有强调这一点, 是因为这样做没有意思: 学生们不需要知道这些, 而专家们不说也知道. 然而, 如果一个思想显然是不同寻常的, 而我又知道别人曾经发表过, 我都会努力做到功归应得者.

在重新思考这么多经典数学时, 无疑会犯错误; 责任全在我个人. 感谢大家指出些错误, 我将接受并修正.

本书无疑还有许多未曾发现的毛病, 但是有一桩 "罪行" 是我有意去犯的, 对此我也不后悔: 有许多论证是不严格的, 至少表面上看是如此. 如果你把数学仅仅看成人类的心智所创造的, 是岌岌可危的高耸的建筑物, 这就是一桩严重的罪行. 追求严格性就好比绞尽脑汁来维持这幢建筑物的稳定, 以防整个建筑物在你身旁轰然倒塌. 然而, 如果你和我一样, 相信我们的数学理论只不过是试图获取一个柏拉图式世界的某些侧面, 这个世界并非我们创造的, 我就会争论说, 开始时缺少严格性, 只不过是付出了小小的代价, 使得读者能比采用其他方式更直接更愉快地看透这个世界.

特里斯坦·尼达姆

1996 年 6 月于加州旧金山

# 致　谢

　　首先, 我最要感谢的人是 Stanley Nel 博士, 他是我的朋友、我的同事和我的系主任, 他以这三种身份帮助我完成了本书. 作为朋友, 他在我进展缓慢情绪不高时给我以支持; 作为数学同事, 他读了本书的大部分内容并提出了有益的建议; 作为系主任, 他不断送给我性能越来越强的计算机, 而当美国移民局要求用 "同样有资格" 的美国人来取代我的职务时, 他成功地为我力争. 为了这一切, 还有许多其他的事, 我向他深致谢意.

　　其次, 我要感谢 Monash 大学的 John Stillwell 教授. 从我在下文中引用他的著作之频繁, 可以看到我认为其价值之大. 同样, 我虽然没有他那种行文简洁的才能, 却仍然力求学习并采用他的处理方式, 以便能为数学概念找回**真义**. 最后, 我有欠于他最大也最具体的在于, 他在各章文稿写完之时就阅读了它们, 而我们两人一直没有见过面! 本书多处有赖于他的许许多多有益的建议与改正.

　　我觉得我能够来到旧金山大学数学系是很幸运的. 这里完全没有政治和人事上的纠葛、对抗以及种种学术界的坏风气. 我要感谢所有的同事们, 他们创造了一个如此友好的气氛, 使我可以在其中工作. 我想特别致谢以下诸位:

- Nancy Campagna 辛勤地读了一半校样;
- Allan Cruse 和 Millianne Lehmann 不仅在他们担任系主任期间应允了我所有关于软件的需求, 而且从我到美国起就一直给我善意的、明智的建议;
- James Finch 在我用 LATEX 编辑本书时以耐心和专长克服了种种问题;
- Robert Wolf 在图书馆里建立了一个很好的数学藏书;
- Paul Zeitz 对于我和我力求达到的价值观有很大的信任, 感谢他的具体建议与更正, 他有勇气作为除我之外第一个使用本书各章来教复分析的人.

　　我要诚挚地感谢 Santa Clara 大学的 Gerald Alexanderson 教授, 他在读到最初几章时就给了我鼓励, 后来又做了许多善意的事.

　　我永远感谢我在牛津大学 Merton 学院受到的教育, 本书能在牛津大学出版社出版让我特别高兴和舒心. 我要特别感谢前高级数学编辑 Martin Gilchrist 博士, 我一开始把关于这本书的想法告诉他时, 就得到了他热忱的鼓励.

　　当我 1989 年第一次从英国来到旧金山大学时, 我还没有见过计算机. 现在牛津大学出版社能够直接从我用因特网传送的 PostScript® 文档来印这本书, 这件事就说明自那以来我已走了多么远. 这一切我都要感谢 James Kabage. 当我们相识时, 他还只是一名研究生, 但很快就逐级升任为网络服务中心主任. 尽管如此, 他毫不犹豫地在我的办公室里一待就是几个小时, 解决我新近遇到的硬件和软件问题. 他总是用额外的时间向我解释他的解决方法的道理, 这样我就成了他的学生.

我要感谢旧金山大学信息技术服务中心行政主任 Benjamin Baab 博士. 尽管他已身居高位, 但总愿意撸起袖子来帮我解决有关微软产品的难题.

我诚挚地感谢多才多艺的网页管理员 Eric Scheide, 他为我编写了一个极其灵活的 Perl 程序, 大大加快了索引的编制.

我感谢麻省理工学院的 Berthold Horn 教授, 因为他创造了了不起的 Y&Y TeX System for Windows, 他大度地帮我解决许多 TeX 方面的问题; 他也乐意地采纳了我关于改进这个软件的几个建议, 而我认为这个软件是 TeX 世界的奔驰汽车.

我同样要感谢 Lascaux Graphics 公司的 Martin Lapidus, 他把我的许多建议采纳进了他的 "$f(z)$" 程序, 使之成为我写这本书的更好的工具.

本书在最新印刷中做了许多更正. 其中大多数是由读者指出的, 我非常感谢他们的努力. 虽不能列出他们每个人的名字, 但我必须承认 R. von Randow 博士独立地指出 30 多处错误.

作为罗杰·彭罗斯的学生, 我有幸目睹他是怎样在黑板上进行美丽作图来有声地说出自己的思想的. 在这个过程中, 我越来越相信, 如果一个人足够努力, 也足够聪明, 那么每一个数学的神秘都能用几何推理来解决. 乔治·伯内特–斯图尔特和我在同为彭罗斯的学生时就成了好朋友. 在我们关于音乐、物理和数学的无穷无尽的讨论中, 乔治帮助我净化了我对数学本性的概念, 也帮我弄清楚了在这个学科里什么才是可接受的. 我把本书的献词送给这二位师友亦不足以回报我有负于他们之处.

好几位朋友帮助我克服了我亲爱的母亲 Claudia 去世带给我的悲伤. 除了我的兄弟 Guy 和父亲 Rodney 之外, 我要特别感谢 Peter、Ginny Pacheco 和 Amy Miller, 没有他们的爱心抚慰, 我不知道我能做出什么.

最后, 我要感谢爱妻 Mary. 在我写这本书时, 她容忍我装作认为科学是一生中最重要的事. 现在书已经写完了, 正是她每日每时都向我证明, 还有比科学更重要的东西.

# 目　　录

# 第 1 章　几何和复算术

## 1.1　引　　言

### 1.1.1　历史的概述

从最初发现复数以来, 已经过了 4 个半世纪. 现在, 读者可能已经知道, **复数**这个词讲的是一个形如 $a+ib$ 的整体, 这里 $a, b$ 是通常的实数, 而 i 和任何普通的数都不同, 具有 $i^2 = -1$ 这个性质. 这个发现最终对整个数学有深远的影响, 把许多原来根本不同的东西统一起来, 解释了许多原来似乎不能理解的事情. 尽管有这样的好结局——事实上故事还在继续——但是从复数最初发现以来, 进展慢得令人痛苦. 说真的, 与 19 世纪以后所取得的进展比较, 复数生存的前250年里, 可以说几乎没有进展.

在那些如笛卡儿、费马、莱布尼茨那样伟大的智者甚至还有牛顿这样神话般的天才出生而又逝去的年代里, 复数怎么可能都完全沉睡着? 答案似乎在于这样一个事实: 复数一开始得到的并不是拥抱, 而是怀疑、困惑, 甚至是敌意.

1545 年出版的卡丹诺[①]的《大术》(*Ars Magna*) 一书, 通常被认为是复数的出生证. 然而, 即使在卡丹诺的著作中, 这种数也是一被引入就被他当作 "既不可捉摸又没有用处" 而加以摒弃. 我们将会看到, 庞贝利[②]在他 1572 年出版的《代数》(*L'Algebra*) 一书中才第一次对复数进行了实际的计算. 甚至这时, 创新者似乎还否认 (至少一开始是这样) 复数是自己的创新, 说 "所有这些似乎是以诡辩而不是以真理为基础的". 晚到 1702 年, 莱布尼茨还把 $-1$ 的平方根描述为 "介乎存在与不存在之间的两栖类". 这种情绪似乎也在这个时期使用的名词上反映出来. 哪怕是讨论了复数, 复数仍被称为 "不可能数" 或 "虚数" (imaginary), 很不幸, 后一个词直到今天仍然残留着.[③] 甚至到 1770 年时情况还很混乱, 甚至像欧拉这样伟大的

---

① Girolamo Cardano, 1501—1576, 意大利数学家——对于本书中讲到的许多数学家, 除了少数几个最著名的以外, 译者都试着写出他们的全名、国籍和生卒年份. 有些还加了一些说明. 这些, 特别是某些 "形容词" 由译者附上并对此负责. ——译者注

② Rafael Bombelli, 1526—1572, 意大利数学家. ——译者注

③ 然而现在虚数 (或纯虚数) 是指 i 的实数倍, 而不是指整个复数. 附带说一下, 引进 "实数" 这个词正是为了想把它与 "虚数" 区别开来. (虚数的 "虚" 字在笛卡儿那里是用的 imaginary. imaginary 一词既指 "虚幻的", 又指 "想象中的" "图形中的". 笛卡儿原来是在后一个意义下使用它的, 即强调只能在几何中理解. ——译者注)

数学家还错误地去论证 $\sqrt{-2}\sqrt{-3} = \sqrt{6}$.

麻烦的根源似乎来自心理上或哲学上. 如果谁也不知道怎样回答 "什么是复数" 这个问题, 怎么可能热情而有信心地去研究这些事情呢?

直到 18 世纪末, 这个问题才有了令人满意的答案.[①] 韦塞尔[②]、阿尔冈[③]和高斯, 相继独立然而很快一个接一个地认识到, 可以给复数一个简单的具体的**几何解释**, 即平面上的点 (或向量): 应该把 $a+ib$ 这个神秘的东西看成 $xy$ 平面上以 $(a,b)$ 为坐标的点, 或等价地看成连接原点到此点的向量. 见图 1-1. 这样来看待的平面记作 $\mathbb{C}$, 并称为**复平面**.[④]

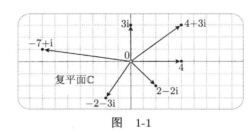

图　1-1

对两个复数的加法和乘法现在也可以赋予确定的几何意义, 即解释为平面上相应的点 (或向量) 的几何运算. 图 1-2a 演示了加法的法则:

$$\text{两个复数之和 } A+B \text{ 由通常向量加法的平行四边形法则给出.} \tag{1.1}$$

注意, 这与图 1-1 是相容的, 因为 (举例来说) $4+3i$ 确实是 4 与 3i 之和.

图 1-2b 画出了不那么明显的乘法法则:

$$\begin{aligned}&AB \text{ 之长是 } A \text{ 之长与 } B \text{ 之长的乘积}, AB \text{ 的辐角是 } A \text{ 与 } B \text{ 的}\\&\text{辐角之和}.\end{aligned} \tag{1.2}$$

这个法则并不是由图 1-1 就可以看出的. 但是要注意它至少与图 1-1 不矛盾, (举例来说) 3i 确实是 3 与 i 的乘积, 请读者自己验证. i 与自身的乘积是一个更加令人兴奋的例子. 因为 i 有单位长, 而辐角为 $(\pi/2)$, $i^2$ 也就有单位长与辐角 $\pi$. 所以 $i^2 = -1$.

韦塞尔和阿尔冈虽然发表了这个几何解释, 却未引起注意, 但是高斯的名声 (当时已和今天一样显赫) 保证了 "复数作为平面上的点" 得到广泛传播而普遍为人接受. 比起这个新解释看来不那么重要 (至少一开始显得如此) 的是这样一个事实:

---

① Wallis 在 1673 年几乎碰上了这个结果. Stillwell [1989, 第 191 页] 讨论了这个有趣的几乎被弄糊涂了的事.

② Caspar Wessel, 1745—1818, 挪威测量学家. ——译者注

③ Jean-Robert Argand, 1768—1822, 法国会计. ——译者注

④ 也称为高斯平面或阿尔冈平面.

现在终于有了**某种办法**使这种数有意义了——它们现在终于成了**合法**的研究对象了. 不管怎么说, 伟大发现的闸门即将开启.

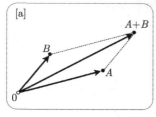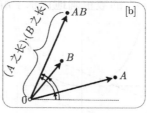

图　1-2

就复数达成共识花了 2 个半世纪还多, 但是怎样用这些数做**微积分**的美丽的新理论(即现在所谓**复分析**)却发展得快得令人吃惊. 绝大多数基本结果(由柯西、黎曼等人得出)是在 1814~1851 年得到的——期间还不到 40 年!

对这门学科的历史肯定可能有别的看法. 例如 Stewart and Tall [1983, 第 7 页] 指出, 比之复分析的爆炸式发展, 其几何解释就不那么重要了.[①]但是有一点必须提到, 如果事先不具备复平面的几何知识, 黎曼的思想是完全不可能的.

### 1.1.2　庞贝利的 "奇想"

复分析的力量和美丽最终来自乘法法则 (1.2) 和加法法则 (1.1). 这些法则最初是由庞贝利以**符号规则**的形式给出的, 到两个多世纪以后才出现图 1-2. 因为原来似乎只是凭空抓出来了这些法则, 所以我们再回到 16 世纪以便理解其代数根源.

许多教科书都按一种方便的历史虚构来引入复数, 即以求解二次方程

$$x^2 = mx + c \tag{1.3}$$

为基础. 大约在公元前 2000 年, 就已经知道这种方程的一种解法, 它等价于现代的公式

$$x = \frac{1}{2}\left(m \pm \sqrt{m^2 + 4c}\right).$$

但是如果 $m^2 + 4c$ 为负会如何? 正是这个问题使得卡丹诺考虑负数的平方根. 到这一步为止, 这些教科书在历史方面都是正确的, 但是再往下就会读到这样的话: 因为需要方程 (1.3) 有解, 就**迫使**我们严肃地考虑复数. 但是这种论据在今天也和在 16 世纪一样, 几乎没有什么分量. 事实上, 我们已经指出, 卡丹诺毫不迟疑地摒弃这种解, 说它是 "**没有用处**" 的.

并不是卡丹诺缺少继续追究这件事所需的想象力, 而是他很有理由不去这样做. 对于古希腊人, 数学就是几何学的同义语, 所以, 如 (1.3) 那样的代数关系式并不是作为代数问题来看待的, (1.3) 只是解决一个真正的几何问题的载体. 例如, (1.3) 可以看成求抛物线 $y = x^2$ 与直线 $y = mx + c$ 的交点. 见图 1-3a.

---

① 对他们的论据, 我们有一点必须提出抗议: Wallis 在 1673 年并没有得到几何解释, 见上页脚注①.

在 $L_1$ 的情况下, 问题确实有解; 从代数上说, $(m^2 + 4c) > 0$, 而两个交点则由上式给出. 在 $L_2$ 的情况下, 这个问题显然**没有解**; 从代数上说, $(m^2 + 4c) < 0$, 公式中出现了 "不可能" 的数正确地宣示了解的不存在.

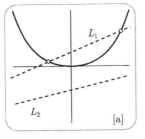 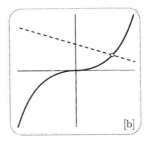

图    1-3

并不是二次方程迫使我们严肃地考虑复数, 而是**三次方程**

$$x^3 = 3px + 2q$$

迫使人们这样做. [习题 1 表明, 一般的三次方程都可以化为这种形式.] 这个方程代表求一条三次曲线 $y = x^3$ 与直线 $y = 3px + 2q$ 的交点. 见图 1-3b. 卡丹诺的《大术》一书以菲洛[①]和塔塔里亚[②]的工作为基础, 证明了这个方程有以下的著名解式 [见习题 2]:

$$x = \sqrt[3]{q + \sqrt{q^2 - p^3}} + \sqrt[3]{q - \sqrt{q^2 - p^3}}. \tag{1.4}$$

请读者用 $x^3 = 6x + 6$ 去试一试.

这个公式出现大约 30 年后, 庞贝利看出来它有一些奇怪的悖论式的地方. 首先注意, 若直线 $y = 3px + 2q$ 满足 $p^3 > q^2$, 则公式中出现复数. 例如庞贝利考虑了 $x^3 = 15x + 4$, 得出

$$x = \sqrt[3]{2 + 11\mathrm{i}} + \sqrt[3]{2 - 11\mathrm{i}}.$$

在图 1-3a 中, 出现复数表示几何问题无解, 但在图 1-3b 中, 这条直线**一定会**与曲线相交! 事实上, 检验一下庞贝利的例子就会给出 $x = 4$.

庞贝利在与这个悖论斗争中, 忽发 "奇想": 如果在上式中设 $\sqrt[3]{2 + 11\mathrm{i}} = 2 + n\mathrm{i}$, $\sqrt[3]{2 - 11\mathrm{i}} = 2 - n\mathrm{i}$, 说不定就会给出 $x = 4$. 当然, 为了使此法可行, 他必须假设两个复数 $A = a + \mathrm{i}\widetilde{a}$ 与 $B = b + \mathrm{i}\widetilde{b}$ 的加法需服从一个似乎近情理的法则:

$$A + B = (a + \mathrm{i}\widetilde{a}) + (b + \mathrm{i}\widetilde{b}) = (a + b) + \mathrm{i}(\widetilde{a} + \widetilde{b}). \tag{1.5}$$

---

① Scipione del Ferro, 1465—1526, 意大利数学家. ——译者注

② Tartaglia, 真名 Nicolo Fontana, 1500—1557, 意大利数学家, 他口吃, tartaglia 就是意大利语 "口吃者". ——译者注

其次, 如果真正有一个值 $n$ 能使 $\sqrt[3]{2 + 11\mathrm{i}} = 2 + n\mathrm{i}$, 他就必须去计算 $(2 + \mathrm{i}n)^3$. 为此, 他假设可以像通常代数中那样把括号乘开, 于是

$$(a + \mathrm{i}\widetilde{a})(b + \mathrm{i}\widetilde{b}) = ab + \mathrm{i}(a\widetilde{b} + \widetilde{a}b) + \mathrm{i}^2\widetilde{a}\widetilde{b}.$$

利用 $\mathrm{i}^2 = -1$, 他得出结论说两个复数的乘积应由下式给出:

$$AB = (a + \mathrm{i}\widetilde{a})(b + \mathrm{i}\widetilde{b}) = (ab - \widetilde{a}\widetilde{b}) + \mathrm{i}(a\widetilde{b} + \widetilde{a}b). \tag{1.6}$$

这个法则判明了他的 "奇想" 胜利, 因为现在他能够证明 $(2 + \mathrm{i})^3 = 2 + 11\mathrm{i}$, 请自行验证.

尽管复数本身仍然是神秘的, 然而庞贝利关于三次方程的工作证实了, 完全实际的问题也需要用复算术来求解.

复数理论以后的发展也和它的诞生一样, 是与数学其他领域 (还有物理学) 的进展密不可分的. 令人遗憾的是, 我们在本书中只能稍微触及这些问题, 对于这方面有兴趣的读者, 可以在 Stillwell [1989] 中找到有关这些相互联系的完全且引人入胜的讨论. 重复一下在前言中说过的, 把 Stillwell 的书与本书一起读, 其价值怎么估计也不过分.

### 1.1.3　一些术语和记号

现在, 我们把历史放在一边来介绍描述复数的现代术语和记号. 这些都概括在下表中, 并在图 1-4 中绘出.

| 名　　称 | 含　　义 | 记　　号 |
|---|---|---|
| $z$ 的模 | $z$ 的长度 $r$ | $\|z\|$ |
| $z$ 的辐角 | $z$ 的角度 $\theta$ | $\arg(z)$ |
| $z$ 的实部 | $z$ 的 $x$ 坐标 | $\mathrm{Re}(z)$ |
| $z$ 的虚部 | $z$ 的 $y$ 坐标 | $\mathrm{Im}(z)$ |
| 虚数 | $\mathrm{i}$ 的实数倍 | |
| 实轴 | 实数的集合 | |
| 虚轴 | 虚数的集合 | |
| $z$ 的复共轭 | $z$ 对实轴的反射 | $\overline{z}$ |

从一开始就把复数 (按几何观点) 看成一个不可分的整体, 即平面上一点, 是有好处的. 只有当我们用数值坐标来描述此点时, 复数才成为 "复合的" 数. 更准确地说, $\mathbb{C}$ 被说成是**二维的**, 意为需要两个实数 (即坐标) 来标记它, 至于如何标记, 则全由我们自己决定.

用笛卡儿坐标 (实部 $x$ 和虚部 $y$) 把复数写成 $z = x + \mathrm{i}y$, 只是标记方法之一. 当我们处理复数的加法时, 这是很自然的标记, 因为 (1.5) 说明 $A + B$ 的实部和虚部正是 $A$ 和 $B$ 的实部和虚部分别相加而得.

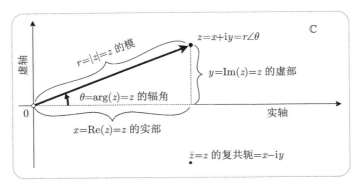

图　1-4

但是在乘法情况下, 笛卡儿标记法就不再是自然的了, 因为它给出拖沓而且没有启发性的法则 (1.6). 简单得多的几何法则 (1.2) 使我们看得很清楚, 我们应该用**极坐标**来标志一个典型的点 $z : r = |z|, \theta = \arg z$. 我们现在可以把 $z$ 写作 $z = r\angle\theta$ 而不是 $z = x + \mathrm{i}y$, 这里符号 $\angle$ 用于提醒我们 $\theta$ 是 $z$ 的**角度**. [虽然现在还有人使用这种记号, 但是我们只是暂时用一下; 本章稍后我们将发现一个好得多的记号（标准的记号）, 而且本书以后就一直使用它.] 几何乘法法则 (1.2) 现在就有了简单的形式

$$(R\angle\phi)(r\angle\theta) = (Rr)\angle(\phi + \theta). \tag{1.7}$$

和笛卡儿标记 $x + \mathrm{i}y$ 一样, 一个给定的极坐标标记 $r\angle\theta$ 就确定了唯一的点, 但是（与笛卡儿标记不同）, 一个给定的点并没有唯一的极坐标标记. 因为任意两个相差 $2\pi$ 的整数倍的角度表示同样的方向, 所以一个给定的点可以有无穷多个不同的标记:

$$\cdots = r\angle(\theta - 4\pi) = r\angle(\theta - 2\pi) = r\angle\theta = r\angle(\theta + 2\pi) = r\angle(\theta + 4\pi) = \cdots$$

当我们的学科逐步展开时, 关于角度的这个简单事实会越来越重要.

笛卡儿坐标和极坐标是标记复数最通常的方法, 但在第 3 章中我们将遇到一个特别有用的方法—— "球极" 坐标.

#### 1.1.4　练习

在继续往下读之前, 我们强烈建议你彻底弄明白至今引入的概念、术语和记号, 直到自如运用. 为此, 请试着用几何方法（以及/或者用代数方法）把下面每个事实都弄得确实无疑:

$$\mathrm{Re}(z) = \frac{1}{2}(z + \bar{z}), \quad \mathrm{Im}(z) = \frac{1}{2\mathrm{i}}(z - \bar{z}), \quad |z| = \sqrt{x^2 + y^2},$$

$$\tan(\arg z) = \frac{\mathrm{Im}(z)}{\mathrm{Re}(z)}, \quad z\bar{z} = |z|^2, \quad r\angle\theta = r(\cos\theta + \mathrm{i}\sin\theta),$$

用关系式 $(1/z)z = 1$ 来定义 $\dfrac{1}{z}$, 可得 $\dfrac{1}{z} = \dfrac{1}{r\angle\theta} = \dfrac{1}{r}\angle(-\theta)$.

$$\frac{R\angle\phi}{r\angle\theta} = \frac{R}{r}\angle(\phi - \theta), \qquad \frac{1}{x + \mathrm{i}y} = \frac{x}{x^2 + y^2} - \mathrm{i}\frac{y}{x^2 + y^2},$$

$$(1 + \mathrm{i})^4 = -4, \quad (1 + \mathrm{i})^{13} = -2^6(1 + \mathrm{i}), \quad (1 + \mathrm{i}\sqrt{3})^6 = 2^6,$$

$$\frac{(1 + \mathrm{i}\sqrt{3})^3}{(1 - \mathrm{i})^2} = -4\mathrm{i}, \quad \frac{(1 + \mathrm{i})^5}{(\sqrt{3} + \mathrm{i})^2} = -\sqrt{2}\angle - (\pi/12), \quad \overline{r\angle\theta} = r\angle(-\theta),$$

$$\overline{z_1 + z_2} = \overline{z}_1 + \overline{z}_2, \quad \overline{z_1 z_2} = \overline{z}_1 \overline{z}_2, \quad \overline{z_1/z_2} = \overline{z}_1/\overline{z}_2.$$

最后还有所谓的**广义三角不等式**

$$|z_1 + z_2 + \cdots + z_n| \leqslant |z_1| + |z_2| + \cdots + |z_n|. \tag{1.8}$$

等号何时成立?

### 1.1.5　符号算术和几何算术的等价性

我们一直在交换地使用符号法则 (1.5)(1.6) 与几何法则 (1.1)(1.2), 现在我们要证明二者等价, 因此这种交换使用是合理的. 加法法则 (1.1) 与 (1.5) 的等价性对于学过向量的人是熟悉的, 对其他人, 不管怎么说, 验证一下也是直截了当的, 所以可以留给读者来做. 因此我们只来讨论乘法法则 (1.2) 与 (1.6) 等价.

我们先证明乘法的符号法则可以由几何法则导出. 为此我们先用一种特别有用的重要方法来重述几何法则 (1.7). 令 $z$ 为 $\mathbb{C}$ 中一般的点并且考虑当用一个固定复数 $A = R\angle\phi$ 去乘它时, 它会变成什么. 按 (1.7), $z$ 的长度将放大 $R$ 倍, 而 $z$ 的角度将增加一个 $\phi$. 现在想象对平面的**每一点**都同时这样做:

从几何上看, 乘以复数 $A = R\angle\phi$ 就是把平面旋转一个角 $\phi$, 且放大一个因子 $R$. (1.9)

需要提醒几点:

- 旋转与放大都以原点为中心.
- 先旋转再放大或者先放大再旋转都是一样.
- 如果 $R < 1$, 所谓 "放大" 其实是缩小.

图 1-5 画出了这种变换的效果, 浅色的图形变成了深色的图形. 请自行验证, 在此例中 $A = 1 + \mathrm{i}\sqrt{3} = 2\angle\frac{\pi}{3}$.

现在, 从几何法则导出符号法则变成了一件简单的事. 回忆一下, 庞贝利导出 (1.6) 的关键步骤是: (i) $\mathrm{i}^2 = -1$; (ii) 可以把括号乘开, 即是说, 若 $A, B, C$ 为复数, 则 $A(B + C) = AB + AC$. 我们已经看到, 几何法则可以给出 (i); 图 1-5 则表明 (ii) 也是成立的, 原因很简单: **旋转和放大都保持平行四边形不变**. 由加法的几何定义,

$B + C$ 是一个平行四边形的第 4 个顶点, 而另外三个是 $O, B, C$. 为了证明 (ii), 只需要注意到, 用 $A$ 去乘就是把这个平行四边形变成以 $O, AB, AC$ 和 $A(B + C)$ 为顶点的另一个平行四边形. (1.6) 由此即可推出.

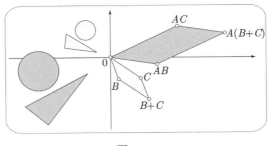

图　1-5

反过来, 我们现在证明几何法则也可由符号法则导出.[①] 先考虑变换 $z \mapsto \mathrm{i}z$. 按符号法则, 这意味着 $(x + \mathrm{i}y) \mapsto (-y + \mathrm{i}x)$, 图 1-6a 表明 $\mathrm{i}z$ 就是把 $z$ 逆时针转一个直角. 现在用这个事实来解释 $A$ 为一般复数时, 变换 $z \mapsto Az$ 是什么, 以 $A = 4 + 3\mathrm{i} = 5\angle\phi$ 为例就能很好地掌握它, 这里 $\phi = \arctan(3/4)$. 图 1-6b 就是如此. 符号规则表明, 括号可以乘开, 所以我们的变换可以重写为

$$z \mapsto Az = (4 + 3\mathrm{i})z = 4z + 3(\mathrm{i}z) = 4z + 3\,(z\ \text{旋转}\ \pi/2).$$

图 1-6c 画出了这些步骤. 现在我们看到, 图 1-6c 和图 1-6b 中的阴影三角形是相似的, 所以用 $5\angle\phi$ 去乘就表示把平面旋转一个角度 $\phi$ 再按因子 5 放大. 证毕.

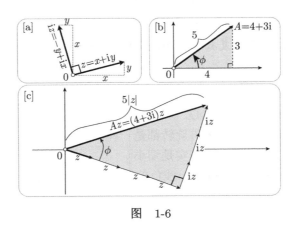

图　1-6

---

① 在我们查阅过的所有教科书中, 这都是用三角恒等式来证明的. 我们相信, 现在的证法支持一个观点, 即这种恒等式只是复数乘法的简单法则复杂化了的表现形式.

# 1.2 欧拉公式

## 1.2.1 引言

现在该把 $r\angle\theta$ 换成一个好得多的记号了, 这个记号基于一个奇迹般的公式

$$\boxed{e^{i\theta} = \cos\theta + i\sin\theta}\ !$$  (1.10)

欧拉在 1740 年左右发现了它, 现在它被称为**欧拉公式**以纪念他.

在解释这公式之前, 我们先谈一下它的意义与用途. 正如图 1-7a 所示, 这个公式表明 $e^{i\theta}$ 是单位圆上辐角为 $\theta$ 的一点. 我们可以不再把复数写为 $z = r\angle\theta$, 而写为 $z = re^{i\theta}$; 具体说来, 要想达到 $z$, 必须先取指向 $z$ 的单位向量 $e^{i\theta}$, 然后再把这向量拉长到 $z$. 这种表示法的好处就在于, 复数乘法的几何法则 (1.7) 现在成了几乎自明的事:

$$(Re^{i\phi})(re^{i\theta}) = Rre^{i(\theta+\phi)}.$$

换句话说, 如同处理实函数 $e^x$ 一样对 $e^{i\theta}$ 进行代数操作, 可以得出关于复数为真的事实.

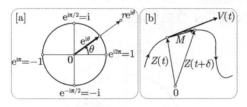

图　1-7

为了解释欧拉公式, 我们必须先处理一个更基本的问题: "$e^{i\theta}$ 是什么意思?" 令人吃惊的是, 许多作者竟然凭空地定义 $e^{i\theta}$ 就是 $\cos\theta + i\sin\theta$. 一开局就走这步棋, 如同开局就舍弃一个子一样, 在逻辑上是无懈可击的, 然而这又太小瞧了欧拉, 竟然把他的最伟大成就之一仅仅当成一种赘述. 所以, 我们将要给出支持 (1.10) 的两个启发式的论证, 更深刻的论证将在以后各章中出现.

## 1.2.2 用质点运动来论证

回忆一个基本的事实: $e^x$ 是其自身的导数, $\frac{d}{dx}e^x = e^x$. 这其实是一个可用作**定义**的事实, 即如果 $\frac{d}{dx}f(x) = f(x)$ 且 $f(0) = 1$, 则 $f(x) = e^x$. 与此类似, 如果 $k$ 是一个实常数, 则 $e^{kx}$ 可以由以下性质来定义: $\frac{d}{dx}f(x) = kf(x)$, 且 $f(0) = 1$. 为了把通常的指数函数 $e^x$ 从 $x$ 的实数值推广到虚数值, 我们可以抓住这一点不放, 坚持认定, 当 $k = i$ 时此式为真, 即

$$\frac{d}{dt}e^{it} = ie^{it}.$$  (1.11)

我们使用字母 $t$ 代替 $x$, 因为我们现在认为自变量是**时间**. 我们已经习惯于把实函数的导数理解为函数图像的切线斜率, 但是怎样理解上式中的求导呢?

为了弄清楚这样做的意义, 想象一个点沿 $\mathbb{C}$ 中一曲线运动, 见图 1-7b. 这个点的运动可以用**参数**表述为, 此点在时刻 $t$ 的位置是一复数 $Z(t)$. 再回想一下, 在物理学中说过, **速度** $V(t)$ 是一个向量 (现在把向量想作复数), 其长度是动点的瞬时速率, 方向是其瞬时运动方向 (即与轨迹相切), 图 1-7b 给出了该点在时刻 $t$ 与 $t + \delta$ 之间的运动 (即位移) $M$, 于是很清楚

$$\frac{\mathrm{d}}{\mathrm{d}t} Z(t) = \lim_{\delta \to 0} \frac{Z(t + \delta) - Z(t)}{\delta} = \lim_{\delta \to 0} \frac{M}{\delta} = V(t).$$

所以, 给定了一个实自变量 $t$ 的复函数 $Z(t)$, 我们总可以把 $Z$ 可视化地看作一个动点的位置, 而 $\frac{\mathrm{d}Z}{\mathrm{d}t}$ 是其速度.

我们现在就用这个想法在 $Z(t) = \mathrm{e}^{\mathrm{i}t}$ 的情况下求其轨迹, 见图 1-8. 按 (1.11)

速度 $= V = \mathrm{i}Z =$ 位置逆时针旋转一个直角.

因为此点的初始位置是 $Z(0) = \mathrm{e}^0 = 1$, 所以初速度是 i, 且垂直向上运动. 几分之一秒后, 此点将沿此方向稍微动一点, 而其**新速度**将与**新位置**向量成直角. 按此法来构造运动, 很清楚, 此点将沿单位圆周运行.

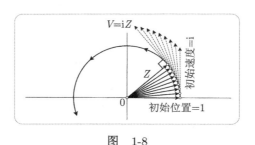

图    1-8

因为我们知道在整个运动过程中 $|Z(t)|$ 一直为 1, 所以该点的速度 $|V(t)| = 1$. 于是在时间 $t = \theta$ 以后, 此点将在单位圆周上运行一个距离 $\theta$, 所以 $Z(\theta) = \mathrm{e}^{\mathrm{i}\theta}$ 的辐角为 $\theta$. 这就是欧拉公式的几何表述.

### 1.2.3    用幂级数来论证

为了做第二个论证, 我们先用幂级数来重新表述定义的性质: $\frac{\mathrm{d}}{\mathrm{d}x} f(x) = f(x)$, $f(0) = 1$. 设 $f(x)$ 可以表示为 $a_0 + a_1 x + a_2 x^2 + \cdots$, 经简单计算可以证明

$$\mathrm{e}^x = f(x) = 1 + x + \frac{x^2}{2!} + \frac{x^3}{3!} + \cdots,$$

进一步的研究则可证明这个级数对 $x$ 的一切 (实) 值都收敛.

图 1-9 画出了当 $x$ 为实值 $\theta$ 时, 这个和是水平轴上实数的无穷和. 为了使 $\mathrm{e}^{\mathrm{i}\theta}$ 有意义, 我们仍坚持用这个级数, 但令 $x = \mathrm{i}\theta$:

$$\mathrm{e}^{\mathrm{i}\theta} = 1 + \mathrm{i}\theta + \frac{(\mathrm{i}\theta)^2}{2!} + \frac{(\mathrm{i}\theta)^3}{3!} + \cdots,$$

图 1-9 则表明这个级数与 $\mathrm{e}^\theta$ 的级数同样有意义. 但是各项并不具有相同方向, 而是每一项的方向都是前一项的方向旋转了一个直角, 成了某种螺旋形线.

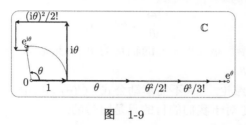

图　1-9

这个图使我们看清, 已知 $\mathrm{e}^\theta$ 级数的收敛性, 即可保证 $\mathrm{e}^{\mathrm{i}\theta}$ 的螺旋级数也收敛于 $\mathbb{C}$ 的某一定点. 然而并不清楚它会收敛于单位圆上角度为 $\theta$ 的点. 为了证明这一点, 我们把这条螺旋形线分为实部和虚部:

$$\mathrm{e}^{\mathrm{i}\theta} = C(\theta) + \mathrm{i}S(\theta),$$

这里

$$C(\theta) = 1 - \frac{\theta^2}{2!} + \frac{\theta^4}{4!} - \cdots, \quad S(\theta) = \theta - \frac{\theta^3}{3!} + \frac{\theta^5}{5!} - \cdots.$$

至此我们本可借助泰勒定理证明 $C(\theta)$ 与 $S(\theta)$ 就是 $\cos\theta$ 与 $\sin\theta$ 的幂级数, 从而证明欧拉公式. 我们也可以用以下不需泰勒定理的初等方式得到同样的结果.

关于 $\mathrm{e}^{\mathrm{i}\theta} = C(\theta) + \mathrm{i}S(\theta)$, 我们想证明两件事: (i) 它有单位长; (ii) 它的角度为 $\theta$. 为此, 首先注意到, 对 $C$ 和 $S$ 的幂级数求导可得到

$$C' = -S, \quad S' = C,$$

这里, 撇表示对 $\theta$ 求导.

为了证明 (i), 注意

$$\frac{\mathrm{d}}{\mathrm{d}\theta}|\mathrm{e}^{\mathrm{i}\theta}|^2 = (C^2 + S^2)' = 2(CC' + SS') = 0,$$

这意味着 $\mathrm{e}^{\mathrm{i}\theta}$ 之长与 $\theta$ 无关. 但因为 $\mathrm{e}^{\mathrm{i}0} = 1$, 所以对一切 $\theta$ 有 $|\mathrm{e}^{\mathrm{i}\theta}| = 1$.

为了证明 (ii), 用 $\Theta(\theta)$ 记 $\mathrm{e}^{\mathrm{i}\theta}$ 的角度, 我们要证 $\Theta(\theta) = \theta$. 因为 $\Theta(\theta)$ 是 $\mathrm{e}^{\mathrm{i}\theta}$ 的角度, 所以

$$\tan\Theta(\theta) = \frac{S(\theta)}{C(\theta)}.$$

因为我们已知 $C^2 + S^2 = 1$, 可知上式左方的导数是

$$[\tan \Theta(\theta)]' = (1 + \tan^2 \Theta)\Theta' = \left(1 + \frac{S^2}{C^2}\right)\Theta' = \frac{\Theta'}{C^2},$$

而右方的导数则为

$$\left[\frac{S}{C}\right]' = \frac{S'C - C'S}{C^2} = \frac{1}{C^2}.$$

所以

$$\frac{\mathrm{d}\Theta}{\mathrm{d}\theta} = \Theta' = 1,$$

此式表明 $\Theta = \theta+$常数. 取 $\mathrm{e}^{\mathrm{i}0} = 1$ 的辐角为 0 [如果取为 $2\pi$, 有没有几何上的差别?], 我们得到 $\Theta = \theta$.

现在我们可得到结论, 即 (不需泰勒公式) $C(\theta)$ 和 $S(\theta)$ 就是 $\cos \theta$ 和 $\sin \theta$ 的幂级数, 虽然这个结论对于我们的目的只是附带的.

### 1.2.4  用欧拉公式来表示正弦和余弦

欧拉公式的一个简单而重要的结论是: 正弦和余弦可以用指数函数构造出来. 准确地说, 检查一下图 1-10, 可得

$$\mathrm{e}^{\mathrm{i}\theta} + \mathrm{e}^{-\mathrm{i}\theta} = 2\cos \theta\,, \quad \mathrm{e}^{\mathrm{i}\theta} - \mathrm{e}^{-\mathrm{i}\theta} = 2\mathrm{i}\sin \theta,$$

或者与此等价有

$$\cos \theta = \frac{\mathrm{e}^{\mathrm{i}\theta} + \mathrm{e}^{-\mathrm{i}\theta}}{2}, \quad \sin \theta = \frac{\mathrm{e}^{\mathrm{i}\theta} - \mathrm{e}^{-\mathrm{i}\theta}}{2\mathrm{i}}. \tag{1.12}$$

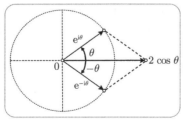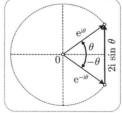

图  1-10

## 1.3  一 些 应 用

### 1.3.1  引言

有些问题通常看起来并不涉及复数, 然而透过复数的视角来观察它们, 却可以得到最漂亮的解法. 本节中我们将通过选自各个数学领域的例子来说明这一点. 本章末的习题中还有更多的例子.

第一个例子 [三角] 只是说明了已有概念的力量, 而在其他例子中将要论述重要的新思想.

### 1.3.2 三角

所有的三角恒等式都可以看作来自复数的乘法法则. 在下面的例子中, 为了避免符号太冗长, 我们将采用一种速写法: 大写的 $C \equiv \cos\theta$, $S \equiv \sin\theta$, 小写的 $c \equiv \cos\phi$, $s \equiv \sin\phi$.

为了得出 $\cos(\theta + \phi)$ 的恒等式, 把它看作 $e^{i(\theta+\phi)}$ 的一个分量, 见图 1-11a. 因为

$$\cos(\theta + \phi) + i\sin(\theta + \phi) = e^{i(\theta+\phi)} = e^{i\theta}e^{i\phi}$$
$$= (C + iS)(c + is)$$
$$= [Cc - Ss] + i[Sc + Cs],$$

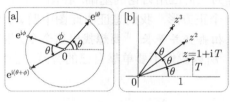

图 1-11

我们就不但得出了 $\cos(\theta + \phi)$ 的恒等式, 还得出了 $\sin(\theta + \phi)$ 的恒等式:

$$\cos(\theta + \phi) = Cc - Ss, \quad \sin(\theta + \phi) = Sc + Cs.$$

这里又表现出使用复数的另一个强大的特点: 每个复的等式都同时表述两件事.

要想同时得到 $\cos 3\theta$ 和 $\sin 3\theta$ 的恒等式, 请考虑 $e^{i3\theta}$:

$$\cos 3\theta + i\sin 3\theta = e^{i3\theta} = (e^{i\theta})^3 = (C + iS)^3 = [C^3 - 3CS^2] + i[3C^2S - S^3].$$

利用 $C^2 + S^2 = 1$, 这些恒等式就可写为比较常见的形式:

$$\cos 3\theta = 4C^3 - 3C, \quad \sin 3\theta = -4S^3 + 3S.$$

我们刚才看到怎样用 $\theta$ 的三角函数的幂来表示 $\theta$ 的倍角的三角函数, 但是我们也可以反向进行. 举一个例子, 假设我们想用 $\theta$ 的倍角三角函数表示 $\cos^4\theta$, 因为 $2\cos\theta = e^{i\theta} + e^{-i\theta}$, 所以

$$2^4\cos^4\theta = (e^{i\theta} + e^{-i\theta})^4$$
$$= (e^{i4\theta} + e^{-i4\theta}) + 4(e^{i2\theta} + e^{-i2\theta}) + 6$$

$$= 2\cos 4\theta + 8\cos 2\theta + 6$$
$$\Rightarrow \quad \cos^4 \theta = \frac{1}{8}[\cos 4\theta + 4\cos 2\theta + 3].$$

虽然欧拉公式在用作这类计算时极为方便, 却不是必不可少: 我们实际上用到的只是复数乘法的几何形式与符号形式的等价性. 为了强调这一点, 我们不用欧拉公式再来举一个例子.

我们的目标是找一个恒等式来用 $T = \tan\theta$ 表示 $\tan 3\theta$. 考虑 $z = 1 + \mathrm{i}T$, 见图 1-11b. 因为 $z$ 的角度是 $\theta$, $z^3$ 的角度就是 $3\theta$, 所以 $\tan 3\theta = \mathrm{Im}(z^3)/\mathrm{Re}(z^3)$. 所以

$$z^3 = (1 + \mathrm{i}T)^3 = (1 - 3T^2) + \mathrm{i}(3T - T^3) \quad \Rightarrow \quad \tan 3\theta = \frac{3T - T^3}{1 - 3T^2}.$$

### 1.3.3    几何

我们以一个例子作为几何应用讨论的基础. 在图 1-12a 中, 我们在一个任意四边形的四个边上各做一个正方形. 我们想证明此图中明显给出的事实: 连接相对的正方形中心的线段互相垂直并等长.[1] 要想找出这个令人惊奇的结果的纯粹几何证明, 需要极大的才能. 所以我们不要单靠自己的智慧, 还要用复数的智慧来帮助我们!

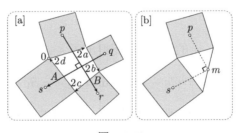

图    1-12

为方便起见, 引入因子 2, 并令 $2a, 2b, 2c, 2d$ 为表示四边形 4 边的复数. 唯一的条件是这个四边形要封口, 即

$$a + b + c + d = 0.$$

---

[1] 这是著名的 Thébault 问题. Victor Thébault 是法国几何学家, 他在 1938 年提出了 3 个问题. 这是第一个, 其中最难的是著名的 Thébault 第三问题: 如图做 3 个圆, 外圆是外接圆, 圆心是 $I$, 求证 $O_1, I, O_2$ 三点共线, 其中 $O_1$ 和 $O_2$ 是图上 2 个切圆圆心. 直到 1983 年 (或 1973 年) 才有人给出解答, 但因太长, 人们都认为初等解法尚属未知. 请参看 S. Gueron, *Two applications of the generalized Ptolemy theorem*, American Math. Monthly, Vol.109, (2002), 362-370. 关于另外两个 Thébault 问题可见 A. Bogomolny, *Thébault's Problem*, I, II, III.

——译者注

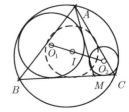

Thébault 第三问题

如图 1-12a 所示, 取 $2a$ 开始的顶点为 $\mathbb{C}$ 的原点. 要想走到这一边的正方形中心 $p$, 就要先走一个 $a$, 再沿与 $a$ 成直角（逆时针）的方向走过同样的距离. 这样, 因为 $ia$ 正是 $a$ 依逆时针方向旋转一个直角而得, 所以 $p = a + ia = (1+i)a$. 同理

$$q = 2a + (1+i)b, \quad r = 2a + 2b + (1+i)c, \quad s = 2a + 2b + 2c + (1+i)d$$

所以由 $q$ 到 $s$ 的复数 $A = s - q$ 和由 $p$ 到 $r$ 的复数 $B = r - p$ 就是

$$A = (b + 2c + d) + i(d - b), \quad B = (a + 2b + c) + i(c - a).$$

我们想要证明 $A$ 和 $B$ 互相垂直且等长. 这两个命题可以合并成单个复命题 $B = iA$, 即 $B$ 可以由 $A$ 依逆时针方向旋转 $\pi/2$ 而得. 这也就是 $A + iB = 0$, 而后者可以归结为一般计算而结束证明:

$$A + iB = (a + b + c + d) + i(a + b + c + d) = 0.$$

对图 1-12a 的结果做纯粹几何解释的第一步是考虑图 1-12b. 图中在一个任意三角形的两边上各做一个正方形, 由图中可以得到: 连接这两个正方形中心到三角形另一边的中点 $m$ 的两个线段互相垂直而且等长. 习题 21 将证明图 1-12a 可以很快地由图 1-12b 得出 [1]. 图 1-12b 的结果当然可以用上面同样的方法来证明, 但是让我们试一试找出一个纯粹几何的证法.

为此我们故意绕一个有趣的弯子, 即用复函数来研究平面上的平移与旋转. 事实上, 这个 "弯子" 本身比我们打算用它来解决的几何难题重要得多.

用 $\mathcal{T}_v$ 记平面上平移一个向量（亦即复数）$v$, 所以一般的 $z$ 点被它映射为 $\mathcal{T}_v(z) = z + v$. 图 1-13a 画出了平移一个三角形的效果. $\mathcal{T}_v$ 的逆, 记作 $\mathcal{T}_v^{-1}$, 就是解除这个平移的变换; 更形式化的方法是按照关系式 $\mathcal{T}_v^{-1} \circ \mathcal{T}_v = \mathcal{E} = \mathcal{T}_v \circ \mathcal{T}_v^{-1}$ 来定义 $\mathcal{T}_v^{-1}$, 这里的 $\mathcal{E}$ 就是 "什么都不变" 的变换（称为**恒等变换**）, 它把每一点映射为其自身: $\mathcal{E}(z) = z$. 很明显, $\mathcal{T}_v^{-1} = \mathcal{T}_{-v}$.

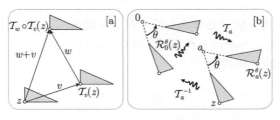

图 1-13

如果我们先做一个 $\mathcal{T}_v$, 接着再来一个平移 $\mathcal{T}_w$, 则平面上的复合映射 $\mathcal{T}_w \circ \mathcal{T}_v$ 将是另一个平移:

$$\mathcal{T}_w \circ \mathcal{T}_v(z) = \mathcal{T}_w(z + v) = z + (w + v) = \mathcal{T}_{w+v}(z).$$

[1] 这个方法基于一篇文章 Finney [1970].

这使我们得到关于加法的一个有趣的启发. 如果我们在引进复数 $v$ 时, 认为它就是一个平移, 则可以定义两个复数 $\mathcal{T}_v$ 与 $\mathcal{T}_w$ 之 "和" 就只是相继实施了这两个平移 (次序无关). 这当然与我们实际给出的加法的定义等价.

令 $\mathcal{R}_a^\theta$ 表示平面绕 $a$ 点旋转一个角度 $\theta$. 例如, $\mathcal{R}_a^\phi \circ \mathcal{R}_a^\theta = \mathcal{R}_a^{\phi+\theta}$, $(\mathcal{R}_a^\theta)^{-1} = \mathcal{R}_a^{-\theta}$. 为了第一步把旋转表示为复函数, 要注意 (1.9) 表明绕原点的旋转可以写为 $\mathcal{R}_0^\theta(z) = \mathrm{e}^{\mathrm{i}\theta} z$.

图 1-13b 表明, 一般的旋转 $\mathcal{R}_a^\theta$ 可以这样做: 先把 $a$ 平移到 0, 绕 0 旋转 $\theta$, 再把 0 平移回 $a$:

$$\mathcal{R}_a^\theta(z) = (\mathcal{T}_a \circ \mathcal{R}_0^\theta \circ \mathcal{T}_a^{-1})(z) = \mathrm{e}^{\mathrm{i}\theta}(z-a) + a = \mathrm{e}^{\mathrm{i}\theta} z + k,$$

其中 $k = a(1 - \mathrm{e}^{\mathrm{i}\theta})$. 这样, 我们发现绕任意点的旋转都可以表示为绕原点做同样的旋转, 再继以一个平移: $\mathcal{R}_a^\theta = (\mathcal{T}_k \circ \mathcal{R}_0^\theta)$. 反过来, 绕原点旋转 $\alpha$ 再继以平移 $v$ 又可化为单个旋转:

$$\mathcal{T}_v \circ \mathcal{R}_0^\alpha = \mathcal{R}_c^\alpha, \quad \text{其中} \quad c = v/(1 - \mathrm{e}^{\mathrm{i}\alpha}).$$

同样, 可以很容易地验证, 如果在旋转之前就做平移, 则净变换仍可以用一个旋转来完成: $\mathcal{R}_0^\theta \circ \mathcal{T}_v = \mathcal{R}_p^\theta$. $p$ 是什么?

刚才得到的结果在几何上肯定不是明显的 [请试一试], 但这样做足以表明, 把旋转和平移都用复函数来表示是多么有力. 作为进一步的说明, 考虑绕不同点做两个旋转的净效果. 把旋转用复函数表示出来, 经简单计算 [练习] 即有

$$(\mathcal{R}_b^\phi \circ \mathcal{R}_a^\theta)(z) = \mathrm{e}^{\mathrm{i}(\theta+\phi)} z + v, \quad \text{其中} \quad v = a\mathrm{e}^{\mathrm{i}\phi}(1 - \mathrm{e}^{\mathrm{i}\theta}) + b(1 - \mathrm{e}^{\mathrm{i}\phi}).$$

除非 $\theta + \phi$ 是 $2\pi$ 的整数倍, 否则由上一段可知

$$\mathcal{R}_b^\phi \circ \mathcal{R}_a^\theta = \mathcal{R}_c^{(\theta+\phi)}, \quad \text{其中} \quad c = \frac{v}{1 - \mathrm{e}^{\mathrm{i}(\theta+\phi)}} = \frac{a\mathrm{e}^{\mathrm{i}\phi}(1 - \mathrm{e}^{\mathrm{i}\theta}) + b(1 - \mathrm{e}^{\mathrm{i}\phi})}{1 - \mathrm{e}^{\mathrm{i}(\theta+\phi)}}.$$

[如果 $b = a$ 或 $\phi = 0$, $c$ 应该是什么? 请验算一下此公式.] 结果见图 1-14a. 我们以后还会找出这个结果的一个纯几何解释, 而且在此过程中找出上述复杂公式所表示的 $c$ 的一个很简单的几何构造.

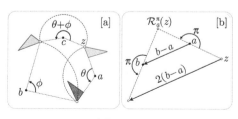

图　1-14

另一方面, 如果 $(\theta + \phi)$ 是 $2\pi$ 的整数倍, 则 $e^{i(\theta+\phi)} = 1$, 而

$$\mathcal{R}_b^\phi \circ \mathcal{R}_a^\theta = \mathcal{T}_v, \quad \text{其中} \quad v = (1 - e^{i\phi})(b - a).$$

例如, 设 $\theta = \phi = \pi$, 这个结果预示 $\mathcal{R}_b^\pi \circ \mathcal{R}_a^\pi = \mathcal{T}_{2(b-a)}$ 就是按连接第一个旋转中心到第二个旋转中心的复数的 2 倍做平移. 可以由图 1-14b 直接看出此事为真.

以上关于两个旋转的复合的结果意味着 [练习]:

> 令 $\mathcal{M} = \mathcal{R}_{a_n}^{\theta_n} \circ \cdots \circ \mathcal{R}_{a_2}^{\theta_2} \circ \mathcal{R}_{a_1}^{\theta_1}$ 为 $n$ 个旋转的组合, $\Theta = \theta_1 + \theta_2 + \cdots + \theta_n$ 为净旋转量. 一般来说, 存在某个复数 $c$, 使 $\mathcal{M} = \mathcal{R}_c^\Theta$, 但若 $\Theta$ 是 $2\pi$ 的整数倍, 则必存在某个 $v$, 使 $\mathcal{M} = \mathcal{T}_v$.

回到我们原来的问题, 现在就可以给图 1-12b 的结果一个漂亮的几何解释. 在图 1-15a 中, $\mathcal{M} = \mathcal{R}_p^\pi \circ \mathcal{R}_p^{(\pi/2)} \circ \mathcal{R}_s^{(\pi/2)}$. 根据刚才的结果, $\mathcal{M}$ 是一个平移. 为弄明白是什么平移, 我们只需找到 $\mathcal{M}$ 对某单个点的效果就行了. 很明显, $\mathcal{M}(k) = k$, 因此 $\mathcal{M}$ 是一个零平移, 即恒等变换 $\mathcal{E}$. 所以

$$\mathcal{R}_p^{(\pi/2)} \circ \mathcal{R}_s^{(\pi/2)} = (\mathcal{R}_m^\pi)^{-1} \circ \mathcal{M} = \mathcal{R}_m^\pi.$$

如果我们定义 $s' = \mathcal{R}_m^\pi(s)$, 则 $m$ 是 $ss'$ 的中点. 但另一方面

$$s' = (\mathcal{R}_p^{(\pi/2)} \circ \mathcal{R}_s^{(\pi/2)})(s) = \mathcal{R}_p^{(\pi/2)}(s),$$

所以 $sps'$ 是一个等腰三角形而且在 $p$ 点处为直角, 所以 $sm$ 与 $pm$ 互相垂直且等长. 证毕.

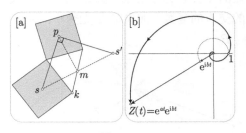

图　1-15

## 1.3.4　微积分

考虑求 $e^x \sin x$ 的第 100 阶导数, 并以此作为微积分的例子. 更一般地说, 我们将要说明怎样用复数来求 $e^{ax} \sin bx$ 的 $n$ 阶导数.

我们在讨论欧拉公式时就已看到, $e^{it}$ 可以看成一个点以单位角速度绕单位圆周运行时在时刻 $t$ 的位置. 同样, $e^{ibt}$ 可以看成一个单位复数以角速度 $b$ 绕原点运行. 如果我们把单位复数在其旋转中伸长 $e^{at}$ 倍, 它的端点就描绘了一个点螺旋环绕着离开原点, 见图 1-15b.

这件事对于待解决问题的意义在于：此点在时刻 $t$ 的位置是

$$Z(t) = \mathrm{e}^{at}\mathrm{e}^{\mathrm{i}bt} = \mathrm{e}^{at}\cos bt + \mathrm{i}\mathrm{e}^{at}\sin bt,$$

所以 $\mathrm{e}^{at}\sin bt$ 的导数恰为 $Z$ 的速度 $V$ 的垂直分量（即虚分量）.

我们本可以对上式给出的 $Z$ 的两个分量求导来求出 $V$, 但是我们想利用这个例子来介绍本书中一直会使用的几何方法. 在图 1-16 中, 考虑该点在时刻 $t$ 与 $t+\delta$ 之间的运动 $M = Z(t+\delta) - Z(t)$.

回忆一下, $V$ 的定义是当 $\delta$ 趋向零时 $(M/\delta)$ 的极限, 所以当 $\delta$ 非常小时, $V$ 和 $(M/\delta)$ 接近于相等. 这就提示我们两种直观的说法, 在本书中, 这两种说法都将采用：(i) 当 $\delta$ 为无穷小时 $V = (M/\delta)$; (ii) $V$ 与 $(M/\delta)$ 最终相等（当 $\delta$ 趋于零时）.

我们这里要强调, **最终相等**和**无穷小**这些词语都是在一种确定的技术意义下使用的, 特别是**无穷小**一词指的并不是某种神秘的、无限小的量[1]. 更准确地说, 如果两个量 $X$ 和 $Y$ 都依赖于第三个量 $\delta$, 则

$$\lim_{\delta \to 0} \frac{X}{Y} = 1 \quad \Leftrightarrow \quad \text{"对于无穷小的 } \delta, X = Y\text{"}.$$

$$\Leftrightarrow \quad \text{"当 } \delta \text{ 趋于 } 0 \text{ 时 } X \text{ 和 } Y \text{ 最终相等"}.$$

由极限的基本定理可知：**最终相等**保存了相等的许多普通性质. 例如, 因为 $V$ 与 $(M/\delta)$ 最终相等, 所以 $V\delta$ 与 $M$ 也最终相等.

现在回到求螺旋环绕的点的速度问题. 图 1-16 上画出了由 0 到 $Z(t)$ 和 $Z(t+\delta)$ 的射线以及经过这两点的（以 0 为中心的）圆弧（虚线）. 令 $A$ 和 $B$ 为连接 $Z(t)$ 到这两条射线与圆弧的交点的复数. 如果 $\delta$ 是无穷小, 则 $B$ 与 $A$ 以及 $B$ 与 $Z$ 均成直角, 而且 $M = A + B$.

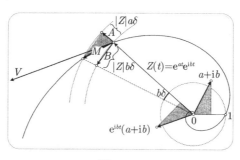

图    1-16

现在我们来求 $A$ 和 $B$ 的最终长度. 在时间区间 $\delta$ 内, $Z$ 的辐角增加 $b\delta$（按弧度计）, 所以这两条射线在单位圆上切下长为 $b\delta$ 的弧, 而在过 $Z$ 的圆上切下长为

---

[1] 在 Chandrasekhar [1995] 中有更多关于这种差别的讨论.

$|Z|b\delta$ 的弧. 所以 $|B|$ 最终等于 $|Z|b\delta$. 其次, 注意到 $|A|$ 是 $|Z(t)|$ 在时间区间 $\delta$ 中的增量. 这样, 由于

$$\frac{\mathrm{d}}{\mathrm{d}t}|Z(t)| = \frac{\mathrm{d}}{\mathrm{d}t}\mathrm{e}^{at} = a|Z|,$$

所以 $|A|$ 最终等于 $|Z|a\delta$.

在 $Z$ 处的阴影三角形最终相似于斜边为 $a + \mathrm{i}b$ 的阴影直角三角形. 把后者旋转 $Z$ 的辐角, 就会看到, 若 $\delta$ 为无穷小, 则

$$M = (a + \mathrm{i}b)\text{旋转 } Z \text{ 的辐角并放大 } |Z|\delta \text{ 倍} = (a + \mathrm{i}b)Z\delta$$

$$\Rightarrow \quad V = \frac{\mathrm{d}}{\mathrm{d}t}Z = (a + \mathrm{i}b)Z. \tag{1.13}$$

这样, 所有从原点出发的射线都以相同角度 $[(a + \mathrm{i}b)$ 的辐角] 与螺旋线相交, 而点的速率正比于由原点到该点的距离.

注意, 我们虽然尚未给出 $\mathrm{e}^z$ 的意义 ($z$ 是一般复数), 但肯定很想把它写成 $Z(t) = \mathrm{e}^{at}\mathrm{e}^{\mathrm{i}bt} = \mathrm{e}^{(a+\mathrm{i}b)t}$, 这使 (1.13) 显得十分自然. 反过来, 这就提醒我们应该定义 $\mathrm{e}^z = \mathrm{e}^{(x+\mathrm{i}y)}$ 为 $\mathrm{e}^x\mathrm{e}^{\mathrm{i}y}$. 在下一章还会给出这一步的另一种论证.

利用 (1.13) 就能很容易求更高阶导数了. 例如点的加速度是

$$\frac{\mathrm{d}^2}{\mathrm{d}t^2}Z = \frac{\mathrm{d}}{\mathrm{d}t}V = (a + \mathrm{i}b)^2 Z = (a + \mathrm{i}b)V.$$

继续这样做下去, 每个新导数都可由前一个导数乘以 $(a+\mathrm{i}b)$ 而得 [请试着在图 1-16 中画出各阶导数的草图]. 如果写成 $(a + \mathrm{i}b) = R\mathrm{e}^{\mathrm{i}\phi}$, 其中 $R = \sqrt{a^2 + b^2}$, $\phi$ 是 $\arctan(b/a)$ 的适当的值, 我们就有

$$\frac{\mathrm{d}^n}{\mathrm{d}t^n}Z = (a + \mathrm{i}b)^n Z = R^n\mathrm{e}^{\mathrm{i}n\phi}\mathrm{e}^{at}\mathrm{e}^{\mathrm{i}bt} = R^n\mathrm{e}^{at}\mathrm{e}^{\mathrm{i}(bt+n\phi)},$$

所以

$$\frac{\mathrm{d}^n}{\mathrm{d}t^n}\left[\mathrm{e}^{at}\sin bt\right] = (a^2 + b^2)^{\frac{n}{2}}\mathrm{e}^{at}\sin\left[bt + n\arctan(b/a)\right]. \tag{1.14}$$

### 1.3.5 代数

科茨 [1] 在他的卒年 (1716 年) 有一个了不起的发现, 使他能 (在原则上) 求出一族积分

$$\int \frac{\mathrm{d}x}{x^n - 1},$$

其中 $n = 1, 2, 3, \cdots$. 为了看出这个发现与代数的联系, 考虑 $n = 2$ 的情况. 关键的一点是他看到分母 $(x^2 - 1)$ 可以**因式分解**为 $(x-1)(x+1)$, 而被积式可以分为**部分分式** (partial fraction, 或译分项分式), 从而

$$\int \frac{\mathrm{d}x}{x^2 - 1} = \frac{1}{2}\int\left[\frac{1}{x-1} - \frac{1}{x+1}\right]\mathrm{d}x = \frac{1}{2}\ln\left[\frac{x-1}{x+1}\right] + C.$$

---

[1] Roger Cotes, 1682—1716, 英国数学家, 牛顿的《原理》第 2 版的著名编者. ——译者注

我们将会看到, 对更高的次数 $n$, 若不用复数, 则 $(x^n - 1)$ 不能完全因式分解为线性因式. 而在 1716 年复数还是一种罕见并且可疑的玩意儿! 然而, 科茨看到, 如果能把 $(x^n - 1)$ 剖开成实的**线性和二次因式**, 则他就能算出积分. 所谓 "实二次因式" 就是系数全为实数的二次式.

例如, $(x^4 - 1)$ 可以分解为 $(x-1)(x+1)(x^2+1)$, 于是可得如下形式的部分分式

$$\frac{1}{x^4-1} = \frac{A}{x-1} + \frac{B}{x+1} + \frac{Cx}{x^2+1} + \frac{D}{x^2+1},$$

所以其积分可用 ln 与 arctan 来计算. 更一般地, 即使因式分解中有比 $(x^2+1)$ 更复杂的二次式, 也很容易证明只需用 ln 与 arctan 就能算出所得的积分.

为把科茨关于 $(x^n - 1)$ 的工作放在一个较宽广的背景下来考察, 我们要考察多项式的根和因式分解之间的联系, 这个联系可以由考察几何级数

$$G_{m-1} = c^{m-1} + c^{m-2}z + \cdots + cz^{m-2} + z^{m-1}$$

来解释, 这里 $c$ 与 $z$ 都是复数. 和实代数一样, 要求此级数的和只须注意到 $zG_{m-1}$ 和 $cG_{m-1}$ 包含几乎相同的项——如果一下子看不出来, 请以 $m = 4$ 为例试一下. 把这两个式子相减可得

$$(z-c)G_{m-1} = z^m - c^m, \tag{1.15}$$

所以

$$G_{m-1} = \frac{z^m - c^m}{z-c}.$$

如果我们认为 $c$ 是固定的而 $z$ 为变量, 则 $(z^m - c^m)$ 是 $z$ 的 $m$ 次多项式, 且 $z = c$ 是一个根. (1.15) 表明, 这个 $m$ 次多项式可以分解为一个线性因式 $(z-c)$ 和一个 $(m-1)$ 次多项式 $G_{m-1}$ 的乘积.

笛卡儿在 1637 年发表了这个结果的一个重要推广. 令 $P_n(z)$ 为一个一般的 $n$ 次多项式:

$$P_n(z) = z^n + Az^{n-1} + \cdots + Dz + E,$$

其系数 $A, \cdots, E$ 可以是复数. 因为 (1.15) 蕴涵了

$$P_n(z) - P_n(c) = (z-c)\left[G_{n-1} + AG_{n-2} + \cdots + D\right],$$

我们就得到了**笛卡儿因式定理**, 并把根的存在与做因式分解的可能性联系起来:

若 $c$ 是 $P_n(z) = 0$ 的一个解, 则 $P_n(z) = (z-c)P_{n-1}$, 其中 $P_{n-1}$ 是 $(n-1)$ 次多项式.

如果我们能再找到 $P_{n-1}$ 的一个根 $c'$, 则由同样的推理又有 $P_n = (z-c)(z-c')P_{n-2}$. 这样做下去, 笛卡儿定理使得有望把 $P_n$ 恰好分解为 $n$ 个线性因式:

$$P_n(z) = (z-c_1)(z-c_2)\cdots(z-c_n). \tag{1.16}$$

如果我们不承认复根的存在 (18 世纪早期人们就是这样认为的), 则这种因式分解有时可能 (例如 $z^2 - 1$), 有时又不可能 (例如 $z^2 + 1$). 但是与此形成鲜明对照的

是, 如果承认复数, 则可以证明 $P_n$ 在 $\mathbb{C}$ 中恒有 $n$ 个根, 而因式分解 (1.16) 恒为可能. 这称为**代数基本定理**, 我们将在第 7 章中解释它何以为真.

(1.16) 中的每个因式 $(z - c_k)$ 表示一个把根 $c_k$ 与变量点 $z$ 连接起来的复数. 图 1-17a 演示一个一般的三次多项式. 把每一个这样的复数都写成 $R_k e^{i\phi_k}$, (1.16) 就有了一个更生动的形式

$$P_n(z) = R_1 R_2 \cdots R_n e^{i(\phi_1 + \phi_i + \cdots + \phi_k)}.$$

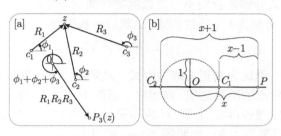

图　1-17

虽然科茨那时远不知道代数基本定理, 但我们可以看一下, 这个定理是如何保证他在把 $x^n - 1$ 分解为实线性因式和实二次因式的征程中得到成功的. 科茨的多项式具有实系数, 而且我们可以一般地证明

> **若一多项式具有实系数, 则其复根必为成对复共轭的, 而它可以分解为实的线性因式和实二次因式.**

因为如果 $P_n(z)$ 的系数 $A, \cdots, E$ 都是实的, 则 $P_n(c) = 0$ 必意味着 $P_n(\bar{c}) = 0$ [练习], 因式分解 (1.16) 中必含有因式

$$(z - c)(z - \bar{c}) = z^2 - (c + \bar{c})z + c\bar{c} = z^2 - 2\mathrm{Re}(c)z + |c|^2,$$

它是一个实二次式.

现在我们来讨论科茨如何借助**正 $n$ 边形**的几何来把 $x^n - 1$ 分解为实线性因式与实二次式因式. 为了领略下面的讨论, 请设身处地, 穿上 18 世纪的服装, 把刚才学到的代数基本定理忘掉, 甚至把复数和复平面全都忘掉!

对于开始的几个 $n$ 值, 找出 $U_n(x) = x^n - 1$ 的所期望的因式分解不算太难:

$$U_2(x) = (x - 1)(x + 1), \tag{1.17}$$

$$U_3(x) = (x - 1)(x^2 + x + 1), \tag{1.18}$$

$$U_4(x) = (x - 1)(x + 1)(x^2 + 1), \tag{1.19}$$

$$U_5(x) = (x - 1)\left(x^2 + \frac{1 + \sqrt{5}}{2}x + 1\right)\left(x^2 + \frac{1 - \sqrt{5}}{2}x + 1\right),$$

但是一般的模式则很难捉摸.

想要找出这样一个模式, 我们试着把最简单的情况 (1.17) **可视化**, 见图 1-17b. 令 $O$ 为平面 (不把它看作 $\mathbb{C}$) 中一直线上的定点, $P$ 为其上的动点, 用 $x$ 记两点的距离 $OP$. 如果我们现在以 $O$ 为中心做单位圆, $C_1$, $C_2$ 为它与此直线的交点 [①], 显然 $U_2(x) = PC_1 \cdot PC_2$.

为了在此精神下理解二次因式, 我们跳过 (1.18), 进到含有较简单的二次式的 (1.19). $U_4(x)$ 的因式分解是我们不用复数就能得到的最好的分解了, 但是我们的理想还是想把 $U_4(x)$ 分解为4 个线性因式, 这就启示我们把 (1.19) 重写为

$$U_4(x) = (x-1)(x+1)\sqrt{x^2+1}\sqrt{x^2+1},$$

并把后两个 "因式" 类比为真正的线性因式. 如果我们想 (类比于前一情况) 把它解释为 $P$ 到 4 个定点的距离之积, 则相应于后两个 "因式" 的点必位于**直线之外**. 更准确地说, 勾股定理告诉我们, 距 $P$ 为 $\sqrt{x^2+1^2}$ 的点必在与直线 $OP$ 成直角的方向上且与 $O$ 的距离为 1 处. 参照图 1-18a, 可见 $U_4(x) = PC_1 \cdot PC_2 \cdot PC_3 \cdot PC_4$, 而 $C_1C_2C_3C_4$ 就是图上画的内接于圆的正方形.

既然我们已经借助于正四边形 (即正方形) 将 $U_4(x)$ 做了因式分解, 说不定也可以用正三边形 (即等边三角形) 将 $U_3(x)$ 做因式分解. 见图 1-18b, 把勾股定理用于此图即有

$$PC_1 \cdot PC_2 \cdot PC_3 = PC_1 \cdot (PC_2)^2 = (x-1)\left[\left(x+\frac{1}{2}\right)^2 + \left(\frac{\sqrt{3}}{2}\right)^2\right]$$
$$= (x-1)(x^2+x+1),$$

这正是想要证明的 $U_3(x)$ 的因式分解 (1.18)!

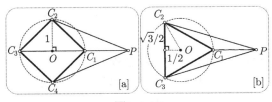

图    1-18

于是有一个关于 $U_n(x)$ 的合情理的推广出现了:

若 $C_1C_2C_3 \cdots C_n$ 是内接于以 $O$ 为中心的单位圆的正 $n$ 边形, $P$ 是直线 $OC_1$ 上与 $O$ 的距离为 $x$ 的一点, 则

$$U_n(x) = PC_1 \cdot PC_2 \cdot \cdots \cdot PC_n.$$

[①] 这里和以下, 为简单起见, 设 $x > 1$, 使得 $U_n(x)$ 为正.

这就是科茨的结果. 不幸的是, 他只提出了结果而没有给出证明, 也没有留下他是如何发现这个结果的线索. 所以我们只能猜想他可能正是利用了某一像我们提供的证法.[1]

因为正 $n$ 边形的顶点总是成对地与 $OP$ 对称出现的, 而且与 $P$ 总有相等距离, 图 1-18 的例子表明, 科茨的结果确实等价于把 $U_n(x)$ 因式分解为实的线性因式与二次因式.

现在让我们从假装的对于复数及其几何解释的这一阵失忆症中恢复过来, 这时, 对科茨的结果的理解和证明马上都变得简单了. 取 $O$ 为复平面的原点, 取 $C_1$ 为 1, 则科茨的正 $n$ 边形的顶点就成为 $C_{k+1} = \mathrm{e}^{\mathrm{i}k(2\pi/n)}$, $k = 0, 1, \cdots, n-1$, 图 1-19 显示了 $n = 12$ 的情况. 因为 $(C_{k+1})^n = \mathrm{e}^{\mathrm{i}k2\pi} = 1$, 突然之间一切都变清楚了: 正 $n$ 边形的 $n$ 个顶点正是 $U_n(z) = z^n - 1$ 的 $n$ 个复根. 因为 $z^n - 1 = 0$ 的解可以写成 $z = \sqrt[n]{1}$, 正 $n$ 边形的顶点就称为 **$n$ 次单位根**.

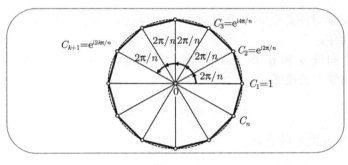

图　1-19

由笛卡儿因式定理, $(z^n - 1)$ 的完全因式分解就是

$$z^n - 1 = U_n(z) = (z - C_1)(z - C_2) \cdots (z - C_n),$$

每一对共轭根给出一个实二次因式

$$\left(z - \mathrm{e}^{\mathrm{i}k(2\pi/n)}\right)\left(z - \mathrm{e}^{-\mathrm{i}k(2\pi/n)}\right) = z^2 - 2z\cos\frac{2k\pi}{n} + 1.$$

每个因式 $z - C_k = R_k\mathrm{e}^{\mathrm{i}\phi_k}$ 都可以看作 (见图 1-17a) 是连接正 $n$ 边形的一个顶点到 $z$ 的复数. 这样, 若 $P$ 是平面上的任意点 (不一定在实轴上), 可得科茨的结果的推广形式:

$$U_n(P) = [PC_1 \cdot PC_2 \cdot \cdots \cdot PC_n]\,\mathrm{e}^{\mathrm{i}\Phi},$$

这里 $\Phi = (\phi_1 + \phi_2 + \cdots + \phi_n)$. 如果 $P$ 恰好是一实数 (仍设为大于 1), 则 $\Phi = 0$[请确信理解了这一点], 我们就又得到科茨的结果.

---

[1] Stillwell [1989, 第 195 页] 则猜想科茨已经使用了复数 (我们差一点儿也这样想), 然后又故意把他的发现用不需要复数的形式加以宣布.

我们并没有直接用复数来陈述和证明科茨的结果, 因为我们觉得以上的直接方法有一种引人入胜的地方. 事后看来, 它表明, 哪怕我们打算避免**复数**, 我们也无法回避**复平面**的几何!

### 1.3.6 向量运算

不仅仅是复数加法与向量加法一样, 现在还要证明, 我们熟悉的向量点乘和叉乘 (也称为数量积和向量积) 运算也包括在复数乘法中. 这些向量运算在物理学中极为重要, (它们是物理学家发现的!) 它们与向量乘法的联系在把复分析用于物理世界, 以及在用物理学来理解复分析时, 都很有价值.

当把复数 $z = x + \mathrm{i}y$ 仅仅看成向量时, 我们就用黑体 $\boldsymbol{z}$ 来表示它, 并把其分量竖列起来:

$$z = x + \mathrm{i}y \quad \Longleftrightarrow \quad \boldsymbol{z} = \begin{pmatrix} x \\ y \end{pmatrix}.$$

虽然点乘和叉乘对任意空间向量都有意义, 但我们下面假设所有向量都在同一平面——复平面内.

给定两个向量 $\boldsymbol{a}$ 和 $\boldsymbol{b}$, 图 1-20a 帮我们回忆起, 点乘就是一个向量的长乘以另一向量在此向量上的投影:

$$\boldsymbol{a} \cdot \boldsymbol{b} = |a||b|\cos\theta = \boldsymbol{b} \cdot \boldsymbol{a},$$

其中 $\theta$ 是 $\boldsymbol{a}$ 与 $\boldsymbol{b}$ 之间的夹角.

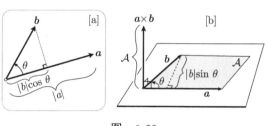

图  1-20

图 1-20b 使我们回忆起叉乘的定义: $\boldsymbol{a} \times \boldsymbol{b}$ 垂直于 $\boldsymbol{a}$ 和 $\boldsymbol{b}$ 所决定的平面, 其长为 $\boldsymbol{a}, \boldsymbol{b}$ 所张的平行四边形的面积 $\mathcal{A}$. 但是请停一下, 有两个 (相反的) 方向都垂直于 $\mathbb{C}$; 我们选哪一个?

若写出 $\mathcal{A} = |a||b|\sin\theta$, 就可以看到, 这样写的面积 $\mathcal{A}$ 是**有符号**的. 要想看出为何这里有符号, 一个容易的方法是规定这里的 $\theta$ 是**由 $\boldsymbol{a}$ 旋转到 $\boldsymbol{b}$ 所成的角** (而不是二者的夹角), 其值在区间 $-\pi$ 到 $\pi$ 中. 可见 $\mathcal{A}$ 的符号与 $\theta$ 的符号一致. 如果 $\mathcal{A} > 0$, 如图 1-20b 那样, 我们就定义 $\boldsymbol{a} \times \boldsymbol{b}$ 是由平面向上指的; 若 $\mathcal{A} < 0$, 就定义它是向下指的. 由此可见 $\boldsymbol{a} \times \boldsymbol{b} = -(\boldsymbol{b} \times \boldsymbol{a})$.

$a \times b$ 的定义中包含了一个人为的规定, 叉乘本质上是三维的. 这就提出了一个问题: 如果 $a$ 和 $b$ 被看成了复数, $a \times b$ 就**不可能**是复数, 因为它并不位于 $a$ 和 $b$ 所在的 (复) 平面 $\mathbb{C}$ 内. 对于点乘就不存在这个问题, 因为 $a \cdot b$ 只是一个实数, 但这也就为我们指出了一条出路.

因为我们所有的向量都在同一平面内, 对此平面可以指定一个法线方向, 于是, 向量的叉乘要么与此法线有同样的方向, 要么方向相反, 所以一个叉乘与另一个叉乘的区别仅在 $\mathcal{A}$ 的数值上. 为了本书所需, 我们将重新定义向量的叉乘是由 $a$ 到 $b$ 所张的 (而不只是 $a$ 和 $b$ 所张的) 平行四边形的 (有符号的) 面积:

$$a \times b = |a||b| \sin\theta = -(b \times a).$$

图 1-21 表明, 若有两个复数 $a = |a|e^{i\alpha}$ 和 $b = |b|e^{i\beta}$, 则由 $a$ 到 $b$ 的角是 $\theta = (\beta - \alpha)$. 为了看出它们的点乘与叉乘怎样与复数乘法相关, 先考虑用 $\bar{a}$ 乘 $\mathbb{C}$ 的任一点的净效果. 这就是旋转一个角 $-\alpha$ 再放大 $|a|$ 倍, 如果再看斜边为 $b$ 的有阴影的直角三角形在此变换下的象, 则我们可以立刻看到

$$\bar{a}b = a \cdot b + i(a \times b). \tag{1.20}$$

当然也可以通过简单的计算得出这个结果:

$$\bar{a}b = (|a|e^{-i\alpha})(|b|e^{i\beta}) = |a||b|e^{i(\beta - \alpha)}$$
$$= |a||b|e^{i\theta} = |a||b|(\cos\theta + i\sin\theta).$$

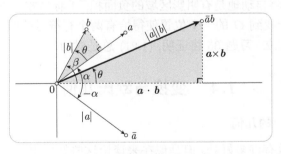

图 1-21

当我们把点乘和叉乘说成是 "向量运算" 时, 这意味着它们是**几何地**加以定义的, 而与坐标轴的任意特定的选取无关. 然而, 一旦选定了笛卡儿坐标系, (1.20) 就很容易用笛卡儿坐标来表示这些运算. 写出 $a = x + iy$, $b = x' + iy'$, 则

$$\bar{a}b = (x - iy)(x' + iy') = (xx' + yy') + i(xy' - x'y),$$

所以

$$\binom{x}{y} \cdot \binom{x'}{y'} = xx' + yy', \quad \binom{x}{y} \times \binom{x'}{y'} = xy' - x'y$$

我们以一个例子结束本节, 这个例子说明了面积 $(a \times b)$ 的符号之重要性. 考虑计算图 1-22a 中的四边形的面积 $\mathcal{A}$ 这个问题, 这个四边形的顶点**依逆时针**依次为 $a, b, c, d$. 很显然这只是四个三角形的通常的无符号的面积之和, 这些三角形是由连接四边形的顶点到原点 $O$ 形成的. 这样, 因为每个三角形的面积只是相应平行四边形面积的一半, 故有

$$\mathcal{A} = \frac{1}{2}[(a \times b) + (b \times c) + (c \times d) + (d \times a)]$$
$$= \frac{1}{2}\mathrm{Im}(\bar{a}b + \bar{b}c + \bar{c}d + \bar{d}a). \tag{1.21}$$

显然这个公式可以推广到多于四边的多边形.

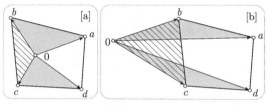

图    1-22

但是如果 $O$ 在四边形之外又怎么办? 在图 1-22b 中, $\mathcal{A}$ 显然是其中三个三角形的通常面积之和, 再减去画了斜线的三角形的通常面积. 但因由 $b$ 到 $c$ 的角是负的, 所以 $\frac{1}{2}(b \times c)$ 将自动地是有阴影区域的负面积, $\mathcal{A}$ 将仍可用上面的公式来表示! 

请试试能不能找到 $O$ 的一个位置使得恰有两个有符号的面积为负? 并验证此时上述公式仍然成立. 习题 35 将证明, (1.21) 总是对的.

# 1.4    变换与欧氏几何*

### 1.4.1    克莱因眼中的几何

尽管引入复数有许多好处, 但是现在来谈论这些好处也只不过是事后诸葛亮, 仍然很难找到一种不得不接受的引入复数的方式. 从历史上看, 我们已经看见了三次方程怎样以代数方式把复数强加给我们, 而在讨论科茨的工作时, 我们又看到其几何解释有某种不可避免性. 在本节中我们想要表明, 在仔细地重新考察**欧氏平面几何**后, 复数是怎样自然且几乎不可避免地出现的.[①]

本节标题后面加上了一个星号（*）, 表示本节的内容可以略去. 然而, 本节的思想, 除了 "解释" 复数以外, 其本身也是很有意思的, 而且对于理解本书其他选读的内容, 也是有需要的.

---

① Nikulin and Shafarevich [1987] 的极佳的书是我们知道的仅有的具有类似想法的著作.

　　尽管古希腊人在几何学中有许多漂亮的、了不起的发现, 但直到 2000 多年后, 克莱因[①]才第一次提出 "什么是几何学?" 这个问题, 并且做出了回答.

　　我们仅限于讨论**平面**几何学. 人们可以说它就是研究平面上几何图形几何性质的, 但是, (i) 什么是 "几何性质"? (ii) 什么是 "几何图形"? 我们将集中于问题 (i), 对 (ii) 则一带而过, 把 "几何图形" 解释为我们在一张平铺着的无限大的纸上用无限细的笔画出来的东西.

　　至于 (i), 我们首先要提出, 如果两个几何图形 (例如三角形) 具有同样的几何性质, 则 (从几何学的观点来看) 它们必定是 "相同的" "相等的", 或者如我们常说的, 是**全等的**. 这样, 如果我们对全等 (几何相等性) 有了清楚的定义, 就可以把这件事反过来说, **定义几何性质就是所有全等图形所共有的性质**. 那么, 怎样看出两个图形为几何相等呢?

　　考虑图 1-23 中的三角形, 设想它们都是可以捡起来的纸片. 要问 $T$ 是否全等于 $T'$, 只要捡起 $T$ 来, 看看能否放在 $T'$ 上. 注意, 允许在三维空间中移动 $T$ 这一条件是很本质的: 要想把 $T$ 放在 $\tilde{T}$ 上, 必须先把 $T$ 翻一个面; 只让 $T$ 沿平面滑动是翻不过来的. 我们试着把这一点一般化, 它使我们想到, 需要提出, **如果有两个图形 $F$ 和 $F'$, 而且存在一个经过三维空间的运动使 $F$ 与 $F'$ 重合, 则二者全等**. 注意, 这一讨论使我们想到存在两种基本不同类型的运动: 其一包含了把图形翻一个面, 另一类则不. 我们以后还会回到很重要的这一点.

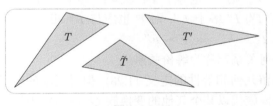

图　　1-23

　　很清楚, 多少有点令人感到不满意的是, 在试图定义**平面**上的几何学时, 却必须求助于经过三维空间的运动. 我们现在来改正这一点. 回到图 1-23, 想象 $T$ 和 $T'$ 都是画在透明胶片上的. 现在我们不是捡起三角形 $T$, 而是捡起画着 $T$ 的**整张胶片**, 然后把它放在第二张胶片上使 $T$ 恰好与 $T'$ 重合. 经过这一运动, $T$ 的胶片上的每一点 $A$ 都落在 $T'$ 的胶片的一点 $A'$ 上, 而我们可定义运动 $\mathcal{M}$ 就是平面本身的一个映射: $A \mapsto A' = \mathcal{M}(A)$.

　　然而, 并不是所有的映射都够得上成为运动的资格, 因为我们还必须抓住一个思想 (前面其实已经暗地里这样做了): 胶片在运动中必须是**刚性的**, 使得点之间的距离在运动中不变. 于是我们的定义如下:

---

　　① Felix Klein, 1849—1925, 伟大的德国数学家. ——译者注

　　　　　运动就是平面到其自身的一个映射且使任两点 $A, B$ 的距离与
其象 $A' = \mathcal{M}(A), B' = \mathcal{M}(B)$ 的距离相同.　　　　　　　　　　(1.22)

注意, 我们所称的运动也常称为 "刚性运动" 或 "等距同构".

　　有了关于运动的精确概念以后, 我们对几何相等性就有了一个最终的定义:

　　　　　如果存在一个运动 $\mathcal{M}$, 使得 $F' = \mathcal{M}(F)$, 就说 $F$ 全等于 $F'$,
记作 $F \cong F'$.　　　　　　　　　　　　　　　　　　　　　　(1.23)

其次, 作为以前讨论的一个推论, 我们说: **一个图形的几何性质就是它的经过一切
运动都不改变的性质**. 最后, 为了回答那个尚未解决的问题 —— "什么是几何学",
克莱因说, 几何学就是研究运动的集合的所谓**不变式**（或**不变量**）.

　　19 世纪最重要的发现之一就是, 欧氏几何并非唯一可能的几何学, 第 6 章将要
研究所谓非欧几何中的两种, 但是目前我们只想说明克莱因怎样能推广以上思想使
得也能包括这些新几何学.

　　(1.23) 的目的是用一族变换来引入几何相等性的概念. 但是这种 $\cong$ 类型的相
等性会如我们所愿吗? 为了回答这个问题, 必须先弄明白, 我们希望的是什么? 为
了不把一般的讨论与 (1.23) 中的特定的全等概念混淆, 我们暂时不用 $\cong$ 这个记号,
而把几何相等性记作 $\sim$. 我们希望所谓几何相等性应该符合以下三个条件.

　　(i) 一个图形应该等于其自身: $F \sim F$ 对一切 $F$ 成立.

　　(ii) 若 $F$ 等于 $F'$, 则 $F'$ 也等于 $F$: $F \sim F' \Rightarrow F' \sim F$.

　　(iii) 若 $F$ 等于 $F'$, $F'$ 等于 $F''$, 则 $F$ 也应与 $F''$ 相等:
　　　　$F \sim F' \ \& \ F' \sim F'' \ \Rightarrow \ F \sim F''$

符合这些要求的任何关系都称为**等价关系**.

　　现在假设仍保留几何相等性的定义 (1.23), 但对运动的定义 (1.22) 加以推广,
即将其中的保距变换族代以某个其他的变换族 $G$, 应该要明白, 并非任意我们已知
的原有的 $G$ 都与我们定义几何相等性的目的相容. 事实上, (i), (ii) 与 (iii) 蕴涵着
$G$ 必有以下很特殊的构造, 我们把它用图 1-24 画出来.[①]

　　(i) 族 $G$ 必包含一个映一点为其自身的变换 $\mathcal{E}$（称为**恒等变换**）.

　　(ii) 若 $G$ 中含有一变换 $\mathcal{M}$, 则亦必包含解除 $\mathcal{M}$ 的变换 $\mathcal{M}^{-1}$（称为 $\mathcal{M}$ 之
**逆**）.[请验证, 为使 $\mathcal{M}^{-1}$ 存在（且不管 $\mathcal{M}^{-1}$ 是否 $G$ 之元）, $\mathcal{M}$ 必须具有
以下的特殊性质: (a) 把平面映到**全平面**上, (b) 一对一; 即是说: (a) 平面
的每点必为此平面的某点之象, (b) 不同点有不同的象.]

　　(iii) 若 $\mathcal{M}$ 与 $\mathcal{N}$ 都是 $G$ 中之元, 则其复合映射 $\mathcal{N} \circ \mathcal{M} =$（先做 $\mathcal{M}$ 再做 $\mathcal{N}$）
也是 $G$ 中之元. $G$ 的这一性质称为**封闭性**.

---

① 这里 $G$ 是**射影**之群, 如果我们要做一个平面图形的透视画, 则从那个平面到 "画布" 平面的映射就
　称为一个**透视**. 射影则定义为任意一串透视. 你能看出来何以射影的集合应该构成一个群吗?

这样我们很自然得到了对整个数学都具有基本重要性的概念：满足这三条要求 [①]
的变换族 $G$ 称为**群**.

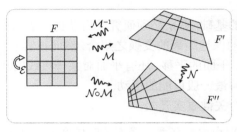

图  1-24

　　我们来验证一下, (1.22) 中定义的运动构成一个群: (i) 因为恒等变换保持距离
不变, 它自然是一个运动. (ii) 运动的逆只要存在, 当然也保持距离, 因此也是运动.
它是否存在呢? (a) 如果对全平面做一运动, 那么说其象也是全平面, 也还是合情理
的, 但以后还要证明. (b) 两个不同点的非零距离在运动中仍得以保持不变, 所以它
们的象仍是不同点. 因此 $\mathcal{M}$ 之逆确是存在的. (iii) 如果两个变换都不改变距离, 则
相继施行它们也不会改变距离, 所以两个运动的复合仍是运动.

　　克莱因的思想是, 我们可以先任意选定一个群 $G$, 然后定义一种相应的几何学,
即是对 $G$ 的不变量的研究. [克莱因第一次宣布这个思想是 1872 年在埃尔朗根大
学, 那时他才 23 岁, 所以后来这个思想就以**埃尔朗根纲领**为名而著称于世.] 例如,
若取 $G$ 为运动群, 我们就回到了平面上的欧氏几何学. 但是这远非平面上**唯有的**几
何学, 图 1-24 画出的**射影几何学**就是另外一种.

　　克莱因对于几何学的视野其实还更宽广. 我们一直关注的是, 当图形是画在平
面上任何地方时, 可能有什么样的几何学, 但是也可以假设只允许我们把图形画在
某个圆盘 $D$ 内. 应该很清楚, 我们可以恰如构造平面上的几何学一样, 来构造 "$D$
中的几何学": 给定一个由 $D$ 到其自身的变换之群 $H$, 相应的几何学就是研究 $H$
的不变量. 如果你怀疑是否有这样的群存在, 考虑所有绕 $D$ 之中心的旋转之集合
好了.

　　读者很可能会感觉以上的讨论全属数学推广癖这种慢性病的大发作——所得
的关于几何学的概念 (套用卡丹诺的那句话) "既不可捉摸又没有用处". 但是这
就背离了真理, 错得不能再错了! 在第 3 章里, 我们将很自然地被引导着去考虑一
个很有趣的由圆盘到其自身的变换群. 所得的几何学称为**双曲几何或罗巴切夫斯
基** [②] **几何**, 这将是第 6 章的主题. 这种几何并非没有用处, 它被证明在广泛的数学领

---

① 在更一般的背景下群的定义中还要增加第四个要求: 结合性, 即 $\mathcal{A} \circ (\mathcal{B} \circ \mathcal{C}) = (\mathcal{A} \circ \mathcal{B}) \circ \mathcal{C}$, 对于变
　换它当然自动成立.

② Nikolai Ivanovich Lobachevski, 1792—1856, 伟大的俄罗斯数学家. ——译者注

域中是强有力的工具, 不断地一直在现代研究的最前沿提供新的洞察.

### 1.4.2    运动的分类

要理解欧氏几何的基础, 看来必须研究其运动群. 现在这个群还是相当抽象地定义为平面到其自身的保持距离的变换之集合. 然而很容易想到运动的一些例子: 平面绕任意点的旋转、平面的平移, 还有平面对某一直线的反射. 我们的目的是用同样生动的东西来理解最一般可能的运动.

我们先从宣布一个关键事实开始:

<blockquote>一个运动可以由它对任意三角形 (即任意三个非共线的点) 的效果唯一确定.</blockquote>    (1.24)

这句话的意思就是, 只要知道这三个点怎么变, 就可以知道平面上**每个点**怎么变. 为了看出这一点, 请先看图 1-25. 每个点 $P$ 都可由它到这个三角形的顶点 $A, B, C$ 的距离唯一决定.[①]到 $A$ 和到 $B$ 的距离给出了两个圆, 它们一般地交于两个点, $P$ 与 $Q$. 第三个距离 (即到 $C$ 的距离) 就可以把 $P$ 找出来.

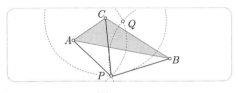

图    1-25

为了证明 (1.24), 现在看图 1-26. 它表示运动 $\mathcal{M}$ 把 $A, B, C$ 映为 $A', B', C'$. 由运动的定义, $\mathcal{M}$ 必把任一点 $P$ 映到 $P'$, 而 $P'$ 到 $A', B', C'$ 之距离等于 $P$ 到 $A, B, C$ 原来的距离. 这样, 如已证明的那样, $P'$ 被唯一确定. 证毕.

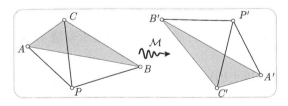

图    1-26

认识到有两类基本不同的运动, 是在分类上进了一大步. 根据我们原来已有的、关于运动可以通过空间来进行的概念, 这两类基本不同的运动的区别在于: 要把一

---

① 地震就是用这个方法定位的. 地震开始时就会发出两个波: 快速传播的 "P 波" (压缩波) 以及缓慢传播的有破坏力的 "S 波" (切变波). 于是 P 波将在 S 波之前到达地震站, 而这两个事件之时差就可用来计算地震到地震站的距离. 再对另外两个台站计算出这个距离, 就可确定地震的位置.

个图形放到另一个图形上面, 是否需要翻一个面. 可以看到在新定义 (1.22) 中, 对于运动也会出现这种二分法: 设一运动把 $A, B$ 两点送到 $A', B'$ 处. 见图 1-27. 按 (1.24), 还不能确定这个运动, 我们还需要知道第三个点, 即图 1-27 所示的 (与 $A, B$ 不共线的) $C$ 点之象. 因为运动保持 $C$ 到 $A$ 和到 $B$ 的距离, 则 $C$ 之象恰好有两个可能性, 即或者是 $C'$ 或者是它对过 $A', B'$ 的直线 $L$ 的反射象 $\widetilde{C}$. 这样, 恰好有两个运动 (例如记作 $\mathcal{M}$ 和 $\widetilde{\mathcal{M}}$) 将 $A, B$ 映到 $A', B'$: $\mathcal{M}$ 把 $C$ 映到 $C'$, $\widetilde{\mathcal{M}}$ 把 $C$ 映到 $\widetilde{C}$.

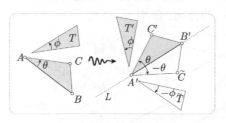

图　1-27

为了区别这两个运动, 可以看它们对于角的影响如何. 所有的运动都能保持角的大小. 但是我们看到 $\mathcal{M}$ 还保持角 $\theta$ 的**定向**, 而 $\widetilde{\mathcal{M}}$ 却把它反转. 这个区别的本性是: $\mathcal{M}$ 必定事实上保持**所有的**角的定向, 而 $\widetilde{\mathcal{M}}$ 则把所有的角的定向都反转.

为了证明这一点, 先看一下三角形 $T$ 中的角 $\phi$ 命运如何. 如果 $C$ 被映到了 $C'$ (即运动是 $\mathcal{M}$), 从图 1-27 可以看出, $T$ 的象是 $T'$, 角的定向得到保持. 如果是另一情况, 即 $C$ 被映到了 $\widetilde{C}$ (即运动为 $\widetilde{\mathcal{M}}$), 则 $T$ 的象是 $T'$ 对 $L$ 的反射, 而角的定向则被翻转了. 保持角的定向的运动称为**保向的** (或称**直接的**), 使其翻转的称为**反向的**. 这样, 平移和旋转都是保向的, 而反射是反向的. 综合以上所得有:

恰好存在一个保向运动 $\mathcal{M}$ (以及恰好一个反向运动 $\widetilde{\mathcal{M}}$) 将一已给线段 $AB$ 映为另一个等长线段 $A'B'$. 此外, $\widetilde{\mathcal{M}} = (\mathcal{M}$ 再继以对 $A'B'$ 的一个反射). (1.25)

这样, 为了理解运动, 我们可以考虑两个随机选出的等长线段 $AB$ 与 $A'B'$, 然后再找出映其一为另一的这个保向运动 $\mathcal{M}$ (反向运动 $\widetilde{\mathcal{M}}$). 现在就容易证明

每个保向运动均为一旋转, 或 (在例外情况下) 为一平移. (1.26)

注意, 这个结果使我们对于早先关于旋转与平移的复合的计算有了更深的洞察: 因为任意两个保向运动的复合仍为一保向运动, [为什么?] 它就只可能是一旋转或平移. 反过来, 那些计算可以把 (1.26) 很简洁地重新表述如下:

每个保向运动都可以表示为一个如下形状的复函数 $\mathcal{M}(z) = \mathrm{e}^{\mathrm{i}\theta}z + v$. (1.27)

现在来证明 (1.26), 若线段 $A'B'$ 平行于 $AB$, 则向量 $\overrightarrow{AB}$ 与 $\overrightarrow{A'B'}$ 或相等或反向. 如果它们相等则如图 1-28a 所示, 该运动是一平移; 如果它们反向, 则图 1-28b 表明, 该运动是绕 $AA'$ 与 $BB'$ 的交点旋转角度 $\pi$.

如果这两线段不平行,（在有必要时）延长它们使之相交于 $M$ 点. 令 $\theta$ 为 $\overrightarrow{AB}$ 与 $\overrightarrow{A'B'}$ 的方向的夹角, 见图 1-28c. 由圆的一个初等性质, 弦 $AA'$ 对圆弧 $AMA'$ 之任一点均张等角 $\theta$. 然后用 $O$ 表示 $AA'$ 之垂直平分线与弧之交点. 这样就可看到, 把 $AB$ 变为 $A'B'$ 的保向运动就是绕 $O$ 点旋转角度 $\theta$, 因为 $A$ 被转到 $A'$ 点, 而 $\overrightarrow{AB}$ 的方向转成了 $\overrightarrow{A'B'}$ 的方向. 证毕.

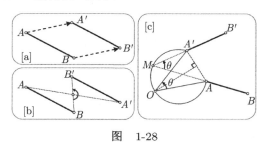

图　1-28

在下述意义下说平移是 "例外" 的: 如果两个线段是随机地画的, 则二者平行是很罕见的. 事实上, 给定了 $AB$, 则只有当 $A'B'$ 的方向在无穷多方向中, 恰好是 $AB$ 的方向时, 才只需做一个平移, 所以一个随机的保向运动恰为平移这一事件的数学概率确实为**零**!

对于我们来说, 保向运动比反向运动更重要, 所以我们把对于反向运动的研究留作习题 39~41. 更加强调保向运动的理由是它们构成一个群（整个运动群的一个子群）, 而反向运动则不构成子群. 能看出为什么吗?

### 1.4.3　三反射定理

在化学里关注的是原子的相互作用, 但是, 想要更深入地洞察它们就必须研究构成原子的电子、质子和中子. 与此类似, 虽然我们关注的是保向运动, 但是保向运动是由反射运动构成的. 研究构成它们的反射运动, 就能有更深的洞察. 准确些说,

$$\text{每个保向运动均为两个反射的复合.} \tag{1.28}$$

注意, 由 (1.25) 的第二句即知: **每个反向运动均为 3 个反射的复合**. 见习题 39. 简而言之, 每个运动均为或两个或三个反射复合而成, 这个结果称为**三反射定理**.[①]

前面我们曾试图证明运动的集合成为一个群, 但是并不清楚是否每个运动都有

---

① 像 (1.26) 那样的结果也可以看作这个定理的推论; Stillwell [1992] 对这个方法有漂亮的初等讲解.

一个逆. 三反射定理非常简洁而明确地解决了这个问题, 因为一串反射的逆就是把这些反射以相反的次序再做一次.

以下, 我们用 $\Re_L$ 记对于直线 $L$ 的反射. 因此, 先对 $L_1$ 做反射, 再继之以对 $L_2$ 做反射就记为 $\Re_{L_2} \circ \Re_{L_1}$. 按照 (1.26), 想要证明 (1.28), 就是要证明每个旋转 (以及每个平移) 都具有 $\Re_{L_2} \circ \Re_{L_1}$ 这样的形状, 这是以下两个命题的直接推论:

若 $L_1$ 与 $L_2$ 相交于 $O$, 而由 $L_1$ 到 $L_2$ 的角为 $\phi$, 则 $\Re_{L_2} \circ \Re_{L_1}$ 就是绕 $O$ 旋转 $2\phi$.

以及

若 $L_1$ 与 $L_2$ 平行, 而 $V$ 为由 $L_1$ 垂直连接到 $L_2$ 的向量, 则 $\Re_{L_2} \circ \Re_{L_1}$ 就是平移 $2V$.

这两个结果都很容易直接证明, [请试一试!] 但是下面的证法或者更漂亮.

首先, $\Re_{L_2} \circ \Re_{L_1}$ 是一个保向运动 (因为它把一个角的定向翻转两次), 它或者是一旋转或者是一平移. 其次, 注意旋转与平移之区别在于它们有不同的**不变曲线**, 即被映为自身的曲线. 对于绕 $O$ 点的旋转, 它们是以 $O$ 为中心的圆, 对于平移, 则为平行于此平移的直线.

先看图 1-29a, 很清楚, $\Re_{L_2} \circ \Re_{L_1}$ 使所有以 $O$ 为中心的圆都不变, 所以它是绕 $O$ 的旋转. 为了看出旋转角为 $2\phi$, 考虑 $L_1$ 上一点 $P$ 的象 $P'$ 即知, 证毕.

再看图 1-29b. 显然 $\Re_{L_2} \circ \Re_{L_1}$ 保留所有垂直于 $L_1$ 和 $L_2$ 的直线不变. 为了证明平移量为 $2V$, 考虑 $L_1$ 上一点 $P$ 之象 $P'$ 即知. 证毕.

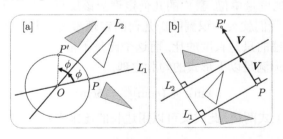

图 1-29

注意, 转一个角 $\theta$ 的旋转必可以表示为 $\Re_{L_2} \circ \Re_{L_1}$, 其中 $L_1, L_2$ 是任意一对经过旋转中心而且成角 $(\theta/2)$ 的直线. 类似于此, 平移 $T$ 相应于任意一对相隔 $T/2$ 的平行直线. 这个情况给出了一个组合旋转与平移的很漂亮的方法.

例如图 1-30a, 这里绕 $a$ 旋转一个角 $\theta$ 已表示为 $\Re_{L_2} \circ \Re_{L_1}$, 而绕 $b$ 旋转角 $\phi$ 则已表示为 $\Re_{L_2'} \circ \Re_{L_1'}$. 为了求先绕 $a$ 再绕 $b$ 的旋转的总效果, 取 $L_2 = L_1'$ 为过 $a, b$ 两点的任意直线, 如果 $\theta + \phi \neq 2\pi$, 则 $L_1$ 与 $L_2'$ 必在某点 $c$ 相交, 如图 1-30b 所示.

这两个旋转的复合就是

$$(\Re_{L_2'} \circ \Re_{L_1'}) \circ (\Re_{L_2} \circ \Re_{L_1}) = \Re_{L_2'} \circ \Re_{L_1},$$

这就是绕 $c$ 旋转 $(\theta + \phi)$! 习题 36 证明了这种作法与 1.3.3 节中讲的旋转的复合的作法是一致的.

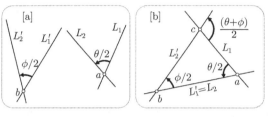

图    1-30

### 1.4.4    相似性与复算术

现在更仔细地看一下距离在欧氏几何中的作用. 设在同一平面上做两个直角三角形 $T$ 和 $\tilde{T}$, 令甲测量 $T$ 而乙测量 $\tilde{T}$. 如果他们二人都报告其三角形边长为 3, 4, 5, 则人们一定很想断言这两个三角形是一样的, 即存在一个运动 $M$ 使 $\tilde{T} = M(T)$. 但是且慢! 设甲所用的单位是厘米, 而乙的测量以英寸为单位, 则这两个三角形只是相似的而非全等的. 哪一个三角形是 "真" 的 3, 4, 5? 当然两个都是.

要点是当我们谈到距离的数值时, 我们事先预设了一个度量单位. 单位可以画成一个线段 $U$, 当我们说另外某线段的长 (例如) 为 5 时, 就是说这个线段里可以恰好放下 5 个 $U$. 但是在平坦的 [1] 平面中选什么样的 $U$ 都是同样容许的——没有**绝对的**度量单位, 我们的几何定理应该反映这个事实.

细想这一点, 我们就会认识到欧氏几何的定理事实上并不依赖于 $U$ 的 (任意的) 选取, 它们处理的只是长度的**比**, 而这个比是不依赖于 $U$ 的. 例如, 甲可以验证一下, 他的三角形满足以下形式的勾股定理.

$$(3\text{cm})^2 + (4\text{cm})^2 = (5\text{cm})^2,$$

但是用 $(5\text{cm})^2$ 除上式两边, 此式又可以用边长的比来表示:

$$(3/5)^2 + (4/5)^2 = 1.$$

这些比都是没有单位的绝对的数. 请找另外的定理来试一下, 验证一下它也只是处理长度的比.

既然欧氏几何的定理并不考虑图形的实际大小, 那么我们前面用运动来做几何相等性的定义就显得过于局限: 只要两个图形是**相似的**, 就应该看作同样的图形.

---

[1] 在第 6 章的非欧几何中, 我们是在**弯曲的**曲面上画图的, 而这个曲面的曲率的量将定死了绝对的长度单位.

更准确些说, 如果存在一个**相似**映射把一个图形映为另一个, 就应该把这两个图形看作同样的, 而

> 相似 $\mathcal{S}$ 就是把一平面映到其自身且保持距离之比的映射.

很容易看到 [练习], 每一个给定的相似映射 $\mathcal{S}$ 均把每个距离放大一个相同的 (非零) 因子 $r$, $r$ 称为 $\mathcal{S}$ 的**放大率** (或称相似比). 所以我们可以把放大率作为上标放到我们的记号之中使之更为准确, 而一般的放大率为 $r$ 的相似映射可写作 $\mathcal{S}^r$. 显然, 恒等变换也是一个相似变换 ($r=1$), $\mathcal{S}^k \circ \mathcal{S}^r = \mathcal{S}^{kr}$, $(\mathcal{S}^r)^{-1} = \mathcal{S}^{(1/r)}$. 所以, 相似 (变换) 的集合构成一个群就相当清楚了. 这样, 我们就得到了克莱因在他的演说 [1] 中给出的欧氏几何的定义:

> 欧氏几何就是对几何图形在相似变换群下的不变性质的研究. $\qquad$ (1.29)

因为运动就是具有单位放大率的相似映射 $\mathcal{S}^1$, 运动群就是相似变换群的子群; 我们前面试图定义的欧氏几何因此只是 (1.29) 的一个子几何.

$\mathcal{S}^r$ 的一个简单例子是**中心伸缩** (即位似) $\mathcal{D}_o^r$. 图 1-31a 表明, 它令 $o$ 不动, 而每个线段 $oA$ 都径向地伸缩 $r$ 倍. 注意, 一个中心伸缩之逆是另一个中心伸缩: $(\mathcal{D}_o^r)^{-1} = \mathcal{D}_o^{(1/r)}$. 如果此中心伸缩再继以另一个具有同样中心的旋转 $\mathcal{R}_o^\theta$ (或者先做 $\mathcal{R}_o^\theta$ 亦可), 就得到图 1-31b 所示的伸缩旋转:

$$\mathcal{D}_o^{r,\theta} \equiv \mathcal{R}_o^\theta \circ \mathcal{D}_o^r \equiv \mathcal{D}_o^r \circ \mathcal{R}_o^\theta,$$

注意, 中心伸缩也可看作伸缩旋转的特例: $\mathcal{D}_o^r = \mathcal{D}_o^{r,0}$.

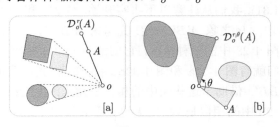

图　1-31

这个图形应该给我们敲响了钟声. 取 $o$ 为 $\mathbb{C}$ 的原点, (1.9) 说明 $\mathcal{D}_o^{r,\theta}$ 对应于用 $re^{i\theta}$ 做乘法:

$$\mathcal{D}_o^{r,\theta}(z) = (re^{i\theta})z.$$

关键点在于反过来看, 复数乘法的规则可以看作伸缩旋转的性态之推论.

我们现在集中注意于具有共同的固定中心 $o$ 的伸缩旋转的集合, $o$ 视为复平面的原点. 每个 $\mathcal{D}_o^{r,\theta}$ 都由其放大率 $r$ 与旋转角 $\theta$ 唯一确定, 所以它可以用一个长为

---

[1] 克莱因在 1872 年去埃尔朗根大学任教授职务时做了一个任职演说 "新近关于几何学研究的比较评论". 著名的埃尔朗根纲领就是在这篇演说提出的. 所以正文中提到他的演说. ——译者注

$r$、角为 $\theta$ 的向量来表示. 类似于此, $\mathcal{D}_o^{R,\phi}$ 用一个长为 $R$、角为 $\phi$ 的向量来表示. 那么, 什么向量可以表示二者的复合? 从几何上看, 很显然有

$$\mathcal{D}_o^{R,\phi} \circ \mathcal{D}_o^{r,\theta} = \mathcal{D}_o^{r,\theta} \circ \mathcal{D}_o^{R,\phi} = \mathcal{D}_o^{Rr,(\theta+\phi)},$$

所以新向量将由两个原向量长度相乘、角度相加来表示——这就是复数乘法!

我们在 1.3.3 节讲到复数运算的几何意义时已经看到, 若把复数看成平移, 则其组合给出加法. 现在我们又看到, 若把它们改而看成伸缩旋转, 则其组合给出乘法. 为了完成对复数用几何语言的 "解释", 我们将证明这些平移和伸缩旋转对于 (1.29) 所定义的欧氏几何是基本的.

为了理解 (1.29) 中涉及的一般相似变换 $\mathcal{S}^r$, 注意若 $p$ 是一任意点, 则 $\mathcal{M} \equiv \mathcal{S}^r \circ \mathcal{D}_p^{(1/r)}$ 必是一个**运动**. 所以, 任一相似必为一个伸缩与一个运动复合而成:

$$\mathcal{S}^r = \mathcal{M} \circ \mathcal{D}_p^r. \tag{1.30}$$

我们对运动的分类因此蕴涵着, 相似也分成两类: 若 $\mathcal{M}$ 保持角度的定向, $\mathcal{S}^r$ 也这样 [故称为**保向相似**], 若 $\mathcal{M}$ 反转角度的定向, 则 $\mathcal{S}^r$ 也如此 [故称为**反向相似**].

正如我们集中于关注保向运动之群, 我们现在也集中于保向相似之群. 平移和伸缩旋转在欧氏几何中的基本作用最终出现在下面的令人吃惊的定理中:

$$\text{每个保向相似或为一伸缩旋转, 或 (作为例外) 为一平移.} \tag{1.31}$$

对于我们, 这个事实构成了复数的一种 "令人满意" 的解释, 在前言中还提到, 在物理规律中还可找到其他令人折服的解释.

为了能理解 (1.31), 我们从注意以下事实开始. (1.25) 和 (1.30) 蕴涵着一个保向相似可由任意线段 $AB$ 之象 $A'B'$ 决定. 先考虑 $A'B'$ 与 $AB$ 长度相同这一例外情况. 这时我们有图 1-28 中的三种情况. 它们都与 (1.31) 相容. 如果 $A'B'$ 与 $AB$ 平行而不等长, 我们就有图 1-32a 和图 1-32b 两种情况, 其中我们都画出了交于 $p$ 点的直线 $AA'$ 和 $BB'$. 借助于这些图中的相似三角形. 我们看到图 1-32a 中的相似是 $\mathcal{D}_p^{r,0}$, 而图 1-32b 中的相似是 $\mathcal{D}_p^{r,\pi}$. 无论在哪种情况下, 均有

$$r = (pA'/pA) = (pB'/pB).$$

现在考虑 $A'B'$ 与 $AB$ 既无相同长度也不平行这个更重要的一般情况. 稍看一下图 1-32d, 那就是讲的这个情况. 这里, $n$ 是这两个线段的交点 (必要时把这两个线段延长), $\theta$ 是它们的交角. 为了证明 (1.31), 我们必须要证明, 只需做一个伸缩旋转就可把 $AB$ 变到 $A'B'$. 在目前只要看到, 如果想要 $AB$ 最后变得与 $A'B'$ 有相同方向, 则必须旋转一个角 $\theta$, 所以我们的结论实际上就是: *存在一个点 $q$ 和一个放大率 $r$, 使得 $D_q^{r,\theta}$ 把 $A$ 变到 $A'$, $B$ 变到 $B'$.*

考虑图 1-32d 复制在图 1-32c 上的那一部分. 显然, 若取 $r = (nA'/nA)$, $\mathcal{D}_n^{r,\theta}$ 将把 $A$ 变到 $A'$. 一般来说, 当且仅当 $AA'$ 在 $q$ 处的张角为 $\theta$ 时, $\mathcal{D}_q^{r,\theta}$ 才把 $A$ 变到

$A'$. 这样, 有了适当的 $r$ 值, $\mathcal{D}_q^{r,\theta}$ 变 $A$ 为 $A'$, 当且仅当 $q$ 位于圆弧 $AnA'$ 上. 图上画出了这样一个 $q$ 点, 即 $q = m$. 在回到图 1-32d 以前, 我们还要再注意一件事: $mA$ 在 $n$ 点和 $A'$ 点所张的角相等 (记作 ●).

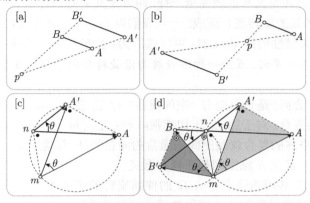

图 1-32

现在可以回到图 1-32d. 我们需要的是 $\mathcal{D}_q^{r,\theta}$ 既把 $A$ 变为 $A'$, 也把 $B$ 变为 $B'$. 按照上面的论证, $q$ 必须同时既位于圆弧 $AnA'$ 上, 又位于圆弧 $BmB'$ 上. 这样就有两种可能性: $q = n$ 或 $q = m$ ($m$ 是这两个圆弧的另一交点). 如果想到了这一点, 就看到了戏剧的高潮. 我们只考虑角 $\theta$ 就已把 $q$ 的可能位置缩小到两个点上; 不论是哪一个可能性, 我们都可取放大率 $r$ 使 $A$ 变为 $A'$, 但是一旦 $r$ 选定, 则 $B$ 还是既有可能变成 $B'$, 也可能不行! 但是从图上看, 取 $q = n$ 时 $B$ 并不会变到 $B'$, 所以 $q = m$ 将是余下的仅有的可能性.

为使 $\mathcal{D}_m^{r,\theta}$ 同时将 $A$ 映到 $A'$, $B$ 映到 $B'$, 我们还需要 $r = (mA'/mA) = (mB'/mB)$; 换言之, 图 1-32d 上两个阴影三角形需要相似. 它们确实相似真有点像是奇迹. 看一下在 $n$ 点处的那些角, 我们看到 $\theta + \odot + ● = \pi$, 再把等式右端看作每个阴影三角形的内角和, 立即可得这个结果. (1.31) 的证明至此完毕.[①]

(1.31) 中讲到绕任意点的伸缩旋转, 而复数则表示绕固定点 $o$ (原点) 的伸缩变换, 读者可能会对此不甚满意. 对于这一点可以回答如下: $AB$ 在 $D_q^{r,\theta}$ 和 $D_o^{r,\theta}$ 下之象互相平行而且长度相等, 所以必定存在一个平移 $\mathcal{T}_v$ 映一个象为另一个象 [详见习题 44]. 换言之, 一般的伸缩旋转与以原点为中心的伸缩旋转只相差一个平移: $\mathcal{D}_q^{r,\theta} = \mathcal{T}_v \circ \mathcal{D}_o^{r,\theta}$. 总结起来, 我们有

每个保向的相似变换 $\mathcal{S}^r$ 均可表示为形如 $\mathcal{S}^r(z) = re^{i\theta}z + v$ 的复函数.

---

[①] 这里的论证好处在于它是逐步给出的, 而不必把所有结果一下子全部证出来. 其他的证法可以参看 Coxeter and Greitzer [1967, 第 97 页], Coxeter [1969, 第 73 页] 和 Eves [1992, 第 71 页]. 习题 45 中有用复函数的简单证法.

### 1.4.5　空间复数

我们现在简要地把上面的思想推广到三维空间. 首先, 空间中的有中心（以 $O$ 为中心）的伸缩旋转定义和前面完全一样, 即可定义为有同样中心的伸缩与空间中绕某个过 $O$ 点的轴的旋转复合而成. 一旦我们以 (1.29) 为欧氏几何的定义, 就可以开始腾飞, 因为关键性的结果 (1.31) 可以推广为: **空间的每一个保向相似变换或为一伸缩旋转, 或为一平移, 或为一伸缩旋转与沿旋转轴的平移的复合**. 详见 Coxeter [1969, 第 103 页].

因此自然地会问, 是否可能有 "空间复数" 存在, 使其加法为平移的复合, 而乘法为伸缩旋转的复合. 对于加法, 一切都很顺利: 空间每一点的位置向量都可以看作平移, 而这些平移的复合就是空间中通常的向量加法. 注意, 就此而言, 这个向量加法对四维空间, 甚至 $n$ 维空间都一样有意义.

现在考虑具有共同的固定中心 $O$ 的伸缩旋转的集合 $Q$. 一开始, 乘法的定义还很顺利. 因为很容易看到两个这种伸缩旋转的 "乘积" $Q_1 \circ Q_2$ 仍是一个同一类的伸缩旋转（例如记为 $Q_3$）. 注意到 $Q_1 \circ Q_2$ 仍保持 $O$ 不变, 就可以从上述的正向相似变换的分类得到这一点. 如果 $Q_1$ 与 $Q_2$ 的放大率分别为 $r_1$ 和 $r_2$, 则 $Q_3$ 放大率显然为 $r_3 = r_1 r_2$, 而我们将在第 6 章给出由两个旋转 $Q_1$ 和 $Q_2$ 做出旋转 $Q_3$ 的几何作法. 然而, 与平面旋转不同, 在空间中, 完成两个旋转的次序是会造成区别的, 所以我们的乘法法则是**非交换的**:

$$Q_1 \circ Q_2 \neq Q_2 \circ Q_1. \tag{1.32}$$

我们肯定是习惯于乘法具有可交换性的, 但是 (1.32) 不会导致矛盾, 所以这一点还不能看成构造 "空间复数" 在代数上的决定性的障碍.

但是, 如果我们企图用空间中的点（即向量）来表示伸缩旋转时, 就会出现基本的问题. 我们会类比着复数乘法把方程 $Q_1 \circ Q_2 = Q_3$ 解释为对点 $Q_2$ 做伸缩变换 $Q_1$ 使之变为 $Q_3$. 但是这样的解释是不可能的! 在空间中确定一个点需要 3 个数, 即其三维空间坐标; 但要确定一个伸缩旋转则需要 4 个数: 一个表示放大率, 一个表示旋转的角度, 还有两个 [1] 用于表示旋转轴的方向.

虽然我们未能找到复数的三维类似物, 却发现了三维的（以 $O$ 为中心的）伸缩旋转之集合 $Q$ 为一四维空间. $Q$ 的元素称为**四元数** [2], 它们可以画成四维的点或向量, 但是怎样做这件事的细节要到第 6 章才能讲. 四元数可以用通常的向量加法来相加, 也可以用上述的非交换法则相乘（即做相应的伸缩旋转的复合）.

---

① 为了看出这一点, 设想一个以 $O$ 为中心的球面, 轴的方向可用它与球面的交点来表示, 而此点则可用两个坐标（例如经度与纬度）来表示.

② 用四元数来表示空间旋转, 近来在计算机图形学（如制作动画）里找到了应用. ——译者注

复数乘法和四元数乘法法则的发现有一些有趣的平行之处. 如所周知, 哈密顿[①]在 1843 年发现了四元数乘法法则的**代数**形式. 比较少为人知的是, 罗德里格斯[②]比他早三年就发表了一篇很漂亮的文章, 对空间旋转的复合进行了几何研究, 其中包含了与哈密顿的结果本质上相同的结果; 但是很晚的时候[③]人们才认识到罗德里格斯的几何与哈密顿的代数是等价的.

哈密顿与罗德里格斯如果查阅过伟大的高斯未发表的数学笔记[④], 定会惊慌失措, 但他们只是那些运气不好的数学家的两个例子. 在那本私人数学日记里, 高斯记载了他在 1819 年就发现了四元数的法则.

我们将在第 6 章中详细研究四元数的乘法及其很漂亮的应用. 然而这个讨论的直接好处是, 我们现在看见了, 我们所讨论的问题属于**二维**空间, 而且又可把二维空间中的点解释为作用于此同一空间之上的基本的欧氏变换, 二维性是一个多么了不起的性质.

## 1.5　习　　题

1. $X$ 的一般三次方程的根可以看成 ($XY$ 平面上) $X$ 轴与以下形状的三次曲线
$$Y = X^3 + AX^2 + BX + C$$
的图像的交点.
   - (i) 证明此图像在 $X = -(A/3)$ 处有拐点.
   - (ii) 用几何方法导出: 做变换 $X = (x - \frac{4}{3})$ 可将以上方程化为 $Y = x^3 + bx + c$.
   - (iii) 用计算来验证以上的结果.

2. 求解三次方程 $x^3 = 3px + 2q$ 可如下进行:
   - (i) 一个希望有用的变换 $x = s + t$, 并导出: 如果 $st = p$ 而且 $s^3 + t^3 = 2q$, 则此 $x$ 为三次方程之根.
   - (ii) 从这两个等式消去 $t$, 得出 $s^3$ 的一个二次方程.
   - (iii) 解此二次方程得并得到 $s^3$ 的两个可能值. 由对称性, $t^3$ 的可能的值是什么?
   - (iv) 设已知 $s^3 + t^3 = 2q$, 导出 (1.4).

3. 韦特[⑤]在 1591 年, 即 (1.4) 出现后 40 余年, 发表了三次方程的另一解法. 此法基于 1.3.2 节中的恒等式 $\cos 3\theta = 4C^3 - 3C$, $C = \cos \theta$.

---

① Sir William Rowan Hamilton, 1805—1865, 伟大的爱尔兰数学家和物理学家. ——译者注

② Olinde Rodrigues, 1795—1861, 法国数学家. ——译者注

③ 关于这个发现的有点纠缠不清的细节是怎样弄明白的, 可以参看 Altmann [1989].

④ 这里是指后来发现的高斯的一本笔记 (现在称为高斯的《数学日记》). 时间应为 1796~1819 年, 其中记录了高斯不少发现. 例如第一篇就是正十七边形的作法; 还有最小二乘法. 还有不少后来也没有发表过. 这里讲的四元数即一例. ——译者注

⑤ Francois Viète, 1540—1603, 法国数学家. 现在通译为韦达, 这是按照他的名字的拉丁文写法 Vièta 译的. ——译者注

(i) 以 $x = 2\sqrt{p}C$ 代入（化约后的）一般三次方程 $x^3 = 3px + 2q$ 并得出 $4C^3 - 3C = \frac{q}{p\sqrt{p}}$.

(ii) 设 $q^2 \leqslant p^3$, 导出原方程的解为

$$x = 2\sqrt{p}\cos\left[\frac{1}{3}(\phi + 2m\pi)\right],$$

其中 $m$ 是整数而 $\phi = \arccos(q/p\sqrt{p})$.

(iii) 验证此式给出了 $x^3 = 3x$ 的正确的解 $x = 0, \pm\sqrt{3}$.

4. 以下是一个在数论中有许多用处的事实: 若两个整数可写为两个平方之和, 则其积亦然. 以下约定每个符号均表示整数, 则上面说的就是:

$$\text{若} \quad M = a^2 + b^2, \quad N = c^2 + d^2, \quad \text{则} \quad MN = p^2 + q^2.$$

考虑 $|(a + \mathrm{i}b)(c + \mathrm{i}d)|^2$ 以证明以上事实.

5. 图 1-33 说明怎样用相似三角形来构造构造两个复数之积. 请解释之.

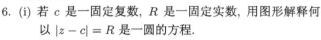

图    1-33

6. (i) 若 $c$ 是一固定复数, $R$ 是一固定实数, 用图形解释何以 $|z - c| = R$ 是一圆的方程.

  (ii) 已知 $z$ 适合方程 $|z + 3 - 4\mathrm{i}| = 2$, 求 $|z|$ 之最小值与最大值, 并求相应 $z$ 点的位置.

7. 用图形证明若 $a$ 与 $b$ 是固定复数则 $|z - a| = |z - b|$ 是一直线的方程.

8. 令 $L$ 为 $\mathbb{C}$ 上一与实轴成角 $\phi$ 的直线并令 $d$ 为 $L$ 到原点的距离, 用几何方法证明, 若 $z$ 是 $L$ 上任一点, 则

$$d = \left|\mathrm{Im}[e^{-\mathrm{i}\phi}z]\right|.$$

9. 令 $A, B, C, D$ 为单位圆上的四点, 且 $A + B + C + D = 0$, 证明这四点必成一矩形.

10. 用几何方法证明: 若 $|z| = 1$, 则

$$\mathrm{Im}\left[\frac{z}{(z+1)^2}\right] = 0.$$

除单位圆外, 还有哪些点满足此方程?

11. 用几何方法解释, 何以适合

$$\arg\left(\frac{z-a}{z-b}\right) = \text{常数}$$

的 $z$ 之轨迹是过定点 $a$ 与 $b$ 的一段圆弧.

12. 用图形求出以下两个方程

$$\mathrm{Re}\left(\frac{z-1-\mathrm{i}}{z+1+\mathrm{i}}\right) = 0 \quad \text{与} \quad \mathrm{Im}\left(\frac{z-1-\mathrm{i}}{z+1+\mathrm{i}}\right) = 0$$

的轨迹. [提示: $\mathrm{Re}(W) = 0$ 对于 $W$ 之辐角意味什么? 再用上题.]

13. 若

$$\frac{b-a}{c-a} = \frac{a-c}{b-c},$$

$a, b, c$ 成什么几何图形? [提示: 令两边的长度与角度分别相等.]

14. 考虑积 $(2+\mathrm{i})(3+\mathrm{i})$, 证明

$$\frac{\pi}{4} = \arctan \frac{1}{2} + \arctan \frac{1}{3}.$$

15. 画出 $\mathrm{e}^{\mathrm{i}\pi/4}, \mathrm{e}^{\mathrm{i}\pi/2}$ 及其和, 把这些复数都写成 $(x+\mathrm{i}y)$ 的形状, 证明

$$\tan \frac{3\pi}{8} = 1 + \sqrt{2}.$$

16. 从原点出发, 向东走一个单位, 再向北走同样距离, 再向西走前一步的距离的 $(1/2)$, 然后向南走前一步的距离的 $(1/3)$, 再向东走前一步的距离的 $(1/4)$, 并依此类推, 这个 "螺旋" 线趋向哪个点?

17. 若 $z = \mathrm{e}^{\mathrm{i}\theta} \neq -1$, 则 $(z-1) = \left(\mathrm{i}\tan\frac{\theta}{2}\right)(z+1)$.
    (i) 用计算证明.
    (ii) 用图形证明.

18. 求证

$$\mathrm{e}^{\mathrm{i}\theta} + \mathrm{e}^{\mathrm{i}\phi} = 2\cos\left[\frac{\theta-\phi}{2}\right]\mathrm{e}^{\frac{\mathrm{i}(\theta+\phi)}{2}}, \quad \mathrm{e}^{\mathrm{i}\theta} - \mathrm{e}^{\mathrm{i}\phi} = 2\mathrm{i}\sin\left[\frac{\theta-\phi}{2}\right]\mathrm{e}^{\frac{\mathrm{i}(\theta+\phi)}{2}}.$$

    (i) 用计算证明. (ii) 用图形证明.

19. 三角形 $T$ 的 "重心" $G$ 是其中线的交点. 若顶点 $a, b, c$ 为复数, 如图 1-34 所示, 可以证明

$$G = \frac{1}{3}(a+b+c).$$

在 $T$ 的各边上, 做三个任意形状的 **相似三角形** [细点线], 于是可得顶点为 $p, q, r$ 的新三角形 [小段虚线]. 用复数代数证明新三角形的重心正是老三角形的重心.

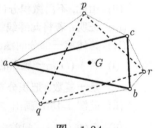

图 1-34

20. **高斯整数** 就是形如 $m+\mathrm{i}n$ 的复数, 其中 $m, n$ 为整数, 即图 1-1 中的网格点. 证明不可能画出一个三顶点均为高斯整数的等边三角形. [提示: 设有一个顶点在原点然后试用反证法证明, 如一三角形为等边的, 则可将其一边旋转为另一边; 记住, $\sqrt{3}$ 是无理数.]

21. 再画一幅图 1-12a, 做其一对角线, 并记其中点为 $m$. 如图 1-12b 那样画出连接 $m$ 到 $p, q, r, s$ 的线段. 按图 1-12b 的结果, 若绕 $m$ 旋转 $(\pi/2)$, 则 $p$ 和 $r$ 发生何种情况? 对线段 $pr$ 又发生什么? 由此得出图 1-12a 的结果.

22. 若将图 1-12a 上的四个正方形都画到四边形的内侧, 此结果是否仍成立?

23. 画一任意三角形, 在其每一边上各向外做一个等边三角形. 连接这些正三角形重心成一新三角形 (与习题 19 比较). 猜一下新三角形有何特殊之处? 请用复数代数证明你的猜测正确. 如果这些等边三角形都向原三角形内部做又会如何?

24. 由 $(1.15)$ 知

$$1 + z + z^2 + \cdots + z^{n-1} = \frac{z^n - 1}{z - 1}.$$

    (i) $z$ 必须落在 $\mathbb{C}$ 的什么区域内, **无穷级数** $1 + z + z^2 + \cdots$ 才会收敛?
    (ii) 若 $z$ 落在此区域内, 这个无穷级数收敛于哪一点?

(iii) 按图 1-9 的精神, 就 $z = \frac{1}{2}(1 + i)$ 的情况画一个大的准确的图形, 并且验证它确实收敛于 (ii) 中所预测的点.

25. 令 $S = \cos\theta + \cos 3\theta + \cos 5\theta + \cdots + \cos(2n - 1)\theta$. 证明

$$S = \frac{\sin 2n\theta}{2\sin\theta} \quad \text{或与此等价} \quad S = \frac{\sin n\theta \cos n\theta}{\sin\theta}.$$

[提示: 应用习题 24, 再用习题 18 把结果简化.]

26. (i) 考察 $(a + ib)(\cos\theta + i\sin\theta)$, 证明

$$b\cos\theta + a\sin\theta = \sqrt{a^2 + b^2}\sin[\theta + \arctan(b/a)].$$

(ii) 用此结果并用归纳法证明 (1.14).

27. 证明图 1-15b 中的螺线 $Z(t) = e^{at}e^{ibt}$ 的极坐标方程为 $r = e^{(a/b)\theta}$.

28. 再考虑图 1-15b 中螺线 $Z(t) = e^{at}e^{ibt}$, 其中 $a$ 和 $b$ 是固定实数, 令 $\tau$ 为一变动的实数, 按 (1.9), $z \mapsto \mathcal{F}_\tau(z) = (e^{a\tau}e^{ib\tau})z$ 是: 将此平面以原点为中心按因子 $e^{a\tau}$ 放大, 再将它旋转一个角 $b\tau$.

(i) 证明 $\mathcal{F}_\tau[Z(t)] = Z(t + \tau)$, 由此得知此螺线是变换 $\mathcal{F}_\tau$ 的**不变曲线**（见 1.4.3 节）.

(ii) 由此, 不用微积分证明所有经过原点的射线均以等角与此螺线相交.

(iii) 证明: 若将此螺线绕原点旋转一个任意角, 则新螺线对每个 $\mathcal{F}_\tau$ 仍为不变曲线.

(iv) 论述前一部分的螺线是 $\mathcal{F}_\tau$ **仅有的**不变曲线.

29. (i) 若 $V(t)$ 是一质点的复速度, 其轨道为 $Z(t)$, $dt$ 是一无穷小瞬间, 则沿此轨道 $V(t)dt$ 是一复数. 把积分看作这些运动的（向量）和, 问 $\int_{t_1}^{t_2} V(t)dt$ 的几何解释是什么?

(ii) 就图 1-15b, 画出 $Z(t) = \frac{1}{a+ib}e^{at}e^{ibt}$ 的略图.

(iii) 已知 (1.13), 问前一部分的质点的速度是什么.

(iv) 把前几部分合起来以导出 $\int_0^1 e^{at}e^{ibt}dt = \frac{1}{a+ib}e^{at}e^{ibt}\Big|_0^1$, 把这个复数画在你为 (ii) 所做的略图中.

(v) 由此导出

$$\int_0^1 e^{at}\cos bt\,dt = \frac{a(e^a\cos b - 1) + be^a\sin b}{a^2 + b^2}.$$

以及

$$\int_0^1 e^{at}\sin bt\,dt = \frac{b(1 - e^a\cos b) + ae^a\sin b}{a^2 + b^2}.$$

30. 给定两个开始的数 $S_1, S_2$, 做一个无穷序列 $S_1, S_2, S_3, S_4, \cdots$, 其规律如下: **每个新数都是前一数减去再前一数的差之2倍.** 例如, 若 $S_1 = 1, S_2 = 4$, 我们将得到 $1, 4, 6, 4,$ $-4, -16, -24, \cdots$. 我们的目的是找出第 $n$ 个数 $S_n$ 的公式.

(i) 生成的规律可以简明地写为 $S_{n+2} = 2(S_{n+1} - S_n)$. 证明, 若 $z^2 - 2z + 2 = 0$, 则 $S_n = z^n$ 就是这个递推关系的解.

(ii) 用二次方程证明 $z = 1 \pm i$, 再证明若 $A, B$ 是任意复数, 则 $S_n = A(1+i)^n + B(1-i)^n$ 也是此递推关系的解.

(iii) 若只想求此递推关系的实解, 证明 $B = \overline{A}$, 由此推出 $S = 2\mathrm{Re}[A(1+i)^n]$.

(iv) 在上例中取 $A = -(1/2) - i$, 把此数写为极坐标形式, 证明

$$S_n = 2^{n/2}\sqrt{5}\cos\left[\frac{(n+4)\pi}{4} + \arctan 2\right].$$

(v) 验证由这个公式可以预测出 $S_{34} = 262\,144$, 用计算机来验证.

[注意, 此法可用于任意形为 $S_{n+2} = pS_{n+1} + qS_n$ 的递推关系.]

31. 用上题中的递推关系, 用计算机来生成 $S_1 = 2, S_2 = 4$ 所得序列的前 30 项, 注意 0 重复出现的模式.

(i) 用和前面相同的记号, 证明这个序列相应于 $A = -i$, 故 $S_n = 2\mathrm{Re}[-i(1+i)^n]$.

(ii) 做一草图表明当 $n = 1$ 和 $n = 8$ 时 $-i(1+i)^n$ 的位置, 由此解释 0 出现的模式.

(iii) 将 $A$ 写作 $a + ib$, 我们的例子相应于 $a = 0$, 更一般地用几何方法解释何以当且仅当 $(a/b) = 0, \pm 1$ 或 $b = 0$, 才发生 0 的反复出现的这一模式.

(iv) 证明 $\frac{S_1}{S_2} = \frac{1}{2}\left(1 - \frac{a}{b}\right)$, 并导出当且仅当 $S_2 = 2S_1$（本例）, $S_1 = S_2, S_1 = 0$ 或 $S_2 = 0$, 才有如上的 0 反复出现的模式.

(v) 用计算机检验这些预测.

32. 二项式定理指出, 若 $n$ 为正整数, 则

$$(a+b)^n = \sum_{r=0}^{n}\binom{n}{r}a^{n-r}b^r,$$

其中 $\binom{n}{r} = \frac{n!}{(n-r)!r!}$ 是二项系数. [**不是向量!**] 得出这个结果的代数推理当 $a$ 和 $b$ 为**复数**时也适用. 用此事实, 证明当 $n = 2m$ 为偶数时,

$$\binom{2m}{1} - \binom{2m}{3} + \binom{2m}{5} - \cdots + (-1)^{m+1}\binom{2m}{2m-1} = 2^m\sin\left(\frac{m\pi}{2}\right).$$

33. 考虑方程 $(z-1)^{10} = z^{10}$.

(i) 不要试图求解方程, 用几何方法证明其 9 个解 [为什么不是 10 个] 均在直线 $\mathrm{Re}(z) = \frac{1}{2}$ 上. [提示: 习题 7.]

(ii) 用 $z^{10}$ 遍除两边, 方程成了 $w^{10} = 1$, 其中 $w = (z-1)/z$. 由此解出原方程.

(iii) 把解写成 $z = x + iy$ 之形, 由此验证 (i) 中的结果. [提示: 利用习题 18 即可干净利落地完成.]

34. 用 $S$ 记图 1-19 中的 12 阶单位根之集合, 其中之一是 $\xi = e^{i(\pi/6)}$. 注意到 $\xi$ 是本初 12 阶单位根, 意即其各次幂给出所有的 12 阶单位根: $S = \{\xi, \xi^2, \xi^3, \cdots, \xi^{12}\}$ 且当 $0 < r < 12$ 时, $\xi^r \neq 1$.

(i) 求出所有的本初 12 阶单位根, 并把它们标在图 1-19 上.

(ii) 把根为本初 12 阶单位根的多项式 $\Phi_{12}(z)$ 因式分解为 (1.16) 之形. [一般说来, $\Phi_{12}(z)$ 就是根为本初 $n$ 阶单位根的（最高次幂系数为 1 的）多项式; 称为 **$n$ 阶分圆多项式**.]

(iii) 先把对应于共轭根的成对因式乘开, 证明 $\Phi_{12}(z) = z^4 - z^2 + 1$.

(iv) 重复以上步骤, 证明 $\Phi_8(z) = z^4 + 1$ .

(v) 对一般的 $n$ 解释以下事实, 若 $\zeta$ 是一个本初 $n$ 阶单位根, 则 $\bar{\zeta}$ 也是, 由此得知, 若 $n > 2$, $\Phi_n(z)$ 次数必为偶数, 且有实系数.

(vi) 证明若 $p$ 为素数则 $\Phi_p(z) = 1 + z + z^2 + \cdots + z^{p-1}$ . [提示: 用习题 24.]

[令人吃惊的是, 在这些例子中, $\Phi_n(z)$ 都有整系数. 事实上可以证明每一个 $\Phi_n(z)$ 都如此! 关于这些引人入胜的多项式, 参看 Stillwell [1994].]

35. 用代数方法证明, (1.21) 在平移 $k$ 下不变, 即当变 $a$ 为 $a + k$, 变 $b$ 为 $b + k$ 等以后其值不变, 由图 1-22a 推出, 此公式给出一个四边形的面积. [提示: 记住 $(z + \bar{z})$ 总是实的.]

36. 按前面 1.3.3 节中的计算, $\mathcal{R}_b^\phi \circ \mathcal{R}_a^\theta = \mathcal{R}_c^{(\theta + \phi)}$, 其中

$$c = \frac{a\mathrm{e}^{\mathrm{i}\phi}(1 - \mathrm{e}^{\mathrm{i}\theta}) + b(1 - \mathrm{e}^{\mathrm{i}\phi})}{1 - \mathrm{e}^{\mathrm{i}(\theta + \phi)}}.$$

现在我们来验证这个 $c$ 与图 1-30b 中用几何方法构造出来的一样.

(i) 解释为什么这个几何作法等价于说 $c$ 适合两个条件:

$$\arg\left(\frac{c - b}{a - b}\right) = \frac{1}{2}\phi \quad \text{而且} \quad \arg\left(\frac{c - a}{b - a}\right) = -\frac{1}{2}\theta.$$

(ii) 通过证明

$$\frac{c - b}{a - b} = \left(\frac{\sin\dfrac{\theta}{2}}{\sin\dfrac{\theta + \phi}{2}}\right)\mathrm{e}^{\mathrm{i}\phi/2}, \tag{1.33}$$

来验证 (上面算出的) $c$ 之值满足第一个方程. [提示: 应用 $(1 - \mathrm{e}^{\mathrm{i}\alpha}) = -2\mathrm{i}\sin(\alpha/2)\,\mathrm{e}^{\mathrm{i}\alpha/2}$.]

(iii) 同法证明第二个等式也成立.

37. 由图 1-30b 直接导出 (1.33). [提示: 做三角形 $abc$ 的过 $b$ 的高, 把它的长度先用 $\sin\frac{\theta}{2}$ 表出, 再用 $\sin\frac{\theta \pm \phi}{2}$ 表出.]

38. 在 1.3.3 节中, 我们算出了, 对非零的 $\alpha$, $\mathcal{T}_v \circ \mathcal{R}_0^\alpha$ 是一旋转

$$\mathcal{T}_v \circ \mathcal{R}_0^\alpha = \mathcal{R}_c^\alpha, \quad \text{其中} \quad c = v/(1 - \mathrm{e}^{\mathrm{i}\alpha}).$$

然而, 若 $\alpha = 0$, 则 $\mathcal{T}_v \circ \mathcal{R}_0^\alpha = \mathcal{T}_v$ 是一平移. 考虑 $\mathcal{R}_c^\alpha$ 当 $\alpha$ 趋 0 时的极限状况, 从而将这两个结果统一起来.

39. **滑动反射**就是对某直线 $L$ 的反射与沿 $L$ 方向的平移 $v$ 的复合 $\mathcal{T}_v \circ \mathfrak{R}_L = \mathfrak{R}_L \circ \mathcal{T}_v$. 例如, 若你按一定步伐在雪地上行走, 对某一个足印反复应用同样的滑动反射, 就可得到你的全部足迹. 滑动反射显然是一反向运动.

(i) 画一直线 $L$ 和一线段 $AB$. 做出此线段在反射 $\mathfrak{R}_L$ 下的象 $\widetilde{A}\widetilde{B}$, 以及它在滑动反射 $\mathcal{T}_v \circ \mathfrak{R}_L$ 下的象 $A'B'$.

(ii) 在图上擦掉直线 $L$, 通过考虑线段 $AA'$ 和 $BB'$, 证明可以重建出 $L$.

(iii) 给出两个等长度线段 $AB$ 和 $A'B'$, 利用上一部分证明可以做出映前者为后者的滑动反射.

(iv) 导出每个反向运动都是一个滑动反射.

(v) 将滑动反射表示为三个反射的复合.

40. 令 $L$ 为与实轴交角为 $\phi$（或 $\phi + \pi$）的直线，$p$ 为 $L$ 上距原点最近的点，从而 $|p|$ 为这个距离. 考虑滑动反射 [见上题] $G = \mathcal{T}_v \circ \Re_L$，这里的平移是沿平行于 $L$ 的方向移动一个距离 $r$，现在固定 $\phi$ 之值，并记 $v = +r\mathrm{e}^{\mathrm{i}\phi}$.

(i) 用图形表示 $p = \pm \mathrm{i}|p|\mathrm{e}^{\mathrm{i}\phi}$，并解释 $\pm$ 号的几何意义.

(ii) 复函数 $H(z) = \bar{z} + r$ 表示什么变换？

(iii) 用图形解释为什么 $G = \mathcal{T}_p \circ \mathcal{R}_0^\phi \circ H \circ \mathcal{R}_0^{-\phi} \circ \mathcal{T}_{-p}$.

(iv) 导出 $G(z) = \mathrm{e}^{\mathrm{i}2\phi}\bar{z} + \mathrm{e}^{\mathrm{i}\phi}(r + 2\mathrm{i}p)$.

(v) 由此用几何语言描述由 $G(z) = \mathrm{i}\bar{z} + 4\mathrm{i}$ 所表示的滑动反射. 考虑 $-2, 2\mathrm{i}$ 和 $0$ 的象，由此验证你的结果.

41. 令 $\widetilde{M}(z)$ 是一个用复函数表示的一般的反向运动.

(i) 解释为什么 $\overline{\widetilde{M}(z)}$ 是保向运动，并由 (1.27) 导出有 $\alpha$ 和 $w$ 存在使 $\widetilde{M}(z) = \mathrm{e}^{\mathrm{i}\alpha}\bar{z} + w$.

(ii) 用上题导出每个反向运动都是一个滑动反射.

42. 在 1.3.3 节中，我们曾经算出，若 $(\theta + \phi) = 2\pi$，则
$$\mathcal{R}_b^\phi \circ \mathcal{R}_a^\theta = \mathcal{T}_v, \quad \text{其中} \quad v = (1 - \mathrm{e}^{\mathrm{i}\phi})(b - a).$$

(i) 令 $Q = (b - a)$ 是由第一个旋转中心 $a$ 到第二个旋转中心 $b$ 的复数. 用代数方法证明，$v$ 的长度是 $2\sin\frac{\theta}{2}|Q|$，其方向与 $Q$ 成角 $\frac{\pi - \theta}{2}$.

(ii) 在 $\theta + \phi = 2\pi$ 情况下重画图 1-30b，从而给出这些结果的直接的几何证明.

43. 在 1.3.3 节中，我们曾经算出
$$\mathcal{T}_v \circ \mathcal{R}_0^\alpha = \mathcal{R}_c^\alpha, \quad \text{其中} \quad c = v/(1 - \mathrm{e}^{\mathrm{i}\alpha}).$$

(i) 用代数方法证明，由老旋转中心（原点）到新旋转中心 $(c)$ 的复数之长度为 $\frac{|v|}{2\sin(\alpha/2)}$，方向与 $v$ 所成的角是 $\frac{\pi - \alpha}{2}$.

(ii) 把 $\mathcal{R}_0^\alpha$ 与 $\mathcal{T}_v$ 二者都表示为两个反射的复合，用图 1-30b 的思想给出这些结果的直接几何证明.

44. 如图 1-13b 那样，一个以任意点 $p$ 为中心的伸缩旋转可以这样完成：先把 $p$ 平移到原点，再做 $\mathcal{D}_0^{r,\theta}$，最后再把 $o$ 平移回 $p$. 用复函数表示这些变换，证明
$$\mathcal{D}_p^{r,\theta}(z) = r\mathrm{e}^{\mathrm{i}\theta}z + v, \quad \text{其中} \quad v = p(1 - r\mathrm{e}^{\mathrm{i}\theta}).$$
反之，若 $v$ 为已知，导出
$$\mathcal{T}_v \circ \mathcal{D}_0^{r,\theta} = \mathcal{D}_p^{r,\theta}, \quad \text{其中} \quad p = v/(1 - r\mathrm{e}^{\mathrm{i}\theta}).$$

45. 在上题中已证明了，任意伸缩旋转或平移均可表示为形如 $f(z) = az + b$ 的复函数，反之每一个这样的复函数都表示一个唯一的伸缩旋转或平移.

(i) 设已给两个不同的点对 $\{A, B\}$ 与 $\{A', B'\}$. 证明必存在 $a, b$，并显式地算出它们使得 $f(A) = A', f(B) = B'$.

(ii) 导出 (1.31).

# 第 2 章 作为变换看的复函数

## 2.1 引　　言

一个复函数就是一个规则, 按此规则对每一个复数 $z$ 均指定一个复数 $w$ 为其象 $w = f(z)$. 为了研究这种函数, 使它可视化是很重要的. 有好几种可视化的方法, 但是（直到第 10 章）, 我们几乎只注意第 1 章中引入的方法. 这就是把 $z$ 及其象 $w$ 都看作复平面上的点（也就是一个向量）, 这样 $f$ 就成了一个**平面的变换**.

有一种约定是把象点 $w$ 画在一个新的 $\mathbb{C}$ 平面上, 称为**象平面**或 $w$ **平面**. 图 2-1 显示了这个约定, 图中画出了变换 $z \mapsto w = f(z) = (1 + \mathrm{i}\sqrt{3})z$ （请与第 1 章的图 1-5 比较）.

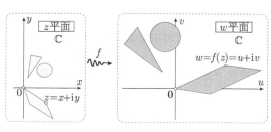

图　2-1

$z$ 的实部和虚部通常记作 $x$ 和 $y$, 象点 $w$ 的实部和虚部则记作 $u$ 和 $v$, 所以 $w = f(z) = u(z) + \mathrm{i}v(z), u(z)$ 和 $v(z)$ 是 $z$ 的实值函数. 这些函数的准确形式视我们用笛卡儿坐标还是极坐标来描述 $z$ 而定. 例如, 在上例中记 $z = x + \mathrm{i}y$, 则有

$$u(x + \mathrm{i}y) = x - \sqrt{3}y, \quad v(x + \mathrm{i}y) = \sqrt{3}x + y,$$

而若记 $z = re^{\mathrm{i}\theta}$, 注意到 $(1 + \mathrm{i}\sqrt{3}) = 2e^{\mathrm{i}\pi/3}$, 则给出

$$u(re^{\mathrm{i}\theta}) = 2r \cos\left(\theta + \frac{\pi}{3}\right), \qquad v(re^{\mathrm{i}\theta}) = 2r \sin\left(\theta + \frac{\pi}{3}\right).$$

我们当然也可用极坐标来描绘 $w$ 平面, 而使 $w = f(z) = Re^{\mathrm{i}\phi}, R(z)$ 和 $\phi(z)$ 都是 $z$ 的实值函数. 对于前例, 则此变换成了

$$R(re^{\mathrm{i}\theta}) = 2r, \quad \phi(re^{\mathrm{i}\theta}) = \theta + \frac{\pi}{3}.$$

我们会发现, 如果通过画图把已给的 $f$ 对于点、曲线和几何形体的效果画出来, 就会得到相当深的理解. 但是如果能同时把握 $f$ 对 $z$ 的**所有值**的性态, 将是很

妙的事. 这样做的另一种方法是变个花样把 $f$ 表示为**向量场**, $f(z)$ 则表示为由 $z$ 点发出的向量. 欲知其详, 请参见第 10 章的开始部分.

　　然而, 还有以图像概念为基础的其他可视化方法. 对于实变量 $x$ 的实值函数 $f(x)$, 我们都习惯于用 $f$ 的图像来方便地表示 $f$ 的总体性态, 图像就是由点 $(x, f(x))$ 在 $xy$ 平面上构成的曲线. 在复函数的情况下, 这个方法似乎不甚可行, 因为想要画出一对复数 $(z, f(z))$, 需要 4 个维数: 两个用来画 $z = x + \mathrm{i}y$, 两个用来画 $f(z) = u + \mathrm{i}v$.

　　然而情况并不如看起来那样无望. 首先注意, 要画出实函数 $f$ 的图像虽然需要二维空间, 但图像本身 [即点 $(x, f(x))$ 的集合] 只是一个一维曲线, 其意即是, 只需要一个实数 (即 $x$) 来确定其上每一点. 与此相类似, 虽然需要四维空间来画出坐标为 $(x, y, u, v) = (z, f(z))$ 的点的集合, 但图像本身是 **二维的**, 即只需两个实数 (即 $x$ 和 $y$) 来确定其上每一点. 这样, 本质上, 一个复函数的图像仅仅是一个二维曲面 (即所谓**黎曼曲面**), 而似乎也能在通常的三维空间中使它可视化. 本书不探讨这个方法, 然而本书最后 3 章特别有助于理解黎曼原来的深刻见识, 如 Klein [1881] 所详细说明的那样. 也可参见 Springer [1957, 第 1 章], 它基本上是 Klein [1881] 那本专著的复述, 但加了有用的评注.

　　复函数还有另一种类型的图像, 有时也是有用的. 点 $z$ 的象 $f(z)$ 可以用它到原点的距离 $|f(z)|$ 和它与实轴所成的角度 $\arg[f(z)]$ 来描述. 现在抛弃这些信息的一半 (即角度) 而只画出模 $|f(z)|$ 如何随 $z$ 变化. 为此设想 $z$ 平面是水平地放在空间中的, 在平面的 $z$ 点垂直上方高为 $|f(z)|$ 处做一个点, 这样就得出一个称为 $f$ 的**模曲面**的曲面. 图 2-2 画出了 $f(z) = z$ 的锥形模曲面, 图 2-3 则是 $f(z) = z^2$ 的旋转抛物面形的模曲面.

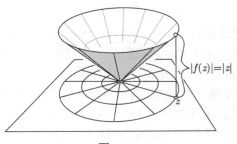

图　2-2

　　**关于计算机的一点说明.** 从本章起, 我们将时常建议用计算机来扩展对所讨论的数学现象的理解. 然而我们要强调, 对计算机的特定使用只是研究工作的第一步. 应该如物理学家看待实验室那样来看待计算机——可以用它来检验现有的对世界的构造的思想, 或把计算机看作发现需要新思想来解释的新现象的工具. 我们在前言中对如何装备自己的实验室给出了具体建议 (很可能其意义瞬息即逝).

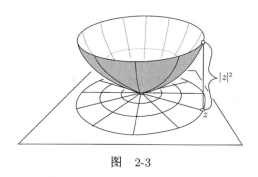

图 2-3

# 2.2 多 项 式

### 2.2.1 正整数幂

考虑映射 $z \mapsto w = z^n$, 其中 $n$ 为正整数. 将 $z$ 写作 $z = r\mathrm{e}^{\mathrm{i}\theta}$, 它就变成 $w = r^n\mathrm{e}^{\mathrm{i}n\theta}$, 即距离要升到 $n$ 次幂, 而角度要放大 $n$ 倍. 图 2-4 的目的就是通过画出此映射对某些从原点发出的射线和某些以原点为中心的圆的圆弧的效果, 使它变得更生动一点. 可以看到, 这里取 $n = 3$.

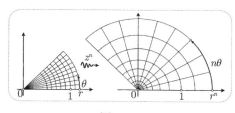

图 2-4

我们在图 1-19 中已看到, $z^n = 1$ 的 $n$ 个解正是内接于单位圆的正 $n$ 边形的顶点, 它有一个顶点在 $z = 1$ 处. 从我们关于变换的新观点看它, 可以理解得更生动一些. 如果令 $w = f(z) = z^n$, 则 $z^n = 1$ 的解正是 $z$ 平面上被映到 $w$ 平面上的 $w = 1$ 的那些点. 现在想象一个质点, 其轨道是 $z$ 平面上的单位圆. 因为 $1^n = 1$, 象点 $w = f(z)$ 的轨道也是 ($w$ 平面上的) 单位圆, 但其角速度是原质点角速度的 $n$ 倍. 这样, 每当 $z$ 完成一圈旋转的 $(1/n)$ 时, $w$ 就会完成一次完全的旋转而回到原来的象点. 所以 $w$ 平面上的单位圆中每一点的原象就是 $z$ 逐次完成 $(1/n)$ 圈旋转后相继地到达的位置, 即是说, 它们应为正 $n$ 边形的顶点. 图 2-5 用映射 $w = f(z) = z^3$ 对于 $w = 1$ 画出了这个思想.

图 2-6 更一般地表示了如何求解 $z^3 = c = R\mathrm{e}^{\mathrm{i}\phi}$, 即在圆 $|z| = \sqrt[3]{R}$ 中做一个内接正三角形. 用同样的推理就很清楚了, $z^n = c$ 的解就是内接于圆 $|z| = \sqrt[n]{R}$ 的正 $n$ 边形的顶点, 有一个顶点之角度是 $(\phi/n)$.

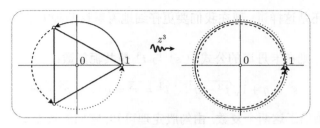

图 2-5

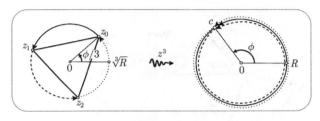

图 2-6

为了用符号来得到同样结果, 先注意到若 $\phi$ 是 $\arg c$ 的一个可能值, 则 $c$ 的所有可能的角度的集合是 $(\phi + 2m\pi)$, 其中 $m$ 是任意整数. 令 $z = r\mathrm{e}^{\mathrm{i}\theta}$, 则

$$r^n \mathrm{e}^{\mathrm{i}n\theta} = z^n = c = R\mathrm{e}^{\mathrm{i}(\theta + 2m\pi)} \quad \Rightarrow \quad r^n = R \quad 且 \quad n\theta = \phi + 2m\pi.$$

所以, 解就是 $z_m = \sqrt[n]{R}\mathrm{e}^{\mathrm{i}(\phi + 2m\pi)/n}$. 每当 $m$ 增加 1, $z_m$ 就旋转 $(1/n)$ 圈（因为 $z_{m+1} = \mathrm{e}^{\frac{2\pi\mathrm{i}}{n}}z_m$）, 这样就生成一个正 $n$ 边形的各个顶点. 所以如果令 $m$ 取 $n$ 个相继的值, 例如 $m = 0, 1, 2, \cdots, (n-1)$, 就可以得到所有解的集合.

### 2.2.2 回顾三次方程*

我们来重新考虑求解 $x$ 的三次方程, 作为这些思想的一个有启发的例子. 为简单计, 以下都设三次方程的系数是实的.

我们在前一章 [习题 1] 中已经看到, 一般的三次方程总可以化为 $x^3 = 3px + 2q$ 的形式. 然后又看到 [习题 2], 这个化约后的方程可用卡丹诺的公式解出:

$$x = s + t, \quad 其中 \quad s^3 = q + \sqrt{q^2 - p^3}, \quad t^3 = q - \sqrt{q^2 - p^3}, \quad 且 \quad st = p.$$

另一方面, 我们又看到 [习题 3], 三次方程可以用韦特公式解出:

$$若 \quad q^2 \leqslant p^3, \quad 则 \quad x = 2\sqrt{p}\cos\left[\frac{1}{3}(\phi + 2m\pi)\right].$$

其中 $m$ 是一整数而 $\phi = \arccos(q/p\sqrt{p})$. 韦特的 "三分角法" 在其被发现时被视为一个突破, 因为它在卡丹诺的公式涉及 "不可能数" 即复数时, 只用实数就解出了三次方程. 在那以后很长的时间里, 韦特的方法被看作与卡丹诺的方法完全不同,甚至现在有时还是这样讲. 现在我们要更仔细地看看这两种方法, 并且看出它们实际上是相同的.

若 $q^2 \leqslant p^3$, 则在卡丹诺的公式中 $s^3$ 与 $t^3$ 是**共轭复数**:

$$s^3 = q + \mathrm{i}\sqrt{p^3 - q^2}, \quad t^3 = \overline{s^3} = q - \mathrm{i}\sqrt{p^3 - q^2}.$$

图 2-7 的右图画出了这两个复数. 由勾股定理可知, 它们的长度均为 $|s^3| = p\sqrt{p}$, 所以韦特公式中的 $\phi$ 就是 $s^3$ 的角度.

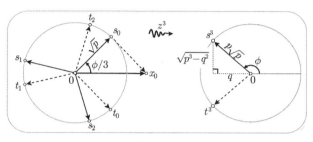

图    2-7

因为 $s^3$ 与 $t^3$ 均在半径为 $(\sqrt{p})^3$ 的圆周上, 它们在映射 $z \mapsto z^3$ 下的原象将位于半径为 $\sqrt{p}$ 的圆周上. 图 2-7 的左图画出了这些原象, 注意 $t$ 的 3 个值恰为 $s$ 的 3 个值的复共轭.

按照代数学基本定理, 原来的三次方程应有 3 个解. 然而, 把 $s$ 的 3 个值的每一个均与 $t$ 的 3 个值的每一个配对, 似乎卡丹诺的公式 $x = s + t$ 可给出 9 个解.

这个矛盾的化解在于我们还要求 $st = p$. 因为 $p$ 是实的, 这意味着 $s$ 与 $t$ 的角应该大小相等符号相反. 所以在公式 $x = s + t$ 中 $s$ 的 3 个值应该各与其共轭的 $t$ 值相配. 现在我们看见了, 卡丹诺的公式变成了韦特的公式:

$$x_m = s_m + t_m = s_m + \overline{s}_m = 2\sqrt{p}\cos\left[\frac{1}{3}(\phi + 2m\pi)\right].$$

在习题 4 中将请读者考虑 $q^2 > p^3$ 的情况.

### 2.2.3    卡西尼曲线*

考虑图 2-8a. 把一段长为 $l$ 的线的两端固定在 $\mathbb{C}$ 中两个定点 $a_1$ 和 $a_2$ 上, 而在线的顶上 $z$ 点处用铅笔把线拉紧. 图上画出了一个众所周知的事实: 如果让铅笔运动 (但要保持把线拉紧), 就会画出一个椭圆, 而 $a_1, a_2$ 为其焦点. 记 $r_{1,2} = |z - a_{1,2}|$, 则椭圆的方程为

$$r_1 + r_2 = l.$$

取不同的 $l$ 值就得到图上画的共焦椭圆族.

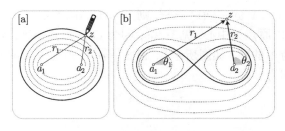

图 2-8

1687 年, 牛顿发表了他的伟大著作《原理》, 在其中证明了, 行星轨道就是这种椭圆, 而太阳位于其一个焦点上. 然而在此之前 7 年, 卡西尼[①]就另外提出, 这些轨道是使得这两个距离之**乘积**为常数的曲线

$$r_1 \cdot r_2 = \text{常数} = k^2. \tag{2.1}$$

这些曲线画在图 2-8b 上, 称为**卡西尼曲线**, $a_1, a_2$ 两点仍称为**其焦点**.

以下的事实一会儿就会变得更清楚了, 但是你可能更愿意自己去思考. 若 $k$ 很小, 这曲线将分成互相分离的两支, 有点像以 $a_1$ 和 $a_2$ 为中心的两个小圆. 当 $k$ 增加时, 这两个分支变得有些像卵形. 当 $k$ 增加到两焦点距离的一半值时, 这两个卵形将在焦点的中点处相遇, 产生一个 8 字形 [图 2-8b 中的粗黑线]. 再增大 $k$ 值, 曲线就会变得先是像一个眼镜, 然后像一椭圆, 最后像一个圆.

虽然卡西尼曲线在描绘行星运动上没有用处, 那条 8 字形曲线却在另一个场合下极为有用. 1694 年詹姆士·伯努利[②]又重新发现了它, 并名之为**双纽线** (后人也常称为**伯努利双纽线**), 它后来又成了阐明所谓**椭圆积分**和**椭圆函数**的催化剂. 关于这个引人入胜的故事, 详见 Stillwell [1989, 第 11 章] 和 Siegel [1969].

在复多项式的理论中, 卡西尼曲线会自然出现. 一般的二次式 $Q(z) = z^2 + pz + q$ 会有两个根 (设为 $a_1, a_2$), 所以可以因式分解为 $Q(z) = (z - a_1)(z - a_2)$. 用图 2-8b 的记号, 它就是

$$Q(z) = r_1 r_2 e^{i(\theta_1 + \theta_2)}.$$

所以由 (2.1), $z \mapsto w = Q(z)$ 将把图 2-8b 上的每一条曲线各映为一个以原点为中心的圆周 $|w| = k^2$, 而将焦点映到原点.

如果我们在这一变换后再继以一个平移 $c$, 即把 $z \mapsto Q(z)$ 变为 $z \mapsto Q(z) + c$, 则原来的象曲线将变为以 $c$ (即焦点之象) 为中心的同心圆. 反之, 若已知一个二次映射 $z \mapsto w = Q(z)$, 则 $w$ 平面上以 $c$ 为中心的同心圆族之原象是卡西尼曲线, 而其焦点为 $c$ 的两个原象.

---

① Giovanni Cassini, 1625—1712, 意大利–法国天文学家和数学家. ——译者注

② 伯努利家族是著名的数学家族. 一家三代人至少出了 8 位有贡献的数学家. 詹姆士 (James Bernoulli, 1654—1705, 瑞士数学家) 是第一代的长兄. 他们的名字在不同语言中拼法不同. James 是英文拼法, 德文常作 Jakob 或 Jacob, 法文则为 Jacque. 其实是一个人. ——译者注

特别地, 考虑 $c = 1, w = Q(z) = z^2$, 则 $w = 1$ 的原象是 $z = \pm 1$, 所以它们是焦点, 而卡西尼曲线以原点为中心. 见图 2-9. 因为 $Q$ 使原点不变, 所以双纽线必被映为过原点且半径为 1 的圆（如图所示）. 记 $z = re^{i\theta}$, 则 $w = r^2 e^{2i\theta}$, 而由图可见, 双纽线的极坐标方程为

$$r^2 = 2\cos 2\theta. \tag{2.2}$$

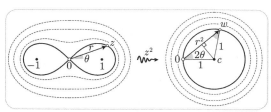

图 2-9

回到图 2-8b, 画出 $Q(z) = (z - a_1)(z - a_2)$ 的模曲面之草图就可以更直观地掌握卡西尼曲线的形状. 我们首先看到, 当 $z$ 离原点越来越远时, $Q(z)$ 的动态越来越像 $z^2$. 事实上, 因为很容易看到, 当 $|z|$ 趋向无穷时, 比 $[Q(z)/z^2]$ 趋于 1[练习], 所以我们认为 $Q(z)$ 在此极限下最终等于 $z^2$. 所以对于大的 $|z|$ 值, $Q$ 的模曲面看来就像图 2-3 中的旋转抛物面.

其次我们要考虑这个模曲面在 $z = a_1$ 附近的性态. 记 $D = |a_1 - a_2|$ 为两个焦点之间的距离, 我们容易看到, 当 $z$ 趋向 $a_1$ 时, $|Q(z)|$ 最终等于 $Dr_1$. 这样, 此曲面在 $a_1$ 处与平面相遇的情况很像图 2-2 中的圆锥与平面相遇的情况. 对 $a_2$ 当然也如此.

把这些事实综合起来, 我们就得到图 2-10 上的曲面. 因为卡西尼曲线满足 $|Q(z)| = r_1 r_2 = k^2$, 所以它就是一个平行于平面 $\mathbb{C}$ 而且高度为 $k^2$ 的平面与此曲面的截口. 当 $k$ 由 0 增加到一个很大的值时, 只要观察图 2-10 中的这个截口平面向上运动时如何变化, 就很容易追踪图 2-8b 中的那些曲线的演化. 所以卡西尼曲线就是此二次函数模曲面的地理等高线.

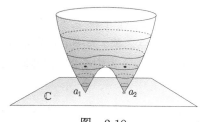

图 2-10

有趣的是, 古希腊人就已经知道卡西尼曲线了. 大约在公元前 150 年, 帕修

斯[1]就考虑过一个**环面** [就是一个圆 $C$ 绕着它所在的平面上的一条不与此圆相交的直线 $l$ 旋转一周生成的曲面] 与平行于 $l$ 的平面的截口. 可以看到, 如果此平面与 $l$ 的距离等于 $C$ 的半径, 所得的**帕修斯**[2]**螺旋截线**就是卡西尼曲线. 见图 2-11. 特别请注意, 当此平面接触到环面内缘时, 双纽线（即图上的虚线）就令人吃惊地出现了. 此图引自 Brieskorn and Knörrer [1986, 第 17 页]. 欲知其详, 可以参见该书.

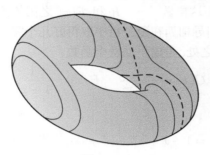

图　2-11

再回到复平面, 有一个定义具有多于两个焦点的卡西尼曲线的很自然的方法, 即具有 $n$ 个焦点 $a_1, a_2, \cdots, a_n$ 的卡西尼曲线就是这样的点的轨迹: 此点与各焦点距离的乘积恒为常数. 把上面讲的思想直接推广就可证明这些曲线是以原点为中心的圆周 $|w| = $ 常数在以下映射下的原象, 此映射是由 $n$ 次多项式

$$z \mapsto w = P_n(z) = (z - a_1)(z - a_2) \cdots (z - a_n).$$

给出的, 它的根就是焦点. 一个等价的说法是: 卡西尼曲线是 $P_n(z)$ 的模曲面的截口. 这个曲面有 $n$ 个锥形的脚站在 $\mathbb{C}$ 平面的 $a_1, a_2, \cdots, a_n$ 处, 而对于大的 $|z|$ 值, 它很像轴对称的 $z^n$ 的模曲面.

## 2.3　幂　级　数

### 2.3.1　实幂级数的神秘之处

许多实函数 $F(x)$ 都可以写为幂级数（例如用泰勒定理）:

$$F(x) = \sum_{j=0}^{\infty} c_j x^j = c_0 + c_1 x + c_2 x^2 + c_3 x^3 + \cdots,$$

---

① Perseus, 公元前 2 世纪的希腊数学家, 对于他, 现在所知极少. ——译者注

② 著名的古希腊学者普洛克拉斯（Proclus, 410—485）讲到, 帕修斯仿照阿波罗尼乌斯研究平面与圆锥的截口那样研究了平面与**螺旋曲面**（spiric surface）之截口. 所谓螺旋曲面就是在环面的定义中允许 $l$ 与圆 $C$ 相交或相切所得的曲面. 这样的曲面按 $l$ 与 $C$ 相交、相切、相离而分成三种. 环面只是其第三种. 这种截口就称为**螺旋截线**. "螺旋" 二字是译者自拟的, 因为 spiric 一字具有拉丁文前缀 SPIR（螺旋）. ——译者注

其中 $c_j$ 都是实数, $x$ 是实数. 当然, 这个无穷级数一般地只在某个以原点为中点的**收敛区间** $-R < x < R$ 中收敛于 $F(x)$. 但是 $R$ (**收敛半径**) 是怎样由 $F(x)$ 确定的?

结果是, 这个问题有非常简单的答案, 但只是当我们在复平面上研究它的实质时才有这样的答案. 如果我们反过来只限制在实直线上 —— 在最初用到这些级数的时代, 数学家还不得不这样做 —— $R$ 和 $F(x)$ 之间的关系还极为神秘. 从历史上说, 正是这种神秘才引导柯西在复分析中取得好几个突破.[①]

要想看到确有神秘之处, 考虑下面两个函数:

$$G(x) = \frac{1}{1 - x^2}, \quad H(x) = \frac{1}{1 + x^2}.$$

由熟知的无穷几何级数

$$\frac{1}{1 - x} = \sum_{j=0}^{\infty} x^j = 1 + x + x^2 + x^3 + \cdots, \quad \text{当且仅当} -1 < x < 1, \quad (2.3)$$

就得出

$$G(x) = \sum_{j=0}^{\infty} x^{2j}, \quad H(x) = \sum_{j=0}^{\infty} (-1)^j x^{2j},$$

这两个级数都有同样的收敛区间: $-1 < x < 1$.

看一下图 2-12a 就很容易懂得, 何以 $G(x)$ 级数的收敛区间是 $-1 < x < 1$. 这个级数在 $x = \pm 1$ 处都发散, 因为这两点是函数本身的**奇点**, 就是说, 它们是 $|G(x)|$ 变为无穷之处. 但是如果看图 2-12b 上画的 $y = |H(x)|$, 似乎这个级数没有理由在 $x = \pm 1$ 处爆破. 然而它确实爆破了.

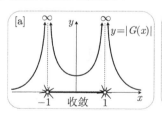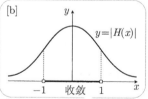

图  2-12

为了进而理解这一点, 我们以 $x = k$ (而不是 $x = 0$) 为中心把它们展为幂级数, 即把它们写成 $\sum_{j=0}^{\infty} c_j X^j$ 的形状, 其中 $X = (x - k)$ 度量由中心 $k$ 到 $x$ 的位移. 为了展开 $G$, 我们先在 $k$ 处展开 $1/(a - x)$ 作为 (2.3) 的推广:

$$\frac{1}{a - x} = \frac{1}{a - (X + k)} = \frac{1}{(a - k)} \frac{1}{1 - \left(\frac{X}{a - k}\right)},$$

---

[①] 当时柯西正在研究开普勒方程级数解的收敛性. 这个解给出了行星某个时刻在其轨道上位于何处.

所以

$$\frac{1}{a-x} = \sum_{j=0}^{\infty} \frac{X^j}{(a-k)^{j+1}}, \quad \text{当且仅当} \quad |X| < |a-k|. \tag{2.4}$$

为了把它用于 $G$, 做因式分解 $(1-x^2) = (1-x)(1+x)$, 然后把 $G$ 分成分项分式

$$\frac{1}{1-x^2} = \frac{1}{2}\left[\frac{1}{1-x} - \frac{1}{-1-x}\right] = \frac{1}{2}\sum_{j=0}^{\infty}\left[\frac{1}{(1-k)^{j+1}} - \frac{1}{(-1-k)^{j+1}}\right]X^j.$$

这两项分别适用于 $|X| < |1-k|$ 和 $|X| < |1+k|$, 所以收敛区间 $|X| < R$ 由下式给出:

$$R = \min(|1-k|, |1+k|) = (\text{由}k\text{到最近的}G\text{之奇点的距离}).$$

图 2-13a 上画出了这个很容易理解的结果, 暂时不去问那个加了阴影的圆盘.

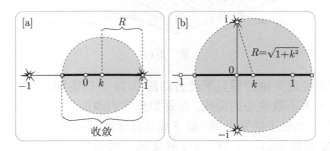

图　2-13

在 $H(x)$ 的情况, 我还一直想不出一个只用实数求其展开式的漂亮方法, 但习题 9 是一个尝试. 尽管如此, 可以证明这个 $X$ 的级数的收敛半径将由一个奇怪的公式给出: $R = \sqrt{1+k^2}$. 正如前一章科茨的工作一样, 我们在此又有了一个关于实函数的结果, 这个结果又一次试图告诉我们复平面的存在.

如果我们把实直线画成嵌在平面内, 则勾股定理告诉我们, $R = \sqrt{1^2+k^2}$ 应该理解为由中心 $k$ 到**直线外**两个定点的距离, 这两个定点离 $0$ 均有单位距离而由 $0$ 到这两个定点的方向均与该直线成直角. 见图 2-13b. 若把此平面想成 $\mathbb{C}$, 这两点就是 $\pm i$, 而

$$R = (\text{由 } k \text{ 到 } \pm i \text{ 的距离}).$$

当我们转而考虑**复函数** $h(z) = 1/(1+z^2)$ 时, 神秘就开始被解开了, 当把 $z$ 限制在复平面的实轴上时, $h(z)$ 就与 $H(x)$ 一样了. 事实上, 在某种意义上——我们还不能把这个意义说明白—— $h(z)$ 是**唯一的**在此直线上与 $H(x)$ 恒等的复函数.

如果说图 2-12b 表明 $h(z)$ 对取实值的 $z$ 性态甚佳, 则在复平面上 $h(z)$ 却有两个奇点, 一个在 $z = i$ 处, 另一个在 $z = -i$ 处, 图 2-13b 上用小小的爆炸表示这两

个奇点. 图 2-14 则用 $h(z)$ 的模曲面把它表示得更生动; $\pm i$ 就是两个喷发的 "火山"
所在的位置. 我们马上就来把这一点处理得更清楚, 但是无论如何, 神秘完全不见
了, 不论在图 2-13a 还是在图 2-13b 中, 收敛半径都是到最近的奇点的距离.

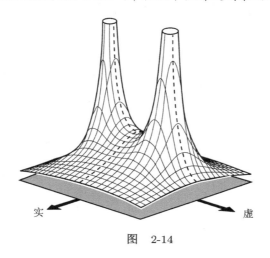

实    虚

图    2-14

如果我们用经过实轴的垂直平面去切图 2-14 上的曲面, 就会恢复出图 2-12b
上那个平静得叫人不敢放心的曲线, 但是如果我们改而用经过虚轴的垂直平面去
切, 就会得到图 2-12b 上的那个图. 像下面这样做就可以看出这并非偶然: 首先注
意到 $G(x)$ 是复函数 $g(z) = 1/(1 - z^2)$ 在实轴上的限制. 因为 $g(z) = h(iz), h$ 和 $g$
基本上是同样的: 如果我们把平面旋转 $(\pi/2), h$ 也会旋转 $(\pi/2)$, 而得到 $g$. 特别是
$g$ 的模曲面只不过就是图 2-14 转了 $(\pi/2), \pm i$ 处的火山就转到了 $\pm 1$ 处.

### 2.3.2    收敛圆

现在我们来考虑复幂级数的收敛性, 而把一个已知的复函数是否可以表示为这
样的级数这个问题暂时放在一边.

一个 (以原点为中心的) 复幂级数就是以下形式的表达式:

$$P(z) = \sum_{j=0}^{\infty} c_j z^j = c_0 + c_1 z + c_2 z^2 + c_3 z^3 + \cdots, \tag{2.5}$$

这里的 $c_j$ 都是复常数而 $z$ 是复变量. 这个无穷级数的部分和正是多项式

$$P_n(z) = \sum_{j=0}^{n} c_j z^j = c_0 + c_1 z + c_2 z^2 + c_3 z^3 + \cdots + c_n z^n.$$

对于给定的值 $z = a$, 如果对任意给定的正数 $\varepsilon$, 不论其多么小, 总存在一
个正整数 $N$, 使对每一个大于 $N$ 的值 $n$, 恒有 $|A - P_n(a)| < \varepsilon$, 我们就说点
$P_1(a), P_2(a), P_3(a), \cdots$ 的序列收敛于点 $A$. 图 2-15a 表明, 这句话的意思其实比

听起简单得多: 总的说就是, 一旦在序列 $P_1(a), P_2(a), P_3(a), \cdots$ 中达到了 $P_N(a)$ 以后, 以下所有的点都位于一个以 $A$ 为中心而半径为 $\varepsilon$ 的任意小的圆盘内.

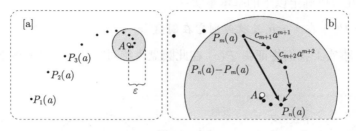

图 2-15

这时, 我们就说幂级数 $P(z)$ 在 $z = a$ 处**收敛**于$A$, 记作 $P(a) = A$. 若序列 $P_1(a), P_2(a), P_3(a), \cdots$ 不收敛于任意特定点, 就说 $P(z)$ 在 $z = a$ **处发散**. 所以, 对任意点 $z, P(z)$ 或者收敛或者发散.

图 2-15b 把图 2-15a 中的圆盘放大了. 若 $n > m > N$, 则 $P_m(a)$ 与 $P_n(a)$ 均位于此圆盘内, 所以它们的距离必小于圆盘的直径:

$$|c_{m+1}a^{m+1} + c_{m+2}a^{m+2} + \cdots + c_n a^n| = |P_n(a) - P_m(a)| < 2\varepsilon. \tag{2.6}$$

反之, 若能证明这个条件得到满足, 则 $P(a)$ 收敛 [练习]. 这样, 我们就得到陈述收敛性定义的新方式: $P(a)$收敛当且仅当只要 $m$ 和 $n$ 均大于 $N$ 时, 不等式 (2.6) (对任意小的$\varepsilon$) 恒成立.

幂级数 $P(a)$ 称为在 $z = a$ 处**绝对收敛**, 如果实级数

$$\widetilde{P}(z) \equiv \sum_{j=0}^{\infty} |c_j z^j| = |c_0| + |c_1 z| + |c_2 z^2| + |c_3 z^3| + \cdots$$

在该处收敛. 绝对收敛性肯定与通常的收敛性不同. 例如 $P(z) = \sum z^j/j$ 在 $z = -1$ 处收敛, 但在该点并非绝对收敛 [练习]. 另一方面,

若 $P(z)$ 在某点绝对收敛, 则它在该点必收敛. $\hspace{2em}$ (2.7)

这样, 绝对收敛性比之收敛性是更强的要求.

为了证明 (2.7), 设 $P(z)$ 在 $z = a$ 处绝对收敛, 所以 (由定义) $\widetilde{P}(a)$ 收敛. 用实级数 $\widetilde{P}(z)$ 的部分和 $\widetilde{P}_n(z) = \sum_{j=0}^{n} |c_j z^j|$ 来说, 即对充分大的 $m$ 与 $n$ 恒可使 $[\widetilde{P}_n(a) - \widetilde{P}_m(a)]$ 任意小. 但是参看图 2-15b, 我们看到

$$\widetilde{P}_n(a) - \widetilde{P}_m(a) = |c_{m+1}a^{m+1}| + |c_{m+2}a^{m+2}| + \cdots + |c_n a^n|$$

正是由 $P_m(a)$ 经由 $P_{m+1}(a), P_{m+2}(a)$ 曲折行进到 $P_n(a)$ 的总长度 (设 $n > m$). 因为 $|P_n(a) - P_m(a)|$ 是由 $P_m(a)$ 到 $P_n(a)$ 的最短路程的长度, 故

$$|P_n(a) - P_m(a)| \leqslant \widetilde{P}_n(a) - \widetilde{P}_m(a).$$

所以 $|P_n(a) - P_m(a)|$ 对充分大的 $m$ 与 $n$ 必可变为任意小. 证毕.

我们现在可以确定以下的基本事实:

<blockquote>**若 $P(z)$ 在 $z = a$ 处收敛则它在圆盘 $|z| < |a|$ 内处处收敛.**</blockquote>    (2.8)

见图 2-16a. 事实上我们将证明 $P(z)$ 在此圆盘内绝对收敛. 所以上述结果由 (2.7) 必成立.

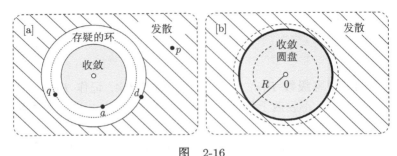

图    2-16

如果 $P(a)$ 收敛, 则其每一项之长 $|c_n a^n|$ 必随 $n$ 趋于无穷大而消逝到 0. [为什么?] 特别是, 一定存在一数 $M$ 使得对所有的 $n$ 都有 $|c_n a^n| < M$. 如果 $|z| < |a|$, 则 $\rho = |z|/|a| < 1$, 所以 $|c_n z^n| < M\rho^n$. 这样,

$$\widetilde{P}_n(z) - \widetilde{P}_m(z) \leqslant M(\rho^{m+1} + \rho^{m+2} + \cdots + \rho^n) = \frac{M}{1-\rho}[\rho^{m+1} - \rho^{n+1}],$$    (2.9)

右方对充分大的 $m$ 和 $n$ 可以任意小. 证毕.

若 $P(z)$ 不是在平面上处处收敛, 则必在一点 $d$ 处发散. 现设 $P(z)$ 在某个离原点比 $d$ 更远的点 $p$ 处为收敛. 见图 2-16a. 由 (2.8) 可知它在圆盘 $|z| < |p|$ 内每点均收敛, 特别是它将在 $d$ 处收敛, 这与我们开始时的假设矛盾. 由此可知,

<blockquote>**若 $P(z)$ 在 $z = d$ 处发散, 则它在圆 $|z| = |d|$ 外各点都发散.**</blockquote>    (2.10)

到现在, 我们已经解决了各处的收敛性问题, 但在 "存疑的环" $|a| \leqslant |z| \leqslant |d|$ 处还不清楚. 见图 2-16a. 设在存疑的环的中线 (即圆周 $|z| = \frac{|a| + |d|}{2}$) 上取一点 $q$, 然后检验 $P(q)$ 是否收敛. 不论结果如何, (2.8) 和 (2.10) 都能帮助我们得到一个新的存疑的环, 而仅有原来的存疑的环一半宽. 举例来说, 如果 $P(q)$ 收敛, 则当 $|z| < |q|$ 时 $P(z)$ 都收敛, 于是新的存疑的环成了 $|q| \leqslant |z| \leqslant |d|$. 重复这个试验程序又可能把它的宽度再减半. 继续做下去, 存疑的环最后会变窄成为一个确定的圆周 $|z| = R$ (称为**收敛圆周**), 使得 $P(z)$ 在其内域处处收敛, 而在其外域处处发散. 见图 2-16b. 这个半径 $R$ 称为**收敛半径**——我们终于明白了这个名词的来源! 此圆周的内域称为**收敛圆盘**.

要注意, 以上的论证没有给出关于 $P(z)$ 在收敛圆周上的收敛性的任何信息. 从原则上说, 我们可以期望它在此圆周上所有点或某些点处收敛, 或处处不收敛, 而且确实可以找出体现这三种可能性的每一种的例子. 见习题 11.

以上所有结果均可立即推广到以任一点 $k$ 为中心的幂级数, 即形如 $P(z) = \sum_{j=0}^{\infty} c_j Z^j$ 的级数, 其中 $Z = (z - k)$ 是由中心 $k$ 到 $z$ 点的复数, 于是可以把我们的结论 (它归功于阿贝尔[①]) 重述如下:

> 已给以 $k$ 为中心的复幂级数 $P(z)$, 必存在一以 $k$ 为中心的圆
>
> 周 $|z - k| = R$, 使 $P(z)$ 在其内域处处收敛, 而在其外域处处发散. $\qquad$ (2.11)

当然也有处处收敛的幂级数, 但是这可看成收敛半径为无穷大的极限情况.

回到图 2-13a 和图 2-13b, 我们现在看出了图上画的圆盘正是 $1/(1 \mp z^2)$ 的幂级数的收敛圆盘.

### 2.3.3 用多项式逼近幂级数

收敛性的定义隐含了一个简单的, 但非常重要的事实: 若 $P(a)$ 收敛, 则其值可用其部分和 $P_m(a)$ 的序列来逼近, 而且只要取充分大的 $m$, 可以逼近得要多精确就有多精确. 把这一点与 (2.11) 综合起来, 即有

> 在收敛圆盘的每一点 $z$ 处, $P(z)$ 可以用一个次数充分大的多项式
>
> $P_m(z)$ 逼近到任意高的精确度.

为简单计, 我们在 $P(z)$ 以原点为中心的情况做进一步的研究. 在 $z$ 点用 $P_m(z)$ 做逼近的误差 $E_m(z)$, 可以定义为精确的答案与近似的答案的距离, $E_m(z) = |P(z) - P_m(z)|$. 对于固定的 $m$, 误差 $E_m(z)$ 将随 $z$ 在收敛圆内的运动而变化. 显然, 因为 $E_m(0) = 0$, 当 $z$ 接近原点时, 误差将极其微小, 但若 $z$ 接近收敛圆周情况又如何? 答案将视特定的幂级数而定, 但是可能会发生误差十分巨大的事! [见习题 12.] 这与上述结果并不矛盾: 对于固定的 $z$, 不论它如何接近收敛圆周, 当 $m$ 趋向无穷大时, 误差 $E_m(z)$ 将变得任意小.

但若限制 $z$ 到圆盘 $|z| \leqslant r$ 内, 而 $r < R$, 就可以避免这个问题, 因为这个限制防止了 $z$ 任意接近收敛圆周 $|z| = R$. 要想在这个较小的圆盘内逼近 $P(z)$, 可以如下进行. 我们先要决定我们可以容忍的最大误差是多少 (例如为 $\varepsilon$), 然后再 (一劳永逸地) 决定一个次数充分大的逼近多项式 $P_m(z)$, 使在该圆盘 $|z| \leqslant r$ 内误差总小于 $\varepsilon$. 即是说在整个圆盘 $|z| \leqslant r$ 内, 近似点 $P_m(z)$ 离真正的点 $P(z)$ 总小于 $\varepsilon$. 我们把这个情况说成是 $P(z)$ 在此圆盘内**一致收敛**,

> 若 $P(z)$ 有收敛圆盘 $|z| < R$, 则 $P(z)$ 在任意较小的圆盘 $|z| \leqslant r$
>
> 中恒一致收敛, 这里 $r < R$. $\qquad$ (2.12)

---

[①] Niels Abel, 1802—1829, 挪威数学家. ——译者注

然而可能在整个收敛圆盘上并没有一致收敛性. 以上结果表明这只是一个技术细节: 在几乎充满整个收敛圆盘的较小圆盘上, 例如当 $r = (0.999\,999\,999)R$ 时, 总有一致收敛性.

为了证明 (2.12), 请先做习题 12, 再好好看一下 (2.9).

### 2.3.4　唯一性

如果一个复函数可以表示成一个幂级数, 则它只能以唯一的一种方式来这样表示——这个幂级数必为**唯一的**. 这是以下恒同性定理的直接推论.

> 若在 0 的某一邻域 (不论是多么小), 对所有的 $z$ 均有
> $$c_0 + c_1 z + c_2 z^2 + c_3 z^3 + \cdots = d_0 + d_1 z + d_2 z^2 + d_3 z^3 + \cdots,$$
> 则这两个幂级数是恒同的, 即 $c_j = d_j$ 对所有 $j$ 成立.

令 $z = 0$ 即得 $c_0 = d_0$, 所以可以把常数项从两边消去. 用 $z$ 遍除两边, 然后再令 $z = 0$ 又得 $c_1 = d_1$, 等等.[1][这种作法虽然十分简单, 但习题 13 表明, 它是非常值得注意的.] 这个结果可以相当大地加强. 若这两个幂级数只在一段通过 0 的曲线 [不论多么小] 上相等, 甚至只在一个收敛于 0 的无穷序列的各点上相等, 则这两个级数必为恒同. 证法基本上相同, 只不过现在不是令 $z = 0$, 而是取 $z$ 逼近 0 取极限: 或者沿此曲线取极限, 或者令 $z$ 位于收敛到 0 的点的序列之中, 再来取极限.

我们或者可以使得这些结果具有更大的直观意义如下: 首先回想一下, 幂级数可以用次数充分大的**多项式**来逼近到任意高的精确度. 在平面上任取两个不同点 (不论它们如何接近), 必有唯一直线经过此二点. 把直线作为 $y = f(x)$ 的图像来看, 这就是说, 一个一次多项式, 例如 $f(x) = c_0 + c_1 x$, 必可由任意两个不同点的象所唯一决定, 而不论这两个点如何靠近. 类似于此, 对于 2 次多项式 $y = c_0 + c_1 x + c_2 x^2$, 若已知三个不同的点 (不论它们如何靠近), 必有唯一的抛物线图像通过这三点之象. 这个思想很容易推广到复函数: *存在一个且唯一的 $n$ 次复多项式把已给定的 $(n+1)$ 个相异复数分别映到 $(n+1)$ 个已给的象点*. 所以, 上述结果可以看成给定点 [以及给定象点] 的个数趋向无穷大时的极限情况.

---

[1] 应该指出, 这里的推理是不正确的. 因为 0 不能用作分母, 既然用 $z$ 遍除了两边, 就不能再令 $z = 0$. 其实本书在这里是模仿了牛顿初创微积分时用的推理. 这里存在的漏洞后来被反对微积分的人们 [最著称是爱尔兰克罗因 (Cloyne) 地方的主教伯克莱 (George Berkeley, 1685—1753)] 抓住不放. 牛顿也为此伤透了脑筋. 可以这样来处理. 例如记 $c_1 + c_2 z + c_3 z^2 + \cdots = f(z), d_1 + d_2 z + d_3 z^2 + \cdots = g(z)$. 它们与原来的幂级数有相同的收敛圆. 由幂级数的一致收敛性, 又知 $f(z), g(z)$ 均在 $z = 0$ 附近连续. 于是原来的条件成为 $c_0 + z f(z) = d_0 + z g(z)$. 令 $z \to 0$ (注意, 当 $z \to 0$ 时必有 $z \neq 0$) 即得 $c_0 = d_0$. 用 $z$ 遍除上式两边 (这是许可的, 因为 $z \neq 0$), 又有 $f(z) = g(z)$. 仿照上面的方法, 又得 $c_1 = d_1$, 等等. 总之, 要等到有了极限理论才为牛顿解了围. 本书甚至在下面对此定理的推广中也是用的极限 $z \to 0$, 而非 $z = 0$. 一般文献则是使用泰勒级数: 记此式两边的公共值为 $F(z)$, 则 $c_j = d_j = \frac{1}{j!} F^{(j)}(0)$. 见 9.2.2 节. ——译者注

我们在前曾暗示地说, $h(z) = 1/(1 + z^2)$ 在某种意义下是**唯一**在实数直线上与实函数 $H(x) = 1/(1 + x^2)$ 相一致的复函数. 然而, 很清楚, 有无限多个复函数能这样地与 $H(x)$ 一致. 例如

$$g(z) = g(x + \mathrm{i}y) = \frac{\cos[x^2 y] + \mathrm{i}\sin[y^2]}{\mathrm{e}^y + x^2 \ln(\mathrm{e} + y^4)}$$

就是其中之一. 那么 $h(z)$ 在什么意义下能看作 $H(x)$ 的唯一推广?

我们已经知道 $h(z)$ 可以写为幂级数 $\sum_{j=0}^{\infty} (-1)^j z^{2j}$, 这个事实给出了一个暂时的答案 [练习]: $h(z)$ 是唯一的复函数, 它 (i) 在实轴上与 $H(x)$ 一致, 且 (ii) 可以表示为 $z$ 的幂级数. 这还没有完全地包含了 $h(z)$ 为唯一的意义, 但这是一个开始.

更一般地说, 设已有一个实函数 $F(x)$, 它可以在实直线的一个线段（必须以原点为中心）上表示成 $x$ 的幂级数 $F(x) = \sum_{j=0}^{\infty} c_j x^j$. 则有同样系数的复幂级数 $F(z) = \sum_{j=0}^{\infty} c_j z^j$ 就可以用来定义那个唯一的复函数 $f(z)$, 使它 (i) 在实轴的这个已给线段上与 $F$ 一致, 而且 (ii) 可以表示成为 $z$ 的幂级数.

例如, 考虑**复指数函数**, 记作 $\mathrm{e}^z$（我们将在下一节讨论其几何性质）. 因为 $\mathrm{e}^x = \sum_{j=0}^{\infty} x^j/j!$, 所以

$$\mathrm{e}^z = 1 + z + \frac{1}{2!}z^2 + \frac{1}{3!}z^3 + \frac{1}{4!}z^4 + \cdots.$$

请注意, 我们在前面 [第 1 章] 对于欧拉公式的启发式的、使用幂级数的处理方法开始看起来更值得尊敬了.

### 2.3.5 对幂级数的运算

幂级数可以用多项式逼近到任意的精确度, 这一事实蕴涵着 [习题 14]

> 两个具有相同中心的幂级数可以如多项式一样去相加、相乘和相除.     (2.13)

如果两个幂级数 $P(z)$ 和 $Q(z)$ 分别具有收敛圆盘 $D_1$ 和 $D_2$, 则所得的 $(P + Q)$ 与 $PQ$ 至少将在 $D_1$ 和 $D_2$ 中的较小一个圆盘中收敛（也可能在大一些的圆盘中收敛）. 在 $(P/Q) = P(1/Q)$ 的情况则没有这种一般的结论, 因为 $(1/Q)$ 的级数的收敛性不仅受限于 $D_2$ 的边缘圆周, 还受限于 $D_2$ 中使 $Q(z) = 0$ 的点, 因此我们这时还要假定 $Q(0) \neq 0$.

现在用几个例子来说明 (2.13). 前面我们在求 $1/(1 - z^2)$ 以 $k$ 为中心的幂级数时, 其实已经假设了这个结果成立. 用分项分式来分解

$$\frac{1}{1 - z^2} = \frac{(1/2)}{1 - z} + \frac{(1/2)}{1 + z}.$$

我们对右方的两个函数得出了两个幂级数, 然后假设可以如多项式一样处理, 即将相应系数相加.

在 $k = 0$ 的特例下, 我们可以验证这个程序能行, 因为我们已经知道对于以原点为中心的级数的正确答案是

$$\frac{1}{1 - z^2} = 1 + z^2 + z^4 + z^6 + \cdots.$$

因为

$$\frac{1}{1 - z} = 1 + z + z^2 + z^3 + z^4 + z^5 + \cdots,$$

$$\frac{1}{1 + z} = 1 - z + z^2 - z^3 + z^4 - z^5 + \cdots,$$

可见, 把相应项的系数相加确实给出 $1/(1 - z^2)$ 的正确的级数.

因为也可以写出

$$\frac{1}{1 - z^2} = \left[ \frac{1}{1 - z} \right] \left[ \frac{1}{1 + z} \right],$$

所以我们可以重做一次这个例子, 以说明把它们当作多项式而做幂级数的乘法也是对的:

$$[1 + z + z^2 + z^3 + z^4 + z^5 + \cdots][1 - z + z^2 - z^3 + z^4 - z^5 + \cdots]$$

$$= 1 + (1 - 1)z + (1 - 1 + 1)z^2 + (1 - 1 + 1 - 1)z^3 + (1 - 1 + 1 - 1 + 1)z^4 + \cdots,$$

它仍是 $1/(1 - z^2)$ 的正确级数展开式.

其次, 我们用 (2.13) 来求 $1/(1 - z)^2$ 的级数:

$$[1 + z + z^2 + z^3 + z^4 + z^5 + \cdots][1 + z + z^2 + z^3 + z^4 + z^5 + \cdots]$$

$$= 1 + (1 + 1)z + (1 + 1 + 1)z^2 + (1 + 1 + 1 + 1)z^3 + (1 + 1 + 1 + 1 + 1)z^4 + \cdots,$$

所以 $(1 - z)^{-2} = \sum_{j=0}^{\infty} (j + 1)z^j$.

请自行验证, 上面得到的 $(1 - z)^{-1}$ 和 $(1 - z)^{-2}$ 的级数都是一般的**二项式定理**的特例, 这定理说, 若 $n$ 是任一实数 (不一定恰好是正整数), 则在单位圆盘内, 恒有

$$(1 + z)^n = 1 + nz + \frac{n(n - 1)}{2!}z^2 + \frac{n(n - 1)(n - 2)}{3!}z^3$$
$$+ \frac{n(n - 1)(n - 2)(n - 3)}{4!}z^4 + \cdots. \tag{2.14}$$

从历史上看, 这个结果是牛顿在发展微积分时使用的关键武器, 后来在欧拉的工作中也起到同样重要的作用.

在习题 16~18 中, 我们将要表明怎样用幂级数的计算来证明二项式定理. 先对所有负整数幂证明它, 再对所有有理数幂来证明它. 无理数幂 $\rho$ 的情况则可用取一个趋近 $\rho$ 的有理数序列来处理, 我们在这里不做进一步讨论了. 以后我们将用另一个方法来证明 (2.14) 的更一般的情况, 即允许幂 $n$ 为一个**复数**!

下面我们再来讲如何把两个幂级数 $P(z)$ 和 $Q(z)$ 相除. 为了求出商的幂级数 $P(z)/Q(z) = \sum_{j=0}^{\infty} c_j z^j$, 可用 $Q(z)$ 遍乘上式两边以得 $P(z) = Q(z) \sum_{j=0}^{\infty} c_j z^j$, 再把右方的两个幂级数乘出来. 由结果的唯一性, 这个级数的系数必定要等于已知的 $P(z)$ 之系数, 这样就可以算出 $c_j$. 举一个例子就可以使这个程序更加清楚.

为了求 $1/\mathrm{e}^z = \sum_{j=0}^{\infty} c_j z^j$ 的系数 $c_j$, 两边用 $\mathrm{e}^z$ 去乘可得

$$1 = \left[ 1 + z + \frac{z^2}{2!} + \frac{z^3}{3!} + \frac{z^4}{4!} + \cdots \right] [c_0 + c_1 z + c_2 z^2 + c_3 z^3 + c_4 z^4 + \cdots]$$

$$= c_0 + (c_0 + c_1)z + \left( \frac{c_0}{2!} + \frac{c_1}{1!} + \frac{c_2}{0!} \right) z^2 + \left( \frac{c_0}{3!} + \frac{c_1}{2!} + \frac{c_2}{1!} + \frac{c_3}{0!} \right) z^3 + \cdots.$$

由结果的唯一性, 可令两边相关系数相等, 这样得出一组无穷多个线性方程:

$$1 = c_0,$$
$$0 = c_0 + c_1,$$
$$0 = c_0/2! + c_1/1! + c_2/0!,$$
$$0 = c_0/3! + c_1/2! + c_2/1! + c_3/0!,$$
$$\text{等等}.$$

逐次求解前几个方程 [练习], 很快就会引出猜想 $c_n = (-1)^n/n!$, 当 $n = 0$ 时, 这个结果自然成立, 当 $m$ 是正整数时, 考虑 $(1-1)^m$ 的二项展开式就很容易验证它. 于是我们得到

$$1/\mathrm{e}^z = 1 - z + \frac{1}{2!}z^2 - \frac{1}{3!}z^3 + \frac{1}{4!}z^4 - \frac{1}{5!}z^5 + \cdots = \mathrm{e}^{-z},$$

其形状和实函数 $\mathrm{e}^{-x}$ 的级数一样.

### 2.3.6 求收敛半径

给出一个复幂级数 $P(z) = \sum_{j=0}^{\infty} c_j z^j$ 以后, 有几种不同的直接由系数决定其收敛半径的方法. 因为它们与用于实级数的方法形式上完全一样, 所以我们将只介绍这些方法, 并请自行把实情况下的标准证法推广到复的情况.

**比值判定法**指出

$$R = \lim_{n \to \infty} \left| \frac{c_n}{c_{n+1}} \right|,$$

只要这个极限存在. 例如, 若

$$P(z) = 1 + z + \frac{z^2}{2^2} + \frac{z^3}{3^2} + \frac{z^4}{4^2} + \cdots,$$

则

$$R = \lim_{n \to \infty} \frac{1/n^2}{1/(n+1)^2} = \lim_{n \to \infty} (1 + \frac{1}{n})^2 = 1.$$

如果 $|c_n/c_{n+1}|$ 趋于无穷, 则 (形式上) $R = \infty$, 相应于在平面上处处收敛. 例如 $e^z = \sum_{j=0}^{\infty} z^j/j!$ 就是处处收敛的, 因为

$$R = \lim_{n \to \infty} \frac{1/n!}{1/(n+1)!} = \lim_{n \to \infty} (n+1) = \infty.$$

若比值判定法失败或者难于应用, 时常可用**根式判定法**, 即

$$R = \lim_{n \to \infty} \frac{1}{\sqrt[n]{|c_n|}},$$

只要这个极限存在. 例如, 根式判定法可以用于级数

$$P(z) = \sum_{j=1}^{\infty} \left( \frac{j-3}{j} \right)^{j^2} z^j,$$

如果我们首先想起

$$e^x = \lim_{n \to \infty} (1 + \frac{x}{n})^n$$

（我们马上就会来讨论它）, 就会得出 $R = e^3$ [练习].

有时, 比值判定法和根式判定法都不能用, 但后一种方法还可以稍加推广, 而且在所有情况下都能用. 这就是**柯西–阿达玛**[1]**定理**, 即

$$R = \frac{1}{\limsup \sqrt[n]{|c_n|}}.$$

因为本书不需要它, 所以就不进一步讨论它了.

以上的幂级数的例子都是凭空捡来的, 但是我们的出发点时常是一个已知的函数 $f(z)$, 然后把 $f(z)$ 表示为一幂级数. 这时, 决定 $R$ 的问题会有一个在概念上令人满意得多的答案. 这个答案粗略地说就是: [2]

> 若 $f(z)$ 可以表示为一个中心在 $k$ 的幂级数, 则收敛半径是从 $k$ 到 $f(z)$ 的最近奇点的距离.                                    (2.15)

----

[1] Jacques Salomon Hadamard, 1865—1963, 法国数学家. ——译者注

[2] 我们在下面在讲 $f(z)$ 为 "多值函数"（即一个已给的 $z$ 有好几个函数值）时, 还必须对此命题做一些修正, 见 (2.27).

图 2-17a 画出了这一点, $f(z)$ 的奇点用一个爆破来表示. 为了理解哪些函数可以展开为幂级数, 我们需要本书后面更深刻的结果, 但是我们现在就已经能验证, 一个有理函数 [即两个多项式之比] 是可以展开的, 而它的展开式的收敛半径就可由 (2.15) 给出.

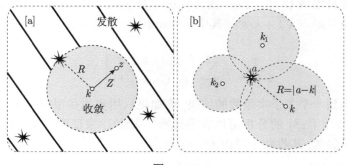

图　2-17

我们重新考虑图 2-13a 和图 2-13b. 回想一下, 在图 2-13b 中对于 $h(z) = 1/(1 + z^2)$ 的以 $k$ 为中心的级数展开式, 我们当时仅仅是宣称了 $R = \sqrt{1+k^2}$. 现在我们要证实这一点, 并且把级数明确地找出来.

为此, 首先注意到 (2.4) 可以容易地推广为

$$\frac{1}{a-z} = \sum_{j=0}^{\infty} \frac{Z^j}{(a-k)^{j+1}}, \quad \text{当且仅当} \quad |Z| < |a-k|, \tag{2.16}$$

这里 $a$ 和 $k$ 是任意**复数**, 而 $Z = z - k$ 是连接展开式的中心 $k$ 到 $z$ 的复数. 收敛条件 $|z-k| < |a-k|$ 意思就是, $z$ 在以 $k$ 为中心且通过 $a$ 点的圆周之内域中. 图 2-17b 中也画出了 $1/(a-z)$ 在 $k_1, k_2$ 处展开的收敛圆盘. 因为函数 $1/(a-z)$ 恰好在 $a$ 点有一个奇点, 我们就对这个特定的函数验证了 (2.15).

前面我们是通过将 $1/(1 - x^2)$ 的分母做因式分解并用分项分式找出了它的展开式. 现在我们就可以用完全同样的方法找到 $h(z) = 1/(1 + z^2)$ 以任意复数 $k$ 为中心的展开式:

$$\frac{1}{1+z^2} = \frac{1}{(z-i)(z+i)} = \frac{1}{2i}\left(\frac{1}{-i-z} - \frac{1}{i-z}\right),$$

对右方的两项分别应用 (2.16) 即得

$$\frac{1}{1+z^2} = \sum_{j=0}^{\infty} \frac{1}{2i}\left[\frac{1}{(-i-k)^{j+1}} - \frac{1}{(i-k)^{j+1}}\right] Z^j. \tag{2.17}$$

$1/(\pm i - z)$ 的级数在以 $k$ 为中心的同心圆 $|z-k| = |\pm i - k|$ 的内域中收敛, 这两个圆的圆周分别通过点 $\pm i$, 而这两个点正是 $h(z)$ 的奇点. 但是 (2.17) 仅当这两个级

数都收敛时才收敛, 就是仅当 $|z - k| < R$ 时收敛, 这里 $R$ 是由中心 $k$ 到 $h(z)$ 最近的奇点的距离. 我们就这样对 $h(z)$ 验证了 (2.15).

特别地, 若 $k$ 为实数, (2.17) 就在图 2-13b 中的圆盘内收敛. 如果把 $z$ 限制在实轴上, $h(z)$ 就化成了实函数 $1/(1 + x^2)$, 而这个函数对 $X = (x - k)$ 的幂的展开式就可以很容易地从 (2.17) 导出. 因为现在 $k$ 是实数, 所以 $|i - k| = \sqrt{1 + k^2}$, 而我们可以写出 $(i - k) = \sqrt{1 + k^2}e^{i\phi}$, 其中 $\phi = \arg(i - k)$ 是 $\arctan(-1/k)$ 的适当的值. 于是 [练习]:

$$\frac{1}{1 + x^2} = \sum_{j=0}^{\infty} \left[ \frac{\sin(j+1)\phi}{(\sqrt{1 + k^2})^{j+1}} \right] X^j. \tag{2.18}$$

我们又一次得到一个关于实函数的结果, 而如果只用实数是很难得出它来的.

以上对 $1/(1 + z^2)$ 的分析可以容易地推广 [练习] 来证明: 任意有理函数都可以表示成为幂级数, 其收敛半径由 (2.15) 给出.

### 2.3.7　傅里叶级数*

1807 年 12 月 21 日, 傅里叶[1]在法国科学院宣读了他的发现, 这个发现是如此地引人注目, 使得他的尊贵的听众实在是难以置信. 他宣称, 任意的[2]实周期函数 $F(\theta)$, 不论其图像如何古怪, 都可以分解为频率越来越高的正弦波之和. 为简单计, 设周期为 $2\pi$, 这时**傅里叶级数**就是

$$F(\theta) = \frac{1}{2}a_0 + \sum_{n=1}^{\infty} [a_n \cos n\theta + b_n \sin n\theta].$$

其中 [见习题 20]

$$a_n = \frac{1}{\pi} \int_0^{2\pi} F(\theta) \cos n\theta \mathrm{d}\theta, \quad b_n = \frac{1}{\pi} \int_0^{2\pi} F(\theta) \sin n\theta \mathrm{d}\theta. \tag{2.19}$$

本小节是选读材料, 主要是为那些已经遇到过这种级数的读者写的. 对那些没有遇到过这种级数的读者, 我们希望这个简短的讨论（加上本章末的习题）可以激起你对这个引人入胜的主题更大的胃口.[3]

在实数世界里, 傅里叶级数和泰勒级数看来不可能有联系, 但是当我们进入复数领域时, 出现了一件美丽而且引人注目的事实.

> 实函数的泰勒级数和傅里叶级数只不过是观察复幂级数的两种不同的方式.

---

[1] Jean Baptiste Joseph Fourier, 1768—1830. 法国数学家. ——译者注

[2] 后来发现对于 $F$ 还是要加上一些条件, 不过这些条件是惊人地弱.

[3] 在许多数学领域中, 哪怕仅一本真正有启发性的书也很难找到, 但是对于傅里叶分析, 我们至少可以找到两本: Lanczos [1966] 和 Körner [1988].

我们将用一个例子来解释这段天书似的话.

考虑复函数 $f(z) = 1/(1-z)$. 记 $z = re^{i\theta}$, 就会看到 [练习] $f(re^{i\theta})$ 的实部和虚部分别是

$$f(re^{i\theta}) = u(re^{i\theta}) + iv(re^{i\theta}) = \left[\frac{1 - r\cos\theta}{1 - 2r\cos\theta + r^2}\right] + i\left[\frac{r\sin\theta}{1 - 2r\cos\theta + r^2}\right],$$

我们只集中注意其中之一, 例如 $v$.

让 $z$ 沿射线 $\theta = $ 常数由原点向外运动, 则 $v$ 变成仅为 $r$ 的函数, 记为 $V_\theta(r)$. 例如

$$V_{\frac{\pi}{4}}(r) = \frac{r}{\sqrt{2}(1 + r^2) - 2r}.$$

如果相反, $z$ 沿着圆周 $r = $ 常数不断旋转, 则 $v$ 变成仅为 $\theta$ 的函数 $\widetilde{V}_r(\theta)$. 例如

$$\widetilde{V}_{\frac{1}{2}}(\theta) = \frac{2\sin\theta}{5 - 4\cos\theta}.$$

注意, 这是 $\theta$ 的周期函数且周期为 $2\pi$. 理由很简单, 而且适用于由任意（单值的）函数 $f(z)$ 所生成的 $\widetilde{V}_r(\theta)$: 每当 $z$ 旋转了完整的一周而回到原来的位置时, $f(z)$ 必将沿一闭环路转一圈而回到原处.

注意, 为了看到泰勒级数与傅里叶级数的统一性, 记住（在单位圆盘内）$f(z) = 1/(1-z)$ 可以表示为收敛的复幂级数:

$$f(re^{i\theta}) = 1 + (re^{i\theta}) + (re^{i\theta})^2 + (re^{i\theta})^3 + (re^{i\theta})^4 + \cdots$$
$$= 1 + r(\cos\theta + i\sin\theta) + r^2(\cos 2\theta + i\sin 2\theta) + r^3(\cos 3\theta + i\sin 3\theta) + \cdots.$$

特别地,

$$v(re^{i\theta}) = r\sin\theta + r^2\sin 2\theta + r^3\sin 3\theta + r^4\sin 4\theta + r^5\sin 5\theta + \cdots.$$

如果令 $\theta = \pi/4$, 我们立即可得 $V_{\frac{\pi}{4}}(r)$ 的泰勒级数:

$$\frac{r}{\sqrt{2}(1 + r^2) - 2r} = V_{\frac{\pi}{4}}(r) = \frac{1}{\sqrt{2}}r + r^2 + \frac{1}{\sqrt{2}}r^3 - \frac{1}{\sqrt{2}}r^5 - r^6 - \frac{1}{\sqrt{2}}r^7 + \frac{1}{\sqrt{2}}r^9 + \cdots.$$

我们又一次想到, 如果只用实数, 得出这个公式多么困难! 例如由此可得

$$\frac{d^{98}}{dr^{98}}\left[\frac{r}{\sqrt{2}(1 + r^2) - 2r}\right]\Bigg|_{r=0} = 98!.$$

如果令 $r = (1/2)$, 我们立即得到 $\widetilde{V}_{\frac{1}{2}}[\theta]$ 的傅里叶级数

$$\frac{2\sin\theta}{5 - 4\sin\theta} = \widetilde{V}_{\frac{1}{2}}(\theta) = \frac{1}{2}\sin\theta + \frac{1}{2^2}\sin 2\theta + \frac{1}{2^3}\sin 3\theta + \frac{1}{2^4}\sin 4\theta + \cdots.$$

级数中没有余弦波出现正确地反映了 $\widetilde{V}_{\frac{1}{2}}(\theta)$ 是 $\theta$ 的**奇函数**.

复幂级数与傅里叶级数的这种联系, 不仅使我们得到审美的满足, 还可以是非常实用的. $\widetilde{V}_{\frac{1}{2}}(\theta)$ 的傅里叶级数的常规推导要求算出 (2.19) 中那些难办的积分, 而我们现在只要做简单的代数运算就能得到! 其实我们现在可以用傅里叶级数来计算积分:

$$\int_0^{2\pi} \left[ \frac{2\sin\theta\sin n\theta}{5 - 4\cos\theta} \right] \mathrm{d}\theta = \frac{\pi}{2^n}.$$

进一步的例子可以在习题 21、习题 37、习题 38 中找到.

我们以预告一件即将发生的事作为本节的结束. 泰勒级数的系数可用微分法算出, 而傅里叶级数的系数则可用积分算出. 因为这两类级数在复平面上其实是一个东西, 这就暗示了, 在微分法与积分法之间存在一种隐藏着的联系, 而只有复数才能把它发掘出来. 我们在下面将会看到, 柯西是如何蔚为大观地证实了这个思想.

## 2.4　指　数　函　数

### 2.4.1　幂级数方法

我们已经看到唯一的用一幂级数将实函数 $\mathrm{e}^x$ 推广到 $x$ 取复值的复函数是

$$\mathrm{e}^z = 1 + z + \frac{1}{2!}z^2 + \frac{1}{3!}z^3 + \frac{1}{4!}z^4 + \cdots,$$

它在 $\mathbb{C}$ 上处处收敛. 我们现在来研究这个函数的几何本性.

图 2-18 把以上函数可视化成一次螺旋式样的旅行. 旅途的相继两段所成的角是一定的, 等于 $\arg z$. 当此角为直角时的特例, 我们在第 1 章中已经看到了, 那时我们看到这个螺旋趋向于单位圆上的一点, 此点可用欧拉公式表示为 $\mathrm{e}^{\mathrm{i}y} = \cos y + \mathrm{i}\sin y$. 事实上这个特殊的螺旋使我们能算出, 在图 2-18 的一般的螺旋的情况下会发生什么: 对任意值 $z = x + \mathrm{i}y$, 这个螺旋趋向于画在图上的一点, 其距离为 $\mathrm{e}^x$, 角度为 $y$. 换言之

$$\mathrm{e}^{x+\mathrm{i}y} = \mathrm{e}^x \mathrm{e}^{\mathrm{i}y}.$$

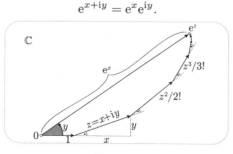

图　2-18

这也是以下事实的推论: 若 $a$ 和 $b$ 是任意复数, 则 $\mathrm{e}^a \mathrm{e}^b = \mathrm{e}^{a+b}$. 为了验证此式, 我们恰可把两个级数相乘:

$$\mathrm{e}^a \mathrm{e}^b = \left[1 + a + \frac{1}{2!}a^2 + \frac{1}{3!}a^3 + \cdots\right]\left[1 + b + \frac{1}{2!}b^2 + \frac{1}{3!}b^3 + \cdots\right]$$

$$= 1 + (a+b) + \left[\frac{a^2 + 2ab + b^2}{2!}\right] + \left[\frac{a^3 + 3a^2b + 3ab^2 + b^3}{3!}\right] + \cdots$$

$$= 1 + (a+b) + \frac{1}{2!}(a+b)^2 + \frac{1}{3!}(a+b)^3 + \cdots$$

$$= \mathrm{e}^{(a+b)}.$$

这里请证明推导过程的倒数第二行的**一般项**是 $(a+b)^n/n!$.

### 2.4.2 这个映射的几何意义

图 2-19 画出了映射 $z \mapsto w = \mathrm{e}^z$ 的基本特性. 请仔细研究它, 并注意以下事实.

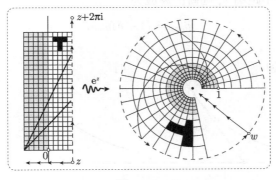

图 2-19

- 若 $z$ 以恒速 $s$ 向上运动, 则 $w$ 将以角速度 $s$ 绕原点旋转. 当 $z$ 移动过距离 $2\pi$ 后, $w$ 会回到起点. 所以此映射是周期的, 周期为 $2\pi\mathrm{i}$.

- 若 $z$ 以恒速向西运动, $w$ 则向原点运动, 其速度渐减. 反之, 若 $z$ 以恒速向东运动, 则 $w$ 将远离原点运动, 其速度渐增.

- 把这两件事实综合起来, 整个 $w$ 平面 ($w = 0$ 除外) 将被 $z$ 平面上的一个高为 $2\pi$ 的水平带形填满.

- 一条一般位置的直线将被映为前一章讨论过的螺线.

- 欧拉公式 $\mathrm{e}^{\mathrm{i}y} = \cos y + \mathrm{i}\sin y$ 可以解释为, $\mathrm{e}^z$ 把虚轴如一条绳子一样, 在单位圆上缠了一圈又一圈.

- 虚轴的左半平面被映为单位圆的内域, 而其右半平面被映为单位圆的外域.

- 小正方形的象非常接近正方形, 而 (与此相关) 任意两条相交的直线被映为相交的曲线, 而曲线的交角与两直线原来的交角相等.

最后一点并非自明的——第 4 章将开始探讨这个基本的性质, 并且会看到许多其他重要的复映射也具有这一性质.

### 2.4.3 另一种方法

用幂级数方法处理 $e^z$ 的优点在于它能表明把 $e^x$ 推广到复数域是唯一的. 其缺点则是需要大量的没有启发性的代数来破译这个级数的几何意义. 我们现在叙述一种不同的方法, 使几何更加浮上问题的表面. 这里的思想就是推广实的结果

$$e^x = \lim_{n \to \infty} \left(1 + \frac{x}{n}\right)^n. \tag{2.20}$$

有一种理解 (2.20) 的方法. 正如我们在第 1 章讨论过的, $f(x) = e^x$ 可以用它的如下性质来定义: $f'(x) = f(x)$. 图 2-20 a 就是以 $y = f(x)$ 的图像来说明它. 在图像的任意点上做一切线, 则其斜率必为 $f'(x) = f(x) = y_{\text{old}}$. 因为有阴影的三角形之高恰为 $y_{\text{old}}$, 故其底边之长 $l$ 必适合 $l \cdot f'(x) = l \cdot y_{\text{old}} = y_{\text{old}}$, 从而 $l = 1$. 让 $x$ 向右移动一个无穷小距离 $\delta$, 则新的高应为

$$y_{\text{new}} = (1 + \delta)y_{\text{old}}.$$

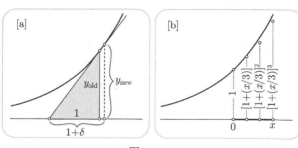

图　2-20

为了求出此图像在 $x$ 点的高度, 我们把区间 $[0, x]$ 分成很多小段, 每一段之长为 $(x/n)$ 而 $n$ 很大. 因为在 $x = 0$ 处图象之高为 1, 所以在 $(x/n)$ 处其高近似为 $1 + (x/n) \cdot 1$, 在 $2(x/n)$ 处高近似为 $[1 + (x/n)] \cdot [1 + (x/n)] \cdot 1$, 依此类推, 所以在 $x = n(x/n)$ 处高近似为 $[1 + (x/n)]^n$. [为图形清晰起见, 图 2-20b 只对很小的 $n$ 值 $n = 3$ 做出了这个几何数列, 所以不太精确.] 现在, 令 $n$ 趋向无穷大, 于是认为近似值 $[1 + (x/n)]^n$ 越来越精确, 而最后给出 (2.20) 就是很合情理的了. 请用计算机验证精确度确实随 $n$ 增加.

把 (2.20) 推广到复数域, 我们可以定义 $e^z$ 为

$$e^z = \lim_{n \to \infty} \left(1 + \frac{z}{n}\right)^n. \tag{2.21}$$

首先我们要确定, 这样的推广与我们使用幂级数所做的 $e^x$ 的推广是一回事. 应用二项式定理把 $n$ 次多项式 $[1 + (z/n)]^n$ 的前几项写出来, 就有

$$\left(1+\frac{z}{n}\right)^n = 1 + n\left[\frac{z}{n}\right] + \frac{n(n-1)}{2!}\left[\frac{z}{n}\right]^2 + \frac{n(n-1)(n-2)}{3!}\left[\frac{z}{n}\right]^3 + \cdots$$

$$= 1 + z + \frac{\left(1-\frac{1}{n}\right)}{2!}z^2 + \frac{\left(1-\frac{1}{n}\right)\left(1-\frac{2}{n}\right)}{3!}z^3 + \cdots,$$

于是, 至少在欧拉看来很清楚 [①], 当 $n$ 趋向无穷大时就会回到原来的幂级数.

其次我们再转到 (2.21) 的几何意义. 在为 $e^z$ 的幂级数解密时, 我们可以自由地假设欧拉公式成立, 因为在第 1 章我们就是用幂级数来得出欧拉公式的. 但是如果当我们现在按新方法以 (2.21) 为基础来处理 $e^z$ 时仍然假设欧拉公式成立, 就略有循环论证之嫌了. 所以我们暂时回到早前的记号 $r\angle\theta$, 而不用 $re^{i\theta}$; 所以我们想要弄明白的事情可以写为求证 $e^{x+iy} = e^x \angle y$.

图 2-21 就 $n = 6$ 的情况应用了第 1 章习题 5, 对某个特定的 $z$ 值几何地构造出 $a \equiv [1 + (z/n)]$ 的逐次幂. [图上 6 个有阴影的三角形都是相似的, 用灰度不同的阴影来画, 只是为了把一个三角形与相邻的三角形区别开来.] 这样, 哪怕是从很小的 $n$ 值, 就已经可以经验地看出, 在这个特殊情况下, $[1 + (z/n)]^n$ 很接近 $e^x \angle y$. 为了从数学上弄明白这一点, 我们试着来逼近 $a = [1 + (z/n)]$.

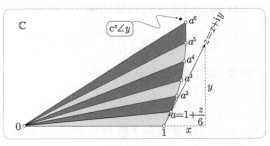

图　2-21

令 $\varepsilon$ 为一个很小的最终为无穷小的复数, 考虑图 2-22 上的数 $(1+\varepsilon) = r\angle\theta$. 以原点为中心的连接 $(1+\varepsilon)$ 与实轴上的 $r$ 点的圆弧 (图上没有画出来) 几乎与图上画出来的由 $(1+\varepsilon)$ 到实轴的垂线 (虚线) 重合, 这样 $r$ 近似地等于 $[1+\mathrm{Re}(\varepsilon)]$, 而且当 $\varepsilon$ 趋于 0 时最终与它相等. 类似于此, 我们看到, 角度 $\theta$ (即图上用花括号标出的单位圆圆弧) 最终等于 $\mathrm{Im}(\varepsilon)$. 于是

$$(1+\varepsilon) \approx [1+\mathrm{Re}(\varepsilon)]\angle\mathrm{Im}(\varepsilon) \quad \text{对小的 } \varepsilon \text{ 成立.}$$

而当 $\varepsilon$ 为无穷小时, $\approx$ 就成了等号.

---

① 译者在文字上稍做了改动. 以下的论证现在看来都是不严格的, 但是例如欧拉当年就是这样做的, 而在今天看来欧拉的方法仍然有助于我们认识问题的实质. 但是欧拉的想法还需要严格的证明. 在小平邦彦:《微积分入门》(中译本, 人民邮电出版社, 2019) 的第 56~58 页, 就给出了在复变量情况下的严格的论证, 并且用实例指出, 粗心大意地理解这个貌似自然的想法, 不仅是不严格的, 而且会导致错误. ——译者注

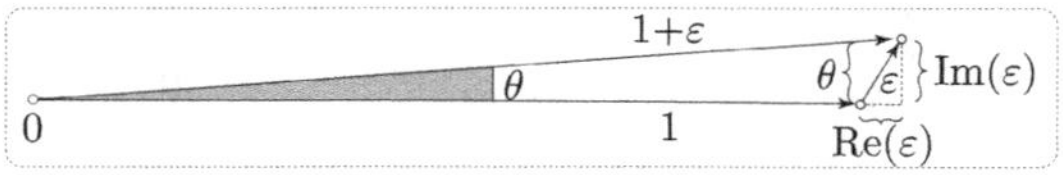

图 2-22

现在设 $\varepsilon = (z/n) = (x + \mathrm{i}y)/n$. 使用图 2-21 中同样的 $z$ 与 $n$, 图 2-23 表明当 $b \equiv \left(1 + \frac{x}{n}\right) \angle \left(\frac{y}{n}\right)$ 时, $b$ 的各次幂也近似于 $a$ 的相应的幂.

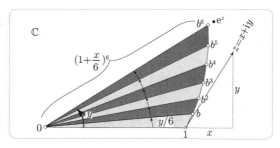

图 2-23

回到一般情况, (2.21) 的几何意义应该很清楚了. 若 $n$ 很大,

$$\left[1 + \frac{z}{n}\right]^n \approx \left[\left(1 + \frac{x}{n}\right) \angle \left(\frac{y}{n}\right)\right]^n = \left(1 + \frac{x}{n}\right)^n \angle y.$$

令 $n$ 趋向无穷大而取极限, 我们就得出

$$\mathrm{e}^{x+\mathrm{i}y} = \mathrm{e}^x \angle y,$$

即所求证. 特别是, 令 $x = 0$ 我们就回到了欧拉公式 $\mathrm{e}^{\mathrm{i}y} = 1\angle y$. 所以我们有理由写出 $\mathrm{e}^{x+\mathrm{i}y} = \mathrm{e}^x \mathrm{e}^{\mathrm{i}y}$.

对 (2.21) 的一个稍微不同的看法, 可见习题 22.

## 2.5    余弦与正弦

### 2.5.1    定义与恒等式

前一章中, 欧拉公式帮助我们用定义在虚轴上的指数函数来表示余弦与正弦函数:

$$\cos x = \frac{\mathrm{e}^{\mathrm{i}x} + \mathrm{e}^{-\mathrm{i}x}}{2}, \quad \sin x = \frac{\mathrm{e}^{\mathrm{i}x} - \mathrm{e}^{-\mathrm{i}x}}{2\mathrm{i}}.$$

现在我们已经理解了在任意点 $z$ (不仅是在虚轴上的点) 处 $\mathrm{e}^z$ 的意义, 于是很自然地可将余弦与正弦的定义推广为复函数:

$$\cos z \equiv \frac{\mathrm{e}^{\mathrm{i}z} + \mathrm{e}^{-\mathrm{i}z}}{2}, \quad \sin z \equiv \frac{\mathrm{e}^{\mathrm{i}z} - \mathrm{e}^{-\mathrm{i}z}}{2\mathrm{i}}. \tag{2.22}$$

当然还有另一种方法来推广 $\cos x$ 与 $\sin x$, 即通过上一章讨论过的幂级数. 这就导出了其另一种定义

$$\cos z = 1 - \frac{z^2}{2!} + \frac{z^4}{4!} - \frac{z^6}{6!} + \cdots, \quad \sin z = z - \frac{z^3}{3!} + \frac{z^5}{5!} - \frac{z^7}{7!} + \cdots.$$

然而, 直接写出 $e^{\pm iz}$ 的幂级数就很容易看出, 这两种方法给出的复函数是一样的.

由定义 (2.22) 可见, $\cos z$ 和 $\sin z$ 与它们的实自变量的前身有许多共同之处. 例如, $\cos(-z) = \cos z, \sin(-z) = -\sin z$. 还有, 因为 $e^z$ 是以 $2\pi i$ 为周期的周期函数, $\cos z$ 与 $\sin z$ 也就是周期函数, 不过是以 $2\pi$ 为周期. 当我们考察这些映射的几何时, 周期性的含义也就更清楚.

(2.22) 的其他的直接推论是欧拉公式的以下重要推广:

$$e^{iz} = \cos z + i\sin z, \quad e^{-iz} = \cos z - i\sin z$$

**警告**: $\cos z$ 与 $\sin z$ 现在就是复数——它们不是 $e^{iz}$ 的实部和虚部.

不难看到, 关于 $\cos x$ 与 $\sin x$ 的所有熟知的恒等式对于新的复函数仍然成立. 例如, 我们仍然有

$$\cos^2 z + \sin^2 z = (\cos z + i\sin z)(\cos z - i\sin z) = e^{iz}e^{-iz} = e^0 = 1.$$

尽管这个恒等式现在不再表示勾股定理. 类似于此, 我们将证明, 如果 $a$ 与 $b$ 是任意复数, 则

$$\cos(a+b) = \cos a \cos b - \sin a \sin b, \tag{2.23}$$

$$\sin(a+b) = \sin a \cos b + \cos a \sin b, \tag{2.24}$$

尽管这些恒等式不再表示单位圆上的点的乘法法则. 首先

$$\cos(a+b) + i\sin(a+b) = e^{i(a+b)} = e^{ia}e^{ib}$$
$$= (\cos a + i\sin a)(\cos b + i\sin b)$$
$$= (\cos a \cos b - \sin a \sin b) + i(\sin a \cos b + \cos a \sin b),$$

这些都与前一章完全相同. 但是, 由于上面的警告, 我们不能由令双方的实部与虚部相等而得出 (2.23) 与 (2.24). 相反地, 我们需先求出 $\cos(a+b) - i\sin(a+b)$ 的类似恒等式, 再与上式相加（或相减）来完成证明 [练习].

### 2.5.2 与双曲函数的关系

回想一下双曲余弦函数与双曲正弦函数的定义是

$$\cosh x \equiv \frac{e^x + e^{-x}}{2}, \quad \sinh x \equiv \frac{e^x - e^{-x}}{2}.$$

把它们解释为 $e^x$ 与 $\pm e^{-x}$ 的平均值（即中点）即可得到图 2-24a 与图 2-24b 中 $\cosh x$ 与 $\sinh x$ 的图像.

你可能已经知道, $\cosh x$ 与 $\sinh x$ 都满足一些与 $\cos x$ 和 $\sin x$ 所满足的非常相似的恒等式. 例如, 若 $r_1, r_2$ 是任意实数, 则可证明 [练习]

$$\cosh(r_1 + r_2) = \cosh r_1 \cosh r_2 + \sinh r_1 \sinh r_2, \tag{2.25}$$

$$\sinh(r_1 + r_2) = \sinh r_1 \cosh r_2 + \cosh r_1 \sinh r_2. \tag{2.26}$$

然而, 图 2-24 也表明双曲函数的实际性状与圆函数 (即三角函数) 很不相同: 它们不是周期函数, 而当 $x$ 趋向无穷大时会变得任意大. 所以, 令人吃惊而且高兴的是, 复数的引入带来了这两类函数的统一.

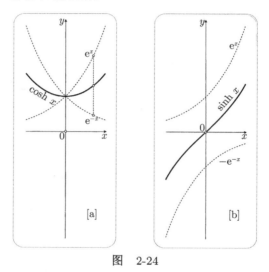

图    2-24

开始时, 我们可以看到, 如果我们把 $z$ 限制在虚轴上, 则

$$\cos(\mathrm{i}y) = \cosh y, \quad \sin(\mathrm{i}y) = \mathrm{i}\sinh y.$$

如果考虑 $\sin z$ 的模曲面, 这个联系就会变得更形象了. 因为当 $z$ 趋近原点时, $|\sin z|$ 最终等于 $|z|$, 故此模曲面从原点以圆锥形状升起. 又因 $|\sin(z + \pi)| = |\sin z|$, 所以沿着实轴在 $\pi$ 的整数倍处都有一个同样的锥面. 这些点就是模曲面能接触底平面唯一的处所 [练习]. 图 2-25 (引自 Markushevich [1965, 第 149 页]) 只画出了模曲面的一部分. 还请注意这个曲面也给出了 $\cosh$ 的图像, 因为, 例如把 $z$ 限制在直线 $x = (3\pi/2)$ 上, 即令 $z = (3\pi/2) + \mathrm{i}y$, 则 $|\sin z| = \cosh y$.

这个统一性的一个实际的好处是, 如果记得 (或能用欧拉公式很快地导出) 一个含有余弦和正弦的关于三角函数的恒等式, 就可以立刻写出一个关于双曲函数的相应恒等式. 举一个例, 如果我们以 $a = \mathrm{i}r_1$ 和 $b = \mathrm{i}r_2$ 代入 (2.23) 和 (2.24), 立即可得 (2.25) 和 (2.26).

圆函数和双曲函数的这种联系, 还会变得更密切, 如果我们把后者以显然的

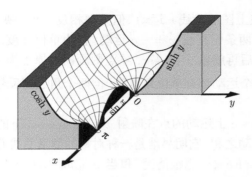

图 2-25

方式推广为复函数如下：

$$\cosh z \equiv \frac{e^z + e^{-z}}{2}, \qquad \sinh z \equiv \frac{e^z - e^{-z}}{2}.$$

因为我们有

$$\cosh z = \cos(iz), \qquad \sinh z = -i\sin(iz),$$

这两类函数的区别就几乎完全消失了：$\cosh$ 就是先旋转 $(\pi/2)$, 再继以 $\cos$ 的复合；同样, $\sinh$ 就是先旋转 $(\pi/2)$, 接着来一个 $\sin$, 最后再来一个旋转 $-(\pi/2)$.

### 2.5.3 映射的几何

和实的情况一样, $\sin z = \cos\left(z - \frac{\pi}{2}\right)$, 这意味着可以由 $\cos$ 得到 $\sin$, 只要先把复平面平移 $-(\pi/2)$. 再由前面的说明就知道只需研究 $\cos z$ 就足以理解所有四个函数：$\cos z, \sin z, \cosh z$ 和 $\sinh z$. 我们现在来考虑映射 $z \mapsto w = \cos z$ 的几何本性.

我们先从研究位于实轴下侧的水平直线 $y = -c$（这里 $c > 0$）的象开始. 把这条直线理解为一个质点以单位速度向东运动的轨道, 这在心理上是有帮助的, 于是此点在时刻 $t$ 的位置是 $z = t - ic$. 在图 2-26 上用粗线画出, 当 $z$ 走过这一直线时, $-z$

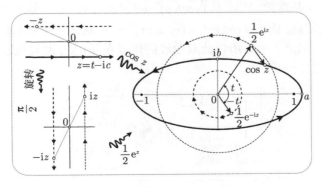

图 2-26

就沿直线 $y = c$（左上图的虚线）运动, 但方向相反. 应用映射 $z \mapsto iz$（即旋转 $(\pi/2)$）, 象点就沿着两条铅直线 $x = \pm c$ 运动, 仍为单位速度, 在这两条直线上的运动方向仍相反. 最后再施以 $z \mapsto \frac{1}{2}e^z$, 象点则画出以原点为中心、以 $\frac{1}{2}e^{\pm c}$ 为半径的两个圆周. 这两个运动都有单位角速度, 但两个角速度反号（右图的两个虚线圆周）.

原来在直线 $y = -c$ 上运动的点在映射 $z \mapsto w = \cos z$ 下的象的轨道正是这两个反向旋转的圆周运动之和. 它明显地是一种对称的卵形曲线而与实轴和虚轴交于 $a = \cosh c$ 和 $ib = i\sinh c$ 处. 也很清楚, 每当 $z$ 完成移动 $2\pi$ 时, $\cos z$ 就完成一次沿此卵形曲线轨道完全的一周; 这就是 $\cos z$ 的周期性.

我没有找到更简单的几何解释, 但是很容易用式子证明 $\cos z$ 所画出的卵形线是一个完全的椭圆. 记 $w = u + iv$, 我们可以从图上看出 [练习] $u = a\cos t, v = b\sin t$, 这正是我们熟知的椭圆 $(u/a)^2 + (v/b)^2 = 1$ 的参数式. 此外

$$\sqrt{a^2 - b^2} = \sqrt{\cosh^2 c - \sinh^2 c} = 1,$$

所以焦点是处于 $\pm 1$ 处, 而与 $z$ 沿之运动的特定水平直线无关.

请试着细细思索一下. 这椭圆的形状怎样随 $c$ 而变? 当 $c$ 趋近零时, 我们又怎样回复到实的余弦函数? 而当 $z$ 沿一条位于实轴上侧的直线 $y = c$（这里仍有 $c > 0$）向东运动时, $\cos z$ 的轨道是什么? 铅直线 $x = c$ 在 $z \mapsto \cosh z$ 下的象是什么? $\sin z$ 当 $z$ 沿直线 $y = c$ 向东运动时的轨道是什么? 它与 $\cos z$ 的轨道有何区别; 所得到的 $|\sin z|$ 的变化与图 2-25 所示的模曲面是否相容?

在往下读之前, 请试用图 2-26 的思想自己画出铅直线在映射 $z \mapsto \cos z$ 下的象.

如图 2-27 所示, 答案是**双曲线**. 我们可以用加法法则 (2.23) 来证明这一点. 加法法则给出

$$u + iv = \cos(x + iy) = \cos x \cosh y - i \sin x \sinh y.$$

在水平直线上, $y$ 是常数, 所以 $(u/\cosh y)^2 + (v/\sinh y)^2 = 1$, 这和前面一样. 但在铅直线上, $x$ 是常数, 而 $(u/\cos x)^2 - (v/\sin x)^2 = 1$, 这是一个双曲线的方程. 进一步, 因为 $\cos^2 x + \sin^2 x = 1$, 所以此双曲线的焦点在 $\pm 1$ 处, 而与被映射的究竟是哪一条铅直线无关.

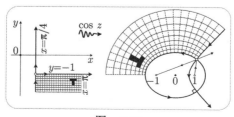

图 2-27

图 2-27 上通过画出一个由铅直线与水平直线所成的网格的象把这些结果变得更加生动. 注意一个事实, 即此网格中的每一个小正方形, 都被 $\cos z$ 映成一个形状接近正方形的象. 这个听起来惊 (看起来喜) 的现象我们已经在 $z \mapsto e^z$ 的情况下见到过了.

希望这已经引起了你的好奇心 —— 以下各章将致力于深入探讨这个现象. 在现在的 $z \mapsto \cos z$ 的情况下, 我们至少可以对此现象的一部分做出数学解释, 那就是, 象 "正方形" 的各边确实是以直角相交的; 换言之, 每个椭圆与每条双曲线交成直角.

这一点是与这些椭圆和双曲线都是**共焦的**这一性质相联系的. 要想证明这个结果 [练习], 把每条曲线都设想为一个镜子, 再求助于我们熟知的圆锥截线的**反射**性质: 由一个焦点发出的光线将被椭圆直接反射到另一个焦点, 而被双曲线反射后, 沿着直接背离另一个焦点的方向而去. 见图 2-27.

# 2.6　多 值 函 数

### 2.6.1　例子: 分数幂

迄今为止, 我们都把复函数 $f$ 看作一种规则, 使它对每一个 $z$ 点 (或仅限位于某区域内的点) 都指定单一复数 $f(z)$ 与之相应. 这个人们熟悉的函数定义却有过大的局限性. 我们现在用例子来讨论如何拓宽函数的定义, 使得可以允许 $f(z)$ 对单个 $z$ 值取多个不同的值. 这时称 $f$ 为**多值函数** (multifunction).

我们事实上已经见到过这种多值函数. 例如, 我们知道 $\sqrt[3]{z}$ (当 $z \neq 0$ 时) 有三个不同的值, 所以它是一个三值多值函数. 图 2-28 比较详尽地让我们回想起, 是怎样使用映射 $z \mapsto z^3$ 来找出 $\sqrt[3]{p}$ 的三个值的. 当 $z = re^{i\theta}$ 沿着以原点为中心的圆周旋转时, $z^3 = r^3 e^{i3\theta}$ 将以 3 倍角速度旋转, 从而每当 $z$ 完成 $1/3$ 周旋转时, $z^3$ 就会完成一周旋转. 利用这个事实, 当找到一个解 $a$ 以后, 就能找到另外两个 (图上的 $b$ 与 $c$). 换一个说法, 把映射方向颠倒为由右至左, 角速度就降为 $1/3$. 这就是理解映射 $z \mapsto \sqrt[3]{z}$ 的要点, 而我们现在就来详细研究这个映射.

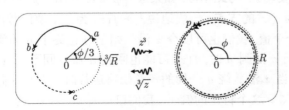

图　2-28

记 $z = re^{i\theta}$,我们有 $\sqrt[3]{z} = \sqrt[3]{r}e^{i(\theta/3)}$. 这里 $\sqrt[3]{r}$ 是唯一定义的 $z$ 的长度的实立方根. 这个公式的三重多义性的唯一来源是:一个给定点 $z$ 的角度可以有无穷多种选择.

把 $z$ 设想为起始在 $z = p$ 处的动点. 如果任意地取其角度 $\theta$ 就是图 2-28 中的 $\phi$,则 $\sqrt[3]{p} = a$. 当 $z$ 逐渐移动而离开 $p$ 时,$\theta$ 也逐渐变化离开 $\phi$,而且 $\sqrt[3]{z} = \sqrt[3]{r}e^{i(\theta/3)}$ 也逐渐远离 $a$ 运动,但是以一种**完全确定**的方式运动,即动点 $\sqrt[3]{z}$ 到原点的距离总是 $z$ 的距离的立方根,而其角速度是 $z$ 的角速度的三分之一.

图 2-29 画出了这一点,我们通常都是由左到右表示映射,但是现在把这个规定反过来以便与图 2-28 比较.

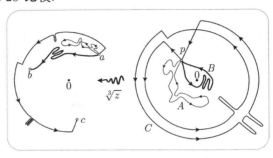

图    2-29

当 $z$ 绕着闭环路 $A$(右图最细的线)最终仍回到 $p$ 时,$\sqrt[3]{z}$ 也沿左图以最细的线画出的闭环路回到其原来的值 $a$. 然而,若 $z$ 沿着闭环路 $B$(右图最粗的线)绕原点一周回到原来的 $p$ 点,$\sqrt[3]{z}$ 就不会回到原来的 $a$ 而是沿左图最粗的线来到了 $p$ 的另一个立方根即 $b$ 点. $B$ 的具体形状并无关系,关系重大的是:这条路径恰好绕原点一周. 类似地,如果 $z$ 从 $p$ 开始沿着右图 $C$ 绕原点两周,则 $\sqrt[3]{z}$ 会终止于 $c$,即 $p$ 的第三个也就是最后一个立方根. 很清楚,如果 $z$ 沿某一环路(图上未画出)绕原点三周,则 $\sqrt[3]{z}$ 又会回到其原来的值 $a$.

$z \mapsto \sqrt[3]{z}$ 的这个图的前提是在任意选择 $\sqrt[3]{p}$ 时恰好选中了 $\sqrt[3]{p} = a$ 而不是 $b$ 或 $c$,如果选的是 $b$,则图 2-29 的左图上 $\sqrt[3]{z}$ 的轨道只不过把上述轨道旋转 $(2\pi/3)$(但 $a, b, c$ 三个字母不要动). 与此相似,如果选 $\sqrt[3]{p} = c$,轨道将旋转 $(4\pi/3)$.

点 $z = 0$ 称为 $\sqrt[3]{z}$ 的**支点**. 一般地说,令 $f(z)$ 为一多值函数而令 $a = f(p)$ 是它在 $z = p$ 处的一个值,我们也可以令 $z$ 沿一始于 $p$ 也终于 $p$ 的闭环路运动,而追随 $f(z)$ 的运动. 当 $z$ 回到 $p$ 时,$f(z)$ 可能也回到 $a$ 或者回不到 $a$. $f$ 的支点 $z = q$ 是这样的点,使得当 $z$ 沿着绕 $q$ 一周的任意闭路运行时,$f(z)$ 不能回到 $a$.

回到 $f(z) = \sqrt[3]{z}$ 这个特定的例子,我们已经看到,若 $z$ 绕 $z = 0$ 处的支点 3 周,则 $f(z)$ 会回到原来的值. 如果 $f(z)$ 是通常的单值函数,则只需 $z$ 绕 1 周,$f(z)$ 就会回到原来的值. $f(z)$ 与这样的单值函数比较,还要额外转 2 圈才能回到原来的值. 我们把这种情况概括为说 0 是 $\sqrt[3]{z}$ 的**二阶支点**.

一般地说, 如果 $q$ 是某个多值函数 $f(z)$ 的支点, 而且 $z$ 一定要绕 $q$ 转 $N$ 圈才能第一次重回 $f(z)$①, $q$ 就称为 $(N-1)$ 阶**代数支点**; 一阶代数支点称为**简单支点**. 我们需要强调, 完全有可能, 不管 $z$ 绕 $q$ 转多少周, $f(z)$ 也永远回不到原来的值. 这时, $q$ 就称为**对数支点**——这个名称将在下一小节解释.

请自行推广以上关于 $\sqrt[3]{z}$ 的讨论, 验证若 $n$ 为一正整数, 则 $z^{(1/n)}$ 是一个 $n$ 值多值函数, 其唯一的 (有限远处的) 支点是 $z=0$, 阶数为 $(n-1)$. 更一般地说, 对任意分数幂 $z^{(m/n)}$, 这个结论也是对的, 不过 $(m/n)$ 必须是已经化约的既约分数.

### 2.6.2 多值函数的单值支

下面我们将要说明怎么能从三值多值函数 $\sqrt[3]{z}$ 分出 3 个单值函数来. 首先, 图 2-30 引入几个我们在描述 $\mathbb{C}$ 之点集时需要的名词.

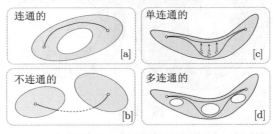

图 2-30

如果 $S$ 中任意两点都可以用一条完全位于 $S$ 内的不间断的曲线连接起来, 则称集合 $S$ 为**连通的** (见图 2-30a). 相反, 如果 $S$ 中有这样成对的点存在而不可能这样连接, 就称 $S$ 是**不连通的** (图 2-30b). 在连通集中, 我们可以区分出**单连通的**, 即其中没有空洞的集合 (见图 2-30c). 更准确地说, 可以把连接此集合中两点的路径画成一条弹性绳子, 使得这条绳子可以连续地变形为连接这两点的任意其他路径, 而在此过程中, 绳子的任一部分都不离开 $S$. 反之, 如果此集合中确有空洞, 则称它为**多连通的** (图 2-30d), 这里存在连接同样两点的两条路径, 使其中一条不能连续变形为另一条.

现在回到图 2-29. 任意选定 $\sqrt[3]{z}$ 在 $z=p$ 的 3 个可能值之一作为 $\sqrt[3]{p}$, 然后让 $p$ 运动, 我们看到, 联系着由 $p$ 到 $Z$ 的特定路径, 我们将得到 $\sqrt[3]{Z}$ 的一个确定的值. 然而我们处理的仍然是多值函数: 只要绕着支点 0 转, 就会止于 $\sqrt[3]{Z}$ 的 3 个可能值的任一个.

另一方面, 取 $\sqrt[3]{Z}$ 的哪一个值又与路径的详细的形状无关: 如果我们让此路径连续地变形, 但不允许越过支点, 总会得到 $\sqrt[3]{Z}$ 的同一个值. 这件事表明了怎样能

---

① 即是说转 1 周、2 周、…… 乃至 $N-1$ 周都不行. ——译者注

够得出一个单值函数来. 如果我们把 $z$ 限制在一个包含 $p$ 但不包含支点的单连通集合 $S$ 内, 则用 $S$ 中任意一条把 $p$ 和 $Z$ 连接起来的路径都会得到 $\sqrt[3]{Z}$ 的同一个值, 这个值我们记作 $f_1(Z)$. 因为路径并无关系, $f_1$ 就是 $S$ 上各点位置的一个普通的单值函数; 称为原来的多值函数的**一支**.

图 2-31 上画出了这样一个 $S$ 以及它在 $\sqrt[3]{z}$ 的 $f_1$ 这一支下的象. 这里我们又回到了通常的做法: 把映射画成从左到右. 如果我们选取 $\sqrt[3]{p} = b$, 则得 $\sqrt[3]{z}$ 的第二支 $f_2$, 而选 $\sqrt[3]{p} = c$ 则给出第三支也就是最后一支 $f_3$. 附带提一下, 这 3 个支都展现出迄今已无处不在的 (然而仍是很神秘的) 现象, 即小正方形始终被保持为小正方形.

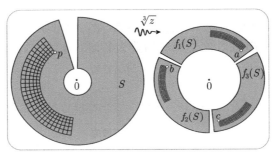

图　2-31

现在我们来讲怎样扩大这些支的定义域 $S$, 以便得出平面上任意点的各个立方根. 首先, 如图 2-32 所示做一个由支点 0 伸到无穷远处的任意的 (但不得自交的) 曲线 $C$, 称为**分支割口**, 我们暂时取 $S$ 为复平面除去曲线 $C$ 以后所得的集合——除去 $C$ 就使得 $S$ 中的任意封闭路径不可能再绕过支点. 这样我们就在 $S$ 上得到了 3 个支 $f_1, f_2, f_3$. 例如, 图上就标出了 $d$ 的一个立方根 $f_1(d)$.

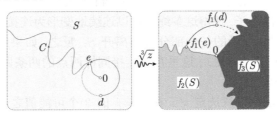

图　2-32

对于 $C$ 上的点 $e$ 又当如何? 设想 $z$ 绕着一个以原点为中心的圆周穿过 $e$. 右图表现出一个事实: 根据 $z$ 是按正或负角速度达到 $e$ 点, $f_1(z)$ 会趋向两个不同值, 如果我们 (任意地) 规定 $f_1(e)$ 为 $f_1(z)$ 当 $z$ 沿**逆时针方向**绕行时所得之值, 则 $f_1(z)$ 已确定地定义在整个复平面上. 对另 2 个支情况也类似.

分支割口当然是人为做出来的——多值函数 $\sqrt[3]{z}$ 不会顾及我们把它分为 3 个

单值函数的愿望. 这个区别反映在我们所已经看到的一个事实上: 所得的各个支在 $C$ 上是**不连续的**, 而 $\sqrt[3]{z}$ 的 3 个值当 $z$ 连续运动时则总是在连续变动的. 当 $z$ 穿过 $C$ 继续逆时针走动时, 我们必须从一个支转换到下一个支才能保持 $\sqrt[3]{z}$ 的连续变动: 例如从 $f_1$ 转为 $f_2$. 如果 $z$ 逆时针转 3 周, 则各个支都会轮换排列到, 而最终回到自身. 这可以表示为

$$\begin{Bmatrix} f_1 \\ f_2 \\ f_3 \end{Bmatrix} \to \begin{Bmatrix} f_2 \\ f_3 \\ f_1 \end{Bmatrix} \to \begin{Bmatrix} f_3 \\ f_1 \\ f_2 \end{Bmatrix} \to \begin{Bmatrix} f_1 \\ f_2 \\ f_3 \end{Bmatrix},$$

每个箭头表示穿过 $C$ 一次.

通常的做法是取负实轴为 $C$. 如果我们想不让 $z$ 穿过割口, 可以限制 $z$ 的辐角 $\theta = \arg(z)$ 满足一个不等式: $-\pi < \theta \leqslant \pi$. 辐角的这个值称为**辐角的主值**, 记作 $\mathrm{Arg}(z)$ (注意第一个字母用大写). 这样选取的 $\theta$ 所给出的单值函数 $\sqrt[3]{re^{\mathrm{i}(\theta/3)}}$ 就称为立方根的**主支**; 我们将记它为 $[\sqrt[3]{z}]$. 注意它与实立方根 $\sqrt[3]{x}$ 在正实轴上一致, 而在负实轴上则否; 例如 $[\sqrt[3]{-8}] = 2e^{\mathrm{i}(\pi/3)}$. 还要注意, 这样选取 $C$ 后得到的另外两支, 可以用主支表示为 $e^{\mathrm{i}(2\pi/3)}[\sqrt[3]{z}]$ 与 $e^{\mathrm{i}(4\pi/3)}[\sqrt[3]{z}]$.

怎样把以上的讨论推广到一般的分数幂, 现在应该很清楚了.

### 2.6.3 与幂级数的关联

我们在前面已经通过把 $1/(1+x^2)$ 这样的函数拓展到实直线以外的复平面中, 从而解释了不这样做就很神秘的收敛区间: 对收敛性的障碍来自使此复函数变为无穷大的点 (奇点) 的存在. 我们现在要讨论更微妙的事实, 即支点也是对幂级数收敛性的障碍.

实二项式定理说, 若 $n$ 是任意实数 (而不只是正整数) 则

$$(1+x)^n = 1 + nx + \frac{n(n-1)}{2!}x^2 + \frac{n(n-1)(n-2)}{3!}x^3 + \frac{n(n-1)(n-2)(n-3)}{4!}x^4 + \cdots.$$

若 $n$ 是正整数, 则此级数在 $x^n$ 处终止, 而不发生收敛性问题. 若 $n$ 不是正整数, 则收敛性比值判定法告诉我们, 此幂级数的收敛区间是 $-1 < x < 1$. 当 $n$ 为负时, 这个区间很容易理解, 因为这时函数在 $x = -1$ 处有奇点. 但是, 例如当 $n = (1/3)$ 时, 我们又怎样去解释收敛区间呢?

图 2-33a 画出了实函数 $f(x) = (1+x)^{\frac{1}{3}}$ 的图像 $y = (1+x)^{\frac{1}{3}}$, 此函数对一切 $x$ 都是适当定义的, 因为每一个实数都有唯一的实立方根. 从这个图像看来, 似乎这个级数没有什么好的理由会在 $\pm 1$ 处爆破, 然而它确实爆破了. 虚线曲线很生动地表明了这一点, 这个虚线曲线正是二项级数在 $x^{30}$ 处截断所得的 30 次多项式的图像. 可以看到, 在 $\pm 1$ 之间, 虚线曲线紧紧地跟随着 $y = f(x)$ (实际上比图上画的还要紧), 但是, 一旦越出此区间, 它突然间疯狂地偏离开去.

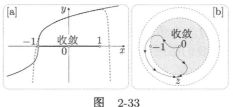

图　　2-33

和 $1/(1 + x^2)$ 的情况不同, 注意即使把实函数 $f(x)$ 拓展为复函数 $f(z) = (1 + z)^{\frac{1}{3}}$, 神秘性也没有消失. 因为 $f(z)$ 没有任何奇点.

我们已经讨论过这样一件事实, 即二项式定理可以推广到复平面 [见 (2.14)、习题 16~18]. 现在它又告诉我们

$$f(z) = (1 + z)^{\frac{1}{3}} = 1 + \frac{1}{3}z - \frac{1}{9}z^2 + \frac{5}{81}z^3 - \frac{10}{243}z^4 + \frac{22}{729}z^5 - \cdots,$$

图 2-33b 表明它在单位圆盘内收敛. 和所有幂级数一样, 上式右方是一单值函数. 例如在 $z = 0$ 处此级数等于 1, 但是尽管 $f(x)$ 是 $x$ 的一个通常的单值函数, 上式左方却是 $z$ 的一个三值多值函数, 且在 $z = -1$ 处有一个 2 阶支点. 例如 $f(0)$ 就可取 3 个值: $1, e^{i\frac{2\pi}{3}}, e^{-i\frac{2\pi}{3}}$. 现在我们看出来了, 幂级数恰好表示它的一支, 即适合 $f(0) = 1$ 的那一支.

这就解开了神秘. 因为假设此级数在图 2-33b 的较大的圆的内域收敛, 特别是在图上标出的 $z$ 点收敛, 从 $z = 0$ 开始, 并取 $f(0) = 1$, 沿图上所示两条路径运行到 $z$, 很清楚, 必以两个**不同的** $f(z)$ 值告终, 因为这两条路径合起来包含了 $-1$ 处的支点. 但是幂级数无法装扮成这种性态, 因为它一定是单值的——唯一的出路是: 在单位圆盘外不再收敛. 我们既然要求幂级数为其所不能为, 那它就只好自我放弃了. 所以在单位圆外 $f(z)$ 不能写为幂级数!

这个例子表明, 支点和奇点一样, 也是收敛性的实实在在的障碍. 这个论证相当一般地表明, 如果一个多值函数的某一支可以表示成一幂级数, 则其收敛圆盘不能大到包含此多值函数的支点在内. 这就很有力地表示: 尚未证明的命题 (2.15) 还有如下的进一步的推广:

若一复函数或一多值函数的某一支可以表示为幂级数, 则其收
敛半径必为由中心到最近的奇点或支点之距离.                                (2.27)

在本书后面很远的地方, 我们将要发展出证实这一猜想所必须的工具.

### 2.6.4　具有两个支点的例子

图 2-34a 中画出了 $y = f(x) = \sqrt{1 + x^2}$ 的图像, 其中平方根取正值, 它是一个双曲线. 二项式定理给出了一个幂级数

$$f(x) = (1 + x^2)^{\frac{1}{2}} = 1 + \frac{1}{2}x^2 - \frac{1}{8}x^4 + \frac{1}{16}x^6 - \frac{5}{128}x^8 + \cdots,$$

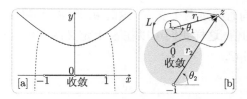

图　2-34

它神秘地只在 ±1 之间收敛. 图上还形象地用虚线曲线表现了它在此区间外的发散性; 虚线曲线是将二项级数在 $x^{20}$ 处截断而得的 20 次多项式的图像.

和前面一样, 解释在 $\mathbb{C}$ 中, 在复平面上 $f(x)$ 变成了二值多值函数 $f(z) = \sqrt{z^2 + 1}$. 它可以写作 $f(z) = \sqrt{(z-\mathrm{i})(z+\mathrm{i})}$, 这使人看得清楚, $f(z)$ 有两个简单支点, 一个在 i 处, 另一个在 $-\mathrm{i}$ 处. 这些支点阻碍了该幂级数的收敛性, 将其限制于单位圆盘内如图 2-34b 所示.

按图 2-34b 的记号可以写出

$$f(z) = \sqrt{r_1 r_2}\, \mathrm{e}^{\mathrm{i}(\theta_1+\theta_2)/2} \tag{2.28}$$

这里我们必须记住, 此图只表现了每一个角度 $\theta_1$ 和 $\theta_2$ 的（无穷个）可能值之一. 为了看出 i 确为一个支点, 设从图上所示的 $\theta_1$ 和 $\theta_2$ 给出的 $f(z)$ 值开始. 现令 $z$ 沿所画的环路 $L$ 运动. 这时, $(z+\mathrm{i})$ 时而向前, 时而后退, $\theta_2$ 只是在振动, 最后回到其原值. 但 $(z-\mathrm{i})$ 转了完整的一周, $\theta_1$ 增加了 $2\pi$. 这样当 $z$ 回到原来位置时, (2.28) 表明 $f(z)$ 并未回到原值, 而是变成了

$$f_{\text{new}}(z) = \sqrt{r_1 r_2}\, \mathrm{e}^{\mathrm{i}(\theta_1+2\pi+\theta_2)/2} = \mathrm{e}^{\mathrm{i}\pi}\sqrt{r_1 r_2}\, \mathrm{e}^{\mathrm{i}(\theta_1+\theta_2)/2} = -f_{\text{old}}(z).$$

当然如果 $z$ 沿一个环路绕 $-\mathrm{i}$ 一周而不绕过 i 时, 情况也是如此.

为了把 $f(z)$ 分成两个单值支, 看来需要两个分支割口: 一个割口 $C_1$ 由 i 到无穷远（以防绕过 i 处的支点）, 另一个割口 $C_2$, 由相同理由, 由 $-\mathrm{i}$ 到无穷远. 图 2-35a 画出了一个特别普通而重要的选择割口的方法, 即用指向西方的射线作为割口. 如果不许可 $z$ 越过割口, 可以限制角 $\theta_1 = \arg(z-\mathrm{i})$ 取主值, 即在 $-\pi < \theta_1 \leqslant \pi$ 中. 例如图 2-34b 中的 $\theta_1$ 就不是主值, 而在图 2-35a 中的 $\theta_1$ 则是. 如果把 $\theta_2$ 也限制到其主值, 则 (2.28) 就变成 $f(z)$ 的单值的主支, 记为 $F(z)$, $f(z)$ 的另一支则是 $-F(z)$.

再回到前面的情况, 其中 $\theta_1$ 和 $\theta_2$ 均取一般值而非主值. 图 2-35b 则表示这样的事实, 即只用一个连接两个支点的分支割口 $C$ 即可定义 $f(z)$ 的两支. 如果把 $z$ 限于画了阴影的连通区域[①]$S$, 则它任一个支点都无法绕过. 但是当 $z$ 沿 $L$ 这样的

---

[①] 原书为 "多连通". 但对多连通的定义, 2.6.2 节说 "如果此集合中确有空洞" 就是多连通. 原文为 "if the set does have holes", 这里使用了复数, 图 2-35b 的 $S$ 只有 "一个" 空洞 $C$, 而非 "holes", 所以不是多连通. 真正的问题在于无穷远点算不算空洞?它是否是奇点?这里没有讲, 所以更正确的讲法是 Ahlfors [1979] 4.2 节 "单连通性" 的定义. 按此定义, 把 $S$ 放在扩充的复平面中看, 它确是 "单连通的", 本书中在下一章才讲到这个概念, 所以译文只说是连通的. ——译者注

环路旋转时, 它可以同时绕过两个支点. 这时 $\theta_1$ 和 $\theta_2$ 都将增加 $2\pi$, 所以 (2.28) 表明 $f(z)$ 将回到原来的值. 这样我们可以在 $S$ 上定义两个单值支. 最后, 我们可以扩展 $S$ 使其边界一直到 $C$.

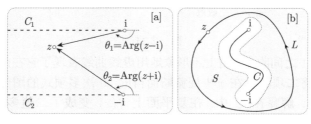

图    2-35

# 2.7  对 数 函 数

### 2.7.1  指数函数的逆

复对数函数 $\log(z)$ 可以定义为指数函数 $\mathrm{e}^z$ 的逆. 更准确地说, 我们定义 $\log(z)$ 为使得 $\mathrm{e}^{\log(z)} = z$ 的任意复数. 由此可知 [练习]

$$\log(z) = \ln|z| + \mathrm{i}\arg(z).$$

因为 $\arg(z)$ 可以取无穷多值. 相互之间差 $2\pi$ 的整数倍, 我们看到 $\log(z)$ 是取无穷多值的多值函数, 各个值之间相差 $2\pi\mathrm{i}$ 的整数倍. 例如

$$\log(2 + 2\mathrm{i}) = \ln 2\sqrt{2} + \mathrm{i}(\pi/4) + 2n\pi\mathrm{i},$$

这里 $n$ 是任意整数.

如果回到图 2-19 所示的指数映射, 会得到无穷多个值的理由就清楚了: 每当 $z$ 竖直上行（或下行）$2\pi\mathrm{i}$, $\mathrm{e}^z$ 就正向（或反向）绕过完全的一周而回到其原值. 图 2-36 则以 $\log(2+2\mathrm{i})$ 为例重新图示了这一点: 如果我们任意地取 $w = \ln 2\sqrt{2} + \mathrm{i}(\pi/4)$ 作为 $\log(2+2\mathrm{i})$ 的初值, 则当 $z$ 沿一个按逆时针方向绕原点 $v$ 周的环路运动时, $\log(z)$ 将沿一路径从 $w$ 运动到 $w + 2v\pi\mathrm{i}$. 请自行验证是否已能（粗略地）理解图上画出的象的路径.

很清楚, $\log(z)$ 在 $z = 0$ 处有一支点. 然而这个支点与 $z^{(1/n)}$ 的支点很不相同, 因为不论我们绕原点（例如按逆时针方向）转多少次, $\log(z)$ 永远不会回到原来的值, 而永远向上运动. 现在可能懂得了我们前面引入的名词: "对数支点".

$z^{(1/n)}$ 的支点和 $\log(z)$ 的支点还有一点不同, 当 $z$ 趋向原点（例如沿一射线）时, $|z^{(1/n)}|$ 趋向零, 但 $|\log(z)|$ 趋向无穷, 在这个意义下原点既是奇点又是支点. 当然从另一方面说代数支点也可能是奇点; 考虑 $(1/\sqrt{z})$ 即知.

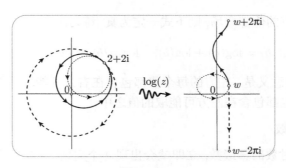

图 2-36

要定义 $\log(z)$ 的各个单值支，我们从 0 向无穷远做一个分支割口. 这个割口最常用的选取法是选为负实轴. 这个有割口的平面使我们可以把 $\arg(z)$ 限制为其主值 $\mathrm{Arg}(z)$，其定义为 $-\pi < \mathrm{Arg}(z) \leqslant \pi$. 这给出了对数的**主支**或**主值**，记为 $\mathrm{Log}(z)$，定义为

$$\mathrm{Log}(z) = \ln|z| + i\mathrm{Arg}(z).$$

例如，$\mathrm{Log}(-\sqrt{3}-i) = \ln 2 - i(5\pi/6)$，$\mathrm{Log}(i) = i(\pi/2)$，$\mathrm{Log}(-1) = i\pi$. 注意，如果 $z = x$ 在正实轴上，就有 $\mathrm{Log}(x) = \ln(x)$.

图 2-37 表明了映射 $z \rightarrow w = \mathrm{Log}(z)$ 怎样把射线变为水平直线，而把以原点为中心的圆周变为铅直线段，此线段把高在 $\pm\pi$ 处的水平直线连接起来；整个 $z$ 平面则变为 $w$ 平面上由这两条直线所围成的水平带形. 请仔细研究图 2-37，直到感到完全熟悉，完全放心为止. 你会看到，如果想迫使对数成为单值函数，将要付出代价：它在割口处丧失了连续性. 当 $z$ 逆时针地穿越割口时，$w$ 的高度会突然从 $\pi$ 跳到 $-\pi$. 如果我们不希望 $w$ 如此跳跃，而是连续地运动，就必须转到对数的另一支 $\mathrm{Log}(z) + 2\pi i$.

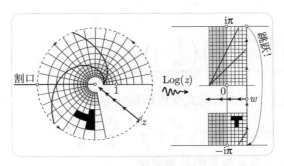

图 2-37

只考虑对数函数的主支还会产生另一个问题：我们熟知的对数法则会失败. 例如 $\mathrm{Log}(ab)$ 并不一定等于 $\mathrm{Log}(a) + \mathrm{Log}(b)$. 请用 $a = -1, b = i$ 去试一试. 然而，如果

我们让对数的所有的值都登场, 则下式一定为真 [练习]:

$$\log(ab) = \log(a) + \log(b), \quad \log(a/b) = \log(a) - \log(b)$$

这时, 这些式子的意义是: 左方的每个值都包含在右方可能取的值之中, 反过来右方所取的每个值也都包含在左方可能取的值之中.

### 2.7.2 对数幂级数

如果想求复对数的幂级数, 立即就会出现两个问题. 首先, 因为幂级数是单值的, 所以我们能够期望的最多也只能是把 $\log(z)$ 的一个单值支表示出来. 我们不妨就考虑其主支 $\text{Log}(z)$. 其次, 原点既是 $\text{Log}(z)$ 的奇点又是它的支点, 所以我们得不到以原点为中心的幂级数 (即 $z^n$ 的级数); 因此我们试着找一个以 $z = 1$ 为中心的幂级数 (即 $(z-1)$ 之幂的级数). [当然, 任意其他的非零点都同样可用.] 记 $Z = (z-1)$, 我们的问题于是成为把 $\text{Log}(1+Z)$ 展为 $Z$ 的幂的级数.

我们以下简记 $L(z) = \text{Log}(1+z)$ [甚至简记为 $L$], 因为 $L(z)$ 的支点在 $z = -1$, 我们所能得到的最大收敛圆盘就是单位圆盘. 为求此级数, 我们要用到 $e^{L(z)} = (1+z)$ 这个事实. 回想一下, 由 (2.21) 知, 取 $n$ 为一充分大的正整数, 则可用 $[1+(L/n)]^n$ 去逼近 $e^L$ 到任意的精确度. 这样

$$\left(1 + \frac{L}{n}\right)^n \approx e^L = (1+z) \Rightarrow 1 + \frac{L}{n} \approx (1+z)^{\frac{1}{n}}.$$

$(1+z)^{\frac{1}{n}}$ 在单位圆盘内有 $n$ 个单值支, 但因 $L(0) = 0$, 我们只需要 $(1+z)^{1/n}$ 在 $z = 0$ 处等于 $1$ 的那一支 (即主支). 对此主支应用二项级数, 有

$$1 + \frac{L}{n} \approx 1 + \frac{1}{n}z + \frac{\frac{1}{n}\left(\frac{1}{n}-1\right)}{2!}z^2 + \frac{\frac{1}{n}\left(\frac{1}{n}-1\right)\left(\frac{1}{n}-2\right)}{3!}z^3 + \cdots,$$

因此

$$L(z) \approx z + \frac{\left(\frac{1}{n}-1\right)z^2}{2} + \frac{\left(\frac{1}{n}-1\right)\left(\frac{1}{2n}-1\right)z^3}{3} + \frac{\left(\frac{1}{n}-1\right)\left(\frac{1}{2n}-1\right)\left(\frac{1}{3n}-1\right)z^4}{4} + \cdots.$$

最后, 因为当 $n$ 趋于无穷大时此式变成精确的等式, 所以有下面的**对数幂级数**:

$$\text{Log}(1+z) = z - \frac{z^2}{2} + \frac{z^3}{3} - \frac{z^4}{4} + \frac{z^5}{5} - \frac{z^6}{6} + \cdots, \tag{2.29}$$

习题 31 和习题 32 中有此级数的其他求法.

可以用比值判别法自己验证此级数确实在单位圆盘内收敛. 事实上可以证明 [见习题 11] 在单位圆周上, 显然除 $z = -1$ 处以外, 此级数处处收敛. 这会给出一些很有趣的特例. 例如, 令 $z = i$, 再令双方实部和虚部分别相等, 就有

$$\ln \sqrt{2} = \frac{1}{2} - \frac{1}{4} + \frac{1}{6} - \frac{1}{8} + \frac{1}{10} - \frac{1}{12} + \cdots,$$

$$\frac{\pi}{4} = 1 - \frac{1}{3} + \frac{1}{5} - \frac{1}{7} + \frac{1}{9} - \frac{1}{11} + \cdots.$$

请试着验算一下第一个级数, 这里需要注意到若 $z = 1$, 则 $\ln \sqrt{2} = \frac{1}{2} \ln(1 + z)$.

关于对数级数有趣的应用, 可见习题 36~38.

### 2.7.3 一般幂级数

如果 $x$ 是实数, 则例如 $x^3$ 可以写为 $\mathrm{e}^{3 \ln x}$, 我们已经习惯了. 现在看一下可否也对复指数与复对数这样做. 就是说, 我们要研究一下是否有可能写出

$$z^k = \mathrm{e}^{k \log(z)}. \tag{2.30}$$

令 $z = r\mathrm{e}^{\mathrm{i}\theta}$, 这里 $\theta$ 取 $z$ 之辐角的主值 $\mathrm{Arg}(z)$, 于是有

$$\mathrm{e}^{3\mathrm{Log}(z)} = \mathrm{e}^{3(\ln r + \mathrm{i}\theta)} = \mathrm{e}^{3 \ln r} \mathrm{e}^{\mathrm{i}3\theta} = r^3 \mathrm{e}^{\mathrm{i}3\theta} = z^3.$$

但是 $\log(z)$ 的一般的支只不过是 $\mathrm{Log}(z) + 2n\pi\mathrm{i}$, 其中 $n$ 是一个整数, 所以,

$$\mathrm{e}^{3 \log(z)} = \mathrm{e}^{6n\pi\mathrm{i}} \mathrm{e}^{3\mathrm{Log}(z)} = \mathrm{e}^{6n\pi\mathrm{i}} z^3 = z^3,$$

而不管取的是对数的哪一支. 由同样的证法, 显然 (2.30) 对所有的整数 $k$ 都成立.

下面再看 $z^{\frac{1}{3}}$ 的 3 个支. 回忆一下, 这个函数的主支 $[z^{\frac{1}{3}}]$ 是 $\sqrt[3]{r}\mathrm{e}^{\mathrm{i}(\theta/3)}$, $\theta$ 仍表示辐角的主值, 所以很容易验证 $\mathrm{e}^{\frac{1}{3}\mathrm{Log}(z)} = [z^{\frac{1}{3}}]$, 而对数的一般支则会给出

$$\mathrm{e}^{\frac{1}{3} \log(z)} = \mathrm{e}^{\mathrm{i}\frac{2n\pi}{3}} [z^{\frac{1}{3}}].$$

这样我们又一次证实了 (2.30) 成立, 不过它的含义应理解为, 尽管 $\log(z)$ 有无穷多支, 它却恰好只给出立方根的 3 个支: $[z^{\frac{1}{3}}]$, $\mathrm{e}^{\mathrm{i}(2\pi/3)}[z^{\frac{1}{3}}]$, $\mathrm{e}^{\mathrm{i}(4\pi/3)}[z^{\frac{1}{3}}]$. 用同样的推理, 若 $(p/q)$ 是一个既约分数, 则 $\mathrm{e}^{\frac{p}{q} \log(z)}$ 恰好给出 $z^{\frac{p}{q}}$ 的 $q$ 个支.

最后要注意, 即当 $k = (a + \mathrm{i}b)$ 为**复数**时, (2.30) 的右方仍是有意义的. 前面取得的成功使我们壮了胆: 就用 (2.30) 作为复数幂 $z^k$ 的定义. 如果在 (2.30) 中使用 $\log(z)$ 的主支 $\mathrm{Log}(z)$, 我们就会得到 $z^{(a+\mathrm{i}b)}$ 的主支如下 [练习]:

$$[z^{(a+\mathrm{i}b)}] \equiv \mathrm{e}^{(a+\mathrm{i}b)\mathrm{Log}(z)} = r^a \mathrm{e}^{-b\theta} \mathrm{e}^{\mathrm{i}(a\theta + b \ln r)}.$$

如果 $z$ 沿一条环路绕原点 $n$ 周, 则 $\log(z)$ 会沿一条路径从 $\mathrm{Log}(z)$ 变到 $\mathrm{Log}(z) + 2n\pi\mathrm{i}$, $z^{(a+\mathrm{i}b)}$ 则沿一路径从 $[z^{(a+\mathrm{i}b)}]$ 变成

$$z^{(a+\mathrm{i}b)} = \mathrm{e}^{\mathrm{i}2\pi na} \mathrm{e}^{-2\pi nb} [z^{(a+\mathrm{i}b)}].$$

如果 $b \neq 0$, 则因子 $e^{-2\pi nb}$ 的出现使我们看得很清楚: $z^{(a+ib)}$ 不管 $z$ 绕原点转多少周, 也永远回不到其原来的值. 所以这时 $z = 0$ 是一个对数支点. 甚至当 $b = 0$ 时 (只要 $a$ 是一个**无理数**) 也仍然是这样. 只有当 $a$ 是有理数时, $z^a$ 才会在有限周旋转后回到原值. 而只有当 $a$ 是整数时, $z^a$ 才成为单值的.

作为本节的结束, 我们对 $e^z$ 这个记号的使用要做个重要说明, "$e^z$" 这个记号总是用来表示单值的指数映射的. 但如果把 (2.30) 中的变量 $z$ 与常数 $k$ 对调一下, 即使用 (2.30) 来考虑 $k^z$, 我们就不得不把 $f(z) = k^z$ 定义为 "多值函数" $f(z) = e^{z\log(k)}$ [其实这里的 "多值函数" 与前面讲的多值函数不同. 所以我们加了引号 " ", 见习题 29][1]. 但是如果现在令 $k = e = 2.718\,28\ldots$, 我们突然就会发现惹下了大麻烦: 指数映射 "$e^z$" 只不过是新定义的 "多值函数" $(2.718\,28\ldots)^z$ 的一支. [其他支是什么?] 为了避免这样的混乱, 有些作者宁可把 "单值的" 指数映射 $e^z$ 写成 $\exp(z)$. 然而我们还是想保留原有的记号, 一方面它很方便, 另一方面它在历史上又根深蒂固, 而做如下的理解: $e^z$ 须理解为单值的指数映射, 而不得理解为 "多值函数" $(2.718\,28\ldots)^z$.

## 2.8    在圆周上求平均值*

### 2.8.1    质心

整个这一节都是选读材料, 因为这里引出的主要结果 (高斯平均值定理) 以后还会再次导出, 而且还不止一次. 然而, 试图用最初等的方法来理解这个结果, 既是有趣的又是富有教益的.

考虑 $n$ 个质点所成的质点组, 它们分别位于 $\mathbb{C}$ 中之 $z_1, z_2, \cdots, z_n$ 处. 若 $z_j$ 处的质点质量为 $m_j$, 这个质点组的**质心** (质量中心) $Z$ 定义为

$$Z = \frac{\sum_{j=1}^{n} m_j z_j}{\sum_{j=1}^{n} m_j}.$$

如果设想平面本身是没有质量的, 那么在 $Z$ 所处的点上立一根杆, 置于其上的平面仍能保持平衡.

在本节中, 我们将设各质点之质量相同, 这时质心就成为各质点之平均位置, 也就称为形心:

$$Z = \frac{1}{n} \sum_{j=1}^{n} z_j.$$

这个情况见图 2-38a. 从这个定义可以得到的一个直接推论是 $\sum_{j=1}^{n}(z_j - Z) = 0$.

---

[1]  这里的译文有些变动, 原书提出的问题是, $e^z$ 应该定义为 "单值" 的指数映射, 但按 (2.30) 又应看作 "多值的", 这个矛盾如何解决? ——译者注

换言之, 由 $Z$ 到各质点的复数互相抵消. 图 2-38b 画出了这个抵消和. 反过来, 若某点 $Z$ 具有这一性质, 即连接它到各质点的复数会互相抵消, 则 $Z$ 必为质心.

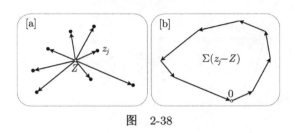

图    2-38

另一个直接的推论是, 如果把质点组的各质点都平移一个 $b$, 则质心也随之一起平移, 即新质心将是 $Z+b$. 如果把质点组绕原点旋转, 则质心也是一样的——一起旋转. 总之,

若 $Z$ 为 $\{z_j\}$ 的质心, 则 $\{az_j+b\}$ 的质心是 $aZ+b$.          (2.31)

给定第二组 $n$ 个质点 $\{\tilde{z}_j\}$ (质心为 $\tilde{Z}$), 可以把这两个质点组成对相加, 得出一个新质点组 $\{z_j+\tilde{z}_j\}$, 容易看到, 新质点组之质心是 $Z+\tilde{Z}$. 特别地, 质点组 $\{z_j=x_j+iy_j\}$ 的质心 $Z$ 是实轴上的点 $\{x_j\}$ 之质心 $X$ 和虚轴上的点 $\{iy_j\}$ 的质心 $iY$ 之和 $X+iY$.

下一个结果在本节之末起的作用不大, 但以后我们会看到, 它还有其他有趣的推论. 质点组 $\{z_j\}$ 的**凸包** $H$ 之定义是: 平面上使所有质点或在 $H$ 上或在其内的最小的凸多边形. 比较直观地看, 先在平面上每个 $z_j$ 处都钉上一个小柱子, 再用一根橡皮圈把所有的小柱子都套住. 当我们放手, 橡皮圈就会自动地收缩成所求的 $H$ (图 2-39a). 这一个结果就是

质心 $Z$ 必位于凸包 $H$ 的内域.          (2.32)

这是因为, 若 $p$ 是凸包 $H$ 外的一点, 则我们会看到由 $p$ 到各质点的复数不会全部抵消. 现在形式化地来说明这件事, 我们先要看到, 下面这件事从视觉上看是显然的: 经过 $H$ 外的任意点 $p$ 必可做一直线 $L$, 使得 $H$ 及其用阴影画出的内域全落在 $L$ 的一侧. 由于表示质点的那些复数全落在 $L$ 一侧就能得知这些复数不可能互相全部抵消, 因为若用复数 $N$ 表示 $L$ 的指向 $H$ 的法线方向, 则这些复数在 $N$ 上都有正的分量, 因而不可能互相全部抵消. 用同样的推理可知, $Z$ 也不能落在 $H$ 上 (除非这些质点共线, 这时 $H$ 缩成一线段).

如图 2-39b 所示, (2.32) 的一个直接推论是

若所有质点全在某一圆内, 则其质心也在圆内.          (2.33)

我们在本节中想要导出的主要结果基于以下事实. 定义一个正 $n$ 边形的 "中心" 为其外接圆的圆心, 则

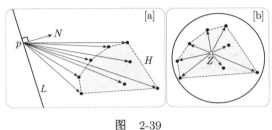

图 2-39

正 $n$ 边形的中心就是其顶点的质心. (2.34)

由 (2.31), 我们可以取 $n$ 边形的中心为原点, 这时上面的结论就是: 顶点之和必消失. 如图 2-40a 所示, 当 $n$ 为偶数时, 结果是显然的, 因为这时其顶点成对地互相反号.

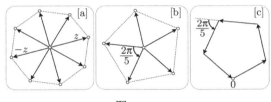

图 2-40

若 $n$ 为奇数, 如图 2-40b 所示（其中显示了 $n = 5$ 的情况）, 解释就不那么明显了. 然而, 如果我们系统地画出 $\sum z_j$, 而且让 $z_j$ 依逆时针方向排列, 就会得到图 2-40c, 答案就一目了然了: 正五边形的顶点之和构成另一个正五边形. 此图说明了为什么会发生这样的事. 因为图 2-40b 中相继顶点之夹角是 $(2\pi/5)$, 而图 2-40c 中之和的相继各项夹角也是 $(2\pi/5)$. 很明显, 这个推理可以推广到一般的 $n$（不论为奇或为偶）, 由此可得 (2.34). 习题 40 是另一种做法.

### 2.8.2 在正多边形上求平均值

若复映射 $z \mapsto w = f(z)$ 将 $n$ 个点的集合 $\{z_j\}$ 映为集合 $\{w_j = f(z_j)\}$, 则象点的质心 $W$ 可以描述为 $f(z)$ 在 $n$ 个点之集合 $\{z_j\}$ 上的平均值. 我们把这个平均值写作 $\langle f(z) \rangle_n$, 即

$$\langle f(z) \rangle_n = \frac{1}{n} \sum_{j=1}^{n} f(z_j).$$

注意, 若 $f(z) = c$ 是一常数, 则它在点的任意集合上的平均值都是 $c$.

以下, 我们将限于 $\{z_j\}$ 为一个正 $n$ 边形顶点的情况. 相应于此, $\langle f(z) \rangle_n$ 也将理解为 $f(z)$ 在这样的正 $n$ 边形顶点上的平均值. 注意, 如果我们写出 $f(z) =$

$u(z) + iv(z)$, 则

$$\langle f(z) \rangle_n = \langle u(z) \rangle_n + i \langle v(z) \rangle_n . \tag{2.35}$$

一开始我们只考虑**以原点为中心的多边形**.

然后, 区别 $m$ 为正整数与 $m = 0$ 两个情况[①]来考虑 $f(z) = z^m$ 在一个正 $n$ 边形上的平均值. 先看正六边形. 图 2-41 的中部是一个有阴影的正六边形, 四周则是其顶点在映射 $z, z^2, \cdots, z^6$ 下的象. 仔细研究这个图形, 看一看你是否能懂得发生了什么情况. 如果我们取更大的 $m$ 值, 则同样的模式将轮换地再现: $z^7$ 就像 $z^1$, $z^8$ 就像 $z^2$, 等等.

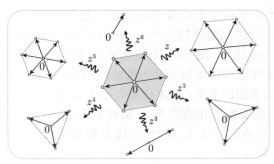

图    2-41

对于我们, 这个图形的本质特性是: (先看 $m$ 为正整数的情况) 除非 $m$ 是 6 的倍数, 否则正六边形在 $z^m$ 下的象总是另一个正多边形. [注意, 我们认为两个相等而反号的点成一正二边形, 但不认为单个的点也算正多边形.] 更准确些而且一般地说,

> 除非 $m > 0$ 为 $n$ 的倍数, 一个以原点为中心的正 $n$ 边形在 $z^m$
> 下的象是一个以原点为中心的正 $N$ 边形, 其中 $N = (n$ 除以 $m$ 和 $n$    (2.36)
> 的最大公约数). 若 $m$ 是 $n$ 的倍数, 则象是一个单个点.

请验证这个结果与图 2-41 一致. 试一试能否自己证明这个结果, 如果做不下去, 请参看习题 41. 再看 $m = 0$ 的情况. 这时象一定是单个点 1.

把这个结果与 (2.34) 综合起来, 就会得到以下的关键事实: 若 $n > m$, 而且 $m > 0$, 则 $\langle z^m \rangle_n = 0$, 而在 $m = 0$ 时则有 $\langle z^m \rangle_n = 1$. 这一点很容易推广, 若

$$P_m(z) = c_0 + c_1 z + c_2 z^2 + c_3 z^3 + \cdots + c_m z^m$$

是一个一般的 $m$ 次多项式, 则它在一个正 $n$ 边形的顶点上的平均值是

$$\langle P_m(z) \rangle_n = \langle c_0 \rangle_n + c_1 \langle z \rangle_n + c_2 \langle z^2 \rangle_n + c_3 \langle z^3 \rangle_n + \cdots + c_m \langle z^m \rangle_n .$$

---

① 原书没有分别 $m > 0$ 与 $m = 0$, 所以有时结论不对, 在这个小节中, 凡将 $m = 0$ 分开讨论的地方都是译者的改动. ——译者注

如果顶点个数 $n$ 大于多项式的次数 $m$, 我们由此即得

$$\langle P_m(z)\rangle_n = \langle c_0\rangle_n = c_0 = P_m(0).$$

换言之, 象点的质心就是质心的象. 用平均值的语言来说, 这个结果就是:

若 $n > m > 0$, 则一个 $m$ 次多项式在以原点为中心的正 $n$ 边形
顶点上的平均值就等于它在此正 $n$ 边形的中心处的值 $P_m(0)$. (2.37)

$m = 0$ 时, $P_0(z)$ 是一个常值映射 $z \mapsto P_0(0)$, 所以 (2.37) 仍成立, 但其解释不同.

最后, 我们把此结果从以原点为中心的正 $n$ 边形推广到以任意点而非原点为中心的正 $n$ 边形上. 当然, 当我们把 $z^m\,(m > 0)$ 作用于这种正多边形的顶点上时, 其象并不成为一个正多边形. 图 2-42 上画出了 $z^4$ 把中心在 $k$ 处的正六边形 $H$ 的顶点所映成的象, 还有这些顶点处于其上的圆周的象. 然而, 这个图也再一次地表示出一个令人吃惊的美丽的事实: 象点的质心仍是 $H$ 的质心之象. 图 2-43a 上画出了连结 $k^4$ 到各象点的复数之和确实为 0, 从而从经验上证实了这件事. $m = 0$ 时, $z^m$ 把任意多边形的顶点都映为 1. 这时, 连接 1 到多边形顶点的象 (即 1) 的复数, 当然为 0, 而其和也是 0.

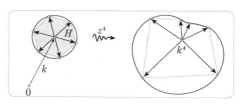

图　2-42

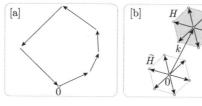

图　2-43

稍微扩展一下前面所用的符号, 我们可以把 $z^m\,(m > 0)$ 在 $H$ 的顶点上的平均值记为 $\langle z^m\rangle_H$, 则我们想证明的正是 $\langle z^4\rangle_H = k^4$. 想要证明 $z^m$ 作用于以 $k$ 为中心的正 $n$ 边形 $H$ 的顶点这个一般情况, 一点也不更难. 首先要注意, $H$ 可以由把中心在原点的正 $n$ 边形 $\widetilde{H}$ 平移 $k$ 而得. 例子可见于图 2-43b. 因为 $\widetilde{H}$ 的顶点 $z_j$ 被平移到 $H$ 的顶点 $z_j + k$ 上, 所以

$$\langle z^m\rangle_H = \langle (z+k)^m\rangle_{\widetilde{H}}.$$

但是 $(z+k)^m = \sum_{j=0}^{m} \binom{m}{j} z^j k^{m-j}$ 正是一个把 0 映到 $k^m$ 的 $m$ 次多项式. 用 (2.37) 即知, 若 $n > m$, 则 $\langle z^m \rangle_H = k^m$, 即所欲证.

$m = 0$ 时, $\langle z^m \rangle_H = \langle 1 \rangle_H = 1 = k^0$ 当然仍是对的, 但解释不同.

推广导致 (2.37) 的推理, 即知 (2.37) 是以下结果的特例:

> 若 $n > m$, 则一个 $m$ 次多项式 $P_m(z)$ 在一个以 $k$ 为中心的正 $n$ 边形顶点上的平均值, 就是它在此 $n$ 边形中心处的值. (2.38)

### 2.8.3 在圆周上求平均值

最晚不晚于阿基米德的时代, 数学家就已经发现, 把圆看作一个正 $n$ 边形当 $n$ 趋向无穷大时的极限, 将是富有成果的. 现在我们就用这个思想来研究复函数在一个圆周上的平均值.

在圆周 $C$ 中做一内接正 $n$ 边形, 并令 $n$ 趋于无穷大求极限, (2.38) 表明

> 一个任意次多项式在圆周 $C$ 上的平均值都等于它在 $C$ 的中心处的值. (2.39)

由 (2.35), 任意的复函数 $f(z) = u(z) + \mathrm{i}v(z)$ 在圆周 $C$ 上的平均值 $\langle f(z) \rangle_C$ 都可以写成 $\langle f(z) \rangle_C = \langle u(z) \rangle_C + \mathrm{i} \langle v(z) \rangle_C$. 使用一个在通常微积分中就已熟知的概念, 这两个实函数 $u$ 和 $v$ 的平均值都可以用积分来表示. 若 $C$ 以 $k$ 为中心、$R$ 为半径, 则当角 $\theta$ 从 0 变到 $2\pi$ 时, $z = k + e^{\mathrm{i}\theta}$ 描出了圆周 $C$. 这样,

$$\langle u(z) \rangle_C = \frac{1}{2\pi} \int_0^{2\pi} u(k + Re^{\mathrm{i}\theta}) \mathrm{d}\theta, \quad \langle v(z) \rangle_C = \frac{1}{2\pi} \int_0^{2\pi} v(k + Re^{\mathrm{i}\theta}) \mathrm{d}\theta.$$

可以更紧凑地把它们写作

$$\langle f(z) \rangle_C = \frac{1}{2\pi} \int_0^{2\pi} f(k + Re^{\mathrm{i}\theta}) \mathrm{d}\theta,$$

其中的复积分应理解为以上的实积分来计算.

再一次用 $P_m(z)$ 来记一个一般的 $m$ 次多项式, 则 (2.39) 可以写成一个积分公式

$$\frac{1}{2\pi} \int_0^{2\pi} P_m(k + Re^{\mathrm{i}\theta}) \mathrm{d}\theta = \langle P_m(z) \rangle_C = P_m(k). \tag{2.40}$$

例如, 若 $C$ 以原点为中心, $P_m(z) = z^m$, 则当 $m > 0$ 时, 有

$$\langle z^m \rangle_C = \frac{1}{2\pi} \int_0^{2\pi} R^m e^{\mathrm{i}m\theta} \mathrm{d}\theta = \frac{R^m}{2\pi} \int_0^{2\pi} [\cos m\theta + \mathrm{i}\sin m\theta] \mathrm{d}\theta = 0.$$

这与 (2.40) 一致; 当 $m = 0$ 时, 则有

$$\langle z^0 \rangle_C = \frac{1}{2\pi} \int_0^{2\pi} \mathrm{d}\theta = 1.$$

这一点恰好说明有必要区分 $m$ 为正整数与 $m=0$ 两种情况.

(2.40) 对任意高次多项式都成立这个事实立即表明: 对于 **幂级数**, 它也可能成立. 我们将证明确实如此.

和上面通常的做法一样, 我们只对以原点为中心的幂级数给出证明, 对任意中心情况的推广是直截了当的. 令 $P(z) = \sum_{j=0}^{\infty} c_j z^j$ 为一幂级数, 则 $P_m(z) = \sum_{j=0}^{m} c_j z^j$ 为其逼近多项式. 如果圆周 $C$ 位于 $P(z)$ 的收敛圆盘内, 则 (2.12) 蕴涵了以下结果: 不论取实数 $\varepsilon$ 多么小, 都可以找到一个充分大的 $m$, 使得在圆周 $C$ 上及在其内域中, $P_m(z)$ 均以精确度 $\varepsilon$ 逼近 $P(z)$. 如果我们用 $\mathcal{E}(z)$ 记由近似值 $P_m(z)$ 到精确解 $P(z)$ 的复数, 则对 $C$ 上和 $C$ 内的一切 $z$ 点均有

$$P(z) = P_m(z) + \mathcal{E}(z), \quad \text{而} \quad |\mathcal{E}(z)| < \varepsilon.$$

特别地, 在 $C$ 的中心 $k$ 处上式成立.

至此我们就可以用平均值的积分表示来研究 $\langle P(z)\rangle_C$ 了, 但是先考虑 $P(z)$ 在内接于 $C$ 的正 $n$ 边形上的平均值更有启发. 一旦做到了这一点, 再令 $n$ 趋向无穷大即可得出 $\langle P(z)\rangle_C$.

先注意, $\mathcal{E}(z)$ 把 $n$ 边形的顶点都映到一个以原点为中心、$\varepsilon$ 为半径的圆盘内, 由 (2.33), 或者直接由 1.1.4 节中的广义三角不等式, 这些象点的质心 $\langle \mathcal{E}(z)\rangle_n$ 也位于此圆盘内. 令 $n$ 大于 $m$, 例如说 $n=(m+1)$, (2.38) 给出

$$\begin{aligned}
\langle P(z)\rangle_{m+1} &= \langle P_m(z)\rangle_{m+1} + \langle \mathcal{E}(z)\rangle_{m+1} \\
&= P_m(k) + \langle \mathcal{E}(z)\rangle_{m+1} \\
&= P(k) + \left[ \langle \mathcal{E}(z)\rangle_{m+1} - \mathcal{E}(k) \right].
\end{aligned}$$

方括号中的项就是连接 $\mathcal{E}(k)$ 到 $\langle \mathcal{E}(z)\rangle_{m+1}$ 的复数, 而因为这两点都位于以 $\varepsilon$ 为半径的圆盘内, 连接它们的复数必定比 $2\varepsilon$ 更短. 最后, 因为方括号中的项也可解释为连接 $P(k)$ 到 $\langle P(z)\rangle_{m+1}$ 的复数, 所以有以下结果:

令 $m$ 取得充分大, 使在以 $k$ 为中心的圆周 $C$ 上及其内域中
$P_m(z)$ 逼近 $P(z)$ 的精确度为 $\varepsilon$. 若在 $C$ 内做一内接正 $(m+1)$ 边形,　　　(2.41)
则 $P(z)$ 在其顶点上的平均值 $\langle P(z)\rangle_{m+1}$ 以精确度 $2\varepsilon$ 逼近 $P(k)$.

我们就这样把关于逼近式 $P_m(z)$ 的精确结果转变成了关于精确的映射 $P(z)$ 的近似结果.

举一个例子, 令 $C$ 为单位圆周而 $P(z) = \mathrm{e}^z$. 如果我们想在单位圆盘上处处都达到精确度 $\varepsilon = 0.004$, 取 $m = 5$ 即已足够, 即具有如此精确度的次数最低的多项式应是

$$P_5(z) = 1 + z + \frac{1}{2!}z^2 + \frac{1}{3!}z^3 + \frac{1}{4!}z^4 + \frac{1}{5!}z^5.$$

图 2-44 上画出了 $C$ 在映射 $z \to \mathrm{e}^z$ 下的象, 还特别画出了一个内接于 $C$ 的正六边形顶点的象. 根据这一结果, 这些象点的质心与 $\mathrm{e}^0 = 1$ 的差别不大于 $0.008$ —— 按此图的大小而言, 这样大的差别是看不出来的. 图 2-45 上画出了连接 1 至六边形顶点的复数之和, 更是令人信服地给出了这样的预测. 在画图的精确度以内, 这个和确实为 0.

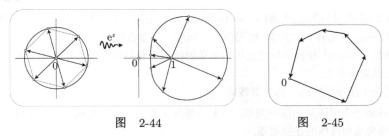

图 2-44　　　　　　图 2-45

当 $\varepsilon$ 趋于零而 $m$ 趋于无穷大时取极限, 由 (2.41) 就得到以下形式的**高斯平均值定理**.

若复函数 $f(z)$ 可以表示为一幂级数, 且一个以 $k$ 为中心、以 $R$ 为半径的圆周 $C$ 位于此幂级数的收敛圆盘内, 则

$$\langle f(z) \rangle_C = \frac{1}{2\pi} \int_0^{2\pi} f(k + R\mathrm{e}^{\mathrm{i}\theta}) \mathrm{d}\theta = f(k).$$

这个公式除了它的理论上的重要性之外, 有时也可用来计算很难算的实积分. 举一个例子, 图 2-44 的准确形式可以给出 $\langle \mathrm{e}^z \rangle_C = \mathrm{e}^0 = 1$, 而由此可得 [练习]

$$\int_0^{2\pi} \mathrm{e}^{\cos\theta} \cos[\sin\theta] \mathrm{d}\theta = 2\pi.$$

习题 43 是这个思想的另一个例子.

## 2.9　习　　题

1. 画出圆周 $|z - 1| = 1$. 用几何方法求出此圆周在映射 $z \longmapsto z^2$ 下的象的极坐标方程. 画出象曲线, 它称为**心脏线**.

2. 考虑复映射 $z \longmapsto w = (z - a)/(z - b)$. 用几何方法证明, 若将此映射施于连接 $a, b$ 两点的线段之垂直平分线, 则象是单位圆周. 较详细地描述当 $z$ 以匀速沿此直线运动时 $w$ 的运动.

3. 考虑一族映射

$$z \longmapsto M_a(z) = \frac{z - a}{\bar{a}z - 1}, \quad (a \text{ 为常数}).$$

[以后会看到这些映射对非欧几何是基本的.] 用代数方法做以下各题. 我们将在下一章给出几何解释.

(i) 证明 $M_a[M_a(z)] = z$ . 换言之, $M_a$ 是自逆的.

(ii) 证明 $M_a(z)$ 映单位圆周为其自身.

(iii) 证明若 $a$ 位于单位圆盘内, 则 $M_a(z)$ 将单位圆盘映为其自身.

提示: 用 $|q|^2 = q\bar{q}$ 来验证

$$|\bar{a}z - 1|^2 - |z - a|^2 = (1 - |a|^2)(1 - |z|^2).$$

4. 由图 2-7 可见, 若 $q^2 \leqslant p^3$, 则 $x^3 = 3px + 2q$ 之解全为实. 在 $q^2 > p^3$ 情况下做出相应的图像, 由此导出有一解为实, 而另两个解构成一个复共轭对.

5. 证明映射 $z \longmapsto z^2$ 使得由原点发出的两条射线之交角加倍. 用此导出双纽线 [图 2-9] 之两支必以直角自交.

6. 下题是关于图 2-9 中的卡西尼曲线的.

(i) 再画一个卡西尼曲线的图形, 画出与每条卡西尼曲线均交成直角的曲线, 这些曲线称为原曲线族的**正交轨道**.

(ii) 给出一个论证表明每一正交轨道必通过 $\pm 1$ 处的焦点之一.

(iii) 若把卡西尼曲线都看作 $(z^2 - 1)$ 的模曲面 (图 2-10) 之地理等高线, 怎样以此曲面来解释正交轨道?

(iv) 我们将在第 4 章证明, 若两曲线在 $p \neq 0$ 处相交成角 $\phi$, 则它们在映射 $z \longmapsto w = z^2$ 下的象也在 $w = p^2$ 处以同样的角 $\phi$ 相交. 由此导出, 当 $z$ 沿一正交轨道由一个焦点向外运动时, $w = z^2$ 将由 $w = 1$ 出发沿一射线离开.

(v) 用计算机画以下的图形在映射 $w \longmapsto \sqrt{w}$ 下的象: 此图形是 (A) 以 $w = 1$ 为中心的圆周, 以及 (B) 这些圆的半径, 并由此验证前一部分的结果.

(vi) 记 $w = u + iv, z = x + iy$, 求出 $u, v$ 作为 $x, y$ 的函数, 写出 $w$ 平面上过 $w = 1$ 的直线方程并证明卡西尼曲线的正交轨道为**双曲线段**.

7. 画出 $C(z) = (z+1)(z-1)(z+1+i)$ 的模曲面的草图. 由此画出卡西尼曲线 $|C(z)| =$ 常数的草图, 然后用计算机验证你的答案. 为了回答以下各题, 请记住, 若 $R(z)$ 是平面上的一个实的位置函数, 对紧邻 $p$ 处的所有 $z$ 点 (但 $p \neq z$) 均有 $R(p) < R(z)$, 则 $R(p)$ 为**局部极小**. **局部极大**定义类似.

(i) 参照前一习题, 刚才画出的卡西尼曲线的正交轨道的意义是什么?

(ii) $|C(z)|$ 有无局部极大?

(iii) $|C(z)|$ 有无非零的局部极小?

(iv) 若 $D$ 是一圆盘 (甚至是比较任意的形状), $|C(z)|$ 在 $D$ 上的最大值可否发生在 $D$ 的内点或者只能发生在 $D$ 的边界点上? $|C(z)|$ 在 $D$ 上的最小值又如何?

(v) 若用任意多项式代替 $C(z)$, 对这些问题是否有同样的答案? 对于仅仅知道可以表示为一幂级数的函数又如何?

8. 2.2.3 节的 (2.2) 告诉我们, 焦点在 $\pm 1$ 处的双纽线的极坐标方程是 $r^2 = 2\cos 2\theta$. 事实上, 雅各布·伯努利和他的继承者研究的是方程为 $r^2 = \cos 2\theta$ 的稍有不同的双纽线. 我们称它为**标准的双纽线**.

(i) 标准的双纽线的焦点在哪里?

(ii) 由标准的双纽线上一点到它的两个焦点的距离之乘积是多少?

(iii) 证明标准的双纽线的笛卡儿方程是

$$(x^2 + y^2)^2 = x^2 - y^2.$$

9. 下面是用实方法把 $H(x) = 1/(1 + x^2)$ 展开为中心在 $x = k$ 点的幂级数的一次尝试 [最终没有成功], 这就是试图把 $H(x)$ 写成形如 $H(x) = \sum_{j=0}^{\infty} c_j X^j$ 的级数, 而 $X = (x - k)$. 按泰勒定理 $c_j = H^{(j)}(k)/j!$, $H^{(j)}(k)$ 是 $H$ 的 $j$ 阶导数在 $k$ 点之值.

(i) 证明 $c_0 = 1/(1 + k^2)$, $c_1 = -2k/(1 + k^2)^2$, 求 $c_2$. 请注意求相继各阶导数怎样变得越来越困难.

(ii) 回忆 (或证明) 两个函数 $A(x)$ 和 $B(x)$ 乘积 $AB$ 的 $n$ 阶导数可由**莱布尼茨公式**给出:

$$(AB)^{(n)} = \sum_{j=0}^{n} \binom{n}{j} A^{(j)} B^{(n-j)}.$$

将此结果应用于乘积 $(1 + x^2) H(x)$, 导出

$$(1 + k^2) H^{(n)}(k) + 2nk H^{(n-1)}(k) + n(n-1) H^{(n-2)}(k) = 0.$$

因为这个递推关系式的系数中含 $n$, 所以不能用第 1 章习题 30 的方法去求解.

(iii) 由上一部分导出 $c_j$ 之间有递推关系式

$$(1 + k^2) c_n + 2k c_{n-1} + c_{n-2} = 0$$

成立, 此式确有常系数.

(iv) 解出此递推关系式并再次得到 2.3.6 节的结果 (2.17).

10. 考虑 2.3.6 节的 (2.18)

(i) 证明当此级数的中心 $k$ 为原点时, 又可得出正确的级数 (其中没有 $x$ 的奇次幂).

(ii) 求 $k$ 之值使此级数中没有这样的幂 $X^n$, 其中 $n = 2, 5, 8, 11, 14, \cdots$. 用计算机检验你的结果.

11. 证明以下每个级数均以单位圆周为收敛圆周, 然后研究它们在单位圆周上是否收敛. 用 2.4.1 节的图 2-18 的方法 "画出级数" 就可以猜出正确的答案:

(i) $\sum_{n=0}^{\infty} z^n$,    (ii) $\sum_{n=1}^{\infty} \frac{z^n}{n}$,    (iii) $\sum_{n=1}^{\infty} \frac{z^n}{n^2}$.

[利用 (2.29), 注意第二个级数是 $-\mathrm{Log}(1 - z)$.]

12. 考虑在单位圆盘内收敛于 $1/(1 - z)$ 的几何级数 $P(z) = \sum_{j=0}^{\infty} z^j$. 这时逼近多项式是 $P_m(z) = \sum_{j=0}^{m} z^j$.

(i) 证明误差 $E_m(z) \equiv |P(z) - P_m(z)|$ 由下式给出:

$$E_m(z) = \frac{|z|^{m+1}}{|1 - z|}.$$

(ii) 若 $z$ 是收敛圆盘内一个定点, 当 $m$ 趋向无穷大时误差如何?

(iii) 若固定 $m$, 当 $z$ 趋近边界点 $z = 1$ 时误差如何?

(iv) 假设我们想在圆盘 $|z| \leqslant 0.9$ 中逼近此级数. 又设可容许的最大误差是 $\varepsilon = 0.01$. 求在该圆盘内按此精确度逼近 $P(z)$ 的多项式 $P_m(z)$ 的最低次数.

13. 我们已经看到, 若 $P_n(z) = z^n$, 则复函数 $f(z)$ 的以下无穷级数 $\sum_{n=0}^{\infty} c_n P_n(z)$ (即幂级数) 的表示法是唯一的. 然而, 若 $P_n(z)$ 是任意的已给的多项式的集合, 则这个结果不真. 下例取自 Boas [1987, 第 33 页] (并做了修改), 定义

$$P_0(z) = -1, P_n(z) = \frac{z^{n-1}}{(n-1)!} - \frac{z^n}{n!} \quad (n = 1,2,3,\cdots),$$

证明

$$-2P_0 - P_1 + P_3 + 2P_4 + 3P_5 + \cdots = e^z = P_1 + 2P_2 + 3P_3 + 4P_4 + \cdots$$

14. 考虑两个幂级数 $P(z) = \sum_{j=0}^{\infty} p_j z^j$ 和 $Q(z) = \sum_{j=0}^{\infty} q_j z^j$, 它们分别有逼近多项式 $P_n(z) = \sum_{j=0}^{n} P_j z_j$ 和 $Q_m(z) = \sum_{j=0}^{m} q_j z^j$, 如果 $P(z)$ 和 $Q(z)$ 的收敛半径分别是 $R_1$ 和 $R_2$, 则这两个级数均在圆盘 $|z| \leqslant r$ 中一致收敛, 其中 $r < \min\{R_1, R_2\}$. 如果 $\varepsilon$ 是我们在此圆盘中可以容忍的最大误差, 则可以找到充分大的 $n$, 使得

$$P_n(z) = P(z) + \mathcal{E}_1(z), \quad Q_n(z) = Q(z) + \mathcal{E}_2(z),$$

而 (复) 误差 $\mathcal{E}_{1,2}(z)$ 之长均小于 $\varepsilon$. 因此证明, 只要取充分大的 $n$, 就能以任意高的精确度以 $[P_n(z) + Q_n(z)]$ 和 $P_n(z)Q_n(z)$ 分别逼近 $[P(z) + Q(z)]$ 和 $P(z)Q(z)$.

15. 给出一对以原点为中心的幂级数 $P(z)$ 和 $Q(z)$ 之例, 使得积 $P(z)Q(z)$ 的收敛圆盘大于 $P(z)$ 和 $Q(z)$ 的两个收敛圆盘. [提示: 不妨用有理函数来考虑, 例如取 $[z^2/(5-z)^3]$, 因为已知它们可以用幂级数来表示.]

16. 我们的目的是对所有负整数 $n$ 的二项式定理 (2.14) 给出一个**组合的**解释. 简单而又关键的步骤是把 $n$ 改写为 $n = -m$, 并把 $z$ 换成 $-z$. 请验证一下, 我们想要得到的结果 (2.14) 现在形为 $(1-z)^{-m} = \sum_{r=0}^{\infty} c_r z^r$, 而 $c_r$ 则是以下的二项系数

$$c_r = \begin{pmatrix} m+r-1 \\ r \end{pmatrix}. \tag{2.42}$$

[注意这里说的系数. 其实只要沿对角线方向而非沿水平方向去读杨辉三角形, 即可得到这些 $c_r$.] 为了理解此事, 考虑 $m = 3$ 的特例, 用 $(1-z)^{-1}$ 的几何级数, 可把 $(1-z)^{-3}$ 写成

$$[1 + z + z^2 + z^3 + \cdots] \bullet [1 + z + z^2 + z^3 + \cdots] \bullet [1 + z + z^2 + z^3 + \cdots],$$

其中 $\bullet$ 表示乘法. 假设我们想求 $z^9$ 的系数 $c_9$. 从上式中取出 $z^9$ 的方法之一是由第一个括号取 $z^3$, 从第二个括号中取 $z^4$, 从第三个括号取 $z^2$.

  (i) 把这一种取出 $z^9$ 的方式记为 $zzz \bullet zzzz \bullet zz$, 其中共有 9 个 $z$ 和两个 $\bullet$, 它们是用来表示从哪一个括号中取出 $z$ 的哪一次幂, [这个漂亮的想法得自我的朋友 Paul Zeitz.] 解释为什么 $c_9$ 正是这一串 11 个符号的可以区分的排列数. 注意一定要弄明白如果 $\bullet$ 在一串符号之首、之末以及一个 $\bullet$ 与另一个 $\bullet$ 相邻是什么意义.

  (ii) 由此导出 $c_9 = \binom{11}{9}$, 这与 (2.42) 一致.

  (iii) 推广这个论证法从而得出 (2.42).

17. 以下是上题的归纳处理方法.

   (i) 写出杨辉三角形的前几行, 并且圈出 $\binom{5}{3}, \binom{4}{2}, \binom{3}{1}$ 和 $\binom{2}{0}$. 验证其和为 $\binom{6}{3}$. 解释此事.

   (ii) 推广你的论证, 并证明

   $$\binom{n}{r} = \binom{n-1}{r} + \binom{n-2}{r-1} + \binom{n-3}{r-2} + \cdots + 1.$$

   (iii) 设 $(1-z)^{-M} = \sum_{r=0}^{\infty} \binom{M+r-1}{r} z^r$ 已对某个正整数 $M$ 成立. 用 $(1-z)^{-1}$ 的几何级数乘上式来求出 $(1-z)^{-(M+1)}$. 由此导出二项级数对所有负整数幂都成立.

18. 下面的论证的基本思想来自欧拉. 令 $n$ 为任意实数（可以是无理数）, 定义

   $$B(z,n) \equiv \sum_{r=0}^{\infty} \binom{n}{r} z^r, \quad \text{其中} \quad \binom{n}{r} \equiv \frac{n(n-1)(n-2)\cdots(n-r+1)}{r!},$$

   而 $\binom{n}{0} \equiv 1$. 由初等代数知道, 若 $n$ 为正整数, 则 $B(z,n) = (1+z)^n$. 为了对有理幂证明二项式定理 (2.14), 必须要证明, 若 $p,q$ 为整数, 则 $B\left(z, \frac{p}{q}\right)$ 是 $(1+z)^{\frac{p}{q}}$ 的主支.

   (i) 对固定的 $n$, 用比值判别法证明 $B(z,n)$ 在单位圆盘 $|z| < 1$ 内收敛.

   (ii) 将两个幂级数相乘, 导出

   $$B(z,n)B(z,m) = \sum_{r=0}^{\infty} C_r(n,m) z^n, \quad \text{其中} \quad C_r(n,m) = \sum_{j=0}^{r} \binom{n}{j}\binom{m}{r-j}.$$

   (iii) 若 $m,n$ 均为正整数, 证明

   $$B(z,n)B(z,m) = B(z,n+m) \tag{2.43}$$

   由此得知 $C_r(n,m) = \binom{n+m}{r}$. 但 $C_r(n,m)$ 和 $\binom{n+m}{r}$ 对于 $n$ 和 $m$ 恰为**多项式**, 因此, 它们二者对无穷多个 [正整数值] $m$ 和 $n$ 相等, 意味着它们必对 $m, n$ 的所有实值相等, 所以关键性的 (2.43) 对所有实值 $m$ 与 $n$ 均成立.

   (iv) 在 (2.43) 中令 $n = -m$, 并对 $n$ 是负整数值的情况导出二项式定理.

   (v) 用 (2.43) 证明, 若 $q$ 为整数, 则 $\left[B\left(z, \frac{1}{q}\right)\right]^q = (1+z)$, 由此导出 $B\left(z, \frac{1}{q}\right)$ 是 $(1+z)^{\frac{1}{q}}$ 的主支.

   (vi) 最后证明, 若 $p,q$ 均为整数, 则 $B\left(z, \frac{p}{q}\right)$ 确为 $(1+z)^{\frac{p}{q}}$ 的主支.

19. 证明比值判别法不能用于求 2.3.6 节中的幂级数 (2.18) 的收敛半径. 用根式判别法验证这时 $R = \sqrt{1+k^2}$.

20. 证明: 若 $m,n$ 为整数, 则 $\int_0^{2\pi} \cos m\theta \cos n\theta d\theta = 0$, 除非 $m = n$, 那时此积分值为 $\pi$. 类似地得出关于 $\int_0^{2\pi} \sin m\theta \sin n\theta d\theta$ 的熟知的结果. 利用这些事实, 至少可以形式地验证 (2.19).

21. 在 $e^z$ 的幂级数中令 $z = re^{i\theta}$ 然后令双方实部和虚部分别相等, 然后做以下各题.

    (i) 证明 $[\cos(\sin\theta)]e^{\cos\theta}$ 的傅里叶级数是 $\sum_{n=0}^{\infty} \frac{\cos n\theta}{n!}$, 并写出 $[\sin(\sin\theta)]e^{\cos\theta}$ 的傅里叶级数.

    (ii) 由此导出, 当 $m$ 为正整数时, $\int_0^{2\pi} e^{\cos\theta}[\cos(\sin\theta)]\cos m\theta d\theta = (\pi/m!)$.

    (iii) 令 $x = (r/\sqrt{2})$ 并求出 $f(x) = e^x \sin x$ 的幂级数.

    (iv) 把 $e^x$ 和 $\sin x$ 的幂级数相乘并验算一下上述 $f(x)$ 的幂级数的前几项.

    (v) 用第 1 章的 (1.14) 计算 $n$ 阶导数 $f^{(n)}(0)$. 把这些导数用于泰勒定理以验证 (iii) 中的答案.

22. 重新考虑公式
$$e^z = \lim_{n\to\infty} P_n(z), \quad \text{其中} \quad P_n(z) = \left(1 + \frac{z}{n}\right)^n.$$

    (i) 验证 $P_n(z)$ 是以下映射的组合: 平移 $n$, 收缩 $(1/n)$, 再继以幂映射 $z \longmapsto z^n$.

    (ii) 就 1.2.1 节的图 1-4, 用前一部分画出以 $-n$ 为中心的圆弧以及由 $-n$ 发出的射线在 $P_n(z)$ 下的象的草图.

    (iii) 令 $S$ 为 $z$ 平面上以原点为中心 (且由中心到边有单位长) 的正方形, 对相当大的 $n$, 画出前一部分中的恰好位于 $S$ 内的圆弧与射线.

    (iv) 用前两部分来定性地解释 2.4.2 节的图 2-19.

23. 如果以前没有这样做过, 现在请用图 2-26 为类比, 画出铅直的直线 $x = k$ 在 $z \longmapsto w = \cos z$ 下的象的草图. 由此导出, 这一双曲线的渐近线是 $\arg w = \pm k$. 用双曲线的方程来验证此事.

24. 考虑多值函数 $f(z) = \sqrt{z-1}\sqrt[3]{z-i}$.

    (i) 支点在哪里? 阶数是多少?

    (ii) 为什么不可能用图 2-35b 那种类型的单个割口来分出一支?

    (iii) 在一个典型的点 $z$, $f(z)$ 有多少个值? 求出 $f(0)$ 的各个值, 并将它们画出来.

    (iv) 在画出的 $f(0)$ 之值中选定一个, 记之为 $p$, 画一个始于原点同时也终于原点的环路 $L$, 使得若开始时选 $f(0)$ 为 $-1$, 而当 $z$ 沿 $L$ 运动并回到原点时, $f(z)$ 沿一路径由 $-1$ 变为 $p$. 对 $f(0)$ 的其他可取的值也做这件事.

25. 描述函数 $f(z) = 1/\sqrt{1-z^4}$ 的支点, 最少要用多少个分支割口才能把 $f(z)$ 分成单值支? 画一个这种割口的例子的草图. [注: 这个例子在历史上是很重要的, 这是由于 $\int f(x)dx$ 表示双纽线的弧长 [见第 4 章习题 20], 这个积分 (称为**双纽线积分**) 不能用初等函数来计算——它是一类新的函数 (称为**椭圆积分**) 之一例. 关于其背景和详情, 请参看 Stillwell [1989, 第 11 章].]

26. 对以下每个函数 $f(z)$, 求出然后画出其支点和奇点. 假设这些函数都可以表示为以 $k$ 为中心的幂级数 [事实上确实可以展开], 用 2.6.3 节的 (2.27) 来验证题中给出的收敛半径 $R$ 之值.

    (i) 若 $f(z) = 1/(e^{\pi z} - 1)$, $k = (1 + 2i)$, 则 $R = 1$.

    (ii) 若 $f(z)$ 为 $\sqrt[5]{z^4 - 1}$ 的一支而 $k = 3i$, 则 $R = 2$.

    (iii) 若 $f(z)$ 为 $\sqrt{z-i}/(z-1)$ 的一支而 $k = -1$, 则 $R = \sqrt{2}$.

27. 直到欧拉把复对数的一大团乱七八糟的事情弄清楚之前, 复对数都是大混乱的来源. 举一个例子,

$$\log[(-z)^2] = \log[z^2] \Rightarrow \log(-z) + \log(-z) = \log(z) + \log(z)$$
$$\Rightarrow 2\log(-z) = 2\log(z)$$
$$\Rightarrow \log(-z) = \log(z)$$

这里的论证错误何在?!

28. 如果我们在 $z = 1$ 处令 $z^i$ 取主值 [即令 $1^i = 1$], 再令 $z$ 以顺时针方向绕原点一周半, 问在 $z = -1$ 处 $z^i$ 取何值?

29. 在这个习题中你会看到: "多值函数" $k^z$ 的性质与前面讨论过的多值函数大不相同. 对于整数值 $n$, 定义 $l_n \equiv [\text{Log}(k) + 2n\pi\text{i}]$.

 (i) 证明 $e^{l_n z}$ 是 $k^z$ 的各 "支".

 (ii) 设 $z$ 沿着始于同时也终于 $z = p$ 的任意环路运动. 如果一开始取 $k^z$ 之值为 $e^{l_2 p}$, 则当 $z$ 回到 $p$ 时 $k^z$ 取何值? 由此导出 $k^z$ 没有支点.
 因为不能通过绕环路运动把 $k^z$ 的一个值变为另一值, 应该把它的各 "支" $\{\cdots, e^{l_{-1} z}, e^{l_0 z}, e^{l_1 z}, \cdots\}$ 看成**彼此完全无关的单值函数的一个无穷集合**.

30. 证明 $\text{i}^\text{i}$ 的一切值均为实的. 还有没有其他的 $z$ 点使 $z^\text{i}$ 也取实值?

31. 在实变量情况下, 对数幂级数原来是这样发现的 [见下题]: 先验证 $\ln(1 + X)$ 可以写成积分 $\int_0^X [1/(1 + x)]\text{d}x$, 然后把 $[1/(1 + x)]$ 写成 $x$ 的幂级数. 最后对你的级数逐项积分. [本书后面我们能把这个证法推广到复平面.]

32. 下面是对数幂级数的另一个处理方法. 和前面一样, 令 $L(z) = \text{Log}(1 + z)$, 因为 $L(0) = 0, L(z)$ 的幂级数必有以下形式: $L(z) = az + bz^2 + cz^3 + dz^4 + \cdots$. 把它代入方程

$$1 + z = e^L = 1 + L + \frac{1}{2!}L^2 + \frac{1}{3!}L^3 + \frac{1}{4!}L^4 + \cdots,$$

令 $z$ 的同次幂系数相等即可得出 $a, b, c, d$. [从历史上看是先有对数幂级数——麦卡托[①]和牛顿都用了上题的方法得出了它——然后牛顿把本题的方法倒过来应用得出 $e^x$ 的级数式. 详见 Stillwell [1989, 第 108 页].

33. (i) 用图 2-26 讨论多值函数 $\arccos(z)$ 的支点.

---

① Nicolaus Mercator. 有两个麦卡托, 这一位是德国数学家 (1620—1687). 其实他的出生地 Eutin 当时属丹麦, 他的德文名字是 Nicholas Kaufmann. Kaufmann 意为商人, 写成拉丁文就是 Mercator. 那时文人有一 "雅好", 就是把自己的名字 "拉丁化", 所以他自称为 Nicolaus Mercator, 后来也就流传下来了. 他最大的贡献就是发现了级数 (2.29) (所以 (2.29) 又称麦卡托级数), 而时间比发现微积分还早. 但还有一位苏格兰数学家格利高里 (James Gregory, 1638—1675, 数学史上又有好几个格利高里) 似乎发现得更早. 另一位麦卡托 (Gerardus Mercator, 1512—1594) 以制图知名. 他出生于荷兰, 但一生大部分时间生活在德国, 所以也算是德国人. 著名的麦卡托投影法就是他的贡献, 而且沿用至今. 人们认为他在地理学上的地位仅次于托勒密. 他原来的姓氏 Kremer 在德文中也是商人之义. 也是由此 "雅好", 自己取了个拉丁名字 Gerardus Mercator. 这两位麦卡托, 以下分别记为 N. 麦卡托和 G. 麦卡托. ——译者注

(ii) 把方程 $w = \cos z$ 写成 $e^{iz}$ 的二次方程, 并且解出此方程. 然后由此导出 $\arccos(z) = -i \log[z + \sqrt{z^2 - 1}]$. [为什么不必为根号前的 $\pm$ 号操心? ]

(iii) 证明若 $z$ 沿一环路绕过 1 或 $-1$（但不得同时绕过二者）, 则 $[z + \sqrt{z^2 - 1}]$ 之值变为 $1/[z + \sqrt{z^2 - 1}]$.

(iv) 用上一部分证明 (ii) 中的公式与 (i) 中的讨论一致.

34. 写出 $(1 - \cos z)$ 的以原点为中心的幂级数. 用二项式定理写出 $\sqrt{1 - Z}$ 的主支的以 $Z = 0$ 为中心的幂级数, 再以 $Z = (1 - \cos z)$ 代入. 由此证明, 若取 $\sqrt{\cos z}$ 的把 0 映到 1 的一支, 则有

$$\sqrt{\cos z} = 1 - \frac{z^2}{4} - \frac{z^4}{96} - \frac{19z^6}{5760} - \cdots,$$

用计算机来验证这个结果. 这个级数在何处收敛?

35. 当 $z$ 趋向原点时 $(z/\sin z)$ 趋向何值? 用 $\sin z$ 的级数求出 $(z/\sin z)$ 的以原点为中心的幂级数的前几项. 用计算机验证你的答案. 这个级数在何处收敛?

36. 考虑 $\mathrm{Log}(1 + ix)$, 其中 $x$ 是 $\pm 1$ 之间的实数. 由此导出

$$\arctan(x) = x - \frac{x^3}{3} + \frac{x^5}{5} - \frac{x^7}{7} + \frac{x^9}{9} - \frac{x^{11}}{11} + \cdots.$$

$\arctan(x)$ 之值在什么范围内? 用习题 31 的思想给出此级数的另一个推导.

37. (i) 用几何方法证明当 $z = e^{i\theta}$ 随 $\theta$ 增加而不断沿单位圆周旋转时, $\mathrm{Im}[\mathrm{Log}(1 + z)] = (\Theta/2)$, 其中 $\Theta$ 是辐角 $\theta$ 的主值, 即有 $-\pi < \Theta \leqslant \pi$.

(ii) 考虑周期性 "锯齿" 函数 $F(\theta)$（其图像见图 2-46）. 以 $z = e^{i\theta}$ 代入对数级数 (2.29), 并用本题的前一部分导出以下傅里叶级数

$$F(\theta) = \sin\theta - \frac{\sin 2\theta}{2} + \frac{\sin 3\theta}{3} - \frac{\sin 4\theta}{4} + \cdots.$$

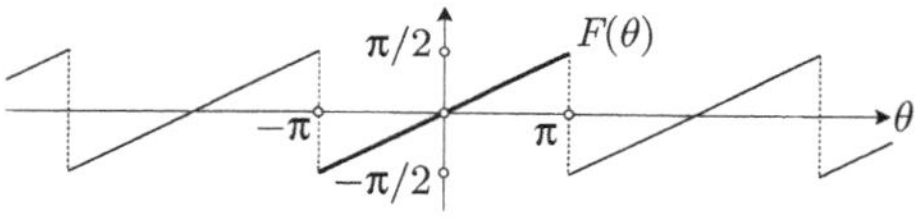

图  2-46

(iii) 直接计算积分 (2.19) 以验证上式确为傅里叶级数.

(iv) 用计算机画出此傅里叶级数部分和的图像. 当项数增加时, 注意光滑波形之和魔术似地收敛于上述锯齿图像. 但愿傅里叶本人能不仅在自己的心灵里面而且也在屏幕上看见它!

38. 和上题一样, 令 $\Theta = \mathrm{Arg}(z)$.

(i) 用 (2.29) 证明

$$\frac{1}{2}\mathrm{Log}\left[\frac{1 + z}{1 - z}\right] = z + \frac{z^3}{3} + \frac{z^5}{5} + \frac{z^7}{7} + \cdots.$$

(ii) 用几何方法证明当 $z = e^{i\theta}$ 沿单位圆周不断旋转时

$$\mathrm{Im}\left\{\frac{1}{2}\mathrm{Log}\left[\frac{1 + z}{1 - z}\right]\right\} = (\Theta \text{ 之符号}^{①})\left[\frac{\pi}{4}\right].$$

---

① 这里的 "符号" 二字是指符号函数 $\mathrm{sgn}(x)$（或 $\mathrm{sign}(x)$）, 其值当 $x > 0 (< 0)$ 时为 $1 (-1)$. 当 $x = 0$ 时, 可以认为无定义. ——译者注

(iii) 考虑周期性 "方波" 函数 $G(\theta)$, 其图像见图 2-47, 用本题的前两部分导出其傅里叶级数为

$$G(\theta) = \sin\theta + \frac{\sin 3\theta}{3} + \frac{\sin 5\theta}{5} + \frac{\sin 7\theta}{7} + \cdots.$$

最后, 重复上题的 (iii) 与 (iv) 两部分.

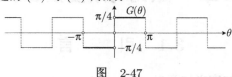

图　2-47

39. 证明: 即使质点的 (正) 质量不全相同 (2.32) 仍为真.

40. 下面是推导出 (2.34) 的另一简单方法. 若把以原点为中心的正 $n$ 边形旋转一个角 $\phi$, 则其质心 $Z$ 随之旋转到 $\mathrm{e}^{\mathrm{i}\phi}Z$. 取 $\phi = (2\pi/n)$ 以证 $Z = 0$.

41. 为了证明 (2.36), 令 $z_0, z_1, z_2, \cdots, z_{n-1}$ 是正 $n$ 边形的顶点 (按逆时针方向编号), 而 $C$ 为其外接圆周, 又令 $w_j = z_j^m$ 是顶点 $z_j$ 在映射 $z \mapsto w = z^m$ 下之象. 把 $z$ 设想为一个质点而且从 $z_0$ 开始以逆时针方向绕 $C$ 运动, 则象点 $w = z^m$ 从 $w_0$ 开始以 $m$ 倍于 $z$ 之角速度绕另一圆周.

　(i) 证明当 $z$ 从一个顶点旋转到下一顶点时, $w$ 完成一周旋转的 $(m/n)$. 所以当 $z$ 由 $z_0$ 运行到 $z_k$ 时, $w$ 从 $w_0$ 到 $w_k$ 转了 $k(m/n)$ 周.

　(ii) 令 $w_k$ 是序列 $w_1, w_2, \cdots$ 中第一个使 $w_k = w_0$ 的点. 由此导出, 若 $(M/N)$ 是 $(m/n)$ 的既约分数, 则 $k = N$. 注意 $N = (n$ 除以 $m$ 与 $n$ 的最大公约数).

　(iii) 解释何以 $w_{N+1} = w_1, w_{N+2} = w_2$, 等等.

　(iv) 证明 $w_0, w_1, \cdots, w_{N-1}$ 互不相同.

　(v) 证明 $w_0, w_1, \cdots, w_{N-1}$ 是一个正 $N$ 边形的顶点.
　　　[请研究 $m = 0$ 时本题需做什么修改.]

42. 考虑映射 $z \mapsto w = P_n(z)$, 其中 $P_n(z)$ 是一般的 $n$ 次多项式, $n \geqslant 2$. 令 $S_q$ 为 $z$ 平面上被此映射映射到 $w$ 平面上的 $q$ 点的点之集合 (即 $q$ 在此映射下的原象). 证明 $S_q$ 之质心与 $q$ 的选取无关, 因此是此多项式本身的性质. [提示: 这是对于多项式之根的和的一个熟知事实的另一种看法.]

43. 用高斯平均值定理 [见 2.8.3 节] 求出 $\cos z$ 在圆周 $|z| = r$ 上的平均值. 由此导出 (并请用计算机验证), 对一切实值 $r$ 均有

$$\int_0^{2\pi} \cos[r\cos\theta]\cosh[r\sin\theta]\mathrm{d}\theta = 2\pi.$$

# 第 3 章　默比乌斯变换和反演

## 3.1　引　言

### 3.1.1　默比乌斯变换的定义和意义

**默比乌斯**[①] **变换**[②] 就是以下形状的映射:

$$M(z) = \frac{az+b}{cz+d},\tag{3.1}$$

其中 $a, b, c, d$ 是复数. 这些变换有许多美丽的性质, 而且在整个复分析中有极其多样的应用. 默比乌斯变换尽管看来简单, 却处于现代数学研究中好几个活跃领域的核心. 这在很大程度上是由于这些领域与各种非欧几何有密切的且多少有点奇迹似的联系. 非欧几何已在第 1 章中隐约地提到. [这些联系将是第 6 章的主题.] 此外, 这些变换又与爱因斯坦的相对论紧密相关[③]! 罗杰·彭罗斯爵士深入探讨了这种联系并得到了引人注目的成功; 请看看 Penrose and Rindler [1984].

这样, 虽然自从默比乌斯第一次研究现在以他命名的变换已经超过 150 年了, 但可以公正地说, 他由此展现给我们的知识血脉之丰富, 现在仍远未穷尽. 所以我们要以比通常大得多的深度来探讨默比乌斯变换.

### 3.1.2　与爱因斯坦相对论的联系*

想要详细地探索这种联系, 既不必要也办不到, 但我们至少可以简要地指出默比乌斯变换是怎样与爱因斯坦的相对论联系起来的.

在这个理论中, 一个事件的时刻 $T$ 及其三维笛卡儿坐标 $(X, Y, Z)$ 合成了四维时空中的单个四维向量 $(T, X, Y, Z)$. 当然, 这个向量的空间成分没有绝对的意义: 对于空间中的同一个点, 旋转坐标轴就会给出不同的坐标 $(\tilde{X}, \tilde{Y}, \tilde{Z})$. 但是若令两个人各取不同的坐标轴, 他们仍然会得到同样的 $\tilde{X}^2 + \tilde{Y}^2 + \tilde{Z}^2 = X^2 + Y^2 + Z^2$, 因为这个公共值表示的是由原点到此点距离的平方.

---

① Augustus Ferdinand Möbius, 1790—1868, 德国数学家. ——译者注
② 默比乌斯变换也称为 "线性变换""双线性变换""线性分式变换" 或 "单应变换"（homograhic transformation, 该术语常见于计算机图形学, 大意是: 例如, 对同一平面图形从两个不同视角摄影, 这两张照片的相应点一一对应. 可以证明, 这个对应可以写为 (3.1), 而称为单应变换.

——译者注）

③ 按 Coxeter [1967] 的说法, 这种联系最早是由利伯曼（Heinrich Liebmann）在 1905 年发现的.

与此形成对照的是: 我们习惯上总以为**时间成分** $T$ 确有绝对的意义. 然而, 爱因斯坦的理论——它已经由无数的实验所证实——却告诉我们并非如此. 如果两个观察者 (设在某一瞬间处于同一场所) 以匀速做相对运动, 则他们对事件是否同时发生会有不同意见, 即是说他们不会有同样的同时性概念. 此外, 他们也不会有 $(X^2 + Y^2 + Z^2)$ 的相同值——这就是著名的**洛仑兹**[①] **收缩**, 对于 $T^2$ 之值同样也不会取得一致, 这就是洛仑兹的时钟变慢. 那么时–空是否还有绝对的方面使得互相作匀速相对运动的这两个观察者必须取得一致呢? 有的: 选一个方便的单位制使光速在其中为 1, 爱因斯坦发现, 这两个观察者对下式的值必然一致:

$$\widetilde{T}^2 - (\widetilde{X}^2 + \widetilde{Y}^2 + \widetilde{Z}^2) = T^2 - (X^2 + Y^2 + Z^2).$$

**洛仑兹变换** $\mathcal{L}$ 就是时–空的一种线性变换 (表示为 $4 \times 4$ 矩阵), 它把一个观察者对某一事件的描述 $(T, X, Y, Z)$ 变为另一观察者对同一事件的描述 $(\widetilde{T}, \widetilde{X}, \widetilde{Y}, \widetilde{Z})$. 换一个说法, $\mathcal{L}$ 就是保持量 $T^2 - (X^2 + Y^2 + Z^2)$ 不变的线性变换, 两个观察者所得到的此量之值必定相同.

现在设想从时–空的坐标原点发出一束闪光——它的波在三维空间中就是一族以原点为中心的球面, 其半径则随光速增加. 后来发现, 任意给定的 $\mathcal{L}$ 都由它对此闪光的光线之效果完全确定. 下面是第二个关键的思想: 我们将在习题 8 中解释怎样在这些光线和复数之间建立起一一对应. 所以时–空的每一个洛仑兹变换都诱导出复平面上的一定的映射. 我们这样得到的复映射是什么样的映射? 奇迹似的答案是:

相应于洛仑兹变换的复映射就是默比乌斯变换! 反过来, $\mathbb{C}$ 上的
每个默比乌斯变换都给出时–空的唯一洛仑兹变换.　　　　　(3.2)

甚至在专业的物理学家中, 这个 "奇迹" 也没有得到它应得的普遍认知.

(3.2) 所展现的联系深刻而且有力. 对于初学者, 它意味着, 我们关于默比乌斯变换所确立的任何结果都立即能在爱因斯坦相对论中找到相应的结果. 此外, 这些使用默比乌斯变换的证明将被证实比直接使用时–空的证明漂亮得多.

为了真正理解以上所说, 我们强烈地建议读者在读完本章后参看 Penrose and Rindler [1984, 第 1 章].[②]

---

① Hendrik Antoon Lorentz, 1853—1928, 荷兰物理学家, 爱因斯坦相对论的伟大先行者.
　　　　　　　　　　　　　　　　　　　　　　　　　　　　　　——译者注
② 本书对相对论的介绍虽然抓住了要点, 却过于简洁, 所以除了作者推荐的 Penrose and Rindler [1984] 以外, 读者可以参看 Feynman [1963, 第 1 卷, 第 15 章], 此书也比较好找. 文中关于 "同时性" 以及 "时钟变慢" 和观察者的相对运动应为匀速运动的话都是译者加的. ——译者注

### 3.1.3　分解为简单的变换

为了弄清 (3.1) 的含义, 我们第一步把 $M(z)$ 分解为以下的一串变换 [练习]:

$$\left.\begin{array}{l}
\text{(i)}\;\; z \mapsto z + \dfrac{d}{c}, \text{ 这是一个平移};\\[3mm]
\text{(ii)}\;\; z \mapsto (1/z);\\[3mm]
\text{(iii)}\;\; z \mapsto -\dfrac{(ad-bc)}{c^2}z, \text{ 这是一个伸缩和一个旋转};\\[3mm]
\text{(iv)}\;\; z \mapsto z + \dfrac{a}{c}, \text{ 这是另一个平移}.
\end{array}\right\} \tag{3.3}$$

注意, 若 $(ad - bc) = 0$, 则 $M(z)$ 成了一个没有意思的常值映射, 它把每一点 $z$ 都送到同样的象点 $(a/c)$; 在这个例外情况下, 称 $M(z)$ 为**奇异的**. 所以, 在讨论默比乌斯变换时, 我们恒设 $M(z)$ 是**非奇异的**, 即 $(ad - bc) \neq 0$.

在上述四个变换中, 只有第二个没有研究过. 这个映射 $z \mapsto (1/z)$ 是理解默比乌斯变换的关键, 我们将称它为**复反演**. 下一节将检验它的许多引人注目而且强大有力的性质.

## 3.2　反　　演

### 3.2.1　初步的定义和事实

$z = r\mathrm{e}^{\mathrm{i}\theta}$ 在复反演之下的象是 $1/(r\mathrm{e}^{\mathrm{i}\theta}) = (1/r)\mathrm{e}^{-\mathrm{i}\theta}$: 象的长度是原长度的倒数, 其角度则是原角度的负值. 见图 3-1a. 注意单位圆周 $C$ 之外的点被映到其内, 其内的点则映到 $C$ 外.

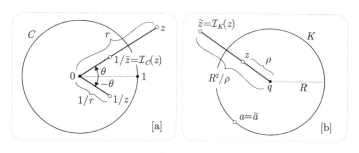

图　3-1

图 3-1a 还表明一种特别有用的途径, 即把复反演分解为一个两阶段的过程.

(i) 把 $z = r\mathrm{e}^{\mathrm{i}\theta}$ 先变到一个同方向但长度成为倒数的点, 即变到 $(1/r)\mathrm{e}^{\mathrm{i}\theta} = (1/\bar{z})$.

(ii) 再做复共轭（对实轴反射）, 这样把 $(1/\bar{z})$ 变为 $\overline{(1/\bar{z})} = (1/z)$.

请检验一下, 实施这两个步骤的次序并无关系.

虽然 (ii) 这一步在几何上无足称道, 但是我们会看到, (i) 中的映射则充满了惊喜, 它称为 ①**几何反演**或简称**反演**. 很显然, 单位圆周 $C$ 在此变换中起特别的作用: 反演把 $C$ 的内域和外域互相交换, 而圆周 $C$ 上的点则不动 (即映到其自身). 由此原因, 我们记此映射为 $z \mapsto \mathcal{I}_C(z) = (1/\bar{z})$, 而且比较精确地称 $\mathcal{I}_C$ 为 "对 $C$ 的反演".

名词上稍为精确一点很重要, 因为如图 3-1b 所示, 可以很自然地把 $\mathcal{I}_C$ 推广为对任意圆周 $K$ (例如以 $q$ 为中心、$R$ 为半径) 的反演. 很明显, 这个 "对 $K$ 的反演" (记作 $z \mapsto \tilde{z} = \mathcal{I}_K(z)$) 应把 $K$ 的内域和外域交换, 而 $K$ 上之点则不动. 若 $\rho$ 为由 $q$ 到 $z$ 的距离, 则我们定义 $\tilde{z} = \mathcal{I}_K(z)$ 为这样的点, 由 $q$ 到它的方向与 $q$ 到 $z$ 的方向相同, 而由 $q$ 到它的距离为 $(R^2/\rho)$. (请自己验证, 这个定义确有上述的性态.)

和通常一样, 请用计算机验证我们即将导出的关于反演的许多结果. 然而对这个特殊的映射, 可以 (很容易地) 借助机械工具来做出这个映射, 见习题 2.

很容易得出 $\mathcal{I}_K(z)$ 的一个公式, 虽然我们暂时还用不着它. 因为连接 $q$ 到 $z$ 和 $q$ 到 $\tilde{z}$ 的两个复数方向都相同, 长度则分别为 $\rho$ 和 $(R^2/\rho)$, 所以 $(\tilde{z}-q)\overline{(z-q)} = R^2$. 解出 $\tilde{z}$ 即有

$$\mathcal{I}_K(z) = \frac{R^2}{\bar{z} - \bar{q}} + q = \frac{q\bar{z} + (R^2 - |q|^2)}{\bar{z} - \bar{q}}. \tag{3.4}$$

举一个例子, 若令 $q = 0$, $R = 1$, 我们就再一次得到 $\mathcal{I}_C(z) = (1/\bar{z})$.

对圆周 $K$ 的反演 $\mathcal{I}_K(z)$ 和对直线 $L$ 的反射 $\mathfrak{R}_L(z)$ 之间, 有非常有趣的相似性 (这个相似性往下还会深化), 见图 3-2a 和图 3-2b. 首先, $L$ 把平面分成两块, 或称两个 "分支", 它们在 $\mathfrak{R}_L(z)$ 下互换. 其次, 两个分支之间的边缘上的每一点在 $\mathfrak{R}_L$ 下不动. 最后, $\mathfrak{R}_L(z)$ 是**对合的**, 或称**自逆的**, 意指 $\mathfrak{R}_L \circ \mathfrak{R}_L$ 为恒等变换, 就是使每一点都不动的变换. 最后一个性质可以换一个说法, 考虑一点 $z$ 及其对 $L$ 的反射点 $\tilde{z} = \mathfrak{R}_L(z)$. 这一对点称为互为 "镜像", 或称为 "对 $L$ 为对称". 对合性说的就是: 反射会使这一对点**对换位置**.

请自行验证, $\mathcal{I}_K(z)$ 也有这 3 个性质. 此外, 图 3-2b 表明了一个事实: $K$ 越大, $\mathcal{I}_K$ 在接近 $K$ 的小图形上的效果看起来就越像通常的反射. [我们以后还会解释这一点, 但是请用计算机亲自体验一下.] 由于这些理由, 还有一些马上就会讲到的理由, 时常也称 $\mathcal{I}_K(z)$ 为**对圆周的反射**, 而 $z$ 和 $\tilde{z} = \mathcal{I}_K(z)$ 这一对点称为**对 $K$ 对称**.

我们再举出反演的两个简单性质来结束这一小节, 第一个将是以下研究的跳板. 我们用记号 $[cd]$ 来代表 $c, d$ 两点的距离 $|c - d|$. 我们希望这样做不会引起任何混淆, 加一个方括号是为了提醒 $[cd]$ 并不是复数 $c$ 与 $d$ 的乘积.

---

① 在老的文献中时常称之 "半径倒数变换".

图 3-2c 上, $a$ 和 $b$ 是两个任意点, $\tilde{a} = \mathcal{I}_K(a)$ 和 $\tilde{b} = \mathcal{I}_K(b)$ 是它们对 $K$ 之象. 由定义 $[qa][q\tilde{a}] = R^2 = [qb][q\tilde{b}]$, 所以

$$[qa]/[qb] = [q\tilde{b}]/[q\tilde{a}].$$

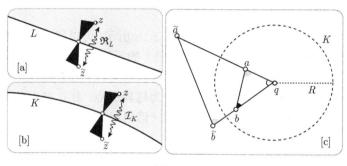

图　3-2

再加上公共角 $\angle aqb = \angle \tilde{a}q\tilde{b}$, 即得

> 若对一个以 $q$ 为中心的圆周的反演, 将其两个点 $a$ 和 $b$ 映为 $\tilde{a}$
> 和 $\tilde{b}$, 则三角形 $aqb$ 与 $\tilde{b}q\tilde{a}$ 相似. (3.5)

第二个性质是求两点的间隔 $[ab]$ 与其反演象的间隔 $[\tilde{a}\tilde{b}]$ 的关系. 利用 (3.5), 有

$$[\tilde{a}\tilde{b}]/[ab] = [q\tilde{b}]/[qa] = R^2/[qa][qb]$$

所以, 象点的间隔 $[\tilde{a}\tilde{b}]$ 可由下式给出:

$$[\tilde{a}\tilde{b}] = \left( \frac{R^2}{[qa][qb]} \right) [ab]. \tag{3.6}$$

### 3.2.2　圆周的保持

现在先来检验 $\mathcal{I}_K$ 对于直线的效果, 然后再看它对圆周的效果. 若一直线 $L$ 经过 $K$ 的中心 $q$, 则 $\mathcal{I}_K$ 显然把它映为自身, 这写作 $\mathcal{I}_K(L) = L$. 这当然不是说 $L$ 上的每一点都不动, 因为 $\mathcal{I}_K$ 把 $L$ 在 $K$ 内域与外域的两部分互相对换; $L$ 上仅有的保持不动的点是 $L$ 与 $K$ 的两个交点.

但如果考虑不一定过 $q$ 的一般直线 $L$, 事情就有趣多了. 图 3-3 提供了一个惊人的答案:

> 若直线 $L$ 不经过 $K$ 的中心 $q$, 则它对 $K$ 的反演把 $L$ 映为一个
> 经过 $q$ 的圆周. (3.7)

图上 $b$ 是 $L$ 上的任意点, 而 $a$ 是 $L$ 与过 $q$ 的垂线之交点. 由 (3.5), $\angle q\tilde{b}\tilde{a} = \angle qab = (\pi/2)$, 所以 $\tilde{b}$ 位于一个以 $q\tilde{a}$ 为直径的圆周上. 证毕. 附带请注意, 此圆周在 $q$ 处的切线平行于 $L$.

注意, (3.7) 中完全没有提到 $K$ 的半径 $R$. 所以你可能以为在图 3-3 上我们有意地选 $R$ 使 $K$ 与 $L$ 不相交. 如果 $K$ 确与 $L$ 相交, 情况又会如何? 请验证, 尽管那时图形看起来与现在有些不同, 上述的几何论证却仍然可用而不需任何改动.

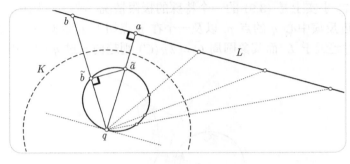

图　3-3

现在我们对 (3.7) 何以不依赖于 $K$ 之大小给出一个不太直接却更有启发性的理解方法. 我们要证明, 如果此结果对某个以 $q$ 为中心 (半径为 $R_1$) 的圆周 $K_1$ 成立, 则它对任一个以 $q$ 为中心 (半径为 $R_2$) 的圆周 $K_2$ 也成立.

令 $z$ 为任意点, 而 $\tilde{z}_1 = \mathcal{I}_{K_1}(z)$, $\tilde{z}_2 = \mathcal{I}_{K_2}(z)$, 显然 $q$ 到 $\tilde{z}_1, \tilde{z}_2$ 的方向都与 $q$ 到 $z$ 的方向一致, 容易验证, 它们到 $q$ 的距离之比与 $z$ 的位置无关:

$$[q\tilde{z}_2]/[q\tilde{z}_1] = (R_2/R_1)^2 \equiv \text{记作 } k$$

所以

$$\mathcal{I}_{K_2} = \mathcal{D}_q^k \circ \mathcal{I}_{K_1}, \tag{3.8}$$

这里的 "中心伸缩" $\mathcal{D}_q^k$ [见 1.4.4 节] 就是把平面 (以 $q$ 为中心) 伸缩一个因子 $k$. 由此可知, 如果 (3.7) 对 $K_1$ 对立, 则它对 $K_2$ 也成立 [练习].

再看图 3-3, 既然 $\mathcal{I}_K$ 是对合的, 它就只不过是把直线与圆**彼此对掉**, 所以任一个过 $q$ 的圆周之象必为一不过 $q$ 的直线. 但是一个不过 $q$ 的一般的圆周 $C$ 又如何? 一开始, 设 $C$ 不把 $q$ 含于其内域中. 图 3-4 给出了一个美丽的答案:

若圆周 $C$ 不经过 $K$ 的中心 $q$, 则对 $K$ 的反演将 $C$ 映为另一个也不过 $q$ 的圆周. $\tag{3.9}$

这个基本的事实时常被说成是: 反演 "保持圆周".

由 (3.8) 可知, 若 (3.9) 对某个 $K$ 成立, 则对任意选定的 $K$ 也成立. 所以我们可以方便地选 $K$ 使 $C$ 含于其内域, 如图 3-4 所示. 这里 $a$ 和 $b$ 是 $C$ 的某直径的端点, 所以它们对 $C$ 上任一点 $c$ 必张一直角. 为了理解 (3.9), 先用 (3.5) 来验证图上一对黑色的角（和另一对灰色的角）分别相等. 然后再看三角形 $abc$, 注意它在 $a$ 处灰色的外角等于它在此三角形中的两个内角之和, 即 $c$ 处的直角和 $b$ 处的黑角的和. 利用两黑角相等即知 $\angle \widetilde{a}\widetilde{c}\widetilde{b} = (\pi/2)$, 从而 $\widetilde{a}, \widetilde{b}$ 是经过 $\widetilde{c}$ 的一个圆周的直径的端点. 这样, 我们就在 $C$ 不包含 $q$ 的情况下证明了 (3.9), 剩下的请自己验证. 同样的推理在 $C$ 包含 $q$ 的情况下也给出同一结果.

结果 (3.7) 事实上是 (3.9) 的一个特殊的极限情况. 图 3-5 上画出了一条直线 $L$, 其上最接近反演中心 $q$ 的点 $p$, 以及一个在 $p$ 点切于 $L$ 的圆周 $C$. $C$ 在其半径趋于无穷大时趋近于 $L$, 而其象圆周 $\widetilde{C} = \mathcal{I}_K(C)$ 则趋向一过 $q$ 的圆周.

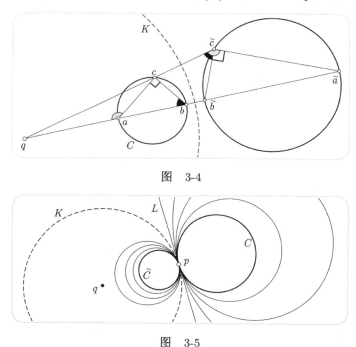

图    3-4

图    3-5

以后我们能给出一个更清楚的方式, 从而看出 (3.7) 和 (3.9) 只是同一结果的两个方面.

### 3.2.3    用正交圆周构做反演点

考虑图 3-6a, 圆周 $C$ 与反演圆周 $K$ 在 $a, b$ 两点交成直角. 换句话说, $C$ 在 $a$ 点（举例而已, $b$ 也一样）的切线 $T$ 必定过 $q$. 对 $K$ 做反演后, $a, b$ 都不动而 $T$ 则变为其自身. 所以 $C$ 的象仍是一个过 $a$ 与 $b$ 的圆周而且仍正交于 $K$. 然而只有一个圆有此性质, 那就是 $C$ 本身. 这样

在对 $K$ 的反演下, 每个正交于 $K$ 的圆必映为自己. (3.10)

图 3-6a 上画出了两个直接的结果. 首先, $C$ 所包围的圆盘被映为其自身. 而由 $K$ 划分出的有阴影的一块与画了斜线的一块互相对换. 其次, 由 $q$ 到 $C$ 上一点 $z$ 的直线必与 $C$ 第二次相交于反演点 $\tilde{z}$.

另一个结果 (本小节的关键结果) 是图 3-6b 上的几何作图法. 请自行验证.

  $z$ 对 $K$ 的反演 $\tilde{z}$ 是任意两个过 $z$ 而且正交于 $K$ 的圆周之另一交点.

注意, 图 3-6a 中 $\tilde{z}$ 的作图法只是以上所述的一个极限情况, 其中有一个圆的半径趋向无穷大而变成了过 $q$ 的直线. 习题 1 中还有反演点的几何作图的其他不太重要的做法.

  上面提到的对 $K$ 的反演与对直线 $L$ 的反射的类比现在深化了. 因为 $z$ 对 $L$ 的反射 $\tilde{z} = \mathfrak{R}_L(z)$ 可以恰好用同样作图法做出, 见图 3-7a. 注意, 连接 $z$ 和 $\tilde{z}$ 的线段正交于 $L$, 而其与 $L$ 之交点 $p$ 离 $z$ 和 $\tilde{z}$ 等距: $[pz]/[p\tilde{z}] = 1$.

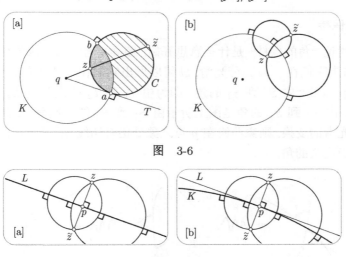

图 3-6

图 3-7

  图 3-7b 则表现出了, $L$ 在 $p$ 附近的一段可以用一个在 $p$ 切于 $L$ 的很大的圆弧 $K$ 来逼近. 这里 $\tilde{z} = \mathcal{I}_K(z)$ 和前面一样, 是同一点 $z$ 在对 $K$ 的反演下的象. 你会看到, 这两个图基本上没有什么区别. 更准确地说, 当 $K$ 的半径趋于无穷大时, 对 $K$ 的反演就变成了对 $L$ 的反射. 特别是, $[pz]/[p\tilde{z}]$ 趋于 1, 或者与此等价, 我们说 $[p\tilde{z}]$ "最终等于" $[pz]$. 这样我们就可以理解, 在图 3-2b 中发生的到底是什么事.

  我们也能从代数上来验证这个结果. 然而, 我们还是先从几何观点来看. 这时可以看到, 只须对一条特别选定的 $L$ 以及其上特别选定的一点 $p$ 来证明这个结果就够了, 所以我们取实轴为 $L$, 取原点为 $p$. 于是以 $q = iR$ 为中心、$R$ 为半径的圆周 $K$ 在 $p$ 点切于 $L$. 利用 (3.4), 我们可以得到 [练习]

$$\mathcal{I}_K(z) = \frac{\overline{z}}{1 - (i\overline{z}/R)}.$$

这样, 当 $R$ 趋于无穷大时, 我们发现 $\mathcal{I}_K(z)$ 最终等于 $\mathfrak{R}_L(z) = \overline{z}$. 这就是我们想要证明的.

下面看这个结果的另一种方式. 我们不令 $K$ 越变越大, 而令 $z$ 越来越接近一个固定大小的圆周 $K$ 上的任一点 $p$. 不论 $z$ 从什么方向趋近于 $p$, $\mathcal{I}_K(z)$ 最终等于 $\mathfrak{R}_T(z)$, 这里 $T$ 是 $K$ 在 $p$ 处的切线.

我们仍可用以上等式并用代数方法得出这一点. 如果 $R$ 是固定的, 且 $|z| < R$, 则 [练习]

$$\mathcal{I}_K(z) = \overline{z} + \frac{i\overline{z}^2}{R} - \frac{\overline{z}^3}{R^2} + \cdots.$$

所以, 当 $z$ 趋近 $p = 0$ 时, $\mathcal{I}_K(z)$ 最终等于 $\mathfrak{R}_T(z) = \overline{z}$, 即对于 $K$ 在 $p$ 处的切线的反射.

### 3.2.4 角的保持

我们从讨论 "角的保持" 是什么意思开始. 图 3-8 的中部是两条交于 $p$ 点的曲线 $S_1, S_2$. 如果它们在 $p$ 点充分光滑, 就可以做出它们在 $p$ 点处的切线 $T_1, T_2$. 我们现在定义 $p$ 点处 "由 $S_1$ 到 $S_2$ 的角" 即为由 $T_1$ 到 $T_2$ 的锐角 $\theta$. 这样, 这个角赋有一个符号: 由 $S_2$ 到 $S_1$ 的角是图上所示由 $S_1$ 到 $S_2$ 的角**反号**. 如果我们对这些曲线作任意光滑的变换, 则象曲线在 $p$ 点之象处仍有切线, 所以由它们之一到另一曲线也有适当定义的角.

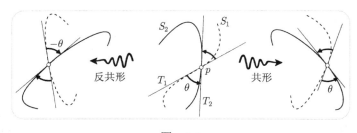

图 3-8

如果由一条象曲线到另一条象曲线的角与原来的两条曲线在 $p$ 点的相应角相等, 那么我们就说这个变换保持 $p$ 点处的角. 完全有可能这个变换保持**某一**对过 $p$ 的曲线之间的角, 但不保持**每一**对过 $p$ 的曲线之间的角. 然而, 如果这变换保持每一对过 $p$ 的曲线之间的角, 我们就说它在 $p$ 点是**共形**的变换. 我们要强调一下, 这里所谓共形是指角的**大小**与**符号**均得到保持, 图 3-8 右方就是一个共形的变换. 如果相反, 在 $p$ 点的角被映射为大小相同而符号相反的角, 就说此变换在 $p$ 点是**反共形的**, 如图 3-8 左方所示. 如果此映射在它有定义的区域之每一点都是共形的, 就称之为**共形映射**; 如果在每一点都反共形, 就称它为**反共形映射**. 最后, 如果一映射只知道它能保持角的大小, 而不知它是否也保持其定向, 就称它为**等角映射**.

很容易想到一些具体的映射为共形的或反共形的. 例如, 平移 $z \mapsto (z+c)$ 是共形的, 平面的旋转和伸缩 $z \mapsto az\,(a \neq 0)$ 也是. 反之, $z \mapsto \bar{z}$ 和对直线的反射一样, 都是反共形的. 反射与对圆周的反演的类比, 现在更加深化了, 因为

　　　　**对圆周的反演是反共形映射.**

为了看出这一点, 请看图 3-9. 此图表明了一个事实, 即已知任一不在 $K$ 上之点 $z$, 恰有唯一的圆周按一定方向经过 $z$ 而且与 $K$ 正交. [给定此点和此方向, 能想出怎样做出此圆周吗?]

如图 3-8 所示, 设两曲线 $S_1$ 和 $S_2$ 在 $p$ 点相交而它们在 $p$ 点的切线为 $T_1, T_2$, 由 $T_1$ 到 $T_2$ 的角为 $\theta$. 为了弄清这个角在对 $K$ 之反演下会怎样, 我们用过 $p$ 的两个圆周代替 $S_1, S_2$, 但要求这两个圆周在 $p$ 点的方向应与 $S_1, S_2$ 相同, 而且与 $K$ 正交. 这种圆周是唯一的, 而且在 $p$ 处的切线就是 $T_1, T_2$. 见图 3-10a. 因为对 $K$ 的反演把这两个圆周都映为自身, 在 $\tilde{p} = \mathcal{I}_K(p)$ 处的新角为 $-\theta$, 问题解决.

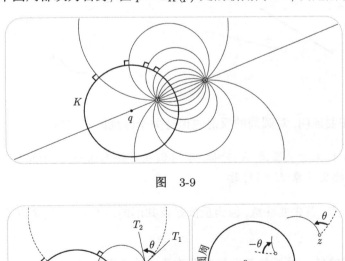

图　3-9

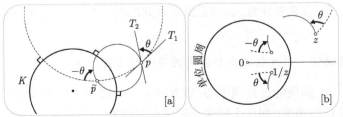

图　3-10

图 3-10b 展示了 $z \mapsto (1/z)$ 对角的效果. 因为这个映射等价于先对单位圆周做反演, 再继以对实轴做反射 (二者均为反共形的), 我们看到它们的复合就是把角度的定向翻转二次使之回复到原值:

> 复反演 $z \mapsto (1/z)$ 是共形的.

用同样的推理, 可以一般地得出

> 偶数个 (对直线或圆周的) 反射之复合是一共形映射, 而奇数个这种反射之复合则是一反共形映射.

### 3.2.5　对称性的保持

考虑图 3-11a, 其上有关于直线 $L$ 对称的 $a,b$ 两点, 若对直线 $M$ 做反射, 将 $a$ 映为 $\tilde{a}$, $b$ 映为 $\tilde{b}$, $L$ 映为 $\tilde{L}$, 则很清楚, 象点 $\tilde{a}, \tilde{b}$ 关于象直线 $\tilde{L}$ 仍为对称的. 简而言之, 对直线的反射能保持对直线的对称性.

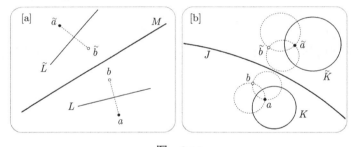

图　3-11

我们现在要证明, 对圆周的反射也保持关于圆周的对称性:

> 若 $a,b$ 关于一圆周 $K$ 对称, 则它们在对任意圆周 $J$ 的反演之象 $\tilde{a}, \tilde{b}$ 关于 $K$ 的反演象 $\tilde{K}$ 仍对称.

为了懂得这一点, 首先要注意, 因为反演是反共形的, (3.10) 就只是以下更一般的结果之特例:

> 反演映任一对互相正交的圆周为另一对正交圆周.

当然, 如果有一个圆周经过反演中心, 则其象是一直线. 然而, 如果我们把直线看成具有无穷大半径的圆周, 则以上结果不需加任何说明仍然为真.

保持对称性这个结果现在就很容易懂了. 见图 3-11b, 因为 $a,b$ 是关于 $K$ 的对称点, 所以过 $a,b$ 有两个虚线画的圆周都正交于 $K$, 它们在对 $J$ 的反演下的象也就

同样正交于 $\tilde{K}$, 所以虚线圆周的象 (仍用虚线圆周表示) 必交于两个点, 而这两点关于 $\tilde{K}$ 也对称.

### 3.2.6 对球面的反演

对于三维空间中一个球面 $S$ (半径为 $R$、中心为 $q$) 的反演 $\mathcal{I}_S$ 显然可以定义如下: 设 $p$ 为空间一点, 离 $q$ 之距离为 $\rho$, 则 $\mathcal{I}_S(p)$ 是这样一个点: 从 $q$ 点到它的方向与到 $p$ 的方向相同, 而离 $q$ 之距离为 $(R^2/\rho)$. 我们想要解释的是, 这不是为推广而推广. 我们很快就会看到, 这个三维的反演怎样为 $\mathbb{C}$ 中的二维反演给出了新的视角.

不需多费力就可以把以上对于圆周的反演的绝大多数结果推广到对球面的反演. 例如, 重新考虑图 3-3. 如果我们把这个 (空间) 图形绕经过 $q$ 点与 $a$ 点的直线旋转, 就会得到图 3-12, 其中反演圆周 $K$ 扫出了一个反演球面 $S$, 而直线 $L$ 经过旋转扫出平面 $\Pi$. 于是我们得到以下的结果:

在对以 $q$ 为中心的球面的反演下, 一个不包含 $q$ 点的平面 $\Pi$ 被映成一个包含 $q$ 点的球面 $\tilde{\Pi}$, 其在 $q$ 点的切平面平行于 $\Pi$. 反之, 一个包含 $q$ 点的球面 $\tilde{\Pi}$ 则被映为一平面 $\Pi$, 而与此球面在 $q$ 点的切平面平行. $\hspace{2em}$ (3.11)

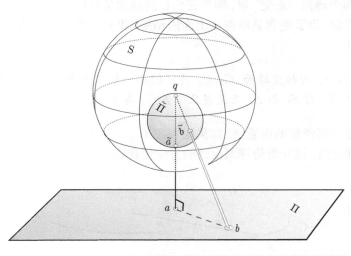

图　3-12

由同样的论证可知, 若将图 3-4 绕经过 $q$ 和 $a$ 的直线旋转, 我们会发现

在对球面的反演下, 一个不把反演中心包含于其内域的球面将被映为另一个也不包含反演中心于其内域的球面.

这个结果立即告诉我们空间中的圆周在对球面的反演下发生什么事, 因为这样的圆周可以看作两个球面的交线. 这样, 我们就很容易地导出以下的结果 [练习]:

> 在对球面的反演下, 一个不过反演中心 $q$ 的圆周 $C$ 的象是另一个也不经过 $q$ 的圆周. 若 $C$ 经过 $q$, 则其象是一条与 $C$ 在 $q$ 处的切线平行的直线.　　　　(3.12)

对圆周的反演与对直线的反射的密切关系也得到保持: 对平面的反射是对球面的反演的极限情况. 由于这个原因, 对球面的反演也称为 "对球面的反射". 特别重要的是以下事实, 即这种三维反射仍保持对称性:

> 令 $K$ 为一平面或球面, $a,b$ 是关于 $K$ 的对称点. 在对任一平面或球面的三维反射下, $a$ 与 $b$ 的象仍关于 $K$ 的象对称.　　　　(3.13)

我们现在来描述一下导出这个结果的步骤, 这些步骤很类似于导出二维对称性得以保持这一结果的步骤.

如果将图 3-6a 绕连接 $K$ 与 $C$ 的中心的直线旋转, 即知

> 在对球面 $K$ 的反演下, 每个正交于 $K$ 的球面均被映为其自身.　　　　(3.14)

当我们说到两个球面 "正交" 时, 即指它们在两球面交线的那个圆上各点处的切平面都正交. 然而, 为了更容易地得出上面的结果, 我们把这个三维的结果用二维的语言重述如下:

> 令 $S_1, S_2$ 为相交球面, $C_1, C_2$ 为它们在一经过两个球心的平面 $\Pi$ 上截出的大圆. 则 $S_1$ 与 $S_2$ 正交当且仅当 $C_1$ 与 $C_2$ 正交.

见图 3-13. 这个图能帮助你看到, 如果限制在 $\Pi$ 上, 则对 $S_1$ 的三维反演变成了对于 $C_1$ 的二维反演. 这样看待球面反演的方法使我们能很快地推广早前的结果.

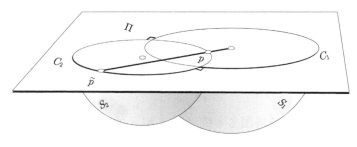

图　3-13

例如, 回到图 3-6b, 我们发现——请确定你也看到了这一点——若 $p$ 在 $\Pi$ 上, 则 $\widetilde{p} = \mathcal{I}_{S_1}(p)$ 是像 $C_2$ 这样的满足以下 3 个条件的任意两个圆的第二个交点: (i) 也在 $\Pi$ 上, (ii) 正交于 $C_1$, (iii) 经过 $p$.

接着, 假设把图 3-13 中的 $S_1, S_2$ 都对第三个球面 $K$ 做反演. 取 $\Pi$ 为经过 $S_1, S_2$ 和 $K$ 的球心的唯一平面, 而 $C$ 为 $K$ 交 $\Pi$ 而得的大圆. 因为 $\mathcal{I}_C$ 将 $C_1$ 和 $C_2$ 映为正交于它们的圆, 可知 (3.14) 其实是以下结果的特例 [练习]:

$$\text{正交球面反演为正交球面.} \tag{3.15}$$

我们在这里把平面看成球面的极限情况.

把这些事实合并起来, 我们就能看出 (3.13) 为真.

## 3.3 反演应用的三个例子

### 3.3.1 关于相切圆的问题

作为第一个问题请看图 3-14. 图中设想已给出两个在 $q$ 点相切的圆周 $A$ 和 $B$. 如图做一个圆周 $C_0$ 与 $A$ 和 $B$ 相切而且其圆心位于连接 $A$ 和 $B$ 之圆心的水平直线 $L$ 上. 最后, 做一串圆 $C_1, C_2$, 等等, 使 $C_{n+1}$ 切于 $C_n$ 以及 $A$ 和 $B$.

图形显示出这一串圆周有两个引人注目的结果.

- 这一串圆周 $C_0, C_1, C_2$ 等的切点都位于一个圆（虚线）上, 此圆在 $q$ 点切于 $A$ 和 $B$.
- 若 $C_n$ 之半径为 $r_n$, 则 $C_n$ 之圆心离 $L$ 之高度为 $2nr_n$. 图上画出了 $C_3$ 的这一高度.

在往下读之前, 请试一下能否用常规的几何方法证明出哪怕一个结果.

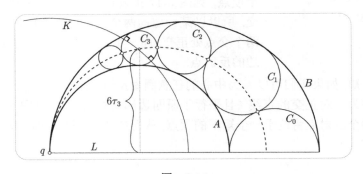

图　3-14

然而, 用反演可以漂亮一击地把这两个结果全证出来. 图 3-14 上只画了一个以 $q$ 为中心而且正交于 $C_3$ 的圆周 $K$. 对 $K$ 做反演将把 $C_3$ 映为自身, 并将 $A, B$ 映为平行的纵向直线; 见图 3-15, 请自己验证所宣布的结果是图 3-15 的直接推论.

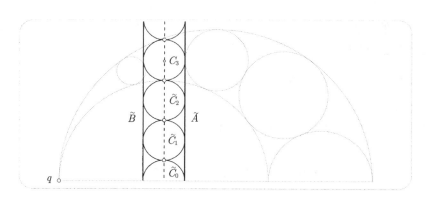

图　3-15

### 3.3.2　具有正交对角线的四边形的一个奇怪的性质

图 3-16 上画了一个有阴影的四边形, 其对角线在 $q$ 点正交. 如果将 $q$ 对四边形的每一边做反射, 就得出四个新点. 非常令人吃惊的是: **这四点共圆**①. 和上题一样, 请试一下能否用通常的方法证明它.

图　3-16

为了用反演方法证明这个结果, 我们先用图 3-7a 的作图法把 $q$ 对一边的反射点看成任意两个经过 $q$ 且圆心在此边上的圆周的第二个交点(第一个交点就是 $q$). 更准确些说, 取这些圆周的圆心为此四边形的四个**顶点**, 见图 3-17 的左图. 注意, 因为对角线互相正交, 所以以某一边的两个端点为中心的两个圆必在其两个交点处正交, 而一个交点为 $q$, 另一个则是 $q$ 对该边的反射点.

由此可知, 如果我们对以 $q$ 为中心的任意圆做反演, 则一对正交于 $q$ 处的正交圆周将被映为一对正交的直线(且平行于原四边形的对角线), 见图 3-17 的右图. 于是 $q$ 的四个反射点将位于一个矩形的顶点, 从而共圆. 由此立即可得所求证的结果. 为什么?

---

① 感谢我的朋友 Paul Zeitz 出了这个题叫我做. 此题原是美国数学奥林匹克竞赛的一个题.

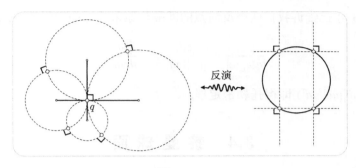

图 3-17

### 3.3.3 托勒密定理

图 3-18a 画出了一个内接于圆的四边形 $abcd$. 托勒密[①]给出了一个美丽的事实: 两对对边乘积之和等于两对角线之乘积. 这就是著名的**托勒密定理**. 用符号来写就是

$$[ad][bc] + [ab][cd] = [ac][bd].$$

我们要注意, 对于托勒密, 这个结果不仅是有趣的, 而且对于研究**天文学**也是至关重要的, 见习题 9. 他的原证 (绝大多数几何教本上使用的就是他的原证) 漂亮而且简单, 但是你很难靠自己来发现这个证明. 不过, 如果你对反演已能得心应手, 下面的证明几乎就是机械的了.

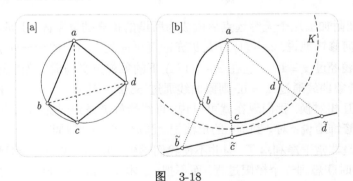

图 3-18

把图 3-18a 对以某顶点 (例如 $a$) 为中心的圆周 $K$ 做反演, 就会得到图 3-18b, 其中有

$$[\widetilde{b}\widetilde{c}] + [\widetilde{c}\widetilde{d}] = [\widetilde{b}\widetilde{d}].$$

---

① Claudius Ptolemy, 约 90—168. 伟大的希腊数学家和天文学家. ——译者注

回忆一下, (3.6) 已告诉我们两个反演点的间隔与原来的点的间隔的关系, 于是有

$$\frac{[bc]}{[ab][ac]} + \frac{[cd]}{[ac][ad]} = \frac{[bd]}{[ab][ad]}.$$

两边乘以 $([ab][ac][ad])$ 即得托勒密定理.

# 3.4　黎 曼 球 面

### 3.4.1　无穷远点

在讨论反演时我们已经看到, 关于直线的结果恒可以理解为关于圆周的结果的极限状况, 只要令半径趋于无穷大即可. 然而这个极限过程既令人厌烦又冗长不堪, 如果直线真正能按照字面的意思描述为具有无穷大半径的圆那该多好!

还有另一个与此有关的不便之处. 对单位圆的反演是平面到其自身的一一映射, 并把一对点互相对换, 映射 $z \mapsto (1/z)$ 也是一样. 然而这里有例外: 我们想不出哪一个点是 $z = 0$ 的象点, 0 也不是任一点的象点.

为了解决这两个困难, 注意当 $z$ 离原点越来越远时, $(1/z)$ 就越来越近于 0. 这样, 当 $z$ (沿任何方向) 走得越来越远时, 看起来就好像 $z$ 在趋近一个**无穷远点**, 记作 $\infty$, 它在此映射下的象就是 0, 所以 $\infty$ 点就定义为满足

$$\frac{1}{\infty} = 0, \qquad \frac{1}{0} = \infty$$

的点. 复平面附加上这个无穷远点后就成为所谓的**扩充的复平面**. 于是我们现在就可以不需任何修饰地说, $z \mapsto (1/z)$ 是扩充的复平面到其自身的一一映射.

若一曲线经过 $z = 0$, 则它在 $z \mapsto (1/z)$ 下的象就定义为通过无穷远点的曲线. 反过来说, 若象曲线通过 $z = 0$, 则原曲线通过 $\infty$ 点. 因为 $z \mapsto (1/z)$ 把过 0 的圆周与一直线互相对换. 我们现在就可以说, 直线恰好就是通过无穷远点的圆周, 而且不需任何修饰地说: 对 "圆周" 的反演把 "圆周" 变为 "圆周".

这当然是非常干净利落了, 但并不使我们感到更明白. 我们已习惯了在使用 $\infty$ 这个记号时联想到一个极限过程, 而不把 $\infty$ 本身当成一个自在之物来看待. 那么怎么来掌握它的新的含义, 即一个无穷遥远处的点呢?

### 3.4.2　球极射影

黎曼对此问题给出了一个深刻而又美丽的回答, 就是把复数解释为一**球面** $\Sigma$ 上的点而不是平面上的点. 在以上的讨论中我们都把复平面想象为一个**水平**放置在三维空间中的平面. 为了定义这个平面的哪一侧朝上, 我们设想: 当从上面俯视

ℂ 时, 需要一个**正向的**（即逆时针向的）旋转 $(\pi/2)$, 才可把 1 变成 i. 现在令 Σ 为以 ℂ 之原点为中心的球面, 而且有单位半径, 使它的 "赤道" 就是单位圆周.[①]

我们现在要在 Σ 上的点与 ℂ 中的点间建立一个对应关系. 把 Σ 设想为地球表面, 这就是如何画地理地图的古老问题. 考察世界地图, 会找到许多不同的绘制地图的方法, 即所谓不同的投影法. 需要有多种投影方法的理由在于, 没有任何一种绘图投影的方法能在一张平坦的纸上忠实地表现出弯曲[②]表面的所有方面. 虽然某种扭曲是不可避免的, 不同的地图投影法却可以 "保持"（亦即 "忠实地表现"）弯曲表面的某些方面（但非所有方面）. 举例来说, 有一种绘图方法可以保持角度, 但以扭曲面积为代价.

托勒密是构建这种绘图法的第一人. 他用这种方法是为了描绘天体在 "天球" 上的位置. 他的方法称为**球极射影法**, 我们马上就会看到, 这种方法如何完美地适合于我们的需要. 图 3-19 画出了它的定义. 从球面 Σ 的北极 N 做一直线联到 ℂ 中的 p 点, p 在 Σ 上的**球极象**就是此直线与 Σ 的交点 $\hat{p}$. 因为这给出了 ℂ 上的点与 Σ 上的点的一种一一对应, 我们也说 p 是 $\hat{p}$ 的球极象. 这样做不会引起混淆, 从上下文就可以看清楚我们是把 ℂ 映到 Σ, 还是把 Σ 映到 ℂ.

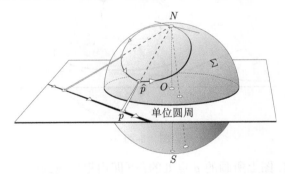

图    3-19

注意以下立即可得的事实: (i) 单位圆周的内域被映到 Σ 之南半球, 特别地, 0 被映到南极 S; (ii) 单位圆周上的每一点被映到其自身, 但现在看作 Σ 的赤道; (iii) 单位圆周的外域被映到 Σ 之北半球, 例外的是北极 N 点, 它不是平面上任何有限远点之象.

然而很清楚, 当 p（沿任何方向）离原点越来越远时, $\hat{p}$ 越来越接近于 N, 这就有力地暗示, 应该规定 N 是**无穷远点的球极象**. 球极射影就这样在**扩充的复平面**的点与 Σ 的各点间建立了一一对应. 我们不仅是说复数与 Σ 的点间有 "对应", 而且可以认为: Σ 的点就是复数. 例如 $S = 0$ 而 $N = \infty$. 一旦球极射影被用来把 Σ

---

① 有的书上则规定 Σ 为以南极切于复平面的球面.
② 这里的 "弯曲" 概念将在第 6 章中更准确地定义为 "曲率" 概念.

的各点均用一个复数作为标记（北极点用 $N = \infty$ 标记），就称 $\Sigma$ 为**黎曼球面**.

我们已经讨论过这样一件事：$\mathbb{C}$ 上的每一直线都可以看作经过无穷远点的圆周，黎曼球面则把这个抽象的思想变成了一件确确实实的事实：

$$\text{复平面上直线的球极象就是 } \Sigma \text{ 上经过 } N = \infty \text{ 的圆周.} \tag{3.16}$$

为了看到这一点，注意当 $p$ 沿图 3-19 上的直线运动时，连接 $N$ 与 $p$ 的直线就扫出一个包含 $N$ 的平面. 这样，$\hat{p}$ 就沿此平面与 $\Sigma$ 的交线运动，它就是过 $N$ 的圆周. 证毕. 此时还请注意：此圆周在 $N$ 的切线必与原直线平行. 为什么？

由最后这件事得知，球极射影保持角不变，请看图 3-20. 其上画出了两条相交于 $p$ 的直线以及它们的球极象圆周. 由对称性，两圆周在它们的两个交点 $\hat{p}$ 和 $N$ 处的交角大小相同. 因为两圆周在 $N$ 点的切线平行于平面上的原直线，可知画在 $p$ 与 $\hat{p}$ 处的两个角有相同的大小，但是要对球面上的角赋以**方向**后才能说球极射影是 "共形的".

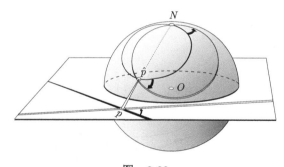

图    3-20

按我们的规定，图上所画的 $p$ 点处的角（即由粗黑线到中空双线的角）是**正的**，即是说从平面上方看它是逆时针方向的. 从我们画图 3-20 所用的透视来看，$\hat{p}$ 处的角是负的，即顺时针方向. 然而，如果我们从球的内域来看这个角，它又是正的. 于是

如果我们依位于球内的观察者之所见来定义球面 $\Sigma$ 上的角的方向，则球极射影是共形的.

很清楚，平面上以原点为中心的圆周被映为 $\Sigma$ 上的水平圆周，即纬圈，那么，一般的圆周又如何？惊人的答案是：它仍被映为黎曼球面上的圆周！如果我们死抠着球极射影原来的定义，这一点是很难看出的，但是如果我们改变一下观点，它突然就变成了显然的事. 再看一下图 3-12，请注意它是多么像球极射影的定义.

为了把其间的联系弄准确，令 $K$ 为以北极 $N$ 为中心的而且与 $\Sigma$ 交于赤道（即

$\mathbb{C}$ 之单位圆周）的球面. 图 3-21a 画出了 $K$、$\Sigma$ 与 $\mathbb{C}$ 在一纵向平面（经过 $N$ 与实轴）上的截面. 把这个图形绕通过 $N$ 与 $S$ 的直线旋转一周就可以得到完整的三维图像. 我们现在看到

> 若 $K$ 是以 $N$ 为中心、$\sqrt{2}$ 为半径的球面, 则球极射影就是对 $K$ 所做的反演在 $\mathbb{C}$ 与 $\Sigma$ 上的限制.

换言之, 若 $a$ 是 $\mathbb{C}$ 上一点而 $\hat{a}$ 是其在 $\Sigma$ 上的球极射影, 则 $\hat{a} = \mathcal{I}_K(a)$ 且 $a = \mathcal{I}_K(\hat{a})$.

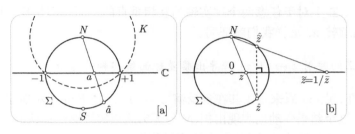

图　3-21

借助于前面关于对球面的反演的知识, (3.12) 证实了我们所宣称的结论:

> 球极射影保持圆周.

注意, (3.16) 也可以这样由 (3.12) 导出.

### 3.4.3　把复函数转移到球面上

　　球极射影使我们能把任意复函数的作用（即它作为一个映射的作用, 下同）转移到黎曼球面上. 给定了一个由 $\mathbb{C}$ 到其自身的复映射 $z \mapsto w = f(z)$, 我们就会得到一个由 $\Sigma$ 到其自身的相应映射 $\hat{z} \mapsto \hat{w}$, 这里 $\hat{z}$ 和 $\hat{w}$ 是 $z$ 和 $w$ 在球极射影下的象. 我们将说 $z \mapsto w$ **诱导出** $\Sigma$ 上的映射 $\hat{z} \mapsto \hat{w}$.

　　举一个例子, 考虑若将 $f(z) = \bar{z}$ 转移到 $\Sigma$ 上会得到什么. 很清楚 [练习]

> $\mathbb{C}$ 上的复共轭诱导出黎曼球面上关于过实轴的纵向平面的反射.

　　第二个例子, 考虑 $z \mapsto \tilde{z} = (1/\bar{z})$, 即对单位圆周 $C$ 的反演. 图 3-21b 画出了 $\Sigma$ 过 $N$ 和 $\mathbb{C}$ 上的 $z$ 的纵向截面. 这个图形也表现了把反演转移到 $\Sigma$ 上的惊人结果:

> $\mathbb{C}$ 上关于单位圆周的反演诱导出黎曼球面关于赤道平面的反射.　　(3.17)

下面是它的一个漂亮证法. 首先注意 $z$ 和 $\tilde{z}$ 这一对点不仅（在二维意义下）对单位

圆周 $C$ 对称, 它们也 (在三维意义下) 对球面 $\Sigma$ 对称. 现在应用三维的反射保持对称性的结果 (3.13). 既然 $z$ 和 $\tilde{z}$ 关于 $\Sigma$ 对称, 它们的球极象 $\hat{z} = \mathcal{I}_K(z)$ 与 $\hat{\tilde{z}} = \mathcal{I}_K(\tilde{z})$ 自然也关于 $\mathcal{I}_K(\Sigma)$ 对称. 但是 $\mathcal{I}_K(\Sigma) = \mathbb{C}$. 证毕! 习题 6 中有一个比较初等 (但是不那么有启发性) 的证明.

把以上的结果综合起来, 我们就可以看出复反演在黎曼球面上的效果了. 在 $\mathbb{C}$ 上, 我们知道 $z \mapsto (1/z)$ 等价于先对单位圆周做反演, 再继以复共轭, 所以它在 $\Sigma$ 上诱导出的映射是对两个平面的反射之复合, 这两个平面都经过实轴——一个是水平的赤道平面, 另一个是纵向的 (含实轴的) 子午面. 然而不难看到 (剥一个橘子就看到了): $\Sigma$ 上对于任意两个过实轴的互相垂直的平面相继做反射的总效果就是 $\Sigma$ 对实轴**旋转** $\pi$. 这样我们就证明了

$$\mathbb{C} \text{ 上的映射 } z \mapsto (1/z) \text{ 诱导出黎曼球面绕实轴旋转 } \pi. \tag{3.18}$$

回忆一下, 点 $\infty$ 原来是由其在复反演 $z \mapsto (1/z)$ 之下与 0 对换这一性质来定义的. (3.18) 这个结果生动地表现出把 $N$ 与无穷远点等同这一作法的正确性, 因为 $\mathbb{C}$ 上的 0 点相应于 $\Sigma$ 上之南极 $S$, 而绕实轴旋转 $\pi$ 确实使 $S$ 与 $N$ 对换.

### 3.4.4   函数在无穷远点的性态

设 $\mathbb{C}$ 上两曲线由原点伸向离原点任意远处. 抽象地说它们在无穷远处相交, 而在 $\Sigma$ 上就变成了在 $N$ 点实实在在地相交, 如果这两条曲线中每一条都沿确定的方向到达 $N$, 我们甚至能指定它们 "在 $\infty$ 处的交角". 举例来说, 图 3-20 就画出了 $\mathbb{C}$ 上两条相交于一有限远点并成角 $\alpha$ 的直线, 那么这两条直线会在 $\infty$ 点第二次相交而且成角 $-\alpha$.

把一个复函数转移到黎曼球面上使我们能检查其 "在无穷远点" 的性态, 恰如检查它在其他点上的性态一样, 特别是可以来探讨此函数会不会保持任意两个过 $\infty$ 的曲线在 $\infty$ 处所成的角. 例如结果 (3.18) 表明复反演确能在 $N$ 点保持这个角, 所以就说它在 "无穷远点为共形的". 用同样的说法, $\Sigma$ 的这个旋转也能保持两条过 $z = 0$ 的曲线在此点 (它是 $z \mapsto (1/z)$ 的奇点) 所成的角, 所以复反演在那里也是共形的. 总之, 复反演在整个扩充的复平面上都是共形的.

我们在本章中已经发现, 把 $z \mapsto w$ 描述为 $\mathbb{C}$ 到**其自身**的映射甚为方便, 而在上例中又类似地把诱导映射 $\hat{z} \mapsto \hat{w}$ 解释为球面上的某点到**同一球面**的另一点的映射. 然而, 恢复前一章的规定时常更好, 那里认为映射是把 $z$ 平面上的点送到第二个 $\mathbb{C}$ 平面 (即 $w$ 平面) 的象点. 依此, 诱导映射 $\hat{z} \mapsto \hat{w}$ 也可看作把一个球面 ($z$ 球面) 上的点送到另一个球面 ($w$ 球面) 上去. 下面用例子来说明这一点.

考虑 $z \mapsto w = z^n$, $n$ 为正整数. 图 3-22 的上部分画出了这个映射 ($n = 2$ 的情形) 在小的 "正方形网格" 上的效果, 这些小 "正方形" 把邻接着单位圆周和成角 $\theta$

的两条射线的区域分成网格, 非常神秘的是, 这些 "正方形" 在 $w$ 平面上的象又几乎是正方形. 我们将在下一章证明, 这只是一个更基本的神秘现象的推论, 这个更基本的神秘现象就是 $z \mapsto w = z^n$ 是**共形的**（然而 $z = 0$ 要除去, 图上把以 0 为中心的小圆划掉就表示要除去 $z = 0$）[1]. 事实上, 我们将要证明, 若映射是共形的, 则任意无穷小图形都被映为**相似的**无穷小图形.

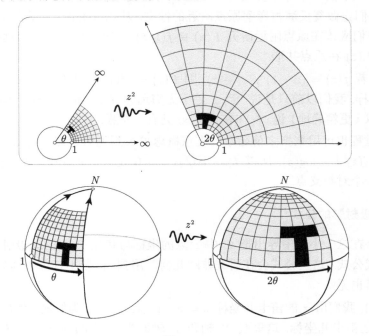

图 3-22

既然已知球极射影是共形的, 我们因此可以期望, 当把这些网格由 $z$ 平面转移到 $z$ 球面时, 仍会得出 "正方形" 网格. 由图 3-22 左下图可以看到这件事确实发生了. 图 3-22 右下图则表示, 当我们由 $w$ 平面上的象网格（右上）转到 $w$ 球面的象网格时, 也发生同样的现象. 可以相当一般地说, $\mathbb{C}$ 上的任意共形映射都会在 $\Sigma$ 上诱导出一个共形映射, 而作为其结果, 它将一个无穷小 "正方形" 网格映为另一个无穷小 "正方形" 网格.

图 3-22 不仅表明 $z \mapsto w = z^2$ 的共形性, 它还表明, 存在这样的点, 在那里共形性被**破坏**. 很明显原点处的角 $\theta$ 会**加倍**, 更一般地说 $z \mapsto w = z^n$ 把 $z = 0$ 处的角增加到 $n$ 倍. 一般地说, 若一个在 $p$ 点以外均为共形的映射在 $p$ 点的共形性被破坏, 则 $p$ 就称为映射的**临界点**. 于是可以说, $z = 0$ 是 $z \mapsto w = z^n$ 的临界点.

如果我们限制在 $\mathbb{C}$ 上, 则此点是此映射的**唯一**临界点, 然而如果在 $\Sigma$ 上考虑

---

[1] 这括号中的话是译者加的, 其实在下一段就讲到了这一点. ——译者注

诱导映射, 则从图形上可以看出, 在**扩充的**复平面上, 在无穷远点还有第二个临界点: 在那里和在 $z = 0$ 处一样, 角度也扩大 $n$ 倍. 这样, 可以比以前更精确地宣称, $z \mapsto w = z^n$ 是一共形映射, 但有两个临界点 $z = 0$ 和 $z = \infty$.

下面我们来讨论如何**代数地**研究复映射在无穷远处的性态. 复反演将把 $\Sigma$ 旋转使得 $N = \infty$ 的一个邻域变成 $S = 0$ 的一个邻域. 所以, 为了考察无穷远点附近的性态, 我们先做复反演再考察原点附近的性态. 从代数上说, 为了在无穷远处研究 $f(z)$, 我们应该在原点附近研究 $F(z) \equiv f(1/z)$. 例如, $f(z)$ 在无穷远处为共形, 当且仅当 $F(z)$ 在原点共形.

例如, 若 $f(z) = (z+1)^3/(z^5 - z)$, 则 $F(z) = z^2(1+z)^3/(1-z^4)$, 它在原点有二重根. 这样, 我们以前只是说 "当 $z$ 趋于无穷远时 $f(z)$ 如 $(1/z^2)$ 一样消逝", 我们现在可以 (更精确地) 说, $f(z)$ 在 $z = \infty$ 处有二重根.

这个过程也可用来把多值函数的支点概念扩大到无穷远点. 例如, 若 $f(z) = \log(z)$, 则 $F(z) = -\log(z)$. 所以 $f(z)$ 不仅在 $z = 0$ 处有一个对数支点, 它在 $z = \infty$ 处也还有一个对数支点.

### 3.4.5 球极射影的公式*

我们将在这一小节中导出把 $\mathbb{C}$ 中 $z$ 点的坐标与其在 $\Sigma$ 上的球极射影 $\hat{z}$ 联系起来的显式公式. 这些公式会在研究非欧几何时用到, 但若不打算去读第 6 章, 跳过这一小节也无妨.

一开始, 我们用 $z$ 的笛卡儿坐标 $z = x + iy$ 来描述 $z$. 类似地, 设 $(X, Y, Z)$ 是 $\Sigma$ 上的 $\hat{z}$ 之笛卡儿坐标. 这里取 $X$ 轴和 $Y$ 轴即为 $\mathbb{C}$ 上的 $x$ 轴和 $y$ 轴, 所以 $Z$ 轴通过 $N$. 为了能自如地应用这些坐标, 先请检验一下以下的事实, 看看你对上面讲的是否都清楚了: $\Sigma$ 的方程是 $X^2 + Y^2 + Z^2 = 1$, $N$ 的坐标 $(0,0,1)$, 类似地, $S = (0,0,-1)$, $1 = (1,0,0)$, $i = (0,1,0)$, 等等.

令 $z \in \mathbb{C}$ 的球极象是 $\hat{z}$, 现在来求用球极象 $\hat{z}$ 的坐标 $(X, Y, Z)$ 表示 $z = x + iy$ 的公式. 由 $\hat{z}$ 向 $\mathbb{C}$ 做垂线, 设其垂足是 $z' = X + iY$. 很明显 $z$ 与 $z'$ 对 $z = 0$ 方向相同, 故

$$z = \frac{|z|}{|z'|} z'.$$

现在看图 3-23a, 那里画的是 $\Sigma$ 和 $\mathbb{C}$ 与通过 $N$ 和 $\hat{z}$ 的纵向平面的截面. 注意, 这个截面也一定包含 $z'$ 与 $z$. 由图上所画的斜边为 $N\hat{z}$ 与 $Nz$ 的两个直角三角形的相似, 立即可得 [练习]

$$\frac{|z|}{|z'|} = \frac{1}{1 - Z},$$

于是就有第一个球极射影公式

$$x + \mathrm{i}y = \frac{X + \mathrm{i}Y}{1 - Z}. \tag{3.19}$$

现在用这个公式反过来求把 $\hat{z}$ 的坐标 $(X, Y, Z)$ 写成 $z$ 的坐标 $z = x + \mathrm{i}y$ 的公式, 因为 [练习]

$$|z|^2 = \frac{1 + Z}{1 - Z},$$

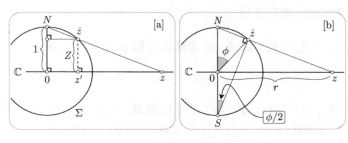

图 3-23

可以得到 [练习]

$$X + \mathrm{i}Y = \frac{2z}{1 + |z|^2} = \frac{2x + \mathrm{i}2y}{1 + x^2 + y^2}, \quad Z = \frac{|z|^2 - 1}{|z|^2 + 1}. \tag{3.20}$$

用三个坐标 $(X, Y, Z)$ 来描述 $\Sigma$ 虽然时常是方便的, 但肯定不自然, 因为球面本质是**二维的**. 如果我们代之以更自然的 (二维的) 球坐标 $(\phi, \theta)$ 来描述 $\hat{z}$, 就会得到一个特别干净的球极射影公式.

先回忆一下[1] $\theta$ 量度绕 $Z$ 轴的转角, 而 $\theta = 0$ 是通过正半 $X$ 轴的纵向半平面. 故对 $\mathbb{C}$ 中的点 $z$, $\theta$ 就是通常的由正实轴转到 $z$ 的转角, 角 $\phi$ 的定义则如图 3-23b 所示, 是点 $N$ 和 $\hat{z}$ 在 $\Sigma$ 之球心所张的角: 例如赤道平面相应于 $\phi = (\pi/2)$. 我们规定 $0 \leqslant \phi \leqslant \pi$.

若 $z$ 是坐标为 $(\phi, \theta)$ 的点 $\hat{z}$ 的球极射影, 显然有 $z = r\mathrm{e}^{\mathrm{i}\theta}$, 所以现在只需求出作为 $\phi$ 的函数的 $r$. 由图 3-23b 很明显, 三角形 $N\hat{z}S$ 与 $N0z$ 相似 [练习], 而且因为 $\angle NS\hat{z} = (\phi/2)$, 立即有 $r = \cot(\phi/2)$ [练习]. 所以, 新的球极射影公式是

$$z = \cot(\phi/2)\mathrm{e}^{\mathrm{i}\theta}. \tag{3.21}$$

我们将以两个应用来说明这个公式. 我们还将在习题 8 中说明如何用这个公式来对球极射影给出另一种美丽的解释, 那应归功于罗杰·彭罗斯爵士.

---

[1] 这是美国的习惯. 在我的祖国英国, $\theta$ 与 $\phi$ 的记号是反过来的 (中国的文献中使用的是美国习惯.

——译者注)

第一个应用是重新导出 (3.18). 和上面一样, 令 $\hat{z}$ 是 $\Sigma$ 上坐标为 $(\phi, \theta)$ 的一般点, 而 $\tilde{\hat{z}}$ 是当 $\Sigma$ 绕实轴旋转 $\pi$ 后由 $\hat{z}$ 得的点. 请验证一下 (最好用一个桔子来验证), $\tilde{\hat{z}}$ 的坐标是 $(\pi - \phi, \ -\theta)$. 所以, 如果 $\tilde{z}$ 是 $\tilde{\hat{z}}$ 的球极射影, 则有

$$\tilde{z} = \cot\left(\frac{\pi}{2} - \frac{\phi}{2}\right) e^{-i\theta} = \frac{1}{\cot(\phi/2)} e^{-i\theta} = \frac{1}{z}$$

这就是 (3.18).

作为第二个应用, 先回忆一下, 位于球面上一直径两端的两点 (例如南极和北极) 称为互为**对径点**, 现在证明

若 $\hat{p}$ 与 $\hat{q}$ 是 $\Sigma$ 的对径点, 则其球极射影 $p$ 与 $q$ 之间有关系式

$$q = -(1/\overline{p}). \tag{3.22}$$

换一个说法就是 $q = -\mathcal{I}_C(p)$, 其中 $C$ 是单位圆周. 注意, $p$ 与 $q$ 的上述关系其实是对称的 (显然本应如此): $p = -(1/\overline{q})$. 为了证明 (3.22), 请先自行验证一下, 若 $\hat{p}$ 的坐标为 $(\phi, \theta)$, 则 $\hat{q}$ 的坐标是 $(\pi - \phi, \pi + \theta)$. 证明的其余部分与上例的计算几乎完全相同. 习题 6 给出一个初等的几何证明.

## 3.5　默比乌斯变换: 基本结果

### 3.5.1　圆周、角度和对称性的保持

由 (3.3) 我们已经知道, 一般的默比乌斯变换 $M(z) = \frac{az+b}{cz+d}$ 可以分解为如下一串比较初等的变换: 一个平移、一个复反演、一个旋转、一个伸缩和另一个平移. 因为每个这样的变换都保持圆周、角度和对称性, 所在立即可得以下的基本结果.

- 默比乌斯变换将圆周映为圆周.
- 默比乌斯变换是共形的.
- 若两点关于一圆周对称, 则它们在默比乌斯变换下的象关于此圆周的象也是对称的. 这称为 "对称原理".

我们知道圆周 $C$ 将被映为圆周——当然现在直线也归于 "圆周" 之中——但被 $C$ 所围的圆盘又如何? 我们先来给出一个有用的思考圆盘的方法. 设想你依**逆时针**绕着 $C$ 行走, 你的运动将赋给 $C$ 一个所谓的正的**方向**. 有正方向的圆周把平面分成了两个区域, 可以确定圆盘这个区域必在你的**左侧**.

现在考虑 (3.3) 中所列的四种变换对圆盘以及包围它的正向圆周的效果. 平移、旋转和伸缩都既保持 $C$ 的方向, 又把 $C$ 的内域映到 $C$ 之象 $\tilde{C}$ 的内域. 然而, 复反演对 $C$ 的效果则要依赖于 $C$ 是否把原点包含在其内域. 如果 $C$ 不包含原点在其

内域, 则 $\widetilde{C}$ 与 $C$ 有相同定向, 而且 $C$ 的内域被映到 $\widetilde{C}$ 的内域, 看一看图 3-24 就马上能明白这一点. 若 $C$ 包含原点在其内域, 则 $\widetilde{C}$ 与 $C$ 有相反定向而 $C$ 的内域被映为 $\widetilde{C}$ 的外域. 若 $C$ 通过原点, 则其内域被映到有向直线 $\widetilde{C}$ 的左侧, 见图 3-25.

总结起来, 有

默比乌斯变换映有定向的圆周 $C$ 为一有定向的圆周, 而且使 $C$ 左侧的区域被映到 $\widetilde{C}$ 左侧的区域. (3.23)

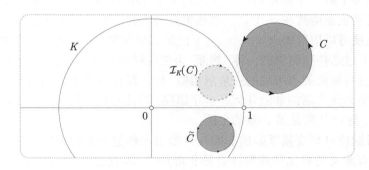

图 3-24

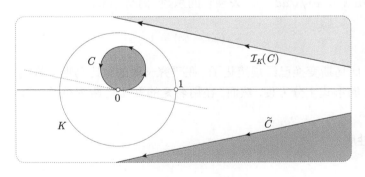

图 3-25

### 3.5.2 系数的非唯一性

要想确定一个特定的默比乌斯变换 $M(z) = \frac{az+b}{cz+d}$, 从表面上看似乎需要确定 4 个复数 $a, b, c, d$, 称其为默比乌斯变换的**系数**. 用几何的话语来说, 为了确定一个特定的默比乌斯变换, 我们似乎需要知道 4 个不同点的象. 然而, 这是不对的.

如果 $k$ 是一个任意的 (非零) 复数, 则

$$\frac{az+b}{cz+d} = M(z) = \frac{kaz+kb}{kcz+kd}.$$

换句话说, 把系数都用 $k$ 乘, 会给出同一个映射, 所以只有系数的**比**才起作用. 因为只需 3 个复数, 例如 $(a/b),(b/c),(c/d)$, 就足以定下这个变换. 我们猜想（以后还要证明），

$$\text{存在唯一的默比乌斯变换, 把任意 3 点变为任意 3 个其他点.} \tag{3.24}$$

逐步确立这一结果的过程, 将把我们引向默比乌斯变换的又一重要性质.

如果你读了第 1 章的最后一节, (3.24) 可能会向你敲起警钟: 研究欧氏几何所需的相似变换也是由其在 3 个点上的效果来确定的. 事实上我们在那一章里看见, 这种相似变换可以用形如 $f(z) = az + b$ 的函数来确定, 这些函数其实也是默比乌斯变换, 只不过是特别简单的一种. 然而, 为使这种相似变换存在, 象点必须构成一个三角形, 且与原来的点所成的三角形相似. 但在默比乌斯变换的情况下则没有这种限制, 这就为更灵活的非欧几何开辟了道路, 默比乌斯变换在这种几何中起 "运动" 的作用. 这种几何是第 6 章的主题.

现在对默比乌斯变换系数的非唯一性给出一些进一步的说明. 我们在本章之始就说过, 有意义的默比乌斯变换必是非奇异的, 即应有 $(ad - bc) \neq 0$. 因为如果 $(ad - bc) = 0$, 则 $M(z) = \frac{az+b}{cz+d}$ 把整个复平面压成单个一点 $(a/c)$. 若 $M$ 是非奇异的, 我们可用 $k = \pm 1/\sqrt{ad - bc}$ 去乘它的系数, 而新系数满足

$$(ad - bc) = 1,$$

这时就说默比乌斯变换已经**规范化**了. 在研究一般的默比乌斯变换的性质时, 让它具有规范化的形式十分方便. 然而, 在用特定的默比乌斯变换做计算时, 最好**不要**把它规范化.

### 3.5.3 群性质

映射

$$z \mapsto w = M(z) = \frac{az + b}{cz + d}, \quad (ad - bc) \neq 0$$

除了能保持圆周、角度和对称性以外, 还是一对一的满射. 意思是说, 如果给定了 $w$ 平面上任一点 $w$, 则在 $z$ 平面上必有一点（而且仅有一点）$z$ 被映射到 $w$. 我们可以显式地找出逆映射 $w \mapsto z = M^{-1}(w)$ 来证明这一点. 从方程 $w = M(z)$ 中解出 $z$ 并以 $w$ 表示, 我们发现 [练习] $M^{-1}$ 也是一个默比乌斯变换

$$M^{-1}(z) = \frac{dz - b}{-cz + a}. \tag{3.25}$$

注意, 若 $M$ 已规范化, 则 $M^{-1}$ 也**自动地**规范化.

如果观察黎曼球面上的诱导映像, 就会发现非奇异的默比乌斯变换在整个 $z$ 球面的点与整个 $w$ 球面的点 (即包括无穷远点) 间建立起一一对应. 事实上,

$$M(\infty) = (a/c), \quad M(-d/c) = \infty.$$

利用 (3.25) 可以检验 $M^{-1}(a/c) = \infty$ 和 $M^{-1}(\infty) = -(d/c)$.

其次, 考虑两个默比乌斯变换

$$M_2(z) = \frac{a_2 z + b_2}{c_2 z + d_2} \quad \text{与} \quad M_1(z) = \frac{a_1 z + b_1}{c_1 z + d_1}$$

的复合 $M \equiv (M_2 \circ M_1)$. 经简单计算即知, $M$ 也是默比乌斯变换 [练习]:

$$M(z) = (M_2 \circ M_1)(z) = \frac{(a_2 a_1 + b_2 c_1)z + (a_2 b_1 + b_2 d_1)}{(c_2 a_1 + d_2 c_1)z + (c_2 b_1 + d_2 d_1)}. \tag{3.26}$$

从几何上看很清楚, 若 $M_1$ 与 $M_2$ 都是非奇异的, 则 $M$ 也是. 在代数上, 这肯定不是显然的, 但在本节后面我们将引入一个新的代数方法使之成为显然的.

如果你读过 "群论", 或读了第 1 章最后一节, 你会看到我们现在已经确定了以下结论: 非奇异默比乌斯变换的集合在复合下成为一个群. 因为 (i) 恒等映射 $\mathcal{E}(z) = z$ 属于这个集合; (ii) 此集合中两个元素的复合给出集合中第三个元素; (iii) 集合中每个元素均有逆, 且也在此集合中.

### 3.5.4 不动点

为了证明 (3.24), 下一步要证明: 若有一个默比乌斯变换存在, 把三个给定的点映为另外三个给定的点, 则它必是**唯一的**. 为此, 我们现在要引入默比乌斯变换的**不动点**这个极其重要的概念. 一般地说, 对于映射 $f$, 一个点 $p$ 如果适合 $f(p) = p$, 就称 $p$ 为其不动点, 这时我们也说 $p$ "被映到自身" 或 "保持不动". 注意, 在恒等映射 $z \mapsto \mathcal{E}(z) = z$ 下, **每一点**都是不动点.

于是一般的默比乌斯变换 $M(z)$ 的不动点就是方程

$$z = M(z) = \frac{az + b}{cz + d}$$

的解. 因为这方程只不过是变了样子的二次方程, 故有

一个默比乌斯变换除非是恒等映射, 否则最多有两个不动点.

由以上结果可知, 若已知一个默比乌斯变换有多于两个不动点, 则它必是恒等映射. 这就使我们能证明 (3.24) 的唯一性部分. 设 $M$ 和 $N$ 是两个默比乌斯变换, 同将三个已给的点 (设为 $q, r, s$) 映为另外三个已给的点. 因为 $(N^{-1} \circ M)$ 也是默

比乌斯变换, 且也有不动点 $q, r, s$, 可知 $N^{-1} \circ M$ 是恒等映射, 从而有 $N = M$. 证毕.

我们现在把不动点明显地写出来. 若 $M(z)$ 已经规范化, 则

$$\xi_{\pm} = \frac{(a - d) \pm \sqrt{(a + d)^2 - 4}}{2c} \tag{3.27}$$

给出了它的两个不动点 $\xi_+$ 与 $\xi_-$ [练习]. 在 $(a + d) = \pm 2$ 的特殊情形中, 两个不动点 $\xi_{\pm}$ 重合为一个不动点 $\xi = (a - d)/2c$, 这时的默比乌斯变换称为是**抛物型**的.

### 3.5.5  无穷远处的不动点

若 $c \neq 0$, 则两个不动点都在有限平面上. 我们现在讨论这样一件事, 即当 $c = 0$ 时, 至少有一个不动点在无穷远处. 若 $c = 0$, 则默比乌斯变换形如 $M(z) = Az + B$, 而我们已经讲过, 它表示复平面的最一般的 "保向"（即 "共形的"）相似变换. 若记 $A = \rho e^{i\alpha}$, 则这个变换可以看作由一个以原点为中心的旋转 $\alpha$、一个以原点为中心的伸缩 $\rho$, 最后还有一个平移 $B$ 复合而成. 让我们在黎曼球面上可视化地看一下这个变换是什么.

图 3-26a 画的是 $\mathbb{C}$ 上的旋转 $z \mapsto e^{i\alpha}z$ 诱导出 $\Sigma$ 绕其纵轴旋转同样的角度 $\alpha$（图上画的是 $\alpha > 0$ 的情况）. $\Sigma$ 上的水平圆周（即纬圈）按箭头方向旋转成其自身, 所以称为此变换的不变曲线. 图形让我们形象地看出, 这种旋转的不动点是 0 和 $\infty$. 注意, 经过这些不动点的（大）圆（它们与不变圆周正交, 因而是子午线大圆）, 变为另外的子午线大圆. 这个纯粹旋转是一类所谓**椭圆型**默比乌斯变换最简单的原型.

图 3-26b 则画出了相当于 $\mathbb{C}$ 中以原点为中心的膨胀 $z \mapsto \rho z$ 在 $\Sigma$ 上诱导出的变换, 这里 $\rho > 1$. 若 $\rho < 1$, 则有 $\mathbb{C}$ 上的压缩, 而 $\Sigma$ 上的点则向南而不是向北运动. 仍然很清楚, 不动点是 0 与 $\infty$, 但图 3-26a 中的两族曲线的作用则要反转: 现在不变曲线是过两极点处的不动点的大圆（子午线大圆）, 而与它们正交的圆（纬圈）变为别的纬圈. 这种纯粹的伸缩是另一类所谓**双曲型**默比乌斯变换最简单的原型.

图 3-26c 画的则是图 3-26a 的旋转与图 3-26b 的伸缩合成的效果. 这时不变曲线是图上画出的 "螺旋" 形的曲线, 而图 3-26a（图 3-26b）上画出的两族曲线作为整体都是不变的, 即是说, 每一族中的元变成同一族中的其他元. 这种旋转加伸缩就是**斜驶型**默比乌斯变换的原型, 椭圆型和双曲型默比乌斯变换是其最重要的特例.

最后, 图 3-26d 画的是平移, 因为在 $\mathbb{C}$ 上不变曲线就是平行于平移方向的直线族, $\Sigma$ 上的不变曲线则是在 $\infty$ 处有公共切线的圆周族, 这个公共切线平行于 $\mathbb{C}$ 中的不变直线. 因为 $\infty$ 是其唯一的不动点, 纯粹的平移就是抛物型默比乌斯变换的例子.

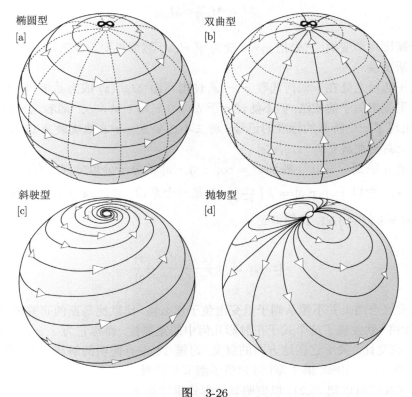

图 3-26

以上的讨论有下面的结论：

一默比乌斯变换在 $\infty$ 点有不动点，当且仅当它是相似变换
$M(z) = (az + b)$. 此外，$\infty$ 是唯一不动点，当且仅当 $M(z)$ 为一
平移：$M(z) = (z + b)$. (3.28)

以后我们将用此来证明：每个默比乌斯变换都在一定意义下等价于图 3-26 的 4 种
类型之一（而且只等价其中之一）.

### 3.5.6 交比

回到 (3.24)，我们已经证明了，若能找到一个默比乌斯变换 $M$ 把已知三点 $q, r, s$
变成另外三个已知点 $\tilde{q}, \tilde{r}, \tilde{s}$，则 $M$ 是唯一的. 这样，余下的就是要证明这样的 $M$
确实存在.

为了看出这一点：第一步，我们以后总选同样三个点 $q', r', s'$；第二步则是写出
把任意 $q, r, s$ 映到这组特定的 $q', r', s'$ 的默比乌斯变换，用 $M_{qrs}(z)$ 来记它. 用同
样的方法也可写出 $M_{\widetilde{qrs}}$. 由群性质，现在容易看到

$$M = M_{\widetilde{qrs}}^{-1} \circ M_{qrs}$$

是一个默比乌斯变换, 它先把 $q, r, s$ 变为 $q', r', s'$, 然后再变为 $\widetilde{q}, \widetilde{r}, \widetilde{s}$, 其就是所求的默比乌斯变换.

真正巧妙之处在于如何选取 $q', r', s'$ 使得写出 $M_{qrs}(z)$ 成为易事. 我们本不想玩帽子里变出兔子的戏法, 但不妨试一下 $q' = 0, r' = 1, s' = \infty$. 随着这一特殊的选择, 也出现了一个特殊的标准的记号: 将三个已知点 $q, r, s$ 依次映为 $0, 1, \infty$ 的唯一的默比乌斯变换记作 $[z, q, r, s]$.

为把 $q$ 映到 $q' = 0$, $s$ 映到 $s' = \infty$, $[z, q, r, s]$ 的分子分母分别含有因子 $(z - q)$ 和 $(z - s)$. 所以 $[z, q, r, s] = k\left(\frac{z-q}{z-s}\right)$, $k$ 是一个常数, 最后因为 $r$ 被映到 1, 所以 $[r, q, r, s] = k\left(\frac{r-q}{r-s}\right) = 1$, 我们得到

$$[z, q, r, s] = \frac{(z - q)(r - s)}{(z - s)(r - q)}.$$

其实这个结果并不像从帽子里变出兔子那么怪. 比默比乌斯的研究还早约 200 年, 德沙格[1]就发现了这个式子在射影几何中的重要性, 而称它为 $z, q, r, s$（依这个次序[2]）的 **交比**. 关于它在这方面的意义, 习题 14 中有简明的解释, 但是我们请读者参阅 Stillwell [1989, 第 7 章] 可知更多细节与背景.

现在我们可以把 (3.24) 以更明显的形式重述如下:

变 $q, r, s$ 为另外三点 $\widetilde{q}, \widetilde{r}, \widetilde{s}$ 的唯一的默比乌斯变换 $z \mapsto w = M(z)$ 由下式给出:

$$\frac{(w - \widetilde{q})(\widetilde{r} - \widetilde{s})}{(w - \widetilde{s})(\widetilde{r} - \widetilde{q})} = [w, \widetilde{q}, \widetilde{r}, \widetilde{s}] = [z, q, r, s] = \frac{(z - q)(r - s)}{(z - s)(r - q)}. \tag{3.29}$$

在每个具体情况下, 很容易由此式解出 $w$ 以得出 $w = M(z)$ 的显式表达式, 但我们没有这样做.

---

① Girard Desargues, 1591—1661, 法国数学家. ——译者注

② 若改变这个次序将得到交比的不同值. 不幸的是, 对于应该按哪种次序才称为交比并无硬性的规定. 例如, 我们的定义与 Carathéodory [1950], Penrose and Rindler [1984], Jones and Singerman [1987] 一致, 但与同样很常用的 Ahlfors [1979] 的定义不同.

（Ahlfors 对 $z, q, r, s$ 的交比定义为 $\frac{(z-r)(q-s)}{(z-s)(q-r)}$, 并记作 $(z, q, r, s)$. 注意 $\frac{z-q}{z-s}$ 是两个复数之比, 其长度是 $\left|\frac{z-q}{z-s}\right|$, 角度为 $\arg(z - q) - \arg(z - s)$. 这个比称为 "单比", 有时也记作 $[z, q, s]$. 于是交比就是 "单比" 之比: $[z, q, r, s] = [z, q, s]/[r, q, s]$, 所以又称 "复比" 或 "非调和比", 它的许多重要性质都可由这个几何解释来说明. 请参看本章习题 16. ——译者注）

(3.29) 可以用许多有用的方式来重述. 例如, 若一默比乌斯变换将四个点 $p, q, r, s$ 分别映为 $\tilde{p}, \tilde{q}, \tilde{r}, \tilde{s}$, 则交比不变: $[\tilde{p}, \tilde{q}, \tilde{r}, \tilde{s}] = [p, q, r, s]$. 反过来若 $p, q, r, s$ 的交比与 $\tilde{p}, \tilde{q}, \tilde{r}, \tilde{s}$ 的交比相等, 则前四点可用一个默比乌斯变换依次映为后四点.

回忆一下 (3.23), 我们也可得出以下结果（见图 3-27）：

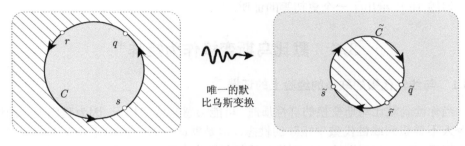

图　3-27

令 $C$ 为 $z$ 平面上过 $q, r, s$ 的唯一圆周, 而这三个点按其定向排列. 类似地, 令 $\tilde{C}$ 为 $w$ 平面中过 $\tilde{q}, \tilde{r}, \tilde{s}$ 的唯一有定向圆周. 这时, 由 (3.29) 给出的默比乌斯变换将 $C$ 映为 $\tilde{C}$, 而且将位于 $C$ 左侧的区域 映为位于 $\tilde{C}$ 左侧的区域. 　　(3.30)

这个结果反过来又给我们一个关于交比的更生动的图像: $w = [z, q, r, s]$ 是 $z$ 在这个唯一的默比乌斯变换下的象, 这个默比乌斯变换把过 $q, r, s$ 的有定向圆周映 为实轴, 而把这三个点分别映为 $0, 1, \infty$. 如果 $q, r, s$ 在 $C$ 上有正定向, 则 $C$ 的内域 被映到上半平面; 若有负定向则 $C$ 的内域被映到下半平面. 这一点在图 3-28 上画 了出来, 由它我们立即导出圆周 $C$ 的一个干净的方程:

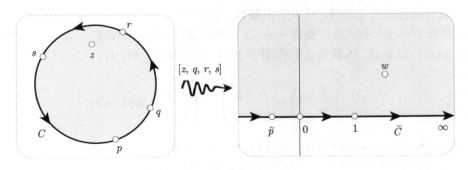

图　3-28

一点 $p$ 落在过 $q, r, s$ 的圆周 $C$ 上, 当且仅当

$$\mathrm{Im}[p,q,r,s] = 0^{①}.$$

此外, 若 $q,r,s$ 在 $C$ 上是正定向 (如图 3-28 所示), 则 $p$ 在 $C$ 的内域当且仅当 $\mathrm{Im}[p,q,r,s] > 0$; 若 $q,r,s$ 在 $C$ 上有负定向, 则不等　　(3.31) 式要改成 $< 0$.

习题 15 中给出了一个更初等的证明.

## 3.6　默比乌斯变换作为矩阵*

### 3.6.1　与线性代数的联系的经验上的证据

当你读到默比乌斯变换的群性质时, 可能会感到似曾相识, 因为我们得到的结果令人不禁想到**线性代数**中矩阵的性态. 但是默比乌斯变换和矩阵至少在外表上颇不相同, 那么, 何以默比乌斯变换与线性代数会有联系? 在解释其**理由**之前, 我们把相信二者确有联系的经验证据说得更加明白一些.

我们先把每个默比乌斯变换 $M(z)$ 与一个 $2 \times 2$ 矩阵 $[M]$ 对应起来:

$$M(z) = \frac{az+b}{cz+d} \quad \longleftrightarrow \quad [M] = \left[ \begin{array}{cc} a & b \\ c & d \end{array} \right].$$

因为默比乌斯变换的系数是非唯一的, 其相应的矩阵自然也是非唯一的: 若 $k$ 是一非零常数, 则 $k[M]$ 应与 $[M]$ 相应于同一个默比乌斯变换. 然而, 若令 $(ad - bc) = 1$ 而把 $[M]$ 规范化, 则相应于同一个默比乌斯变换恰有两个可能的矩阵. 若称其一为 $[M]$, 则另一个为 $-[M]$. 换言之, 矩阵可以确定到 "相差一个符号". 这个看来平凡不足道的事实, 后来发现在数学与物理中却有着深刻的含义, 请参看 Penrose and Rindler [1984, 第 1 章].

这里很容易发生混淆, 所以给出**警告**: 在线性代数中我们习惯于把一个 $2 \times 2$ 矩阵想作表示 $\mathbb{R}^2$ 中的线性变换——而且也应该这样想. 例如 $\left( \begin{smallmatrix} 0 & -1 \\ 1 & 0 \end{smallmatrix} \right)$ 就表示平面旋转 $(\pi/2)$. 就是说, 当我们让它作用于 $\mathbb{R}^2$ 中的向量 $\left( \begin{smallmatrix} x \\ y \end{smallmatrix} \right)$ 时, 有

$$\left( \begin{array}{cc} 0 & -1 \\ 1 & 0 \end{array} \right) \left( \begin{array}{c} x \\ y \end{array} \right) = \left( \begin{array}{c} -y \\ x \end{array} \right) = \left\{ \left( \begin{array}{c} x \\ y \end{array} \right) 旋转 (\pi/2) \right\}.$$

---

① 这就是说, $p,q,r,s$ 四点共圆的充分必要条件是 $[p,q,r,s]$ 为实. 实际上, 由上一个脚注, $[p,q,r,s] = \frac{|p-q||r-s|}{|p-s||r-q|} \mathrm{e}^{\mathrm{i}(\theta_1-\theta_2)}$, 这里 $\theta_1$ 和 $\theta_2$ 分别为由 $(p-s)$ 到 $(p-q)$ 之间的角和由 $(r-q)$ 到 $(r-s)$ 之间的角, 上式取实值当且仅当 $\theta_1 - \theta_2 = 0$ 或 $\pi$, 这就是初等几何中四点共圆的条件. 请参看习题 15 之图, 由它得到 $p,q,r,s$ 共圆, 其逆亦真. 用类似方法即知, $p,q,r$ 三点共线的充分必要条件是它们的单比 $[p,q,r]$ 为实. 这一点说明了交比与单比的几何意义. ——译者注

与此截然不同的是, 相应于默比乌斯变换的矩阵 $\begin{bmatrix} a & b \\ c & d \end{bmatrix}$ 之元一般是**复数**, 因而不能看作 $\mathbb{R}^2$ 中的线性变换. 即使令这些元是实数, 也不能看成 $\mathbb{R}^2$ 中的线性变换. 例如矩阵 $\begin{pmatrix} 0 & -1 \\ 1 & 0 \end{pmatrix}$ 相应于默比乌斯变换 $M(z) = -(1/z)$, 它肯定不是 $\mathbb{C}$ 中的线性变换. 为了避免混淆, 我们在记号上采纳以下规定: 采用圆括号 ( ) 表示 $\mathbb{R}^2$ (或 $\mathbb{C}$) 上的线性变换, 而方括号 [ ] 则表示与 $\mathbb{C}$ 上的默比乌斯变换对应的矩阵 (这个矩阵一般为复的).

尽管有这个警告, 默比乌斯变换与表示它的矩阵之间却有惊人的平行性:

- 恒等默比乌斯变换 $\mathcal{E}(z) = z$ 对应于恒等矩阵 $[\mathcal{E}] = \begin{bmatrix} 1 & 0 \\ 0 & 1 \end{bmatrix}$.

- 具有矩阵 $[M] = \begin{bmatrix} a & b \\ c & d \end{bmatrix}$ 的默比乌斯变换 $M(z)$ 当且仅当此**矩阵**有逆时才有逆. 回想一下 $[M]$ 为非奇异当且仅当其行列式 $\det[M] = (ad - bc)$ 为非零.

- 看一下 (3.25), 我们知道逆默比乌斯变换 $M^{-1}(z)$ 的矩阵正是逆矩阵 $[M]^{-1}$ (注意这里设 $M$ 已规范化), 写得更明白些, 有

$$[M^{-1}] = [M]^{-1}.$$

- 在线性代数中, 我们用矩阵之积来做其复合, 事实上, 矩阵乘法法则就是由此而来的. 如果我们把相应于默比乌斯变换 $M_2(z)$ 和 $M_1(z)$ 的矩阵 $[M_2]$ 和 $[M_1]$ 相乘, 则可得到

$$\begin{bmatrix} a_2 & b_2 \\ c_2 & d_2 \end{bmatrix} \begin{bmatrix} a_1 & b_1 \\ c_1 & d_1 \end{bmatrix} = \begin{bmatrix} a_2 a_1 + b_2 c_1 & a_2 b_1 + b_2 d_1 \\ c_2 a_1 + d_2 c_1 & c_2 b_1 + d_2 d_1 \end{bmatrix}.$$

但是再看 (3.26)! 上式就是复合的默比乌斯变换 $(M_2 \circ M_1)(z)$ 的矩阵. 所以, 默比乌斯矩阵的乘法对应于默比乌斯变换的复合:

$$[M_2][M_1] = [M_2 \circ M_1].$$

### 3.6.2 解释: 齐次坐标

很清楚, 以上一切不可能是巧合, 那么, 究竟发生了什么?! 答案是简单的, 然而也很微妙. 为了理解这一切, 我们先用一类完全新的坐标系来描述复平面. 我们不再把复数用两个实数来表示: $z = x + \mathrm{i}y$, 而把它写成两个复数 $\mathfrak{z}_1$ 与 $\mathfrak{z}_2$ 之比.[①]

$$z = \frac{\mathfrak{z}_1}{\mathfrak{z}_2}.$$

---

① 请读者特别注意, 以下使用了不同的字体来表示不同的概念. 除了上面说的用 ( ) 表示 $\mathbb{R}^2$ 中的线性变换及其矩阵, 而用 [ ] 表示 $\mathbb{C}^2$ 中线性变换及其矩阵外, $\mathbb{R}^2$ 中的元的笛卡儿坐标用通常的拉丁字母表示, 它们构成的向量用相应的黑体; $\mathbb{C}^2$ 中的元 (及其齐次坐标) 用这些字母的手写花体 (Fraktur) 表示, 它们所成的向量则用相应的黑体表示. ——译者注

有序的复数对 $[\mathfrak{z}_1, \mathfrak{z}_2]$ 称为复数 $z$ 的齐次坐标. 为使这个比有适当的定义, 我们要求 $[\mathfrak{z}_1, \mathfrak{z}_2] \neq [0, 0]$, 对每一个有序对 $[\mathfrak{z}_1$ 任意, $\mathfrak{z}_2 \neq 0]$, 恰有一个复数 $z = (\mathfrak{z}_1/\mathfrak{z}_2)$ 与之对应, 但对复平面的每一个点 $z$, 有齐次坐标的无穷集合 $[k\mathfrak{z}_1, k\mathfrak{z}_2] = k[\mathfrak{z}_1, \mathfrak{z}_2]$ 与之对应, 这里的 $k$ 是一任意非零复数.

形如 $[\mathfrak{z}_1, 0]$ 这样的复数对表示什么? 令 $\mathfrak{z}_1$ 固定而 $\mathfrak{z}_2$ 趋于 $0$, 很清楚, 必须把 $[\mathfrak{z}_1, 0]$ 与无穷远点等同起来. 所以, 复数对 $[\mathfrak{z}_1, \mathfrak{z}_2]$ 的全体为**扩充的**复平面提供了坐标. 引入齐次坐标就在代数上完成了引入黎曼球面对于几何学所做到的事——它免除了 $\infty$ 的特殊作用.

正如用 $\mathbb{R}^2$ 来记**实数对** $(x, y)$ 的集合一样, 我们用 $\mathbb{C}^2$ 来记复数对 $[\mathfrak{z}_1, \mathfrak{z}_2]$ 的集合. 为了凸显 $\mathbb{R}^2$ 与 $\mathbb{C}^2$ 的区别, 我们用圆括号 $(x, y)$ 表示 $\mathbb{R}^2$ 之元, 而用方括号 $[\mathfrak{z}_1, \mathfrak{z}_2]$ 表示 $\mathbb{C}^2$ 之元.

正如 $\mathbb{R}^2$ 中的线性变换可以用实 $2 \times 2$ 矩阵来表示一样, $\mathbb{C}^2$ 中的线性变换则用复 $2 \times 2$ 矩阵来表示:

$$\begin{bmatrix} \mathfrak{z}_1 \\ \mathfrak{z}_2 \end{bmatrix} \mapsto \begin{bmatrix} \mathfrak{w}_1 \\ \mathfrak{w}_2 \end{bmatrix} = \begin{bmatrix} a & b \\ c & d \end{bmatrix} \begin{bmatrix} \mathfrak{z}_1 \\ \mathfrak{z}_2 \end{bmatrix} = \begin{bmatrix} a\mathfrak{z}_1 + b\mathfrak{z}_2 \\ c\mathfrak{z}_1 + d\mathfrak{z}_2 \end{bmatrix}.$$

但若把 $[\mathfrak{z}_1, \mathfrak{z}_2]$ 和 $[\mathfrak{w}_1, \mathfrak{w}_2]$ 分别看作 $\mathbb{C}$ 中的点 $z = (\mathfrak{z}_1/\mathfrak{z}_2)$ 及其象点 $w = (\mathfrak{w}_1/\mathfrak{w}_2)$ 的 $\mathbb{C}^2$ 齐次坐标, 则上述 $\mathbb{C}^2$ 中的线性变换将诱导出 $\mathbb{C}$ 中的下述 (非线性) 变换:

$$z = \frac{\mathfrak{z}_1}{\mathfrak{z}_2} \mapsto w = \frac{\mathfrak{w}_1}{\mathfrak{w}_2} = \frac{a\mathfrak{z}_1 + b\mathfrak{z}_2}{c\mathfrak{z}_1 + d\mathfrak{z}_2} = \frac{a(\mathfrak{z}_1/\mathfrak{z}_2) + b}{c(\mathfrak{z}_1/\mathfrak{z}_2) + d} = \frac{az + b}{cz + d}.$$

这正是最一般的默比乌斯变换!

就这样我们解释了, 何以 $\mathbb{C}$ 中的默比乌斯变换与线性变换如此相似——它们就是线性变换, 只不过作用于 $\mathbb{C}^2$ 的齐次坐标上, 而不是直接作用于 $\mathbb{C}$ 中的点上.

和交比一样, 齐次坐标首先也是出现在射影几何中, 因此也称为**射影坐标**. 要想更详细地了解这个思想的历史, 请参看 Stillwell [1989, 第 7 章]. 我们还不能不提的是, 近来, 采用齐次坐标是在爱因斯坦相对论的伟大概念上取得进展 (也是强有力的新计算技巧) 的关键. 这一整套开创性的工作应归功于罗杰·彭罗斯爵士. 详见 Penrose and Rindler [1984], 特别是其第 1 章.

### 3.6.3　特征向量与特征值*

上面把默比乌斯变换表示成矩阵给了我们进行具体计算的漂亮而且实际可行的方法. 然而, 意义更为重大的是, 它也意味着我们在发展默比乌斯变换理论的过程中, 突然有了一条新道路, 可以通向属于线性代数的一大套新思想和新技巧.

我们从一些很简单的事开始. 我们前面提到过, 两个非奇异默比乌斯变换的复合仍为非奇异的, 这在几何上是很明显的, 但在代数上则远非如此. 我们的新观点

改正了这一点, 因为只需记住行列式的下述初等性质即可:

$$\det\{[M_2][M_1]\} = \det[M_2]\det[M_1].$$

这样, 如果 $\det[M_2] \neq 0$, $\det[M_1] \neq 0$, 自然有 $\det\{[M_2][M_1]\} \neq 0$, 这就是我们想要证明的. 这也对于使用规范化的默比乌斯变换的优点有了新的看法. 因为若 $\det[M_2] = 1$, $\det[M_1] = 1$, 则 $\det\{[M_2][M_1]\} = 1$. 这样, 规范化的 $2 \times 2$ 矩阵构成一个**群**——非奇异矩阵的整个群的子群.

作为第二个例子, 考虑 $\mathbb{C}^2$ 中的线性变换 $[M] = \begin{bmatrix} a & b \\ c & d \end{bmatrix}$ 的**特征向量**. 特征向量的定义就是这样一个向量 $\mathbf{\mathfrak{z}} = \binom{\mathfrak{z}_1}{\mathfrak{z}_2}$, 其 "方向" 在变换下不变, 即它的象只不过是原向量的倍数 $\lambda \mathbf{\mathfrak{z}}$. 这个倍数因子 $\lambda$ 称为此特征向量的**特征值**. 换言之, 特征向量必满足以下方程:

$$\begin{bmatrix} a & b \\ c & d \end{bmatrix} \begin{bmatrix} \mathfrak{z}_1 \\ \mathfrak{z}_2 \end{bmatrix} = \lambda \begin{bmatrix} \mathfrak{z}_1 \\ \mathfrak{z}_2 \end{bmatrix}.$$

用相应的 $\mathbb{C}$ 中的默比乌斯变换来说, 这意味着 $z = (\mathfrak{z}_1/\mathfrak{z}_2)$ 被映为 $M(z) = (\lambda\mathfrak{z}_1/\lambda\mathfrak{z}_2) = z$, 所以

$z = (\mathfrak{z}_1/\mathfrak{z}_2)$ 是 $M(z)$ 的不动点, 当且仅当 $\mathbf{\mathfrak{z}} = \begin{bmatrix} \mathfrak{z}_1 \\ \mathfrak{z}_2 \end{bmatrix}$ 为 $[M]$ 的特 $\qquad$ (3.32)
征向量.

注意, 这种方法的一个直接好处是, 在有限远不动点和 $\infty$ 处的不动点之间再也没有实际区别了, 因为后者只不过是对应于形如 $\begin{bmatrix} \mathfrak{z}_1 \\ 0 \end{bmatrix}$ 的特征向量的不动点而已. 例如, 看一看我们可以多么漂亮地重新导出: $\infty$ 为不动点当且仅当 $M(z)$ 为相似变换. 若 $\infty$ 为不动点, 则

$$\lambda \begin{bmatrix} \mathfrak{z}_1 \\ 0 \end{bmatrix} = \begin{bmatrix} a & b \\ c & d \end{bmatrix} \begin{bmatrix} \mathfrak{z}_1 \\ 0 \end{bmatrix} = \begin{bmatrix} a\mathfrak{z}_1 \\ c\mathfrak{z}_1 \end{bmatrix}.$$

这样 $c = 0$, $\lambda = a$ 而且 $M(z) = (a/d)z + (b/d)$, 即为相似变换.

回想一下, 若矩阵 $[M]$ 表示默比乌斯变换 $M(z)$, 则将 $[M]$ 之元全乘以 $k$ 所得的矩阵 $k[M]$ 也表示这个变换. 特征向量承载了关于 $M(z)$ 的几何信息这件事表现在特征向量与 $k$ 的选取无关上. 事实上, 若 $\mathbf{\mathfrak{z}}$ 为 $[M]$ 的一个特征向量 (特征值为 $\lambda$), 则它也是 $k[M]$ 的特征向量, 但是对应于另一特征值 $k\lambda$:

$$\{k[M]\}\mathbf{\mathfrak{z}} = k\lambda\mathbf{\mathfrak{z}}.$$

既然特征值确实依赖于 $k$ 的任意选择, 看起来特征值与映射 $M(z)$ 的几何本性无关. 然而, 令人十分惊奇的是: 若 $[M]$ 是**规范化的**, 真实情况恰好相反! 我们将在下

一节证明: 规范化的矩阵 $[M]$ 的特征值完全决定了相应的默比乌斯变换 $M(z)$ 的几何性质. 在等待这一结果时, 让我们对特征值做进一步的研究.

回忆一下, $[M]$ 的特征值是所谓特征方程 $\det\{[M] - \lambda[\mathcal{E}]\} = 0$ 之根, 这里 $[\mathcal{E}]$ 是恒等矩阵 $\begin{bmatrix} 1 & 0 \\ 0 & 1 \end{bmatrix}$. 利用 $[M]$ 已规范化这一事实, 我们知道特征方程如下 [练习]:

$$\lambda^2 - (a+d)\lambda + 1 = 0,$$

它可以写为 (以后要用到这一点)

$$\lambda + \frac{1}{\lambda} = a + d. \tag{3.33}$$

关于这个方程, 我们注意到的第一件事是, 在典型情况下, 它有两个特征根 $\lambda_1$ 与 $\lambda_2$, 而且它们完全由 $(a+d)$ 之值决定. 检查一下特征方程的系数立即可得出

$$\lambda_1 \lambda_2 = 1 \quad 且 \quad \lambda_1 + \lambda_2 = (a+d). \tag{3.34}$$

这样, 若已知 $\lambda_1$, 则 $\lambda_2 = (1/\lambda_1)$. 强调这一点是因为如果只从特征值的公式

$$\lambda_1, \lambda_2 = \frac{1}{2}\left\{ (a+d) \pm \sqrt{(a+d)^2 - 4} \right\}$$

来看, 这件事并不显然.

线性代数爱好者会很快认出, (3.34) 只是关于 $n \times n$ 矩阵 $\boldsymbol{N}$ 的特征值 $\lambda_1, \lambda_2, \cdots, \lambda_n$ 的一般结果

$$\lambda_1 \lambda_2 \cdots \lambda_n = \det \boldsymbol{N}, \qquad \lambda_1 + \lambda_2 + \cdots + \lambda_n = \operatorname{tr} \boldsymbol{N}$$

的一个特例, 这里 $\operatorname{tr} \boldsymbol{N} \equiv (\boldsymbol{N}$ 之主对角线上元素的和) 称为 $\boldsymbol{N}$ 的**迹**. 为了今后的应用, 回想一下迹函数的以下很好的性质: 若 $\boldsymbol{N}$ 与 $\boldsymbol{P}$ 都是 $n \times n$ 矩阵, 则

$$\operatorname{tr}\{\boldsymbol{NP}\} = \operatorname{tr}\{\boldsymbol{PN}\}. \tag{3.35}$$

在 $2 \times 2$ 矩阵的特例下 (我们以后仅需这一点), 这可以通过直接计算来证明 [练习].

### 3.6.4    球面的旋转作为默比乌斯变换*

这一小节是选读的, 因为它的主要结果只在第 6 章中需要. 此外, 在第 6 章里, 可以用一个好得多也简单得多的方法得到同样的结果. 这一小节的目的仅在于进一步说明默比乌斯变换与线性代数之间存在的联系.

我们来研究 $\mathbb{C}^2$ 中的两个向量 $\mathbf{p}$ 与 $\mathbf{q}$ "正交" 是什么意思. $\mathbb{R}^2$ 中的两个向量 $\mathbf{p}$ 与 $\mathbf{q}$ 为正交当且仅当它们的点积为 0:

$$\mathbf{p} \cdot \mathbf{q} = \begin{pmatrix} p_1 \\ p_2 \end{pmatrix} \cdot \begin{pmatrix} q_1 \\ q_2 \end{pmatrix} = p_1 q_1 + p_2 q_2 = 0.$$

所以对于 $\mathbb{C}^2$ 中的复向量 $\mathbf{p}$ 和 $\mathbf{q}$, 采用同样的规定: 若 $\mathbf{p} \cdot \mathbf{q} = 0$, 则定义 $\mathbf{p}$ 与 $\mathbf{q}$ "正交" 似乎也是很自然的. 但这是不行的, 特别是, 我们希望一个非零向量与自己的点积为正, 但举例来说, 我们有 $\begin{bmatrix} 1 \\ i \end{bmatrix} \cdot \begin{bmatrix} 1 \\ i \end{bmatrix} = 0$, 看来, 点积并不适用于 $\mathbb{C}^2$.

这个困难的标准解决方法是把点积 $\mathbf{p} \cdot \mathbf{q}$ 推广为所谓内积[①]$\langle \mathbf{p}, \mathbf{q} \rangle \equiv \overline{\mathbf{p}} \cdot \mathbf{q}$:

$$\langle \mathbf{p}, \mathbf{q} \rangle = \left\langle \begin{bmatrix} p_1 \\ p_2 \end{bmatrix}, \begin{bmatrix} q_1 \\ q_2 \end{bmatrix} \right\rangle = \overline{p}_1 q_1 + \overline{p}_2 q_2.$$

我们不能说明何以这才是 "正确" 推广的全部原因, 但是应该看到, 内积也具有点积的以下很好的性质:

$$\langle \mathbf{p}, \mathbf{p} \rangle \geqslant 0, \quad \text{而} \langle \mathbf{p}, \mathbf{p} \rangle = 0 \quad \text{当且仅当} \quad p_1 = 0 = p_2;$$

$$\langle \mathbf{p} + \mathbf{q}, \mathbf{r} \rangle = \langle \mathbf{p}, \mathbf{r} \rangle + \langle \mathbf{q}, \mathbf{r} \rangle \quad \text{以及} \quad \langle \mathbf{r}, \mathbf{p} + \mathbf{q} \rangle = \langle \mathbf{r}, \mathbf{p} \rangle + \langle \mathbf{r}, \mathbf{q} \rangle.$$

然而, 它不是可交换的: $\langle \mathbf{q}, \mathbf{p} \rangle = \overline{\langle \mathbf{p}, \mathbf{q} \rangle}$.

我们现在约定: 说 $\mathbf{p}$ 与 $\mathbf{q}$ 为 "正交" 的, 当且仅当

$$\langle \mathbf{p}, \mathbf{q} \rangle = \overline{p}_1 q_1 + \overline{p}_2 q_2 = 0.$$

如果用点 $p = (p_1/p_2)$ 与 $q = (q_1/q_2)$ ($\mathbf{p}, \mathbf{q}$ 是它们的齐次坐标) 的语言来说, 这种 "正交" 的意义是什么? 答案很令人吃惊. 很容易验算, 以上方程表示 $q = -(1/\overline{p})$, 所以我们可由 (3.22) 导出:

$\mathbb{C}^2$ 中的两个向量为正交, 当且仅当它们是黎曼球面的两个对径点的齐次坐标.

设我们能找到 $\mathbb{C}^2$ 中一个可以类比于旋转的线性变换 $[R]$ —— 那么, 相应的默比乌斯变换 $R(z)$ 将诱导出黎曼球面 $\Sigma$ 上的什么变换? 所谓 "可类比于旋转" 就是指 $[R]$ 保持内积不变:

$$\langle [R]\mathbf{p}, [R]\mathbf{q} \rangle = \langle \mathbf{p}, \mathbf{q} \rangle, \tag{3.36}$$

---

[①] 第 1 章中定义的点积 (或称数量积) 在多数文献中也称为内积. 在有必要对实与复情况加以区分时, 则称 $\mathbb{R}^n$ 中的内积为欧几里得内积, 而称 $\mathbb{C}^n$ 中的内积为厄米特内积. —— 译者注

特别是, 这种 $[R]$ 把 $\Sigma$ 上的每一对正交的对径点变为另一对正交的对径点. 我们这里不做详证, 只指出因为 $\Sigma$ 上的这个变换也是连续且共形的 [1], 它就只能是 $\Sigma$ 上的**旋转**.

我们希望得到的内积的不变性 (3.36) 可以用一种所谓**共轭转置** [2] 运算 (用上标 $*$ 表示) 来干净利落地表示. 一个矩阵或向量的共轭转置是把其元素代之以其共轭复数, 再把行列对调:

$$\mathfrak{p}^* = \left[ \begin{array}{c} \mathfrak{p}_1 \\ \mathfrak{p}_2 \end{array} \right]^* = [\overline{\mathfrak{p}}_1, \overline{\mathfrak{p}}_2], \quad \text{而} \quad [R]^* = \left[ \begin{array}{cc} a & b \\ c & d \end{array} \right]^* = \left[ \begin{array}{cc} \overline{a} & \overline{c} \\ \overline{b} & \overline{d} \end{array} \right].$$

内积现在可以用通常的矩阵乘法表示为 $\langle \mathfrak{p}, \mathfrak{q} \rangle = \mathfrak{p}^* \mathfrak{q}$, 而且 $\{[R]\mathfrak{p}\}^* = \mathfrak{p}^*[R]^*$ [练习], 我们看到, (3.36) 现在可以写为

$$\mathfrak{p}^* \{ [R]^* [R] \} \mathfrak{q} = \mathfrak{p}^* \mathfrak{q}.$$

此式当

$$[R]^* [R] = [\mathcal{E}] \tag{3.37}$$

时自然成立, 线性代数中又证明了它也是**必要条件**.

满足 (3.37) 的矩阵在数学和物理学中都极为重要, 它们称为**酉矩阵**. 在现在的规范化的 $2 \times 2$ 矩阵情况下, 我们很容易发现满足 (3.37) 的最一般的酉矩阵 $[R]$ 就是满足 $[R]^* = [R]^{-1}$ 的矩阵:

$$\left[ \begin{array}{cc} \overline{a} & \overline{c} \\ \overline{b} & \overline{d} \end{array} \right] = \left[ \begin{array}{cc} d & -b \\ -c & a \end{array} \right] \quad \Rightarrow \quad [R] = \left[ \begin{array}{cc} a & b \\ -\overline{b} & \overline{a} \end{array} \right].$$

在上面的推导中虽然留下了一些令人不满的空缺, 但是我们终于得到一个重要的真理: 黎曼球面的最一般旋转可以表示为以下形状的默比乌斯变换

$$R(z) = \frac{az + b}{-\overline{b}z + \overline{a}}. \tag{3.38}$$

其实高斯早在 1819 年左右就最早地发现了它.

---

[1] 如果它是不连续的, 则它可以把 $\Sigma$ 上两个对径的小块互相对调, 但保持小块以外的点不动. 如果它虽是连续的却是反共形的, 则它可以是把每一点映为其对径的点, 或映为其对某一过 $\Sigma$ 中心的平面的反射点.

[2] 这个运算在整个数学中意义重大, 而且时常称为伴随运算, 所以这里使用伴随 (adjoint) 二字更好.

　　　　　　　　　　　　　　　　　　　　　　　　　　　　——译者注

# 3.7 可视化与分类*

### 3.7.1 主要思想

虽然将一般的默比乌斯变换 $M(z)$ 分解为较简单的变换 (3.3) 在获得新结果方面是有价值的, 却使 $M(z)$ 看起来比它原本的状况更复杂了. 在本节中, 我们通过更细致地考察其不动点来揭示其隐藏着的简单性, 这使默比乌斯变换能更栩栩如生地可视化. 在这个过程中, 我们将对前面提到的默比乌斯变换可以分成四类看得更加清楚, 每一个 $M(z)$ 将 "等价于" 图 3-26 所示的四种类型变换的一种而且仅只一种. 这种分类格式背后的可爱的思想应归功于克莱因.

一开始, 设 $M(z)$ 有两个不同的不动点 $\xi_+$ 与 $\xi_-$. 现在看图 3-29 之左图, 特别是用虚线画的经过不动点的圆周族 $C_1$. 如果把 $M(z)$ 看作一个把这个图形映为自身的映射 $z \mapsto w = M(z)$, 则 $C_1$ 中的每个圆周将被映为 $C_1$ 中的另一个圆周. [为什么?]

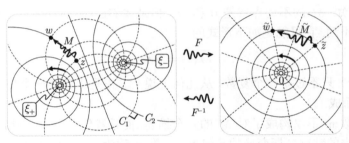

图 3-29

仍然看图 3-29 的左图. 设 $p$ (图上未标出) 是过 $\xi_+$ 与 $\xi_-$ 的直线上的一点, 但是位于连接不动点的线段之外. 若 $K$ 是以 $p$ 为中心、$\sqrt{[p\xi_+][p\xi_-]}$ 为半径的圆周, 则 $\xi_+$ 与 $\xi_-$ 关于 $K$ 对称. 这样 $K$ 必定正交于 $C_1$ 中的每个圆周 (见图 3-9, 那里的 $q$ 就是现在的 $p$). 改变 $p$ 的位置就得到一族这样的圆周, 记为 $C_2$ [图上的实线], 使得 $\xi_+$ 与 $\xi_-$ 关于 $C_2$ 中的每个圆周都对称, 而 $C_2$ 的每个元均正交于 $C_1$ 的每个元.

现在来讲主要思想: 对图 3-29 之左图做一默比乌斯变换 $F(z)$, 将不动点之一 (设为 $\xi_+$) 映到 0, 而将另一个不动点 ($\xi_-$) 映到 $\infty$. 图 3-29 之右图画出了左图在此默比乌斯变换下的象. 这种默比乌斯变换最简单的例子就是

$$F(z) = \frac{z - \xi_+}{z - \xi_-}.$$

[注意, 我们没有费心地把它规范化.] 因为 $F$ 是默比乌斯变换, 它必将 $C_1$ 之各个元映为经过 0 与 $\infty$ 的圆周, 即过原点的直线 [右图虚线]. 此外, 因为 $F$ 是共形的, 所

以两条这样的直线在原点所含的角必等于 $C_1$ 中相应圆周在 $\xi_+$ 处所含的角. 为了使这一点更容易看出来, 我们把 $C_1$ 中的各个圆周过 $\xi_+$ 的方向都画得均匀地分布, 使每两个相邻圆周的交角均为 $(\pi/6)$.

作为一个附言, 我们现在对正交于 $C_1$ 的圆周族 $C_2$ 的存在有了第二个更简单的证明. 因为图上画的以原点为中心的圆周 (实线) 都正交于过 0 的直线, 所以它们在 $F^{-1}$ 下的象必为正交于 $C_1$ 中每个元的圆周.

接着, 令 $\tilde{z} = F(z)$ 和 $\tilde{w} = F(w)$ 为 $z$ 和 $w = M(z)$ 在 $F$ 下的象. 我们现在可以把 $F$ 想作把左图的默比乌斯变换 $z \mapsto w = M(z)$ 变为右方的一个变换 $\tilde{z} \mapsto \tilde{w} = \widetilde{M}(\tilde{z})$. 更明确地说, 有

$$\tilde{w} = F(w) = F(M[z]) = F(M[F^{-1}(\tilde{z})]),$$

所以

$$\widetilde{M} = F \circ M \circ F^{-1} \tag{3.39}$$

因为 $\widetilde{M}$ 是三个默比乌斯变换的复合, 它自己也是一个默比乌斯变换. 此外, 由构造 $\widetilde{M}$ 的方法可知, $\widetilde{M}$ 的不动点就是 0 和 $\infty$. 但是我们已经看到, 若一个默比乌斯变换使这两点不动, 它只能是如下形式的:

$$\widetilde{M}(\tilde{z}) = \mathrm{m}\tilde{z},$$

这里 $\mathrm{m} = \rho e^{\mathrm{i}\alpha}$ 只不过是一个复数. 从几何上说, $\widetilde{M}$ 正是由旋转一个角 $\alpha$ 与按因子 $\rho$ 伸缩复合而成.

这个复数 m 不仅构成了对 $\widetilde{M}$ 的完全描述, 而且我们马上就会看到, 它也完全地刻画了原来的默比乌斯变换的几何本性. 数 m 称为 $M(z)$ 的**乘子**.

### 3.7.2  椭圆型、双曲型和斜驶型变换

在往下读之前, 请回忆一下形如 $\widetilde{M}(\tilde{z}) = \mathrm{m}\tilde{z}$ 的默比乌斯变换的分类 (见图 3-26a, 图 3-26b, 图 3-26c).

如果 $\widetilde{M}$ 是椭圆型的, 即为对应于 $\mathrm{m} = e^{\mathrm{i}\alpha}$ 的纯粹旋转, 就称 $M(z)$ 为**椭圆型默比乌斯变换**. 因为 $\widetilde{M}$ 当且仅当它把每一个以原点为中心的圆周映为自身时才是一个旋转, 所以 $M(z)$ 当且仅当它把 $C_2$ 中的每一个圆周都映为自身时才是椭圆型的, 图 3-29 右图画出了 $\alpha = (\pi/3)$ 时 $\widetilde{M}$ 对 $\tilde{z}$ 的效果. 在左图中可以看到 $M$ 的对应的无疑义效果: 它让 $z$ 点沿着它所在的 $C_2$ 圆周运动, 一直到达与原来过 $z$ 的 $C_1$ 圆周成角 $(\pi/3)$ 的 $C_1$ 圆周为止.

图 3-30[①] 的目的是给这个默比乌斯变换一个更生动的形象. 每个有阴影的 "正方形" 都被 $M(z)$ 映为箭头所指的下一个有阴影的 "正方形" —— 有一些 "正方形"

---

① 图上的阴影和黑色区域是受 Ford [1929, 第 19 页] 的启发画出来的. (注意, 因为图上每个 $C_2$ 圆都被分成 12 块, 所以每一块只 "占了"$(\pi/6) = 30°$. —— 译者注)

被涂上了黑色是为了强调这一点. 这个图除一点以外可以看作是典型的. 因为我们取 $\alpha = (\pi/3)$, 所以连续映射 6 次就得到恒等映射, 所以我们说 $M$ 具有周期 6. 更一般的情况是 $\alpha = (m/n)2\pi$, $(m/n)$ 是既约分数, 则 $M$ 具有周期 $n$. 当然这还不是典型的, 更一般的 $(\alpha/2\pi)$ 为无理数, 则不论施行 $M$ 多少次都不会得到恒等映射.

如果 $\widetilde{M}$ 是双曲型的, 即为一个纯粹的伸缩而 $\mathfrak{m} = \rho \neq 1$, 就称 $M(z)$ 为 **双曲型默比乌斯变换**. 因为当且仅当 $\widetilde{M}$ 将每一条过原点的直线映为其自身时它才是一个伸缩, 当且仅当 $M(z)$ 将每一个 $C_1$ 圆周映为其自身时它才是双曲型的. 图 3-31 画出了一个 $\rho > 1$ 时的这种变换. 注意, 如果我们对任意图形 (例如 $\xi_+$ 附近的黑色小 "正方形") 连续地施加这个映射. 则此图形总是被从 $\xi_+$ 排斥出去, 最终被吸入 $\xi_-$, 这时, $\xi_+$ 称为 **排斥性不动点**, $\xi_-$ 称为 **吸收性不动点**. 若 $\mathfrak{m} = \rho < 1$, 则 $\xi_+$ 和 $\xi_-$ 的作用对调.

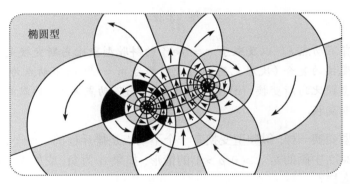

图 3-30

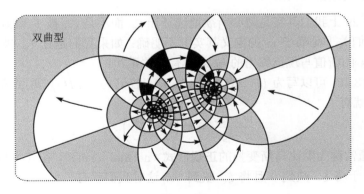

图 3-31

最后, 若 $\mathfrak{m} = \rho e^{i\alpha}$ 为一般的复数, 而 $\widetilde{M}$ 是一个旋转和一个伸缩的复合, 则 $\widetilde{M}$ 就称为 **斜驶型默比乌斯变换**. 这时, $C_1$ 圆周与 $C_2$ 圆周均不是不变的, 图 3-32 上画出了确为不变的曲线, 这图上也画出了对 $\xi_+$ 附近的小 "正方形" (黑色小块) 连续

施加 $M$ 的效果. 在研究这个图形时, 注意到下述结果是有好处的:

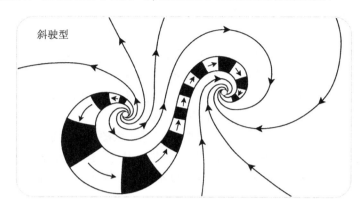

图    3-32

具有不动点 $\xi_\pm$ 以及乘子 $\mathrm{m} = \rho\mathrm{e}^{\mathrm{i}\alpha}$ 的斜驶型默比乌斯变换是下面两个变换的复合 (次序无关): (i) 乘子为 $\mathrm{m} = \mathrm{e}^{\mathrm{i}\alpha}$ 而不动点为 $\xi_\pm$ 的椭圆型默比乌斯变换; (ii) 乘子为 $\mathrm{m} = \rho$ 而不动点为 $\xi_\pm$ 的双曲型默比乌斯变换. (3.40)

和双曲型变换一样, 斜驶型变换有一个不动点是排斥性的, 另一个不动点为吸收性的. 图 3-32 中画的是 $\alpha > 0, \rho > 1$ 的情形. 如果 $\alpha$ 为负, 或如果 $\rho < 1$, 图形看起来会是什么样?

### 3.7.3    乘子的局部几何解释

在图 3-29 上我们其实是随心所欲地选择让 $\xi_+$ 而不是 $\xi_-$ 被 $F$ 映到 0, 在这个意义下, 我们关于此乘子 $\mathrm{m}$ 的定义其实并不明确: 如果我们是让 $\xi_-$ 被映到 0, 那么得到的 $\mathrm{m}$ 的新值与现已算出的 $\mathrm{m}$ 之值有何关系?

注意, (3.39) 可以写为 $(F \circ M) = (\widetilde{M} \circ F)$. 若记 $w = M(z)$, 再回忆一下 $F$ 的定义, 我们就有

$$\frac{w - \xi_+}{w - \xi_-} = \mathrm{m}\left(\frac{z - \xi_+}{z - \xi_-}\right). \tag{3.41}$$

[这个公式通常称为默比乌斯变换的**正规形式**（normal form）.] 在其中将 $\xi_+$ 与 $\xi_-$ 互换就等价于将 $\xi_-$ 映到 0 且将 $\xi_+$ 映到 $\infty$. 这时我们就有

$$\frac{w - \xi_+}{w - \xi_-} = \frac{1}{\mathrm{m}}\left(\frac{z - \xi_+}{z - \xi_-}\right).$$

所以乘子就从 $\mathrm{m}$ 变为 $(1/\mathrm{m})$, 而这两个值都同样有资格被称为 "此" 乘子. 所以我们要把自己的语言弄精确一点, 并称 (3.41) 中的 $\mathrm{m}$ 为相应于 $\xi_+$ 的乘子, 有时也写

作 $m_+$ 以强调这一点. 用这样的语言, 我们刚才证明的就是: **相应于两个不动点的乘子互为倒数**. 我们试着更多地从几何上理解这件事.

再看图 3-29, 其中相应于 $\xi_+$ 的乘子是 $m = e^{i(\pi/3)}$. 现在, 我们想用图 3-30 来更直接地理解它而不借助图 3-29 的右图. 越是接近 $\xi_+$, $C_2$ 中的圆周就越是像以 $\xi_+$ 为中心的同心圆周族. 这是很容易理解的: (A) 当我们考虑 $\xi_+$ 的越来越小的邻域时, $C_1$ 中的圆周就越来越像这些圆周在 $\xi_+$ 处的切线; (B) 由定义, $C_2$ 的各个元都与 $C_1$ 之每个圆周正交.

从这些说明就可以看得很清楚, (在 $\xi_+$ 的无穷小邻域中) $M$ 的局部效果就是以 $\xi_+$ 为中心旋转 $(\pi/3)$——这就是与 $\xi_+$ 相应的乘子 $m_+ = e^{i(\pi/3)}$ 的意义. 当然, 类似的推理对 $\xi_-$ 的无穷小邻域也适用, 但由图 3-30 可知, 绕 $\xi_+$ 的正向旋转必然带来绕 $\xi_-$ 的**大小相同方向相反**的旋转. 所以 $M$ 在 $\xi_-$ 处的局部效果是旋转 $-(\pi/3)$, 而相应的乘子 $m_-$ 就是 $e^{-i(\pi/3)} = (1/m_+)$, 这正是我们需要的解释.

如果看图 3-31 就会了解到在双曲型变换情况下也有同样的现象. 在此图中与 $\xi_+$ 相应的乘子是 $m = \rho > 1$, 这一点可以解释为: 在 $\xi_+$ 的无穷小邻域中, $M$ 的局部效果是以 $\xi_+$ 为中心的放大——我们马上就可证明, "局部放大因子" 就是 $\rho$. 从此图上也可以看得很清楚, 在 $\xi_-$ 的无穷小邻域中, $M$ 的局部效果是**压缩**, 所以与此点相应的乘子是实的而且小于 1. 然而还不清楚, 这个乘子是否正是 $(1/\rho)$, 而我们知道必然是这样的. 这当然也可以用几何方法证明, 但是我们现在不去证明它, 而只是满足于说明, 我们原来的代数论证如何可以用 $M$ 在各个不动点邻域的 "局部效果" 来从几何上重新解释.

我们用 $Z = (z - \xi_+)$ 和 $W = (w - \xi_+)$ 来记由 $\xi_+$ 连接到 $z$ 点以及由 $\xi_+$ 连接到其象点 $w = M(z)$ 的复数. 我们已经指出 (而且部分地证明了): 若 $Z$ 是**无穷小**, 则 $M$ 的效果就是把 $Z$ 旋转一个角 $\alpha$ 和以 $\rho$ 为因子伸缩. 换言之, $W = mZ$. 为了证明这一点, 注意 (3.41) 可写为

$$\frac{W}{Z} = m\left(\frac{w - \xi_-}{z - \xi_-}\right).$$

当 $Z$ 趋于 0 时, $z$ 和 $w$ 二者都趋于 $\xi_+$, 所以上式右方的分数最终等于 $m$. 这样 $W$ 最终等于 $mZ$, 这就是需要证明的事.

当读完下一章后, 可以再回顾一下我们这里做的事, 能看出来, 这只是**微分**一个复函数的例子.

### 3.7.4 抛物型变换

我们现在对于具有两个不动点的默比乌斯变换已经有了很透彻的了解, 所以余下的只是要处理 $M$ 只有一个不动点 $\xi$ 的情况, 这时 $M$ 称为**抛物型默比乌斯变换**.

请看图 3-33 的左图, 但暂不要去管那里的箭头. 我们在这里画出了两族圆周: 一族是实线画的, 它们都通过不动点 $\xi$, 而且是沿同一方向; 另一族是用虚线画的, 它们也都通过不动点 $\xi$, 但是沿一个正交的方向. 注意因为这两族圆周在 $\xi$ 处是正交的, 所以每一族中各取一圆周, 二者在它们的第二个交点处（由对称性）也必正交. 图 3-33 的右图画出了, 当我们用默比乌斯变换

$$G(z) = \frac{1}{z - \xi}$$

把 $\xi$ 变为 $\infty$ 后, 这两族圆周将变成什么? 很清楚, 这两个正交圆族将变成两个互相正交的平行线族 [练习]. 反过来, 若对右图的两个正交直线族施以 $G^{-1}$, 就得到左图的两个过 $\xi$ 的正交圆周族.

和前面一样, 令 $\widetilde{\xi} = G(Z)$ 和 $\widetilde{w} = G(w)$ 为 $z$ 和 $w = M(z)$ 在右图上的象, 则左图的默比乌斯变换 $z \mapsto w = M(z)$ 必在右图诱导出另一个默比乌斯变换 $\widetilde{z} \mapsto \widetilde{w} = \widetilde{M}(\widetilde{z})$, 其中

$$\widetilde{M} = G \circ M \circ G^{-1}.$$

因为 $\infty$ 是 $\widetilde{M}$ 的唯一不动点, 由此导出 $\widetilde{M}$ 只能是一个平移:

$$\widetilde{M}(z) = \widetilde{z} + T.$$

现设右图上的箭头表示平移 $T$ 的方向. 如图所示, 我们按照 $T$ 画一个网格, 则每一个有阴影的正方形被 $\widetilde{M}$ 映到下一个有阴影的正方形. 我们这样就得到图 3-33 左图上原来的抛物型默比乌斯变换 $M$ 作用的生动形象: 每个实线圆周变为其自身; 每个虚线圆周变为另一个虚线圆周; 而阴影区域都变成箭头所指方向的下一个阴影区域.

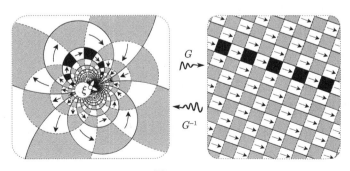

图　3-33

如果 $M(z) = \frac{az+b}{cz+d}$ 是**规范化的**, 则由 (3.27) 可知, 当且仅当 $(a+d) = \pm 2$ 时 $M$ 为抛物型的, 而这时的不动点为 $\xi = (a-d)/2c$. 现在我们用系数来表示平移 $T$. 因

为 $(G \circ M) = (\widetilde{M} \circ G)$, $M$ 的所谓正规形式应由下式给出:

$$\frac{1}{w - \xi} = \frac{1}{z - \xi} + T.$$

因为 $M$ 将 $z = \infty$ 映为 $w = (a/c)$, 所以我们得出

$$T = \frac{1}{(a/c) - \xi} = \pm c,$$

这里 $\pm$ 号的取法与 $(a + d)$ 的符号一致.

### 3.7.5 计算乘子*

我们已经看到了乘子 $\mathfrak{m}$ 如何决定默比乌斯变换的特性, 现在要说明怎样由 $M(z) = \frac{az+b}{cz+d}$ 的系数直接决定乘子 $\mathfrak{m}$ 的特性.

假设我们已经算出了不动点 $\xi_+$, 例如使用 (3.27), 因为 $M$ 将 $z = \infty$ 映为 $w = (a/c)$, 由正规形式 (3.41) 可知与 $\xi_+$ 相关的乘子是

$$\mathfrak{m} = \frac{a - c\xi_+}{a - c\xi_-}. \tag{3.42}$$

例如, 考虑复反演 $z \mapsto (1/z)$. 不动点是方程 $z = (1/z)$ 之解, 即 $\xi_\pm = \pm 1$. 所以相应于 $\xi_+ = 1$ 的乘子是 $\mathfrak{m} = -1 = e^{i\pi}$, 而它恰好与相应于 $\xi_- = -1$ 的乘子 $(1/\mathfrak{m})$ 相同. 所以, 复反演是椭圆型的, 而每个不动点的无穷小邻域只是绕该点旋转 $\pi$. 请用计算机来检验这个预测.

如果你愿意, 可以直接将 (3.27) 代入 (3.42) 来求出 $\mathfrak{m}$ 的完全显式的公式. 如果我们只想要知道默比乌斯变换的特性, 则可如下进行.

结果是(我们马上就来证明)$\mathfrak{m}$ 由以下方程与**规范化的**默比乌斯变换相关联:

$$\sqrt{\mathfrak{m}} + \frac{1}{\sqrt{\mathfrak{m}}} = a + d. \tag{3.43}$$

注意, 这个式子的对称性意味着, 若 $\mathfrak{m}$ 是一个解, 则 $(1/\mathfrak{m})$ 也是一个解. 当然也应该是这样. 我们不必去管如何由 (3.43) 解出 $\mathfrak{m}$, 总之可以得出以下的代数分类: **规范化的默比乌斯变换** $M(z) = \frac{az+b}{cz+b}$ 是

$$\left.\begin{array}{l}\text{椭圆型的, 当且仅当 } (a+d) \text{ 为实数且 } |a+d| < 2; \\ \text{抛物型的, 当且仅当 } (a+d) \text{ 为实数且 } (a+d) = \pm 2; \\ \text{双曲型的, 当且仅当 } (a+d) \text{ 为实数且 } |a+d| > 2; \\ \text{斜驶型的, 当且仅当 } (a+d) \text{ 不为实数而为复数.}\end{array}\right\} \tag{3.44}$$

提示: 画出 $y = x + 1/x$ 的草图就可以得到更好的感觉.

为了漂亮地导出 (3.43), 可以使用矩阵, 把 (3.39) 重写为

$$[\widetilde{M}] = [F][M][F]^{-1} \quad \Rightarrow \quad \det[\widetilde{M}] = \det\{[F][F]^{-1}\} \det[M] = \det[M].$$

这样, 不论 $[F]$ 是否规范化, 当且仅当 $[\widetilde{M}]$ 为规范化时 $[M]$ 才是规范化的, 因为 $\widetilde{M}(z) = \mathsf{m}z$, 它的规范化的矩阵就是 [练习] $[\widetilde{M}] = \begin{bmatrix} \sqrt{\mathsf{m}} & 0 \\ 0 & 1/\sqrt{\mathsf{m}} \end{bmatrix}$. 回忆 (3.35), 我们就可导出

$$\sqrt{\mathsf{m}} + \frac{1}{\sqrt{\mathsf{m}}} = \mathrm{tr}\left\{[F][M][F]^{-1}\right\} = \mathrm{tr}\left\{[F][F]^{-1}[M]\right\} = \mathrm{tr}[M] = a + d,$$

证毕.

### 3.7.6 用特征值解释乘子*

若 $[M]$ 是一个 $\mathbb{C}^2$ 中的线性变换, 我们在 (3.32) 中已经看到, 它的特征向量就是相应的默比乌斯变换 $M(z)$ 的不动点的齐次坐标. 我们还说过, 若 $[M]$ 是规范化的, 则其特征值完全决定了 $M(z)$ 的特性, 现在我们可以更进一步指出:

若 $M(z)$ 的一个不动点表示为规范化矩阵 $[M]$ 的一个特征向量 (特征值为 $\lambda$), 则相应于此不动点的乘子 $\mathsf{m}$ 将由 $\mathsf{m} = 1/\lambda^2$ 给出. (3.45)

在证明它之前, 我们先以复反演 $z \mapsto (1/z)$ 为例来说明它. 我们已经知道, 这时的不动点是 $\pm 1$, 而相应于它们的乘子均为 $\mathsf{m} = -1$, 我们可以容易地找到规范化矩阵为 $\begin{bmatrix} 0 & \mathrm{i} \\ \mathrm{i} & 0 \end{bmatrix}$ [练习]. 如果我们选一有限远点 $z$ 的齐次坐标向量为 $\begin{bmatrix} z \\ 1 \end{bmatrix}$, 则相应于不动点 $z = \pm 1$ 的特征向量是 $\begin{bmatrix} \pm 1 \\ 1 \end{bmatrix}$. 因为

$$\begin{bmatrix} 0 & \mathrm{i} \\ \mathrm{i} & 0 \end{bmatrix} \begin{bmatrix} 1 \\ 1 \end{bmatrix} = \mathrm{i} \begin{bmatrix} 1 \\ 1 \end{bmatrix}, \quad \text{而} \quad \begin{bmatrix} 0 & \mathrm{i} \\ \mathrm{i} & 0 \end{bmatrix} \begin{bmatrix} -1 \\ 1 \end{bmatrix} = -\mathrm{i} \begin{bmatrix} -1 \\ 1 \end{bmatrix},$$

可见它们的特征值为 $\lambda = \pm \mathrm{i}$, 这是与 (3.45) 相符合的.

回到一般情况, 比较 (3.33) 与 (3.43) 即知 $\sqrt{\mathsf{m}}$ 与 $\lambda$ 满足同样的二次方程, 而可以立即导出 (3.45) 的绝大部分结论: 互为倒数的 $\mathsf{m}$ 的两个值等于互为倒数的 $\lambda^2$ 的两个值. 然而这还没有告诉我们 $\lambda^2$ 的哪个值等于 $\mathsf{m}$ 的哪个值, 而且这里的思路也欠启发性. 下面则是一个更透明的处理方法.

我们先回想一下线性代数中的一个适用于 $n \times n$ 矩阵的标准结果:

若 $\mathbf{e}$ 是 $[A]$ 的一个相应于特征值 $\lambda$ 的特征向量, 则 $\widetilde{\mathbf{e}} \equiv [B]\mathbf{e}$ 是 $[\widetilde{A}] \equiv [B][A][B]^{-1}$ 的特征向量, 其特征值仍为 $\lambda$.

这很容易证明:

$$[\widetilde{A}]\widetilde{\mathbf{e}} = \{[B][A][B]^{-1}\}[B]\mathbf{e} = [B][A]\mathbf{e} = [B]\lambda\mathbf{e} = \lambda\widetilde{\mathbf{e}}.$$

现在回到图 3-29, 其中 $M$ 的不动点 $\xi_+$（及其相应乘子 $\mathfrak{m}_+$）被 $z \mapsto \widetilde{z} = F(z) = \frac{z-\xi_+}{z-\xi_-}$ 映到 $\widetilde{M} = (F \circ M \circ F^{-1})$ 的不动点 0. 用 $\mathbb{C}^2$ 中的线性变换的语言来说, $[M]$ 的特征向量 $\begin{bmatrix} \xi_+ \\ 1 \end{bmatrix}$ 被 $[F]$ 映为

$$[\widetilde{M}] = [F][M][F]^{-1}.$$

的特征向量 $\begin{bmatrix} 0 \\ 1 \end{bmatrix}$. 线性代数的结果告诉我们, 若以 $\lambda_+$ 记 $\begin{bmatrix} \xi_+ \\ 1 \end{bmatrix}$ 的特征值, 则有

$$[\widetilde{M}] \begin{bmatrix} 0 \\ 1 \end{bmatrix} = \lambda_+ \begin{bmatrix} 0 \\ 1 \end{bmatrix}.$$

这个结果不论以上方程的任一个矩阵是否规范化都是对的.

现设 $[M]$ 是规范化的, 这是 (3.45) 所要求的. 不论 $[F]$ 是否规范化, 我们已经看到当且仅当 $[\widetilde{M}]$ 为规范化时 $[M]$ 才是规范化的. 因为 $\widetilde{M}(\widetilde{z}) = \mathfrak{m} + \widetilde{z}$ 的规范化矩阵是 $[\widetilde{M}] = \begin{bmatrix} \sqrt{\mathfrak{m}_+} & 0 \\ 0 & 1/\sqrt{\mathfrak{m}_+} \end{bmatrix}$, 故有

$$\lambda_+ \begin{bmatrix} 0 \\ 1 \end{bmatrix} = \begin{bmatrix} \sqrt{\mathfrak{m}_+} & 0 \\ 0 & 1/\sqrt{\mathfrak{m}_+} \end{bmatrix} \begin{bmatrix} 0 \\ 1 \end{bmatrix} = \frac{1}{\sqrt{\mathfrak{m}_+}} \begin{bmatrix} 0 \\ 1 \end{bmatrix}.$$

所以 $\mathfrak{m}_+ = 1/\lambda_+^2$. 证毕.

## 3.8 分解为 2 个或 4 个反射*

### 3.8.1 引言

回忆一下, 由 (3.4) 可知对圆周 $K$ 的反演或 "反射" 可以写为

$$\mathcal{I}_K(z) = \frac{A\overline{z} + B}{C\overline{z} + D}.$$

由此可见两个任意的（对于圆周或直线）的反射之复合是一个默比乌斯变换. 因为两个默比乌斯变换的复合仍是一个默比乌斯变换, 所以一般说来偶数个反射的复合是一个默比乌斯变换.

在本节中, 我们将利用对称原理 [见 3.5.1 节开始处关于默比乌斯变换的基本结果第 3 点] 证明, 反过来

每个非斜驶型默比乌斯变换可以表示为两个反射的复合, 而斜驶型默比乌斯变换可表示为 4 个反射的复合.

对于下面的内容, 读过本书第 1 章最后一节是有好处的 [但非必不可少].

### 3.8.2    椭圆型情形

考虑图 3-34, 它画的是与图 3-29 和图 3-30 相同的椭圆型变换. 回想一下, 左图是一个默比乌斯变换 $M$, 再用 $F(z) = (z - \xi_+)/(z - \xi_-)$ 把 $\xi_+$ 和 $\xi_-$ 映到 0 和 $\infty$, 于是得右方的新变换, 它是一个纯粹的旋转 $\widetilde{M}(\tilde{z}) = e^{i\alpha}\tilde{z}$. 图上的例子是 $\alpha = (\pi/3)$ 的情形, 而毗连于直线 $\widetilde{A}$ 的深色 "矩形" 被映为毗连于直线 $\widetilde{B}$ 的深色 "矩形".

正如我们在第 1 章中见到的那样, 以原点为中心旋转角 $\alpha$ 等价于对任意两条在 0 点处交角为 $(\alpha/2)$ 的直线做两次相继的反射, 例如对图上的直线 $\widetilde{A}$ 和 $\widetilde{B}$ 做反射. 用符号来写就是

$$\widetilde{M} = \mathfrak{R}_{\widetilde{B}} \circ \mathfrak{R}_{\widetilde{A}}.$$

特别是, $\mathfrak{R}_{\widetilde{A}}$ 把紧靠着直线 $\widetilde{A}$ 的深色 "矩形" 变成紧靠着 $\widetilde{A}$ 的另一侧的浅色 "矩形", 然后再用 $\mathfrak{R}_{\widetilde{B}}$ 把它变为靠着直线 $\widetilde{B}$ 另一侧的深色 "矩形". 此图为了把这一点表示得更清楚, 还同时画出了原来的深色 "矩形" 中的一个空心圆点和一条对角圆弧在每一步映射中的象.

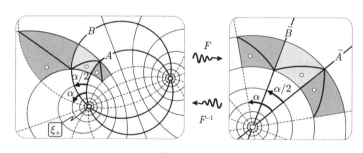

图    3-34

现在想一下这对图 3-34 的左图意味着什么. 对称原理告诉我们, 若两点关于直线 $\widetilde{A}$ 对称, 则它们在默比乌斯变换 $F^{-1}$ 下的象关于通过不动点的圆周 $A = F^{-1}(\widetilde{A})$ 也对称. [回忆一下图 3-29 中这样的圆周族当时称为 $C_1$.] 这样, 右图的对 $\widetilde{A}$ 的反射变成了左图中的对 $A$ 的反射（即反演）, 对于 $\widetilde{B}$ 的第二个反射当然也如此. 所以我们其实证明了

若 $M$ 是一个椭圆型默比乌斯变换, 而相应于一个不动点 $\xi_+$ 的乘子是 $\mathrm{m} = e^{i\alpha}$, 则 $M = \mathcal{I}_B \circ \mathcal{I}_A$, 其中 $A, B$ 是两个圆弧, 它们通过这两个不动点, 而且在 $\xi_+$ 处由 $A$ 到 $B$ 之角为 $(\alpha/2)$.    (3.46)

### 3.8.3 双曲型情形

图 3-35（请与图 3-31 比较）则对双曲型默比乌斯变换的情形画出了类似的结果. 这里, 与 $\xi_+$ 相关的乘子是实数 $m = \rho$, 右图上的变换是一个纯粹的伸缩, $\widetilde{M}(\widetilde{z}) = \rho\widetilde{z}$. 和对于旋转一样, 一个伸缩也能通过两个反射来完成: 若 $\widetilde{A}, \widetilde{B}$ 是任意两个以原点为中心的圆周, $r_A, r_B$ 为 $\widetilde{A}, \widetilde{B}$ 的半径, 则先对 $\widetilde{A}$ 做反射, 再继以对 $\widetilde{B}$ 做反射就给出一个以原点为中心的伸缩, 而伸缩因子为 $\rho$, 其中

$$\frac{r_B}{r_A} = \sqrt{\rho}. \tag{3.47}$$

用符号表示, 这个结果（实际上与 (3.8) 相同）说的就是

$$\widetilde{M} = \mathcal{I}_{\widetilde{B}} \circ \mathcal{I}_{\widetilde{A}}.$$

和图 3-34 一样, 图 3-35 的右图画的是一个紧靠 $\widetilde{A}$ 的深色矩形在映射的第一步下的效果. 和前面一样, 把对称原理用于 $F^{-1}$ 即知左图上原来的默比乌斯变换可以写为

$$M = \mathcal{I}_B \circ \mathcal{I}_A.$$

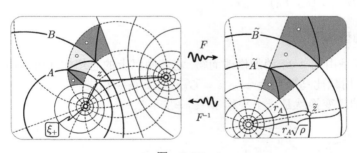

图　3-35

回忆一下图 3-29, 知 $A$ 与 $B$ 同属于圆周族 $C_2$, 其每个元均与过不动点的圆周族 $C_1$ 正交. 那时, 我们指出了 $C_2$ 的一个等价的性质, 即不动点 $\xi_\pm$ 对 $C_2$ 的每个元都是对称的. 正是这一点使我们能解释何以 $\mathcal{I}_B \circ \mathcal{I}_A$ 使 $\xi_+$ 与 $\xi_-$ 成为不动点. 在图 3-34 的情形, $\xi_+$ 为不动点是明显的, 因为每一个反射都使 $\xi_+$ 与 $\xi_-$ 不动; 而在现在的情形, $\mathcal{I}_A$ 把 $\xi_+$ 与 $\xi_-$ 对换, 然后 $\mathcal{I}_B$ 又把它们对换回来, 净效果是 $\xi_\pm$ 均不动.

在椭圆型情形, (3.46) 告诉我们, 对任意已知角 $\alpha$ 怎样选出一对 $C_1$ 圆周. 在现在的双曲型情形, 相应于任意已知值 $\rho$, 又怎样选出一对 $C_2$ 圆周呢? 答案依赖于 $C_2$ 圆周族的第三个特征性质: 它们是以 $\xi_\pm$ 为极限点的阿波罗尼乌斯[①]圆.

---

① Apollonius of Perga, 约公元前 262—前 190, 是继欧几里得后的伟大的几何学家. ——译者注

这个名词反映了阿波罗尼乌斯的一个了不起的发现: 若一个动点 $z$ 到两个定点 $\xi_\pm$ 的距离之比为常数, 则 $z$ 必在一圆周上运动. 图 3-35 使这个命题很容易理解. 当 $z$ 沿 $A$ 运动时, $\widetilde{z} = F(z)$ 必在一个以原点为中心而半径为 $r_A$ 的圆周 $\widetilde{A}$ 上运动. 但是这个 $r_A$ 不是别的, 正是 $z$ 到两个不动点 $\xi_\pm$ 的距离之比, 因为

$$r_A = |\widetilde{z}| = |F(z)| = \frac{|z - \xi_+|}{|z - \xi_-|}.$$

注意, 这也可以解释 "极限点" 这个名词: 当比值 $r_A$ 趋于 0 时, 阿波罗尼乌斯圆周缩为极限点 $\xi_+$, 而当 $r_A$ 趋于无穷大时, $A$ 则缩为另一个极限点 $\xi_-$. 以上的讨论还有一个副产品, 它在几何教本中通常不太提到: 定义阿波罗尼乌斯圆周族的极限点对此族中的各个圆周都是对称的.

因为出现在 (3.47) 中的 $r_A$ 和 $r_B$ 现在纯粹是用图 3-35 左图的几何来表述的, 我们就解决了如何选取 $C_2$ 中的一对圆周的问题:

> 若 $M$ 是一个双曲型默比乌斯变换, 而与一个不动点 $\xi_+$ 相关的乘子是 $\mathrm{m} = \rho$, 则 $M = \mathcal{I}_B \circ \mathcal{I}_A$, 其中 $A$ 和 $B$ 是两个以 $\xi_\pm$ 为极限点的阿波罗尼乌斯圆, 且 $(r_B/r_A) = \sqrt{\rho}$.

### 3.8.4    抛物型情形

图 3-36 是由图 3-33 稍加修改而得, 它表明以上的思想如何可以用于抛物型变换. 记住, 在用默比乌斯变换 $z \mapsto \widetilde{z} = G(z) = 1/(z - \xi)$ 把单一的不动点 $\xi$ 映到 $\infty$ 以后, 右图的新变换就是一个平移 $\widetilde{M}(\widetilde{z}) = \widetilde{z} + T$.

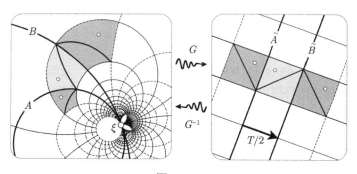

图    3-36

如在 1.4.3 节的三反射定理中讨论过的那样, $\widetilde{M} = \mathfrak{R}_{\widetilde{B}} \circ \mathfrak{R}_{\widetilde{A}}$, 其中 $\widetilde{A}, \widetilde{B}$ 是两条平行直线, 而连接复数 $\widetilde{A}, \widetilde{B}$ 的垂线是 $(T/2)$. 把对称原理用于默比乌斯变换 $G^{-1}$, 即知对于左图有:

一个具有不动点 $\xi$ 的抛物型默比乌斯变换 $M$ 可以表示为 $M = \mathcal{I}_B \circ$ $\mathcal{I}_A$, 这里 $A$ 和 $B$ 是两个切于 $\xi$ 点的圆周.

### 3.8.5 总结

为了不使细节模糊了简单性, 我们把以上结果总结为:

> 一个非斜驶型的默比乌斯变换 $M$, 恒可分解为对圆周 $A$ 和圆周
> $B$ 的反射, 其中 $A$ 和 $B$ 都正交于 $M$ 的所有不变圆周. 此外, 视 $A$ 　　　(3.48)
> 和 $B$ 为相交、相切或不相交, $M$ 为椭圆型、抛物型或双曲型.

再回忆 (3.40), 我们也就导出了: 一个斜驶型默比乌斯变换 $M$ 恒可分解为 4 个关于圆周的反射:

$$M = \{\mathcal{I}_{B'} \circ \mathcal{I}_{A'}\} \circ \{\mathcal{I}_B \circ \mathcal{I}_A\} = \{\mathcal{I}_B \circ \mathcal{I}_A\} \circ \{\mathcal{I}_{B'} \circ \mathcal{I}_{A'}\},$$

这里 $A$ 与 $B$ 均通过不动点, $A'$ 和 $B'$ 则与 $A$ 和 $B$ 均正交.

我们要强调一下: 这个结果讲的是默比乌斯变换分解成的反射之最小数目. 若某个默比乌斯变换可以分解为 4 个反射的复合, 则并不意味它必为斜驶型的——因为有可能把反射的数目进一步减少到 2 个. 例如, 设 $A$ 和 $B$ 是两条在 0 处成角 $(\pi/12)$ 的直线, 而 $A'$ 和 $B'$ 在 0 处成角 $\pi/6$, 这时, 默比乌斯变换 $(\mathfrak{R}_{B'} \circ \mathfrak{R}_{A'} \circ \mathfrak{R}_B \circ \mathfrak{R}_A)$ 是旋转 $(\pi/2)$, 而后者又可化为对成角 $(\pi/4)$ 的两条直线之反射. 请自行验证一下, 分解式 (3.3) 表示, 一个一般的默比乌斯变换可以分解为 10 个反射. 这算一个比较极端的例子.

## 3.9　单位圆盘的自同构*

### 3.9.1 计算自由度的数目

复平面上一区域 $R$ 的**自同构**就是由 $R$ 到其自身上的一个一一对应且共形的映射. 若 $R$ 是一圆盘 (或半平面), 我们显然可以用一个默比乌斯变换 $M$ 把它映为自身, 而因 $M$ 是一一对应且是共形的, 它 (由定义) 应为一个自同构. 在这一小节里, 我们要求出单位圆盘的一切可能的默比乌斯自同构. 这些默比乌斯变换至少有两个理由是重要的: (i) 在第 6 章里我们将看到, 它们在非欧几何中起中心的作用; (ii) 在第 7 章里我们将看到, 它们是圆盘的仅有的自同构.

以下, $C$ 表示单位圆周, $D$ 表示单位圆盘 ($C$ 也包括在 $D$ 内, 即 $D$ 恒规定为为闭圆盘), $M$ 表示一个由 $D$ 到其自身的默比乌斯变换. 在求最一般的 $M$ 的公式以前, 我们先看一下究竟 "有多少" 这样的默比乌斯变换. 换言之, 需要多少个实数 (参数) 才能定出一个特定的 $M$?

为了说明这种计算确为可能, 我们先来证明, 所有默比乌斯变换形成一个 "6 参数族". 因为, 先在 $C$ 中选定 3 个点, 则存在唯一默比乌斯变换把这 3 个点映为 3 个任意指定的象点 $w = u + iv$, 每一个象点需要两个实数 ($u$ 与 $v$) 才能确定. 如果把 3 个原来的点看成固定的, 3 个象点是可以自由运动的, 则为了确定一特定的默比乌斯变换就需要总数为 $3 \times 2 = 6$ 个参数. 这个事实可以用另一种更有启发性的说法来表述, 即最一般的默比乌斯变换的集合的**自由度**为 6.

回到原来的问题, 很清楚, 若加上 $D$ 必须映到 $D$ 自身这一条件, 将损失一些自由度. 事实上要损失一半:

$$D \text{ 的默比乌斯自同构的自由度为 } 3. \tag{3.49}$$

图 3-37a 是看出这一点的方法之一, 这里认为 $q, r, s$ 具有固定位置, 认为 $\tilde{q}, \tilde{r}, \tilde{s}$ 可自由运动. 假设 $\tilde{q}, \tilde{r}, \tilde{s}$ 在 $C$ 上诱导出的方向与 $q, r, s$ 诱导的方向一致 (图中即如此), 由 (3.30) 知, 分别将 $q, r, s$ 映到 $\tilde{q}, \tilde{r}, \tilde{s}$ 的唯一的 $D$ 的自同构 $z \mapsto \tilde{z} = M(z)$ 是

$$[\tilde{z}, \tilde{q}, \tilde{r}, \tilde{s}] = [z, q, r, s].$$

因为要确定 $\tilde{q}, \tilde{r}, \tilde{s}$ 需要 3 个实数 (例如它们的辐角), 故 (3.49) 得证.

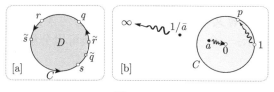

图    3-37

### 3.9.2    用对称原理来求公式

按 (3.49), 确定一个 $M$ 要 3 个自由度的信息. 但是我们不一定非要通过 $C$ 上 3 点的形式来提供这些信息——任意 3 个等价于 3 个实数的数据都一样管用. 其中一个特别有用的代替物如图 3-37b 所示. 我们需要确定把 $D$ 内的哪一点 $a$ 映到原点, 又要确定把 $C$ 上的哪一点 $p$ (因此 $|p| = 1$) 映到 1 (或 $C$ 上某一定点). 选定 $a$ 就已用了两个自由度, 再指定 $p$ 又用了第三个自由度.

在继续完成这件事之前, 我们要注意 (3.49) 的另一个推论: 一般说来, 我们找不到一个默比乌斯自同构既把内点 $a$ 映到 0, 又把另一内点映到另一指定内点处. 这样的要求相当于对 $M$ 提了 4 个条件, 而 (3.49) 告诉我们只能提 3 个条件. 这就如同要求画一个圆周通过 4 个任意点一样——这是不可能的! 然而, 假如我们运气好, 这 4 个点也恰好在同一圆上, 则通过它们的这个圆必为唯一的. 由同样的理由

　　若两个默比乌斯自同构 $M$ 和 $N$ 使得两个内点具有相同的象点，则 $M = N$.　　　　　　　　　　　　　　　　　　　　　　　　(3.50)

　　回到图 3-37b, 因为 $C$ 被 $M$ 映到自身, 对称原理告诉我们, 若有一对点关于 $C$ 对称, 则它们的象也这样. 我们现在将它用于图 3-37b 上的关于 $C$ 对称的 $a$ 与 $(1/\bar{a})$. 因为 $a$ 被映为 0, $(1/\bar{a})$ 必被映为 0 对 $C$ 的反射点 $\infty$. 所以, $M$ 必具以下形式：

$$M(z) = k\left(\frac{z-a}{\bar{a}z-1}\right),$$

其中 $k$ 为常数. 最后, 因为 $p = M(1)$ 在 $C$ 上, 故

$$1 = |p| = |k|\frac{|1-a|}{|\bar{a}-1|} = |k| \quad \Rightarrow \quad k = \mathrm{e}^{\mathrm{i}\phi}.$$

所以 $p$ 的选取等价于 $\phi$ 的选取. 若用角 $\phi$ 与点 $a$ 来标志这个变换, 我们发现 $D$ 的最一般的默比乌斯自同构是

$$M_a^\phi(z) = \mathrm{e}^{\mathrm{i}\phi}\left(\frac{z-a}{\bar{a}z-1}\right).\tag{3.51}$$

　　注意 $M_0^\phi(z) = -\mathrm{e}^{\mathrm{i}\phi}z = \mathrm{e}^{\mathrm{i}(\pi+\phi)}z$, 只不过就是令 $D$ 绕圆心 0 旋转 $(\pi+\phi)$, 一般的默比乌斯自同构 $M_a^\phi$ 就可以解释为 $M_a^0$ 继以旋转一个角度 $\phi$. 从这个观点看来, 这个变换真正有意思的部分是 $M_a^0$, 所以简记它为 $M_a$, 我们在第 2 章习题 3 中曾要求你用代数方法研究其性质.

### 3.9.3　最简单的公式的几何解释*

　　可以把我们关于分类的全部技巧用来研究

$$M_a(z) = \frac{z-a}{\bar{a}z-1}\tag{3.52}$$

的几何意义. 在习题 26 中, 我们要请你自己来试一试.

　　在这里, 可以说我们想要 "赤手空拳" 地来弄清 $M_a$ 的意义. 这样做可能更有启发性, 而且一定是更有趣的几何游戏! 我们从这一点开始：$M_a$ 具有把 $a$ 与 0 **对调**这个性质, 即不仅 $M_a(a) = 0$, 而且 $M_a(0) = a$. 根据 (3.50), 它是具此性质的**仅有的**默比乌斯变换, 所以, 如果我们能用几何方法做出一个将 $a$ 与 0 对调的默比乌斯自同构, 那么, 我们做出的一定就是 $M_a$.

　　在图 3-6 中就已解释过, 对任一正交于 $C$ 的圆周 $J$ 的反射 $\mathcal{I}_J$ 必将 $D$ 映为其自身, 而 $D$ 被 $J$ 分成的两部分被互相对调, 见图 3-38. 现在, 一件明显要做的事是找出一个 $J$ 使 $\mathcal{I}_J$ 将 $a$ 与 0 对调. 显然 $J$ 的圆心 $q$ 必位于连接 $a$ 与 0 的直线 $L$ 上, 但是在哪里?

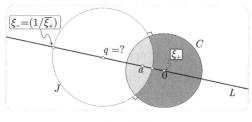

图 3-38

我们可以使用早前用过的同样的对称原理来回答这个问题. 因为 $a$ 和 $(1/\overline{a})$ 关于 $C$ 为对称, 所以它们在 $\mathcal{I}_J$ 下的象也应关于 $C$ 之象 $\mathcal{I}_J(C) = C$ 对称. 因为我们要求 $\mathcal{I}_J(a) = 0$, 即知 $\mathcal{I}_J(1/\overline{a}) = \infty$. 但是被 $\mathcal{I}_J$ 映到无穷远处的点就是 $J$ 的圆心, 故 $q = (1/\overline{a})$.

当然, $\mathcal{I}_J$ 是一个反共形映射, 要想得到共形的默比乌斯自同构, 就必须将它与另一个反射相复合. 然而我们已经成功地把 $a$ 与 $0$ 对调, 所以第二个反射就必须让这两点保持不动. 明显的(而且是唯一的)选择是对 $L$ 反射. 这样, 以下就是我们对 $M_a$ 的几何解释:

$$M_a = \mathfrak{R}_L \circ \mathcal{I}_J.$$

附带请注意, 这些反射的次序并无关系 [练习], 也可写作 $M_a = \mathcal{I}_J \circ \mathfrak{R}_L$.

很清楚, 不动点 $\xi_\pm$ 就是 $J$ 与 $L$ 的交点, 所以它们关于 $C$ 对称. 因为这两次反射是发生在过 $L$ 与 $J$ 这两个正交的圆周上, 所以 $M_a$ 是椭圆型的, 而与 $\xi_\pm$ 相应的乘子均为 $\mathrm{m} = \mathrm{e}^{\mathrm{i}\pi} = -1$. 这样 $M_a$ 在内部的不动点 $\xi_+$ 的无穷小邻域中就是旋转一个 $\pi$. $M_a$ 把 $a$ 与 $0$ 对调这一事实就可以看成 $M_a$ 为**对合的**: $(M_a \circ M_a) = \mathcal{E}$ 这个一般事实的特例, 而且 $M_a$ 把每一对点 $z$ 和 $M_a(z)$ 也互相对调. 最后还要注意, $M_a$ 也可以表示为 $(\mathcal{I}_{L'} \circ \mathcal{I}_{J'})$, 这里 $L'$ 与 $J'$ 是任意的通过 $\xi_+$ 而且正交于 $C$ 的圆周. 所有这一切都表示在图 3-39 上, 其上还画出了一些不变圆周, 以及 $M_a$ 对一个"正方形"的效果.

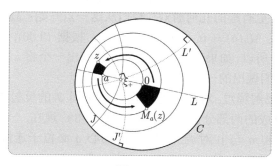

图 3-39

我们将在第 6 章中再回到一般的默比乌斯自同构的几何学上来, 但是我们在这里要提醒, 这些自同构只能是椭圆型、抛物型或双曲型的. 这是由于（由自同构的做法）它们必使 $C$ 为不变, 而斜驶型默比乌斯变换则没有不变圆周. 说得更准确些, 我们将在第 6 章中用 $M_a$ 的上述解释来从几何上证明

若定义 $\Phi \equiv 2\arccos|a|$, 则 $M_a^\phi$ 是

(i) 椭圆型的, 如果 $|\phi| < \Phi$,

(ii) 抛物型的, 如果 $|\phi| = \Phi$, $\qquad\qquad$ (3.53)

(iii) 双曲型的, 如果 $|\phi| > \Phi$.

习题 27 是一个代数证明.

### 3.9.4 介绍黎曼映射定理

黎曼于 1851 年的博士论文包含了许多深刻的新结果, 其中最著名的就是以下的定理, 现在以**黎曼映射定理**著称于世:

任意单联通区域 $R$（除全平面外）都可以一一地共形映为任意

另外一个这类区域 $S$. $\qquad\qquad$ (3.54)

我们将在第 12 章中详细讨论它, 现在我们只想指出黎曼的结果与我们刚才讲的圆盘的自同构的某些联系.

首先要提到, 为了一般地证明 (3.54), 只需对 $S$ 为单位圆盘 $D$ 这一特例证明它即可, 因为如果 $F_R$ 是由 $R$ 到 $D$ 的一一共形映射, $F_s$ 类似地是由 $S$ 到 $D$ 的一一共形映射, 则 $F_s^{-1} \circ F_R$ 就是所求的由 $R$ 到 $S$ 的一一共形映射.

若 $M$ 是 $D$ 的任意自同构, 则 $M \circ F_R$ 显然是另一个由 $R$ 到 $D$ 的一一共形映射. 事实上, **每一个**这种映射必为这种形式. 因为若 $\widetilde{F}_R$ 是任意另一个这类映射, $\widetilde{F}_R \circ F_{R^{-1}}$ 就是 $D$ 的某一自同构 $M$, 这时 $\widetilde{F}_R = M \circ F_R$.

所以由 $R$ 到 $S$ 的一一共形映射的数目等于由 $R$ 到 $D$ 的这种映射的数目, 而后者又等于 $D$ 的自同构的数目. 我们在前面说过: 我们将在第 7 章中证明, 这些自同构正是默比乌斯自同构 $M_a^\phi$, 而它们构成一个 3 参数族. 这样, (3.54) 就意味着, *存在一个 3 参数的由 $R$ 到 $S$ 的一一而且共形的映射之族.*

## 3.10 习 题

1. 在图 3-40 中, 证明 $p$ 与 $\widetilde{p}$ 关于图中的圆周对称. 图中虚线严格地讲并非图的一部分, 它们只是辅助性和提示性的.

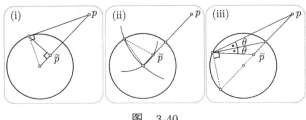

图　3-40

2. 1864 年一名法国军官鲍塞里耶（Charles-Nicholas Peaucellier, 1832—1912）因为发明一项简单装置（鲍塞里耶铰链①）而声名鹊起, 这个装置可以把（例如活塞的）直线运动转化为（例如飞轮的）圆周运动. 图 3-41 画出了 6 根杆铰接在空心圆点处, 而 $o$ 处则固定（在背景上）. 两根杆长为 $l$, 其余 4 根则长为 $r$. 利用虚线圆周证明 $\tilde{p} = \mathcal{I}_K(p)$, 这里 $K$ 是以 $o$ 为中心、半径为 $\sqrt{l^2 - r^2}$ 的圆周. 请自己做一个这样的装置（例如用很硬的纸板做杆, 用图钉铰接）来验证反演的性质. 特别是试着让 $p$ 沿一直线运动.

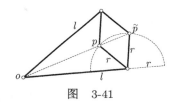

图　3-41

3. 令 $S$ 为一球面, $p$ 为不在 $S$ 上之点. 解释为什么 $\mathcal{I}_S(p)$ 可以作为任意三个通过 $p$ 而且与 $S$ 正交的球面之第二个交点的构造出来. 用这个作图法解释三维对称性的保持.

4. 直接由 (3.17) 导出 (3.22).

5. 考虑以下的两步走的射影: 先用球极射影如通常做法那样把 $\mathbb{C}$ 投影到黎曼球面 $\Sigma$ 上, 再用球极射影把 $\Sigma$ 映回 $\mathbb{C}$, 但是第二次是从南极而非北极投影. 净效果是 $\mathbb{C}$ 上某个复函数 $z \to f(z)$. $f$ 是什么?

6. 图 3-42a 和图 3-42b 均为黎曼球面的纵向截面.

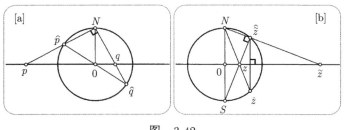

图　3-42

--------
① 在许多数学书上称为鲍塞里耶反演器. ——译者注

(i) 证明图 3-42a 中的三角形 $p0N$ 和 $N0q$ 相似, 由此导出 (3.22).

(ii) 图 3-42b 就是图 3-21b 稍加修正, 证明三角形 $z0N$ 与 $N0\bar{z}$ 相似, 由此导出 (3.17).

7. (i) 用计算机画出几个以原点为中心的圆周在指数映射 $z \to \mathrm{e}^z$ 下在 $\mathbb{C}$ 上的象. 解释这些象曲线关于实轴明显的对称性.

   (ii) 现在用计算机在黎曼球面上而非 $\mathbb{C}$ 上做出这些象曲线, 注意其惊人的新对称性!

   (iii) 用 (3.18) 解释这些额外的对称性.

8. 本题是对 (3.2) 的讨论的继续. 若由空间一点 $p$ 发出一闪光, 我们宣称每条光线均可用一**复数**来表示. 以下是建立这种对应关系的间接方法. 我们再次选择时间与空间的单位使光速为 1, 在 1 个单位时间后, 由 $p$ 发出的光的球面——由光的粒子即**光子**构成——成为一单位球面. 这样, 每个光子均可等同于黎曼球面上一点, 于是可以通过球极射影等同于一复数. 实际上, 若光子的球坐标是 $(\phi, \theta)$, 则 (3.21) 告诉我们相应的复数是 $z = \cot(\phi/2)\mathrm{e}^{\mathrm{i}\theta}$.

   彭罗斯爵士（见 Penrose and Rindler [1984, 第 13 页]）发现了下面的由光线与相应复数的惊人的直接方法, 而不必借助于黎曼球面. 设想把 $p$ 从（水平的）复平面铅直向上提升 1 个单位高. 在 $p$ 发出闪光的一瞬间, 令 $\mathbb{C}$（沿着方向 $\phi = 0$）以光速（$= 1$）向 $p$ 运动. 把由 $p$ 向 $(\phi, \theta)$ 方向发出的光子 $F$ 的速度分解为垂直与平行于 $\mathbb{C}$ 的分量. 这样找出 $F$ 碰到 $\mathbb{C}$ 的时间. 由此导出 $F$ 在 $z = \cot(\phi/2)\mathrm{e}^{\mathrm{i}\theta}$ 点碰到 $\mathbb{C}$. 令人惊奇的是: **彭罗斯的做法等价于球极射影!**

9. 托勒密为了分析天文数据需要准确的三角函数表, 就是用正弦和余弦的加法公式来做的. 图 3-43 说明他是怎样发现这些关键的加法公式的, 两图上的圆周半径均为 1.

   (i) 在图 3-43a 中证明 $A = 2\sin\theta, B = 2\cos\theta$.

   (ii) 在图 3-43b 中把托勒密定理用于图上的四边形, 由此导出

$$\sin(\theta + \phi) = \sin\theta\cos\phi + \cos\theta\sin\phi.$$

10. 本题的目的是了解下面的结果:

> 任意两个不相交且不同心的圆周可以用适当的默比乌斯变换映为同心圆周.

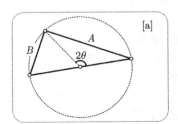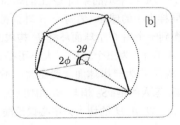

图　3-43

(i) 若 $A, B$ 是此题中的两个圆周, 证明必存在一对点 $\xi_\pm$ 关于 $A$ 和 $B$ 均为对称.

(ii) 由此导出, 若 $F(z) = (z - \xi_+)/(z - \xi_-)$, 则 $F(A), F(B)$ 为所求的同心圆周.

11. 本题给出上题结果的一个更直观的证明. 做两个不相交不同心的圆周 $A$ 与 $B$, 各用不同的颜色, 然后做直线 $L$ 通过它们的圆心. 用 $p$ 和 $q$ 记 $B$ 和 $L$ 的交点.

(i) 用相应的颜色画一个新图以表示 $A, B, L, q$ 对任一个以 $p$ 为中心的圆周的反演象 $\widetilde{A}, \widetilde{B}, \widetilde{L}, \widetilde{q}$, 作为第一步, 先注意 $\widetilde{L} = L$.

(ii) 现在在你的图再加做圆周 $K$, 其中心在 $\widetilde{q}$ 而且与 $\widetilde{A}$ 交成直角, 然后令 $g$ 和 $h$ 为 $K$ 与 $L$ 的交点.

(iii) 再做一个新图, 表示出 $K, L, h$ 对任意以 $g$ 为中心的圆周的反演象 $K', L', h'$.

(iv) 利用反演的反共形性质, 导出 $\widetilde{A}, \widetilde{B}$ 是以 $h'$ 为中心的同心圆.

因为两次反演的复合为一默比乌斯变换, 这样就证出了上题的结果.

12. 图 3-44i 上画了两个不相交不同心的圆周 $A$ 和 $B$, 还有一串圆周 $C_1, C_2, \cdots$, 它们一个接一个地相切, 而且都切于 $A$ 和 $B$. 如你会想到的那样, 这个链条不会 "封口": $C_8$ 与 $C_1$ **部分重叠**而不相切, 图 3-44ii 表明这种不能封口并非不可避免. 给出不同的另一对 $A$ 和 $B$, 就可能就得出一个封口的链条: $C_n$ 与 $C_1$ 相切. 图上 $n = 5$, 但若考虑 $A$ 和 $B$ 为同心圆周这一特例, 容易看到, 如果适当选取 $A$ 和 $B$, $n$ 取任意值都是可能的.

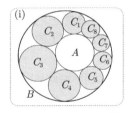 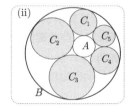

图 3-44

斯坦纳[1]令人非常吃惊地发现, 若以某种方式选定 $C_1$ 后能使此链封口, 则任意选择 $C_1$ 时, 它仍然封口, 而且所得的链条总含有相同个数的相切圆周, 请用习题 10 的结果对此加以解释.

13. (i) 令 $P$ 为放在平坦的桌面 $Q$ 上的球面, 令 $S_1, S_2, \cdots$ 是一串一个与下一个相切的与 $P$ 同样大小的球面. 若每个 $S$ 球面都与 $P$ 和 $Q$ 相切, 证明 $S_6$ 必与 $S_1$ 相切, 而我们得到一个由 6 个球面环绕 $P$ 构成的 "项链".

(ii) 令 $A, B, C$ 为三个球面（大小不必相同）, 彼此两两相切. 和前一部分一样, 令 $S_1, S_2, \cdots$ 为一串球面（现在大小不等）一个接下一个地相切, 而且均与 $A, B, C$ 相切. 惊人的是, $S_6$ 恒与 $S_1$ 相切（见上题）, 形成一条紧贴着 $A, B, C$ 的封口的 "项链". 先以 $A, B$ 的切点为中心做反演来求再求助于 (i) 来证明这个结果.

① Jakob Steiner, 1796—1863, 德国–瑞士几何学家. ——译者注

(ii) 中的六球链称为 **索蒂六球链**（Soddy's Hexlet），它是由业余数学家索蒂[①] 发现的.（**没有用反演!**）关于索蒂六球链的进一步资料可以参看 Ogilvy [1969]. 索蒂的专业是化学, 1921 年他因关于同位素的贡献获得诺贝尔化学奖!

14. 图 3-45 有 4 个共线点 $a, b, c, d$ 以及由这些点到一观测者的光线（它们一定共面）, 设想这些共线点位于复平面上, 而观测者则从其上方向下俯视它们. 证明交比 $[a, b, c, d]$ 可以纯粹由这些光线的方向来表示: 更准确地说, 有

$$[a, b, c, d] = -\frac{\sin\alpha\sin\gamma}{\sin\beta\sin\delta}.$$

设这个观测者（在自己和 $\mathbb{C}$ 之间的任意位置上）放一张"玻璃画布", 并且做一张**透视画**. 就是说, 对 $\mathbb{C}$ 之任意点 $p$, 他在画布上画一个点 $p'$, 即由 $p$ 到他的眼睛的光线与画布的交点, 利用上式证明, 虽然他的画面上各点间的距离与角度都受到扭曲, 但是共线点的交比不变: $[a', b', c', d'] = [a, b, c, d]$.

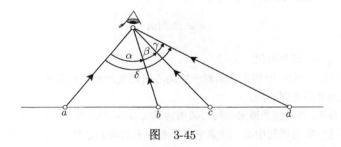

图 3-45

15. 证明在图 3-46 的左右两图中都有 $\text{Arg}[z, q, r, s] = \theta + \phi$. 由此导出 (3.31).

16. 如图 3-25 那样, 把交比 $[z, q, r, s]$ 看作一个默比乌斯变换.

   (i) 用几何方法解释何以在 $[z, q, r, s]$ 中重新排列 $q, r, s$ 会得出 6 个不同的默比乌斯变换.

   (ii) 若 $I(z)$ 是使 1 不动而将 0 与 $\infty$ 对换的默比乌斯变换, 用几何方法解释 $I \circ [z, q, r, s] = [z, s, r, q]$.

   (iii) 若 $J(z)$ 是把 $0, 1, \infty$ 分别变为 $1, \infty, 0$ 的默比乌斯变换, 用几何方法解释为什么 $J \circ [z, q, r, s] = [z, s, q, r]$.

   (iv) 简记 $\chi \equiv [z, q, r, s]$, 说明为什么 (i) 中讲的 6 个默比乌斯变换可以表示为 $\chi, I \circ \chi, J \circ \chi, I \circ J \circ \chi, J \circ I \circ \chi, I \circ J \circ I \circ \chi$.

   (v) 证明 $I(z) = (1/z), J(z) = 1/(1-z)$.

   (vi) 由此导出交比的 6 个可能的值是

$$\chi, \quad \frac{1}{\chi}, \quad \frac{1}{1-\chi}, \quad 1-\chi, \quad \frac{\chi}{\chi-1}, \quad \frac{\chi-1}{\chi}.$$

---

[①] Frederich Soddy, 1877—1956, 美国化学家. ——译者注

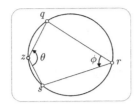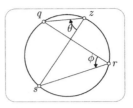

图    3-46

17. 用几何方法证明, 若 $a, c$ 位于圆周 $K$ 上, $b, d$ 关于 $K$ 对称, 则点 $[a, b, c, d]$ 位于单位圆周上. [提示: 做两个圆周, 分别通过 $a, b, d$ 与 $b, c, d$. 再把 $[z, b, c, d]$ 看成一个默比乌斯变换.]

18. 定义一个圆周的**曲率**为其半径的倒数. 令 $M(z) = \frac{az+b}{cz+d}$ 已规范化, 用 (3.3) 来几何地证明 $M$ 将实直线映为圆周, 其曲率为

$$\kappa = \left| 2c^2 \mathrm{Im}\left( \frac{d}{c} \right) \right|$$

19. 设 $M(z) = \frac{az+b}{cz+d}$ 已规范化.

(i) 利用 (3.3), 做一个图来表示对一族**同心**圆周依次做这些变换的效果. 注意, 象圆周一般地并不是同心的.

(ii) 由此导出, 当且仅当原来的同心圆周族以 $q = -(d/c)$ 为中心时, 象圆周才是同心的. 写出这些象圆周的中心. [注意它并不是原来的圆心之象: $M(q)$ 是无穷远点!]

(iii) 由此几何地证明, 方程为 $|cz + d| = 1$ 的圆周 $I_M$ 被 $M$ 映为同样大小的圆周. 进一步证明 $I_M$ 的**每一段弧**都被映为大小仍与之相同的象弧. 因此 $I_M$ 被称为 $M$ 的**等度圆周**.

关于等度圆周的应用, 请参看 Ford [1929] 和 Katok [1992].

20. (i) 证明每一个形如

$$M(z) = \frac{pz + q}{\bar{q}z + \bar{p}}, \quad \text{其中 } |p| > |q|$$

的默比乌斯变换都可以重写为以下形式:

$$M(z) = \mathrm{e}^{\mathrm{i}\theta} \left( \frac{z - a}{\bar{a}z - 1} \right), \quad \text{其中 } |a| < 1.$$

[注意, 其逆亦真, 换言之, 这两个函数族是一样的.]

(ii) 用第一个式子的矩阵表示证明这种默比乌斯变换的集合在复合运算下成群.

(iii) 用这种变换的圆盘自同构解释来对它们成群这一事实做出几何解释.

21. (i) 用矩阵表示来代数地证明, 如下的默比乌斯变换

$$R(z) = \frac{az + b}{-\bar{b}z + \bar{a}}, \qquad \text{其中 } |a|^2 + |b|^2 = 1$$

之集合在复合运算下成群.

(ii) 利用 3.6.4 节末尾所给的关于这些函数的解释（即 (3.38)）来几何地解释 (i).

22. 令 $H$ 为一直角双曲线, 其笛卡儿方程为 $x^2 - y^2 = 1$, 证明 $z \to w = z^2$ 将 $H$ 映为 $\text{Re}(w) = 1$. 此直线在复反演 $w \to (1/w)$ 下的象是什么? 回到第 2 章图 2-9, 导出复反演将 $H$ 映为**双纽线**!

[**提示**: 把复反演看成 $z \to \sqrt{(1/z^2)}$.]

23. 由 $z \mapsto (1/z)$ 为对合的这一简单事实, 导出这个映射是椭圆型的, 而且乘子为 $-1$.

24. (i) 利用对称原理证明, 把上半平面映为单位圆盘的最一般的默比乌斯变换必定形为

$$M(z) = \mathrm{e}^{\mathrm{i}\theta}\left(\frac{z - a}{z - \overline{a}}\right), \quad \text{其中 } \text{Im } a > 0.$$

(ii) 由单位圆盘映回到上半平面的最一般的默比乌斯变换因此必为 $M(z)$ 之逆, 记此逆为 $N(z)$, 用 $M$ 的矩阵形式证明

$$N(z) = M^{-1}(z) = \frac{\overline{a}z - a\mathrm{e}^{\mathrm{i}\theta}}{z - \mathrm{e}^{\mathrm{i}\theta}}.$$

(iii) 解释为什么由对称原理可得 $N(1/\overline{z}) = \overline{N(z)}$.

(iv) 用直接计算证明 (ii) 中所给的 $N$ 的公式确实满足 (iii) 中的等式.

25. 令 $M(z)$ 为上半平面的最一般的默比乌斯自同构.

(i) 注意到 $M$ 映实轴为其自身, 再用 (3.29) 证明 $M$ 的系数均为实数.

(ii) 考虑 $\text{Im}[M(\mathrm{i})]$, 由此导出对这些实系数的唯一限制是其行列式为正: $(ad - bc) > 0$.

(iii) 用几何与代数两种方法解释为什么这些默比乌斯变换在复合运算下成群.

(iv) $M$ 的自由度是多少? 为什么是这样的?

26. 重新考虑 (3.52)

(i) 用 (3.44) 证明 $M_a$ 是椭圆型的.

(ii) 用 (3.43) 证明其两个乘子的为 $\mathrm{m} = -1$.

(iii) 计算矩阵之积 $[M_a][M_a]$, 由此验证 $M_a$ 是对合的.

(iv) 用 (3.27) 计算 $M_a$ 的不动点.

(v) 证明上一部分的结果与图 3-38 是相符的.

27. 用 (3.44) 来验证 (3.53).

# 第 4 章　微分学：伸扭的概念

## 4.1　引　言

在研究了复数的函数以后，我们现在转到这种函数的**微积分**.

知道一个通常的实函数的图像就完全地知道了这个函数，所以，理解曲线就是理解实函数. 微分学中对事物最关键的洞察就是：如果把一个平常不甚古怪的曲线放到一个显微镜下面，并用倍数越来越高的镜头去考察它，它的每一小段看起来就**像一条直线**. 若把它延长，这些无穷小的直线段就是曲线的切线，其方向描述曲线的局部性态. 把曲线看成 $f(x)$ 的图像，这些方向就用导数 $f'(x)$ 来描述.

虽然无法画出复函数图像，但是我们将在本章中看到，仍然可以用通常导数的复的类似物，即"伸扭"来描述复映射的局部性态.

## 4.2　一个令人迷惑的现象

在整个第 2 章中，我们见证了一个非常奇怪的现象. 每当我们把一个熟知的实函数推广为相应的复函数时，这个映射总是把无穷小正方形变为无穷小正方形. 迄今这只是一个纯粹的来自经验的观察，其基础是用计算机来画映射的图像. 在本章中，我们要探讨这个现象理论上的依据.

我们现在回头来更仔细地看一个如 $z \mapsto w = z^2$ 这样简单的映射. 我们已经知道，它把以原点为中心的圆周 $|z| = r$ 映为圆周 $|w| = r^2$，把射线 $\arg(z) = \theta$ 映为射线 $\arg(w) = 2\theta$. 它的一个显然的推论就是：$z$ 平面上的这些圆周与射线的交角为直角这一事实，在映射下仍得保持，这就是说，它们在 $w$ 平面上的象仍以直角相交. 正如图 4-1 所示，由这些圆周与射线所成的无穷小正方形网格被映为由无穷小矩形所成的象网格. 但是这并不能解释为什么这些象矩形必定仍是**正方形**.

我们马上就要解释，无穷小正方形得以保持这一事实，是另一事实的一个推论，即 $z \mapsto w = z^2$ 处处保持两条曲线在 $z$ 点相交的交角，特别是任一对正交曲线被映为另一对正交曲线. 但是两个临界点 $z = 0$ 和 $z = \infty$ 要除外，在那里角度要加倍. 为了给出另一个例子，我们先把这个映射分解为其实部与虚部. 记 $z = x + \mathrm{i}y, w = u + \mathrm{i}v$，我们得到

$$u + \mathrm{i}v = w = z^2 = (x + \mathrm{i}y)^2 = (x^2 - y^2) + \mathrm{i}2xy.$$

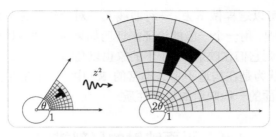

图 4-1

这样, 新的坐标可由老的坐标表示为

$$u = x^2 - y^2,$$
$$v = 2xy. \tag{4.1}$$

现在 (暂时) 忘掉我们是处于 $\mathbb{C}$ 中, 而把 (4.1) 简单地看成一个由 $\mathbb{R}^2$ 到 $\mathbb{R}^2$ 的映射, 如果我们让点 $(x, y)$ 沿着方程为 $x^2 - y^2 =$ 常数的直角双曲线滑动, 则由 (4.1) 可以看到, 其象在一条铅直直线 $u =$ 常数上运动. 类似于此, 水平直线 $v =$ 常数的原象是另一族方程为 $2xy =$ 常数的直角双曲线. 因为这两族 $w$ 平面上的直线和它们在 $z$ 平面上的原象 (直角双曲线) 都是正交的, 所以这个映射保持它们的交角不变. 这个性质我们称之为 $z \mapsto z^2$ 的共形性, 这个名词 (还有反共形) 的含义已在 3.2.4 中讲过, 下面还要细说.

图 4-2 使得这两类双曲线本身确为正交在几何上看得很清楚了. 我们还可以用计算来验证这一点, 只需记住, 如果两条曲线在一个交点上的斜率之积为 $-1$, 则它们在此点正交, 对这两个双曲线方程做隐函数微分, 我们得到

$$x^2 - y^2 = 常数 \quad \Rightarrow \quad x - yy' = 0 \quad \Rightarrow \quad y' = +(x/y),$$
$$2xy = 常数 \quad \Rightarrow \quad y + xy' = 0 \quad \Rightarrow \quad y' = -(y/x).$$

所以这两类双曲线在其一交点上斜率之积为 $-1$, 即所求证.

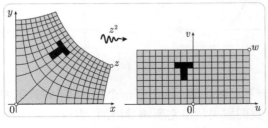

图 4-2

很清楚, 我们可以这样做下去, 一对曲线又一对曲线地去分析映射的效果, 但是我们真正需要的是, 用一个一般的论证来证明如果两条曲线以任意角 $\phi$(而不一定是 $(\pi/2)$) 相交, 则它们在映射 (4.1) 下的象也以角 $\phi$ 相交. 要想得到这样一个论证, 我们还是继续认为是在构造不那么丰富的 $\mathbb{R}^2$ 中(而不是在我们的 $\mathbb{C}$ 中), 并且研究由平面到平面的一般映射的局部性质.

## 4.3  平面映射的局部描述

### 4.3.1  引言

看看图 4-3 就很清楚, 为了确定任一已知映射共形与否, 只需对**很接近**于交点 $q$ 处发生了什么事进行局部的研究. 为了把这一点看得更清楚, 要知道, 为了量度角 $\phi$, 甚至只是为了定义它, 我们需要画出这两条曲线在 $q$ 点的切线 [图中的虚线], 再量度其间的角. 只要把 $q$ 与曲线上很邻近的 $p$ 点联起来, 我们就画出了一条切线的近似. 当然, $p$ 离 $q$ 越近, 弦 $qp$ 对真正的切线就逼近得越好. 因为在这里我们只关心方向与角度(而不是位置), 我们连切线本身也可以不管, 而直接用与它同方向的无穷小向量 $\vec{qp}$ 代替它. 类似于此, 在做了映射以后, 我们对象点 $Q$ 和 $P$ 的位置并无兴趣, 我们宁可只去描述 $Q$ 点处新切线方向的无穷小连接向量 $\vec{QP}$. 我们称此无穷小向量 $\vec{QP}$ 为向量 $\vec{qp}$ 之象. 注意, 这个说法不管听起来多么自然, 这里实际上已经用了 "象" 这个词的新含义, 即它不再是表示位置的点的 "象", 而是表示方向的向量之 "象".

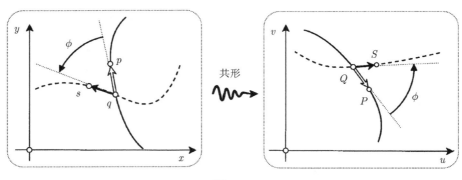

图  4-3

我们现在概述一下总的步骤. 给出了一个如 (4.1) 那样的映射, 它描述的是由点到其象点的映射, 我们想去找出它所诱导出的, 由点 $q$ 发出的无穷小向量到由象点 $Q$ 发出的象向量的映射. 从原则上说, 我们可以将后一映射用于 $\vec{qp}$ 和 $\vec{qs}$, 并给出它们的象 $\vec{QP}$ 和 $\vec{QS}$, 这样就得出了这两条象曲线在 $Q$ 点处的交角.

### 4.3.2 雅可比矩阵[①]

考虑图 4-4. 正如我们已经讨论过的那样, 图上画的过 $q$ 点的曲线的方向可由无穷小向量 $\begin{pmatrix} \mathrm{d}x \\ \mathrm{d}y \end{pmatrix}$ 来描述, 无穷小象向量 $\begin{pmatrix} \mathrm{d}u \\ \mathrm{d}v \end{pmatrix}$ 则给出过 Q 的象曲线的方向, 我们可以决定 $\begin{pmatrix} \mathrm{d}u \\ \mathrm{d}v \end{pmatrix}$ 的分量如下:

$\mathrm{d}u =$ 由于沿 $\begin{pmatrix} \mathrm{d}x \\ \mathrm{d}y \end{pmatrix}$ 运动而产生的 $u$ 的总变化量

   $=$ (由于在 $x$ 方向的运动 $\mathrm{d}x$ 而产生的 $u$ 的变化量)+

   (由于在 $y$ 方向的运动 $\mathrm{d}y$ 而产生的 $u$ 的变化量)

   $=$ ($u$ 对 $x$ 的变率)($x$ 的变化量 $\mathrm{d}x$) + ($u$ 对 $y$ 的变率)($y$ 的变化量 $\mathrm{d}y$)

   $= (\partial_x u)\mathrm{d}x + (\partial_y u)\mathrm{d}y,$

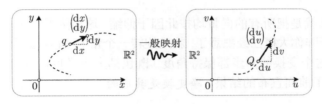

图 4-4

这里 $\partial_x = \partial/\partial x$, 等等. 类似地, 可知纵向分量 $\mathrm{d}v$ 为

$$\mathrm{d}v = (\partial_x v)\mathrm{d}x + (\partial_y v)\mathrm{d}y.$$

因为这些式子对 $\mathrm{d}x$ 和 $\mathrm{d}y$ 为线性的. 可知 (设这些偏导数不全为 0) 无穷小向量 $\begin{pmatrix} \mathrm{d}x \\ \mathrm{d}y \end{pmatrix}$ 被一个**线性变换**映为其象 $\begin{pmatrix} \mathrm{d}u \\ \mathrm{d}v \end{pmatrix}$. 这句话的一般意义将在后面讨论, 目前, 它意味着我们的映射的局部效果可以用一个称为**雅可比矩阵**的矩阵 $\boldsymbol{J}$ 来描述. 这样

$$\begin{pmatrix} \mathrm{d}x \\ \mathrm{d}y \end{pmatrix} \mapsto \begin{pmatrix} \mathrm{d}u \\ \mathrm{d}v \end{pmatrix} = \boldsymbol{J} \begin{pmatrix} \mathrm{d}x \\ \mathrm{d}y \end{pmatrix},$$

而雅可比矩阵 $\boldsymbol{J}$ 为

$$\boldsymbol{J} = \begin{pmatrix} \partial_x u & \partial_y u \\ \partial_x v & \partial_y v \end{pmatrix}. \tag{4.2}$$

我们现在转到具体的映射 $z \mapsto z^2$, 或更确切地说, 是由此抽取出来的 $\mathbb{R}^2$ 的映

---

[①] Jacobian 一词使用比较混乱, 有时是指一个矩阵, 有时是指该矩阵的行列式, 视使用的场合而定, 例如本书它来刻画以上所述向量间的映射 $\overrightarrow{qp} \mapsto \overrightarrow{QP}$, 这个映射是线性的, 将一向量映为另一向量的线性变换自然用矩阵来表示. 有时, 在积分的变换中 Jacobian 是指两个有符号的面积之比, 因此自然是行列式. 我们在译文中一律分别说明是雅可比矩阵或雅可比行列式. 原书则一律是指矩阵, 为方便读者参阅其他文献, 在此做出以上说明. ——译者注

射. 若对映射 (4.1) 计算 (4.2), 有

$$J = \begin{pmatrix} 2x & -2y \\ 2y & 2x \end{pmatrix}.$$

如果我们转到极坐标, 则此矩阵的几何效果还可看得更清楚, 在点 $z = re^{i\theta}$ 处（最好还是说在 $(r\cos\theta, r\sin\theta)$ 处, 因为我们暂时还处于 $\mathbb{R}^2$ 中）, 我们有

$$J = 2r \begin{pmatrix} \cos\theta & -\sin\theta \\ \sin\theta & \cos\theta \end{pmatrix}.$$

因子 $2r$ 的效果就是把所有的向量均按此因子伸缩. 这显然不会影响到两个向量的交角, 余下的矩阵你大概已经熟悉了, 就是旋转一个角 $\theta$, 所以也不会影响向量之间的交角. 既然这个变换的两步都保持角度（既包括大小又包括方向）不变, 我们就在事实上验证了前面宣布的结果: *净变换是共形的*.

### 4.3.3　伸扭的概念

我们已经看到, $z \mapsto z^2$ 对无穷小向量的局部效果就是: 先伸缩, 再旋转. 从现在起我们主要关心这种类型的（即局部效果由这样两步构成的）变换, 所以, 专门设计一个很生动的新词来描述它, 是十分有好处的.

若由 $q$ 点发出的一切无穷小向量（$\overrightarrow{qp}$ 等）在生成其在 $Q$ 点的象时, 其长度发生同样倍数的放大, 我们就说这个映射的局部效果是向量的**伸缩**, 伸缩的因子称为该映射在 $q$ 点的**伸缩率**. 另外, 如果它们经历了同样大的旋转, 我们就说此映射的局部效果是把这些向量**扭转**一个角, 这个转角称为此映射在 $q$ 点的**扭转度**. 一般地说, 我们将要与之打交道的映射, 对于无穷小向量局部地伸缩（amplify）和扭转（twist）, 所以我们就说这种变换局部地是一个**伸扭**（amplitwist）. 这样说来, "伸扭" 就是 "（保向）相似" 的同义语, 只不过, 说伸扭讲的是**无穷小**向量的变换, 说**保向相似**则没有这样的限制.

我们可以就已经分析过的具体情况, 即 (4.1) 来说明这个新的用语. 请看图 4-5, 映射 $z \mapsto z^2$ 局部就是一个伸缩率为 $2r$、扭转度为 $\theta$ 的伸扭, 这个图相当一般地使我们清楚了: *若一映射局部地是一个伸扭, 则它自动地为共形的———向量之间的角保持不变*.[①]

---

① 但是在下面的讨论中, 会遇到伸缩率为 0 的情况. 这时共形性按其义来说已经没有意义了, 我们就说共形性遇到了临界点. ——译者注

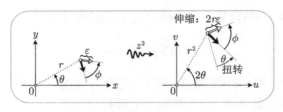

图 4-5

回到图 4-1 和图 4-2, 我们现在懂得了为什么无穷小正方形被映为无穷小正方形. 事实上, 只要 $z \neq 0$, 则 $z$ 点处的任意形状的无穷小区域将被 "伸扭" (既伸缩又扭转) 为 $z^2$ 处的相似图形. 注意, 于此又把我们的用语推前了一步: 以后我们可以自由地把 "伸扭" 作为动词来用, 意为对一无穷小几何对象既伸缩又扭转.

目前我们所具有的是一个局部为伸扭的简单映射. 为了体会伸扭概念是基本到何种程度的概念, 我们必须回到 $\mathbb{C}$, 而且从头来展开复微分学的思想.

## 4.4 复导数作为伸扭

### 4.4.1 重新考察实导数

在通常的实的微积分中, 我们有一个很强有力的手段使一个由 $\mathbb{R}$ 到 $\mathbb{R}$ 的函数 $f$ 的导数 $f'$ 可视化, 即看作 $y = f(x)$ 的图像的斜率. 见图 4-6a. 不幸的是, 由于我们没有对四维空间的想象力, 画不出一个复函数的图像, 因此无法以任何一种显然的方式来推广导数这个特殊的概念.

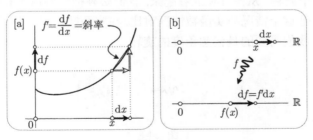

图 4-6

为了成功地进行推广, 我们首先简单地把两个坐标轴拆散, 使图 4-6a 变成图 4-6b. 注意, 我们把两个 $\mathbb{R}$ 都画在水平方向上, 预示着它们将仅仅被看作两个复平面的实轴.

其次, 继续前一节的思路, 我们看到 $|f'(x)|$ 描述的是: $x$ 点的无穷小向量按怎样一个因子加以伸缩才能得到它在 $f(x)$ 处的象. 用更为代数化的语言来说, $f'(x)$

就是这样一个实数，初始向量一定要乘上它才能得到其象：

$$f'(x) \cdot \rightarrow = \longrightarrow . \tag{4.3}$$

如果 $f'(x) > 0$（图 4-6b 就是这样的），正的 $dx$ 的象是正的 $df$，如果 $f'(x) < 0$，则无穷小象向量 $df$ 是负的，而且如图 4-7 那样指向左方。这时，可以这样来得到 $df$：先把 $dx$ 按因子 $|f'(x)|$ 伸缩，再**旋转**一个 $\pi$。如果我们把 $f'(x)$ 看作 $\mathbb{C}$ 的实轴上的一点，那么，当 $f'(x) > 0$ 时 $\arg[f'(x)] = 0$，当 $f'(x) < 0$ 时 $\arg[f'(x)] = \pi$。这样，不论 $f'(x)$ 是正还是负，我们看到 $f$ 对 $x$ 处的无穷小向量 $dx$ 的局部效果都是先按因子 $|f'(x)|$ 伸缩，再旋转一个角 $\arg[f'(x)]$。

趁热打铁，我们现在打算把"导数"概念推广到 $\mathbb{C}$ 中的映射。

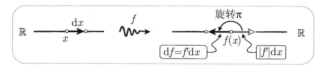

图　4-7

### 4.4.2　复导数

考虑复映射 $f(z)$ 作用在由 $z$ 点发出的无穷小复数（请记住，复数就是平面向量）上的效果。它的象（即连接两个象点的复数）将是由 $f(z)$ 发出的一个无穷小复数。现在的图 4-8 就是图 4-6b 或图 4-7 的推广。在右方我们用黑箭头来画复数的象，还把 $z$ 处原来的向量用空心箭头画在 $f(z)$ 处以便比较，现在需要的不仅是一个伸缩，还要一个旋转。从图 4-8 上看起来，我们必须把空心箭头长度放大到 2 倍，再旋转 $(3\pi/4)$。把这个情况与实函数情况对比，在实函数情况下旋转角只能是 0 或 $\pi$；在复函数时，我们需要的是任意角度的旋转。

图　4-8

尽管如此，我们仍旧可以写出完全类比于 (4.3) 的代数方程，因为"伸缩与旋转"正是乘以复数的几何意义。所以，复导数 $f'(z)$ 可以这样来引入，即它是这样一个复数，我们必须用它来乘 $z$ 点处的无穷小复数，才能得到这个无穷小复数在 $f(z)$ 点的象：

$$f'(z) \cdot \downarrow = \nearrow . \tag{4.4}$$

这里和 (4.3) 中的箭头都是分别从图 4-6b 和图 4-8 模仿下来的. 要想得出正确的效果, $f'(z)$ 的长度必须为伸缩因子, 而 $f'(z)$ 的辐角必须为旋转角. 例如在图 4-8 的 $z$ 点我们应有 $f'(z) = 2e^{i(3\pi/4)}$. 按照第 1 章的思路, 我们甚至不必区分局部变换与代表它的复数.

为了求 $f'(z)$, 我们一直注视着 $z$ 点一个特定箭头的象, 但是,（与 $\mathbb{R}$ 的情况不同）这种箭头现在可能有无穷多个可能的方向. 如果我们关注的箭头与图上画的那个方向不同, 又当如何?

我们马上就遇到了麻烦, 因为一个典型的映射[1] 将要如图 4-9 那样行事. 很清楚, 不同的箭头伸缩因子会不同, 类似于此, 每个箭头要达到自己的象也可能需要旋转不同的角度才行. 虽然我们仍可在 (4.4) 中使用一个复数来描述箭头的变换, 但对不同的箭头它必须是**不同的数**. 所以找不到单一的复数来使所有的箭头都旋转同样的角度. 在能够找到一个复数使得 (4.4) 成立时, 就认为它是 $f$ 在 $z$ 点的这种导数, 并记它为 $f'(z)$[2]. 但是这样一来, 我们就走到了一个前景看似阴暗的绝地: 典型的 $\mathbb{C}$ 中的映射干脆就是不能微分的.

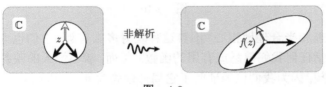

图　4-9

还有一点要说明, 伸缩因子（即伸缩率）可能为 0. 这时本来已无法定义旋转角（即扭转度）, 但我们仍然认为 $f(z)$ 有导数, 但导数为 0: $f'(z) = 0$. 或者说伸扭为 0. 这就好比 0 是没有辐角的, 但我们仍然认为 0 是一个复数一样. 这是一个重要情况. 上面说到的共形性遇到临界点也是同样的. 所以以下讲到伸扭时都包括 $f$

---

① 我们很快就可以弄清图 4-9 的某些细节, 例如无穷小圆被映为无穷小椭圆.

② 在本书里, 导数的定义是两个向量的比值（向量表示为复数时, 是有比值的）. (4.3) 和 (4.4) 就是这个意思. 而且作者把它们右方的向量称为象向量时, 还特意提到, "象" 这个字义已经有了变化: 原来是表示位置的点（象点）, 现在是表示方向的向量（象向量）. 这件事意义重大. 按照我们的习惯, 这些向量应该分别记作 $dz$ 和 $dw$, 所以本书的讲法用我们习惯的表述方法就是: *如果存在一个复数 $A$ 使得线性比例关系 $dw = A dz$ 成立, 而且 $A$ 就称为导数, 记作 $f'(z) = A$, 那么映射 $z \mapsto w = f(z)$ 在 $z$ 点称为可微的.* 这只不过是实函数情况下通过微分来定义导数的思路在复情况下的推广. 如果再把 $dz$ 和 $dw$ 分别写成 $\Delta z$ 和 $\Delta w$, 再注意到作者一再强调的不要把微分与差分割裂开来, 那么立即就会看到我们所熟知的 "导数就是差商的极限". 这个命题深入人心, 虽然作者没有明确地讲（但是他也用到了这个命题, 例如在 9.3.2 节 (9.11) 的证明中）, 但我们仍把它提出. 作者没有提, 看来是为了强调可视化, 把力量花在几何实质上, 而不是花在形式推导上. 译者加了这个很长的脚注, 也是希望读者理解, 对微分学的讲法, 绝非只能用人们熟悉的传统形式推导.

——译者注

的伸扭（即导数）为 0, 讲到共形性时都包括可能有临界点的情形. [1]

### 4.4.3　解析函数

我们可以用禅宗的方式[2]来处理这个情况. 即是说, 从今以后, 我们几乎只集中于那种可以微分的**非常特殊**的映射.[3]这种函数称为解析的. 由前面的讨论可知:

> $p$ 点处的解析映射就是那些其局部效果是伸扭的映射: 即在 $p$ 的某个开邻域的每一点处, 由一点发出的无穷小复数都按同样的伸缩率和旋转度被伸缩与旋转.

解析映射的效果可以从图 4-10 上看到, 它与图 4-9 形成鲜明的对比. 对于这样的映射, 导数存在而且就是伸扭, 或者如果你愿意, 不妨说导数就是代表伸扭的复数.

 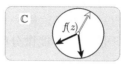

图　4-10

这时你可能相当合理地担心, 不管这种映射多么有趣, 它们也太奇怪了, 以至于其中不能包括任何我们熟悉或有用的函数. 然而, 貌不惊人的映射 $z \mapsto z^2$ 却给了我们一线希望, 因为我们已经证明了它局部地确为伸扭, 因而对我们选中的解析函数集合颁发了准入证. 事实上, 令人吃惊的是, 我们将在下一章发现, 本书中遇到的函数基本上都是解析的! 当然我们在许多插图中看见的小 "正方形" 被映为小 "正方形" 已对此提供了大量的经验证据.

或者应该强调一下, 所有近来的图片讲的都是局部性质, 因此也就是讲**无穷小**箭头和图形. 例如由图 4-10 可以看到, 任意解析映射都是映无穷小圆周为其他无穷小圆周. 然而这并不意味着, 这种映射整体地也映圆周为圆周, 图 4-11（它的中

---

① 这一段话是译者加的. ——译者注

② 近年来禅宗的思想在西方颇有影响. 但在它的故乡——中国, 数学界的人们很少谈论它. 老实说, 也不知道西方人说的 "禅" 是否原汁原味. 其实作者的意思很清楚: 不必管一个复函数 $f(z)$ 在何时有导数存在的条件. 在我国流行的复分析教材中总要花一定篇幅去讨论 $f(z)$ 的连续性和可微性等, 而本书作者却认为真正本质的是反映几何实质的伸扭. 所以译者认为不妨借用陶渊明的诗句 "此中有真意, 欲辩已忘言" 来说明这个情况. "真意" 在于几何, 那些如可微性等的细节只是 "言", 而且不一定能反映 "真意". 所以 "干脆不去管它" 这个说明是否妥当, 应请读者指教. 同样, 下文讲的 "可以微分" 的 "精确" 的 "言" 也不必去管了. 但是我们不要以为作者 "完全不管" 这些事. 请看本章 4.6 节, 其中对于为什么不能只看 "一点处" 的解析性做了很好的几何解释. ——译者注

③ 更准确地说, 是集中于那种在一点（例如 $p$ 点）的任意小开邻域中每一点都可以微分的**非常特殊**的映射. 这个附加语的重要性在 4.6 节里会讲到. ——译者注

心部分就是图 4-10）表明一个事实, 即若我们从一个无穷小圆周开始然后让它慢慢变大, 它的象一般地会扭曲起来而与圆周毫无相似之处. 当然, 默比乌斯变换给出了一个重要的例外, 因为它们精确地保持各种大小的圆周. 事实上, 可以证明, 默比乌斯变换是仅有的具有这种性质的变换.

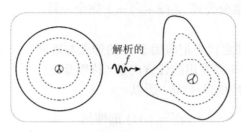

图    4-11

### 4.4.4    简短的总结

我们在本书中研究的主要映射是解析映射（即复可微映射）. 虽然以后会看到其中包括了几乎所有有用的函数, 但是它们仍然是很特殊的. 它们对以 $z$ 为中心的无穷小圆盘的作用, 简单地说就是, 先把这些圆盘平移到 $f(z)$ 处, 再加以伸缩和扭转. “伸缩率” 就是放大的因子, 而 “扭转度” 就是旋转的角度. 然后 $f$ 的局部效果就如密码一样完全放在一个复数 $f'(z)$ 中等待我们去解密, 这个数就是 $f$ 的导数, 而我们宁可称之为 $f$ 的伸扭.

$$f'(z) = f \text{ 在 } z \text{ 的伸扭} = (\text{伸缩率}) \exp[\mathrm{i}(\text{扭转度})] = |f'(z)|\mathrm{e}^{\mathrm{i}\arg[f'(z)]}.$$

要想得到 $z$ 点处的一个无穷小复数的象, 只需要用 $f'(z)$ 去乘它就行了.[1]

最后还有两点. 我们（在 “导数” 一词以外）还引入了一个词 “伸扭”, 因为它含义较深, 而且使以后推理更易于解释. 然而, 初次接触这门课的学生应该明白, 在所有其他书上只用**导数**一词. 其次应该注意, 这两个词只在以下情形（与第 1 章比较）是同义的: 复数在用它来乘各个点时可以等同于产生一个相似变换. 这样一来, 举例来说, “进行微分” 与 “进行伸扭” 并不是一回事: 前者讲的是求一函数的导数, 后者讲的是对一无穷小几何图形 “伸缩与扭转”.

## 4.5    一些简单的例子

在下面的例子中, 我们都把作为象的 $\mathbb{C}$ 放在原来的 $\mathbb{C}$ 平面上了.

**例 1**    $z \mapsto z + c.$

---

[1] 我们附加规定只要 “伸缩率” 为 0, 尽管 “扭转度” 无法定义, 我们仍说 $f$ 的伸扭（即导数）为 0, 而上式仍成立. ——译者注

它表示对点 $z$ 做平移 $c$. 正如在图 4-12a 中看到的那样, 由 $z$ 发出的复数之长不变, 所以伸缩率为 1, 同样很清楚, 因为没有诱导出旋转, 所以扭转度为 0, 从而

$$(z + c)' = (z + c) \text{ 的伸扭} = 1 \cdot e^{i0} = 1.$$

这与我们熟知的实的微分公式 $\frac{d}{dx}(x + c) = 1$ 完全一致.

**例 2**    $z \mapsto Az$.

如果 $A = ae^{i\alpha}$, 则它代表把按因子 $a$ 的伸缩与旋转一个角 $\alpha$ 组合起来. 从图 4-12b 看得很清楚, 从 $z$ 点发出的任意向量 (特别是无穷小向量) 和平面上的 $z$ 点一样, 都经历了相同的伸缩与扭转. 所以

$$(Az)' = (Az) \text{ 的伸扭} = A.$$

虽然它的含义比实的微分公式 $\frac{d}{dx}(Ax) = A$ 更丰富, 形式上却完全相同.

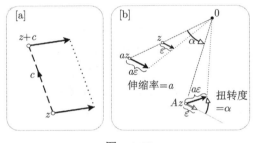

图    4-12

**例 3**    $z \mapsto z^2$.

我们前面的研究已经揭示了, 这个映射在点 $z = re^{i\theta}$ 处局部地也是一个伸扭, 其伸缩率为 $2r$, 扭转度为 $\theta$. 所以

$$(z^2)' = (z^2) \text{ 的伸扭} = (\text{伸缩率})e^{i(\text{扭转度})} = 2re^{i\theta} = 2z.$$

虽然 $z = 0$ 时, 伸缩率为 0, 扭转度没有意义, 我们仍说 $f$ 的伸扭 (即导数) 为 0. 再一次注意到, 这个结果形式上与通常的微分公式 $(x^2)' = 2x$ 完全一样. 下一章我们还会给出这个事实的直接的复数与图示的证明.

**例 4**    $z \mapsto \bar{z}$.

因为这个映射是反共形的, 所以很清楚, 它不可能是解析的. 我们已经看到, 如果一个映射局部地是一个伸扭, 那么它就自动地是共形的. 图 4-13a 精确地找出了麻烦所在. 从图上我们看到, 任意的发自 $z$ 点的复数在 $\bar{z}$ 处的象与原来的复数长度相同, 所以伸缩率为 1. 问题在于: 角度为 $\phi$ 的箭头一定要旋转 $-2\phi$ 才能达到其象箭头的角度 $-\phi$. 所以, 不同的箭头必须旋转不同的量 (这就不是扭转) 使得在这里不会有伸扭.

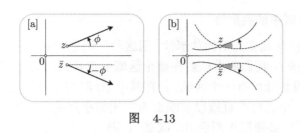

图 4-13

# 4.6 共形 = 解析

### 4.6.1 引言

在图 4-5 中我们已经清楚地看见, 任何一个局部为伸扭的映射必自动地是共形的. 用复微分的语言, 我们可以把这一点重述为所有解析函数都是共形的, 所以自然地产生一个问题: 逆命题是否为真, 即是否每一个共形映射都是解析的? 或者换一个方式来问, 是否每一个共形映射都不会比伸扭更复杂? 如果确是这样, 这两个概念就是等价的, 我们就会有一个新的途径来辨认解析函数或者对它进行推理. 这真是一个诱人的前景!

要想排除这一可能性只需要发现一个函数, 它是共形的然而其局部效果不是一个伸扭就可以了. 图 4-13b 的复共轭的例子说明, 在考虑共形性时, 要考虑一个映射是否不仅保持角的大小而且保持其方向是多么重要. $z \mapsto \bar{z}$ 不是解析的, 但是它也不是上述猜想的反例, 因为它是反共形的.

我们已经看到, 虽然复共轭确有伸缩率, 但它不是解析的, 因为它没有扭转度. 现在我们来考虑一个函数, 它确有扭转度, 但仍然不是解析的, 这一次是由于它没有伸缩率. 这种映射在一个特定点处的效果可见图 4-14, 左方的三条曲线各以等角 $\pi/3$ 相交, 右方它们的象也如此. 但是此图明显地表现出, 我们处理的并非一个伸扭. 假想切于原复数的无穷小复数先是被扭转了, 但后来并未伸缩, 而解析函数本当如此. 现在它却按不同的因子伸缩. 尽管如此, 开始时的扭转保证了两条曲线之间的角大小与方向均得保持: 这个映射在这一点处真正是共形的.

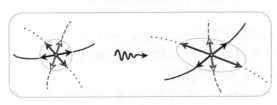

图 4-14

### 4.6.2　在整个区域中的共形性

如果我们坚持在孤立点上的共形性，则这种反例是一定存在的，（我们已经画出了一个！）但是如果我们要求映射在**整个区域中**都是共形的，则这种非解析的事是不会发生的. 设想我们有一个区域，使在其中 (i) 映射是共形的，(ii) 映射又不是太病态的，使每一个无穷小直线段被映射为一无穷小直线段. 事实上，重新检验一下图 4-3 就会看出，必须预先假设 (ii) 成立，否则 (i) 可能是没有意义的. 因为如果由 $q$ 到 $p$ 的曲线的无穷小的直的一段不是映到过 $Q$ 的另一段同种类的曲线，则可能连在 $Q$ 处的交角都无从谈起，哪里谈得上它是否等于 $\phi$ 呢？[1]

现在看图 4-15. 在共形的区域中画一个大的（即非无穷小的）三角形 $abc$ 还有它的象 $ABC$. 注意，虽然三角形 $abc$ 的直边完全扭曲而生成了象 $ABC$ 的曲边，但是这个 "三角形" 的三个角却与原三角形的角完全一样. 现在想象三角形 $abc$ 缩成此区域中的一个任意点. 当我们这样做时，它的不断收缩着的象的边也越来越像直线 [这是由 (ii) 才得出的]，而在此过程中角总与原三角形的角相等. 这样，这区域中任一个无穷小三角形都被映为另一个无穷小**相似**三角形. 因为象三角形只不过大小及其在纸面上排列的方位不同（这一点从图 4-15 上也看得很清楚），它确实是由原三角形经伸扭而得.

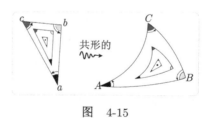

共形的

图　4-15

这样我们就证明了想得到的共形与解析映射的等价性：

> 一个映射在一点 $p$ 局部地为一个伸扭，如果它在 $p$ 的一个无穷小邻域中是共形的.

由于这个原因，$f$ 在 $p$ 点 "解析" 的准确的定义就是：在 $p$ 的一个无穷小邻域中各点 $f'$ 都存在.

由这个结果我们立即可以导出，例如 $z \mapsto (1/z)$ 在 $z \neq 0$ 处是解析的，因为我们已经几何地证明了它是共形的. 由同样的证据，更一般地还可以得到，所有默比乌斯变换（除在奇点外）都是解析的.

不需另外费事，只要注意距离而不是角度，还可以得到进一步的等价性. 我们

---

① 由此可见我们不能讨论恰好在一点处的解析性或共形性，而必须在一点的某一个开邻域（不管多小）中讨论这些概念. ——译者注

刚才看到的是, 一个映射不可能在一个区域内只有扭转度而没有伸缩率. 为了研究其逆, 设只知道一个映射在某区域内有伸缩率, 从这一观点出发重新研究图 4-15. 与前面的情形不同, 现在没有任何先验的理由使得象 ABC 仍能表现出任何与原来图形共同的特征. 但是当我们实行上面那种收缩过程时, 伸缩率的局部存在就开始显现出来了.

当三角形变得很小时, 我们可以把它的两个边, 例如 ab 和 ac, 看成发自同一个顶点 a 的无穷小箭头. 虽然我们关于角度一无所知, 但是确实知道这两个箭头都经历了相同的伸缩而生成其象 AB 和 AC. 若我们对其他的顶点也做同样的推理, 就立刻发现, 为了不产生矛盾, 这三个边必定经历同样 [1] 的伸缩, 从而我们又一次得知象三角形与原三角形相似.

然而这一次我们只知道无穷小象三角形的角度的大小与原三角形相同. 如果二者的方向也相同, 则象三角形是由原三角形经伸扭而得, 这和前面是一样的. 但是如果二者的角成了反向的, 则我们不仅要把原三角形加以伸扭, 还要翻转. 这种 "翻转" 可以通过对任意直线做反射而得, 特别是, 我们可以使用对实轴的反射 $z \mapsto \bar{z}$. 这样, 如果 $f(z)$ 是一个映射, 而我们知道在 $p$ 的一个无穷小邻域中具有伸缩率, 则或者 $f(z)$, 或者 $\overline{f(\bar{z})}$, 在 $p$ 点为解析.

有意思的是, 在上面的论证中使用三角形并非随意为之, 实则很关键. 例如使用矩形就不行. 第一个根据就在于: 共形性肯定可以保证, 一个无穷小矩形仍然映为另一个无穷小矩形. 然而象矩形的长宽比在原则上可以与原矩形的长宽比大不相同, 从而不可能通过伸扭从原矩形得出. 请试一下找出使它无效的第二个论证.

从计算角度来处理以上的问题, 可见 Ahlfors [1997, 第 73 页][2].

### 4.6.3 共形性与黎曼球面

我们在前一章讨论了一个孪生的问题: 怎样使一映射在复平面的无穷远部分的效果可视化? 亦即, 把有限远点抛向距离无穷远处的映射效果如何? 我们的回答是把两个复平面 (原平面和象平面) 都代以黎曼球面, 这时就能看得见两个球面而不是两个平面之间的映射. 这种做法的成功很大程度上依赖于一个事实, 就是我们把平面上无穷远的遥不可及的那一部分挤成了球面上的一个点. 它并不依赖于我们选取什么方法准确地做到这一点. 那么, 为什么我们要坚持使用球极射影而不用其他方法呢? 前一章中已经出现了好几个理由, 但是现在的讨论表明了, 另一个难以抗拒的理由就是: 球极射影是共形的.

---

[1] 我们讲的 "同样" 是指伸缩率的变化与 abc 的大小是同阶的无穷小. 如果把 "同样" 理解为准确地相同, 则在把我们的论证推广到有密集分布的顶点所成的网格以后, 就会得到伸缩率在整个区域中取常值的结论.

[2] 此书有中译本: 阿尔福斯, 复分析, 上海科技出版社, 1984. 所说的章节见中译本 "2.3 共形映照", 第 5 页. ——译者注

只是到现在我们才能充分体会到这一点, 因为我们已经看到, 解析函数是平面上的共形映射, 图 4-16 表明, 球极射影的共形性使我们能把它直接变成关于黎曼球面的如下命题:

*球面间的映射当且仅当为共形时才表示解析函数.*

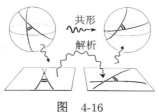

图　4-16

我们把球面与平面分开来画是为了加强这样一个思想: 我们有权让平面逐渐淡出我们的思想, 而把球面当作逻辑上独立进行运作的基地. 说真的, 到了现在, 我们已经能把复分析看作只不过是研究球面间的共形映射. 但是在关于黎曼曲面的研究中还表明了, 为了把多对一的函数及其逆的整体研究也纳入我们的研究之中, 还必须把共形映射的概念扩大到更一般的曲面, 例如环面之间的共形映射.

# 4.7　临　界　点

### 4.7.1　挤压的程度

再回到映射 $z^2$, 并且注意到在 $z = 0$ 处 $(z^2)' = 2z = 0$. 像这样使导数为 0 的点称为**临界点**. 回想一下, 这与我们在前一章中对 "临界点" 的定义是不同的, 那里我们是把临界点定义为一个本来共形的映射, 共形性遭到破坏的点. 但这两个定义并非互不相容. 如果一个解析映射的导数 $f'(z)$ 在 $z = p$ 处不为 0, 我们知道, $f$ 在 $p$ 处是共形的, 所以共形性只能在 $f'(z) = 0$ 处遭到破坏. 以后我们还将证明其逆, 即若 $f'(p) = 0$, 则 $f$ 在 $p$ 点不可能是共形的, 虽然这件事并不显然. 总之, 这两个定义是等价的.

用伸扭的语言来说, 临界点可以同样地定义为伸缩率为 0 的点. 这就暗示了, 一个解析映射在以某临界点为中心的无穷小圆盘中的效果是 "把它挤压成单独一个象点". 对引号里的话不能单就字面来理解, 而应该理解如下.

设想此圆盘（半径为 $\varepsilon$）是这样小, 以至于要放到显微镜下才看得见. 设我们用一套放大倍数越来越大的镜头 $L_0, L_1, L_2, L_3, \cdots$ 来看它. 例如设 $L_0$ 的倍数是 $1/\varepsilon^0 = 1$, 所以其实并不比用肉眼看更强. 此外, $L_1$ 的放大倍数是 $1/\varepsilon^1$, 而它已经足够强大使我们确实能用它看见圆盘了. 镜头 $L_2$ 更了不起, 它可以放大 $1/\varepsilon^2$ 倍,

使得甚至显微镜下的圆盘的一小部分都可大得完全盖满了目镜.[1]

让我们再回到 $L_1$ 重新看见整个圆盘, 同时也看见当以变换 $z \mapsto z^2$ 作用于它时发生了什么事. 它不见了! 在最好的情况下, 我们可能看见单独一个点位于临界点的象的位置上. 正是在这个意义下, 我们说这个映射是挤压. 然而如果我们再用上 $L_2$, 就会看到我们错了: 这个点并不是一个点, 而是另一个以 $\varepsilon^2$ 为半径的圆盘.

对这个特殊的映射, 用 $L_2$ 就可以看见这个圆盘还没有完全被压垮. 然而在另一个映射的临界点处, 可能甚至 $L_2$ 的倍数也不够用, 而需要一个放大倍数更高的镜头, 例如 $L_m$, 才能显示出圆盘的象并不只是一个点. 整数 $m$ 恰好可以度量在临界点处挤压的程度.

## 4.7.2 共形性的破坏

在解析函数的临界点处, 除了有局部的挤压以外, 我们还说过 (但尚未证明) 其共形性也受到破坏. 在我们的例子里也可以看到这一点. 当 $z^2$ 映射作用到一对经过临界点 $z = 0$ 的射线上时, 它们之间的角不再保持, 事实上是加了一倍. 这是一个一般的性质. 事实上我们将要证明一个映射在非常近于临界点处, 其性态基本上由 $z^m$ $(m \geqslant 2)$ 给出. 在临界点 $z = 0$ 处的角不但未被保持, 结果反而被乘以 $m$. 我们说 $z = 0$ 是一个 $(m-1)$**阶临界点**以量化这种奇异性态的程度[2]. 要注意, 这里的 $m$ 和前一段的 $m$ 是一样的: 想要看见象就必须使用镜头 $L_m$.

尽管发生了共性形在临界点被破坏的事, 但是我们还是会继续大胆地说 "$z^2$ 是共形的". 我们暗地里有一个约定, 就是容许其中有临界点, 在讲共形性时, 就不管其中还有临界点了. 事实上在整个前一节里我们都做了这样的约定, 因为在那里我们只关心典型的点. 以后会看到, 临界点在一种准确的数学意义下是 "稀少而又互相远离的", 这只是我们眼下对它们很少注意的一种借口. 然而只在我们集中注意函数在其定义域的某一块中的性态时, 才可以安全地绕过这个问题. 当我们研究黎曼曲面时, 会试着把所有这些部分信息拼成关于映射的整体图像. 而要做到这一点, 临界点将起关键的作用. 它们起这样的作用还因为一个映射在这类点的邻域中的特别性态还有一个侧面, 我们现在就要转到这个侧面去.

在上一章里我们讲过临界点位于无穷远处的可能性. 特别是考虑了 $z \mapsto z^m$. 我们曾就 $m = 2$ 的情况在黎曼球面上画了经过原点的两条直线的球极射影象 (图 3-22), 而且由此看见了, 在 $z = 0$ 与 $z = \infty$ 处的角都被乘以 $m$. 由此我们断定 $\infty$ 是 $z^m$ 的一个阶数为 $(m-1)$ 的临界点, 与原点一样. 事实上, 除 $m = 2$ 外, 我们还

---

[1] 按这样的类比, 我们可以说, 本章乃至以后内容, 绝大部分图形都表示透过 $L_1$ 看见的象复平面. 例如图 4-10 画了一个小圆周被伸扭为另一个圆周. 但是如果我们用 $L_2$ 而不是 $L_1$ 来看这个 "象圆周", 就会看见它与圆周其实有偏离. 当然, 如果原象圆周越小, 这种偏离也越小.

[2] 我们定义其阶为 $(m-1)$ 而不是 $m$ 的理由在于, 正是 $(m-1)$ 适当地反映了导数的根的重数.

不知道 $z^m$ 是否处处都是共形的! 然而在下一章里, 我们会看到, 它除了在我们讨论过的两个临界点处以外, 确实处处都是共形的.

### 4.7.3　支点

先考虑由 $\mathbb{R}$ 到 $\mathbb{R}$ 的实函数 $R(x)$ 的情形. 在求解极大极小问题时, 我们就知道了求 $R'(x) = 0$ 的点的重要性. 图 4-17 上画的是一个普通的 $y = R(x)$ 的图像, 并且强调了 $R$ 在临界点 $c$(在那里 $R'(c) = 0$)附近的性态的另一个方面. 在一个使 $R'(t) \neq 0$ 的典型点 $t$ 的上方, 图像或者向上走或者向下走, 使此函数局部地是一对一的, 但在 $c$ 点附近, 它显然是二对一的.

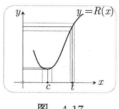

图　4-17

复映射也有可以与此类比的意义. 典型的情况是 $f'(z) \neq 0$, 所以 $z$ 的一个无穷小邻域被伸扭为 $w = f(z)$ 的一个无穷小象邻域, 而这两个邻域显然处于一对一的对应中. 然而, 若 $f'(z_0) = 0$, (按我们早前说过的那样)在近于 $z_0$ 处, 函数的性态与 $z^m$ 相同. 若一点沿闭轨道绕过 $z_0$, 则它的象以 $m$ 倍的速度绕过 $w_0 = f(z_0)$, 而对应于 $w_0$ 附近的一点, 应有 $m$ 个原象点在 $z_0$ 附近. 这样 $w_0$ 是一个 $(m-1)$ 阶支点. 我们的结论是: **一个一定阶数的临界点被映到同阶的支点上.**

我们是从与实函数的类比开始介绍这个思想的, 但是我们也应注意到一个重要的差别. 一个实函数 $R(x)$ 当 $R'(x) \neq 0$ 时必然是一对一的, 但是(与复函数不同), 当 $R'(x) = 0$ 时, 它**不一定**是多对一的. 例如 $x^3$ 的图像在原点是平坦的, 然而在此点的一个无穷小邻域中仍然是一对一的. 与此形成对比的是, 复映射 $z \mapsto z^3$ 在原点附近是三对一的, 这是由于有复立方根存在.

## 4.8　柯西–黎曼方程

### 4.8.1　引言[①]

在结束本章时, 我们试着对复函数在平面映射中占据了什么样的等级做出展望. 这样做的一个好处是, 我们会发现刻画解析函数的另外一种(除伸扭和导数以

---

[①] 这一节列举了一些日常生活中的例子, 由于中国人的生活习惯与西方人不同, 读起来会比较难懂, 所以在翻译这一小节时, 译者在文字上做了较大的改动使其意义更明白一些. ——译者注

外, 这是第三种) 方法, 就是用它的实部和虚部来刻画解析性.

第一件事应该认识到, 我们早前说的 "一般" 映射 $(x, y) \mapsto (u, v)$ 其实并不那么 "一般". 设想在案板上擀面, 案板是一个平面, 就是原有的 $\mathbb{R}^2$. 面皮也占据了案板的一部分, 也是一个平面区域, 就是作为象平面的 $\mathbb{R}^2$ 的一部分. 对这一块面皮做各种 "操作", 或擀, 或切, 或折叠, 都是把案板上原来的 $(x, y)$ 处的那一小块面皮移到另一处 $(u, v)$, 因此就是一个 "一般" 的映射 $(x, y) \to (u, v)$, 例如把面皮切成两半而且各放一处. 这里的映射就比我们以前思考过的要 "一般" 得多, 因为它甚至不保有最起码的**连续性**, 就是说, 在切口两侧各取一点, 不论我们把这两个点取得多么近, 这两点的象总是远远地分离开的.

哪怕我们仍坚持要有连续性, 所得到的映射仍然比我们考虑过的映射更为一般. 例如在擀饺子皮时, 先摁住面皮的一点 $(u, v) = (0, 0)$, 固定在案板上一点 $(x, y) = (0, 0)$, 然后再用擀面杖把面皮从这一点向外擀开. 把面皮的大小擀成两倍大, 这肯定是连续的, 因为面皮上两个原来连在一起的地方, 擀来擀去仍然是连在一起的. 现在的问题是: 在这一点做两个方向相反的无穷小箭头, 则在擀了以后必然一个向 "东", 一个向 "西", 两个箭头所经历的映射就大不相同了. 所以这个映射在显然的直观意义下是不可微的 (这里还谈不上复微分那么微妙的意义). 但是只要我们离开擀面杖下方的 $(x, y) = (0, 0)$ 处稍远, 映射却在真正的意义上是可微的, 可以用雅可比矩阵来处理.

在**折迭**面皮时出现另一类有趣的映射. 例如做千层饼就要把面皮先折再擀很多次. 但我们不妨以叠信为例. 这时, 书桌代替了案板, 信纸代替了面皮.[①] 作为一个映射, 在中部是桌面一点对应于信纸的三点, 所以是三对一映射, 而在折口到信纸两头, 即无折叠部分, 恰为一对一, 而在折线处确实又失去了可微性. 在折线以外, 则局部仍可用雅可比矩阵来分析.

做千层饼的时候, 把一个面团 (不一定很平) 在某个方向一擀, 一折, 换一个方向再擀再折, 再把它揉团, 如此反复. 然而如果限制考虑某一区域而把折口、边缘等排除在外, 则原来讲过的用雅可比矩阵做分析还是可以应用的, 因为这样的映射实际上已经相当一般了. 我们希望以上的讨论足以揭示 (作为真正意义上连续而且可微的映射) 我们在映射的演化的阶梯上已经爬得相当高了. 所以, 并不奇怪, 这些映射就其局部效果而言是出奇地简单, 当然不会简单到如伸扭那样.

那么, 伸扭 (解析映射) 在这个演化的等级上处于什么位置呢?

---

① 西方人叠信 (特别是公务商务函件) 的 "规矩" 和中国人不同, 例如正文向下, 先从信头超过 1/3 处向上一折, 翻过来, 再在离信尾超过 1/3 处向上一折, 成为一个压平了的 S 形, 而且信头正面 (包括印有收件人姓名地址的 heading) 向上. 折好以后的信纸宽度与原信纸以及信封一样, 高度略小于信封深度, 不必再折即可装入信封, 而且收件人姓名地址恰好落在信封的 "窗口" 中, 不必再打印信封. 这样的信打开也很方便: 抓住信纸两头多余部分一抖就行了. ——译者注

### 4.8.2　线性变换的几何学

我们再从离开早前研究的地方回到这种研究上来. 一个映射的局部效果就是完成如同密码一样藏在雅可比矩阵 (4.2) 中的线性变换. 如果能够先理解**均匀的**线性变换 (相应于常矩阵) 就行了. 但是这时我们需要记住一件事: 我们的分析仅只局部地有效, 而真正的线性变换事实上是各点不均匀的.

考虑一个均匀的线性变换对一圆周 $C$ 的效果. 因为圆周的笛卡儿方程是二次式, 由线性变换引起的坐标变换将使象曲线具有另一个二次式的方程. 所以, 象曲线 $E$ 是一条圆锥曲线. 又因为没有一个点被送到无穷远处, 所以它必定是一个**椭圆**. 见图 4-18, 并请与图 4-9 比较, 图 4-9 画的就是一个**非均匀**变换对于无穷小圆周的效果, 也就是现在的结果的局部效果.

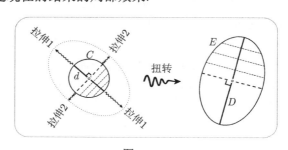

图　4-18

我们刚才使用的是关于线性的代数陈述. 而基本的几何事实是: 如果我们先把两个向量相加再做映射, 或者先对两个向量各做映射然后再相加, 这两者是没有区别的. 请自己验证以下两个推论.

- 平行直线被映为平行直线.
- 直线段的中点被映为象直线段的中点.

我们现在把这两个事实应用于 $E$.

因为圆周 $C$ 的直径都被圆心平分, 所以其象作为 $E$ 的弦必定都经过共同的中点. 从而 $C$ 的中心被映为 $E$ 的中心. 用同样的粗黑线来给出象 $D$ 以及 $C$ 中被映为 $E$ 的长轴 $D$ 的直径 $d$. 现在考虑 $C$ 的垂直于 $d$ 的那些弦 (虚线), 它们的象必为 $E$ 的一族平行弦而且 $D$ 平分它们. 因此它们必为垂直于 $D$ 的平行线族. 所有这一切都总结在图 4-18 中.

现在很清楚

　　局部线性变换就是在 $d$ 方向做一个拉伸, 在与它垂直的方向上做另一拉伸, 最后再做一个扭转.

在这个结果中再考虑自由度也是有意义的. 因为雅可比矩阵有 4 个独立元素, 要确定我们的变换也就只需要 4 个自由度的信息: (i) $d$ 的方向, (ii) 在此方向上的拉伸因子, (iii) 垂直方向上的拉伸因子, (iv) 扭转.

如果最后还想得到解析函数, 只需令这两个拉伸的因子相等. 这样就明显地把自由度的数目由 4 下降为 3. 然而由于我们现在在各个方向都产生了相同的伸缩, $d$ 的方向的选择也就无关紧要了, 而我们只剩下了两个真正的自由度: **伸缩率**与**扭转度**.

现在请注意, 我们得到了以下的结果:

> 一个保持方向的映射, 当且仅当它把无穷小圆周变为无穷小圆周时, 才是共形的.

如果一个保持方向的映射能够保持圆周, 则它特别地也能保持无穷小圆周, 所以必为共形的[①]. 我们现在不需要前一章的详细证明就看到了: 默比乌斯变换的共形性/解析性仅依赖于它们保持圆周.

### 4.8.3 柯西–黎曼方程

如果我们现在追问怎样能辨认出一个雅可比矩阵能使两个伸缩因子都相等, 就会得到刻画解析函数的另一种方法. 因为我们已经知道用复数去乘就能生成所需的线性变换, 如果考虑什么类型的矩阵作用于向量（即复数）时相应于用复数去乘它, 就能很容易地回答这个问题. 用 $(a+\mathrm{i}b)$ 去乘 $z=(x+\mathrm{i}y)$ 时, 我们得到的线性变换是

$$(x+\mathrm{i}y) \mapsto (a+\mathrm{i}b)(x+\mathrm{i}y) = (ax-by)+\mathrm{i}(bx+ay).$$

这就相当于把 $\mathbb{R}^2$ 中的向量乘以矩阵

$$\begin{pmatrix} a & -b \\ b & a \end{pmatrix}. \tag{4.5}$$

把它与雅可比矩阵 (4.2)

$$\boldsymbol{J} = \begin{pmatrix} \partial_x u & \partial_y u \\ \partial_x v & \partial_y v \end{pmatrix}$$

比较, 于是知道为了使 $\boldsymbol{J}$ 的效果化为一个伸扭, 它应与 (4.5) 相同, 即

$$\partial_x u = +\partial_y v, \qquad \partial_x v = -\partial_y u. \tag{4.6}$$

---

① Sommerville [1914, 第 237 页] 上有这个事实的另证.

这就是著名的**柯西–黎曼方程**. 这些给了我们辨认解析函数的第三种方法. 然而, 和深藏于其后的伸扭概念一样, 应该在一点的某个无穷小邻域中满足这些方程, 才能断定映射在此点为解析 [见习题 12].

因为 $(a + ib)$ 起伸扭的作用, 比较 (4.5) 与 (4.2) 就给出两个关于导数的公式

$$f' = \partial_x u + i\partial_x v = \partial_x f, \tag{4.7}$$

$$f' = \partial_y v - i\partial_y u = -i\partial_y f. \tag{4.8}$$

作为一个例子, 考虑 $z \mapsto z^3$. 如果把它乘开, 就会得到一大堆很难看的东西:

$$u + iv = (x^3 - 3xy^2) + i(3x^2y - y^3).$$

然而, 分别微分其实部与虚部, 我们得到

$$\partial_x u = 3x^2 - 3y^2 = +\partial_y v$$
$$\partial_x v = 6xy = -\partial_y u.$$

所以, 柯西–黎曼方程得到满足. 这样, $u$ 和 $v$ 的特殊形状并不难看, 而是恰好保证了此映射是解析的. 利用 (4.7), 我们就可以算出其伸扭为

$$(z^3)' = 3(x^2 - y^2) + i6xy = 3z^2,$$

它和通常的微积分中的公式是一样的. 请验证 (4.8) 也会给出同样结果.

在下一章里我们要割断与 $\mathbb{R}^2$ 连接的脐带, 而发现怎样直接求助复平面的几何来更好地理解以上的结果.

## 4.9  习        题

1. 用柯西–黎曼方程验证 $z \mapsto \bar{z}$ 不是解析的.

2. 映射 $z \mapsto z^3$ 作用在一个无穷小图形上, 考察它的象, 发现这个图形被旋转了 $\pi$, 其线性尺度放大了 12 倍. 这个图形原来位于何处? [有两种可能性.]

3. 考虑映射 $z \mapsto \Omega(z) = \bar{z}^2/z$. 把 $z$ 写成极坐标形式, 并求出 $\Omega$ 的几何效果. 从一个典型的 $z$ 点出发, 用两种不同颜色画两个等长的小箭头: 一个平行于 $z$, 另一个垂直于 $z$. 再从 $\Omega(z)$ 出发画出二者的象. 由此导出: $\Omega$ 并不生成一个伸扭. [你的图应以两种方法显出这点.]

4. 图 4-19 表示一条曲线的加上阴影的内域被一解析函数映到象曲线的外域. 若 $z$ 以逆时针方向绕左边图的曲线运动, 问其象 $w$ 怎样绕其象曲线运动? [提示: 从 $z$ 出发画一些无穷小箭头, 其中应包括一个沿运动方向的箭头.]

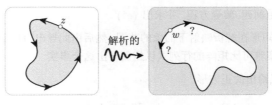

图 4-19

5. 考虑 $f(x+iy) = (x^2+y^2) + i(y/x)$, 找出被 $f$ 映为 (a) 水平直线, (b) 铅直直线的曲线并画出其草图. 注意, 从你的答案来看, $f$ 应是共形的. 用两种方法证明它其实不是: (i) 显式地找出一些曲线使其交角没有被保持; (ii) 用柯西–黎曼方程.

6. 继续上题, 证明怎样选取 $v$ 都不能使 $f(x+iy) = (x^2+y^2) + iv$ 成为解析的.

7. (i) 令 $g(z) = 3 + 2i$, 然后用几何方法解释为什么 $g'(z) \equiv 0$.
   (ii) 证明: 若一解析函数在某**连通**区域上的伸缩率恒为零（即 $f'(z) \equiv 0$）, 则此函数在此区域上恒为常数.
   (iii) 给出一个简单反例证明, 若此区域是由不连通的分量构成的, 则以上结论不成立.

8. 用图形解释为什么若 $f(z)$ 在某个连通区域上解析, 则以下的每个条件均使它变为一个常数.
   (i) $\mathrm{Re} f(z) = 0$,
   (ii) $|f(z)| =$ 常数,
   (iii) 不仅 $f(z)$ 而且 $\overline{f(z)}$ 都解析.

9. 用柯西–黎曼方程对前两题给出严格的计算证明.

10. 不把一个映射用其实部与虚部来写（即不写为 $f = u + iv$）, 而用其长度与角度写成

$$f(z) = Re^{i\Psi}$$

有时更为方便, 这里 $R$ 与 $\Psi$ 是 $z$ 的函数. 证明刻画一个解析函数 $f$ 的方程现在成为

$$\partial_x R = R\partial_y \Psi \quad \text{和} \quad \partial_y R = -R\partial_x \Psi.$$

11. 我们现在约定, 当 $u$ 和 $v$ 适合柯西–黎曼方程时, 就说 "$f = u + iv$ 适合柯西–黎曼方程". 证明: 若 $f(z)$ 与 $g(z)$ 二者均适合柯西–黎曼方程, 则其和与积亦然.

12. 对不为零的 $z$, 令 $f(z) = f(x+iy) = xy/\overline{z}$.
    (i) 证明: 当 $z$ 趋近实轴或虚轴的任意点（包括原点）时, $f(z)$ 趋近 0.
    (ii) 在定义 $f$ 在两轴上均为 0 以后, 证明柯西–黎曼方程在原点也满足.
    (iii) 尽管如此, 证明 $f$ 在 0 处甚至不可微, 更谈不上解析! 为证明这一点, 找出从 0 出发而指向 $e^{i\phi}$ 方向的无穷小箭头的象. 由此导出尽管 $f$ 在 0 处确有扭转度, 却没有伸缩率.

13. 验证 $z \mapsto e^z$ 满足柯西–黎曼方程, 并求出 $(e^z)'$.

14. 画出一个无穷小矩形在解析映射下的象的草图, 然后由此导出, 面积的局部放大因子是伸缩率的平方. 考察雅可比矩阵的行列式以重新导出这个事实.

15. 定义 $S$ 为由下式给出的正方形:

$$a - b \leqslant \mathrm{Re}(z) \leqslant a + b \quad \text{和} \quad -b \leqslant \mathrm{Im}(z) \leqslant b \quad (b > 0).$$

   (i) 就 $b < a$ 的情况画一个典型的 $S$. 现在做出它在映射 $z \to e^z$ 下的象 $\widetilde{S}$ 的草图.
   (ii) 由你的草图导出 $\widetilde{S}$ 的面积, 并写出 $\widetilde{S}$ 的面积与 $S$ 的面积之比值 $\Lambda$.
   (iii) 用前两题的结果, 回答当 $b$ 趋向零时 $\Lambda$ 趋向什么?
   (iv) 由 (ii) 中得到的结果求 $\lim\limits_{b \to 0} \Lambda$, 再验证它与 (iii) 中得到的几何结果一致.

16. 考虑复反演映射 $I(z) = (1/z)$. 因为 $I$ 是共形的, 它的局部效果必为一个伸扭. 通过考虑一个以原点为中心的圆弧之象导出 $|(1/z)'| = 1/|z|^2$.

17. 考虑复反演映射 $I(z) = (1/z)$.

   (i) 若 $z = x + \mathrm{i}y$ 而 $I = u + \mathrm{i}v$, 用 $x$ 与 $y$ 表出 $u$ 与 $v$.
   (ii) 证明柯西–黎曼方程除原点外处处满足, 因此 $I$ 除在原点外恒为解析的.
   (iii) 求出雅可比矩阵, 把它用极坐标表出, 从而求出 $I$ 的局部几何效果.
   (iv) 用 (4.7) 证明伸扭为 $-(1/z^2)$, 这与通常微积分的结果一样, 且与前题一致, 由此证实 (iii) 的结果.

18. 回忆第 3 章的习题 19, 在那里证明了默比乌斯变换

$$M(z) = \frac{az + b}{cz + d}$$

当且仅当原来的圆周族（称为 $\mathcal{F}$）以 $q = -(d/c)$ 为中心时, 才将同心圆周族映为同心圆周族. 令 $\rho = |z - q|$ 为由 $q$ 到 $z$ 的距离, 于是 $\mathcal{F}$ 之元为 $\rho =$ 常数.

   (i) 考虑 $\mathcal{F}$ 的一个元素到 $\mathcal{F}$ 中一个比它大无穷小的元素的正交的连接向量, 导出 $M$ 的伸缩率在 $\mathcal{F}$ 中的每一个圆周上均分别为常数. 由此推出 $|M'|$ 仅为 $\rho$ 的函数.
   (ii) 考虑一个无穷小图形之象, 并令此无穷小图形从远离 $q$ 的某点开始运动到很接近 $q$ 处, 由此导出, 在行程的某一点处象与原象**相合**.
   (iii) 综合以上结果, 导出有一个特殊的元 $I_M$, 使 $I_M$ 上的无穷小图形被映为位于象圆周 $M(I_M)$ 的相合的象图形上. 回忆一下, 这个 $I_M$ 称为 $M$ 的**等度圆周**（第 3 章习题 19）.
   (iv) 用前一部分解释为什么 $M(I_M)$ 与 $I_M$ 半径相同.
   (v) 解释为什么 $I_{M^{-1}} = M(I_M)$.
   (vi) 设 $M$ 已规范化. 用习题 16 的思想证明 $M$ 的伸缩率为

$$|M'(z)| = \frac{1}{|c|^2 \rho^2}.$$

19. 考虑图 4-20 中的映射 $f(z) = z^4$, 左方是一个质点 $p$ 沿直线 $x = 1$ 的一线段向上运动, 右方则是其象 $f(p)$ 的路径.

(i) 再画一幅这样的图, 考虑当 $p$ 点继续上行时 $p$ 的长度与角度, 从而延伸象路径.

(ii) 证明 $A = \mathrm{i}\sec^4(\pi/8)$.

(iii) 求出左图上 $p$ 的两个位置 (称为 $b_1$ 与 $b_2$), 使它们被映到右图上的自交点 $B$, 并把这两个位置在你的图上标出来.

(iv) 假设已知 $f'(z) = 4z^3$ 这个结果, 求出 $b_1$ 与 $b_2$ 处的**扭转度**.

(v) 用前一部分证明 (在右图 $B$ 处) 象曲线以直角自交.

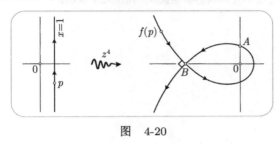

图　4-20

20. 图 4-21 复制了第 2 章的图 2-9.

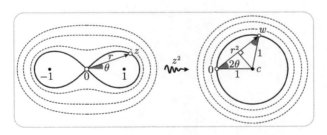

图　4-21

(i) 用几何方法证明, 若 $z$ 由 $\theta$ 增加 $\mathrm{d}\theta$ 而沿双纽线运动, 则 $w = z^2$ 沿右方的圆周移动一个距离 $4\mathrm{d}\theta$.

(ii) 利用 $(z^2)' = 2z$, 用几何方法导出 $\mathrm{d}s = 2\mathrm{d}\theta/r$.

(iii) 利用 $r^2 = 2\cos 2\theta$ 这一事实, 用计算证明

$$r\,\mathrm{d}r = 2\sqrt{1 - (r^4/4)}\,\mathrm{d}\theta.$$

(iv) 令 $s$ 表示连接原点到双纽线上的 $z$ 的线段之长. 由前两部分导出

$$s = \int_0^r \frac{\mathrm{d}r}{\sqrt{1 - (r^4/4)}}.$$

由于这个原因, 此积分称为**双纽线积分**.

21. (i) 推广正文中的论证, 证明在三维空间中线性变换的效果就是把空间在 3 个互相垂直的方向上加以拉伸 (一般是按 3 个不同的倍数), 然后再把空间加以旋转.

(ii) 由此导出, 一个把三维空间映射为其自己的映射, 当且仅当它映无穷小球面为无穷小球面时, 才是伸扭.

(iii) 导出对球面的反演保持两条相交的空间曲线所含的角的大小.

(iv) 导出球极射影是共形的.

**附注:** 与平面共形映射之丰富成为鲜明对比, 刘维尔[1]和麦克斯韦[2]各自独立地发现了: 空间中**仅有的**保持角度不变的映射就是反演, 以及几个反演的复合.

---

[1] Joseph Liouville, 1809—1982, 法国数学家. ——译者注

[2] James Clerk Maxwell, 1831—1879, 伟大的苏格兰物理学家. ——译者注

# 第5章 微分学的进一步的几何研究

## 5.1 柯西–黎曼的真面目

### 5.1.1 引言

我们在前一章里从研究结构较简单的 $\mathbb{R}^2$ 领域中的映射开始, 来研究 $\mathbb{C}$ 中的解析函数的引人注目的本质. 特别是, 雅可比矩阵为我们提供了一条推导解析函数的柯西–黎曼特征的不太费力的途径, 而且还能计算出它们的伸扭. 然而这一途径是相当间接的. 在本章中, 我们则直接在复平面中研究微分学, 主要是通过应用无穷小几何. 这条途径的第一个应用是重新推导出柯西–黎曼 (以下简记为 CR) 方程, 同时发现它们可能取得的新形式.

### 5.1.2 笛卡儿形式

考虑一个依实轴和虚轴方向排列的非常细的正方形网格. 见图 5-1 左上图, 在解析映射下, 每一个无穷小正方形经伸扭而产生的象仍为正方形. 我们要说明 CR 方程只不过是把这个几何事实用符号和式子来表述.

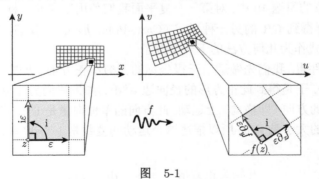

图 5-1

把单个小正方形及其象都放大, 如图 5-1 底部那样. 设起始的正方形边长为 $\varepsilon$, 如图. 如果我们由 $z$ 出发并沿 $x$ 方向运动 $\varepsilon$, 则象将沿一个复数运动, 这个运动可由下式给出:

$$(x \text{ 的变化})\cdot(\text{象 } f \text{ 对 } x \text{ 的变化率}) = \varepsilon \partial_x f.$$

类似地, 若点沿铅直边运动, 即在 $y$ 方向上运动 $\varepsilon$, 则它的象将做运动 $\varepsilon \partial_y f$. 又因为这两个象向量张成一个正方形, 所以它们之间必定简单地由一个旋转 $\pi/2$ 相关, 也即是有乘以 i 的关系. 消去 $\varepsilon$ 后我们就有

$$i\,\partial_x f = \partial_y f,$$

至此大功告成! 只要再把 $f = u + iv$ 放进去即知, 它不过就是 CR 方程

$$i\,\partial_x(u + iv) = \partial_y(u + iv)$$

的比较紧凑的形式. 令双方实部和虚部分别相等就给出

$$\partial_x u = \partial_y v \quad 以及 \quad \partial_x v = -\partial_y u, \tag{5.1}$$

这和前面得出的一样. 为了得出伸扭本身, 我们要记住, 每个无穷小箭头在乘以 $f'$ 后就得出其象. 现在因为我们已知对于正方形的两边其象各为什么, 于是可以得出

$$\varepsilon \mapsto \varepsilon f' = \varepsilon\,\partial_x f \quad \Rightarrow \quad f' = \partial_x f,$$

$$i\varepsilon \mapsto i\varepsilon f' = \varepsilon\,\partial_y f \quad \Rightarrow \quad f' = -i\,\partial_y f.$$

### 5.1.3 极坐标形式

(5.1) 是 CR 的最常见的写法, 但不是唯一的写法. 它取这样的形式是因为我们选择在原来的复平面和象的复平面上都用实部和虚部 (即笛卡儿坐标) 来表示复数. 所以, 我们可以把 (5.1) 简称为 CR 的 Cart.-Cart. (Cart. 是 Cartesian 的简写) 形式. 在第 4 章的习题 10 中, 对第一个复平面我们使用笛卡儿坐标, 而在象平面上用极坐标, 这样得到 CR 的另一种形式 (Cart.-Polar 形式). 我们再以推导 CR 的 Polar-Cart. 形式作为几何方法的下一个例子.

为了做这件事, 我们先做适用于极坐标的无穷小正方形, 见图 5-2. 若从 $z$ 开始让 $r$ 增加 $dr$, 于是得到此正方形的径向边 $e^{i\theta}dr$. 如果我们另让 $\theta$ 增加 $d\theta$, 则此点在一个垂直的方向 (即横向) 上运动, 此方向的单位向量是 $ie^{i\theta}$. 当 $d\theta$ 趋于 0 时, 此方向上运动的大小是 $rd\theta$, 所以描述这个运动的复数是 $ie^{i\theta}rd\theta = izd\theta$. 从图上看得很清楚

$$开始为正方形 \quad \Longleftrightarrow \quad dr = r\,d\theta \tag{5.2}$$

现在来看它的象, 和前面一样, 若将 $r$ 增加 $dr$, 则象将要移动 $dr \cdot \partial_r f$. 类似地, 把 $\theta$ 变动 $d\theta$, 则象将运动 $d\theta \cdot \partial_\theta f$. 如果映射是解析的, 那么它们仍张成一个正方形, 所以后一个边等于 i 乘第一个边:

$$d\theta \cdot \partial_\theta f = i\,dr \cdot \partial_r f.$$

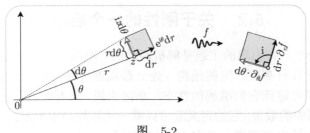

图 5-2

以 (5.2) 代入此式, 消去 $d\theta$ 后即有

$$\partial_\theta f = \mathrm{i} r \partial_r f, \tag{5.3}$$

这就是 CR 的新的紧凑形式. 再以 $f = u + \mathrm{i}v$ 代入, 读者容易看到 (5.3) 等价于下面这一对 Polar-Cart.方程:

$$\partial_\theta v = +r\partial_r u, \tag{5.4}$$

$$\partial_\theta u = -r\partial_r v. \tag{5.5}$$

只要注意到, 伸扭将把一个箭头变为其象, 我们也可得到导数的两个表达式如下:

$$\mathrm{e}^{\mathrm{i}\theta}\mathrm{d}r \mapsto \mathrm{e}^{\mathrm{i}\theta}\mathrm{d}r \cdot f' = \mathrm{d}r \cdot \partial_r f \quad \Rightarrow \quad f' = \mathrm{e}^{-\mathrm{i}\theta}\partial_r f, \tag{5.6}$$

以及

$$\mathrm{i}z\mathrm{d}\theta \mapsto \mathrm{i}z\mathrm{d}\theta \cdot f' = \mathrm{d}\theta \cdot \partial_\theta f \quad \Rightarrow \quad f' = -(\mathrm{i}/z)\partial_\theta f. \tag{5.7}$$

现以 $z^3 = r^3\mathrm{e}^{3\mathrm{i}\theta}$ 为简单的例子. 由 (5.6) 有

$$(z^3)' = \mathrm{e}^{-\mathrm{i}\theta}3r^2\mathrm{e}^{3\mathrm{i}\theta} = 3r^2\mathrm{e}^{2\mathrm{i}\theta} = 3z^2,$$

而由 (5.7) 则得

$$(z^3)' = -(\mathrm{i}/z)r^3 3\mathrm{i}\mathrm{e}^{3\mathrm{i}\theta} = -(\mathrm{i}/z)3\mathrm{i}z^3 = 3z^2.$$

由于两个表达式都得到了同样的结果, 我们首先就验证了 $z^3$ 确为解析的.

在 CR 的四种可能的写法中, 只留下 Polar-Polar 形式待求. 请读者自行验证, 若将 $f$ 写为 $f = R\mathrm{e}^{\mathrm{i}\Psi}$（见第 4 章习题 10）, 则 CR 成为

$$\partial_\theta R = -rR\partial_r\Psi \quad \text{以及} \quad R\partial_\theta\Psi = r\partial_r R.$$

## 5.2 关于刚性的一个启示

复分析中一个一再出现的主题是解析函数的 "刚性". 这句话的意思是指这类函数的本性是它具有高度严密的结构（处处都局部地是伸扭），这使得我们从非常有限的信息即可定死它们准确的性态. 举例来说，只要告诉了我们一个解析函数在一个小区域中的效果，它的定义就可以唯一地拓展超出原来的束缚，如一个晶体从它的晶核生长出来那样. 事实上，只要有了一个解析函数如何作用于一封闭曲线的极其稀少的信息（即只有该曲线上的点引起你的关注），我们就能准确地预知在闭曲线内域的每一点会发生什么! 见图 5-3. 以后我们会证实这些奇特的结果，在第 9 章中甚至可以找到一个显式的公式把 $w$ 用 $A, B, C$ 等表示出来（这个公式应归功于柯西）. 然而在目前，还只能考虑一种不同类型的部分信息以窥其一斑.

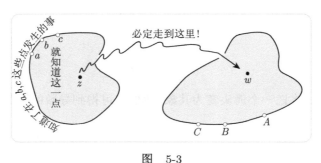

图　5-3

考虑图 5-4, 以原点为中心的圆周被映为铅直直线，圆周越大，直线越向右移，但是这些直线的间距如何并无限制. 关于具有这种性质的**解析映射** $f$, 你认为我们能搜集到多少信息? 在往下读之前，请你先静心思索一下.

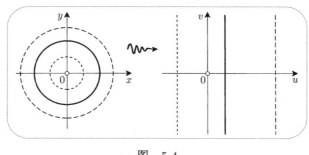

图　5-4

我们知道 $f$ 是共形的，其局部效果就是一个伸扭. 考虑由原点发出的射线. 因为它们以直角穿过这些圆周，它们的象就应以直角穿过这些铅直直线，所以应为水平直线. 事实上, 如果我们让一条射线以逆时针方向旋转, 我们甚至能说出它的象直线是向上还是向下移动. 请看图 5-5, 其中描绘了一个由两个圆周与两条射线所围的无穷小正方形的命运. 我们知道, 连接两个圆周的无穷小径向箭头必被映为连接两条铅直直线的**由左向右**的无穷小箭头. 但因正方形应被伸扭, 其象的位置必如图 5-5 所示. 这样我们就知道了, 射线的正向旋转将使象直线向上平移.

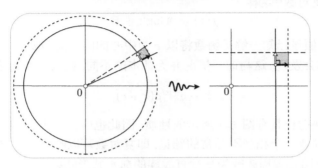

图 5-5

我们已经颇有进展, 但是还没有完全获得从第 4 章的习题 5 中看到的解析性的推论. 在那里证明了, 尽管映射 $(x+\mathrm{i}y) \mapsto (x^2+y^2)+\mathrm{i}(y/x)$ 不是解析的, 却具有所有上述所讲的性质. 事实上很容易写出无穷多个非解析的函数都与上面所知的事实相容. 成为鲜明对比的是, 当我们的研究结束时, 却只余下一个解析函数具有图 5-4 那样的性质. 为了证明这一点, 我们必须回到 CR 方程.

在图 5-4 中我们把很自然地具有极坐标性质的对象映为很自然的笛卡儿对象, 所以很清楚, 应该使用 Polar-Cart. 形式的 CR 方程, 即 (5.4) 与 (5.5). 为了能用它们, 我们应该首先把图 5-4 翻译成 "方程式说话". 我们可以这样来描述此图: 点的旋转只能使得其象上下移动而非侧向移动; 换言之, $\theta$ 的变化不会产生 $u$ 的变化, 即 $\partial_\theta u = 0$. 于是由 (5.5) 有 $\partial_r v = 0$. 这就说的是让一个点径向向外运动, 不会影响其象的高度, 所以射线被映为水平直线. 这一点对于我们这些几何老手本来就已是马后炮了, 有幸的是还留下了一个方程:

$$\partial_\theta V(\theta) = r\partial_r U(r). \tag{5.8}$$

这里我们把 $v$ 写成 $v = V(\theta)$ 以强调 $v$ 只依赖于 $\theta$, 同样也把 $u$ 写成 $u = U(r)$.

现在 (5.8) 看起来像是一个不可能的等式, 因为左方很显明地只依赖于 $\theta$, 而可以同样肯定右方只依赖于 $r$. 唯一的出路是: 这两个实的量都等于同一个实常数, 设为 $A$. 丢掉其实只是表面文章的偏导数记号, 我们于是得到

$$r\frac{\mathrm{d}U}{\mathrm{d}r} = A \quad \text{和} \quad \frac{\mathrm{d}V}{\mathrm{d}\theta} = A.$$

积分这些方程有

$$U = A \ln r + 常数, \quad 和 \quad V = A\theta + 常数,$$

于是

$$U + iV = A(\ln r + i\theta) + B,$$

$B$ 也是一个常数, 它是由上面两个常数合成的复常数. 但是我们马上看出, 这个特别的组合正是复对数! 这样

$$f(z) = A \log z + B. \tag{5.9}$$

更一般地, 假设已知一解析函数将以 $c$ 为中心的同心圆周映为与虚轴成定角 $\phi$ 的平行直线. 你会发现, 这与前一情况并无基本的不同, 因为只要考虑

$$z \mapsto e^{-i\phi} g(z + c),$$

就会发现这个映射也具有图 5-4 所示的性质, 因此也应该等于 (5.9). 这样一来, 解析函数的刚性导致一个相当不寻常的结论, 即复对数可以唯一地定义 (只相差常数可能不同) 为将同心圆周族映为平行直线族的那个共形映射.

## 5.3    $\log(z)$ 的可视微分法

上一节有一个附带的收益就是发现了 $\log(z)$ 确实是解析的. 因为这个多值函数最简单的表示法是其 Polar-Cart. 形式

$$\log z = \ln r + i(\theta + 2m\pi),$$

用 (5.6) 或 (5.7) 就很容易找到它的导数. 为了把它作为一个例子, 我们两式都用, 由 (5.6) 得出

$$(\log z)' = e^{-i\theta} \partial_r \log z = e^{-i\theta}(1/r) = 1/z,$$

由 (5.7) 同样得出

$$(\log z)' = -(i/z)\partial_\theta \log z = -(i/z)i = 1/z. \tag{5.10}$$

当然, 你会注意到, 这在形式上与通常的实对数多么一致.

你可能想知道, 我们前面关于这个多值函数的各支的讨论会不会影响这一切. 例如, 有趣的是上面的 $m$ (它标志着不同的支) 为何在 (5.10) 中不出现. 这本书的基本原理是它时常用更多的想象力与精力来找一个图形, 而不是去做计算, 因为图形时常会使你更接近真理, 这是对你的想象力与精力的回报. 由此, 我们现在来找出 (5.10) 的一个可视化解释, 而它会说清楚答案确实不依赖于 $m$.

在导出 (5.6) 与 (5.7) 时, 是考察了一般的解析映射的无穷小几何学. 那么为什么现在不把这个思想用于特定映射的几何学, 而由此直接算出它的伸扭来呢?

考虑图 5-6, 其上画出了一个典型的 $z$ 点以及它在 log 映射下的无穷多个象中的几个. 为了求出伸扭, 我们只需找出由 $z$ 发出的一个箭头之象即可. 最容易找的就是图 5-6 左方的空心箭头之象, 它是垂直于 $z$ 的. 要注意, 因为黑线的箭头 $z$ 与水平直线成角 $\theta$, 则与它垂直的空心箭头与铅直直线也成角 $\theta$. 同样, 因为它在原点张一个无穷小角 $\delta$, 则空心箭头好像一小段圆弧, 其长就是 $r\delta$. 现在看 $z$ 的象. 因为我们对 $z$ 做了一个纯粹旋转, 所以其象将铅直向上移动一个距离———此距离等于旋转角 $\delta$. 为了更容易地看出是什么样的伸扭将把箭头 $z$ 带到它的象处, 我们在每个象点上各做了一个原来的空心箭头以便比较. 从图上就可以看到

$$\left.\begin{array}{l} \text{伸缩率} = 1/r \\ \text{扭转度} = -\theta \end{array}\right\} \Rightarrow \text{伸扭} = (1/r)\mathrm{e}^{-\mathrm{i}\theta} = 1/z.$$

虽然所有的象向量发自不同支的不同点, 但是因为作为向量它们是完全一样的, 所以很清楚, 伸扭并不依赖于我们盯着的是哪一支.

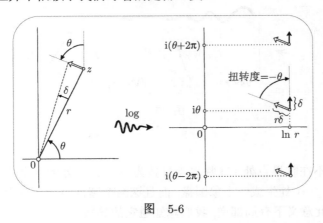

图 5-6

## 5.4 微分学的各法则

我们已经知道怎样微分 $z^2$ 和 $\log z$, 那么怎样用这些知识去求例如 $\log(z^2 \log z)$ 的导数呢? 你立即就会反应 "使用链法则和乘积法则", 这个反应是很对的, 我们在本节中不过是要验证, 实微分学中我们熟知的规则都可以一成不变地, 至少是外表上不变地, 搬到复域中来.

### 5.4.1 复合

复合函数 $(g \circ f)(z) = g[f(z)]$ 当然就意味着 "先做 $f$, 再做 $g$". 如果 $f$ 和 $g$ 都是解析的, 则这两步的每一步都保持角, 所以复合映射也是这样. 由此我们导出 $g[f(z)]$ 也是解析的, 我们现在要证明它所产生的净伸扭, 可由链法则正确地给出.

令 $f'(z) = Ae^{i\alpha}$, $g'(w) = Be^{i\beta}$, 这里 $w = f(z)$. 图 5-7 表明, $z$ 点处的一个无穷小箭头被 $f$ 伸扭而在 $w$ 处生成其象, 然后, 这个象又被 $g$ 伸扭而成 $g(w)$ 处的最终的象. 由图很清楚,

$$\left.\begin{array}{l} \text{净伸缩率} = AB \\ \text{净扭转度} = \alpha + \beta \end{array}\right\} \Rightarrow \text{净伸扭 } ABe^{i(\alpha+\beta)},$$

这样, 我们就得到了熟知的链法则:

$$\{g[f(z)]\}' = g'(w) \cdot f'(z). \tag{5.11}$$

作为一个例子, 我们令 $g(z) = kz$. 上一章我们已经证明了 $g'(z) = k$, 所以由 (5.11) 得出结论

$$[kf(z)]' = kf'(z).$$

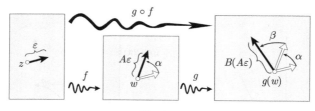

图　5-7

### 5.4.2　反函数

假设我们不在临界点处 (在临界点导数为 $0$), $z$ 点处的一个无穷小圆盘将被伸扭而在 $w = f(z)$ 处生成一个象圆盘, 而且这两个圆盘为一一对应. 见图 5-8. 一个解析函数在此意义下有局部逆, 我们想知道它的导数.

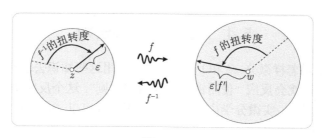

图　5-8

很清楚, 把象圆盘变回原来圆盘的伸扭, 其伸缩率应为原伸缩率的倒数, 扭转度则反号:

$$f^{-1} \text{ 在 } w \text{ 处的伸缩率} = 1/(f \text{ 在 } z \text{ 处的伸缩率}) = 1/|f'(z)|$$

$$f^{-1} \text{ 在 } w \text{ 处的扭转度} = 1/(f \text{ 在 } z \text{ 处的扭转度}) = \arg 1/|f'(z)|$$

$$\Rightarrow \quad [f^{-1}(w)]' = 1/f'(z). \tag{5.12}$$

作为例子, 考虑 $w = f(z) = \log z$, 对于它 $z = f^{-1}(w) = \mathrm{e}^w$. 故由 (5.12) 可得

$$(\mathrm{e}^w)' = 1/(\log z)' = z = \mathrm{e}^w, \tag{5.13}$$

这与第 4 章习题 13 中的计算一致. 我们以后还将对 (5.13) 给出一个可视化推导.

　　如果我们应用象箭头等于 $f'$ 乘以原箭头这个代数想法, 则 (5.11) 和 (5.12) 都可以推导得更快. 我们选择把几何放在前面, 而把乘法的代数留待把 (5.11) 和 (5.12) 这些结果最终写成公式之用. 但是用纯粹的几何来推导接下来的两个公式则显得过于冗长, 所以我们要用上一点代数.

### 5.4.3　加法与乘法

　　图 5-9 最左端是一个将 $z$ 连接到一相邻点的无穷小箭头 $\xi$. 这两个点在 $f$ 和 $g$ (分开来看) 下的象画在中间的图上. 最后[1], 我们把这些点相加或相乘得到的两个点放在最右方. 仔细检查连接最右方的点的象向量, 可以分别导出 $(f + g)$ 与 $fg$ 的伸扭. 由图 5-9 我们有

$$A = a + \xi f', \quad B = b + \xi g',$$

所以

$$A + B = (a + b) + \xi(f' + g'),$$

其中 $\xi(f' + g')$ 是 $\xi$ 在 $f + g$ 的伸扭下的象, 由此可得加法法则

$$(f + g)' = f' + g'. \tag{5.14}$$

类似于此, 并且略去 $\xi^2$, 我们得到

$$AB = ab + \xi(f'b + ag'),$$

其中 $\xi(f'b + ag')$ 是 $\xi$ 在 $fg$ 的伸扭下的象, 于是得乘法法则:

$$(fg)' = f'g + fg'. \tag{5.15}$$

---

[1] 如 1.3.6 节中所示点 $z$ 作为一个向量是列向量, 所以做乘法时 $\xi$ 放在左侧而 $f'$ 或 $g'$ 放在右侧.

——译者注

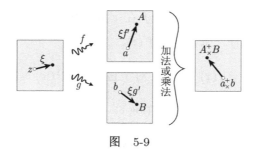

图 5-9

# 5.5 多项式、幂级数和有理函数

### 5.5.1 多项式

我们可以从一个稍微不同的观点来看待前节讲的那些法则. 以 (5.15) 为例. 在某种意义上, "右方是什么东西" 的问题不如 "右方存在一个东西" 的事实重要. 这样说的意思是, 我们现在有了一个创造新解析函数的手段: "已知两个解析函数, 求它们的积即可得到一个新解析函数. " 与此类似, 其他公式中的每一个都可以看作从老解析函数做出新解析函数的手段. 解析函数其实是复平面上的一个名门望族, 它们只要与自己的同族按一定规矩所许可的方式成亲, (其实这些规矩非常灵活, 甚至允许多种形式的 "乱伦") 它们的子孙就仍然属于这个家族. 例如, 我们只从映射 $z \mapsto z$ 开始, 这个映射当然是解析的. 按我们的那些法则很快就会生成 $z^2, z^3, \cdots$, 以至于任意多项式.

考虑一个典型的 $n$ 次多项式:

$$S_n(z) = a_0 + a_1 z + a_2 z^2 + \cdots + a_n z^n.$$

我们刚才看到它是解析的, 所以它将 $p$ 点处的无穷小圆盘映为 $S_n(p)$ 处的另一个无穷小圆盘. 此外, 由 (5.14), 变前一圆盘为后一圆盘的伸扭为

$$S_n'(z) = (a_0)' + (a_1 z)' + (a_2 z^2)' + \cdots + (a_n z^n)'.$$

我们已经知道怎样求前三项的微分, 在下一节中我们将要证实, 一般地有 $(z^m)' = m z^{m-1}$, 正如你所预料的. 这样

$$S_n'(z) = a_1 + 2a_2 z + 3a_3 z^2 + \cdots + n a_n z^{n-1}. \tag{5.16}$$

### 5.5.2 幂级数

对于多项式的讨论自然引导到研究幂级数. 在第 2 章中我们讨论过怎样用多项式 $S_n$ 来逼近一个收敛幂级数[①]

$$S(z) = a_0 + a_1 z + a_2 z^2 + a_3 z^3 + \cdots. \tag{5.17}$$

---

① 为简单计, 我们将使用以原点为中心的幂级数. 然而我们已在第 2 章中指出, 这不会失去一般性.

我们解释过, $S$ 在收敛圆周内的效果可以用 $S_n$ 来模仿, 只要取充分大的 $n$ 值, 就可以达到任意精度.

当然, 我们现在面临的问题是, 幂级数是不是解析的? 而如果是, 又怎样来计算其导数? 我们会看到, 这两个问题的答案为 "是" 以及 "使用 (5.16)".

考虑以 $p$ 为中心的无穷小圆盘 $D$. 若 $p$ 在 $S$ 的收敛圆周内, 则充分小的 $D$ 也在 $S$ 的收敛圆周内. 所以级数 (5.17) 在 $D$ 内各点的收敛, 而 $S$ 把 $D$ 映为某个形状未知的无穷小的覆盖 $S(p)$ 的 $S(D)$. 请看图 5-10 的左图. 它画出了 $D$ 在 $S_{10}$, $S_{100}$, $S_{1000}$ 等映射下的象的放大图, 但没有画出 $S(D)$ 本身. 因为每个多项式均为解析的, 所以每个象也都是无穷小圆盘. 然而我们已经知道这些象会越来越完全地与 $S(D)$ 重合. 所以 $S$ 把无穷小圆盘变为另一个无穷小圆盘, 从而它是解析的.

在图 5-10 的右图中, 我们想把这一点弄得更明白. 因为我们现在只关心伸扭, 实际的象点之所在就不如连接它们的箭头那么重要. 为了更容易看见对这些箭头发生了什么事, 我们在此图上已经对这些圆盘做了平移——这对向量并无影响——使其中心均与 $S(p)$ 重合. 作为一个例子, 我们在 $D$ 的边缘上取间距相同的 3 个点 $(a, b, c)$, 并且做由 $p$ 到这 3 个点的向量 (图上未画出). 我们要看一看当 $n$ 增加时, 这 3 个间距相同的向量的命运如何. 每一个解析映射 $S_n$ 都把这些向量伸扭为 3 个间距相同的象向量, 图形显示了当相继以 $S_{10}$、$S_{100}$、$S_{1000}$ 等作用于它们时, 这些象如何逐步演化[1]到 (由 $S$ 给出的) 最终状态. 把 $D$ 中的箭头变到这些象箭头的伸扭因此也会经历相应的趋向最终值的演化.[2] 因此当 $n$ 增加时, $S_n'$ 能以任意精度模仿把 $D$ 中向量变为其最终的象的伸扭 $S'$, 这样,

$$S'(z) = a_1 + 2a_2 z + 3a_3 z^2 + 4a_4 z^3 + \cdots. \tag{5.18}$$

---

[1] 为了容易做到可视化, 我们让伸缩率和扭转度都随 $n$ 逐步增加. 一般说来, 它们可能展现出有阻尼的振动才终于安顿在其最终值.

[2] 译者不得不指出, 这个论证有严重的问题, 正文中用楷体 (译者所为) 写的话, 用我们熟悉的符号语言来说, 就会被理解为: "由 $S_n(p)$ 趋向 $S(p)$ 可得 $S_n'(p)$ 趋向 $S'(p)$." 这是一个重要的问题, 而且与数学中的一个著名的有历史意义的错误有关. 因为柯西都免不了这个错误. 实际上在柯西以前, 包括欧拉, 人们常以莱布尼茨的所谓 "连续性原理" 来代替具体的数学分析. 人们常用莱布尼茨本人的话 "大自然不知道突变" 来表述这个 "原理". 例如, 若 $S_n(p) \to S(p)$ 我们就说 $S_n(p)$ 演化到 $S(p)$. 如果 $S_n(p)$ 是连续的 (或可微的), 则 "因为" 大自然不知道突变, "所以" $S(p)$ 也是连续的 (或者是可微的, 而且 $S_n'(p) \to S'(p)$), 这就是柯西的推理. 经过多年艰苦的探索, 其中有阿贝尔的功劳, 而尘埃落定可能要等到魏尔斯特拉斯, 这才发现, 一致收敛性是不可回避的, 读者不妨参看一本名著: 拉卡托斯的《证明与反驳》(康宏逵译, 上海译文出版社, 1987), 它的附录 1 对此有十分精彩的叙述. 重要的是要注意, 这里 $S_n(z)$ 只限于收敛圆内幂级数的部分和序列. 然而这也需要严格地证明. 这个结论的正确表述, 可参看阿尔福斯《复分析》一书的中译本第 40~41 页. 至于此结论对于一般的解析函数序列是否成立, 请看 9.4 节的最后一个脚注. ——译者注

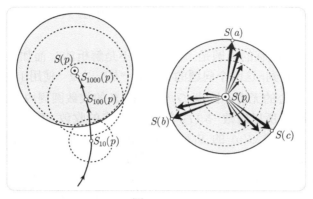

图    5-10

由此, 我们得到了一个非常重要的结论: 任一幂级数在其收敛圆周之内部都是解析的, 而其导数只需对级数逐项求导就可得出. 这个过程的结果 (5.18) 又是另一个收敛的幂级数, 没有什么理由阻止我们再做微分. 像这样做下去我们就发现, 一个幂级数在其收敛圆周之内都是无穷可微的. 这个结果如此重要的理由在于, 我们以后会证明, **每个解析函数局部地都可以用幂级数表示, 所以解析函数都是无穷可微的**(见 9.2 节).

这个结果与实函数的情况形成尖锐对比. 例如, 汽车仪表板的里程表上显示的里程是时间的可微函数. 事实上, 速率也显示在速度表上. 然而, 在你踩下刹车的一瞬间, 二阶导数 (加速度) 并不存在. 更一般地说, 考虑那个对于负的 $x$ 其值为 0 而对非负的 $x$ 等于 $x^m$ ($m$ 是正整数) 的实函数. 它处处都 $(m-1)$ 次可微, 但在原点处不是 $m$ 次可微的. 我们的复家族可以证明是不会容忍这类行为的.

### 5.5.3  有理函数

我们在前面证明了乘法法则适用于复解析函数, 但是我们没有去核验一下商法则是否也能适用. 请你按照前面得出 (5.15) 的那种推理方法现在就来核验一下, 如果做不下去了, 习题 9 还有一个提示. 不管怎么说, 重点在于, 两个解析函数之商除了在其奇点外, 总是解析的. 特别是, 如果把这个结果用于多项式, 我们就能断言有理函数是解析的.

两个解析函数之商仍为解析的, 这一事实可以从一个相当几何化的观点来看. 令 $I(z) = (1/z)$ 是复反演映射. 正如第 3 章所讨论的, $I(z)$ 是共形的, 因此是解析的. 由此可知, 若 $g(z)$ 是解析的, 则 $[1/g(z)]$ 也是, 因为它是两个解析函数的复合: $(I \circ g)$. 最后, 若 $f(z)$ 是解析的, 则由乘法法则可知 $f(z) \cdot [1/g(z)] = [f(z)/g(z)]$ 也是解析的.

## 5.6 幂函数的可视微分法

在上节中我们已经看到, $z^2$, $z^3$, $z^4$, $\cdots$ 都是解析的, 与复反演复合以后, 又知 $z^{-2}$, $z^{-3}$, $z^{-4}$, $\cdots$ 也是. 因为它们的 (图 5-8 意义下的) 反函数是第 2 章中讨论过的多值函数 $z^{\pm 1/2}$, $z^{\pm 1/3}$, $\cdots$ 的各支, 所以这些多值函数也是解析的. 把 $z^p$ 与 $z^{1/q}$ ($p$, $q$ 为整数) 复合起来即知任意有理幂的幂函数都是解析的. 进一步说, 因为任意实数幂的幂函数的几何效果都可以通过有理幂的幂函数以任意精度重现出来, 所以具有任意实数幂的幂函数也是解析的.[①]

幂函数 $z^a$ ($a$ 是任意实数) 导数的计算类似于 5.1.3 节末尾对 $z^3$ 的求导. 我们会发现

$$(z^a)' = a z^{a-1}, \tag{5.19}$$

和通常的微积分一样. 其实, 实函数的微分公式 $(x^a)' = a x^{a-1}$ 可以看成 (5.19) 的特例, 即把 $z$ 本身以及由 $z$ 发出的无穷小箭头均取在实轴上 (见图 4-7) 的特例.

和复对数的情况一样, 我们并不在此停步只把 (5.19) 看作计算的结果, 而要潜到它们的几何老巢去. 因为所有的箭头都会经历同样的伸扭, 我们只要随便取一个箭头来看它的象即可. 第一次试验 (总是要倒霉的) 就如图 5-11 那样, 取**平行**于 $z$ 本身的箭头 (即左图上的空心箭头), 为了便于比较, 我们又把它画在象点上 (即右图的空心箭头), 从图上立刻可以看见:

$$扭转度 = (a-1)\theta, \text{但是, 伸缩率} = ??????$$

路走了一半就走不下去了, 因为我们看不出象箭头有多长. 事实上, 想要算出来, 就需要使用实数情况下同样的办法 (用一般的二项式定理). 好了, "如果第一次不成功, 就 $\cdots\cdots$ "

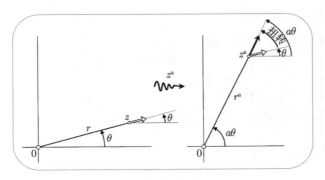

图 5-11

---

"再试一下, 换一个与 $z$ **垂直**的箭头来试!" 于是先画出图 5-12, 从此图上我们看到这个箭头 (空心箭头) 与铅直方向成角 $\theta$, 所以 $z^a$ 处的角会放大 $a$ 倍而成 $a\theta$. 我们又一次看到, 扭转度为 $(a-1)\theta$. 然而, 这一次我们能够看出伸缩率, 为此只需看到空心箭头与黑线箭头都是一个圆周的无穷小弧就行了. 在左方, 这个弧张的圆心角是 $\varepsilon$, 到了右图则得一个角 $a\varepsilon$, 半径由 $r$ 到 $r^a$, 放大了 $r^{a-1}$ 倍, 因此弧长放大了 $ar^{a-1}$ 倍. 这样一来

$$\left.\begin{array}{l} 伸缩率 = ar^{a-1} \\ 扭转度 = (a-1)\theta \end{array}\right\} \Rightarrow 伸扭 \ = ar^{a-1}\mathrm{e}^{\mathrm{i}(a-1)\theta} = az^{a-1}.$$

图 5-12 是就 $a=3$ 画的, 所以不论 $z^a$ 与 $z^{a-1}$ 都没有歧义. 但是如果 $a$ 是一个分数, 则 $z^a$ 与 $z^{a-1}$ 都是有许多不同支的多值函数. 请重画一下这种情况下的图 5-12. 例如设 $a=(1/3)$, 则左图的箭头在右方有 3 个象, 对应立方根函数的每一支各有一个象. 与多值函数 $\log(z)$ 不同 (见图 5-6), 这些象是由空心箭头伸扭**不同的**量而得的: $z^a$ 的不同支有不同的伸扭, 但是你画的图会告诉你 [练习]:

$z^a$ 的每一支的伸扭均由 $(z^a)' = az^a/z$ 给出, 此式左右双方的 $z^a$ (5.20)
均取相同支.

就我们所知, 还没有理解实域中的结果 $(x^a)' = ax^{a-1}$ 的直接且直观的方法[①], 所以我们更感到高兴, 因为在更一般的复数情况下, 反而得到了更丰富的几何图形图 5-12, 并且由它来看出结果 (5.20) 为真.

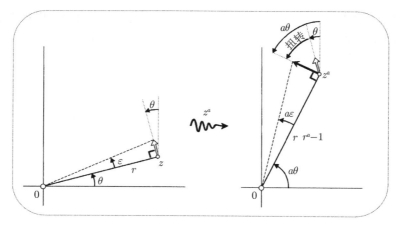

图 5-12

---

[①] 在特殊情况下是有方法的. 例如, 考虑边长为 $x$ 的立方体. 很容易看出, 如果把三对相对的面之每一对距离增加一个 $\delta$, 就会添厚一层, 其体积为 $x^2\delta$. 由此立即得出 $(x^3)' = 3x^2$ 这一结果.

## 5.7  exp($z$) 的可视微分法

我们已经通过计算看到 $(e^z)' = e^z$, 现在用图形来解释它. 在图 5-13 中我们画了一个典型的点 $z = x + i\theta$, 采用 $\theta$ 表示虚部是为了更容易记住 $w = e^z = e^x e^{i\theta}$ 的角度是 $\theta$. 令 $z$ 铅直向上运动一个距离 $\delta$, 将使其象旋转一个角 $\delta$, 这个象其实是一个半径为 $e^x$ 的无穷小圆弧, 它的长度是 $e^x\delta$, 而它对于铅直方向的角度是 $\theta$. 和前面一样, 我们把左图上原来的箭头（空心箭头）重画了一个（仍用空心箭头）在象点（即见右图的 $w$ 点）上, 使得可以更清楚看到其伸扭为

$$\left.\begin{array}{l} \text{伸缩率} = e^x \\ \text{扭转度} = \theta \end{array}\right\} \Rightarrow \text{伸扭} = e^x e^{i\theta} = e^z.$$

其实, 这样说还为时过早, 因为我们还没有真正证明（至少是还没有几何地加以证明）$e^z$ 确为解析的: 就是说还不知道是否所有箭头都会经历同样的伸扭. 图 5-13 告诉我们, 如果它确是解析的, 则 $(e^z)' = e^z$. 为证明其解析性我们只需再取另一个箭头并且看它是否也受同样的影响. [为什么? ]

在图 5-14 上, 我们让 $z$ 在 $x$ 方向移动一个无穷小距离 $\delta$, 从而使象点 $w$ 径向地向外移动. 从通常的微积分知道, $e^x$ 沿 $x$ 轴产生的伸缩率仍是 $e^x$ [见图 4-6], 所以象向量的长度现在是 $e^x\delta$. 现在就很清楚了, 图 5-14 中的象向量（黑线）是由原来的向量（空心）经历了与图 5-13 完全一样的伸缩与扭转而得, 这就证明了 $e^z$ 的解析性.

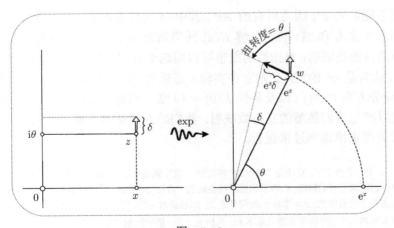

图　5-13

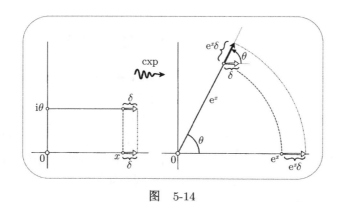

图　5-14

## 5.8　$E' = E$ 的几何解法

迄今我们都是以颇为 ad hoc[①] 的方式来引入指数映射的定义. 现在我们有可能以一个逻辑上比较令人满意的方式来处理, 虽然最使人不得不信服的解释还得留待下文.

先考虑通常写为 $e^x$ 的实函数. 我们在第 2 章里已经说过, 刻画这一函数的方法之一是说它的图象的斜率等于它的高. 一个等价的动力学解释是: 若一质点在时刻 $t$ 离我们 (原点) 的距离是 $e^t$, 则其速度等于它离我们的距离. 不论是哪种说法, 这都相当于说这个函数满足微分方程

$$E' = E. \tag{5.21}$$

当然这还不能定死 $e^x$, 因为所有的 $Ae^x$, 其中 $A$ 为任意常数, 都适合 (5.21). 然而, 如果我们进而要求 (5.21) 的这个解 $E(x)$ 还需适合 $E(0) = 1$, 就再也没有疑问了.

本节的目的是证明: 复指数函数也可以用这个方式来刻画. 如果有一个复函数 $E(z)$ 可以认为是 $e^x$ 的推广. 则它在实轴上必适合 (5.21). 我们现在将用几何方法来证明, 微分方程 (5.21) (以及条件 $E(0) = 1$) 唯一地把 $e^x$ 从实轴上向外推出到复平面上去以产生我们熟悉的复指数映射. 我们的原理基本上就是把与图 5-13 和图 5-14 相关的逻辑推理倒过来进行.

---

① ad hoc 是一个拉丁字, 直译为 "特设的, 特定的", 意思就是指某个概念、某种思想本来缺少自然而且符合逻辑或常识的解释, 而事后根据某种特定的 "需要", "强加" 了一种不甚自然的解释或假设. 这里是指关于指数函数, 2.4 节给出的两种定义, 即幂级数 $e^x = \sum_{n=0}^{\infty} x^n/n!$ 与 $e^x = \lim_{n \to \infty} (1 + x/n)^n$ 都有失自然, 与它的物理来源关系不大. 从历史上说, 指数函数可以说是由复利问题引起, 因而应该用微分方程之解来定义它. 而现在教材中常用的讲法都有颇为浓厚的 ad hoc 色彩.　——译者注

设一个典型的点 $z$ 被映射 $z \mapsto w = E(z)$ 映为一个未知的象点 $w$, 而 $E(z)$ 服从 (5.21). 把这个式子 "解码", 就发现它说的是, 由 $z$ 发出的向量经历了一个等于其象点 $w$ 的伸扭. 仅由这一点就能猜出 $w$ 应该在哪里! 以下, 请在思想上抛开所有以过去关于 $e^z$ 的知识为基础的假设.

考虑对图 5-15 左图中的边长为 $\varepsilon$ 的小 (最终为无穷小) 正方形发生的情况. 因为它被扭转 $w$ 的角度 (这就是它的扭转度), 它的水平边在右图中会变得平行于 $w$, 铅直边则正交于 $w$, 这样, $z$ 的水平运动变成象点的径向运动, 纵向运动变为象的旋转. 余下的问题是径向运动和旋转运动到底有多快. 以上已经用到了扭转度, 我们再转到伸缩率.

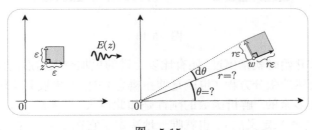

图 5-15

若 $z$ 以单位速度在水平方向运动, 则伸缩率为 $r$, 所以象沿径向运动的速度等于其到原点的距离. 但这正是通常的指数函数的熟知的性质. 这样 $E$ 把水平直线指数地映为射线. 如果我们还要求 $E(0) = 1$, 则实轴被映到实轴, 而我们恢复了通常的指数函数. 我们还知道把水平直线向上平移将使它的象射线做逆时针方向旋转, 但我们还不知道转得多快. 在图 5-15 中, $\mathrm{d}\theta$ 是当 $z$ 沿正方形的纵向边移动 $\varepsilon$ 时 $w$ 的无穷小旋转, 所以象的这一边长度为 $r\mathrm{d}\theta$. 另外, 伸缩率为 $r$, 故我们知道象的这一边之长为 $r\varepsilon$, 因此 $\mathrm{d}\theta = \varepsilon$. 换言之,

一个无穷小纵向平移生成一个数值上与它相等的旋转.     (5.22)

我们现在可以完全地描述由 $E(z)$ 生成的映射了. 想象一下我们盯着 $z$ 由原点到典型的点 $z = x + \mathrm{i}\theta$ 运动时象点 $w$ 是怎样运动的, 设想把这个运动如图 5-16 那样分成两段行程: 先沿实轴到 $x$, 再向上走到 $z$. 当我们第一步水平地走到 $x$ 时, 象点 $w$ 由 1 走到 $\mathrm{e}^x$, 再用一次 (5.22) 就知道, 向上走一个距离 $\theta$ (即走到 $\mathrm{i}\theta$) 将使象 $w$ 转一个角 $\theta$. 例如我们会发现 $E(z)$ 把虚轴变换为沿单位圆周转, 使

$$E(\mathrm{i}\theta) = \cos\theta + \mathrm{i}\sin\theta.$$

这可是我们的老朋友: **欧拉公式**. 也可以从几何图形直接看到, 这个映射具有以下性质:

$$E(a + b) = E(a) \cdot E(b).$$

现在看来, 定义 $e^z$ 就是这个 $E(z)$ 是完全合逻辑的, 我们的工作至此完成.

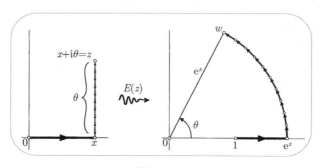

图    5-16

我们在本节开始时就指出过, 还有比以上讲的更加令人信服的解释. 我们刚才是用一个非常自然的微分方程（也就是伸扭概念）把 $e^z$ 扩展到实轴以外. 然而伸扭概念其实也是多余的. 解析函数的刚性是如此巨大, 只需知道 $e^z$ 在实轴上的值（这倒是用微分方程来定义的）, 也就唯一地决定了它在复域中的 "解析延拓".

## 5.9    高阶导数的一个应用: 曲率*

### 5.9.1    引言

前面我们已经简单地提到一个很了不起的事实, 即解析函数都是无穷可微的. 换言之, 如果 $f$ 是解析的, 则 $f''$ 存在. 在本节中, 我们力求从一种几何视角来观看二阶导数 $f''$ 的意义与存在. 我们将通过回答以下问题来做这件事:

若对一个在 $p$ 点有已知曲率 $\kappa$ 的曲线 $K$ 作用解析映射 $f$, 则象曲线 $\widetilde{K}$ 在 $f(p)$ 处的曲率 $\widetilde{\kappa}$ 是什么?

下一节里我们会看到, 这个问题的解答会对行星绕位于焦点处的太阳旋转的椭圆轨道给出新奇的见地.（竟然如此!）

我们先给出问题的解答, 不怕它会毁掉我们的悬念:

$$\widetilde{\kappa} = \frac{1}{|f'(p)|} \left( \mathrm{Im} \left[ \frac{f''(p)\hat{\xi}}{f'(p)} \right] + \kappa \right), \tag{5.23}$$

这里 $\hat{\xi}$ 表示原来的曲线在 $p$ 点处的单位切向量. 在解释这个结果之前, 我们先拿一个例子简单地试一试.

图 5-17 左方画了 3 个线段(实线、虚线和细点线),右方画出了它们在 $f(z) = e^z$ 下的象. 它们的区别在于与水平方向所成的角 $\phi$ 不同: 细点线是 $\phi = 0$; 过 $a$ 的虚线是 $\phi = (\pi/2)$; 过 $z$ 的实线是 $\phi$ 取一般的值. 现在从图形上观察一下它们的象的曲率: 对于细点线有 $\tilde{\kappa} = 0$; 对于虚线有 $\tilde{\kappa} = e^{-a}$; 而在实线上, 开始时 $\tilde{\kappa}$ 很大, 然后随着 $w$ 螺旋地离开原点 $\tilde{\kappa}$ 就逐渐消失了.

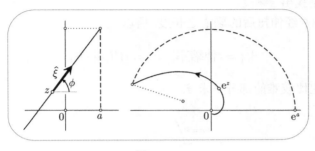

图 5-17

为了把这些经验的观察与我们的公式比较, 把单位切向量写成 $\hat{\xi} = e^{\mathrm{i}\phi}$, 并且注意到若 $f(z) = e^z$, 则 $f'' = f' = e^z$. 令 $z = x + \mathrm{i}y$, 则 (5.23) 成为

$$\tilde{\kappa} = e^{-x}(\sin\phi + \kappa).$$

利用直线段的曲率 $\kappa = 0$, $\phi$ 在每个直线段上均为常数, 就很容易验证这个公式与图 5-17 是一致的.

### 5.9.2 曲率的解析变换

我们现在转而来解释 (5.23). 这个模样相当吓人的公式里出现了虚部, 这对于做纯粹的几何处理可不是好兆头. 令人吃惊的是, 情况并非如此, 考虑图 5-18, 其左方是曲线 $K$, 而在 $p$ 点处曲率为 $\kappa$. 注意, 我们对 $K$ 随意指定了一个方向使 $\kappa$ 有一定的符号. 图的上部是 $K$ 在映射 $f$ 下的象 $\tilde{K}$, 注意, 它的方向是由 $K$ 的方向决定的. (5.23) 声称要做的事就是计算 $\tilde{K}$ 在 $\tilde{p} = f(p)$ 处的曲率.

如图所示, $\xi$ 表示一个在 $p$ 处切于 $K$ 的很小的(最终为无穷小的)复数, 以 $p$ 为中心做一个过 $\xi$ 端点的圆周交 $K$ 于 $q$, 而在 $q$ 点处做一个很小的(最终也是无穷小的)切于 $K$ 的复数 $\zeta$(它们都用空心箭头表示), 我们还标出了由 $\xi$ 到 $\zeta$ 的角 $\varepsilon$. 回忆一下, 在 $p$ 处曲率 $\kappa$ 按定义是切线的旋转角相对于 $K$ 上的距离的比率. 因为对于无穷小向量 $\xi$, 弧 $pq$ 之长即为 $|\xi|$, 所以在 $p$ 点的曲率是

$$\kappa = \frac{\varepsilon}{|\xi|}. \tag{5.24}$$

类似地, 在象曲线 $\widetilde{K}$ 上的象点 $\widetilde{p}$ 和 $\widetilde{q}$ 处, 我们做 $\xi$ 和 $\zeta$ 的象复数 $\widetilde{\xi}$ 和 $\widetilde{\zeta}$, 并记由 $\widetilde{\xi}$ 到 $\widetilde{\zeta}$ 的旋转角为 $\widetilde{\varepsilon}$, 于是象的曲率是

$$\widetilde{\kappa} = \frac{\widetilde{\varepsilon}}{|\widetilde{\xi}|}. \tag{5.25}$$

我们的问题就是找出 $\widetilde{\varepsilon}$ 和 $\widetilde{\xi}$.

因为 $|\widetilde{\xi}|$ 是 $\xi$ 经伸扭后的象 $\widetilde{\xi}$ 之长度, 所以

$$|\widetilde{\xi}| = (\text{伸缩率}) \cdot |\xi| = |f'(p)| \cdot |\xi|. \tag{5.26}$$

问题比较有趣也比较难的部分是求 $\widetilde{\varepsilon}$.

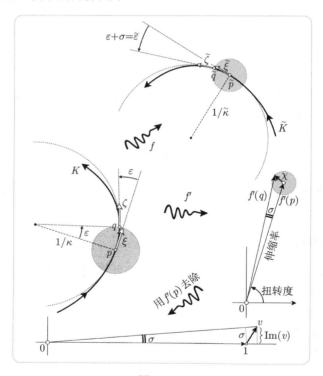

图 5-18

如果 $\xi$ 和 $\zeta$ 经过恰好相同的伸扭, 则它们的象的转角 $\widetilde{\varepsilon}$ 也就等于原来的转角 $\varepsilon$. 但是在 $q$ 处的扭转度与 $p$ 处稍有不同, 记其差为 $\sigma$. 这样

$$\widetilde{\varepsilon} = \varepsilon + (\text{额外的扭转度}) = \varepsilon + \sigma. \tag{5.27}$$

这就是 $f''$ 何以会进入, 因为它描述了伸扭如何变化.

函数 $f'$ 本身也是一个值得认真对待的映射, 可以如其他映射一样画出来. 图 5-18 右侧就是关于它的图形. 它同样把每个点 $z$ 映为复数, 这个复数把由 $z$ 发出的无穷小复数加以伸扭. 我们特别在图 5-18 右侧画出了在映射 $f'$ 下 $z = p$ 和 $z = q$ 时的象 $f'(p)$ 和 $f'(q)$, 于是关于无穷可微性的结果就可以用极为惊人的形式重述如下: 如果 $f$ 局部地为一伸扭, 则 $f'$ 自动地也是. 这一点我们在图形上是这样表述的, 左侧 $z$ 平面上以 $p$ 为中心的画了阴影的小圆盘被映到右侧 $f'(z)$ 平面上以 $f'(p)$ (空心圆点) 为中心的另一个有阴影的**小圆盘**. 这个使你吃惊的事实就能帮你算出 $\sigma$ 之值.

把 $p$ 处的小圆盘映到 $f'(p)$ 处的小圆盘这一映射的伸扭是 $f''(p)$. 特别是, $\xi$ 被伸扭为

$$\chi = f''(p)\xi.$$

但是看一下图 5-18 右侧的三角形, 它的边长是已知量 $f'(p)$ 与 $\chi$, 而它在原点所转的角就是我们想要找的额外的伸扭 $\sigma$.

如果我们把这个三角形伸缩旋转到实轴上 (图 5-18 底部), 就更容易找到 $\sigma$ 的表达式. 这个旋转可以很自然地通过除以 $f'(p)$ 来实现. 因为这个运算中同时还含有伸缩, 所以图 5-18 底部的三角形顶角不变, 而两个边则变为 1 和 $\nu = \chi/f'(p)$. 因为 $\sigma$ 最终等于经过 1 的纵向圆弧, 而 $\nu$ 不一定是纵向的, 所以此图告诉我们

$$\sigma = \mathrm{arc} = \mathrm{Im}(\nu) = \mathrm{Im}\left[\frac{\chi}{f'(p)}\right] = \mathrm{Im}\left[\frac{f''(p)\xi}{f'(p)}\right].$$

因此, 由 (5.25)、(5.26) 和 (5.27) (默认它们都在 $p$ 点取值而略去 $p$) 即得

$$\widetilde{\kappa} = \frac{\left(\mathrm{Im}\left[\dfrac{f''\xi}{f'}\right] + \varepsilon\right)}{|f'||\xi|}.$$

最后再用 (5.24), 并注意到 $\hat{\xi} = (\xi/|\xi|)$ 是 $p$ 处的单位向量, 我们就得出了 (5.23).

### 5.9.3 复曲率

我们来更仔细地看一下 (5.23), 它可写为

$$\widetilde{\kappa} = \mathrm{Im}\left[\frac{f''\hat{\xi}}{f'|f'|}\right] + \frac{\kappa}{|f'|}.$$

其中的第二项可以这样来理解. 如果让平面以因子 $R$ 均匀地伸缩, 则半径为 $(1/\kappa)$ 的圆周将变为半径为 $(R/\kappa)$ 的圆周, 其曲率为 $(\kappa/R)$. 但是一般曲线的一小段很像

其**曲率圆**[①]的圆弧, 而 $f$ 的主要局部效果 (除了保持曲率的扭转外), 就是按因子 $|f'|$ 的伸缩.

除了这个现象以外, 第一项说, 即使原来曲率为 0, 这个映射也会引入曲率, 也就是说, 直线的象 (作为其方向的函数) 的曲率为

$$k(\hat{\xi}) \equiv \mathrm{Im}\left[\frac{f''\hat{\xi}}{f'|f'|}\right].$$

现在考虑所有沿方向 $\hat{\xi}$ 通过 $p$ 的曲线之命运. 上面的一般公式说, 这时不仅原有曲率会得到一个比例因子为 $(1/|f'|)$ 的放大 (前面已解释), 而且还会增加一个**固定的量** $k(\hat{\xi})$. 在这个意义下, 第一项对应于映射的一种内在性质.

但是 $k(\hat{\xi})$ 对于 $f$ 还不是真正内在的, 因为其中还保留了原曲线的痕迹, 即其方向 $\hat{\xi}$. 由此可见, 可以由 $k(\hat{\xi})$ 抽引出来的最自然的内在量是

$$\mathcal{K} \equiv \frac{\mathrm{i}\bar{f}''}{\bar{f}'|f'|}. \tag{5.28}$$

我们建议称这个复函数 (过去没有人研究过它) 为 $f$ 的**复曲率**.

为了看到复曲率是一个真正自然的量, 我们把它画成一个由 $p$ 发出的向量 $\mathcal{K}(p)$ (见图 5-19), 并且证明

$\mathcal{K}(p)$ 在过 $p$ 的直线上的投影就是此直线之象在 $f(p)$ 处的曲率. (5.29)

图 5-19 上还画出了 $p$ 以外两个点处的 $\mathcal{K}$. 请注意, $\mathcal{K}$ 在直线上的投影的增长是如何对应于沿着象曲线曲率的增长的.

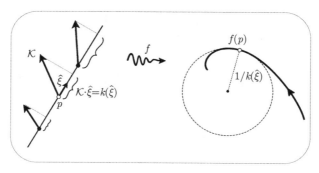

图　5-19

---

[①] 即在该点与曲线相切的圆周, 而且曲率为 $\kappa = 1/$半径, 与曲线在该点的曲率相同.

为证明 (5.29), 请先回想一下, $\mathbb{R}^2$ 中的数量积是怎样用复数乘法来表示的:

$$\mathcal{K} \cdot \hat{\xi} = \operatorname{Re}[\bar{\mathcal{K}}\hat{\xi}] = \mathrm{iIm}[\bar{\mathcal{K}}\hat{\xi}] = \operatorname{Im}\left[\frac{f''\hat{\xi}}{f'|f'|}\right] = k(\hat{\xi}),$$

这正是我们想要证明的. 这个结果使 (5.23) 可以表示得更为干净利落而且更易于辩认:

$$\tilde{\kappa} = \mathcal{K} \cdot \hat{\xi} + \frac{\kappa}{|f'|}. \tag{5.30}$$

想要看到如何几何地决定 $\mathcal{K}(p)$, 请设想一段很短的有向线段 $S$ 绕 $p$ 旋转. 其象 $f(S)$ 则以同样的速度绕 $f(p)$ 旋转, 其曲率作为 $\mathcal{K}$ 与 $\hat{\xi}$ 的数量积, 做正弦式的振荡: 当 $S$ 指向 $\mathcal{K}(p)$ 的方向时, 它达到最大值 $|\mathcal{K}(p)|$; 而当 $S$ 与 $\mathcal{K}(p)$ 垂直时, 它为零.

事实上, 想要做出 $\mathcal{K}(p)$, 只需知道此线段 $S$ 处于两个位置 $S_1$ 和 $S_2$ 时象的曲率 $\kappa_1$ 与 $\kappa_2$ 即可. 图 5-20 画出了 $S_1$ 和 $S_2$ 分别处于水平位置和铅直位置这一最简单的情况. 这时我们有

$$\mathcal{K} = \kappa_1 + \mathrm{i}\kappa_2.$$

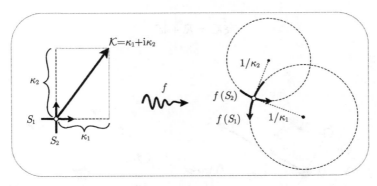

图　5-20

我们现以另一个看待 $\mathcal{K}$ 的方法来结束本节. 图 5-21 左方画了一个无穷小的黑色图形 $Q$. 它在几个方向不同的 $\xi$ (但 $|\xi|$ 是固定不变的) 下的平移也画在图上 (白色和灰色的图形 $Q$). 在解析映射 $f$ 之下, $Q$ 被伸扭为右图上的相似的黑色图形 $\tilde{Q}$. 当 $Q$ 做了一个平移 $\xi$ 后, $\tilde{Q}$ 不但会平移 $f'\xi$, 还会旋转和伸缩. 准确些说, $\tilde{Q}$ 的旋转角正是图 5-18 右侧的角 $\sigma$. 当 $\chi$ 垂直于 $f'(p)$ 时它显然达到最大, 这时 $\chi$ 指向圆周 $|f'| = $ 常数的逆时针方向. 当 $\xi$ 正好与 $\mathcal{K}$ 同向时就会出现这个情况, 因为这时

$$\chi \propto f''\mathcal{K} \propto \mathrm{i}/\bar{f}' \propto \mathrm{i}f'.$$

如果把 $Q$ 的运动方向转过 $(-\pi/2)$, 则 $\chi$ 也会旋转 $(-\pi/2)$ 而沿射线 $\arg f' = $ 常数 指向径向方向, 这样就在 $|f'|$ 上产生最大的增加.

我们现在可以更详细地理解图 5-21 如下:

> 令 $Q$ 为一无穷小图形而 $\tilde{Q}$ 是它在解析映射 $f$ 下之象. 当 $Q$ 沿
> $\mathcal{K}$ 方向运动时 $\tilde{Q}$ 旋转得最快, 而其大小不变. 另一方面, 当 $Q$ 在正     (5.31)
> 交于 $\mathcal{K}$ 的方向 $-i\mathcal{K}$ 上运动时, $\tilde{Q}$ 伸缩得最快, 但不旋转.

说得更详细一些, 当 $Q$ 开始在任意方向 $\hat{\xi}$ 平移时, 令 $\mathcal{R}$ 表示 $\tilde{Q}$ 的旋转对它的运动 距离的比率. 则

$$\mathcal{R} = \mathcal{K} \cdot \hat{\xi}.$$

当 $Q$ 在 $\mathcal{K}$ 方向上运动时, 它会达到其最大值 $\mathcal{R}_{max} = |\mathcal{K}|$. 类似地, 考虑 $\tilde{Q}$ 的伸缩, 令 $\mathcal{E}$ 表示 $\tilde{Q}$ 的大小[①]相对于运动距离的比率并把它看作 $\tilde{Q}$ 初始大小的一部分. 这 时 [练习]

$$\mathcal{E} = \hat{\xi} \times \mathcal{K}.$$

当 $Q$ 沿 $-i\mathcal{K}$ 方向运动时, 它达到最大值 $\mathcal{E}_{max} = |\mathcal{K}|$. 这两个结果可以看成单个复 方程

$$\bar{\hat{\xi}}\mathcal{K} = \mathcal{R} + i\mathcal{E}$$

的两个侧面.

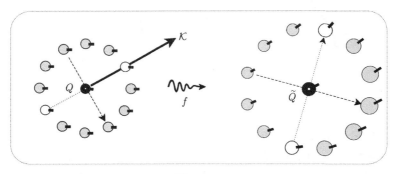

图  5-21

在第 12 章中, 当已经建立了 "流量" 和 "环流" 的物理概念后, 我们还会回到 复曲率, 看到它还有其他漂亮的性质和应用.

---

① 这里 "大小" 表示 $\tilde{Q}$ 的线性尺度. 例如, 若 $\tilde{Q}$ 为一圆盘, 可以取其半径为 "大小".

# 5.10 天 体 力 学*

## 5.10.1 有心力场

如果一个在空间中运动的质点 $p$ 不断被一个力拉向（或推离）一个定点 $o$, 而此力大小又仅依赖于 $p$ 到 $o$ 的距离 $r$, 我们就说有一个**有心力场**, 而 $o$ **是力的中心**. 不难证明, 不管力是怎样随 $r$ 变动的, $p$ 的轨道总是位于一个过 $o$ 的平面上 [练习].

在任意有心力场中的运动还有另一个特点, 即半径 $op$ 以常值速率 $A$ 扫出一个面积, $A$ 称为**面积速度**. 此事的证明见习题 24. 若 $p$ 的质量为 $m$, 则它的角动量 $h$ 等于 $2mA$ [练习]. 所以, $A$ 为常数正是宣示了角动量守恒.

当质点在轨道上运动时, 除其角动量以外, 总能量也是守恒的. 以下我们总是使用一个具有单位质量的质点. 所以, 若质点的速度为 $v$, 则其动能在总能量中的贡献为一确定值 $\frac{1}{2}v^2$, 而位能的值总是相差一个确定的常数. 我们只限于力作为 $r$ 之幂而变动这个情况, 而可以这样来确定此常数使得位能在力场消失之处为零: 如果力作为 $r$ 的正幂增长, 则力场消失之点为原点; 若作为负幂而消逝, 则选无穷远点为此点.[①]

## 5.10.2 两类椭圆轨道

考虑一个线性的吸引力场, 其定义是: 力指向 $o$ 点而且与 $r$ 成正比. 服从线性规律的力在物理学中极为重要, 因为如果任意的物理系统在平衡状态下受到微小摄动, 其恢复力恰属这一类. 我们讲的是什么意思? 下面是一个简单例子, 它使你能用实验来研究线性力场中的运动. 我们鼓励你自己动手来做下面的实验, 而不是只去想它.

取一个小重物 $W$, 把它用一两米长的线挂在例如天花板上, 使它直接悬于位于水平桌面的 $o$ 点上方. 如果把 $W$ 拉开三四厘米（注意线长为一两米）, $W$ 只是稍微高于桌面, 我们可以把 $W$ 的运动理想化而视为在桌面上的运动. 此外, 虽然作用在位置有了变动的 $W$ 上的力实际上是重力和线上的张力, 其净效果却看起来似乎是 $o$ 以一个神奇的力把 $W$ 拉向 $o$ 点, 此力正如所需, 正比于 $W$ 到 $o$ 的距离 $r$ [练习]. 为了避免以后的混淆, 我们要强调重力在此绝没有起本质的作用, 而只是提供了一种模拟线性力场的特别方便的办法.

现在把 $W$ 从 $o$ 点处稍微拉开一点, 而且朝一个随机确定的方向轻弹它一下. 你会看到 $W$ 将在一个闭轨道上不断绕行——这个轨道是一个以 $o$ 为中心的漂亮

---

[①] 读者可能会想要知道有关于太阳系中各行星运动规律的知识. 除了本书中推荐的 Arnol'd [1990] 对万有引力的历史及相关知识做了出色的介绍以外, 读者可能愿读一下同一作者的名著: 阿诺尔德《经典力学的数学方法（第 4 版）》, 第 11~31 页, 高等教育出版社, 2006. ——译者注

的对称卵形曲线. 但是这个卵形曲线究竟是什么?

它是一个椭圆! 为了证明这一点, 把桌面想象为 $\mathbb{C}$ 平面而以 $o$ 为原点. 再一次取 $W$ 的质量为 1, 而其在时刻 $t$ 的位置为 $z(t)$. 为简单计, 令指向原点的力的大小等于 $W$ 到 $o$ 的距离 $|z|$. 所以统帅 $W$ 运动的微分方程将是 $\ddot{z} = -z$, 它的两个基本解是 $z = e^{\pm it}$. 它们表示以单位速度绕单位圆周而方向相反的两个旋转. [请试着起动 $W$ 以分别得出这两个解, 即两个旋转.] 于是通解就是它们的线性组合:

$$z = pe^{it} + qe^{-it}, \tag{5.32}$$

$p$ 和 $q$ 本为任意复常数, 但是不失一般性, 可以设它们是实的而且 $p > q$.

图 5-22 画出了: 这两个圆周运动叠加成了椭圆运动, 吸引点在椭圆中心处. 只要把 (5.32) 重写为

$$z = a\cos t + ib\sin t$$

就清楚了, 这里 $a = p+q$, $b = p-q$. $a$ 和 $b$ 这两个数都有双重意义, $a$ 既是长半轴又是起动点的位置; $b$ 既是短半轴又是起动速率. 注意, 焦点位于 $\pm\sqrt{a^2 - b^2} = \pm 2\sqrt{pq}$ 处.

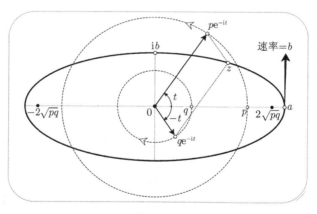

图　5-22

最后, 为了将来应用, 我们再来算出在此力场中运动的质点的守恒的能量 $E$. 位能就是把质点从原点拉到距离为 $r$ 处所需的功, 所以就是 $(r^2/2)$ [练习]. 这样

$$E = \frac{1}{2}(v^2 + r^2).$$

当质点绕图 5-22 中的椭圆运动时, 我们看到此式恒为 $\frac{1}{2}(a^2 + b^2)$.

现在转到有心力场中的第二个椭圆运动, 也是更著名的例子: 太阳系中的行星绕太阳的轨道. 这个现象与上面讲的例子有两点基本不同. 首先, 引力不再随距离

线性地增加, 现在引力按距太阳的距离平方成反比而逐渐消失. 其次, 引力中心不再位于椭圆中心, 现在太阳位于椭圆焦点上.

古希腊人就已经发现了椭圆很美丽的**数学**性质, 两千年后牛顿又揭示出它还有同样美丽的**物理**意义. 他发现了, 当且**仅**[1] 当力场是线性的或者服从平方反比律时, 才一定得到椭圆轨道. 牛顿在《原理》一书中明确地注意到这一点, 并称它为"非常引人注目的". 后来, 诺贝尔物理学奖获得者昌德拉塞卡[2]在 S. Chandrasekhar [1995, 第 287 页] 上说: "牛顿在《原理》一书的任何其他地方都没有表现过类似的惊叹之情."

这就留下了一个未解之谜. 线性力场与平方反比力场之间一定有特殊的联系, 但它可能是什么样的联系呢? 牛顿能够找到一个联系, 我们则将利用复分析找到另外一个. 关于这两种联系的更详细的介绍, 请参看 Arnol'd [1990], Needham [1993] 和 Chandrasekhar [1995].

### 5.10.3 把第一种椭圆轨道变为第二种

复数的几何在牛顿的时代尚不广为人知. 如果牛顿已经懂得了复数, 他就一定会发现下面的惊人事实: 如果我们对以原点为中心的椭圆做映射 $z \mapsto z^2$, 则与人们的想象不同, 象的形状并不是什么奇怪丑陋的曲线, 而是另一个**完美的椭圆**, 而且它自动地把一个焦点放在**原点处**. 见图 5-23. 在探讨这件事的意义以前, 我们先来验证它: 将 (5.32) 平方, 有

$$z \mapsto z^2 = (pe^{it} + qe^{-it})^2 = p^2 e^{i2t} + q^2 e^{-i2t} + 2pq.$$

前两项相当于一个以原点为中心的椭圆, 其焦点在 $\pm 2pq$ 处, 因此, 后一项将它左侧的焦点平移到原点.

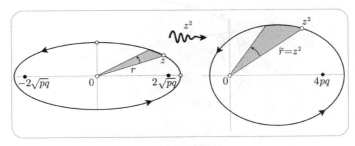

图  5-23

---

① 牛顿假设了力是距离的幂函数后证明这一点的, 但是后来又发现, 即使不做这个假设, 这个结果仍然成立.

② Subrahmanyan Chandrasekhar, 1910—1995, 出生在巴基斯坦的美籍物理学家. ——译者注

用动力学的语言来说, 这个几何结果说明, 吸引点原来在原点处, $z \mapsto z^2$ 把一个线性力场的轨道变为一个平方反比力场的轨道. 我们之所以能够这样来陈述这个结果, 是因为我们已经知道在这两种力场中轨道的形状. 此外, 有没有某种先验的理由, 说明为什么 $z \mapsto z^2$ 会把线性力场的轨道变为万有引力场的轨道? 如果能找到这样的理由, 则图 5-23 可以看成行星绕着焦点处的太阳做椭圆运动的新的推导或解释.

确实有这样的理由, 这件事是在 19 世纪 20 世纪之交发现的. 有好几个人对这个美丽的结果是有功劳的, 这个结果在得出的时候本来并不广为人知. 波林[①]（K. Bohlin [1911]）似乎是第一个发表此结果的人, 但他不了解卡斯纳[②]（E. Kasner [1913]）在 1909 年就发现了一个更广泛的结果, 最后是阿诺尔德（V. I. Arnol'd [1990]）, 但他只知道波林的工作, 而又重新发现了卡斯纳的一般定理.

在进入解释的细节之前, 先说一下总的计划（见 Needham [1993]）. 一个质点若不受力的作用将沿直线运动, 所以轨道的**弯曲**就是力的表现, 这种弯曲可以量化为轨道的曲率. 因为映射 $z \mapsto z^2$ 是解析的, 我们可以利用上节的结果求出一个轨道的曲率与此轨道在此映射下的象的曲率的关系. 这就使我们能找到使原象和象各安于自己轨道的力之关系.

### 5.10.4　力的几何学

给出轨道和力的中心, 我们的目的是找出使质点安于其轨道的力 $F$ 的大小 $F$, 并给出 $F$ 的纯几何公式. 考虑图 5-24, 如图所示, 把 $F$ 分解为轨道切向与径向的分力 $F_T$ 与 $F_N$ 在概念上很有好处. 分力 $F_T$ 的作用是改变 $p$ 的速率 $v$ 而不改变其行程. 分力 $F_N$ 的作用则是使轨道弯曲而不改变其速率.

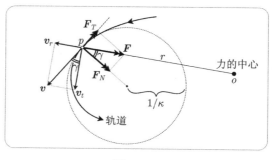

图　5-24

① K. Bohlin, 瑞典天文学家, 生卒年不详. ——译者注
② Edward Kasner, 1879—1955, 美国数学家. ——译者注

由初等力学知道, 若一单位质量的质点以常速率 $v$ 绕半径为 $\rho$ 的圆周运动, 则其向心力是 $(v^2/\rho)$. 所以, 若此轨道在 $p$ 点处的曲率为 $\kappa$ (如图所示), 则 $F_N = \kappa v^2$. 若记半径与法线间的锐角为 $\gamma$, 则作用于 $p$ 的总的力是

$$F = F_N \sec \gamma = \kappa v^2 \sec \gamma.$$

为了把它完全地用几何语言表示出来, 需要把 $v$ 用几何语言表示出来. 角动量的守恒 $h = 2\mathcal{A}$ 使我们可以做到这件事. 若把速度 $v$ 分解为其径向与横向分量 $\boldsymbol{v}_r$ 与 $\boldsymbol{v}_t$, 则面积仅由后一分量扫出来. 更准确地说, 有 $h = 2\mathcal{A} = rv_t = rv \cos \gamma$, 故

$$v = h \left( \frac{\sec \gamma}{r} \right). \tag{5.33}$$

把它代入前式, 就得到我们需要的关于力的几何公式:

$$F = h^2 \left( \frac{\kappa \sec^3 \gamma}{r^2} \right). \tag{5.34}$$

这基本上就是牛顿的结果: Newton [1687, 命题 VII]. 请注意, 时间的概念在此公式中几乎消失了, 留下的痕迹只有常数 $h$, 它表示质点在轨道上运行得多么快.

### 5.10.5 一个解释

当 $z$ 沿一轨道运动时, (5.34) 告诉我们需要什么样的力才能把它维持在其轨道上. 现在做映射 $z \mapsto z^2$, 并且把所有与象相关的量都加上符号 $\sim$, 例如 $\widetilde{r} = r^2$. 把象维持在其轨道上的力 $\widetilde{F}$ 是

$$\widetilde{F} = \widetilde{h}^2 \left( \frac{\widetilde{\kappa} \sec^3 \widetilde{\gamma}}{\widetilde{r}^2} \right),$$

我们现在设法把它与原来的力 $F$ 联系起来.

首先, 为了找到 $\widetilde{\kappa}$, 我们简单地以 $f(z) = z^2$ 代入 (5.23) 即得 [练习]

$$\widetilde{\kappa} = \frac{1}{2} \left( \frac{\cos \gamma}{r^2} + \frac{\kappa}{r} \right).$$

其次, 因为由 0 到 $z$ 的射线被映为由 0 到 $z^2$ 的射线, 其共形性告诉我们 $\widetilde{\gamma} = \gamma$.

把这些事实代入 $\widetilde{F}$ 的公式中, 并以关于原来的力的公式 (5.33) 与 (5.34) 代入, 我们得到

$$\widetilde{F} = \left( \frac{\widetilde{h}}{h} \right)^2 \frac{\left( \frac{1}{2} v^2 + \frac{1}{2} rF \right)}{\widetilde{r}^2}. \tag{5.35}$$

一般说来 $\widetilde{F}$ 并不服从简单的幂定律, 哪怕 $F$ 是如此. 但是, 当且仅当原来的力场是**线性力场**时[①], 上式的分子神奇地变为常值的总能量 $E$, 而有

$$\widetilde{F} = \left(\frac{\widetilde{h}}{h}\right)^2 \frac{E}{\widetilde{r}^2}\ ! \tag{5.36}$$

这样, 象点将在一个**平方反比力场**中运动. 此即所求证的事.

下面有一件事可能你已经为之心烦了. 我们用这个方法来解释的万有引力场的轨道还只有椭圆, 然而我们知道万有引力场中双曲线轨道也是可能的, 它们又在哪里呢? 事实上, 映射 $z \mapsto z^2$ 也能解释它, 解答是, 万有引力场的轨道不仅可能作为吸引的线性力场的轨道之象出现, 也可能作为**排斥的**线性力场 $F = -r$ 的轨道之象而出现. 后一种场的轨道就是双曲线, 其中心 (即渐近线的交点) 在原点, $z \mapsto z^2$ 把它们映为以原点为一个焦点的双曲线.

动力学解释部分几乎不需改变: 在原来的排斥性场下的质点的守恒的总能量现在为 $E = \frac{1}{2}(v^2 - r^2)$, 以 $F = -r$ 代入 (5.35) 立即又得 (5.36). Needham [1993] 中讲得更为详细, 其中还有我们马上要讲的一般情况, 其证明则与上面的特例完全相同.

### 5.10.6    卡斯纳–阿诺尔德定理

幂法则 $F \propto r$ 和 $\widetilde{F} \propto \widetilde{r}^{-2}$ 是阿诺尔德所说的**对偶力法则**的例子, 他和卡斯纳都发现了, 这只是对偶性的许多例子之一. 一般结果如下:

> 每一个幂法则 $F \propto r^A$ 恒有恰好一个幂法则 $\widetilde{F} \propto \widetilde{r}^{\widetilde{A}}$ 与之对应, 而称它们在以下意义下为互相对偶: 前者的轨道被 $z \mapsto z^m$ 映为后者的轨道, 力与映射的关系为
>
> $$(A + 3)(\widetilde{A} + 3) = 4, \quad m = \frac{A + 3}{2}.$$

对于他们的结果, 我们还要加上一点以澄清能量的作用:

> 一般说来, 正能量轨道不论是对吸引的还是排斥的力场 $F \propto r^A$ 都被映为象场的吸引轨道, 而负能量轨道则被映为排斥轨道. 然而, 若 $-3 < A < -1$ (例如万有引力) 则吸引与排斥二者对调. 在一切情况下, 零能量轨道被映为没有外力作用的直线轨道.

---

① 然而我们立刻将看到, 这个力场可以是排斥力线性场 $F = -r$, 而不仅仅是吸引场 $F = +r$.

# 5.11 解析延拓*

## 5.11.1 引言

本书中我们都在强调把函数看成一个几何实体, 而不需要 (甚至不可以) 用公式来表示. 针对公式表达的局限性, 来考虑

$$G(z) = 1 + z + z^2 + z^3 + \cdots.$$

这个幂级数在单位圆周 $|z| = 1$ 的内域中是收敛的, 所以它在那里是解析的. 图 5-25 左方在此圆内的细小的 "正方形" 网格被伸扭为右图中纵向直线 $x = (1/2)$ 右侧的另一个这样的网格, 而此直线就是圆周的象. 现在, 这个圆周肯定对于使用这个公式是个障碍, 因为 $G(z)$ 显然在 $z = 1$ 处发散, 从几何上说, 圆周的象 (即此直线) 一直伸向 $\infty$. 然而, 这个圆周**并不是**几何实体的障碍, 所以, 这个公式不能成功地描绘这个实体.

考虑下面这个看起来有点不同的以 $-1$ 为中心的幂级数:

$$H(z) = \frac{1}{2}\left[1 + \left(\frac{z+1}{2}\right) + \left(\frac{z+1}{2}\right)^2 + \cdots\right].$$

它在一个稍大的收敛圆周 $|z + 1| = 2$ (左图用黑线画的大圆周) 的内域里是解析的. 尽管 $H(z)$ 外貌与 $G(z)$ 不同, 但它仍然与 $G(z)$ 一样, 把 $|z| = 1$ 内的用实线画的网格恰好映到 $x = (1/2)$ 右侧与 $g(z)$ 之象完全相同的实线网格上; 就是说, 在 $|z| = 1$ 内域上 $H = G$. 但是现在网格可以**延拓**为 $|z| = 1$ 的**外域**中用虚线画的网格, $H(z)$ 把这个虚线网格伸扭为 $x = (1/2)$ 左侧的虚线网格. 我们说 $H$ 是 $G$ 在那个较大的圆盘中的**解析延拓**. 一个明显的问题就是, $H$ 是否为 $G$ 在这个区域中**唯一的**解析延拓. 正如我们所希望的, 图 5-25 使我们已能触摸到, 这个延拓也是局部伸扭的, 这就对此映射赋予了一种 "刚性", 使它只能按唯一方式向外生长.

本章这最后一节的目的就是把这里说的刚性弄得更清楚, 同时还讲一种情况, 即有一种方法能在映射原来的定义区域之外显式地表出这个映射, 这个方法也归功于施瓦茨[1]. 在此之前, 我们先完成对于图 5-25 的讨论.

这个图使我们看清了, $H$ 正如 $G$ 一样还不是终结的: 它还可以拓展. 但是如果我们拘泥于幂级数, 则对于映射的描述将受到严格的局限, 因为这个映射深处于 $G$ 与 $H$ 的深层. 这是因为这种级数只在圆盘内收敛, 如果我们想把圆盘扩大, 最终一

---

[1] Hermann Amandus Schwarz, 1843—1921, 德国数学家. 有许多同名或名字相近的数学家施瓦茨. 这一位是维尔斯特拉斯的学生. 所有学过微积分的大学生都不应忘记他的名字命名的不等式.

——译者注

定会碰上 $z = 1$ 处的奇点而绕不过去. 这样, 任何一个幂级数对这个映射的可能的域必定至少遗漏一半. 此外, 你可能已经注意到, $1/(1 - z)$ 作为一个默比乌斯变换除在 $z = 1$ 处外, 处处为解析, 而且在 $G$ 和 $H$ 各自的收敛圆内等于 $G$ 和 $H$, 它这样就构成了此映射的完全的解析延拓. [我们鼓励你用这个事实来检验图 5-25 的细节.] 这个例子过于简单, 因而可能有误导. 通常我们不能希望用一个封闭的表达式, 如 $1/(1 - z)$, 就将整个几何映射纳入囊中.

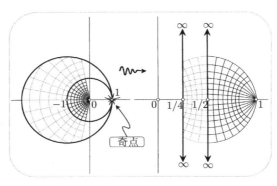

图    5-25

如果我们仔细看看图 5-25, 就会开始感觉到, 这个映射由于有一个解析的要求, 即伸展着的小 "正方形" 网格一定要被映射到同类的网格上, 因而在刚性地生长. 也就清楚了, 这个映射似乎忘记了不同的公式, 而我们试图用这样那样的公式来描绘它. 其实我们已经看见了, 这两个圆周对于幂级数而言是可怕的、不可逾越的, 但是对于映射本身没有多大的意义: 它们都会碰上 $z = 1$, 它们的象都伸向 $\infty$.

### 5.11.2   刚性

解析刚性的本质特性尽纳于以下结果中:

> 如果哪怕是任意小一段曲线被一解析映射挤压成为一点, 则其整个定义域也将坍缩于该点.

将在后几章讨论的积分理论会对这个事实给出一个令人信服的解释. 目前我们可以从扩展 4.7 节关于临界点的讨论对其真理性获得相当的洞察. 这样做可能会给出一种幻觉, 以为可以不要积分理论也能做到这一点, 但是在 4.7.1 节中我们就已经指出, 那个讨论也用到了后面的结果. 我们现在扼要地重述一下有关临界点的事实.

在临界点 $p$ 处, 伸缩率变为 0, 这造成了一个印象, 以为以临界点为中心的无穷小圆盘会被挤压成一点. 然而, 这只是 "光线玩的小把戏", 源于象平面的放大率不够. 如果 $p$ 的阶数为 $(m - 1)$, 则此映射局部地像 $z^m$ 一样, 从而 $p$ 处的半径为 $\varepsilon$

的无穷小圆盘将被 [m 重地] 映到一个半径为 $\varepsilon^m$ 的小得不得了的圆盘上. 用类比于显微镜的语言来说, 就是必须用镜头 $L_m$ 才能看见象其实并不完全是一个点. 阶数越高, 在 $p$ 点的挤压程度越大, 对于第一次就能看出它并非一个点的镜头的放大能力也要求越大.

现在我们注意到, 用计算的语言来说, 倍数越来越大、仍然不能分辨出象的结构的镜头, 是指在 $p$ 处为零的阶数越来越高的导数:

$$f(z) \sim z^m \Leftrightarrow \begin{cases} L_1, \cdots, L_{m-1} \text{ 仍然看不出, 但是 } L_m \text{ 看得出;} \\ f'(p) = 0, \ f''(p) = 0, \cdots, \ f^{(m-1)}(p) = 0, \text{ 但是 } f^{(m)}(p) \neq 0. \end{cases}$$

总之, 在 $p$ 点为零的导数阶数越高, 在 $p$ 点的挤压程度也越高.

现在把这种见解用于已给的情况. 令 $s$ 为 (尽可能小的) 被 $f(z)$ 挤压的曲线段. $f$ 在 $s$ 上一点的伸缩率无论从哪个方面来看都是一样的. 现在选定沿 $s$ 的方向来看, 我们就发现 $f$ 在 $s$ 的每点上伸缩率均为 0. 因此, 整个曲线段都由 $f$ 的临界点 (即使得 $f' = 0$ 的点) 所构成. 现在如图 5-18 那样把 $f'$ 本身也看作一个解析映射. 用我们刚才使用的方法就可以看到, 这个映射也自动具有与 $f$ 同样的性质: $f'$ 也把 $s$ 挤压为一点. 我们得知它的导数在 $s$ 上也为零. 这样做下去显然没有个头, $f$ 的各阶导数都必在 $s$ 上为 0, 而以 $s$ 上各点为中心的无穷小圆盘必定被**整个地挤压**.

这意味着 $s$ 必定由一个刀鞘一样的区域包围着, 而这个区域完全被 $f$ 挤压到一点. 但是如果取另一条恒位于此区域中的曲线代替 $s$, 重复同样的思路就会看到 $f$ 把一个甚至更大的区域都挤压为一点. 函数的坍缩就会继续向外延展 (其速度有如我们所想!) 到 $f$ 的整个定义域.

### 5.11.3 唯一性

设 $A(z)$ 和 $B(z)$ 是定义在某一区域中的解析函数, 而此区域大小与形状都与美国加州一样. 此外, 还设 $A$ 和 $B$ 在一小段曲线 (例如落在旧金山大街上的一段眼睑) 上有完全相同的效果. 这微小一段上的一致性立即使它们**完全一致**, 甚至是在几百公里以外的洛杉矶! 因为 $(A - B)$ 在全加州都是解析的, 又因为它把这一段曲线挤压到 0, 所以它必在全州内都是如此.

我们可以表述得稍有不同. 如果我们对一小段曲线 $s$ 任意地指定象点, 一般来说, 并不一定存在一个解析函数把 $s$ 映到这个象上. 然而, 前一段使我们能断定, 如果我们能在包含 $s$ 的一个区域上找到这样一个函数, 则它必定是**唯一的**.

这就是我们前面讲到的 $e^x$ 到复值的推广必为唯一性时所说的 "不得不信服" 的理由 (见 5.8 节之始). 因为如果有一个解析的推广 $E(z)$ 存在, 则我们看到 $e^x$ 在哪怕是一小段实轴上的值就可以唯一地确定它. 当然, 知道了这一点对于找出 $E(z)$ 究竟是什么毫无帮助. 我们前面关于 $E(z)$ 的显式表示的推导之价值并未减少. 另

一方面, 新知识也不是没有实际意义的. 考虑下面 3 个形状全然不同的表达式:

$$\lim_{n \to \infty} \left(1 + \frac{z}{n}\right)^n, \quad e^x(\cos y + i \sin y), \quad 1 + z + (z^2/2!) + (z^3/3!) + \cdots.$$

它们都是解析的, 当 $z$ 为实数 $x$ 时全都等于 $e^x$. 所以, 不需进一步计算就知道它们必定彼此相等, 它们只能是表示 $e^x$ 的唯一的解析延拓的不同方式.

　　然而, 在考虑仅仅部分重叠而不相同的区域时, 就出现了唯一性的新的重要侧面. 令 $g(z)$ 和 $h(z)$ 是两个解析函数, 分别定义为图 5-26a 的集合 $P$ 与 $Q$. 如果它们在 $P \cap Q$ 中的哪怕是一小段曲线 $s$ 上相等, 则它们在整个 $P \cap Q$ 上都相等. 我们想象, 开始时只在 $P$ 上知道 $g$, 则可以把 $h$ 想象为在一个把 $P$ 扩大而终于达到 $Q$ 的区域上描述了和 $g$ 同样的几何映射. 我们之所以受到鼓舞采用这个观点, 是因为 $g$ 将唯一决定其解析延拓这一事实. 因为设 $h^*$ 是 $g$ 在 $Q$ 中的另一个解析延拓. 则在 $s$ 上我们将得到 $h^* = g = h$, 而这就使得在 $h$ 与 $h^*$ 的共同的区域 $Q$ 上必定有 $h^* = h$.

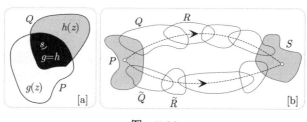

图　5-26

　　5.11.1 节中讲的 $G(z)$ 和 $H(z)$ 为以上所讲的道理提供了例子, 在那里, $P$ 恰好全部落在 $Q$ 内. 于是函数 $1/(1-z)$ 就是 $H$ 到复平面其余部分的解析延拓.

　　$g$ 既然可以由 $P$ 延拓到 $Q$, 那么我们就可以沿一串互相部分重叠的集合的链条 $P, Q, R, \cdots, S$ 把延拓过程继续下去, 见图 5-26b. 这样我们就得到 $g$ 在 $S$ 上唯一的解析延拓. 但是如果我们选择另一条到达 $S$ 的路径 $P, \widetilde{Q}, \widetilde{R}, \cdots, S$ 又会如何? $g$ 到 $S$ 上的解析延拓这一次是唯一的, 但它绝没有任何理由要与前一次的延拓一致. 解析延拓的思想就这样很自然地导致多值函数的思想.

　　考虑图 5-27. 在 $P$ 中我们可以定义 $\log z$ 的一个单值支为 $f(z) = \ln r + i\theta$, 其中 $-\pi < \theta \leqslant \pi$. 图中画出了 1 怎样被映到 0, 而 $P$ 又怎样被映为围绕 0 的区域 $f(P)$. 如果我们在左图的区域 $Q$ 上定义 $g(z) = \ln r + i\Theta$, 其中 $-\frac{\pi}{2} < \Theta \leqslant \frac{3\pi}{2}$, 则因为在 $P \cap Q$ 上 $g = f$, $g$ 就一定是 $f$ 到 $Q$ 上的解析延拓. 类似于此, 它在区域 $\widetilde{Q}$ 上的解析延拓是 $\widetilde{g}(z) = \ln r + i\widetilde{\Theta}$, 其中例如可取 $-\frac{3\pi}{2} < \widetilde{\Theta} \leqslant \frac{\pi}{2}$. 于是在围绕着 $-1$ 的区域 $(Q \cap \widetilde{Q})$ 中, 同一个函数 $f$ 就有了两个解析延拓 $g$ 与 $\widetilde{g}$, 它们对于各自的路径均为唯一的. 但是, 尽管它们的老祖宗相同, 但它们却是不一样

的：$g(-1) = i\pi, \widetilde{g}(-1) = -i\pi$.

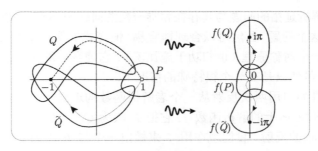

图　5-27

### 5.11.4　恒等式的保持

在这一小节里我们将要证明, 任意对实函数成立的恒等式, 对它们在复平面 $\mathbb{C}$ 中的解析推广 (即解析延拓, 但是要假设这种推广确实存在) 亦必成立. 用例子来解释它最为容易.

我们首先考虑一个涉及幂级数的重要例子. 设实函数 $f(x)$ 可以表示为一收敛的幂级数

$$f(x) = a + bx + cx^2 + dx^3 + \cdots.$$

我们因此知道复级数

$$F(z) = a + bz + cz^2 + dz^3 + \cdots$$

也是收敛的, 从而是解析的. 但是因为在实轴上 $F(x) = f(x)$, 所以 $F$ 是 $f$ 到自变量取复值处的唯一的解析延拓. 换言之, 由 $f$ 到其解析延拓的转移必定保持其公式不变 (级数就是一种公式).

作为下一个例子, 考虑一个含两个变量的实恒等式 $e^x \cdot e^y = e^{x+y}$. 如果你突然得了失忆症, 完全忘记了复函数 $e^z$ 和与之相关的几何学, 那么它能帮助你领会以下的论证. 设 $e^x$ 到复值的解析延拓存在, 记作 $E(z)$. 我们现在可以证明 $E(z)$ 也满足同样的恒等式, 虽然我们完全不知道它究竟是什么函数!

令 $F_\zeta(z) \equiv E(\zeta)E(z)$, 而 $G_\zeta(z) \equiv E(\zeta + z)$. 首先要注意, 对于固定的 $\zeta$, $F_\zeta(z)$ 和 $G_\zeta(z)$ 都是 $z$ 的解析函数. 现在设 $\zeta$ 是实的, 所以 $E(\zeta) = e^\zeta$. 现在让 $z$ 在一段实轴上变动, 于是由实恒等式有 $F_\zeta(z) = G_\zeta(z)$, 但是由上面的结果知, 此式处处成立. 如果我们反过来设 $z$ 为固定的, 由类似的推理又有 $F_\zeta = G_\zeta$, 总之

$$E(\zeta)E(z) = E(\zeta + z).$$

当 $z$ 与 $\zeta$ 均为复数时也成立. 现在就清楚了, 这种推理可以推广到任意恒等式, 哪怕是含有两个以上变量的恒等式也行.

### 5.11.5　通过反射做解析延拓

实际找出解析延拓的问题与其存在和唯一性的问题颇不相同. 以上的概念和结果无助于求解这个问题, 虽然可以合理地宣称, 恒等式的保持是有实际帮助的. 我们下面要讲解一个**对称原理**(也归功于施瓦茨), 它使我们能很容易地显式地找出一个解析延拓, 虽然只是在一个很特殊的情况下.

我们先来讲如何用两次反射从一个老解析函数构造出一个新的解析函数. 设有一个定义于区域 $P$ 上的解析函数 $f$, 它把 $P$ 映为 $Q$(见图 5-28), 令 $\overline{P}$ 和 $\overline{Q}$ 是 $P$ 和 $Q$ 对于实轴的反射. 我们现在用 $f$ 来做出一个将 $\overline{P}$ 映为 $\overline{Q}$ 的解析映射, 做法如下: 即令

$$f^*(z) \equiv \overline{f(\bar{z})}.$$

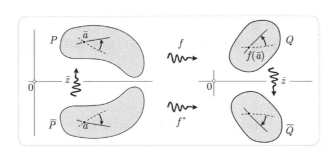

图　5-28

此图解释了何以 $f^*$ 是共形的从而是解析的. 以下 3 个步骤 $a \mapsto \bar{a} \mapsto f(\bar{a}) \mapsto \overline{f(\bar{a})}$ 都保持了 $a$ 处的角的大小. 第一个反射会使此角的方向反转, 然后, $f$ 保持这个已经反转的方向, 最后, 第二个反射又把搞反了的方向转回来, 而在 $f^*(a)$ 处回到最初的情况.

一般来说, 映射 $f^*$ 在任何意义上都不是 $f$ 的延拓, 宁可说它是一个全新的映射. 如果想象把图上的 $P$ 向下移动直到它部分地越过实轴, 这时 $P$ 与 $\overline{P}$ 会部分重叠, $P \cap \overline{P}$ 就成了 $f$ 与 $f^*$ 的共同的域, 我们希望你能看出: 没有任何理由要求它们在 $P \cap \overline{P}$ 上相等. 看下面的例子就更清楚 [练习]:

$$f = (旋转一个角 \ \phi) \ \Rightarrow \ f^* = (旋转一个角 \ -\phi).$$

$f^*$ 虽然一般地并不是 $f$ 的延拓, 但是这个新映射(连同马上要讲的这个新映射对圆周的推广)就其本身而言已经很有用处了. 在第 12 章中我们还要指出, 它与静电学和流体力学中的**镜像法**密切相关.

我们现在转到 $f^*$ 确为 $f$ 的解析延拓的特殊情况. 设 $f$ 本身是一个实自变量的实值函数的复推广, 而 $P$ 的边界的一部分 $L$ 是在实轴上, 见图 5-29. 因为 $f$ 在

$L$ 上是实的, 所以 $P$ 的象 $Q$ 也以实轴为边界的一部分. 和前面考虑过的一般情况不同, $f$ 与 $f^*$ 在公共区域 $P \cap \overline{P} = L$ 上自动地相等. 这是因为当 $z$ 为实数时,

$$f^*(z) = \overline{f(\overline{z})} = \overline{f(z)} = f(z).$$

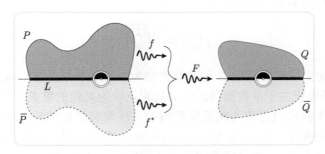

图 5-29

我们现在就可以把 $f$ 与 $f^*$ 看成 $P \cup \overline{P}$ 上的单个解析映射 $F$ 的两部分. 事实上, 把中心在 $L$ 上的无穷小圆盘分成上下两半, 并分别考虑这两个半圆盘中发生了什么, 就很清楚 $F$ 在整个圆盘上是解析的, 因为其象是另一个无穷小圆盘. [如果在临界点上又会发生什么?] 请再次注意这与实函数的情况是多么地不同, 因为我们可以很容易地把两段图像在连接处扭起来, 这两个函数之值在连接处相同, 但其导数不同.

当然, 如果 $f$ (除了定义在 $P$ 上以外) 已在 $\overline{P}$ 上有定义, 则 $f^*$ 只是在 $\overline{P}$ 上再现原来已经有了的映射. 例如, 正弦函数的复推广 $\sin z$ 的公式在复平面上是处处成立的, 所以这个复推广也应该服从 $f^*(z) = f(z)$ 这种对称性. 事实上, 如果我们追随 $a \mapsto f^*(a)$ 的 3 个步骤, 确实会看到

$$a \mapsto \overline{a} \mapsto \frac{\mathrm{e}^{\mathrm{i}\overline{a}} - \mathrm{e}^{-\mathrm{i}\overline{a}}}{2\mathrm{i}} \mapsto \frac{\mathrm{e}^{-\mathrm{i}a} - \mathrm{e}^{\mathrm{i}a}}{-2\mathrm{i}} = \sin a.$$

可以把我们的结果用比较对称且稍有推广的形式重述如下 [练习]. 若 $f$ 将一个直线段 $L$ (不一定在实轴上) 映到另一个直线段 $\hat{L}$ 上, 则我们可以把 $f$ 从 $L$ 的一侧解析映到其另一侧, 这里要利用一个事实: 对称于 $L$ 的点被映为对称于 $\hat{L}$ 的点.

这一点令人想到默比乌斯变换之保持对称性, 而我们是在第 3 章中发现了这一点的, 其实把这两个对称原理融合起来, 会得到对我们这个结果的一个有意义推广. 假设 $f$ 不是把一个特定[①]的直线映为另一直线, 而是把一个圆周的一部分 $C$ 映

---

① 应该强调 "特定" 二字, 因为如果一般的直线都被映为另一直线, 则此映射只能是线性的. 类似地, 在新的情况下, 如果一般的圆周被映为另一圆周, 则此映射必为默比乌斯变换.

为另一个圆周的一部分 $\hat{C}$. 用两个默比乌斯变换映 $C \mapsto L, \hat{C} \mapsto \hat{L}$, 就简化为前一情况. 由此可以导出, 对称于 $C$ 的点被映到对称于 $\hat{C}$ 的点.

把这两个情况混合起来作为一个新例子, 设想 $f$ 把单位圆周的一部分映为实轴的一部分. 如果只在圆周的内域知道 $f$, 则上面的例子告诉我们 [练习], 可以把 $f$ 解析延拓到单位圆周的外域如下:

$$f^{\dagger}(z) \equiv \overline{f\left(\frac{1}{\bar{z}}\right)}.$$

于是定义一个完全的解析函数 $F$ 使之在内域为 $f$ 而在外域为 $f^{\dagger}$. 从这个函数的做法可知, 这个函数把关于单位圆周的一对对称点映为共轭的象点: $F^{\dagger}(z) = \overline{F(z)}$.

施瓦茨利用我们现在称为**施瓦茨反射**的方法能够把他的反射原理从直线或圆周推广到一般的曲线 (见 H. A. Schwarz [1870]). 我们就以描述这个简单然而引人入胜的思想来结束本章. 这里的关键就在于用解析函数来冒充共轭.

我们知道, 把每个点反射过实轴 ($z \mapsto \bar{z}$) 并非解析函数. 然而, 任给一充分光滑[①]的曲线 $K$, 都可以找到一个解析函数 $\mathcal{S}_K(z)$ 有选择地恰好把 $K$ 上的点映为其共轭点:

$$z \in K \quad \Rightarrow \quad \mathcal{S}_K(z) = \bar{z}.$$

Davis and Pollak [1958] 称 $\mathcal{S}_K$ 为 $K$ 的**施瓦茨函数**. 现在我们可以定义 $z$ 越过 $K$ 的施瓦茨反射 $\tilde{z} = \mathcal{R}_K(z)$ 为

$$\mathcal{R}_K(z) \equiv \overline{\mathcal{S}_K(z)}.$$

要想看到这何以是一个好思想, 请考虑图 5-30. 首先注意, $K$ 上之点不会受影响, 这与通常的反射是一样的, 即有

$$\tilde{q} = \overline{\mathcal{S}_K(q)} = \overline{(\bar{q})} = q.$$

其次要注意, 因为 $\mathcal{S}_K$ 是解析的, 所以一个以 $q$ 为中心的无穷小圆盘被伸扭 (而没有反射) 为以 $\bar{q}$ 为中心的圆盘. 进一步, 再注意 $\overrightarrow{qp}$ 是如何被映到 $\overrightarrow{\bar{q}\bar{p}}$ 上的, 即知在 $K$ 上

$$伸缩率 =1, 扭转度 = -2\phi \quad \Rightarrow \quad S'_K = \mathrm{e}^{-\mathrm{i}2\phi},$$

这里 $\phi$ 是 $K$ 的切线与水平直线的交角. 现在由图形的对称性就很清楚, 若点 $a$ 在无穷小圆周上, 则 $\tilde{a}$ 确实就是 $a$ 对切线的对称点. 于是, 至少在很接近 $K$ 处, $z \mapsto \tilde{z}$

---

① 该曲线事实上必须是 "解析的". 关于这一点请参看 Davis [1974], 其中还包含了施瓦茨函数的许多有趣的应用. Shapiro [1992] 则是一本比较高深的书.

就是反射概念的一个合理的推广. 进一步, 对 $K$ 反射两次就得到恒等映射, 而且本当如此. 既然 $\mathfrak{R}_K$ 是反共形的, $\mathfrak{R}_K \circ \mathfrak{R}_K$ 就是共形的, 即是解析的. 但因为函数把 $K$ 上每点都映为自身, 而一个解析函数又由它在一曲线上所取的值确定, 所以 $\mathfrak{R}_K \circ \mathfrak{R}_K$ 必为恒等映射.

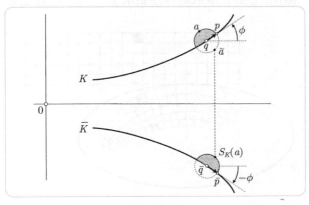

图 5-30

如果 $K$ 是一直线或一圆周, $\tilde{z}$ 就是通常的反射, 即使 $z$ 离 $K$ 很远也如此. 这件事留给你做练习. 例如, 单位圆周 $C$ 可以写作 $\bar{z}z = |z|^2 = 1$, 所以在 $C$ 上应有 $\bar{z} = (1/z)$. 这样, 它的施瓦茨函数就是 $\mathcal{S}_C(z) = (1/z)$, 而 $\mathfrak{R}_C(z) = (1/\bar{z})$, 它正是对 $C$ 的反演.

下面给出一个不那么平凡的例子, 即对椭圆 $E : (x/a)^2 + (y/b)^2 = 1$ 的反射. 记 $x = \frac{1}{2}(z + \bar{z})$, $y = \frac{1}{2\mathrm{i}}(z - \bar{z})$, 用 $z$ 来表示出 $\bar{z}$, 有 [练习]

$$\mathcal{S}_E(z) = \frac{1}{a^2 - b^2}\left[(a^2 + b^2)z - 2ab\sqrt{z^2 + b^2 - a^2}\right].$$

例如, 令 $a = 1$, $b = 1$, 可得施瓦茨反射为

$$\mathfrak{R}_E(z) = \frac{1}{3}\left[5\bar{z} - 4\sqrt{\bar{z}^2 - 3}\right],$$

见图 5-31. 请用计算机验证此图, 同时也考察一下 $\mathfrak{R}_E$ 对其他图形的效果.

手上既已有了适当的反射概念, 我们现在就能把上面讲的越过直线和圆周做解析延拓的方法推广到更一般的曲线. 令 $f$ 是定义于区域 $P$ 中的解析函数, 而 $P$ 以曲线 $L$ 为边界的一部分, $L$ 又充分光滑使得存在一个施瓦茨函数, 令 $\hat{L} = f(L)$ 表示 $L$ 在 $f$ 下的象. 很像图 5-28 和图 5-29, 我们可以把 $f$ 解析地延拓过 $L$, 即要求把关于 $L$ 对称的点映到关于 $\hat{L}$ 对称的点. 于是, [请自己做一个图!] $f$ 到 $\widetilde{P} = \mathfrak{R}_L(P)$ 上的延拓 $f^{\ddagger}$ 为

$$f^{\ddagger} = \Re_{\hat{L}} \circ f \circ \Re_{L}.$$

用与图 5-28 同样的论证, 即知它确实在 $\widetilde{P}$ 中解析, 因为它是一个共形映射与两个反共形映射的复合. 还有, 在 $L$ 上 $f^{\ddagger} = f$. 于是, 一个解析函数 $F$ 在 $P$ 中由 $f$ 给出, 在 $\widetilde{P}$ 中由 $f^{\ddagger}$ 给出, 它必定服从对称性要求 $F^{\ddagger} = F$. 这就是**施瓦茨对称原理**.

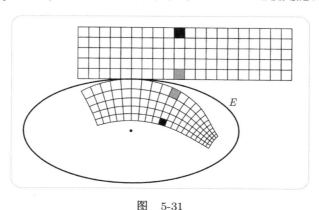

图　5-31

我们前面所讲的正是这个做法的特例. 例如, 若 $L$ 和 $\hat{L}$ 都是实轴的一段, 则 $\Re_{L}(z) = \Re_{\hat{L}}(z) = \bar{z}$, 所以 $f^{\ddagger} = f^{*}$, 和前面讲的一样. 类似地, 若 $L$ 是单位圆周的一段弧（所以 $\Re_{\hat{L}}(z) = 1/\bar{z}$）, 而 $\hat{L}$ 是一段实轴（所以 $\Re_{\hat{L}}(z) = \bar{z}$）, 那么 $f^{\ddagger} = f^{\dagger}$, 也和前面一样.

## 5.12　习　　题

1. 证明: 若 $f = u + iv$ 是解析的, 则 $(\nabla u) \cdot (\nabla v) = 0$, 这里 $\nabla$ 是向量计算中的 "梯度算子", 解释其几何意义.

2. 证明一个解析函数的实部与虚部都是**调和函数**, 即它们都自动地满足**拉普拉斯方程**

$$\Delta\Phi = 0,$$

这里的 $\Delta$（也时常写作 $\nabla^2$）定义为 $\Delta \equiv \partial_x^2 + \partial_y^2$, 称为**拉普拉斯算子**. [我们在第 12 章中将会看到, 这个方程表现了解析函数与物理学间至关重要的联系.]

3. 用上题（但不是用它的计算）证明以下诸函数均为 "调和的".
   (i) $e^x \cos y$.　(ii) $e^{(x^2-y^2)} \cos 2xy$.　(iii) $\ln|f(z)|$, 这里 $f(z)$ 是解析的.

4. 什么是最一般的可以作为解析函数实部的二次函数 $u = ax^2 + bxy + cy^2$? 做出这个函数, 并把它用 $z$ 表示出来.

5. 以下函数哪些是解析的?

(i) $e^{-y}(\cos x + i \sin x)$.　　　(ii) $\cos x - i \sin y$.

(iii) $r^3 + i3\theta$.　　　(iv) $[re^{r\cos\theta}]\theta^{i(\theta + r\sin\theta)}$.

6. 解出表示为 $\partial_\theta v \equiv 0$ 的极坐标 CR 方程. 把你的解答用熟悉的函数表示出来, 并用几何解释你所做的一切.

7. 用笛卡儿坐标 CR 方程来证明, 把平行线映为平行线的解析映射**只能**是线性映射. [提示: 从水平直线被映为水平直线的情况开始. 这一点如何译为 "方程语言"? 现在来求解 CR.]

8. 先计算 $\log(1 + i)$ 的一个可能位置, 再画图. 在 $(1 + i)$ 处做一个小图形. 用 $\log(1 + z)$ 的伸扭画出它的象. 用计算机加以验证.

9. 用类似导出乘积法则 (5.4.3) 的方法导出商法则. [提示: 把 $A/B$ 的分子分母各乘以 $(b - \xi g')$.]

10. 考虑多项式 $P(z) = (z - a_1)(z - a_2) \cdots (z - a_n)$.

(i) 证明 $P(z)$ 的临界点是以下方程的解

$$\frac{1}{z - a_1} + \frac{1}{z - a_2} + \cdots + \frac{1}{z - a_n} = 0.$$

(ii) 令 $K$ 为以 $p$ 为中心的圆周. 考虑 (i) 中方程的共轭方程, 并导出: 当且仅当 $p$ 是反演点 $\mathcal{I}_K(a_j)$ 的质量中心时, 它才是临界点.

(iii) 证明 (i) 中的方程等价于

$$\frac{z - a_1}{|z - a_1|^2} + \frac{z - a_2}{|z - a_2|^2} + \cdots + \frac{z - a_n}{|z - a_n|^2} = 0,$$

把此式左方解释为由 $z$ 到 $P(z)$ 之根的各个向量的加（正）权和, 然后导出**卢卡斯定理**: $\mathbb{C}$ 中多项式的临界点必定位于其零点的凸包中.[①]

11. 利用 $(e^z)' = e^z$ 来证明所有三角函数的导数都可以用实分析中熟知的法则导出.

12. 证明: 只要适当地解释, $(z^\mu)' = \mu z^{\mu-1}$ 即使当 $\mu$ 为复数时仍成立.

13. (i) 若 $a$ 为任意常数, 证明级数

$$f(z) = 1 + az + \frac{a(a-1)}{2!}z^2 + \frac{a(a-1)(a-2)}{3!}z^3 + \cdots$$

在单位圆周内收敛.

(ii) 证明 $(1 + z)f' = af$.

(iii) 导出 $[(1 + z)^{-a} f]' = 0$.

---

[①] 这是一个重要的定理, 在文献中常称为高斯–卢卡斯定理. 因为高斯在 1836 年的一本笔记以及给友人的信中即已提到其主要思想, 而法国数学家卢卡斯（F. Lucas）在 1897 年巴黎科学院院报上发表了它. ——译者注

(iv) 给出结论：$f(z) = (1 + z)^a$.

14. 我们在第 3 章中指出过，球极射影在绘制共形的世界地图上有很实际的应用. 一旦有了这个地图，只要对它再施以其他不同的解析映射就可生成一般的共形地图. G. 麦卡托在 1569 年就发现了一个特别有用的共形世界地图（但他用的是别的方法）. 我们把它描述为应用 $\log(z)$ 于球极地图的结果.（虽然他本人不可能这样做.）

  (i) 看看用球极射影和用麦卡托投影做的世界全图，确保你可以把你所看到的形状的变化与你对复对数的理解结合起来.

  (ii) 设想在用麦卡托投影做的地图上画一条直线航线，然后实际在大海上按此航线航行. 证明在航行中罗盘上的读数不会改变.

15. (i) 注意到对于以原点为中心的圆周，（指向逆时针方向的）单位切线向量可以写作 $\hat{\xi} = \mathrm{i}(z/|z|)$，证明此圆周的象的曲率公式 (5.23) 可以写成

$$\widetilde{\kappa} = \frac{1 + \mathrm{Re}\left[\dfrac{zf''}{f'}\right]}{|zf'|}.$$

  (ii) 如果 $f(z) = \log z$，这个公式给出什么？验证它确实如此.

  (iii) 如果 $f(z) = z^m$，这个公式给出什么？验证它确实如此. 当 $m$ 为负时，$\widetilde{\kappa}$ 也是负的，此事有何意义？[提示：当 $z$ 依逆时针方向绕原来的圆周运行时，其象的速度复数向量怎样旋转？]

16. 如图 5-32 所示，如果从一个区域内的任一视点都可以看见它的全部，则称这个区域为**凸的**. 设一解析映射 $f$ 作用在圆周 $C$ 上生成一个简单的[①] 象曲线 $f(C)$，设其内域是凸的.

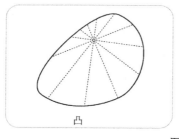
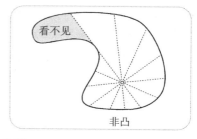

图　5-32

  (i) 由 15 题的公式导出：若 $f$ 把 $C$ 的内域映到 $f(C)$ 的内域，则下面的不等式对 $C$ 上的一切点均成立：

$$\mathrm{Re}\left[\frac{zf''}{f'}\right] \geqslant -1.$$

---

① 这里 "简单" 就是指不自交的. $f(C)$ 当然是连续的封闭曲线. 一个不自交的连续封闭曲线又称约当曲线. 著名的约当定理指出，一个约当曲线必把平面分为内域与外域. 如果这里的 "简单" 二字不从数学上理解，则下文讲到内域就没有根据了. ——译者注

(ii) 如果 $f$ 把 $C$ 的内域映为 $f(C)$ 的**外域**, 类似的不等式是什么? [*提示*: 见第 4 章习题 4.]

17. 令 $S$ 为过 $p = x + \mathrm{i}y$ 的有向直线段.

(i) 令 $f(z) = \mathrm{e}^z$, 不用计算来决定 $S$ 的哪些方向给出在 $f(p)$ 处有零曲率的象 $f(S)$.

(ii) 所以复曲率 $\mathcal{K}$ 必指向两个正交方向之一. 哪一个方向? 考虑 $\mathcal{K}$ 指向此方向时 $S$ 的象, 导出 $|\mathcal{K}|$ 之值, 并由此得出 $\mathcal{K}(p) = \mathrm{i}\mathrm{e}^{-x}$.

(iii) 用 (5.28) 验证这个公式.

(iv) 在 $f(z) = \log(z)$ 与 $f(z) = z^m$（$m$ 为正整数）这两种情况, 尽可能多地重复上面的分析. [在这两种情况下, 都不能看出 $|\mathcal{K}(p)|$ 的确切的值.]

(v) 按照第 4 章习题 18 的几何推理, 默比乌斯变换 $M(z) = \frac{az+b}{cz+d}$ 的伸缩率在每一个以 $-(d/c)$ 为中心的圆周上取常值. 于是 $M$ 的复曲率应该切于这一族同心圆周. 通过计算 $\mathcal{K}$ 来验证此事.

(vi) 对上面讲的四个映射 $f(z) = \mathrm{e}^z, \log(z), z^m, \frac{az+b}{cz+d}$, 用计算机验证图 5-21.

18. 令 $C_1$ 和 $C_2$ 是由 $p$ 发出并指向同一方向的曲线. 图 5-33 画出了两个例子. 虽然二者在 $p$ 处的交角均为 0, 但是仍有一种很大的诱惑力让我们说右方的交角 "小于" 左方的交角. 这种 "角" $\Theta$ 的任何一种一般会被认可的定义（大致）都是**共形不变的**, 即若它们被一个保持通常的角不变的映射（即一个解析映射）映为 $\widetilde{C}_1$ 和 $\widetilde{C}_2$, 则新的角 $\widetilde{\Theta}$ 应该等于老的角 $\Theta$.

(i) Newton [1670] 中试图定义 $\Theta$ 为 $C_1$ 和 $C_2$ 在 $p$ 点的曲率之差: $\Theta = \kappa_1 - \kappa_2$, 利用 (5.30) 证明这个定义不是共形不变的: $\widetilde{\Theta} = \Theta/|f'(p)|$.

(ii) 考虑以 $p$ 为中心（半径为 $\varepsilon$）的无穷小圆盘 $D$. 令 $c_1$ 和 $c_2$ 是 $C_1$ 和 $C_2$ 的曲率中心, $\mathcal{D}$ 为由 $c_1$ 和 $c_2$ 看 $D$ 的视角大小之差, 证明 $\mathcal{D} = \varepsilon\Theta$. 若对 $C_1, C_2$ 和 $\mathcal{D}$ 做共形映射 $f$, 由此导出 $\widetilde{\mathcal{D}} = \mathcal{D}$. [$\mathcal{D}$ 当然还不是我们想寻求的目标——共形不变量: 因为 (a) $\mathcal{D}$ 是无穷小, (b) $\mathcal{D}$ 不仅由曲线来定义. 要想找出真正的共形不变量还要等到 Kasner [1912]. 见第 12 章习题 10.]

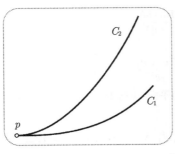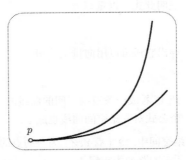

图　5-33

19. 在关于默比乌斯变换更高深的著作（例如 Nehari [1952] 和 Beardon [1984]）中, 解析函数 $f(z)$ 对 $z$ 的**施瓦茨导数** $\{f(z), z\}$ 起了很大的作用. 其定义是

$$\{f(z),\, z\} \equiv \left(\frac{f''}{f'}\right)' - \frac{1}{2}\left(\frac{f''}{f'}\right)^2 .$$

(i) 证明施瓦茨导数也可以写为

$$\{f(z),\, z\} = \frac{f'''}{f'} - \frac{3}{2}\left(\frac{f''}{f'}\right)^2 .$$

(ii) 证明 $\{az+b, z\} = 0 = \{(1/z), z\}$.

(iii) 设 $f$ 与 $g$ 都是解析函数, 并记 $w = f(z)$. 证明复合函数 $g[f(z)] = g(w)$ 的施瓦茨导数可由以下的 "链法则" 给出:

$$\{g(w),\, z\,\} = \left[f'(z)\right]^2 \{g(w),\, w\} + \{f(z),\, z\} .$$

(iv) 用前两部分证明, 所有的默比乌斯变换都具有 0 施瓦茨导数. [提示: 想一下, (ii) 中的两个映射可以 (借助复合) 生成所有默比乌斯变换之集合.] 注记: 第 8 章的习题 19 证明其逆亦真, 即若 $\{f(z), z\} = 0$, 则 $f =$ 默比乌斯变换. 这样, 默比乌斯变换可以用其施瓦茨导数为 0 来完全刻画.

(v) 用前两部分证明, 施瓦茨导数 "在默比乌斯变换下不变", 即若 $M$ 是默比乌斯变换, $f$ 是解析的, 则

$$\{M\left[f(z)\right],\, z\} = \{f(z),\, z\} .$$

20. 设想实轴即时间 $t$ 之轴, 令动点 $w = f(t)$ (其中 $f(z)$ 为解析) 画出一条轨道曲线 $C$. 于是速度是 $v = \dot{w} = f'(t)$.

(i) 用 (5.23) 证明 $C$ 的曲率是

$$\widetilde{\kappa} = \frac{\mathrm{Im}\,(\dot{v}/v)}{|v|} .$$

(ii) 论证这个结果其实并不依赖于 $C$ 是由解析映射所生成的这一事实, 而对任意运动, 只要其速度 $v$ 与加速度 $\dot{v}$ 可适当定义, 它都是对的.

(iii) 证明此式可以重写为

$$\widetilde{\kappa} = \frac{\mathrm{Im}\,(\bar{v}\dot{v})}{|v|^3} .$$

(iv) 导出它还可以用向量记号写为

$$\widetilde{\kappa} = \frac{|\boldsymbol{v} \times \dot{\boldsymbol{v}}|}{|\boldsymbol{v}|^3} .$$

把 $\mathbb{C}$ 看成一条三维空间的曲线的 "密切平面" (见 Hilbert [1932]), 我们就看到这个公式对三维空间曲线也成立.

21. 在三维空间中, 令 $(X, Y, Z)$ 为一动点的坐标, 若 $X = a\cos\omega t$, $Y = a\sin\omega t$, $Z = bt$, 则此点所走的路径为一螺线.

(i) 给出 $a, \omega, b$ 的解释.

(ii) 若 $a$ 与 $\omega$ 固定, 则螺线在 $b$ 很小与很大时是什么样子? 若 $a, b$ 固定而 $\omega$ 变得很小或很大时又是什么样子?

(iii) 请设想在 (ii) 中考虑的极限情况下, 螺线曲率的极限值如何?

(iv) 用习题 20 之 (iv) 证明螺线的曲率是

$$\widetilde{\kappa} = \frac{a\omega^2}{b^2 + a^2\omega^2},$$

用它来证实你在 (iii) 中的预测.

22. 继续习题 20, 取 $f(z)$ 为一般的默比乌斯变换:

$$w = f(t) = \frac{at + b}{ct + d},$$

其中 $\Delta \equiv (ad - bc) \neq 0$. 证明这个路径的曲率是

$$\widetilde{\kappa} = \left| \left( \frac{2c^2}{\Delta} \right) \operatorname{Im} \left( \frac{d}{c} \right) \right|,$$

而与第 3 章的习题 18 一致. 它是一个常数这件事就给象为圆周以新的证明, 因为只有圆周才有常曲率.

23. 还是习题 20 之续. 我们来看一下习题 19 中的施瓦茨导数 $\{f(z), z\}$ 是如何很自然地从曲率的背景中出现的.

(i) 证明

$$\frac{\mathrm{d}\widetilde{\kappa}}{\mathrm{d}t} = \frac{1}{|f'|} \operatorname{Im} \{f(z), z\}.$$

[这个公式是由皮克[①]发现的. Beardon [1987] 中有其漂亮的应用. 关于曲率与施瓦茨导数的另一种联系, 请参看习题 28(iii).]

(ii) 用习题 19 的 (iv) 导出, 若 $f(z)$ 是一个默比乌斯变换, 则 $\frac{\mathrm{d}\widetilde{\kappa}}{\mathrm{d}t} = 0$. 这个结果为什么在几何上是自明的?

24. 设 $\mathbb{C}$ 中一运动质点在时刻 $t$ 的位置是 $z(t) = r(t)\mathrm{e}^{\mathrm{i}\theta(t)}$.

(i) 证明此质点的加速度是

$$\ddot{z} = [\ddot{r} - r\dot{\theta}^2]\mathrm{e}^{\mathrm{i}\theta} + [2\dot{r}\dot{\theta} + r\ddot{\theta}]\mathrm{i}\mathrm{e}^{\mathrm{i}\theta}.$$

(ii) 加速度的径向与横向分量是什么?

(iii) 若此质点在一个有心力场中运动, 力的中心在原点, 导出其面积速度 $\mathcal{A} = (r^2\dot{\theta}/2)$ 为常数. 牛顿的《原理》(Newton, [1687, 第 40 页]) 中有其漂亮的几何证明.

25. 有时一个幂级数的收敛圆周上奇点分布得如此稠密, 以至于成为几何映射的一个真正的障碍, 使得无法越过它向外做解析延拓. 这就称为**自然边界**. 下面的幂级数

$$f(z) = z + z^2 + z^4 + z^8 + z^{16} + \cdots$$

给出了一个例子, 它在单位圆周内是收敛的. 证明 $|z| = 1$ 上的点或者其自身就是奇点或者奇点任意地接近于它. [提示: $f(1)$ 是什么? 现在注意到 $f(z) = z + f(z^2)$, 由此导出 $z^2 = 1$ 处都是 $f$ 的奇点. 继续这样做下去, 证明 $2^n$ 阶单位根都是奇点.]

---

① Georg Alexander Pick, 1859—1942, 奥地利数学家. ——译者注

26. 与对于圆周的反演不同, 证明对于椭圆 $E$ 的施瓦茨反射并不把 $E$ 的内域与外域互相对换（见图 5-31）. 事实上, $\Re_E(z)$ 当 $|z|$ 很大时性态如何?

27. (i) 若 $L$ 是经过实轴上一点 $X$ 且与水平直线成角 $\sigma$ 的直线, 证明它的施瓦茨函数是

$$\mathcal{S}_L(z) = z\mathrm{e}^{-\mathrm{i}2\sigma} + X(1 - \mathrm{e}^{-\mathrm{i}2\sigma}).$$

(ii) 若 $C$ 是以 $p$ 为中心、$r$ 为半径的圆周, 证明其施瓦茨函数为

$$\mathcal{S}_C(z) = \bar{p} + \frac{r^2}{z - p}.$$

(iii) 验证以下命题, 即在这两种情况下, 即使 $z$ 远离曲线, $z \mapsto \Re(z)$ 都是通常的反射.

28. 令 $a$ 是（有向）曲线 $K$ 上一点, $K$ 之施瓦茨函数为 $\mathcal{S}(z)$.

(i) 证明 $K$ 在 $a$ 点的曲率是

$$\kappa \equiv \dot{\phi} = \frac{\mathrm{i}}{2} \cdot \frac{\mathcal{S}''(a)}{[\mathcal{S}'(a)]^{3/2}},$$

这里 $\phi$ 是图 5-30 中的角, 符号上方的一点表示对 $K$ 上的距离（按给定方向计算）$l$ 的导数, 由此导出

$$|\kappa| = |\mathcal{S}''/2|.$$

[提示: 因为 $\mathcal{S}$ 是解析的, 所以 $\mathcal{S}'$ 也是. 这样, 为了计算 $\mathcal{S}'' = \mathrm{d}\mathcal{S}'/\mathrm{d}z$, 我们只需找到当 $z$ 有无穷小运动 $\mathrm{d}z$ 时 $\mathcal{S}'$ 的改变 $\mathrm{d}\mathcal{S}'$, $\mathrm{d}z$ 可在任意选定方向上来取. 我们在 $a$ 点沿着 $K$ 取 $\mathrm{d}z$, 所以 $\mathrm{d}z = \mathrm{e}^{\mathrm{i}\phi}\mathrm{d}l$, $\mathcal{S}'$ 的相应的变化仅由 $K$ 的形状来决定, 因为 $\mathcal{S}'$ 在 $K$ 上之值为 $\mathcal{S}' = \mathrm{e}^{-2\mathrm{i}\phi}$.]

(ii) 导出 $K$ 在 $a$ 点的曲率中心是 $\{a + 2[\mathcal{S}'(a)/\mathcal{S}''(a)]\}$.

(iii) 证明 $K$ 之曲率的变化率是由施瓦茨函数的 "施瓦茨导数"（习题 19）给出:

$$\dot{\kappa} = \frac{\mathrm{i}}{2\mathcal{S}'} \{\mathcal{S}(z),\, z\}.$$

29. 把习题 28(i) 的结果用于习题 27 的结果, 由此验证习题 28(i).

30. 令 $a$ 为曲线 $K$ 上一点, 而 $K$ 有施瓦茨函数 $\mathcal{S}(z)$. 根据解析函数具有无穷可微性（这个结果尚未证明）, $\mathcal{S}(z)$ 在 $a$ 的附近可以展开为泰勒级数:

$$\mathcal{S}(z) = \mathcal{S}(a) + \mathcal{S}'(a)(z - a) + \frac{1}{2!}\mathcal{S}''(a)(z - a)^2 + \frac{1}{3!}\mathcal{S}'''(a)(z - a)^3 + \cdots.$$

(i) 证明 $K$ 在 $a$ 点的切线之施瓦茨函数由以上级数的前两项给出, 这就证实了我们在图 5-30 中看见的一件事: 在很接近于 $a$ 处, 对切线的反射是施瓦茨反射的很好的近似.

(ii) 很自然会设想对于 $K$ 在 $a$ 点的曲率圆（记为 $C$）的反演是 $\Re_K(z)$ 更好的近似. 现在来验证它: 用习题 28(ii) 和习题 27(ii) 来求 $\mathcal{S}_C$, 并证明它可以写作

$$\mathcal{S}_C(z) = \bar{a} + \frac{2\overline{\mathcal{S}'}}{\overline{\mathcal{S}''}} + \frac{2(\mathcal{S}')^2}{\mathcal{S}''}\left[1 - \frac{\mathcal{S}''}{2\mathcal{S}'}(z - a)\right]^{-1},$$

这里所有导数都是在 $a$ 点取的. 证明 $\mathcal{S}_C$ 与 $\mathcal{S}$ 的二项展开式的前三项完全一样, 但以后一般地说就不同了. [提示: 可以用在 $K$ 上 $\overline{(\mathcal{S}'/\mathcal{S}'')} = -(\mathcal{S}')^2/\mathcal{S}''$ 这件事. 请给出其证明.]

(iii) 若 $K$ 的曲率 $\kappa$ 为常数, 则 $K$ 就是其本身的曲率圆. $\mathcal{S}$ 与 $\mathcal{S}_C$ 在第三项以后不同就反映了 $\kappa$ 是变动的. 这样就会猜测到, $\kappa$ 变得越快, 对 $\Re_K$ 与对 $C$ 的反演偏离也越大. 继续上一部分, 并用习题 28(iii) 来验证这个猜想, 其精确形式是

$$\mathcal{S}_C(z) - \mathcal{S}(z) \approx (\mathrm{i}/3)\left[\mathcal{S}'\right]^2 \dot{\kappa}(z-a)^3.$$

31. 令 $C$ 与 $D$ 是两个相交的圆周. 如果对 $C$ 的反射 (即反演) 把 $D$ 映为其本身, 我们就说 "$D$ 对 $C$ 对称". 我们知道, 当且仅当 $D$ 与 $C$ 正交时会发生这样的事, 所以

$$D \text{ 对 } C \text{ 对称} \quad \Leftrightarrow \quad C \text{ 对 } D \text{ 对称}.$$

所以我们可以简单地就说 "$C$ 与 $D$ 对称", 现在看一下, 如果把 $C$ 与 $D$ 推广为相交的具有施瓦茨函数的弧, 并将反演推广为施瓦茨反射, 会得到什么.

(i) 解释为什么说 "$D$ 对 $C$ 对称" 就是说 "若一点 $d$ 在 $D$ 上, 则 $\Re_D\left[\Re_C(d)\right] = \Re_C(d)$". 这两段弧是否必须正交?

(ii) 若 $D$ 对 $C$ 对称, 导出 $(\Re_D \circ \Re_C)$ 与 $(\Re_C \circ \Re_D)$ 两个映射在 $D$ 上相等.

(iii) 利用这两个映射为解析 (为什么?) 这件事, 导出 $C$ 必然也对 $D$ 对称. 这样, 与圆周的情况一样, 我们可简单地就说 $C$ 与 $D$ 为对称.

# 第6章 非欧几何学*

## 6.1 引　　言

### 6.1.1 平行线公理

我们在前面已经略微提到（在 19 世纪中的）一项了不起的发现, 即在欧氏几何之外还存在着其他的几何学. 本章供选读, 我们将开始探讨在这些所谓的非欧几何学与复数之间存在着的联系. 本节是一个引言, 其中将要概述一些关键性的思想与结果, 尽管你可能没有时间来读完整章, 但我们还是希望你读一下本节.

研究欧氏几何的方法之一, 是从 "点" 和 "直线" 这些东西的定义及其性质的一些假设 (**公理**) 开始的. 从这往后, 则只用逻辑来推导出这些对象的进一步的性质, 而它们是起始的公理的必然推论. 这就是欧几里得的名著《几何原本》所遵循的道路. 该书成书约在公元前 300 年.

当然, 欧氏几何不是一下子就突然以完全成形的公理和定理的逻辑体系出现的. 相反, 它只是对物理地构造出来的直线、三角形和圆等进行物理量度的结果的理想化描述, 而这种描述是逐步发展起来的. 所以尽管古人并不这样想, 但是欧氏几何并不仅仅是数学, 它是关于空间的物理理论, 而且是*精确得如同幻想的理论*.

但是欧氏几何并不是一个完美的理论: 现代的实验揭示了, 欧氏几何所做的预测, 和对于在物理空间中构造出来的几何图形的几何性质所做的物理测量有极其微小的偏离. 现在已经知道, 这种对于欧氏几何的偏离, 是以一种精确的数学方式受到物质与能量在空间中的分布所管辖. 这正是爱因斯坦在 1915 年发现的关于引力的革命性理论 (**广义相对论**) 的实质.

人们还发现了, 所考察的图形越大, 与欧氏几何的预测的偏离也越大. 然而重要的是要看到, 对于合理大小的图形, 这种偏差典型地有多么小. 举一个例, 测量一个半径为 1 米的圆周的周长, 尽管我们的测量装置已经可以测出单个物质原子大小那样的偏差, 但仍然测不出与欧氏几何的偏离! 所以毫不奇怪, 两千多年来的数学家们都深信: 欧氏几何学是唯一在逻辑上可能的几何学.

在爱因斯坦之前整整一个世纪, 就发现为了说明引力需要非欧几何学, 这确实是人类的数学思想之强大有力的极伟大的贡献, 要想找到这个数学的种子在哪里, 我们还得回到古希腊去.

欧几里得从恰好 5 个公理开始, 其前 4 个从未引起争论. 例如第一个公理只是宣称, 通过任意给定的两点, 只有唯一一条直线. 然而第五公理 (即所谓平行线公理) 的状态就不那么清楚, 它就变成了研究的主题而最终导致非欧几何学的发现.

**平行线公理** 过直线 $L$ 外任一点 $p$ 只有恰好一条直线 $L'$ 与 $L$ 不相交. (6.1)

图 6-1a 画出了平行线公理, 同时也解释了, 何以这个公理 (至少是按照上面陈述的形式) 不能用实验来验证. 当直线 $M$ 向 $L'$ 旋转时, 其交点 $q$ 沿 $L$ 越走越远. 我们的几何直觉是以画在平面的有限部分上的图形为基础的, 但是要验证 $L'$ 与 $L$ 不相交就需要一个无限的平面. 我们当然可以想象无限平面是什么样子, 但是我们没有任何第一手经验来支持我们的预感.

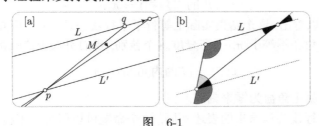

图 6-1

我们所表达的只是现代人的疑惑. 在历史上数学家们则热烈地相信 (6.1), 以至于认为它是直线的逻辑上必要的性质. 但既然是那样, 他们就应该能直接证明它, 而不必像欧几里得那样只是假设它.

有许多想由前四个公理来导出 (6.1) 的尝试, 萨开里[1]在 1733 年才发表的尝试可算是最透彻的之一. 他的想法是: 如果 (6.1) 不真, 必定会产生矛盾. 他把 (6.1) 的反命题分成两种情况:

**球面公理** 没有任何一条过 $p$ 的直线不与 $L$ 相交. (6.2)

还有

**双曲公理** 至少有两条过 $p$ 的直线不与 $L$ 相交. (6.3)

(6.2) 何以称为球面公理马上就会明白, 但是把 "双曲" 一词与 (6.3) 联系起来, 虽然是标准的做法, 却有些晦涩.

在 (6.2) 的情况下, 如果假设直线有无穷长度, 萨开里确实能够得出一个矛盾. 但是如果放弃这个要求, 我们就会得到一种非欧几何, 称为**球面几何**. 这是下节的主题.

在 (6.3) 的情况下, 萨开里和他以后的数学家可以导出很奇怪的结论, 但是无

---

[1] Girolamo Saccheri, 1667—1733, 意大利数学家. ——译者注

法找到矛盾. 我们现在知道了, 这是由于 (6.3) 给出了另外一种可以自圆其说的非欧几何, 称为**双曲几何**. 在由 (6.2) 与 (6.3) 得出的两种非欧几何中, 双曲几何蕴涵了多得多的秘密, 而且重要得多: 它在许多现代研究领域中是必不可少的工具. 进一步说, 在某种意义 (这一点下面还要讨论.) 下, 双曲几何包括了欧氏几何与球面几何.

### 6.1.2　非欧几何的一些事实

我们先来看一看这些新几何学与欧氏几何有什么不同. 欧氏几何的一个非常为人熟知的定理说, 在任意三角形 $T$ 中, 恒有

$$(T \text{ 的内角和}) = \pi.$$

从图 6-1b 就可以看出, 这个结果实际上等价于平行线公理. 由此可知, 在非欧几何中, 三角形的内角和不等于 $\pi$. 为了量度这个差别, 我们引入所谓的**角盈** $\mathcal{E}$:

$$\mathcal{E}(T) \equiv (T \text{的内角和}) - \pi.$$

这样, 欧氏几何就由角盈为零来刻画.

注意, 与平行线公理原来的表述不同, 这个命题可以用实验来检验: 做一个三角形, 测量它的角, 看加起来是否为 $\pi$. 高斯是第一个想到物理空间可能不是欧氏空间的人, 他甚至企图做上述实验, 用 3 个小山头作为三角形的顶点, 而用光线作为其边. 但是在他的实验装置所能容许的精度内, 他发现 $\mathcal{E} = 0$. 然而高斯十分正确, 并不断言物理空间的构造肯定是欧氏几何的, 而是说, 如果它不是欧氏几何的, 那么它与欧氏几何的偏离也极为微小.

我们现在从物理学回到数学. 高斯和兰伯特[①]都用纯粹的逻辑得出了 (6.2) 和 (6.3) 的种种推论, 独立地发现了两种从相反方向偏离欧氏几何的非欧几何学:

- 在球面几何中, 内角和大于 $\pi$: $\mathcal{E} > 0$.
- 在双曲几何中, 内角和小于 $\pi$: $\mathcal{E} < 0$.

他们还都进而发现一个惊人的事实, 即 $\mathcal{E}(T)$ 完全由三角形的面积决定. 更确切些说,

$\mathcal{E}(T)$ 简单地正比于三角形 $T$ 的面积 $\mathcal{A}(T)$: $\mathcal{E}(T) = \mathrm{k}\mathcal{A}(T)$, $\mathrm{k}$[②]
是一个常数, 在球面几何中为正, 在双曲几何中为负. $\qquad$ (6.4)

有好几件有趣的事都与这个结果有关.

- 视正常数 k 之值不同, 会有**无穷多种**不同的球面几何学, 虽然它们并无定性的区别. 类似于此, 每个不同的负值 k 给出不同的双曲几何.

---

① Johann Heinrich Lambert, 1728—1777, 生于法国逝于德国的数学家. ——译者注
② 此处的 k 是一个有特定意义的常数, 为有所区分, 这里遵循原书使用正体. ——编者注

- 因为三角形内角和不能为负, $\mathcal{E}(T) \geqslant -\pi$, 所以在双曲几何（此时 $k < 0$）中没有一个三角形面积会大于 $|\pi/k|$.

- 在非欧几何中没有相似三角形一说! 这是因为 (6.4) 告诉我们, 两个大小不同的三角形不能有相等的角.

- 与上一点密切相关, 在非欧几何中存在有**绝对的长度单位**. 例如, 在球面几何中, 我们可以定义绝对的长度单位为内角和为 $1.01\pi$ 的等边三角形的边长. 类似地, 在双曲几何中, 可定义它是内角和为 $0.99\pi$ 的等边三角形的边长.

- 定义绝对长度单位的一个比较自然的方法是利用常数 $k$. 因为角的弧度值定义为长度之比, 因此 $\mathcal{E}$ 是纯粹的（即无量纲的）数. 另一方面, 面积 $\mathcal{A}$ 的单位是长度的平方, 所以 $k$ 的单位是 $1/(\text{长度单位})^2$, 所以在球面几何中 $k$ 可以用一个长度 $R$ 写成: $k = +(1/R^2)$; 在双曲几何中则为 $k = -(1/R^2)$. 我们以后会看到对这个长度 $R$ 可以给出一个非常直观的解释.

- 三角形越小就越难与欧氏三角形相区别: 只有当线性尺度是 $R$ 的一个相当大的分数倍时, 差别才变得明显起来. 这就是为什么高斯在他的实验中要选取他能得到的最大的三角形. 爱因斯坦的理论解释了何以高斯的三角形仍然太小: 在环绕地球的空间中引力场是很微弱的, 这相应于 $k$ 的值极其渺小, $R$ 的值会极其巨大. 如果高斯能在黑洞附近做实验, 情况就大为不同了!

### 6.1.3 弯曲曲面上的几何学

本书一开始就讨论过复数如何在开始出现时遇到了巨大的反对, 而在对它给出了具体解释后终于为人们接受. 非欧几何的故事也引人注目地与此相似.

高斯从来没有公开发表他关于非欧几何的革命性思想, 而人们通常把这个功绩归于两个独立发现双曲几何的人: 一是波尔约[1]于 1832. 一是罗巴切夫斯基[2]于 1829. 事实上, 双曲几何通常称为罗巴切夫斯基几何, 可能是因为他的研究多少比波尔约更深入一些. 然而, 在他们得到发现后的几十年间, 波尔约的工作完全被人们忽视了, 罗巴切夫斯基的工作也遭到恶意攻讦.

在促使人们接受非欧几何方面, 起决定性的人物是贝尔特拉米[3]. 他在 1868 年发现, 对于双曲几何可以通过微分几何给出具体的解释. 对于现在读这本书的读者来说, 只要知道微分几何就是用微积分的思想来研究弯曲的曲面就够了. 贝尔特拉米发现了, 存在一个被称为**伪球**的曲面, 见图 6-2, 它上面画出的图形自动地服从双

---

[1] János Bolyai, 1802—1860, 匈牙利数学家. ——译者注

[2] Nikolai Ivanovich Lobachevsky, 1792—1856, 伟大的俄罗斯数学家. 罗巴切夫斯基的一本基本著作《平行线论》很早就有中文译本; 齐汝璜译, 商务印书馆 1928 年出版. 罗巴切夫斯基的名字被译成了"罗巴曲斯奇". ——译者注

[3] Eugenio Beltrami, 1849—1900, 意大利数学家. ——译者注

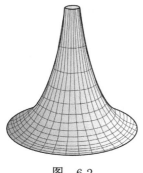

图 6-2

曲几何的法则①. 从心理学的角度来看, 贝尔拉特拉米的伪球对于双曲几何的作用, 就如同复平面曾经对复数理论所起的作用一样.

为了解释这句话的意思, 我们先来讨论在更一般的曲面, 如图 6-3 那样看来怪怪的像蔬菜的曲面②上, 怎样 "做几何". 在这种曲面上研究几何的思想, 本质上来自高斯, 而更广泛地要归功于黎曼.

我们要做的第一件事就是用**测地线**的概念来代替直线的概念. 正如在平坦的平面上直线段可以定义为两点之间的最短路径一样, 在弯曲的曲面上, 连接两点的测地线段也可以 (暂时地) 定义为**在此曲面**上最短的连接路径. 举例来说, 如果你是一只生活在图 6-3 那样的曲面上的蚂蚁, 想尽可能快地由 $a$ 走到 $b$, 你当然会沿着图上所示的测地线走. 图上还画出了连接另一对点 $c$ 和 $d$ 的测地线.

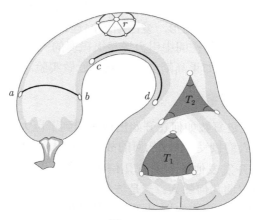

图 6-3

下面是一个可以实际做出测地线段的简单方法: 取一根线连接 $a$ 与 $b$ 并把它在曲面上绷紧. 假设这根线很容易在曲面上滑动, 线上的张力就可以保证所得的路径尽可能地短, 不过要注意, 在 $cd$ 的情况, 我们就必须想象这根线在曲面内侧固定. 要想用一致的方法来处理所有可能的一对点, 最好是设想曲面有相隔极薄的夹层, 线就放在夹层里.

我们应该如何定义这种几何学中的距离, 现在就很清楚了: $a, b$ 两点的距离就

---

① 这显然是过于简化而低估了贝尔特拉米的成就, 本章稍后, 我们会看到贝尔特拉米究竟做了什么!

——译者注

② 欧洲读者可能以为这是幻想的蔬菜, 而美国人可以在超市里买到这种蔬菜. (对我国人来说, 它简单地就是个葫芦, 所以我们下面就说葫芦而不说蔬菜了. ——译者注)

是连接它们的测地线段的长度. 图 6-3 上还画出了例如怎样定义以 $p$ 为中心、$r$ 为半径的圆周, 即定义它是离 $p$ 距离为 $r$ 的点的轨迹. 要想作这个圆周, 取一段长为 $r$ 的线, 把它的一端固定在 $p$ 处, 然后 (让这段线一直绷紧着) 拉着另一端在此曲面上转一周.

给定了曲面上 3 个点, 我们用测地线把它们联成三角形, 图 6-3 上画了两个这样的三角形: $T_1$ 和 $T_2$. 现在来看 $T_1$ 的 3 个内角. 很明显 $\mathcal{E}(T_1) > 0$, 如同球面几何中的三角形; 而 $\mathcal{E}(T_2) < 0$, 如同双曲几何中的三角形.

### 6.1.4　内蕴几何与外在几何

很清楚, 正是曲面的曲率使得 $\mathcal{E}(T_1)$ 和 $\mathcal{E}(T_2)$ 不同于其欧几里得值 $\mathcal{E} = 0$. 然而曲面在空间中的精确的形状在这里不起作用. 想要看到这一点, 从图 6-3 的葫芦上切下一小片包含 $T_1$ 的皮. 因为葫芦皮是相当硬的, 把它轻微弯一点不会把它拉长! 现在我们可以轻轻地把这一小片葫芦皮弯成无穷多种稍有不同的形状: 由于这种无拉伸的弯曲, 葫芦皮的**外在几何**变了. 例如构成 $T_1$ 的边缘的**空间曲线**形状就会变了.

另一方面, 如果你是生活在葫芦皮上的有智慧的蚂蚁, 那在此曲面上做的任何几何实验都无法让你知道发生了什么变化. 我们就说**内蕴几何**并没有改变. 举例来说, $T_1$ 的边缘曲线仍然是曲面上的最短路径. 相应于此 $\mathcal{E}$ 之值不受无拉伸弯曲的影响: $\mathcal{E}$ 是受内蕴 (而非外在) 曲率管制的.

为了概括这个事实, 考虑图 6-4. 左方是一片平坦的纸, 其上画了一个三顶角为 $(\pi/2)$、$(\pi/6)$、$(\pi/3)$ 的三角形 $T$. 当然 $\mathcal{E}(T) = 0$. 很清楚, 我们可以把这一片平坦的纸弯成右方两个曲面 (这是外在的弯曲)①. 然而, 内蕴地来说, 这些曲面完全没有改变——二者都平坦得如一个煎饼一样! 它们上面画的三角形 (由于对这张纸做了无拉伸的弯曲, $T$ 就变成了它们) 正是有智慧的蚂蚁用测地线构造出来的, 两者都有 $\mathcal{E} = 0$: 这些曲面上的几何学仍是欧氏几何.

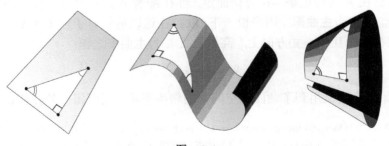

图　6-4

---

① 你能把一个矩形弯成最右方的曲面吗?

### 6.1.5 高斯曲率

高斯在 1827 年发表了一篇论文, 对于内蕴和外在几何做了美丽的分析[1], 在其中, 高斯揭示了这两种几何中存在着的惊人的联系. 我们在这里只能以最一般的形式阐述他的某些最重要的结论. 关于这些一般结果的解释, 请去读微分几何的专著, 本章之末推荐了一些文献, 然而懂得非欧几何又只需要这些一般结果的某些特例, 对它们的验证散见于本章之中.

对于图 6-3 中那样的曲面, 很明显它有些地方比其他地方更弯曲. 而且, 弯曲的**类型**也因地而异. 为了把曲面在一点 $p$ 处的弯曲之程度（与类型）加以量化, 高斯引入了一个量 k($p$), 称为**高斯曲率**[2], 它的定义我们马上就来讲. k($p$) 的量值越大, 曲面在 $p$ 点就越弯曲. k($p$) 的符号则定性地告诉我们, 在紧接着 $p$ 的邻域中曲面是什么样子. 见图 6-5. 若 k($p$) < 0, 则 $p$ 点的邻域像一个马鞍: 在有些方向上向上弯曲, 而在另一些方向上向下弯曲. 若 k($p$) > 0, 则它在各个方向上都同样地弯曲, 像一片球面.

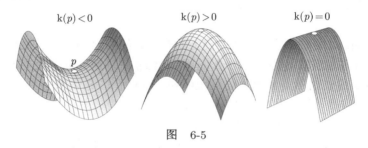

$$\text{k}(p) < 0 \qquad \text{k}(p) > 0 \qquad \text{k}(p) = 0$$

图 6-5

我们马上就要说明, 我们现在用 k 表示高斯曲率, 又在前面用相同的记号表示 (6.4) 中的常数, 这决非偶然——它们原是同样的东西!

高斯原来是这样定义 k($p$) 的. 做一个平面 Π 使它包含曲面在 $p$ 点的法向量 $n$, 而令 $\kappa$ 为 Π 与此曲面相交而成的曲线在 $p$ 点的（有符号的）曲率. $\kappa$ 之符号视曲率中心是在 $n$ 方向还是 $-n$ 方向而定. 当 Π 绕着 $n$ 旋转时, $\kappa$ 的最小值 $\kappa_{\min}$ 与最大值 $\kappa_{\max}$ 称为**主曲率**. [附带说一下, 欧拉在这以前就有了一个重要发现, 即主曲率产生在两个互相**垂直**方向上.] 高斯定义 k 为主曲率之积:

$$\text{k} \equiv \kappa_{\min}\kappa_{\max} .$$

注意, 这个定义用到了曲面在空间中的精确形状（因而属于外在几何）. 然而

---

[1] 此文标题是 "Disqusitiones generales circa su perficies earves"（关于曲面的一般研究）. 原文是拉丁文的. 文献目录中的 Gauss [1827] 是其英译本. 但近年有一个很好读的英译本, 见 P. Dambrowski, "150 Years After Gauss' Disquitiones" Asterisque. Vol 62 (1979). 这篇文章的中译文可以在《数学译林》杂志 2008 年 1、2 期中找到. ——译者注

[2] 又称**内蕴曲率**、**全曲率**, 或者干脆就说是**曲率**.（这里用正体 k 表示, 以示区别. ——编者注）

高斯在上面说的文章（Gauss [1827]）中向前推进得出一个惊人发现, 就是 $\mathrm{k}(p)$ 实际上度量了曲面的**内蕴**曲率, 就是说, $\mathrm{k}$ 在弯曲之下不变! 高斯确实有理由为这一结果骄傲, 并称它为 Theorema Egregium（**绝妙定理**）. 作为这个结果的一个例子, 你可以可视化地使自己信服, 在图 6-4 的那几个本质为平坦的曲面上, $\mathrm{k} = 0$.

$\quad$ $\mathrm{k}$ 的本质含义展现在下述的基本结果中: 若 $\Delta$ 是位于 $p$ 点的无穷小三角形, 其面积为 $\mathrm{d}\mathcal{A}$, 则

$$\mathcal{E}(\Delta) = \mathrm{k}(p)\mathrm{d}\mathcal{A}. \tag{6.5}$$

既然 $\mathcal{E}(\Delta)$ 与 $\mathrm{d}\mathcal{A}$ 都是定义在内蕴几何中的, $\mathrm{k} = (\mathcal{E}/\mathrm{d}\mathcal{A})$ 当然也是. 我们在这里再次请你读一读微分几何的专著, 去看一下 (6.5) 的证明.

$\quad$ 由 (6.5) 可知 [见习题 1], 对于非无穷小的三角形 $T$, 只要把高斯曲率在 $T$ 的内域加起来（即进行积分）, 就可得到 $T$ 的角盈:

$$\mathcal{E}(T) = \iint_T \mathrm{k}(p)\mathrm{d}\mathcal{A}. \tag{6.6}$$

我们下面就要解释, 贝尔特拉米认识到, 微分几何的这个可爱的结果已经引导我们非常接近于非欧几何的具体解释了.

### 6.1.6 常曲率曲面

$\quad$ 考虑一个 $\mathrm{k}(p)$ 在各点 $p$ 上均取相同值的曲面, 我们称这曲面为**常曲率曲面**. 例如, 平面就是一个常曲率 $\mathrm{k} = 0$ 的曲面, 图 6-4 中其他曲面也是 $\mathrm{k} = 0$ 的常曲率曲面; 球面则是一个具有常正曲率的曲面之例（但不是唯一的常正曲率曲面）; 图 6-2 中的伪球则是具有常负曲率曲面之例（也非唯一的）.

$\quad$ 在常曲率曲面的情况下（也只有在此情况下）, (6.6) 成为

$$\mathcal{E}(T) = \mathrm{k} \iint_T \mathrm{d}\mathcal{A} = \mathrm{k}\mathcal{A}(T).$$

这正是非欧几何的基本公式 (6.4)! 于是, 正如贝尔特拉米已经看到的那样,

$\quad\quad$ 欧氏几何、球面几何和双曲几何都可以具体解释为具有零、正或负常曲率的曲面之内蕴几何学.

图 6-6 用各种类型的最简单的曲面说明了这一点. 作为额外的奖励, 回忆一下, 我们以前曾通过写出 $\mathrm{k} = \pm(1/R^2)$ 而对各种非欧几何都赋予了一个绝对的长度单位 $R$. 我们得到的奖励就是, 这个 $R$ 现在有了生动的含义: 在球面几何中, $R$ 只不过就是球面的半径; 对于双曲几何, 它就是伪球的圆周底边的半径（称为伪球的**半径**）. 对这两种解释, 我们在下面还要加以论证.

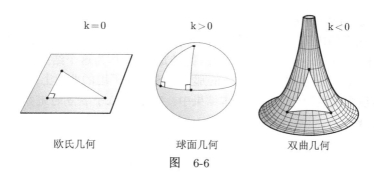

$$k=0 \qquad\qquad k>0 \qquad\qquad k<0$$

欧氏几何          球面几何          双曲几何

图   6-6

重新考虑一下第 1 章末的讨论, 就可以更直观地理解常曲率的要求. 在第 1 章末, 我们已看见欧氏几何的中心思想就是平面上的**运动群**: 运动就是保持每一对点的距离的一一映射. 例如, 两个图形是全等的, 当且仅当存在一个运动使前一图形与后一图形重合. 为使这个相等性的基本观念可以用于非欧几何, 我们要求曲面也容许有类似的运动群. 如果我们在图 6-3 的葫芦表面上取一个三角形, 很显然不可能把它滑动到一个新位置而仍旧与曲面紧贴, 这是因为曲面在新位置上弯曲的方式不同: 曲率的变化是对于运动的障碍.

可以求助于 (6.5) 把这个直观的解释弄清楚. 然而我们想首先消除一个可能的混淆. 图 6-6 左方平坦平面上的三角形显然可以自由地滑动和旋转, 但是图 6-4 上那些 (外在地) 弯曲的曲面上的三角形又如何呢? 这些曲面毕竟内在仍是平坦的, 而贝尔特拉米希望我们相信, 对于研究欧氏几何, 它们和平面是一样地好. 如果我们想象这些三角形是完全刚性的, 那就很清楚, 如果把这些三角形移到曲面其他处, 它们就不再能紧贴曲面了. 但是如果这些三角形是从普通的纸 (可以弯曲但不能拉伸) 上剪下来的, 它们确实能够自由地滑动与旋转, 总是能够完全地紧贴着曲面, 这一类运动才是我们要与之打交道的.

为了弄清楚曲率与运动的存在性之间的联系, 考虑 $p$ 处的无穷小 (可弯曲但不可拉伸的) 三角形. 如果其角盈是 $\varepsilon$ 而面积为 $dA$, (6.5) 告诉我们曲面在 $p$ 点的高斯曲率是 $k(p)=(\varepsilon/dA)$. 现在设有一个运动将此三角形移到曲面的 $q$ 点处. 为了使它在 $q$ 点仍能紧贴曲面, 可能需要将它多弯曲一点, 但是因为不许可将它拉伸, 所以 $\varepsilon$ 和 $dA$ 之值就不会改变. 这样 $k(q)=(\varepsilon/dA)=k(p)$, 而此曲面必须具有常曲率.

最后, 回到图 6-6 所示的球面和双曲几何的特定的模型. 很明显, 球面上的三角形可以自由地滑动与旋转. 事实上, 在球面上和在平面上一样, 根本无须弯曲, 因为球面不论是内蕴曲率还是外在曲率都是常值.

至于伪球面上的双曲几何又如何? 肯定远非如此显然, 但是伪球面具有常曲率将可以保证那个可弯曲但不可拉伸的三角形能够自由地滑动和旋转 [这一事实将在后面证明], 而且总是完全地紧贴着曲面. 习题 15 说明, 可以自己做一个伪球面, 一且做好了, 你就可以用实验来验证我们宣布的这个惊人事实了.

### 6.1.7 与默比乌斯变换的联系

正如我们在第 1 章中已确定的那样, 如果把欧氏平面与复平面 $\mathbb{C}$ 等同起来, 则其上的运动（和相似）都可由特别简单的默比乌斯变换 $M(z) = az + b$ 来表示. 我们想在本章里解释的主要奇迹之一是, 球面几何与双曲几何中的运动也是默比乌斯变换!

球面上的最一般的（保向）运动就是绕球心的旋转. 把球面映到 $\mathbb{C}$ 上的球极射影是球面的一个共形映射, 而球面的旋转则成为作用在此映射象（即 $\mathbb{C}$）上的复函数. 我们在第 3 章中已经代数地证明了, 这些函数就是以下形状的默比乌斯变换:

$$M(z) = \frac{az + b}{-\bar{b}z + \bar{a}}.$$

这首先是由高斯在 1819 年左右发现的. 我们将在下一节用更有启发性的方式重新导出它, 还要探讨它与哈密顿的 "四元数" 的关系.

按照同样的模式, 也能构造由伪球面到 $\mathbb{C}$ 内的共形映射, 从而把伪球面上的运动也变成 $\mathbb{C}$ 上的复函数. 这种共形映射有好几个, 最为方便的, 一是映射伪球到单位圆盘内. 双曲几何中的运动于是成了圆盘映射的默比乌斯自同构:

$$M(z) = \frac{az + b}{\bar{b}z + \bar{a}}.$$

这个美丽的发现属于庞加莱[1], 见 Poincaré [1882].

所有这三种二维几何学中的运动都是由特殊的默比乌斯变换来表示的, 这已经像是魔术了, 但还不止于此! 我们在第 3 章中已经看到, 一般的默比乌斯变换

$$M(z) = \frac{az + b}{cz + d}$$

在物理学中有深刻的含义: 它相应于时–空的最一般的洛仑兹变换. 它在非欧几何中也有深意吗? 我们将在本章末解释, 庞加莱有一个惊人发现, 即默比乌斯变换代表三维双曲空间中最一般的（保向）运动, 见 Poincaré [1883].

## 6.2 球 面 几 何

### 6.2.1 球面三角形的角盈

球面上的测地线是大圆, 即过球心的平面与该球面的交线. 所以, 如果你是生活在球面上的蚂蚁, 这些大圆就是你称之为 "直线" 的东西.

---

[1] Jules Henri Poincaré, 1854—1912, 伟大的法国数学家. ——译者注

图 6-7a 画出了一个半径为 $R$ 的球面上, 用这种 "直线" 连接其 3 个点所成的一般三角形 $T$. 不必诉诸 (6.6), 那是微分几何中的一个深刻结果, 我们直接证明角盈 $\mathcal{E}(T)$ 服从 (6.4), 而且常数 k 确实就是高斯曲率: $k = (1/R^2)$. 通常把下面漂亮的论证归功于欧拉, 事实上它在 1603 年即由哈里奥特[①]发现了.

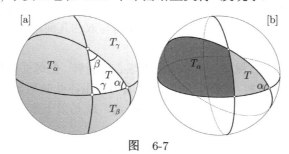

图 6-7

延长 $T$ 之各边将球面分成 8 个三角形, 其中标以 $T$, $T_\alpha$, $T_\beta$, $T_\gamma$ 的 4 个各有一个与之全等的对径三角形. 在图 6-7b 上看得更清楚. 因为球面面积是 $4\pi R^2$, 我们得出

$$\mathcal{A}(T) + \mathcal{A}(T_\alpha) + \mathcal{A}(T_\beta) + \mathcal{A}(T_\gamma) = 2\pi R^2. \tag{6.7}$$

由图 6-7b 又看到, $T$ 与 $T_\alpha$ 共同构成一个楔形, 它的面积是整个球面面积的 $(\alpha/2\pi)$ 倍, 即

$$\mathcal{A}(T) + \mathcal{A}(T_\alpha) = 2\alpha R^2.$$

类似于此,

$$\mathcal{A}(T) + \mathcal{A}(T_\beta) = 2\beta R^2,$$
$$\mathcal{A}(T) + \mathcal{A}(T_\gamma) = 2\gamma R^2.$$

三式相加即有

$$3\mathcal{A}(T) + \mathcal{A}(T_\alpha) + \mathcal{A}(T_\beta) + \mathcal{A}(T_\gamma) = 2\left(\alpha + \beta + \gamma\right) R^2. \tag{6.8}$$

由 (6.8) 减去 (6.7) 即有

$$\mathcal{A}(T) = \left(\alpha + \beta + \gamma - \pi\right) R^2.$$

换言之,

$$\mathcal{E}(T) = k\mathcal{A}(T), \quad \text{其中 } k = (1/R^2), \tag{6.9}$$

这就是我们想要证明的.

---

① Thomas Harriot, 1560—1621, 英国数学家和天文学家. ——译者注

### 6.2.2 球面上的运动: 空间旋转和反射

为了理解球面上的运动(即保持距离的一一映射), 就要先弄清 "距离" 的概念. 若球面上两点 $a$ 与 $b$ 不是对径点, 则存在唯一的球面上的直线(即大圆, 下面说到直线时都是这个意义)$L$ 通过这两点, $L$ 被这两点分为长度不等的两个弧. 这两点的距离现在即可定义为较短的那段弧的长度. 但若这两点是对径点, 则每一条过 $a$ 的直线都自动地通过 $b$, 这两点的距离就是连接它们的任意半个大圆弧之长 $\pi R$.

我们现在就可以推广第 1 章末欧氏几何情况下关于运动的论证. 在那里我们看到, 平面上的运动唯一地由任意 3 个非共线的点 $a, b, c$ 决定: $P$ 点之象就是到 $a', b', c'$ 之距离与 $P$ 到 $a, b, c$ 的距离相等的唯一一点 $P'$. 请验证这个结果在球面上也为真(并说明其理由).

在球面上也和在平面上一样, 可以无矛盾地对每个角赋以方向, 就是从球面**外域**去看一个角的方向, 若为逆时针方向就规定此方向为正的. 和平面上的情况一样, 这就使球面上的运动也分成两类: **保向**(共形)的运动和**反向**(反共形)的运动.

和平面上的情况一样, 球面上最简单的反向运动也是对直线 $L$ 的**反射** $\Re_L$. 这个反射可以想象为对含 $L$ 的平面 $\Pi$ 之空间的反射 $\Re_\Pi$ 在球面上的限制. 见图 6-8a, 其中画出了所画的球面三角形的正角如何在 $\Re_L$ 下反转了方向.

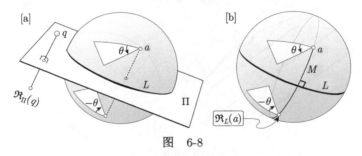

图 6-8

如果你是一只生活在球面上的有智慧的蚂蚁, 则上面用 $\Re_\Pi$ 的限制来构造 $\Re_L$ 的做法对于你是没有意义的. 然而, 仅用球面本身从本质上重新表述 $\Re_L$ 也不难. 见图 6-8b. 要求出 $a$ 点对 $L$ 的反射, 先过 $a$ 点做一直线 $M$ 与 $L$ 垂直[①]. 如果沿着 $M$ 从 $a$ 爬到 $L$ 的距离为 $d$, 再爬一个 $d$ 就到了 $\Re_L(a)$. $M$ 与 $L$ 实际上交于两个对径点, 不论从 $a$ 爬到哪一个交点都会得到同一个反射象 $\Re_L(a)$.

现在转到保向运动. 球面对过其中心的某个轴 $V$ 的旋转是保向运动的一个明显的例子. 然而说这种旋转是仅有的保向运动就不那么明显了, 我们马上就来证明它. 为了避免在描述旋转时产生歧义, 我们引入以下的标准规定. 首先注意, 确定一个旋转轴等价于在给出球面的同时就指定此轴所在的直线与球面的两个对径交

---

① 如果把 $L$ 看成赤道, 当 $a$ 为南极或北极, 就有无穷多个这样的 $M$, 任取其一即可.

点之一（设为 $p$ 或 $q$, $p$ 点画在图 6-9b 上, $q$ 点没有标出）. 现在取其一（例如取 $p$）, 设此旋转对于从 $p$ 发出的小直线段的效果是使之有一个正的旋转角 $\theta$ —— 回忆一下, 这句话的意思就是, 从球的外域看来, 它逆时针旋转了正角 $\theta$. 这时可以无歧义地描述这个旋转是 "绕 $p$ 旋转了正角 $\theta$", 见图 6-9b, 我们记此旋转为 $\mathcal{R}_p^\theta$. 请自行验证 $\mathcal{R}_p^\theta = \mathcal{R}_q^{-\theta}$.

我们在第 1 章看到, 平面上每一个保向运动都是两个对于直线的反射的复合: 若两条反射直线相交就得出旋转, 平行就得出平移. 我们会看到, 在球面上也有类似情况发生, 但是因为球面上任意两条直线（即大圆）都相交, 所以两个反射的复合总是旋转——球面上没有平移的类似物.

图 6-9a 画出了空间的两个反射的复合 $(\Re_{\Pi_2} \circ \Re_{\Pi_1})$. 这里, 平面 $\Pi_1$ 与 $\Pi_2$ 的交线即向量 $v$, 而由 $\Pi_1$ 到 $\Pi_2$ 的角是 $(\theta/2)$. 把我们的注意力限制在任何一个与 $(\Re_{\Pi_2} \circ \Re_{\Pi_1})$ 垂直的（有阴影的）平面上, 则由 $(\Re_{\Pi_2} \circ \Re_{\Pi_1})$ 在此阴影平面诱导出的变换是 $(\Re_{l_2} \circ \Re_{l_1})$, 其中 $l_1$ 和 $l_2$ 分别是 $\Pi_1$ 和 $\Pi_2$ 与此阴影平面的交线. 因为 $(\Re_{l_2} \circ \Re_{l_1})$ 就是阴影平面上绕 $l_1$ 和 $l_2$ 之交点旋转一个角 $\theta$, 现在就明白了, $(\Re_{\Pi_2} \circ \Re_{\Pi_1})$ 就是空间中绕 $v$ 旋转一个角 $\theta$.

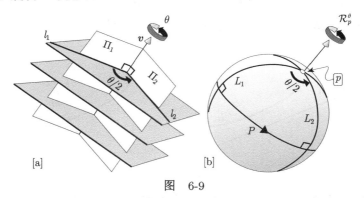

图　6-9

图 6-9b 是把这个思想翻译成了球面的语言. 如果 $\Pi_1$ 和 $\Pi_2$ 均过球心, 而且与球面相交的直线（即大圆）为 $L_1$ 和 $L_2$, 则

$$\Re_{L_2} \circ \Re_{L_1} = \mathcal{R}_p^\theta.$$

换言之,

球面绕其上一点 $p$ 旋转一个角 $\theta$ 的旋转 $\mathcal{R}_p^\theta$ 可以表示为对任意两条过 $p$ 且成角 $(\theta/2)$ 的球面直线的反射的复合. (6.10)

注意, 恰好有一条直线 $P$ 被 $\mathcal{R}_p^\theta$ 映为其自身. 如果我们在 $P$ 上取一个方向使之与此旋转一致（见图 6-9b）, 则我们在球面上有向直线与点之间建立了一个一一对应. $P$ 称为 $p$ 的**极线**, 而 $p$ 称为 $P$ 的**极点**.

在平面情况, 我们曾用与 (6.10) 类似的结果来证明: 两个绕不同点的旋转的复合,（一般地）等价于绕某第三个点的单个旋转, 然而也有例外, 两个旋转可能复合成为一个平移. 至于球面, 你可能会猜想到, 是没有例外的:

> 球面上任意两个旋转的复合都等价于单个旋转. 这样, 球面上的 (6.11)
> 旋转之集合成为一个群.

图 6-10a 表明了怎样用平面情况的论证方法来证明这一点. 为了求出 $(\mathcal{R}_q^\phi \circ \mathcal{R}_p^\theta)$ 的总效应, 如图做直线 $L, M, N$. 这样

$$\mathcal{R}_q^\phi \circ \mathcal{R}_p^\theta = (\Re_N \circ \Re_M) \circ (\Re_M \circ \Re_L) = \Re_N \circ \Re_L = \mathcal{R}_r^\psi.$$

这个将空间旋转复合起来的美丽的几何方法是罗德里格斯在 1840 年发现的.

注意, 在平面情况下, 旋转 $\theta$ 和旋转 $\phi$ 复合后净旋转量就是和 $(\theta + \phi)$, 而球面情况下则有更复杂的法则. 若图 6-10a 上的白色球面三角形的面积是 $\mathcal{A}$, 而 k = $(1/R^2)$ 是球面的高斯曲率, 则角盈公式给出

$$\psi = \theta + \phi - 2\mathrm{k}\mathcal{A}.$$

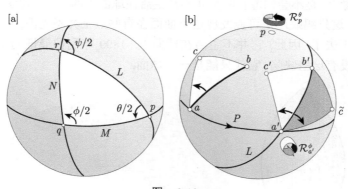

图　6-10

我们现在就可以完成球面上运动的分类了. 前面已经说过, 恰好有一个球面运动把一个已给的球面三角形 $abc$ 变为一个与之全等的给定的象三角形. 图 6-10b 可以帮助我们把这个结果精确化. 利用平面情况上用过的同样逻辑推理, 可知 [练习]

> 恰有一个保向运动 $\mathcal{M}$（和恰有一个反向运动 $\widetilde{\mathcal{M}}$）把一个直线段
> $ab$ 映为另一个同样长度的直线段 $a'b'$. 进一步还有 $\widetilde{\mathcal{M}} = (\Re_L \circ \mathcal{M})$, (6.12)
> 这里 $L$ 是过 $a'$ 和 $b'$ 的直线.

图 6-10b 还告诉我们怎样构造 $\mathcal{M}$. 过 $a$ 和 $a'$ 做一直线 $P$, 令其极点为 $p$. 很清楚, 只要取适当的 $\theta$, $\mathcal{R}_p^\theta$ 就会把直线段 $ab$ 沿 $P$ 映为一段由 $a'$ 发出的与 $ab$ 等长

的直线段. 再绕 $a'$ 做一个适当旋转 $\mathcal{R}_{a'}^{\phi}$, 即可最终得到 $a'b'$. 这样 $\mathcal{M} = (\mathcal{R}_{a'}^{\phi} \circ \mathcal{R}_{p}^{\theta})$, 而由 (6.11), 它等价于单个旋转. 把这一点与 (6.12) 结合起来, 又有

> 球面上每个保向运动都是一个旋转, 而每个反向运动都是一个 旋转和一个反射的复合. (6.13)

作为对这个结果（以及你对此结果的掌握程度）的简单测验, 请考虑**对径映射**, 即把球面上每个点映为其对径点的映射. 显然这是一个运动, 它是否与上述结果一致?

### 6.2.3　球面上的一个共形映射

球面只是为所谓球面几何提供了一个特别简单的模型. 明定[1]在 1839 年发现, 任何一个具有常[2]正高斯曲率 $\mathrm{k} = (1/R^2)$ 的曲面都与半径为 $R$ 的球面有同样的内蕴几何. 把一个乒乓球剖为两半, 取其中一个半球面并轻轻地把它揉弯曲, 就可以得到无穷多个内蕴几何与原来的球面完全相同的曲面.

图 6-11 表明, 哪怕仅限于旋转曲面, 球面也不是唯一的具有常正曲率的曲面. 尽管它们看起来完全不像球面, 生活在一个这样的曲面上的有智慧的蚂蚁, 如果不准它爬到边缘上, 是不会知道它其实并不是生活在球面上的. 这个说法几乎是对的, 但是说到头, 这只蚂蚁还是可能发现这个曲面在有些点上并不光滑, 或者它还可能从边缘上掉下去了, 因此, 它并不生活在球面上. 1899 年利伯曼证明了, 如果一个常正曲率面没有这些缺陷, 它就**只能**是一个球面.

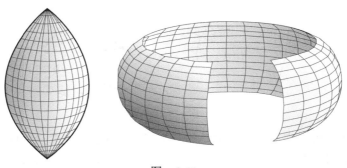

图　6-11

球面还有一个优点, 就是可以看得很清楚, 它的内蕴几何容许有运动群. 而在图 6-11 所示的曲面上肯定看不清楚, 一个图形是否可以在其上自由地移动和旋转而不会有拉伸. 然而, 前面的讨论也说明, 曲面在空间中的真正的形状只是让人分心, 所以最好是有一个比较抽象的模型来概括所有可能的具有同样内蕴几何的曲面

---

[1] Ernest Ferdinand Adolf Minding, 1806—1885, 德国数学家. ——译者注
[2] 如果曲率不是常数, 两个曲面可能在对应点有相等曲率, 但内蕴几何不同.

的实质.

所谓 "实质", 我们是指关于其上任意两点的距离的知识, 因为这种知识, 而且只需要这种知识, 就决定了内蕴几何. 事实上, 只要有了两个相邻点的**无穷小距离**的法则就足够了——注意, 这一点是微分几何的最基本的洞察. 有了这个法则, 我们可以把任意曲线的长度定义为把它分成无穷小线段后距离的无穷和 (即积分). 结果是, 我们可以确定这种几何中的 "直线", 就是由一点到另一点的最短的路径. 角度也可以类似地定义 [练习].

这就导出可以包括任意弯曲曲面 $S$ (不一定要有常曲率) 的实质的总策略: 为了避免为曲面在空间的形状分心, 我们在一张平坦的纸上画出 $S$ 的地图 (地理学意义下的地图). 这就是要建立 $S$ 上之点 $\hat{z}$ 与平面 (设想为**复平面**) 上的点 $z$ 之间的一一对应.

现在考虑将 $S$ 上两个相邻的点 $\hat{z}$ 和 $\hat{q}$ 隔开的距离 $\mathrm{d}\hat{s}$. 在地图上, 这两个点可用 $z$ 与 $q = z + \mathrm{d}z$ 来表示, 有 (欧氏) 距离 $\mathrm{d}s = |\mathrm{d}z|$ 把它们隔开. 一旦我们有了一个法则, 并由地图上表观的间隔 $\mathrm{d}s$ 算出其在 $S$ 上的真正的间隔 $\mathrm{d}\hat{s}$, 则我们 (在原则上) 就已经知道了关于 $S$ 的内蕴几何所需要知道的一切.

用 $\mathrm{d}s$ 表出 $\mathrm{d}\hat{s}$ 的法则称为 "度量". 一般说来, $\mathrm{d}\hat{s}$ 既依赖于 $\mathrm{d}z$ 的方向, 又依赖于 $\mathrm{d}z$ 的长度 $\mathrm{d}s$, 故若记 $\mathrm{d}z = \mathrm{e}^{\mathrm{i}\phi}\mathrm{d}s$, 则有

$$\mathrm{d}\hat{s} = \Lambda(z, \phi)\mathrm{d}s. \tag{6.14}$$

按此公式, $\Lambda(z, \phi)$ 就是: 我们需要把地图上——位于 $z$, 方向为 $\phi$ ——的表观为 $\mathrm{d}s$ 的间隔放大这么多倍数才能得到曲面 $S$ 上真正的间隔 $\mathrm{d}\hat{s}$.

我们现在要对球面来实行这个策略. 由 (6.9) 可知, 要想画出球面的地图, 使它能忠实地表示其内蕴几何的每个方面, 这是不可能的 [练习]. 选择什么样的地图要看我们希望忠实地表示的是哪些特点. 举例来说, 如果我们要求球面上的直线 (大圆) 在地图上也表示为直线, 就可以使用**中心投影**, 把球面上的点从球心投影到某一个切平面上, 这就是球面的所谓**投影地图**或称**投影模型**. 正如图 6-12 所示. 在这里, 保持直线概念是要付出代价的, 因为角度不能忠实地表示: 球面上两条曲线的交角 (一般地) 不是它们在平面上的象的交角.

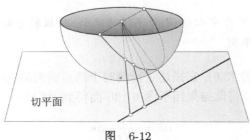

切平面

图  6-12

对于绝大多数目的, 宁可牺牲直线而求保持角度, 从而得到曲面的**共形映射**, 这样做好得多. 用 (6.14) 来表述, 一个映射为共形当且仅当伸缩因子 $\Lambda$ 不依赖于由 $z$ 发出的无穷小向量 $dz$ 的方向:

$$d\hat{s} = \Lambda(z)ds. \tag{6.15}$$

[回忆一下, 我们在第 4 章中已经证明了这一点.] 这种映射的一大优点在于曲面上一个无穷小图形是由地图上一个相似的图形来表示的, 二者仅仅大小有异: 在 $S$ 上的图形恰好大 $\Lambda$ 倍.

在球面情况下, 我们已经知道了一种构造共形映射的简单方法, 即通过球极射影. 为简单计, 以后我们总取具有单位半径的球面, 使它可以与第 3 章的黎曼球面 $\Sigma$ 等同起来. 与图 6-12 不同, 这个共形的地图上的 "直线", 并非我们熟知的平面上的 "直" 线. 事实上不难看到, $\Sigma$ 上的大圆都被映为 $\mathbb{C}$ 上与单位圆周交于一对对径点的圆周 [练习].

(6.15) 可以改述如下: 如果 $S$ 上的无穷小圆周是由地图上的无穷小**圆周**(而非椭圆)来表示的, 则一个映射为共形的. 球极射影当然满足这个要求, 因为它能保持各种大小的圆周. 图 6-13a 用半径为 $d\hat{s}$ 的 $\Sigma$ 上的空心小圆周被映为 $\mathbb{C}$ 上的半径为 $ds$ 的空心小圆周来说明这一点. 要想完成这个球极射影, 就必须找到与之相关联的度量函数 $\Lambda$, 即图 6-13a 中两个半径之比.

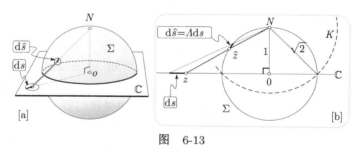

图　6-13

考图图 6-13a 的铅直截面, 它画在图 6-13b 上, 记住我们在 3.4.2 节中已经证明了, 球极射影是反演的一个特例,

**若 $K$ 是以 $N$ 为中心、$\sqrt{2}$ 为半径的球面, 球极射影就是对 $K$ 的反演在 $\mathbb{C}$ 或 $\Sigma$ 上的限制.**

然后考虑 3.2.1 节中的 (3.6), 它描述了反演对于两点的间隔的效果. 让这两个点趋近而取极限, 我们可以将此结果用于图 6-13b 而得到 [练习]

$$d\hat{s} = \frac{2}{[Nz]^2}ds.$$

也可以不用 (3.6) 而选 $d\hat{s}$ 平行于 $\mathbb{C}$ 而更直接地得出. 最后, 将勾股定理用于三角形 $Nz\,0$ 即可得到

$$d\hat{s} = \frac{2}{1 + |z|^2}ds. \tag{6.16}$$

这个具有度量 (6.16) 的平坦的共形映射就是我们想要求的、所有可能的具有常高斯曲率 k = +1 的曲面的抽象描述.

### 6.2.4 空间旋转也是默比乌斯变换

我们相当一般地设 $S$ 是一个有常高斯曲率的曲面（从而其上有一个运动群）, 并做了 $S$ 的一个具有度量 (6.15) 的共形映射, $S$ 上的任一运动将由此共形映射在 $\mathbb{C}$ 上诱导出一个相应的变换. 因为弯曲的曲面上的保向运动都是共形的, 所以映射的共形性将使得此运动在 $\mathbb{C}$ 上诱导出来的变换（即复函数）也是共形的, 从而是解析的. 纯粹用 $\mathbb{C}$ 上的语言来表述, 我们可以把一个复函数 $f(z)$ 与一个运动等同起来, 只要它是解析的而且保持度量 (6.15). 这就是说, 设解析函数 $z \mapsto \tilde{z} = f(z)$ 把间隔为无穷小的两点 $z$ 和 $(z + dz)$ 映射到 $\tilde{z}$ 和 $(\tilde{z} + d\tilde{z})$. 则 $f(z)$ 是一个运动当且仅当象的间隔 $d\tilde{s} = |d\tilde{z}|$ 与原来的间隔 $ds = |dz|$ 之间有以下关系式存在:

$$\Lambda(\tilde{z})d\tilde{s} = \Lambda(z)ds.$$

[与此类似, 反向运动相应于 $\mathbb{C}$ 上满足上式的反共形映射.] 因为 $d\tilde{z} = f'(z)dz$, 上式等价于 $f(z)$ 满足微分方程

$$f'(z) = \frac{\Lambda(z)}{\Lambda[f(z)]}.$$

回到 $S = \Sigma$ 且共形映射为球极射影的特例, 所有可能的具有常高斯曲率 k = +1 的曲面上之保向运动的集合应为微分方程

$$f'(z) = \frac{1 + |f(z)|^2}{1 + |z|^2} \tag{6.17}$$

之解的集合. 原则上说, 我们本来在 $\mathbb{C}$ 中就可以找出这些函数而用不着离开 $\mathbb{C}$ 到 $\Sigma$ 上去找出其运动. 然而回到 $\Sigma$ 上由 (6.10) 与 (6.13) 描述的运动更为简单而且有启发. 当我们对这些运动施以球极射影时, 在 $\mathbb{C}$ 上将诱导出什么样的函数呢?

很清楚, 第一步是要找出 $\Sigma$ 上由对直线 $\hat{L}$ 的反射 $\Re_{\hat{L}}$ 所诱导的函数. 考虑图 6-14a, 它表示了构造 $\Sigma$ 上 $\hat{z}$ 点的反射象 $\Re_{\hat{L}}(\hat{z})$ 的一种新的内在方法, 也就是, $\Re_{\hat{L}}(\hat{z})$ 是两个圆心都在 $\hat{L}$ 上而且都通过 $\hat{z}$ 点的圆周的第二个交点. 注意这两个圆周都正交于 $\hat{L}$. 图 6-14b 画出了在球极射影之下, 这种构造法在 $\mathbb{C}$ 上是怎样的. 因为球极射影保持圆周和角度, 所以那两个正交于 $\hat{L}$ 而且通过 $\hat{z}$ 的圆周被映为 $\mathbb{C}$ 上两个正交于 $L$ 且通过 $z$ 的圆周. 它们的第二个交点就是 $z$ 对 $L$ 的反演点 $\mathcal{I}_L(z)$! 总之

  Σ 上对于直线的反射诱导出 ℂ 上对此直线的球极射影象的反射     (6.18)
（反演）.

[(6.18) 还有另一个可能更为自然的证明, 见习题 2.]作为一个重要的特例, 注意, 若 $\hat{L}$
是 Σ 与通过实轴的铅直平面的截口, 则 Σ 中对于 $\hat{L}$ 的反射将诱导出复共轭 $z \mapsto \bar{z}$.

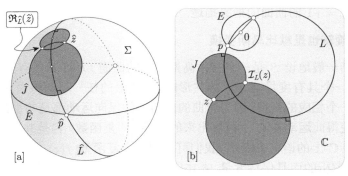

图   6-14

  现在来求对应于 Σ 上的旋转的复函数. 图 6-15 画出了 Σ 绕一点 $\hat{a}$ 旋转一个
角 $\psi$ 的旋转 $\mathcal{R}_{\hat{a}}^{\psi}$. 令 $\hat{b}$ 为 $\hat{a}$ 的对径点, 于是 $b = -(1/\bar{a})$ [见 3.4.5 节 (3.22). 这里 $a$
与 $b$ 是 $\hat{a}$ 与 $\hat{b}$ 在球极射影下的象]. $\hat{a}$ 与 $\hat{b}$ 都在旋转轴上, 所以在这个旋转下不变:
相应于此, $a$ 与 $b$ 是此旋转在 ℂ 上诱导出来的变换的不动点. 此外, 从几何上看得
很清楚, 诱导出来的变换在 $a$ 的一个无穷小邻域中的效果是绕 $a$ 旋转 [练习], 而由
我们的规定, 旋转角为**负** $\psi$.

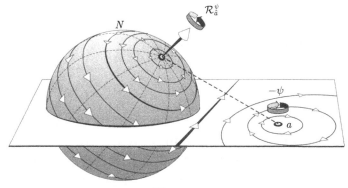

图   6-15

  由 (6.10), 我们有
$$\mathcal{R}_{\hat{a}}^{\psi} = \Re_{\hat{L}_2} \circ \Re_{\hat{L}_1},$$
其中 $\hat{L}_1$ 和 $\hat{L}_2$ 是两条任意的通过 $\hat{a}$（因此也通过 $\hat{b}$）且交角为 $(\psi/2)$ 的直线. 因为
球极射影保持圆周与角度, $\hat{L}_1$ 和 $\hat{L}_2$ 在 ℂ 中的象就是通过 $a$ 与 $b$ 而且成角 $(\psi/2)$

的圆周 $L_1$ 和 $L_2$. 由 (6.18) 可知, 由 $\mathcal{R}_{\tilde{a}}^{\psi}$ 在 $\mathbb{C}$ 上诱导出的变换 $R_a^{\psi}$ 是

$$R_a^{\psi} = \mathcal{I}_{L_2} \circ \mathcal{I}_{L_1}.$$

这样 $R_a^{\psi}$ 就是一个默比乌斯变换! 请参看图 6-16, 其上画出了一个 $\psi = (\pi/3)$ 的旋转, 再参看 3.8.2 节 (3.46), 回忆起 "乘子" 在紧接着一个不动点的邻域中刻画了默比乌斯变换的局部效果, 我们就发现了

> $\Sigma$ 上的旋转 $R_{\tilde{a}}^{\psi}$ 经球极射影诱导出 $\mathbb{C}$ 上的椭圆默比乌斯变换 $R_a^{\psi}$, 其不动点是 $a$ 与 $-(1/\bar{a})$, 而相应于 $a$ 的乘子 $\mathfrak{m}$ 是 $\mathfrak{m} = \mathrm{e}^{-\mathrm{i}\psi}$.

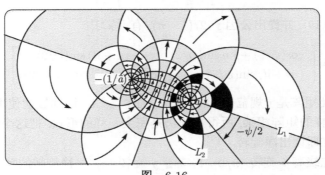

图    6-16

以 3.7.3 节的 (3.41) 为基础做直接的矩阵计算 [见习题 4], 就给出 $R_a^{\psi}$ 的矩阵的显式表达式

$$[R_a^{\psi}] = \begin{bmatrix} \mathrm{e}^{\mathrm{i}(\psi/2)}|a|^2 + \mathrm{e}^{-\mathrm{i}(\psi/2)} & 2\mathrm{i}a\sin(\psi/2) \\ 2\mathrm{i}\bar{a}\sin(\psi/2) & \mathrm{e}^{-\mathrm{i}(\psi/2)}|a|^2 + \mathrm{e}^{\mathrm{i}(\psi/2)} \end{bmatrix}, \tag{6.19}$$

注意, 这与 3.6.4 节 (3.38) 是一致的: $\Sigma$ 上的旋转诱导出以下形状的默比乌斯变换

$$R_a^{\psi}(z) = \frac{Az + B}{-\bar{B}z + \bar{A}}. \tag{6.20}$$

由 (6.13), 这个公式表示 $\Sigma$ 上最一般的保向运动. 我们已经注意到 $z \mapsto \bar{z}$ 相应于 $\Sigma$ 的一个反射, 所以最一般的反向运动将由以下形状的函数来表示 [练习]:

$$z \mapsto \overline{\left(\frac{A\bar{z} + B}{-\bar{B}\bar{z} + \bar{A}}\right)}.$$

图 6-10b 上给出了一个很漂亮的做空间旋转的复合的几何方法. 上面的分析则给出了计算由 $(\mathcal{R}_p^{\omega} \circ \mathcal{R}_{\tilde{a}}^{\psi})$ 生成的净旋转的同样漂亮的**计算**方法. 所需要做的就是把相应的默比乌斯变换组合起来:

$$[R_p^{\omega} \circ R_a^{\psi}] = [R_p^{\omega}][R_a^{\psi}].$$

一个本来看起来有很大技巧性的问题被化成了 2×2 矩阵的乘法!

在实际运算中, 旋转 $\mathcal{R}_{\hat{a}}^{\psi}$ 通常可以用指向旋转轴方向的单位向量 $\boldsymbol{v}$ 来表示, $\boldsymbol{v}$ 以 $\hat{a}$ 为其端点(见图 6-15 的箭头). 然而 (6.9) 现在是用点 $\hat{a}$ 的球极射影象 $a$ 来表示的. 所以我们要将 $[R_a^{\psi}]$ 重新用单位向量 $\boldsymbol{v}$ 的分量 $l, m, n$ 来表示, 这里

$$\boldsymbol{v} = l\boldsymbol{i} + m\boldsymbol{j} + n\boldsymbol{k}, \qquad l^2 + m^2 + n^2 = 1 .$$

回到 3.4.5 节 (3.19), 我们看到 $a$ 与 $\boldsymbol{v}$ 的关系如下:

$$a = \frac{l + \mathrm{i}m}{1 - n}, \quad |a|^2 = \frac{1 + n}{1 - n}.$$

把它们代入 (6.19), 并提出公因子 $2/(1 - n)$, 有 [练习]:

$$[R_{\boldsymbol{v}}^{\psi}] = \begin{bmatrix} \cos(\psi/2) + \mathrm{i}\, n \sin(\psi/2) & (-m + \mathrm{i}l) \sin(\psi/2) \\ (m + \mathrm{i}l) \sin(\psi/2) & \cos(\psi/2) - \mathrm{i}\, n \sin(\psi/2) \end{bmatrix} . \tag{6.21}$$

请自行验算, 此矩阵是 "规范化" 的, 即 $\det[R_{\boldsymbol{v}}^{\psi}] = 1$. 这样做就使事情容易多了, 因为把两个这样的矩阵相乘, 所得矩阵仍是完全一样的形状. 把这个结果与 (6.21) 比较, 就可以立即读出净旋转.

例如, 设先绕着 $\boldsymbol{i}$ 旋转 $(\pi/2)$, 再绕着 $\boldsymbol{j}$ 旋转 $(\pi/2)$, 净旋转的默比乌斯矩阵应为

$$\frac{1}{\sqrt{2}} \begin{bmatrix} 1 & -1 \\ 1 & 1 \end{bmatrix} \frac{1}{\sqrt{2}} \begin{bmatrix} 1 & \mathrm{i} \\ \mathrm{i} & 1 \end{bmatrix} = \frac{1}{2} \begin{bmatrix} 1 - \mathrm{i} & -1 + \mathrm{i} \\ 1 + \mathrm{i} & 1 + \mathrm{i} \end{bmatrix} . \tag{6.22}$$

与 (6.21) 比较, 即知这是绕轴 $\boldsymbol{v} = \frac{1}{\sqrt{3}}(\boldsymbol{i} + \boldsymbol{j} - \boldsymbol{k})$ 旋转 $(2\pi/3)$.

### 6.2.5  空间旋转与四元数

所有这一切都是非常漂亮的, 但是事实上, 将空间的旋转复合起来的方法还可以进一步简化. 要问怎样做, 我们就要把哈密顿关于**四元数**的故事再讲下去, 我们在第 1 章末尾处已经开了一个头.

1843 年 10 月 16 日星期一, 这天上午哈密顿和他的夫人出去散步. 在他的思绪深处一直有一个苦思十年未得其解的问题——寻找复数的三维类似物, 使得对空间的向量也能做乘除法. 我们在第 1 章中已经指出, 哈密顿是不可能解决这个问题的, 原因很简单: 这样的类似物是不存在的. 但是这一天当他正走过布鲁厄姆桥(Brougham Bridge)时, 他突然认识到, 那个在三维空间中一直躲着他的大奖在**四维**空间中真的可以拿到![①]

---

[①] 这座桥在爱尔兰首都都柏林, 现在改名为 Broom Bridge(金雀花桥). 桥头镶了一块石牌, 刻了此事, 并且把下面的 (6.24) 和 (6.25) 也刻在上面, 不过 (6.25) 改成了 $\boldsymbol{IJK} = -1$, 据说哈密顿随手把这个公式刻在桥头的一块石头上了. ——译者注

在二维复平面上, 我们可以把 1 和 i 想成其 "基底" 向量, 而任意的一般复数可以写成 $z = a1 + bi$. $\mathbb{C}$ 中的代数相当于: 约定乘法对加法是分配的; 1 是恒等元 (即 $1z = z1 = z$); 还有 $i^2 = -1$.

哈密顿在四维空间中引入四个向量 $\mathbf{1}, \boldsymbol{I}, \boldsymbol{J}, \boldsymbol{K}$, 而一个一般向量 $\mathbb{V}$ (哈密顿称之为四元数) 可以用它们来表示为

$$\mathbb{V} = v\mathbf{1} + v_1\boldsymbol{I} + v_2\boldsymbol{J} + v_3\boldsymbol{K} , \tag{6.23}$$

系数全是实数. 为了定义两个四元数之乘积, 哈密顿取 $\mathbf{1}$ 为恒等元, $\boldsymbol{I}, \boldsymbol{J}, \boldsymbol{K}$ 则为 $-1$ 的 3 个不同的平方根, 类似于 i:

$$\boldsymbol{I}^2 = \boldsymbol{J}^2 = \boldsymbol{K}^2 = -1. \tag{6.24}$$

与在普通的代数中一样, 哈密顿坚持乘法对于加法有分配律, 但为了使除法也是可能的, 他不得不向前大大跃进一步, 而在他那个时代这是革命性的一步, 即规定乘法是非交换的. 更准确些说, 哈密顿规定了几个公设:

$$\boldsymbol{IJ} = \boldsymbol{K} = -\boldsymbol{JI}, \quad \boldsymbol{JK} = \boldsymbol{I} = -\boldsymbol{KJ}, \quad \boldsymbol{KI} = \boldsymbol{J} = -\boldsymbol{IK}. \tag{6.25}$$

这些关系大体看来是熟悉的: 它们在形式上与基底向量 $i, j, k$ 的向量积是一样的. 例如, $i \times j = k = -j \times i$. 我们可以用 $i, j, k$ 与 $\boldsymbol{I}, \boldsymbol{J}, \boldsymbol{K}$ 的类比来把两个四元数之积以特别简单的方式表示出来.

首先, 我们用这个类比来简化记号 (6.23). 与在普通的代数中一样, 我们略去了第一项中的 1 而记 $v\mathbf{1} = v$, 哈密顿称这一项为 $\mathbb{V}$ 的**数量部分**. 其次, 我们把其余三项合写为 $\boldsymbol{V} \equiv v_1\boldsymbol{I} + v_2\boldsymbol{J} + v_3\boldsymbol{K}$, 哈密顿称这一部分为 $\mathbb{V}$ 的**向量部分**. 于是 (6.23) 就成为

$$\mathbb{V} = v + \boldsymbol{V}.$$

在数量部分 $v = 0$ 的特殊情况下, 哈密顿称 $\mathbb{V} = \boldsymbol{V}$ 为一**纯四元数**. 从历史上看, 纯四元数概念是普通空间向量概念的前身. 事实上, "vector" (向量) 一词是哈密顿在 1846 年造出来的, 作为 "纯四元数" 的同义语.

如果用另一个四元数 $\mathbb{W} = w + \boldsymbol{W}$ 去乘 $\mathbb{V}$, 则由 (6.24) 与 (6.25) 可得 [练习]

$$\mathbb{V}\mathbb{W} = (vw - \boldsymbol{V} \cdot \boldsymbol{W}) + (v\boldsymbol{W} + w\boldsymbol{V} + \boldsymbol{V} \times \boldsymbol{W}), \tag{6.26}$$

特别是, 若 $\mathbb{V}$ 与 $\mathbb{W}$ 均为纯四元数 (即 $v = 0 = w$), 则它化为

$$\mathbb{V}\mathbb{W} = -\boldsymbol{V} \cdot \boldsymbol{W} + \boldsymbol{V} \times \boldsymbol{W}. \tag{6.27}$$

从历史上说, 点积 (数量积) 与叉积 (向量积) 在数学中第一次出现就是在此式中. 这样, 这两种向量运算一开始仅被看成四元数乘法的两个小侧面 (数量部分和向量

部分）. 但是物理学家们不久以后就认识到, 数量积和向量积本身就很重要, 而与它们的起源——四元数没有关系.

在习题中还会导出四元数进一步的性质, 我们在这里只想解释四元数与空间旋转的联系. 这种联系其实系于**二元旋转**（即在空间中旋转角度 π）的概念. "二元"一词用得很恰当, 因为它 "逢二归元": 作用两次就相当于恒等元.

按 (6.21), 对应于绕轴 $v = li + mj + nk$ 的二元旋转的默比乌斯变换是

$$[R_v^\pi] = \begin{bmatrix} \mathrm{i}\, n & -m + \mathrm{i}l \\ m + \mathrm{i}l & -\mathrm{i}\, n \end{bmatrix}.$$

我们暂时把四元数放在一边, 重新定义 **1** 为单位矩阵, $I$, $J$, $K$ 为绕 $i$, $j$, $k$ 的二元旋转的矩阵,

$$\mathbf{1} = \begin{bmatrix} 1 & 0 \\ 0 & 1 \end{bmatrix}, \quad I = \begin{bmatrix} 0 & \mathrm{i} \\ \mathrm{i} & 0 \end{bmatrix}, \quad J = \begin{bmatrix} 0 & -1 \\ 1 & 0 \end{bmatrix}, \quad K = \begin{bmatrix} \mathrm{i} & 0 \\ 0 & -\mathrm{i} \end{bmatrix}.$$

请自己检验一下, 对应于 $K$ 的默比乌斯变换是 $K(z) = -z$. 请确信应该是这样.

现在我们就可以来宣布这些矩阵与四元数之间的惊人联系了: **这些二元旋转的矩阵在矩阵乘法之下服从与哈密顿的 $I$, $J$, $K$ 完全同样的法则** (6.24) 和 (6.25). 由此可知, 四元数的乘法, 与把 1, $I$, $J$, $K$ 用上述矩阵取代以后所得的 2×2 矩阵的乘法, 互相是等价的. 反过来说, (6.21) 所示的一般旋转矩阵 $\left[R_v^\psi\right]$ 可以表示为以下的四元数 [练习]:

$$\mathbb{R}_v^\psi = \cos(\psi/2) + V \sin(\psi/2), \tag{6.28}$$

这里 $V = lI + mJ + nK$. 这个漂亮的公式比 (6.21) 容易记得多!

要把两个空间旋转复合起来, 只需把相应的四元数乘起来即可. 举例来说, (6.22) 的计算——即先绕 $i$ 旋转 $(\pi/2)$, 再绕 $j$ 旋转 $(\pi/2)$ ——现在就成了

$$\frac{1}{\sqrt{2}}(1 + J)\frac{1}{\sqrt{2}}(1 + I) = \frac{1}{2}(1 + I + J - K).$$

我们又一次导出了这就是绕轴 $v = \frac{1}{\sqrt{3}}(i + j - k)$ 旋转 $(2\pi/3)$, 这比以前更容易.

四元数也对 $R_v^\psi$ 在空间的位置向量 $P = Xi + Yj + Zk$ 上的效果给出了很紧凑的公式. 设 $R_v^\psi$ 把 $P$ 旋转到 $\widetilde{P}$. 如果用纯四元数 $\mathbb{P} = XI + YJ + ZK$ 和 $\widetilde{\mathbb{P}}$ 分别表示 $P$ 和 $\widetilde{P}$, 则

$$\widetilde{\mathbb{P}} = \mathbb{R}_v^\psi \mathbb{P} \mathbb{R}_v^{-\psi}. \tag{6.29}$$

这个结果首先是由凯莱[①]在 1845 年发表的, 他后来承认哈密顿得到此结果在前. 这个结果不仅漂亮, 而且有实际应用. 例如, 在 S. G. Hoggar [1992] 中就讨论了怎样

---

① Arthur Cayley, 1821—1895, 英国数学家. ——译者注

利用 (6.29) 于计算机制作动画时把一个旋转物体的运动弄光滑, 而 B. K. P. Horn [1991] 中也将其用于与机器人视觉有关的研究中!

下面我们想对 (6.29) 给出一个能够想象到的最直观的解释, 习题 7 和习题 8 中还有另外两个. 首先注意 $P$ 的任意倍数都被旋转到 $\widetilde{P}$ 的相同倍数. 所以为了一般地证明 (6.29), 只需在 $P$ 与 $\widetilde{P}$ 均为单位向量的情况下证明它即可. 于是可以设它们的端点 $\hat{p}$ 与 $\hat{\widetilde{p}}$ 都在单位球面上. 和前面一样, 设 $\hat{a}$ 是向量 $v$ 的端点.

考虑下面 3 个旋转的复合: $(\mathcal{R}_{\hat{a}}^{\psi} \circ \mathcal{R}_{\hat{p}}^{\theta} \circ \mathcal{R}_{\hat{a}}^{-\psi})$. 它肯定相当于单个旋转, 而图 6-17 可以帮助我们看出它是一个什么样的旋转. 令 $C$ 为 $\mathcal{R}_{\hat{a}}^{\psi}$ 的经过 $\hat{p}$ 与 $\hat{\widetilde{p}}$ 的不变圆周, 而 $w$ 是由 $\hat{\widetilde{p}}$ 发出的切于 $C$ 的无穷小向量, 注意 $C$ 上一点发出的任意向量都被 $\mathcal{R}_{\hat{a}}^{\pm\psi}$ 映为一个与 $C$ 成同样的角的向量. 这就证实了图上画出的 3 个旋转的效果 $w \mapsto w' \mapsto w'' \mapsto w'''$. 净效果 $w \mapsto w'''$ 正是绕 $\hat{\widetilde{p}}$ 旋转 $\theta$:

$$\mathcal{R}_{\hat{\widetilde{p}}}^{\theta} = \mathcal{R}_{\hat{a}}^{\psi} \circ \mathcal{R}_{\hat{p}}^{\theta} \circ \mathcal{R}_{\hat{a}}^{-\psi} .$$

这个几何事实可以用默比乌斯变换矩阵来表示, 或者等价地用四元数来表示为:

$$\mathbb{R}_{\widetilde{P}}^{\theta} = \mathbb{R}_{v}^{\psi} \circ \mathbb{R}_{P}^{\theta} \circ \mathbb{R}_{v}^{-\psi} .$$

最后, 若令 $\theta = \pi$, 则二元旋转 $\mathbb{R}_{P}^{\pi}$ 与 $\mathbb{R}_{\widetilde{P}}^{\pi}$ 正是纯四元数 $\mathbb{P}$ 与 $\widetilde{\mathbb{P}}$, 证毕.

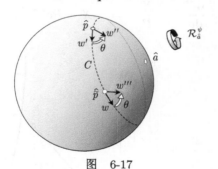

图 6-17

**进一步的阅读材料.** 关于 (6.29) 的历史意义, 可见 Altmann [1989]; 关于哈密顿如何被引导到四元数的详情, 可见 van der Waerden [1985]; 关于它与现代数学和物理的联系, 可见 Penrose and Rindler [1984], Yaglom [1988] 和 Stillwell [1992].

# 6.3　双曲几何

## 6.3.1　曳物线和伪球面

在研究了具有常值正高斯曲率的曲面的内蕴几何以后, 我们现在转向具有常值负高斯曲率的曲面的内蕴几何. 正如有无穷多个曲面具有常值 k > 0 一样, 也有无穷多个具有常值 k < 0 的曲面. 贝尔特拉米称后一种曲面为**伪球面型**曲面. 根据前面讲过的明定的结果, 所有具有相同的常值负高斯曲率的伪球面型曲面都有相同的内蕴几何. 因此为了理解双曲几何, 只要考察任意一个伪球面型曲面就行了. 为此, 伪球面是最简单的, 所以我们来解释伪球面是怎样构造出来的.

　　试一试下面的实验. 取一个小小的重物, 例如镇纸, 在其上系一根细绳. 把镇纸平放在桌面上而让细绳的自由端沿桌面的边缘运动. 你会看到, 镇纸将沿一条像图 6-18a 中的曲线运动, 图中的 $Y$ 轴代表桌子的边缘. 这条曲线称为**曳物线**, $Y$ 轴 (它是曳物线的渐近线) 称为其**轴**. 曳物线最早是牛顿在 1676 年研究过的.

　　如果这条细绳之长为 $R$, 由此可知曳物线有以下几何性质: 它的切线上由切点到 $Y$ 轴的那一段有定长 $R$. 这就是牛顿给曳物线下的定义. 还有一个有趣的旁白: 由此定义, 曳物线也可以如图 6-18b 那样构造出来, 即它是圆心在轴上的一族半径为 $R$ 的圆周族的正交轨线 [练习], 这是画曳物线的快速而且相当精确的好方法.

　　回到图 6-18a, 令 $\sigma$ 为沿曳物线的弧长, 而起点 $\sigma = 0$ 是在 $X = R$ 处, 即我们想拖曳的物体的初始位置. 当这个物体正在通过 $(X, Y)$ 点时, 令 $\mathrm{d}X$ 表示物体沿曳物线运动一个无穷小距离 $\mathrm{d}\sigma$ 时 $X$ 的无穷小变化. 由图 6-18a 上画出的两个有阴影的三角形的相似性, 我们有

$$\frac{\mathrm{d}X}{\mathrm{d}\sigma} = -\frac{X}{R} \quad \Rightarrow \quad X = Re^{-\sigma/R}. \tag{6.30}$$

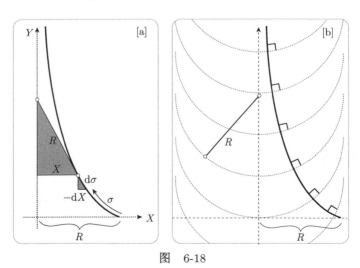

图　6-18

　　半径为 $R$ 的伪球面可以定义为曳物线绕其轴旋转而成的旋转曲面, 同时也就可以这样把它做出来. 值得一提的是, 这个曲面早在 1693 年就由惠更斯研究过了, 那是在曳物线推动人们接受双曲几何中起了催化作用之前的两个世纪.

### 6.3.2 伪球面的常值负曲率*

本小节也是选读的, 我们将在这里对于伪球面确有常值高斯曲率给出一个纯几何的证明. 确切地说, 我们将利用高斯曲率 k 作为主曲率之积这个**外在**的定义, 来证明半径为 $R$ 的伪球面有常值曲率 $k = -(1/R^2)$. 以后我们还要给出这个事实的纯内在证明, 所以, 如果跳过下面的论证, 也不会有太大的损失.

令 $r$ 与 $\tilde{r}$ 是半径为 $R$ 的伪球面的两个主曲率半径. 与对任意旋转曲面一样, 由对称性可知 [练习]:

$$\tilde{r} = \text{作为母线的曳物线之曲率半径},$$
$$r = \text{由曲面到轴的法线线段之长}.$$

由图 6-19a 可以看出这两件事. 于是决定高斯曲率

$$k = -\frac{1}{r\tilde{r}}$$

的问题就化成了平面几何问题, 其解可由图 6-19b 看出.

由定义, 图 6-19b 中曳物线的切线段 (由切点 $P$ 到切线与轴的交点 $A$) 有定长 $R$. 图 6-19b 在相邻两点 $P$ 与 $Q$ 处画出了两个这样的切线段 $PA$ 与 $QB$, 其间有角 •, 所以相应的法线 $PO$ 与 $QO$ 之间也有同样的角 •. 注意, $AC$ 垂直于 $QB$.

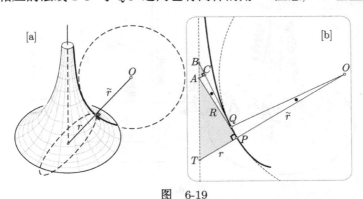

图 6-19

现在来看, 当 $Q$ 与 $P$ 融合 ($P$ 认为是不动的) 时会发生什么. 在极限情况下, $O$ 的极限位置是曲率圆的中心, $PQ$ 是曲率圆周上的弧, $AC$ 是以 $P$ 为中心、$R$ 为半径的圆弧. 所以

$$\tilde{r} = OP, \quad \frac{PQ}{OP} = \bullet = \frac{AC}{R} \quad \Rightarrow \quad \frac{AC}{PQ} = \frac{R}{\tilde{r}}.$$

下一步我们要求助于定义曳物线的性质 $PA = R = QB$ 来导出, 在 $Q$ 与 $P$ 融合时 [练习]

$$BC = PQ.$$

最后, 利用 $Q$ 与 $P$ 融合时, 三角形 $ABC$ 最终与三角形 $TAP$ 相似, 可知

$$\frac{r}{R} = \frac{AC}{BC} = \frac{AC}{PQ} = \frac{R}{\widetilde{r}}.$$

看!

$$k = -\frac{1}{r\widetilde{r}} = -\frac{1}{R^2}.$$

### 6.3.3  伪球面上的共形映射

下一步是在伪球面上构造一个共形映射来做地图. 回忆一下, 在球面情况下, 构造这样一个地图有两个好处: (1) 它同时描述了所有曲率 $k = +1$ 的曲面; (2) 它对运动给出了一个漂亮而又实用的描述, 即表示为默比乌斯变换. 在当前的负曲率曲面上, 这两个好处仍可以得到保持; 特别是, 双曲几何中的 (保向) 运动又是默比乌斯变换!

为简单计, 我们恒取伪球面的半径为 $R = 1$, 所以我们的地图应该表示曲率 $k = -1$ 的伪球面型曲面. 图 6-20a 介绍了伪球面上一个相当自然的坐标系 $(x, \sigma)$ 作为构造共形映射的第一步.

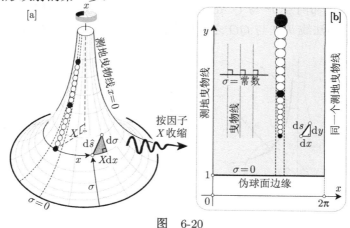

图    6-20

第一个坐标表示绕伪球面的轴的角度, 假设它限于 $0 \leqslant x < 2\pi$. 第二个坐标度量沿曳物线母线 (见图 6-18a) 的弧长. 于是, 曲线 $x = $ 常数就是曳物线母线 [注意, 它们显然是测地线], 曲线 $\sigma = $ 常数则是伪球面的圆形截口 [注意, 这些曲线显然**不是测地线**]. 因为这样一个圆周的半径就是图 6-18a 中的 $X$ 坐标, 故由 (6.30) 有

过点 $(x, \sigma)$ 的圆周 $\sigma = $ 常数的半径 $X$ 由 $X = e^{-\sigma}$ 给出.

我们的地图是把伪球面映到 $(x, y)$ 平面上 (即图 6-20b), 其中, 取角 $x$ 为横坐标, 所以伪球面的曳物母线由铅直直线来表示. 伪球面上的点 $(x, \sigma)$ 在此地图上将

由笛卡儿坐标为 $(x, y)$ 的点来表示, 而我们马上就把这个点想象为复数 $z = x + \mathrm{i}y$.

如果不要求此映射有任何特别之处, 我们可以简单地取 $y = y(x, \sigma)$ 为 $x$ 和 $\sigma$ 的任意函数. 但是与此成尖锐对比的是, 我们要求此映射为**共形的**, 这就对 $y$ 坐标的选择（基本上）没有留下自由的余地. 我们试着来弄懂这一点.

首先, 曳物母线 $x = $ 常数正交于圆形截口 $\sigma = $ 常数, 所以它们在共形映射下的象也应正交. 从而 $\sigma = $ 常数之象必由水平直线 $y = $ 常数表示, 由此得知 $y$ 仅仅是 $\sigma$ 的函数: $y = y(\sigma)$.

其次, 在伪球面上考虑圆周 $\sigma = $ 常数（半径为 $X$）上连接 $(x, \sigma)$ 与 $(x + \mathrm{d}x, \sigma)$ 的圆弧. 由 $x$ 的定义, 这段圆弧在圆心张一个角 $\mathrm{d}x$, 所以它们在伪球面上的间隔是 $X\mathrm{d}x$（见图 6-20a）. 在映射后, 这两点在地图上高度相同, 而间隔为 $\mathrm{d}x$, 这样, 在由伪球面映到其地图时, 这个特定线段收缩了一个因子 $X$. [我们说是 "收缩", 是因为用 $X$ 去除, 但是因 $X \leqslant 1$, 所以实际上是 "膨胀".] 然而, 既然此映射是共形的, 由 $(x, \sigma)$ 发出的任意方向的无穷小线段都应该乘以相同因子 $(1/X) = \mathrm{e}^\sigma$. 换言之

$$\mathrm{d}\hat{s} = X\mathrm{d}s.$$

最后, 考虑图 6-20a 中一串小圆盘最上面的那个黑的. 设想它是半径为 $\varepsilon$ 的无穷小圆盘. 它在地图上成为图 6-20b 中一串小圆盘最上面那个黑的, 其半径为 $(\varepsilon/X)$, 可以把这个半径更生动地解释为: 站在伪球轴上观看原来的圆盘（即图 6-20a 的圆盘）的视角宽度. 现在设想这个黑圆盘不断地沿伪球面的曳物线母线向边缘走, 每一步都移动一个 $\varepsilon$. 图 6-20a 上画出了这样得到的一串相切的同样大小的圆盘. 但是当圆盘向下移动时, 它就远离伪球面的轴, 所以从轴上来看它的视角就会减小. 所以在地图上, 即象平面（图 6-20b）上, 这一串圆盘越往下移就越缩小. 在伪球面或是其地图上, 每走 8 步就遇到下一个黑圆盘, 但在原来伪球面上两个黑圆盘距离都是 $8\varepsilon$, 而在地图上, 相继的黑圆盘的距离就不再相同了.

现在我们对此映射的作用有了一些感觉, 相应于伪球面上的点 $(x, \sigma)$, 地图上的点是 $(x, y)$, 让我们来实际计算 $y$ 是多少. 由以上的考虑（或直接由画出的两个三角形为相似）, 可以得出

$$\frac{\mathrm{d}y}{\mathrm{d}\sigma} = \frac{1}{X} = \mathrm{e}^\sigma \quad \Rightarrow \quad y = \mathrm{e}^\sigma + \text{常数},$$

这个常数标准的选取法是取为 0（即设伪球面边缘 $\sigma = 0$ 之象为 $y = 1$）, 故

$$y = \mathrm{e}^\sigma = (1/X).$$

这样, 整个伪球面的地图就是图 6-20b 上位于 $y = 1$（伪球边缘）以上的有阴影的区域, 而与此映射相关的度量是

$$\mathrm{d}\hat{s} = \frac{\mathrm{d}s}{y} = \frac{\sqrt{\mathrm{d}x^2 + \mathrm{d}y^2}}{y}. \tag{6.31}$$

为了以后的应用, 还请注意在地图上以 $\mathrm{d}x$ 和 $\mathrm{d}y$ 为边的无穷小矩形（图 6-20b 上空白的三角形是其一半) 代表伪球面上一个以 $\frac{\mathrm{d}x}{y}$ 和 $\frac{\mathrm{d}y}{y}$ 为边的相似无穷小矩形. 所以, 在地图上看起来, 它的视面积 $\mathrm{d}x\mathrm{d}y$ 与伪球面上的真面积 $\mathrm{d}\mathcal{A}$ 之关系是

$$\mathrm{d}\mathcal{A} = \frac{\mathrm{d}x\mathrm{d}y}{y^2}. \tag{6.32}$$

### 6.3.4 贝尔特拉米的双曲平面

我们在引言中可能造成了一个印象, 即贝尔特拉米成功地把双曲几何解释为伪球面的内蕴几何. 这其实是不可能的, 而且贝尔特拉米也不是这样说的.

由高斯、鲍耶和罗巴切夫斯基所发现的抽象的双曲几何应理解为发生在**双曲**平面上, 它就是欧几里得平面, 只不过其中的直线应满足双曲线公理 (6.3):

给定一直线 $L$ 以及 $L$ 外一点 $p$, 至少有两条过 $p$ 的直线不与 $L$ 相交.

伪球面的常值负曲率保证了它能忠实地表示这个公理的一切只涉及双曲平面的有限区域的推论. 这种推论的一个例子就是以下定理：三角形的角盈是其面积的负倍数, 在伪球面上确实是这样的.

但是, 伪球面不能作为**整个**双曲平面的模型, 因为它在两个问题上令人无法接受地背离了欧几里得平面:

- 伪球面更接近于柱面而非平面. 例如平面上的闭环恒可缩为一点, 而伪球面上包围轴的闭环则不行.
- 在双曲平面上, 和在欧几里得平面上一样, 直线段在两个方向上均可无限延长. 我们已经看到, 伪球面的曳物母线明显是测地线, 所以我们可能愿意把它们解释为双曲直线. 但是这样一条曳物线虽然可以沿伪球面无限制地向上延伸, 而在另一方向上, 当它碰到边缘时就必须停下来.

贝尔特拉米指出, 第一个问题可以如下解决. 设想用一个可以拉伸的薄膜包住伪球面. 要想得到图 6-20b 的映射象, 把这个薄膜沿曳物线剪开, 并且解开来放在有阴影的区域上. 当然要把薄膜拉一拉才能弄平, 而且成一矩形区域——度量 (6.31)告诉我们, 在各个部分应做**多么大**的拉伸. 但是现在请你设想, 这时塑料薄膜把伪球面缠着包了无穷多次[1], 就好像一卷长为无限的保鲜膜一样. 把这张无穷长的薄膜松开（一边放松一边拉伸）就可以把 $y = 1$ 以上的区域盖满. 按照这个解释, 若一质点在地图上沿水平直线运动, 就相应于一个质点（原象）在伪球面上绕圆周 $\sigma =$ 常数旋转, 在地图上每走 $2\pi$, 就相应于在伪球面上转了一周.

我们现在再来解释怎样用这个共形映射解决第二个问题, 即伪球面边缘问题. 从**外在**几何的角度看, 这个边缘是一个不可逾越的障碍：我们不能把伪球面光滑地

---

① Stillwell [1996] 指出, 这可能是现在拓扑学家所说的 "万有覆盖" 在数学中第一次亮相.

延拓过这个边缘而仍然保持常曲率. 然而我们关注的只是伪球面的**内蕴**几何, 而我们已经看到, 如果我们用 $d\hat{s} = \frac{ds}{y}$ 来量度距离, 则伪球面 (不含边缘) 与图 6-21 中的区域 $y > 1$ 是完全一样的.

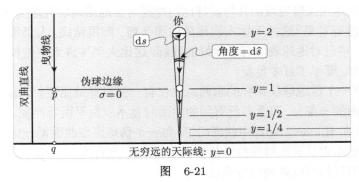

图　6-21

假想你是生活在图 6-21 上的小小的二维生物, 沿着铅直直线 $x =$ 常数向下走和在伪球面上沿一条曳物线向下走是一回事. 当然, 在伪球面上走到边缘 ($\sigma = 0$) 上的某个 $\hat{p}$ 点处就要突然停步, $\hat{p}$ 在地图上相应于直线 $y = 1$ 上的某点 $p$. 但是在地图上, 这个 $p$ 点与其他点没有什么不同, 绝无任何障碍不让你走下去, 一直到 $y = 0$ 上的某点 $q$ 为止.

为什么到了 $q$ 就一定要停? 答案是, 你根本走不了那么远, $q$ 离 $p$ 有无穷远! 假设你就是图 6-21 上那个位于直线 $y = 2$ 上的小圆盘, 我站在你的双曲世界之外, 看着你以一个恒定不变的步伐向 $y = 0$ 走去. 当然, 在你的双曲世界里, 你的双曲身材是不变的, 但是在我看来你却在越缩越小. 在我们画出的欧几里得解释即图 6-21[练习] 里, 这一点就表现得特别生动, 你的双曲身材正是角 $d\hat{s} = \frac{ds}{y}$:

中心位于 $(x + \mathrm{i}y)$ 处的无穷小圆盘的双曲直径就是此圆盘在实　(6.33)
轴上 $x$ 处所张的角.

这样你的表观上的大小, 即我所看到的你的大小, 一定得缩, 这才能始终张同样的角, 虽然在你看来, 你的双曲步伐每步都一样长, 但在我看来, 你的步子却越来越小, 在我看来你是越走越慢.

举例来说, 设你是以恒定的速率 $\ln 2$ 在走. 按我们的解释, 将 $\frac{dy}{y}$ 积分求出所需时间 [练习], 你在 1 个单位时间后会走到 $y = 1$, 2 个单位时间后走到 $y = \frac{1}{2}$, 3 个单位时间后到达 $y = \frac{1}{4}$, 等等, 每一个单位时间你只能走完到 $y = 0$ 的距离的一半[①], 所以永远也到不了 $y = 0$ 处. [这个现象称为 "芝诺的报复" 再适当不过了![①]]

现在有了**双曲平面**的一个具体模型, 即图 6-21 上有阴影的整个半平面 $y > 0$,

---

① 不过按国人熟悉的程度, 应该说是 "辩者的报复": "一步之遥, 日行其半, 万世不竭." ——译者注

其上规定了度量 $d\hat{s} = \frac{ds}{y}$. 实轴上的点离普通的点为无穷远, 而 (严格说来) 并不考虑为双曲平面的一部分. 这些点称为**理想点**或**无穷远点**. 由无穷远点构成的整个直线 $y = 0$ 将称为**天际线**①.

用这一幅地图来研究双曲几何就好比用球极射影地图来研究球面几何, 哪怕真的球面根本没有看见. 这并不如人们想象的那么糟. 归根结底, 人类用天体测量绘制地理地图, 早已对地球表面有了很好的理解, 这比人类冲进太空俯视大地看见它真正是一个球, 要早了好多世纪!

然而, 有一个像地球仪那样的东西总比仅有一张世界地图更好. 因伪球面只能模拟双曲平面的一部分, 那么有没有别的曲面与整个双曲平面等距呢? 令人伤感的是, 希尔伯特在 Hilbert [1901] 中就证明了, 每一个伪球面型曲面都一定有边缘而不可能光滑地延拓它且又同时保持常值负曲率. 所以, 具有度量 (6.31) 的上半平面就是双曲平面的我们可以得到的好描述了.

然而, 正如一张世界地图可以用不同的投影法来表示地球表面一样, 我们也可以用不同类型的映射来表示双曲平面. 我们刚才得到的地图称为**庞加莱上半平面**, 还有一个称为**庞加莱圆盘**, 再有一个称为**克莱因圆盘**. 前两个模型是庞加莱在 1882 年得到的, 第三个则是克莱因在 1871 年得到的.

我们不能不评论下这些模型的名称. 任何一个对数学史稍有兴趣的人都知道, 各种数学思想 (时常?) 会张冠李戴, 找错了主. 事实上②, 这三个模型都是贝尔特拉米发现的! 我们会看到, 贝尔特拉米是以一种漂亮的统一的方式从第四个模型中得出它们来的, 这个模型是画在一个半球面上的地图. 感到迷惑了吗? 好, 半球面模型还是贝尔特拉米的!

### 6.3.5  双曲直线和反射

在继续之前, 我们先要指明要到哪里去, 于是我们集中关注保向运动. 在欧氏几何中, 每个保向运动都是对两条直线的反射的复合. 我们已经看到, 对于球面几何这也是真的, 而我们马上就来证明, 它在双曲几何中仍然为真. 因为两条欧氏直线或相交或平行, 所以恰好有两类保向的欧氏运动: 旋转与平移. 在球面上没有平行线, 这蕴涵了其上的保向运动只能是旋转. 相反地, 在双曲平面上有过多的平行线, 给出了一种比欧氏几何更丰富的几何学, 其中的保向运动既有旋转和平移, 还有在欧氏几何中没有对应物的第三类运动.

为了防止混淆, 我们加一个字头 h 来表示双曲概念, 以此来区别它们在地图中的欧氏描述. 例如 h 直线就表示一条双曲直线 (即测地线), 而 "直线" 则是指地图中的普通直线. 我们也定义 $\mathcal{H}\{z_1, z_2\}$ 为 $z_1$ 和 $z_2$ 之间的 (用 $d\hat{s} = \frac{ds}{y}$ 来量度的) h

---

① 原因很快就清楚了, 另一个名字是无穷远圆.
② 见 Milnor [1982], Stillwell [1996] 中贝尔特拉米原著 Beltrami [1868, 1868'] 的译文.

距离. 例如, 若 $dz$ 是无穷小, 则

$$\mathcal{H}\{z + dz\, ,\, z\} = \frac{|dz|}{\text{Im}\,z}\,.$$

最后, 我们定义: 以 $c$ 为 h 中心、$\rho$ 为 h 半径的 h 圆周就是适合 $\mathcal{H}\{z, c\} = \rho$ 的点之轨迹.

因为伪球面上的曳物母线很清楚是测地线, 所以地图上的铅直直线也就应该是测地线; 就是说, 它们是 h 直线的例子. 图 6-22a 将证明

> 两个铅直分隔的点之间的 (唯一) 最短路径是连接它们的铅直
> 直线段 $L$. $\hspace{3cm}$ (6.34)

现在来直接验证这件事, (6.34) 的证明如下, 把 $L$ 与任意另一条路径 $M$ 做比较. 令 $ds_1$ 为 $L$ 上高度为 $y$ 的一点处的无穷小线段, $ds_2$ 是在 $M$ 上由过 $ds_1$ 的两端的水平直线截出的元素. 因为

$$d\hat{s}_1 = \frac{ds_1}{y} < \frac{ds_2}{y} = d\hat{s}_2,$$

所以 $L$ 的总双曲长度小于 $M$ 的总双曲长度. 证毕. 由此我们还可导出

$$\mathcal{H}\{(x + iy_1)\, ,\, (x + iy_2)\} = |\ln(y_1/y_2)|\,. \hspace{2cm} (6.35)$$

通过伪球面上一点, 我们显然有指向各个方向的测地线而不是只有曳物母线, 那么这些多出来的 h 直线在地图上是什么样子的呢? 答案十分美丽而又出人意料:

> 每条 h 直线或者是垂直于天际线的半直线, 或者是垂直于天际
> 线的半圆周. $\hspace{4cm}$ (6.36)

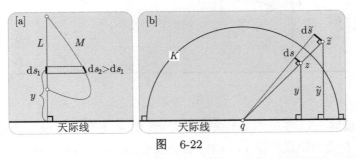

图 6-22

在证明之前, 重要的是认识到下面的事情: 如果你是双曲平面上的居民, 你就完全无法区别半圆周 h 直线与铅直的 h 直线: 每一条都和另一条完全相同, 只是在我们地球人的地图上, 它们看起来才不一样. 那么, 半圆周 h 直线在天际线上有两个端点, 而铅直 h 直线在天际线上只有一个端点, 这件事又该怎么说呢? 答案在于, 在实轴上还要加上一个无穷远点, 所有铅直 h 直线都会在那里相遇. 按照 (6.31),

当我们沿两条相邻的铅直 h 直线向上走时, 这两条铅直 h 直线之间的 h 距离将如 $(1/y)$ 那样消逝, 这两条 h 直线都将收敛到无穷远处; 这件事在伪球面上就表现得栩栩如生. 最后还要提到, 甚至就地球人的地图而言, 每一条铅直 h 直线也可以看成一个半圆周 h 直线当允许半径趋向无穷大时的特例.

为了证明 (6.36), 先来证明一个同样美丽的事实, 这是整个下文的基本:

> 对正交于天际线的半圆周的反演是双曲平面上的反向运动.　　　　(6.37)

为了理解这为何为真, 考虑图 6-22b 中的反演 $z \mapsto \tilde{z} = \mathcal{I}_K(z)$. 我们要证明对由 $z$ 发出的任意无穷小线段 $\mathrm{d}s$, $\mathcal{I}_K(z)$ 不会改变其 h 长度 $\mathrm{d}\hat{s}$. 然而由于双曲平面的模型是**共形的**, 只要对于可以任意选定方向的一个 $\mathrm{d}s$ 来证明即可. 我们选 $\mathrm{d}s$ 垂直于 $K$ 的半径 $qz$（如图）, 反演的反共形性蕴涵了象 $\mathrm{d}\tilde{s}$ 仍垂直于此半径. 这样, 利用图上画出的相似三角形可知 [练习]

$$\mathrm{d}\hat{\tilde{s}} = \frac{\mathrm{d}\tilde{s}}{\tilde{y}} = \frac{\mathrm{d}s}{y} = \mathrm{d}\hat{s} \,,$$

证毕.

为了证明 (6.36), 请看图 6-23a. 首先由图可知两点 $a$ 与 $b$ [只要 $\mathrm{Re}(a) \neq \mathrm{Re}(b)$] 恒可用唯一的垂直于实轴的半圆弧 $L$ 连接起来: 要想做出此弧的圆心 $c$, 只要画出 $ab$ 的垂直平分线即可. 如图所示, 令 $q$ 为此半圆弧的一端. 现在我们可以证明 $L$ 是连接 $a$ 到 $b$ 的最短（即 h 长度为最小）的路径.

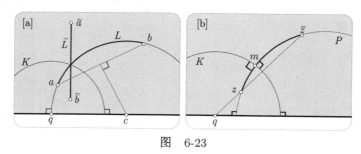

图　6-23

我们用反演 $z \mapsto \tilde{z} = \mathcal{I}_K(z)$ 来证明它, 这里 $K$ 是任意的以 $q$ 为中心的圆周. 这个反演把 $L$ 变为铅直线段 $\tilde{L}$, (6.37) 告诉我们, $\tilde{L}$ 与 $L$ 有相同的 h 长度. 更一般地说, 由 $a$ 到 $b$ 的任意路径 $M$ 必与其反演 $\widetilde{M} = \mathcal{I}_K(M)$（$\widetilde{M}$ 是由 $\tilde{a}$ 到 $\tilde{b}$ 的路径）有相同的 h 长度. 这样, 若 $L$ 不是由 $a$ 到 $b$ 的最短路径, 则 $\tilde{L}$ 也不是由 $\tilde{a}$ 到 $\tilde{b}$ 的最短路径, 这与 (6.34) 矛盾. 证毕.

附带提一下, 这种构造方法使我们（从原则上说）能够计算出双曲平面上两点的 h 距离, 根据 (6.35) 这个距离是

$$\mathcal{H}\{a,\,b\} = \mathcal{H}\{\widetilde{a},\,\widetilde{b}\} = \left| \ln \left( \frac{\operatorname{Im}\widetilde{a}}{\operatorname{Im}\widetilde{b}} \right) \right|.$$

我们以后还能导出一个更明白的公式.

垂直于实轴的半圆周是 h 直线, 这强有力地向我们建议, (6.37) 可以重新解释如下:

> 对正交于天际线的半圆周 $K$ 的反演就是对双曲平面上的 h 直     (6.38)
> 线 $K$ 的反射 $\Re_K$.

用符号来写就是 $\Re_K(z) = \mathcal{I}_K(z)$. 在证明这一点之前, 先要弄清, 所谓反射是什么意思. 正如我们在欧氏几何或球面几何中所采用的做法一样, 在构造 $\Re_K(z)$ 时, 先做一条过 $z$ 而且垂直于 $K$ 的直线 $P$, 设 $P$ 与 $K$ 的交点为 $m$, 则 $\Re_K(z)$ 就是在 $P$ 上的这样一点, 它到 $m$ 的 h 距离与 $z$ 到 $m$ 的 h 距离相同.

为证 (6.38), 请看图 6-23b, 其上 $\widetilde{z} = \mathcal{I}_K(z)$. 首先要注意, 每一个过 $z$ 与 $\widetilde{z}$ 的圆周都自动地垂直于 $K$. 特别是, 过 $z$ 与 $\widetilde{z}$ 的 h 直线也一定垂直于 $K$, 因此就是我们在上一段要找的 "$P$". 最后还请应记起, $\mathcal{I}_K$ 把 $P$ 映为其自身而且把线段 $zm$ 与 $\widetilde{z}m$ 对换. 这样, 由于 $\mathcal{I}_K$ 是一个运动, 这两条 h 直线段有相等的 h 长度, 这就是我们想要证明的.

反过来, 设已知任意两点 $z$ 与 $\widetilde{z}$, 可以做其垂直 h 平分线 $K$, 这样 $\Re_K$ 就会将 $z$ 与 $\widetilde{z}$ 对换. 还请注意 $z$ 及其反射 $\widetilde{z}\Re_K(z)$ 离 $K$ 上任一点 $k$ 的 h 距离都相同, 这和欧氏几何及球面几何的情况一样. 这是很容易证明的: 因为 $\mathcal{I}_K$ 是一个运动, 而 $\widetilde{k} = \mathcal{I}_K(k) = k$, 故知 $\mathcal{H}\{z,\,k\} = \mathcal{H}\{\widetilde{z},\,\widetilde{k}\} = \mathcal{H}\{\widetilde{z},\,k\}$.

现在变得很清楚了, 双曲几何和欧氏几何有许多共同之处. 我们既已知道 h 直线是什么样子, 图 6-24 就表明双曲几何确实是非欧几里得的: 经过 $p$ 点有无穷多条 h 直线 [图上凡用虚线画的都是] 都不与图上的 h 直线 $L$ 相遇. 这些 h 直线就称为是**超平行**于 $L$ 的.

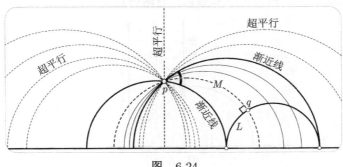

图    6-24

恰好有两条 h 直线把超平行于 $L$ 的以及与 $L$ 相交的 h 直线分离开, 这两条 h 直线在双曲平面之内不能与 $L$ 相遇而在天际线上才与 $L$ 相遇. 这两条 h 直线就称为**渐近于**或者说是过 $p$ 对 $L$ 的**渐近线**.[①]

和在欧氏几何中一样, 图 6-24 清楚地显示出来: 恰有一条 h 直线 $M$ 过 $p$ 点且与 $L$ 的交角为直角 (交点即 $q$ 点). 事实上 [练习], $M$ 可以作为唯一一条过 $p$ 和 $\Re_L(p)$ 的 h 直线而构造出来. $M$ 的存在, 使得 $p$ 与直线 $L$ 的距离可以按通常的方式定义, 即 $M$ 的线段 $pq$ 的 h 长度.

因为 $M$ 和 $L$ 正交, 故 $\Re_M = \mathcal{I}_M$ 必将 $L$ 映为其自身, 但把 $L$ 在天际线上的两个端点对换. 由此可知 $\Re_M$ 也把两条渐近于 $L$ 的 h 直线 (渐近直线) 对换, 而且 $M$ 平分两条渐近线在 $p$ 点之角. $M$ 与任一渐近线之角称为平行角, 通常记作 $\Pi$. 当把直线 $M$ 绕 $p$ 旋转时, $M$ 与 $L$ 之交点就移向无穷远处, 而由 $\Pi$ 可知, $M$ 要转多么大才完全离开 $L$.

最后, 图 6-25 只是用来说明与图 6-24 同样的概念和名词, 但这里的 h 直线 $L$ 不是用半圆周而是用铅直半直线来表示的.

### 6.3.6 波尔约–罗巴切夫斯基公式*

这一小节很短, 也是选读的, 它很美妙地说明怎样用前面的思想来解决一个很有意义的具体问题: 求平行角 $\Pi$.

在欧氏几何中, 两条渐近线的类比就是过 $p$ 的唯一平行于 $L$ 的直线, 而且因为此直线与 $M$ 垂直, $\Pi$ 的类似物就是直角. 另一方面, 在双曲几何中, 很清楚 $\Pi$ 总是锐角, 而且随着 $p$ 到 $L$ 之 h 距离 $D \equiv \mathcal{H}\{p, q\}$ 的增加, 其值下降. 更准确地说, 波尔约与罗巴切夫斯基都证明了

$$\tan(\Pi/2) = \mathrm{e}^{-D},$$

他们还由此得到了许多其他结果. 我们现在对这个所谓的**波尔约–罗巴切夫斯基公式**给出一个简单的几何证明. Greenberg [1993, 第 391 页] 中说它 "是全部数学中最值得注意的公式之一", 然而对于本书它只有附带意义.

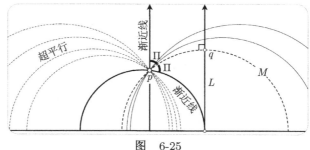

图 6-25

---

① 另一个常用的名词是**平行**.

首先注意, 证明这个公式, 图 6-25 就已够用了, 而不必使用图 6-24. 这是因为, 只要对以 $L$ 的一个端点为中心的任意半圆周做反演（即双曲反射）就可以把图 6-24 变为图 6-25.

图 6-26 中把图 6-25 的要点都画出来了. 为了求弧 $pq$ 的 h 长度 $D$, 可做 h 反射 $z \mapsto \tilde{z} = \Re_C(z)$, 这里 $C$ 是图上画的以 $M$ 的端点 $c$ 为中心而且经过 $q$ 点的半圆周. 这就把弧 $pq$ 变为图上的铅直直线段 $\tilde{p}\tilde{q}$. 由 (6.35), 只需求出 $q$ 与 $\tilde{p}$ 的纵坐标之比, 也就是要找出欧氏距离 $[qm]$ 与 $[\tilde{p}m]$ 之比.

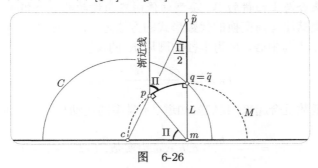

图    6-26

由于半径 $pm$ 正交于圆周 $M$, 所以角 $pmc$ 等于 $\Pi$ [练习]. 由此可知角 $\widetilde{cpm} = (\Pi/2)$, 如图所示 [练习]. 这样

$$D = \left| \ln \left( \frac{[qm]}{[\tilde{p}m]} \right) \right| = \left| \ln \left( \frac{[cm]}{[\tilde{p}m]} \right) \right| = |\ln \tan(\Pi/2)| = -\ln \tan(\Pi/2),$$

最后一步改变符号是因为 $\Pi$ 是锐角, 所以 $\tan(\Pi/2) < 1$. 这样 $\tan(\Pi/2) = e^{-D}$, 是所求证.

### 6.3.7  保向运动的三种类型

我们已经指出, "庞加莱上半平面" 是贝尔特拉米首先发现的. 庞加莱之所以获得名声,（肯定是极高的名声!）在于他看到了双曲几何与复分析的密切联系. 这种联系的基石就是: 双曲平面上的（保向）运动是默比乌斯变换. 我们先来概述一下这是怎么一回事.

若 $L_1$ 和 $L_2$ 是两条 h 直线, 则关于它们的 h 反射的复合

$$\mathcal{M} \equiv \Re_{L_2} \circ \Re_{L_1}$$

将是双曲平面上的保向运动. 因为在地图上每一个 h 反射都可用对于一个圆周的反演来表示, 我们立即导出, 每一个形如 $\mathcal{M}$ 的保向运动都可用一个（非斜驶型）默比乌斯变换 $M(z)$ 来表示. 下一步我们将要证明: 每一个保向运动都具有 $\mathcal{M}$ 的形状, 实际上我们甚至还会给出把一个任意的保向运动分解为两个 h 反射的显式的

几何做法. 设这一点已经确立, 我们看到, 每一个保向运动都由一个 (非斜驶型) 默比乌斯变换来表示.

反过来说, 设 $M(z)$ 是一个任意的把上半平面映到其自身的默比乌斯变换, 则 $M(z)$ 也必把实轴 (即天际线) 映为其自身. 但是斜驶型默比乌斯变换不会以天际线为其不变曲线: 它的不变曲线形状很奇怪, 可见 3.7.2 节图 3-32. 因此这种把上半平面映为其自身的 $M(z)$ 不会是斜驶型的, 而由 3.8.5 节 (3.48) 可知, $M(z)$ 是对于两个正交于实轴的圆周的反演的复合. 于是把上半平面映到其自身的最一般的默比乌斯变换之集合与上面讲的 $\mathcal{M}$ 类型的保向双曲运动的集合相等.

找出这一类默比乌斯变换的代数形式的方法之一, 是应用 3.2.1 节的 (3.4): 对于以实轴上的 $q$ 点为中心、$R$ 为半径的圆周 $K$ 的反演是

$$\mathcal{I}_K(z) = \frac{q\overline{z} + (R^2 - q^2)}{\overline{z} - q}.$$

把两个这样的函数复合起来, 我们就知道 $\mathcal{M}$ 类型的运动相应于下面的默比乌斯变换 [练习]:

$$M(z) = \frac{az + b}{cz + d}, \quad a, b, c, d \text{ 为实数}, \ (ad - bc) > 0. \tag{6.39}$$

回想一下, 在第 3 章的习题 25 中已经证明, 这就是最一般的把上半平面映为其自身的默比乌斯变换. 这样我们的结果与前一段之末的结论完全一致.

概述到此为止, 现在我们来详细地看一下保向运动 $\mathcal{M}$. 由图 6-24 和图 6-25 知道, 对于 h 直线 $L_1$ 与 $L_2$ 的构形恰好有 3 种可能性, 相应于此, $\mathcal{M} \equiv \mathfrak{R}_{L_2} \circ \mathfrak{R}_{L_1}$ 必属于以下 3 种本质不同的类型之一:

(i) 若这两条 h 直线**相交**, $\mathcal{M}$ 就称为**双曲旋转**.

(ii) 若这两条 h 直线是**渐近的**, $\mathcal{M}$ 就是一种新类型的运动 (而只有双曲几何才会有), 称为**极限旋转**.

(iii) 若这两条 h 直线是**超平行的**, $\mathcal{M}$ 就称为**双曲平移**.

我们在第 3 章中的全部辛苦劳作, 现在有了收获, 因为这 3 种类型的运动正是 3 种不同类型的非斜驶型默比乌斯变换: (i) h 旋转是 "椭圆型" 的; (ii) 极限旋转是 "抛物型" 的; (iii) h 平移是 "双曲型" 的[①]. 这里, 如果再读一下第 3 章末关于这些默比乌斯变换的讨论, 必定大有助益.

我们已经懂得了这些默比乌斯变换, 所以余下要做的事就只有: 透过双曲眼镜, 重新审视它们. 就是说, 假想你属于**庞加莱族**这个物种——就是属于那种小小的, 生活在双曲平面上的有智慧的二维生物. 对于你和你的庞加莱族同胞, h 直线**真正是**直线, 实轴**真正是**位于无穷遥远之处, 诸如此类. 如果对你的世界实行上述的运动, 你会看见什么呢?

---

① 请勿与双曲几何的 "双曲" 混淆.

我们先从 h 旋转开始. 图 6-27 上画的是一个椭圆默比乌斯变换, 我们称之为 $\mathcal{R}_a^\phi$. 它是这样产生的: 所有的 h 直线都交于 $a$ 点, 而由 $L_1$ 到 $L_2$ 的角为 $(\phi/2)$. [此图是按 $\phi = (\pi/3)$ 画的.] 于是 $\mathcal{R}_a^\phi$ 有两个不动点: $a$ 与 $\bar{a}$, 与 $a$ 相关的乘子为 $\mathrm{m} = \mathrm{e}^{\mathrm{i}\phi}$. 在第 3 章里已经说过, 图中每个有阴影的 "矩形" 都被 $\mathcal{R}_a^\phi$ 按箭头所指的方向映到下一个有阴影的 "矩形" —— 有的矩形画成黑的是为了强调这一点.

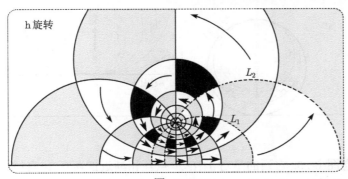

图 6-27

现在考虑一下, 在你和你的庞加莱族同胞看来, 这是怎么回事. 举例来说, 你看到的各个黑色矩形形状和大小都一样. 为了更好地理解 $\mathcal{R}_a^\phi$, 我们首先注意到, 它对 $a$ 的无穷小邻域的效果 (用地图的语言来说) 正是绕 $a$ 点的欧氏旋转, 转角为 $\phi$. 但因这个地图是共形的, 这就意味着, 站在 $a$ 点的庞加莱族生物也看到紧接着他的邻域经历了旋转一个角 $\phi$.

然而, 更加引人注目的是, $a$ 点处的庞加莱族生物会发现整个双曲平面都经历了一个完美的旋转 $\phi$. 他所做的每一条由 $a$ 发出的 h 直线段 $ap$ 都被映射 $z \mapsto \tilde{z} = \mathcal{R}_a^\phi(z)$ 映为另一条 h 长度相同且与原来的 h 直线段成角 $\phi$ 的 h 直线段 $a\tilde{p}$. 如果庞加莱族生物让 $\phi$ 逐渐由 0 变到 $2\pi$, 他就会看见 $\tilde{p}$ 画出一个以 $a$ 为中心的 h 圆周, 而在地图上我们则看见 $\tilde{p}$ 奇迹般地画出了一个**欧氏圆周**! 这样, 图上画的与过 $a$ 的 h 直线正交的欧氏圆周都是真正的双曲圆周, $a$ 是它们的公共 h 圆心. 让我们把这个了不起的结果记录下来, 中间加了一些不难证明的细节 [练习]:

> 每个 h 圆周在地图上都用一个欧氏圆周来表示, 其圆心是任意两条与它正交的 h 直线之交点. 用代数表示, 以 $a = (x + \mathrm{i}y)$ 为 h 圆心, $\rho$ 为 h 半径的 h 圆周, 就是以 $(x + \mathrm{i}y \cosh\rho)$ 为中心, $y \sinh\rho$ 为半径的欧氏圆周.

图 6-28 作为引向极限旋转的垫脚石, 在双曲平面上引入了一种新类型的曲线. 在欧氏几何的眼光看来, 就是做一条直线 $L$, 在其上取一定点 $p$, 而 $a$ 则为其上的一动点, 令 $C$ 为以 $a$ 为中心而且过 $p$ 的圆周. 如果我们让 $a$ 沿 $L$ 趋向无穷远, $C$ 的极限形状将是一条直线 (经过 $p$ 而与 $L$ 垂直). 图 6-28a 表明, 在双曲平面上我

们看见的是另外一种情况. 当 $a$ 趋向实轴上的无穷远点 $A$ 时, $C$ 的极限形状是一个在 $A$ 点与实轴相切的（欧氏）圆周. 它既不是通常的 h 圆周, 也不是 h 直线. 这是一类新的曲线, 称为**极限圆**. 图 6-28b 表明, 水平的（欧氏）直线也是极限圆. 注意, 若 $K$ 是以 $A$ 为中心的任意圆周, 则 h 反射 $\Re_K = \mathcal{I}_K$ 把图 6-28a 变为图 6-28b. 所以庞加莱族生物无法区分这两类极限圆.

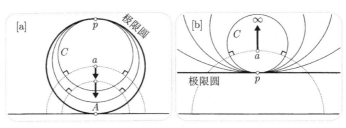

图    6-28

现在考虑图 6-29, 它画的是对于在 $A$ 点互相渐近的两条 h 直线 $L_1$ 和 $L_2$ 做 h 反射所产生的默比乌斯变换. 参见图 6-27 和图 6-28, 现在就懂得了为什么称它为**极限旋转**: 它可以看作 h 旋转 $\Re_a^\phi$ 当 $a$ 趋向天际线上一点 $A$ 时的极限. 请注意这个图上一些有趣的地方: 不变曲线是在 $A$ 点相切的极限圆; 每个这样的极限圆都正交于以 $A$ 为端点的任一 h 直线; 每两个这样的极限圆均在每条以 $A$ 为端点的 h 直线上截出相同的 h 长度.

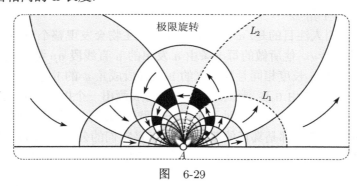

图    6-29

从地图上看, 当渐近的 h 直线 $L_1$ 和 $L_2$ 是由铅直的（其相隔的欧氏距离设为 $(\alpha/2)$）欧氏直线来表示时, 就会得到最简单的极限旋转. 这时, $\mathcal{M} \equiv \Re_{L_2} \circ \Re_{L_1}$ 在地图上是关于平行直线的两个欧氏反射的复合. 这样 $\mathcal{M}$ 就是上半平面的欧氏平移 $z \mapsto (z + \alpha)$, 不变曲线是水平直线, 也就是图 6-28b 上的那种极限圆. 不过这个欧氏平移不是 h 平移. 只要看一看 $\mathcal{M}$ 在伪球面上的效果就清楚了, 在伪球面上它是伪球面绕轴旋转 $\alpha$.

图 6-30 画出了第三种也就是最后一种运动: h 平移（双曲型默比乌斯变换）,

它是由对两个超平行的 h 直线的反射生成的. 首先要注意, 能够同时正交于 $L_1$ 和 $L_2$ 的 h 直线只有一条. 与欧氏平移不同, 这个 h 直线是**唯一**被映为自身的 h 直线, 称为 h 平移的**轴**. 尽管有这一点差别, "h 平移" 这个名词还是恰当的, 因为 h 直线 $L$ 上每一点都被沿着 $L$ 移动了相同距离 (记为 $\delta$). 如果在 $L$ 上再赋以一个方向, 则可以无歧义地记此 h 平移为 $\mathcal{T}_L^\delta$.

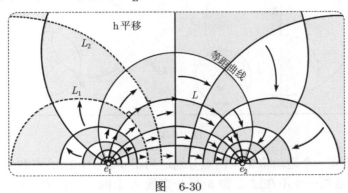

图　6-30

在欧氏几何中, 平移的不变曲线是平移方向的平行线. 然而图 6-30 表明, $\mathcal{T}_L^\delta$ 的不变曲线并非 h 直线, 而是连接 $L$ 两端 $e_1$ 和 $e_2$ 的欧氏圆弧. 它们称为 $L$ 的**等距曲线**, 因为在这样一条欧氏圆弧上, 每一点距 h 直线 $L$ 都有相同的 h 距离. 请自行弄清这一点.

用地图来解释, 当超平行 h 直线 $L_1$ 和 $L_2$ 用同心欧氏半圆周来表示时会生成最简单的 h 平移. 为方便计, 设圆心为原点. 这里, 两个 h 反射 (即反演) 给出一个中心伸缩: $z \mapsto kz$, 其中 $k$ 是一个实数伸缩因子. 这个 h 平移的轴是过原点的铅直直线 ($y$ 轴), 而其他的经过原点的 (欧氏) 直线都是等距曲线 (参看图 6-20 和图 6-21). 注意, 在地图上这个欧氏伸缩是一个相似变换, 而在双曲平面上则不是相似变换——在双曲平面上根本就没有相似变换.

现在我们已完成了对于这 3 类保向运动的概述, 值得注意的是, 它们不仅在地图上的效果很不相同, 而且从内蕴的双曲几何来说, 它们也各自有独特的指纹. 换句话说, *庞加莱生物能够区分这些运动*. 例如, 在 3 类之中只有 h 旋转有不变的 h 圆周, 只有 h 平移有一条不变 h 直线.

### 6.3.8　把任意保向运动分解为两个反射

我们现在要证明双曲平面上的保向运动仅有 h 旋转、极限旋转与 h 平移. 也就是说, 任一个保向运动 $M$ 可写为两个 h 反射的复合: $M \equiv \mathcal{R}_{L_2} \circ \mathcal{R}_{L_1}$.

证明的第一步是一个熟知的引理: **任意双曲运动$M$ (不一定是保向的) 可由它对 3 个非共线点上的效果而唯一确定.** 和在欧氏几何中一样, 要证明这一点只需证

明点 $p$ 的位置可以由它到任意 3 个非共线点 $a$, $b$, $c$ 的 h 距离唯一决定. 看一看图 6-31a, 其中我们（为简单计）已设过 $a$, $b$ 的 h 直线 $L$ 由地图上的铅直直线表示. 分别做以 $a$, $b$, $c$ 为中心而且经过 $p$ 点的 h 圆周. 因为由假设 $c$ 不在 $L$ 上, 我们看到 $p$ 就是这 3 个圆周的唯一交点. 证毕.

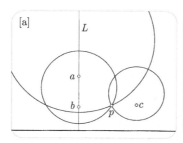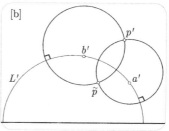

图　6-31

现在设已有一个运动将 $a$, $b$ 两点分别送到图 6-31b 中的 $a'$ 点和 $b'$ 点. 由以上所述, 只要知道任一个不在过 $a$ 和 $b$ 的 h 直线 $L$ 上的 $p$ 点的象, 这个运动就唯一地决定了. 现在以 $a'$ 和 $b'$ 为 h 圆心, $\mathcal{H}\{a, p\}$ 和 $\mathcal{H}\{b, p\}$ 为 h 半径做两个 h 圆周如图 6-31b 所示, 我们知道只有它们的两个交点 $p'$ 与 $\tilde{p}$ 才可能是 $p$ 的象. 此外, 因为过 $a'$ 和 $b'$ 的 h 直线 $L'$ 一定与以这两点为中心的 h 圆周正交, 我们知道 $p'$ 与 $\tilde{p}$ 关于 $L'$ 对称, 即 $\tilde{p} = \mathcal{I}_{L'}(p') = \Re_{L'}(p')$. 这样我们证明了:

恰好有一个保向运动 $\mathcal{M}$（以及恰好一个反向运动 $\widetilde{\mathcal{M}}$）把一已
知的 h 直线段 $ab$ 映为另一已知的具有同样 h 长度的 h 直线段 $a'b'$.　　　(6.40)
此外, $\widetilde{\mathcal{M}} = (\Re_{L'} \circ \mathcal{M})$, $L'$ 是过 $a'$ 和 $b'$ 的 h 直线.

我们将要给出把任一保向运动 $\mathcal{M}$ 分解为两个 h 反射的显式的几何做法. 首先注意, 由 (6.40) 得知 $\mathcal{M}$ 可由它在任意两点上的效果所决定, 不论这两点多么接近. 虽然这并不是本质的, 但若令这两点间隔为无穷小, 下面的做法就特别清楚了.

所以, 我们取这两点为 $z$ 和 $(z + \mathrm{d}z)$, 它们在 $\mathcal{M}$ 下的象为 $w = \mathcal{M}(z)$ 和 $w + \mathrm{d}w = \mathcal{M}(z + \mathrm{d}z)$. 图 6-32 是为了说明这里的思想. 我们的工作是要找出两个 h 反射使得同时能把 $z$ 变为 $w$, $\mathrm{d}z$ 变为 $\mathrm{d}w$. [附带说一下, 因为 $\mathcal{M}$ 必为共形的, 它就可以看成一个解析函数, 而有 $\mathrm{d}w = \mathcal{M}'(z)\mathrm{d}z$.]

先用一个 h 平移 $\mathcal{T}_L^\delta$ 把 $z$ 映到 $w$, 其中 $\delta = \mathcal{H}\{z, w\}$, $L$ 是由 $z$ 到 $w$ 的唯一 h 直线. 因为 $\mathcal{T}_L^\delta$ 是共形的, 它必保持长度与角度, 所以它把 $\mathrm{d}z$ 映为一个 h 长度与 $\mathrm{d}z$ 相同的无穷小向量 $\mathrm{d}\tilde{z}$, 而且 $\mathrm{d}\tilde{z}$ 与 $L$ 的角度等于 $\mathrm{d}z$ 与 $L$ 的角度. 令 $\mathrm{d}\tilde{z}$ 到 $\mathrm{d}w$ 的角度为 $\theta$, 再做一次 h 旋转 $\mathcal{R}_w^\theta$, 则 $w$ 位置未动, 而 $\mathrm{d}\tilde{z}$ 转成了 $\mathrm{d}w$. 这样两次运动的总效果就是既把 $z$ 变成 $w$, 又把 $\mathrm{d}z$ 变为 $\mathrm{d}w$, 所以它就是我们需要的 $\mathcal{M}$:

$$\mathcal{M} = \mathcal{R}_w^\theta \circ \mathcal{T}_L^\delta .$$

其实这里已把 $\mathcal{M}$ 分解为 4 个 h 反射, 因为 $\mathcal{T}_L^\delta$ 与 $\mathcal{R}_w^\theta$ 各可分解为两个 h 反射. 然而, 图 6-32 表明, 我们总能安排得使 4 个 h 反射中有两个互相抵消. 令 $m$ 为 h 直线段 $zw$ 的 h 中点, 做两条 h 直线 $A$ 和 $B$ 分别过 $m$ 与 $w$ 而且都与 $L$ 正交. 这样, $\mathcal{T}_L^\delta = (\Re_B \circ \Re_A)$. 如果过 $w$ 再做一条 h 直线 $C$ 使它与 $B$ 成角 $(\theta/2)$, 则 $\mathcal{R}_w^\theta = (\Re_C \circ \Re_B)$. 这样我们就会得到开始时想要证明的: 每个保向运动 $\mathcal{M}$ 可以分解为两个 h 反射:

$$\mathcal{M} = (\Re_C \circ \Re_B) \circ (\Re_B \circ \Re_A) = \Re_C \circ \Re_A .$$

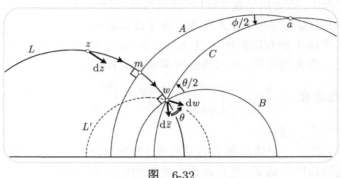

图 6-32

在我们画出的例子中, $A$ 和 $C$ 这两条 h 直线恰好交于一点 $a$, 设交角为 $(\theta/2)$, 则上面求出的 $\mathcal{M}$ 恰好是一个 h 旋转: $\mathcal{M} = \mathcal{R}_a^\phi$. 然而也很清楚, 这样的做法也很容易给出渐近的或超平行的 $A$ 与 $C$, 这时 $\mathcal{M}$ 就会是极限旋转或 h 平移.

总结我们已经证明的, 并且回忆 (6.39), 即有:

> 双曲平面上的每个保向运动都是两个 h 反射的复合, 因此是 h 旋转, 或极限旋转, 或 h 平移. 在庞加莱上半平面中, 所有这些运动都可以用以下形状的默比乌斯变换表示:
>
> $$M(z) = \frac{az+b}{cz+d}, \quad \text{其中 } a, b, c, d \text{ 为实数, 且 } (ad-bc) > 0.$$

最后, 再回到图 6-32, 并且借助于 (6.40), 即知唯一地同时把 $z$ 和 $dz$ 映为 $w$ 和 $dw$ 的反向运动 $\widetilde{\mathcal{M}}$ 必由 3 个 h 反射给出:

$$\widetilde{\mathcal{M}} = \Re_{L'} \circ \Re_C \circ \Re_A .$$

这里 $L'$ 就是图上画的经过 $w$ 与 $(w+dw)$ 的 h 直线, 也就是按 $dw$ 方向经过 $w$ 的 h 直线. 然而这个分解并没有给出 $\widetilde{\mathcal{M}}$ 的最简单的几何解释. 习题 24 中就有这种几何解释以及描述一般反向运动的公式.

### 6.3.9 双曲三角形的角盈

在双曲平面上用 h 直线段把 3 个点连接起来就给出一个**双曲三角形**（这就是其定义）. 我们的目标是要证明, 这样一个双曲三角形 $T$ 的角盈 $\mathcal{E}(T)$ 是

$$\mathcal{E}(T) = (-1)\mathcal{A}(T) . \tag{6.41}$$

我们在引言中已经指出, 这个式子表明 $T$ 的内角和恒小于 $\pi$, 而最大的 $T$ 的面积也不会超过 $\pi$（当然还有其他的事）. 参照微分几何中的结果（即前面的 (6.6)）, 我们还看见, 这个公式的证明过程, 还能对双曲平面具有常值负曲率 $k = -1$ 给出一个**内蕴的**证明.[①]

我们还曾指出, 惠更斯早在 1693 年就研究过伪球面, 在我们熟悉了双曲面积以后, 现在就可以证实他的一个惊人结果: 伪球面具有有限面积. 图 6-20 表明, 伪球面可以用上半平面中的有阴影的区域 $\{0 \leqslant x < 2\pi, y \geqslant 1\}$ 来表示, (6.32) 表明, 这个欧氏面积为无穷大的区域, 其双曲面积其实是有限的:

$$\mathcal{A}(\text{伪球面}) = \iint \mathrm{d}\mathcal{A} = \int_{x=0}^{2\pi} \int_{y=1}^{\infty} \frac{\mathrm{d}x\mathrm{d}y}{y^2} = \int_{x=0}^{2\pi} \mathrm{d}x \int_{y=1}^{\infty} \frac{\mathrm{d}y}{y^2} = 2\pi ,$$

而惠更斯已经发现了它.

图 6-33a 上画了一个伪球面上的三角形（白色三角形）. 如果它的最上面的顶点沿伪球面无限地向上运动, 则在此顶点处的角趋向零, 相交于这个顶点的两边趋向渐近的直线, 即伪球面的两条曳物母线, 它们相交于无穷远点. 这样一个两边为渐近的极限三角形称为**渐近三角形**. 为了对通常的三角形证明 (6.41), 我们先对渐近三角形来证明此式. 图 6-33b 在上半平面画出了这样一个三角形, 两条曳物母线的边变成了铅直半射线. 由惠更斯的结果, $T$ 很清楚具有有限面积 $\mathcal{A}(T)$, 因为渐近的边交角为零, 我们想要证明的结果就是 $\mathcal{A}(T) = (\pi - \alpha - \beta)$ .

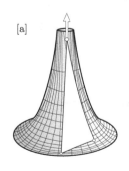
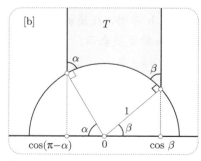

图 6-33

---

[①] 请回忆一下, 我们前面曾用伪球面给出了一个外在的证明.

为了简化这个结果的导出, 图 6-33b 假设了 $T$ 的有限边是一段单位圆弧. 这并不导致丧失一般性, 因为一个以 $x = X$ 为中心、$r$ 为半径的圆弧, 只要先做极限旋转 (前面说了, 它在复平面上就是 $z \mapsto (z - X)$), 再继以一个 h 平移 (在复平面上就是 $z \mapsto (z/r)$), 就可以变成单位圆弧. 由图 6-33b, 我们现在可导出

$$\mathcal{A}(T) = \int_{\cos(\pi-\alpha)}^{\cos\beta} \left[\int_{\sqrt{1-x^2}}^{\infty} \frac{\mathrm{d}y}{y^2}\right] \mathrm{d}x = \int_{\cos(\pi-\alpha)}^{\cos\beta} \frac{\mathrm{d}x}{\sqrt{1-x^2}},$$

令 $x = \cos\theta$, 就给出所求证的结果

$$\mathcal{A}(T) = \int_{\pi-\alpha}^{\beta} \frac{-\sin\theta}{\sin\theta} \mathrm{d}\theta = \pi - \alpha - \beta.$$

图 6-34 的左图是一个一般三角形 (白色三角形), 设其面积为 $\mathcal{A}$. 对它的一个顶点 (现在是 $a$) 做一个适当的 h 旋转 $\mathcal{R}_a^\theta$, 就可以把它的一边 (现在是由 $a$ 到顶角为 $\gamma$ 的顶点的边) 变到铅直位置, 如图 6-34 右图所示. 这就很清楚了, 面积 $\mathcal{A}$ 是两个渐近三角形面积之差: 其一具有顶角 $\alpha$ 和 $(\beta + \theta)$; 另一个 (深色阴影) 具有顶角 $(\pi - r)$ 和 $\theta$. 最后再应用上面关于渐近三角形的结果, 即得 (6.41):

$$\begin{aligned}
\mathcal{A} &= [\pi - \alpha - (\beta + \theta)] - [\pi - (\pi - \gamma) - \theta] \\
&= \pi - \alpha - \beta - \gamma \\
&= -\mathcal{E}.
\end{aligned}$$

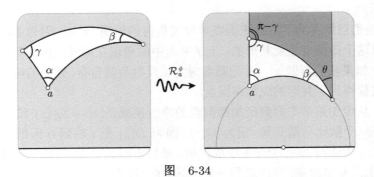

图 6-34

### 6.3.10 庞加莱圆盘

贝尔特拉米除了上述半平面模型外, 还在 Beltrami [1868′] 中构造了双曲平面的另一个极有用的共形地图, 这一次是做在单位圆盘内. 14 年后, 庞加莱重新发现了这个地图, 所以现在普遍地 (然而张冠李戴地) 把它叫作**庞加莱圆盘**.

图 6-35a 画出了这个构造过程的第一步, 即用反演

$$z \mapsto \tilde{z} = \mathcal{I}_K(z)$$

映整个上半平面到单位圆盘内, $K$ 就是图上画的以 $-i$ 为中心并经过 $\pm 1$ 的圆周. 为了使这个圆盘能代表双曲平面, 它的度量必须是从上半平面继承而来的. 这就是说, 我们必须定义圆盘内两点 $\tilde{a}$ 和 $\tilde{b}$ 的 h 间隔 $\mathcal{H}\{\tilde{a}, \tilde{b}\}$ 为它们在上半平面中的原象 $a$ 和 $b$ 的 h 间隔 $\mathcal{H}\{a, b\}$. 注意, 这就意味着 [练习] 圆盘中的 h 直线应定义[①] 为上半平面中的 h 直线之象.

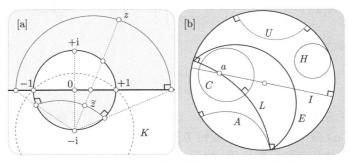

图　6-35

在往下读之前请先仔细考虑图 6-35a, 直到把以下细节都弄清楚为止: (i) $\pm 1$ 为不动点, i 被映到 0; (ii) 上半平面的整个有阴影的区域被映为有阴影的下半单位圆盘; (iii) 上半平面的其余部分（即白色的上半单位圆盘）被映为其自身; (iv) 圆盘内的 h 直线是上半平面的 h 直线之象, 它们是与单位圆周正交的圆弧; (v) 双曲平面的整个天际线用单位圆周代表, 上半平面的铅直 h 直线在无穷远处的公共点现在用 $-i$ 表示.

至此我们已经得到了双曲平面在单位圆盘内的地图. 然而, 因为 $\mathcal{I}_K(z)$ 是反共形的, 所以这个地图也是反共形的: 上半平面中的角现在用圆盘内相等但是**反号**的角来表示. 如果我们再做 $z \mapsto \bar{z}$ 把圆盘对实轴反射为其自身, 则角的符号将再反转一次, 我们就得到了共形的庞加莱圆盘.

这样, 从庞加莱半平面到庞加莱圆盘的净变换就是 $z \mapsto \mathcal{I}_K(z)$ 和 $z \mapsto \bar{z}$ 的复合, 这就是一个默比乌斯变换, 记为 $D(z)$. 因为 $D(z)$ 把 i 映到 0 而把 $-i$ 映到 $\infty$, 很显然 $D(z)$ 应该与 $(z-i)/(z+i)$ 成比例. 最后再回忆一下, 默比乌斯变换应由其在 3 个点上的效果决定, 再注意到 $\pm 1$ 是不动点, 我们就得到了 [练习]

$$D(z) = \frac{iz+1}{z+i}. \tag{6.42}$$

用另一种办法, 即用 3.2.1 节的反射公式 (3.4) 硬算, 也会得到这个结果 [练习].

因为 $D(z)$ 保持角度和圆周, 很容易把双曲平面上的基本的曲线类型从庞加莱上半平面转移到庞加莱圆盘上来. 图 6-35b 表明, 庞加莱圆盘中的 h 直线现在用正

---

① "应定义" 这几个字是译者加的, 似乎有助于读者理解. 事实上后文讲到了这一点. ——译者注

交于单位圆周的圆弧（诸如 $L$, $A$, $U$）来表示, 其中也包括单位圆盘的直径例如 $I$. 附带说一下, 因为天际线是用单位圆周来表示, 所以你就可以理解, 为什么天际线也叫作**无穷远圆周**.

关于 h 直线的一些术语仍与以前一样: $I$ 与 $L$ 相交, $A$ 渐近于 $L$, $U$ 与 $L$ 超平行, 连接 $L$ 的两个端点的欧几里得圆弧 $E$ 是 $L$ 的等距曲线. 很容易看到, 严格位于单位圆盘内的欧氏圆周 $C$ 表示一个 h 圆周, 但是其 h 圆心与其欧氏圆心并不重合. 最后, 图 6-28a 与图 6-28b 中的极限圆在庞加莱圆盘内是由 $H$ 那样的切于单位圆周的圆周来表示的.

我们现在来求庞加莱圆盘中的度量. 习题 19 说明怎样把它硬算出来, 但是下面的几何方法[①]更有启发性, 也省力得多. 首先, 图 6-36a 使我们想起了前面得到的 (6.33): 若 $ds$ 是由 $z$ 发出的水平直线元素, 它具有无穷小欧几里得长度, 则 $L$ 与 $E$ 之角就是其双曲长度 $d\hat{s} = [ds/\mathrm{Im}(z)]$.

注意, 若用纯粹的双曲几何的语言来说, $L$ 就是正交于 $ds$ 的 h 直线, 而 $E$ 是 $L$ 的一条等距曲线, 若做 h 旋转 $\mathcal{R}_z^\phi$, 则 $L$ 变成了另一条 h 直线 $L'$, $E$ 变成了 $L'$ 的一条等距曲线 $E'$, 而 $L'$ 与 $E'$ 间的角与原来 $L$ 与 $E$ 之间的角一样. 这样我们就得到了以下的一般的做法:

> 过 $ds$ 之一端做正交于 $ds$ 的 h 直线 $l$, 过其另一端做等距曲线 (6.43)
> $e$. 这时 $ds$ 的 h 长度 $d\hat{s}$ 就是 $l$ 与 $e$(在天际线上) 的交角.

这样把 $d\hat{s}$ 解释成一个角, 其美丽之处在于把复平面映到庞加莱圆盘的默比乌斯变换 $D$ 是共形的, 所以在庞加莱圆盘中上述构造 $d\hat{s}$ 的方法也适用!

图 6-36b 画出了一个中心在庞加莱圆盘的 $z = re^{i\theta}$ 处, 且有半径 $ds$ 的无穷小圆盘. 因为映射是共形的, 所以 $ds$ 的 h 长度 $d\hat{s}$ 与 $ds$ 的方向无关, 我们由此可取 $ds$ 正交于过 $z$ 点的直径 $l$, 从而简化构造 (6.43). 等距曲线 $e$ 就是在图上画的过 $l$ 两端的欧氏圆弧.

为把这一个关于 $d\hat{s}$ 的图形转变为公式, 我们先要注意到, 若 $\rho$ 是包含圆弧 $e$ 的圆周的半径, 则 (请画一个图!)

$$\rho \, d\hat{s} = 1 \, .$$

然后, 请回忆一下 (或重新证明一下) 图 6-36c 所画出的关于圆周的一个熟知的性质: 对于所有过一固定内点的弦, 此内点把弦所分剖成的两部分乘积相等, 即图上的 $AB = A'B'$, 把这个结果用于图 6-36d (它其实是图 6-36b 的放大), 即有 [练习]

$$2\rho \, ds = (1-r)(1+r) = 1 - |z|^2 \, .$$

---

[①] 我们相信这个方法来自 Thurston [1997], 我们只不过是重新发现了它. 但我们对此方法的应用多少有别于 Thurston [1997].

所以, 庞加莱圆盘中的度量是

$$\mathrm{d}\hat{s} = \frac{2}{1 - |z|^2}\mathrm{d}s. \tag{6.44}$$

请注意它与 (6.16) 惊人地相似!

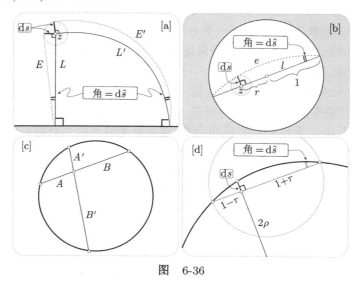

图    6-36

因为连接 $0$ 到 $z$ 的欧氏直线段也是一条 h 直线段, 沿它积分就可以得出这两点的 h 间隔:

$$\mathcal{H}\{0,\, z\} = \int_0^{|z|} \frac{2\mathrm{d}r}{1 - r^2} = \int_0^{|z|} \left[\frac{1}{1+r} + \frac{1}{1-r}\right]\mathrm{d}r\,,$$

所以

$$\mathcal{H}\{0,\, z\} = \ln\left(\frac{1 + |z|}{1 - |z|}\right)\,. \tag{6.45}$$

此公式有一个简单的验证法, 当 $z$ 趋向单位圆周（天际线）时, $\mathcal{H}\{0,\, z\}$ 趋向无穷大, 而它本来就应该如此.

### 6.3.11    庞加莱圆盘中的运动

在上半平面中我们发现了: 每个保向运动都是两个 h 反射的复合, 而每个反向运动则是 3 个 h 反射的复合. 因为庞加莱圆盘的内蕴几何与上半平面的内蕴几何完全相同, 这个结果必定仍旧成立, 余下的只是要找出在庞加莱圆盘中, h 反射是什么意思. 在上半平面中我们已经看到, 对于 h 直线 $K$ 的 h 反射就是对 $K$ 的几何反演, 在庞加莱圆盘中也是这样!

这是很容易理解的, 在上半平面中, 说 $q$ 是 $p$ 点对 $K$ 的 h 反射, 就是说 $p$ 与 $q$（在反演意义下）关于 $K$ 对称. 为使庞加莱圆盘等距于上半平面, 我们一直坚持

要求映射 $z \mapsto \tilde{z} = D(z)$ 保持双曲距离. 特别是, $\tilde{q}$ 是 $\tilde{p}$ 对 $\tilde{K}$ 的反射, 但是, $D(z)$ 是
**默比乌斯变换**, 所以对称原理 [3.5.1 节的第三条] 蕴涵着 $\tilde{p}$ 和 $\tilde{q}$ 关于 $\tilde{K}$ 对称, 这就
是我们要证明的.

这样, 庞加莱圆盘中的每个保向运动 $\mathcal{M}$ 都可写为

$$\mathcal{M} = \Re_{L_2} \circ \Re_{L_1} = \mathcal{I}_{L_2} \circ \mathcal{I}_{L_1},$$

这里 $L_1$ 和 $L_2$ 是 h 直线, 即正交于单位圆周的圆弧. 和在上半平面中一样, 每个保
向运动都是一个非斜驶型默比乌斯变换. 我们已经看到保向运动恰好有 3 种可以
区分的双曲类型, 而其区别如果用 $L_1$ 和 $L_2$ 来讲, 和前面是一样的: 相交时可得一
个 h 旋转, 渐近时可得极限旋转, 超平行时为 h 平移. 我们马上就来讨论这些默比
乌斯变换的公式, 但是我们先来画一下图.

图 6-37a 是一个典型的 h 旋转, 请注意其中出现了有公共 h 圆心的 h 圆周.
图 6-37b 画出了一个令人愉快的事实: 若 $L_1$ 和 $L_2$ 在原点相交 (这时它们都是欧
氏直径), 则所得的 h 旋转看起来和欧氏旋转一样.

在这一点上, 要给出几句警告. 我们作为欧几里得族生物, 总受到一种不可抑
制的诱惑, 以为庞加莱圆盘的圆心有什么特殊之处. 所以必须时时提醒自己: 对于
住在这个圆盘中的庞加莱族生物, 每一点与其他的点都无区别. 特别是, 庞加莱族
生物看不出图 6-37a 和图 6-37b 有什么不同.

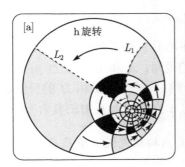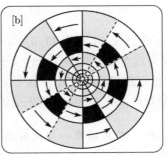

图　6-37

图 6-38a 画出了一个典型的极限旋转, 它是由 $L_1$ 以及一个与它在天际线上 $A$
点处渐近的 $L_2$ 生成的. 请再次注意, 不变曲线都是切于 $A$ 点的极限圆, 而它们与
所有在 $A$ 点渐近的 h 直线都正交.

最后, 图 6-38 画了一个典型的 h 平移. 再一次请注意, 这时恰好有一条不变 h
直线 [即图上的粗黑线], 不变的等距曲线是通过它的端点的圆弧.

从我们在上半平面的工作中可以知道, 上面画的 3 类运动就是庞加莱圆盘中
**仅有的**保向运动, 现在我们就转来寻找描述它们的公式. 我们知道每一个保向运动
都是一个映单位圆盘为其自身的默比乌斯变换, 在第 3 章末, 我们曾以一种令人厌

烦的先见之明研究过单位圆盘的这些 "默比乌斯自同构". 我们还看到了 [3.9.2 节 (3.51)], 其最一般的一个 $M_a^\phi(z)$ 是

$$M_a^\phi(z) = \mathrm{e}^{\mathrm{i}\phi}M_a(z), \quad \text{其中 } M_a(z) = \frac{z-a}{\bar{a}z-1}\,.$$

这样, $M_a^\phi$ 就是 $M_a$ 与绕原点旋转 $\phi$ 的复合.

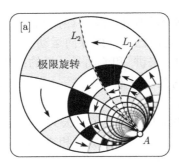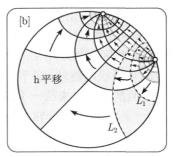

图　6-38

注意, $M_a$ 把 $a$ 和 $0$ 对换: $M_a(a) = 0$, $M_a(0) = a$. 更一般地说, $M_a$ 把每一对点 $z$ 和 $M_a(z)$ 都对换: 这个变换是**对合的**. 这可由图 6-39a 来解释, 此图让我们回忆起 3.9.3 节的图 3-39 所表示的结果:

$$M_a = \mathcal{I}_B \circ \mathcal{I}_A,$$

其中 $B$ 是过 $a$ 的直径, $A$ 是以 $(1/\bar{a})$ 为中心且正交于单位圆周的圆周.

双曲几何为这个结果提供了一个新的视角: $A$ 和 $B$ 的交点 $m$ 就是 $0$ 与 $a$ 的 h 中点, $A$ 是 h 直线段 $0a$ 的 h 垂直平分线. 此外, 对 $A$ 和 $B$ 的反演都是 h 反射. 这样, $M_a$ 就是对两条过 $m$ 且互相正交的 h 直线的 h 反射的复合, 所以

将 $a$ 与 $0$ 对换的唯一默比乌斯自同构就是绕 h 直线段 $0a$ 的 h 中点 旋转 $\pi$ 的 h 旋转 $\mathcal{R}_m^\pi$.

这种新的洞察的直接好处就是, 我们现在可以很容易地找到任意两点 $a$ 与 $z$ 的 h 间隔的公式. h 旋转 $M_a$ 把 $a$ 带到原点, 而我们早已知道由一点到原点的 h 距离的公式 (6.45):

$$\mathcal{H}\{a,\,z\} = \mathcal{H}\{M_a(a), M_a(z)\} = \mathcal{H}\{0, M_a(z)\} = \ln\left(\frac{1+|M_a(z)|}{1-|M_a(z)|}\right),$$

所以

$$\mathcal{H}\{a,\,z\} = \ln\left(\frac{|\bar{a}z-1|+|z-a|}{|\bar{a}z-1|-|z-a|}\right). \tag{6.46}$$

现在我们再继续关于 $M_a^\phi$ 的讨论并把它完成. 正如图 6-37b 所示, 欧氏旋转 $z \mapsto \mathrm{e}^{\mathrm{i}\phi} z$ 就是 h 旋转 $\mathcal{R}_0^\phi$. 所以, 圆盘的最一般的默比乌斯自同构可以解释为两个 h 旋转的复合:

$$M_a^\phi = \mathcal{R}_0^\phi \circ \mathcal{R}_m^\pi .$$

图 6-39b 说明这两个 h 旋转的复合法, 用的正是欧氏几何和球面几何中同样的思想. h 旋转 $\mathcal{R}_0^\phi$ 是对任意两条经过 0 而且交角为 $(\phi/2)$ 的两条 h 直线 (即直径) 所做 h 反射的复合. 如果取第一条 h 直线为 $B$, 第二条记为 $C$, 我们得到

$$M_a^\phi = (\Re_C \circ \Re_B) \circ (\Re_B \circ \Re_A) = \Re_C \circ \Re_A .$$

所以 $M_a^\phi$ 是 h 旋转、极限旋转或 h 平移, 视 $A$ 与 $C$ 为相交、渐近或超平行而定.

如果视 $a$ 为固定的而 $\phi$ 变动, 则 $\phi$ 有一个临界值 $\phi = \Phi$ 把 h 旋转与 h 平移分开, 在这个临界值处, $C$ 的位置成为 $C'$ [图 6-39b 上的虚线], 它与 $A$ 在 $p$ 点渐近. 不难看到, 三角形 $pa0$ 是直角三角形 [练习], 故 $\cos(\Phi/2) = |a|$, 亦即

$$\Phi = 2 \arccos |a| .$$

这就解释了 3.9.3 节的结果 (3.53), 这个结果已在第 3 章的习题 27 中用代数方法证明过了. 总结起来, 我们有

圆盘的最一般的默比乌斯自同构 $M_a^\phi$ 是一个保向双曲运动, 且: (i) 当 $\phi < \Phi$ 时, 它是一个 h 旋转; (ii) 当 $\phi = \Phi$ 时为极限旋转; (iii) 当 $\phi > \Phi$ 时为 h 平移.

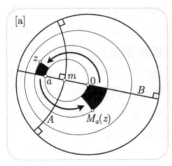 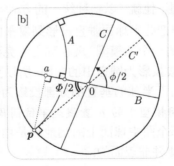

图  6-39

最后, 回想一下, 第 3 章的习题 20 告诉我们, 形如 $M_a^\phi$ 的默比乌斯变换的集合即是以下形式的 $M(z)$ 之集合:

$$M(z) = \frac{Az + B}{\widetilde{B}z + \widetilde{A}}, \quad \text{其中 } |A| > |B|.$$

将此式与 (6.20) 比较, 即知: 在球面与双曲平面之间, 不仅其度量的形状, 还有表示保向运动的默比乌斯变换的形状, 都有令人注目的相似性.

### 6.3.12 半球面模型与双曲空间

图 6-40 画出了我们怎样得出双曲平面的两个新模型. 按照 Beltrami [1868′], 把庞加莱圆盘从黎曼球面的南极 $S$ 用球极射影投影到北半球面. 对北半球面上的两点, 定义其 h 间隔就是它们的原象在庞加莱圆盘中的 h 间隔, 这样, 我们就得出了双曲平面的一个新的**共形地图**, 称为其**半球面模型**. 这个模型中的 h 直线就是庞加莱圆盘中的 h 直线的象, 因为球极射影保持圆周和角, 我们可以导出: 半球面模型中的 h 直线就是半球面上的铅直 (半圆) 截口 [练习]. 等距曲线和极限圆现在是什么样子呢?

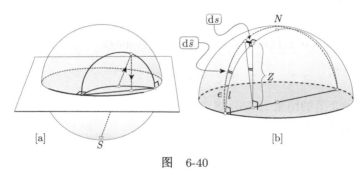

图　6-40

其实, 半球面才是贝尔特拉米的双曲平面的原始的模型, 再对这个半球面施以上述的球极射影, 他才得到了庞加莱圆盘. 事实上, 贝尔特拉米用不同的方法对此半球面做投影, 他就 (以一种统一的方式) 得到了几乎所有的现在使用的模型.

例如, 他把此半球面垂直投影到复平面上 (见图 6-40a), 就在单位圆盘内得出了双曲平面的一个新模型. 现在称之为**克莱因模型**或**投影模型**. 因为半球面上的小圆周清楚地被投影为圆盘中的椭圆, 所以克莱因模型不是共形的. 这是一个严重的缺点, 但是由于半球的垂直部分都投影为 (欧氏) 直线这个事实, 这一点也得到了补偿: 克莱因模型中的 h 直线是单位圆周内的直的欧氏弦. 请注意此事与图 6-12 的类比, 在那个图中球面上的测地线是由地图上的直线来表示的, 习题 14 将会揭示出这个类比并非表面的.

克莱因模型的其他性质将在习题中探讨, 此刻我们已经钓上了一条大鱼! 迄今为止我们都是专注于发展双曲平面上的几何学, 这个平面乃是欧氏平面的负向弯曲 (意指为负曲率) 的对应物. 而欧氏平面的几何又可以认为是由三维欧氏空间的几何学继承而来的. 这就是说, 若 $(X, Y, Z)$ 是这个空间的笛卡儿坐标, 则此空间中两个无穷小间隔的点之距离 d$s$ 是

$$ds = \sqrt{dX^2 + dY^2 + dZ^2},$$

把这个公式限制在通常平面的点上, 就得到二维欧氏几何,

所以这就产生了一个问题: 是否也存在一个负向弯曲 (先不管这话是什么意思) 的三维欧氏空间的对应物, 使得由此对应物在它的 "平面" 上诱导出来的几何学自动地就是双曲平面的几何学呢? 我们要证明, 这种三维**双曲空间**确实是存在的.

为此, 我们先来求半球面模型的度量, 因为由庞加莱圆盘到半球面的球极射影是共形的, 可知 $d\hat{s}$ 又一次可由构造 (6.43) 给出, 又因 $d\hat{s}$ 与半球面上的 $ds$ 的方向无关, 我们可以通过为 $ds$ 选一个吉利的方向来简化我们的构造. 对于庞加莱圆盘, $ds$ 的方向最好是选取正交于过所研究的点的直径, 所以在半球面上的最佳选择就是这个构形的球极射影.

这样, 在图 6-40b 中我们选 h 直线 $l$ 为半球面的铅直截口, 此截口要通过 $N$ 点与 $ds$ 的出发点. 这样一来, $l$ 与 $e$ 都成了半个大圆: $l$ 的平面是铅直的, $e$ 的平面与铅直平面的倾角是 $d\hat{s}$, 这两个平面的交线就是图上所画的在 $l$ 正下方的单位圆周的直径.

现在令我们画的 $ds$ 的出发点坐标是 $(X, Y, Z)$, 其中 $X$ 和 $Y$ 的方向恰好是 $\mathbb{C}$ 的实轴与虚轴方向, 所以 $Z$ 就表示一点离 $\mathbb{C}$ 的高度. 由于 $ds$ 正交于 $l$, $l$ 的铅直平面又正交于半球面, 所以 $ds$ 是**水平的**. 而 $ds$ 在正下方的 $(X, Y, 0)$ 点所张的角就是 $(ds/Z)$. 但是这个角就是 $l$ 与 $e$ 的夹角! 这样, 半球面模型的度量就是

$$d\hat{s} = \frac{ds}{Z}. \tag{6.47}$$

这个公式只描述了半球面上的点的 h 间隔, 但是我们完全可以用它来定义三维区域 $Z > 0$ 中任意两个无穷小间隔的点的 h 间隔. 这个位于 $\mathbb{C}$ 之上方的区域, 在有了 (6.47) 所定义的 h 距离后, 就称为三维双曲空间的**半空间模型**. 由 (6.47) 即知, $\mathbb{C}$ 中的点距严格位于 $\mathbb{C}$ 的上方的点之 h 距离是无穷大, 对此我们不来详细讨论. 总之, $\mathbb{C}$ 就表示双曲空间的二维**天际面**或称为其**无穷远球面**.

至此为止, 说由 (6.47) 诱导出来的半球面上的几何学就是双曲平面的几何学, 似乎就只不过是同义语的反复而已了. 为了进而看到这个思想里还真正有点东西, 我们先从考虑双曲空间中的一些简单的运动开始. $d\hat{s}$ 很明显不会因平行于 $\mathbb{C}$ 的平移而改变, 所以这是一个运动. 它也不会因以原点为中心的伸缩 $(X, Y, Z) \mapsto (kX, kY, kZ)$ 而改变. 更为一般地说, 以 $\mathbb{C}$ 之任意点为中心的伸缩都会保持 $d\hat{s}$, 所以这也是一个运动.

把这两种运动都用于我们正在研究的以原点为中心的半球面, 就会看到:

在半空间模型中, 每个正交于 $\mathbb{C}$ 的半球面都是双曲平面. (6.48)

在欧氏几何中两个平面的交线都是直线, 这就暗示我们, 一条 h 直线应该是两个双曲平面的交线. 这样, 我们就能预期到, 每个正交于 ℂ 的半圆周都是 h 直线, 这是因为每个这样的半圆周都是两个正交于 ℂ 的半球面的交线. 注意, 这与一件我们已知的事是一致的: 半球面模型中的 h 直线就是正交于 ℂ 的半圆周.

让我们暂时回到二维几何. 图 6-41 画出了贝尔特拉米是怎样从他的半球面模型得到上半平面模型的. 令 q 为半球面边缘上的一点, 用球极射影把这个半球面投影到它在 q 之对径点 (图 6-41 上的黑点) 处的切平面上——其实任意切平面都可以. 因为球极射影保持圆周和角, 所以半球面上一个典型的 h 直线被映为此切平面的上半平面的正交于底边的半圆周, 而过 q 的 h 直线被映为铅直直线.

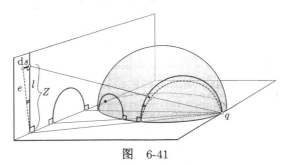

图　6-41

因为这些象都是 h 直线, 所以看起来我们已得出了庞加莱的上半平面, 但是为了确定这一点, 我们还要检验一下这个半平面上是否因此而真正赋有了由 (6.31) 给出的度量. 因为球极射影是共形的, 我们可以再用一次 (6.43). 取 $l$ 为一过 $q$ 的 h 直线之象, 从图上立即可以看到 $\mathrm{d}\hat{s} = (\mathrm{d}s/Z)$. 其实这就是 (6.31), 只不过记号不同而已.

我们就这样回到了我们的出发点——半平面, 但是重回故地时我们已经比出发时聪明多了. 再看一下 (6.47), 我们认出了这个正交于 ℂ 的半平面就是双曲空间里的双曲平面. 这也揭露出了球极射影在图 6-41 中的真正作用.

我们知道, 由 $q$ 出发的球极射影就是对于以 $q$ 为中心的球面 $K$ 之反演 $\mathcal{I}_K$ 在此半球面上的限制. 用与平面情况相同的论证 (见图 6-22b), 我们看到 $\mathcal{I}_K$ 保持度量 (6.47), 所以它是双曲空间的一个**运动**, 而将 h 直线变为 h 直线, 将 h 平面变为 h 平面. 此外, (6.48) 还告诉我们 $K$ 也是这个双曲空间中的双曲平面, 因此我们怀疑 $\mathcal{I}_K$ 就是对这个 h 平面的**反射**. 只要推广图 6-23b 的论证就可以证实这一点 [练习]. 所以我们就有了 (6.38) 的如下推广:

对于正交于天际面的半球面 $K$ 的反演就是双曲空间对 h 平面 $K$ 的反射 $\Re_k$.

　　探讨双曲空间中的运动已经超过了本书的范围[①], 然而, 让我们至少描述一下一个特别美丽的结果.

　　正如一个 h 平面上的任意保向运动都是对其中两条 h 直线的反射的复合, 双曲空间中的任意保向运动也是对其中的 h 平面的四个反射的复合. 这样在以 $\mathbb{C}$ 为天际面的上半空间模型中, 这样一个运动就是对球心在 $\mathbb{C}$ 上的球面做的四个反演的复合. 如果我们限制在 $\mathbb{C}$ 上之点, 则对这样一个球面 $K$ 的反演就成了 $\mathbb{C}$ 上对于一个圆周的二维反演, 这个圆周就是 $K$ 与 $\mathbb{C}$ 相交而成的赤道圆周. 反之, $\mathbb{C}$ 上对一个圆周 $k$ 的反演也一定可以唯一地拓展为空间的反演: 只要做一个球面以 $k$ 为赤道就行了.

　　这样, 双曲空间的每一个保向运动最终都可以用天际面 (即 $\mathbb{C}$) 上的东西表示为对四个圆周反演的复合, 而这正是复平面 $\mathbb{C}$ 上的最一般的默比乌斯变换

$$z \mapsto M(z) = \frac{az+b}{cz+d}!$$

庞加莱在 1883 年发现了这个奇特的事实.

　　我们已经看见: 双曲平面、欧氏平面和球面上的保向运动之群, 都是这个一般的默比乌斯变换的群之子群. 我们马上就会看到, 这个事实有一个十分引人注目的几何解释.

　　希尔伯特关于常值负曲率曲面的结果表明, 三维欧氏几何不可能为双曲平面提供一个模型. 然而, 令人惊奇的是, 三维双曲空间确实包含了一些曲面, 其内蕴几何**正是**欧氏几何! 事实上, **极限球面** (它们是极限圆的推广) 就是这种曲面. 与图 6-28 相类似, 切于 $\mathbb{C}$ 的欧氏球面以及平行于 $\mathbb{C}$ 的平面 $Z =$ 常数都是极限球面.

　　在我们的双曲空间模型中, 正交于 $\mathbb{C}$ 的铅直平面看起来是平坦的, 而其实是内蕴地为弯曲的双曲平面. 但是, 一个极限球面 $Z =$ 常数不仅看起来是平坦的, 而且真的是平坦的. 因为它从围绕着它的空间的度量 (6.47) 继承来的度量是

$$d\hat{s} = (常数) ds,$$

而这就是欧氏平面的度量!

　　于是, 欧氏平面几何中的运动现在可以看作双曲空间中那些把这个内蕴地平坦的极限球面映为其自身的运动. 很清楚, 这些运动就是对铅直平面的反射 (也就是对正交于这些极限球面的 h 平面的 h 反射) 的复合. 这样, 欧氏平面的保向运动群, 在天际面 $\mathbb{C}$ 上就表现为默比乌斯变换的子群.

　　至于球面几何, 我们是从把 **h 球面**定义为到一个定点 (即 h 球心) 有等 h 距离的点的集合. 不难看到, 这些 h 球面, 在半空间模型中是由欧氏球面来表示的, 虽然它们的 h 球心不一定就是欧几里得球心.

---

[①] Thurston [1997] 是关于这些运动的极佳的信息来源.

虽然在这个模型中并不是马上就可以明显地看到, 这样一个 h 球面的内蕴几何, 就是欧氏空间中的通常的球面（但半径不同）的内蕴几何, 但是这是可以证明的 [见习题 27]. 这个 h 球面的运动, 和极限球面一样, 可以看作双曲空间中映此 h 球面为其自身的运动. 它们也是对正交于此 h 球面的 h 平面的 h 反射之复合, 而我们又一次达到默比乌斯变换的一个子群.

显然, 双曲平面的运动也可以这样来看, 所以现在我们就可以用一个合适的高潮来结束本章: 二维的双曲几何、欧氏几何和球面几何都被包括在三维的双曲几何中.

**进一步阅读的材料.** Penrose [1978] 是关于微分几何的大师式的概述; 关于微分几何的具体材料, 可见 McCleary [1994], do Carmo [1994] 或 O'Neill [1996]. 如果想知道更多关于双曲几何的材料, 可见 Stillwell [1989, 1992, 1996] 以及 Thurston [1997] 这些杰出的著作.

# 6.4　习　　题

1. 在一个适当的瓜果表面上画一个测地三角形 $\Delta$, 从它的一个顶点到对边的任一点连一条测地线. 这就把 $\Delta$ 分成了两个测地三角形, 记为 $\Delta_1$ 和 $\Delta_2$. 证明角盈函数 $\mathcal{E}$ 是**可加的**, 即 $\mathcal{E}(\Delta) = \mathcal{E}(\Delta_1) + \mathcal{E}(\Delta_2)$ . 把这个分剖过程继续下去, 由此导出: (6.5) 蕴涵 (6.6).

2. 推广 3.4.3 节中得出特例 (3.17) 的论证, 用以解释 (6.18). 就是说, 把对球面的反射用对空间中的平面 $\Pi$ 的反射来看待, 如 6.2.2 节的图 6-8 那样, 又把球极射影看成三维反演 $\mathcal{I}_K$ 在球面上的限制, 这里 $K$ 是以 $\Sigma$ 之北极为中心、$\sqrt{2}$ 为半径的球面（见图 6-13b）, 现令 $a$ 为 $\Sigma$ 上一点, 考虑 $\mathcal{I}_K$ 对于 $a$, $\Pi$ 和 $\Re_\Pi(a)$ 的效果.

3. 令 $C$ 为 $\mathbb{C}$ 上一个圆周, $\hat{C}$ 是它在 $\Sigma$ 上的球极射影象. 若 $\hat{C}$ 是一个大圆, 则 (6.18) 指出 $\mathcal{I}_C$ 球极地诱导出 $\Sigma$ 上对 $\hat{C}$ 的反射, 但若 $C$ 是任意圆周, 又会诱导出什么变换? 推广图 6-14 的论证来证明 $\mathcal{I}_C$ 变成由 $v$ 的射影, 这里 $v$ 是沿 $\hat{C}$ 与 $\Sigma$ 相切的圆锥顶点. 也就是说, 若 $w = \mathcal{I}_C(z)$ , 则 $\hat{w}$ 是一空间直线与 $\Sigma$ 的第二个交点, 此直线经过顶点 $v$ 和点 $\hat{z}$. 解释 (6.18) 如何可以看作这个更一般结果的极限状况.

4. 用 3.7.3 节的 (3.41) 来证明, 若默比乌斯变换 $M(z)$ 有不动点 $\xi_\pm$, 而且与 $\xi_+$ 相关的乘子是 $\mathcal{M}$, 则

$$[M] = \begin{bmatrix} 1 & -\xi_+ \\ 1 & -\xi_- \end{bmatrix}^{-1} \begin{bmatrix} \sqrt{\mathfrak{m}} & 0 \\ 0 & 1/\sqrt{\mathfrak{m}} \end{bmatrix} \begin{bmatrix} 1 & -\xi_+ \\ 1 & -\xi_- \end{bmatrix}.$$

令 $\xi_+ = a$, $\mathfrak{m} = e^{-i\Psi}$, $\xi_- = -(1/\bar{a})$, 导出 6.2.4 节的 (6.19). [提示: 对于默比乌斯矩阵可以自由地以一个常数去乘.]

5. 证明默比乌斯变换 (6.20) 确实适合微分方程 (6.17).

6. (i) 定义四元数 $\mathbb{V} = v + \boldsymbol{V}$ 的**共轭** $\overline{\mathbb{V}}$ 为相应矩阵之共轭转置 $\mathbb{V}^*$. 证明 $\overline{\mathbb{V}} \equiv \mathbb{V}^* = v - \boldsymbol{V}$, 由此导出当且仅当 $\overline{\mathbb{V}} = -\mathbb{V}$ 时, $\mathbb{V}$ 才是一个纯四元数（纯虚数的类比物）.

(ii) 类比于复数的长度, 定义 $\mathbb{V}$ 之**长度** $|\mathbb{V}|$ 为 $|\mathbb{V}|^2 = \mathbb{V}\overline{\mathbb{V}}$. 证明 $|\mathbb{V}|^2 = v^2 + |\boldsymbol{V}|^2 = |\overline{\mathbb{V}}|^2$.

(iii) 若 $|\mathbb{V}| = 1$, 则称 $\mathbb{V}$ 为**单位四元数**. 验证 $\mathbb{R}_v^\psi$ [见 (6.28)] 是一个单位四元数且 $\overline{\mathbb{R}_v^\psi} = \left[\mathbb{R}_v^\psi\right]^* = \mathbb{R}_v^{-\psi}$.[①]

(iv) 证明: $\overline{\mathbb{V}\mathbb{W}} = \overline{\mathbb{W}}\,\overline{\mathbb{V}}$, 并导出 $|\mathbb{V}\mathbb{W}| = |\mathbb{V}||\mathbb{W}|$. 这样, 例如, 两个单位四元数之积仍是一个单位四元数.

(v) 证明: 当且仅当 $\mathbb{A}^2 = -1$ 时, $\mathbb{A}$ 才是一个纯的单位四元数.

(vi) 证明: 对于任意四元数 $\mathbb{Q}$ 都可以找到 $v$ 和 $\psi$ 把 $\mathbb{Q}$ 表示为 $\mathbb{Q} = |\mathbb{Q}|\mathbb{R}_v^\psi$.

(vii) 设将变换 (6.29) 推广为 $\mathbb{P} \mapsto \widetilde{\mathbb{P}} = \mathbb{Q}\mathbb{P}\overline{\mathbb{Q}}$, 其中 $\mathbb{Q}$ 是任意四元数. 在此解释下, 导出 $\mathbb{Q}$ 表示空间中的**伸缩旋转**, 两个四元数乘积表示相应伸缩旋转之复合. [这与第 1 章末尾所说的视四元数为四维向量一致.]

7. [做此题前需先做上题]. (6.29) 的以下证明是基于柯克斯特的一篇论文: H. S. M. Coxter [1946].

(i) 用 (6.27) 来证明纯四元数 $\mathbb{P}$ 与 $\mathbb{A}$ 正交当且仅当 $\mathbb{P}\mathbb{A} + \mathbb{A}\mathbb{P} = 0$.

(ii) 若 $\mathbb{A}$ 有单位长, 使得 $\mathbb{A}^2 = -1$, 证明以上方程可写为 $\mathbb{P} = \mathbb{A}\mathbb{P}\mathbb{A}$.

(iii) 现将纯的单位四元数 $\mathbb{A}$ 固定, 但令 $\mathbb{P}$ 表示任意的纯四元数. 令 $\Pi_A$ 表示以 $\boldsymbol{A}$ 为法向量而且过原点的平面（它的方程为 $\boldsymbol{P} \cdot \boldsymbol{A} = 0$）, 考虑变换

$$\mathbb{P} \mapsto \mathbb{P}' = \mathbb{A}\mathbb{P}\mathbb{A}. \tag{6.49}$$

证明: (a) $\mathbb{P}'$ 自动地为纯四元数, 且 $|\mathbb{P}'| = |\mathbb{P}|$, 这样 (6.49) 表示空间中的运动; (b) $\Pi_A$ 上的每点均不动; (c) 每个正交于 $\Pi_A$ 的向量均被反向. 由此导出: (6.49) 表示空间对 $\Pi_A$ 的反射 $\Re_{\Pi_A}$.

(iv) 推导: 若由 $\Pi_A$ 到第二个平面 $\Pi_B$ 之角为 $(\psi/2)$, 而沿此两平面的交线之单位向量为 $\boldsymbol{V}$, 则旋转 $\mathcal{R}_v^\psi = (\Re_{\Pi_A} \circ \Re_{\Pi_B})$ 可写为

$$\mathbb{P} \mapsto \widetilde{\mathbb{P}} = (\mathbb{B}\mathbb{A})\mathbb{P}(\mathbb{A}\mathbb{B}) = (-\mathbb{B}\mathbb{A})\mathbb{P}(-\overline{\mathbb{B}\mathbb{A}}).$$

(v) 用 (6.27) 证明: $-\mathbb{B}\mathbb{A} = \cos(\psi/2) + \boldsymbol{V}\sin(\psi/2)$, 由此同时证明 (6.29) 与 (6.28).

8. 下面是 (6.29) 之另证. 如正文中所设, $\boldsymbol{P}$ 是端点为单位球面上一点 $\hat{p}$ 的单位向量, 若把 $\hat{p}$ 与 $\widetilde{p}$ 的球极射影象 $p$ 与 $\widetilde{p}$ 用齐次坐标向量即 $\mathbb{C}^2$ 中的 $\mathbf{p}$ 与 $\widetilde{\mathbf{p}}$ 来表示, 则我们知道由 $\mathbf{p}$ 到 $\widetilde{\mathbf{p}}$ 的旋转可以表示为

$$\mathbf{p} \mapsto \widetilde{\mathbf{p}} = \mathbb{R}_v^\psi \mathbf{p}.$$

这里 $\mathbb{R}_v^\psi$ 看作 2×2 矩阵.

(i) 证明在齐次坐标下, 3.4.5 节的 (3.20) 成为

$$X + \mathrm{i}Y = \frac{2\mathbf{p}_1\overline{\mathbf{p}}_2}{|\mathbf{p}_1|^2 + |\mathbf{p}_2|^2}, \quad Z = \frac{|\mathbf{p}_1|^2 - |\mathbf{p}_2|^2}{|\mathbf{p}_1|^2 + |\mathbf{p}_2|^2}.$$

---

① 这里增加一个提示: $\mathbb{R}_v^\psi$ 中的 $\mathbb{V}$ 适合 $|\mathbb{V}|^2 = 1$. ——译者注

(ii) 为了简化此式, 记住 $\mathfrak{p}$ 的倍数仍表示 $\mathbb{C}$ 上的同一点 $\mathfrak{p}$, 因此可选 $\mathfrak{p}$ 之 "长度" 恰好为 $\sqrt{2}$:

$$\langle \mathfrak{p}, \mathfrak{p} \rangle \equiv |\mathfrak{p}_1|^2 + |\mathfrak{p}_2|^2 = 2.$$

这样选定 $\mathfrak{p}$ 后, (i) 中的式子可以写为

$$\begin{bmatrix} 1+Z & X+\mathrm{i}Y \\ X-\mathrm{i}Y & 1-Z \end{bmatrix} = \begin{bmatrix} \mathfrak{p}_1\bar{\mathfrak{p}}_1 & \mathfrak{p}_1\bar{\mathfrak{p}}_2 \\ \mathfrak{p}_2\bar{\mathfrak{p}}_1 & \mathfrak{p}_2\bar{\mathfrak{p}}_2 \end{bmatrix} = \begin{bmatrix} \mathfrak{p}_1 \\ \mathfrak{p}_2 \end{bmatrix} \begin{bmatrix} \bar{\mathfrak{p}}_1 & \bar{\mathfrak{p}}_2 \end{bmatrix} = \mathfrak{p}\mathfrak{p}^*.$$

(iii) 验证

$$\begin{bmatrix} 1+Z & X+\mathrm{i}Y \\ X-\mathrm{i}Y & 1-Z \end{bmatrix} = 1 - \mathrm{i}\mathbb{P}.$$

(iv) 由此导出

$$1 - \mathrm{i}\widetilde{\mathbb{P}} = \mathbb{R}_{\boldsymbol{v}}^{\psi}(1 - \mathrm{i}\mathbb{P})\left[\mathbb{R}_{\boldsymbol{v}}^{\psi}\right]^* = 1 - \mathrm{i}\mathbb{R}_{\boldsymbol{v}}^{\psi}\mathbb{P}\mathbb{R}_{\boldsymbol{v}}^{-\psi},$$

(6.29) 也就立即得出.

9. (i) 图 6-40a 画的是把庞加莱圆盘的一点 $z$ 变为克莱因模型的相应点 $z'$ 的两步过程, 解释为什么由圆盘到其自身的净映射 $z \mapsto z'$ 可用下面的图 6-42a 来表示, 其中 $C$ 是经过 $z$ 点而且与单位圆周 $U$ 正交的任意圆周.

(ii) 下面的图 6-42b 则是图 6-40a 的过 $z$ 与 $z'$ 的垂直截面. 由此导出

$$\frac{|z'|}{a} = \frac{1}{b}, \quad \frac{a}{|z|} = \frac{2}{b}.$$

将此二式相乘, 导出 $z' = \frac{2z}{1+|z|^2}$.

[这样我们又得出 3.4.5 节 (3.20) 的一个几何解释.]

(iii) 这个公式也可由图 6-42a 直接导出, 而不需半球面之助. 重画此图而使 $C$ 与 $0z$ 正交. 用几何解释为什么 $C$ 的中心既可认为是 $\mathcal{I}_U(z')$, 又可认为是 $z$ 与 $\mathcal{I}_U(z)$ 的中点. 由此得出

$$1/\overline{z'} = \mathcal{I}_U(z') = \frac{1}{2}\left[z + \mathcal{I}_U(z)\right] = \frac{1}{2}\left[z + (1/\bar{z})\right],$$

由此立即可得 (ii) 中的结果.

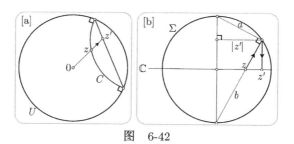

图 6-42

10. 把球面看作由半圆周旋转而成的旋转曲面. 严格类比于图 6-20 中做伪球面的地图的方法做出球面的共形地图. 证明这就是在第 5 章习题 14 中得到的麦卡托地图.

11. (i) 证明双曲平面上以 $\rho$ 为 h 半径的 h 圆周的 h 周长是 $2\pi \sinh \rho$. [提示：把 h 圆周表示为庞加莱圆盘中以原点为中心的欧氏圆周.]

   (ii) 让半径为 $R$ 的球面上的居民画一个以 $\rho$ 为（内蕴）半径的圆周. 用初等几何证明其周长为 $2\pi R \sin(\rho/R)$. 证明：若取此球面的半径为 $R = \mathrm{i}$，即得 (i) 中的公式！[与习题 14 比较.]

12. 令 $L$ 与 $M$ 为单位圆周的两条相交的弦，$l$ 与 $m$ 分别为 $L$ 与 $M$ 两端的一对切线之交点，见图 6-43a. 在克莱因模型中，证明：当且仅当 $l$ 在 $M$（之延长线）上，$m$ 在 $L$（之延长线）上时，$L$ 与 $M$ 才是正交的 h 直线.

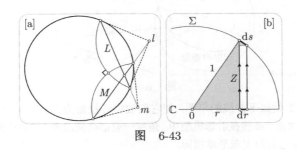

图　6-43

13. 令 $z = re^{i\theta}$ 为双曲平面的克莱因模型的一点.

   (i) 在位于克莱因模型上方的半球面上画出一些圆周 $r = $ 常数与一些射线 $\theta = $ 常数的铅直向上的投影. 虽然一般来说在克莱因模型中角会被改变，证明这些圆周和射线却是正交的，与它们看起来也正交是一致的. 也请注意欧氏圆周 $r = $ 常数也是 h 圆周.

   (ii) 图 6-43b 画出了半球面模型与克莱因模型过射线 $\theta = $ 常数的铅直截口. 若点 $z$ 沿此射线向外移动 $\mathrm{d}r$，用 $\mathrm{d}s$ 记其在半球面上的铅直射影的运动，解释为什么图上两个阴影三角形相似，并导出 $\mathrm{d}s = (\mathrm{d}r/Z)$.

   (iii) 用半球面上的度量 (6.47) 证明：克莱因模型中极坐标为 $(r, \theta)$ 和 $(r + \mathrm{d}r, \theta)$ 的两点的 h 间隔 $\mathrm{d}\hat{s}_r$，由下式给出：

   $$\mathrm{d}\hat{s}_r = \frac{\mathrm{d}r}{1 - r^2}.$$

   [值得注意的是，这表示 $\mathcal{H}\{0, z\}$ 的公式与庞加莱圆盘的公式 (6.45) 只相差一个因子 2！]

   (iv) 用同样方法（即向半球面做投影）证明：点 $(r, \theta)$ 与 $(r, \theta + \mathrm{d}\theta)$ 的 h 间隔 $\mathrm{d}\hat{s}_\theta$ 为

   $$\mathrm{d}\hat{s}_\theta = \frac{r\mathrm{d}\theta}{\sqrt{1 - r^2}}.$$

   (v) 由此导出点 $(r, \theta)$ 与 $(r + \mathrm{d}r, \theta + \mathrm{d}\theta)$ 的 h 间隔 $\mathrm{d}\hat{s}$ 由以下公式（见 Beltrami [1868]）给出：

   $$\mathrm{d}\hat{s}^2 = \frac{\mathrm{d}r^2}{(1 - r^2)^2} + \frac{r^2\mathrm{d}\theta^2}{1 - r^2}. \tag{6.50}$$

14. (i) 图 6-44 是把单位球面上一个大圆的球极射影象与射影象 [见图 6-12] 叠合而成的. 令 $z_s$ 与 $z_p$ 为球坐标 $(\phi, \theta)$ 之点的球极射影象与射影象. 由第 3 章的 (3.21), $z_s = \cot(\phi/2)e^{i\theta}$. 证明 $z_p = [-\tan\phi]e^{i\theta}$, 并由此导出

$$z_p = \frac{2z_s}{1 - |z_s|^2} .$$

请与习题 9 比较!

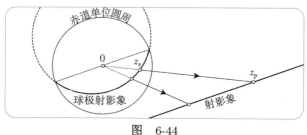

图 6-44

(ii) 在半球面上做如下曲线的草图, 使它们被中心投影为圆周 $|z_p| = $ 常数, 以及射线 $\arg z_p = $ 常数. 虽然在射影模型中, 角度一般都会被改变, 但这些圆周和射线确实是正交的, 与它们的表观形象相同.

(iii) 现在令球面半径为 $R$, 而把点 $(\phi, \theta)$ 的射影象写为 $z_p = re^{i\theta}$. 于是 $r = -R\tan\phi$. 证明: 若 $z_p$ 沿射线 $\theta = $ 常数移动 $dr$, 则球面上的相应点移动的距离 $d\hat{s}_r$ 是

$$d\hat{s}_r = \frac{dr}{1 + (r/R)^2} .$$

(iv) 与此类似, 证明球面上相应于地图上的 $(r, \theta)$ 与 $(r, \theta + d\theta)$ 的两点的间隔 $d\hat{s}_\theta$ 为

$$d\hat{s}_\theta = \frac{rd\theta}{\sqrt{1 + (r/R)^2}}.$$

(v) 导出球面上相应于 $(r, \theta)$ 和 $(r + dr, \theta + d\theta)$ 的两点的球面间隔 $d\hat{s}$ 为

$$d\hat{s}^2 = \frac{dr^2}{(1 + (r/R)^2)^2} + \frac{r^2d\theta^2}{1 + (r/R)^2}.$$

(vi) 下面是一个 "狂想": 说不定只要许可球面的半径 $R$ 取**虚值** $iR$, 就可以得到具有**常值负曲率** $k = -(1/R^2) = +1/(iR)^2$ 的曲面. 请验证, 若在上式中令 $R = i$, 就会得到双曲平面的贝尔特拉米度量 (6.50)! [要想这个狂想真正有意义, 就必须转到爱因斯坦的相对论; 见 Thurston [1997].]

15. 取一叠 10 张纸, 并且沿着其三个边用订书机钉好. 用圆规在最上面一张纸上画一个能宽松地容纳于纸内的圆. 在圆心把 10 张纸穿孔订透. 用剪刀把它们剪下来成 10 个完全一样的半径为 $R$ 的圆盘. 然后再用 20 张纸这样做, 使圆盘数加倍.

(i) 在第一张圆盘中剪去一个扇形, 把它的两边连起来做成一个圆锥, 对其他圆盘也这样做, 但剪去的扇形顶角越来越大, 于是得到的圆锥越来越尖越高. 请保证做到最后一

个圆锥时, 只留下不到 $\frac{1}{4}$ 的圆盘. 这样做出一个很尖的锥, 把所有的锥的锥顶都放在同一个固定点处.

(ii) 把这些圆锥依次套在一起使它们有共同的轴, 好像一朵纸花一样. 解释如何做出了一个半径为 $R$ 的伪球面的部分模型. 抓住你做的这朵纸花的顶舞动, 这样就可以造出新的奇形怪状 (外观上不对称) 的常值负曲率曲面!

(iii) 按同样的思想做一个像圆盘形状的 "双曲纸", 例如, 只要从你的伪球面上切下一个圆盘就行, 验证一下, 总可以把它贴在伪球面上而让它自由滑动或旋转.

16. 用一根相当短的线, 在上题的玩具伪球面上拉紧, 画出一个典型的测地线段. 把它从两端向两个方向延长, 但每次都用原来那一段线来延长. 请注意测地线围绕伪球面的奇特方式: 向上只要走了有限距离, 它就会向下环绕.

(i) 用上半平面来从数学上验证, 曳物母线是**仅有的**可以延伸到顶的测地线.

(ii) 令 $L$ 为一典型的测地线, 在 $L$ 碰到边缘 $\sigma = 0$ 处, $L$ 与曳物母线所成的角记为 $\alpha$. 证明: $L$ 可以沿伪球面上行的最大距离为 $\sigma_{\max} = |\ln \sin \alpha|$.

17. 设在 $xy$ 平面上有一曲面的共形地图, 其度量是由 (6.15) 给出的:

$$\mathrm{d}\hat{s} = \Lambda \mathrm{d}s = \Lambda(x, y)\sqrt{\mathrm{d}x^2 + \mathrm{d}y^2}.$$

微分几何中有一个漂亮的结果说, 此曲面上任一点的高斯曲率为

$$\mathrm{k} = -\frac{1}{\Lambda^2}\Delta(\ln \Lambda),$$

其中 $\Delta \equiv (\partial_x^2 + \partial_y^2)$ 为拉普拉斯算子. 用球面的球极射影地图的度量 (6.16) 以及双曲平面的半平面模型和圆盘模型的度量 (6.31) 和 (6.44) 来试验一下这个结果.

18. 用庞加莱圆盘重新导出平行角公式 $\tan(\Pi/2) = \mathrm{e}^{-D}$. [提示: 令一条 h 直线为直径.]

19. 为导出度量 (6.44), 考虑由上半平面到庞加莱圆盘的映射 (6.42): $z \mapsto w = D(z)$. 由 $z$ 点发出的一个无穷小向量 $\mathrm{d}z$ 被伸扭成由 $w$ 发出的无穷小向量 $\mathrm{d}w = D'(z)\mathrm{d}z$, 而 (由定义) $\mathrm{d}w$ 的 h 长度 $\mathrm{d}\hat{s}$ 就是 $\mathrm{d}z$ 的 h 长度. 证明下式, 从而验证 (6.44):

$$\frac{2|\mathrm{d}w|}{1 - |w|^2} = \frac{|\mathrm{d}z|}{\mathrm{Im}z} = \mathrm{d}\hat{s}.$$

20. 考虑由庞加莱圆盘到其自身的映射 $z \mapsto w = M_a^\phi(z)$. 用上题通过计算的方法来证明 $z \mapsto w$ 是一个双曲运动, 即保持度量:

$$\frac{2|\mathrm{d}w|}{1 - |w|^2} = \mathrm{d}\hat{s} = \frac{2|\mathrm{d}z|}{1 - |z|^2}.$$

21. 在上半平面, 绕点 i 旋转角度 $\phi$ 的 h 旋转 $\mathcal{R}_{\mathrm{i}}^\phi$ 由以下默比乌斯变换给出:

$$\mathcal{R}_{\mathrm{i}}^\phi(z) = \frac{cz + s}{-sz + c}, \quad \text{其中 } c = \cos(\phi/2), \ s = \sin(\phi/2).$$

用以下的 3 种方法证明此式.

(i) 证明 $\mathcal{R}_i^\phi(i) = i$, 而且 $\left\{\mathcal{R}_i^\phi(i)\right\}'(i) = e^{i\phi}$. 为什么这样就证明了所需的结果?

(ii) 用反演公式 [见 3.2.1 节 (3.4)] 计算出 $\mathcal{R}_i^\phi = (\Re_B \circ \Re_A)$, 这里 $A$ 和 $B$ 是过 i 而且成角 $(\phi/2)$ 的 h 直线. [提示: 取 $A$ 为虚轴, 画个草图来说明半圆周 $B$ 的中心是 $c/s$, 半径是 $1/s$.]

(iii) 描述并解释 $(D \circ \mathcal{R}_i^\phi \circ D^{-1})$ 对于庞加莱圆盘的效果, 这里 $D$ 是由上半平面到庞加莱圆盘的映射 (6.42). 证明

$$(D \circ \mathcal{R}_i^\phi \circ D^{-1})(z) = e^{i\phi}z .$$

把它用默比乌斯矩阵之积表示出来, 并解出矩阵 $\left[\mathcal{R}_i^\phi\right]$.

22. (i) 对图 6-44a, 证明上半平面两点的 h 间隔可以用交比来表示:

$$H\{a, b\} = \ln[a, B, b, A].$$

[提示: 做一个以 $a$ 为中心的 h 旋转把 $b$ 映到在 $a$ 正上方的位置.]

(ii) 证明此公式也可以用于图 6-45b 中的庞加莱圆盘.

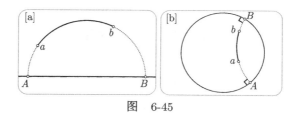

图    6-45

23. (i) 令 $\hat{a}$ 和 $\hat{z}$ 是 $\Sigma$ 上的两点, $a$ 和 $z$ 是它们在 $\mathbb{C}$ 上的球极射影象. 若 $S\{a, z\}$ 是 $\hat{a}$ 和 $\hat{z}$ (在球面上) 的距离, 证明

$$S\{a, z\} = 2\arctan\left|\frac{z - a}{\bar{a}z + 1}\right|.$$

[提示: 用 (6.20) 把 $a$ 映到原点.]

(ii) 证明庞加莱圆盘上的 h 距离公式 (6.46) 可以重写为

$$H\{a, z\} = 2\operatorname{arctanh}\left|\frac{z - a}{\bar{a}z - 1}\right|.$$

24. (i) 用一个简单的草图证明 $z \mapsto f(z) = -\bar{z}$ 是庞加莱上半平面的一个反向运动.

(ii) 令 $\widetilde{\mathcal{M}}$ 为任意反向运动. 通过构造 $(f \circ \widetilde{\mathcal{M}})$ 来证明

$$\widetilde{\mathcal{M}}(z) = \frac{a\bar{z} + b}{c\bar{z} + d}, \quad \text{其中 } a, b, c, d \text{ 为实数, 而且 } (ad - bc) > 0.$$

(iii) 用此公式证明 $\widetilde{\mathcal{M}}$ 在天际线 (即实轴) 上有两个不动点. 若 $L$ 是以这两点为端点的 h 直线, 解释为什么 $L$ 在 $\widetilde{\mathcal{M}}$ 下不变.

(iv) 证明 $\widetilde{M}$ 恒为**滑动反射**: 即沿 $L$ 做一个 h 平移, 再继以对 $L$ 之 h 反射 (或者先做 h 反射).

25. 已知一点 $p$ 不在 h 直线 $L$ 上, 做一个以 $p$ 为中心、$\rho$ 为 h 半径的 h 圆周 $C$. 再过 $p$ 做正交于 $L$ 的 h 直线, 使之与 $L$ 相交于 $q$. 再以 $q$ 为中心、$\rho$ 为 h 半径做一 h 圆周 $C'$, 令 $q'$ 为它与 $L$ 的一个交点. 过 $q'$ 再做一正交于 $L$ 的 h 直线, 交 $C$ 于 $a$ 和 $b$. 证明: 连接 $p$ 到 $a$ 和 $b$ 的两条 h 直线是互相渐近的! [提示: 取 $L$ 为上半平面中的铅直直线.] 如果在欧氏平面上做此图, 会发生什么事?

26. 做一双曲三角形 $\Delta$ 的草图, 使其顶点 (逆时针方向) 为 $a, b, c$. 令 $\xi$ 是由 $a$ 发出的, 方向为边 $ab$ 的无穷小向量. 用沿此边方向的 h 平移把 $\xi$ 移到 $b$, 再沿方向 $bc$ 把它移到 $c$, 最后又沿 $ca$ 方向把它移回到 $a$. 在欧氏几何中, 这 3 个平移会互相抵消, $\xi$ 会原样不动. 用你的草图证明, 在双曲几何中, 这 3 个 h 平移的复合是绕顶点 $a$ 旋转 $\mathcal{E}(\Delta)$ 的 h 旋转.

   [设 $\Delta$ 是一个任意的变曲率曲面 $S$ 上的测地三角形. 如果 $S$ 上的一个居民想沿 "直线" (即测地线) 平移 $\xi$, 他就只需保持 $\xi$ 的长度及其与 "直线" 的交角不变. 这在微分几何中称为**平行移动**. 这时, 上面的论证仍成立, 所以当 $\xi$ 被平行移动绕过 $\Delta$ 时, 回到原处就旋转了一个角 $\mathcal{E}(\Delta)$. 由 (6.6), 这个旋转角就是 $\Delta$ 内部的总曲率.]

27. 推广由上半平面到庞加莱圆盘的变换以得出双曲空间在单位球面内的一个模型. 描述 h 直线, h 平面、h 球面以及极限球面在此模型中的模样, 并解释为什么一个 h 球面内蕴地与一个不同半径的欧氏球面相同.

# 第7章 环绕数与拓扑学

在本章中我们将要研究一个简单但非常强大的概念, 即一个环路绕一个点的次数. 我们在第 2 章里已经看到, 在理解多值函数时需要这个概念, 下一章中我们还会看见, 它在理解复积分时也会起同样关键的作用. 然而, 只有前两节 (到 (7.2) 为止) 才真正是研究复积分的前提条件, 其余部分什么时候读都可以. 如果急于要学积分学, 完全可以跳过本章其余部分, 以后再回来学习.[①]

## 7.1 环 绕 数

### 7.1.1 定义

顾名思义, **环绕数** $\nu(L, 0)$ 就是当点 $z$ 沿一闭环路 $L$, 按照其上已给定的方向, 绕过原点一周时, 由 0 到 $z$ 的向量旋转的**总次数**. 螺柱上的螺母可以很好地说明 "净旋转" 的含义: 把螺母向这边拧几圈又反过来拧几圈, 螺母最终离出发点的距离就可以度量它们的 "净旋转".

图 7-1 画了 6 个闭环, 并且写出了相应的环绕数. 可以从每条曲线上的随意一点开始, 并用手指沿着曲线移动: 先把环绕的圈数定为 0, 当此向量沿正向 (逆时针方向) 转了一圈就加 1, 沿负向 (顺时针方向) 转了一圈就减 1. 回到起点时的最终读数就是此环路的环绕数.

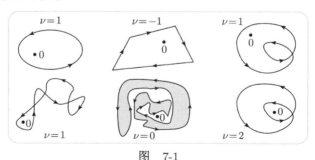

图 7-1

考虑环路绕一点 $p$ 而不是原点旋转的环绕数时常是有用的, 此数相应地记作

---

[①] 但这不等于说前两节以后的材料不属于复分析的基本内容, 而只是说它们对于理解积分理论并非不可少的前提, 本书前言中 "怎样教这本书" 里讲得很清楚: 它们仍然是传统复分析课程不可少的部分. ——译者注

$\nu(L, p)$. 这时不考虑 $z$ 的旋转周数而对 $(z-p)$ 计算旋转周数. 例如, 图 7-1 下排中图的阴影区域就是使 $\nu(L, p) \neq 0$ 的 $p$ 点所成的区域. 请画出图中其他环路的阴影区域.

### 7.1.2 "内" 是什么意思?

如果一环路不自交, 它就是**简单环路**, 例如圆周、椭圆和三角形都是简单环路. 然而简单环路实际上可以非常复杂 [见习题 1]. 简单环路把平面分成两个集合, 即其内部和外部, 这件事看起来是清楚的, 证明却很难. 然而当环路并非简单时, 例如图 7-2 那样, 哪些点在其内, 哪些在其外, 却不是很明显的. 环绕数的概念使我们能清晰地进行期望的区分.

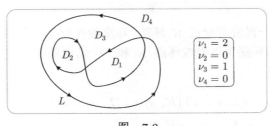

图 7-2

一个典型的环路, 如图 7-2 上的 $L$, 把平面分成好几个集合 $D_j$（图上是 4 个）. 如果一点 $p$ 在某一个集合中游荡, 则认为环绕数 $\nu(L, p)$ 恒为常数似乎是合情合理的. 现在来验证一下.

集中注意于 $L$ 的一小段. 当 $z$ 沿它运行时, $(z-p)$ 的旋转是连续依赖于 $p$ 的, 除非 $p$ 穿过 $L$[①]. 换句话说, 当 $p$ 稍微移动一点时, 旋转角也只有少许变动. 因为 $L$ 的环绕数就是在所有各段上的旋转角之和除以 $2\pi$, 所以它也连续依赖于 $p$ 的位置: 若 $p$ 稍微移动一下到 $\tilde{p}$, 则环绕数只会有微小的变动 $[\nu(L, \tilde{p}) - \nu(L, p)]$. 但是环绕数的变动又一定是**整数**, 所以它就必须为 0. 证毕.

因为 $L$ 绕 $D_j$ 中的每一点的周数都相同, 所以对整个集合 $D_j$ 就可以指定一个环绕数 $\nu_j$. 请验证图 7-2 中给出的 $\nu_j$ 值是否正确.

这样我们就可以定义所谓 "内" 就是那些使 $\nu_j \neq 0$ 的 $D_j$, 而其余的 $D_j$ 则构成 "外". 在图 7-2 上, $D_1 \cup D_3$ 是内, $D_2 \cup D_4$ 是外.

这个定义的 "正确性" 在下一章就可以看得很清楚.

### 7.1.3 快速地求出环绕数

在图 7-2 中我们是直接由定义来求出环绕数的: 费劲地用手指（或眼睛）沿着曲线来计算旋转的周数. 对于一个真正复杂的环路, 这确实令人头疼, 我们现在要

① 考虑当 $p$ 穿过 $L$ 的一小段时旋转的性态.

导出一个更快速更漂亮的方法来可视化地算出环绕数.

如果一个点 $r$ 在移动但不穿过环路 $K$, 则 $\nu(K,r)$ 为常数, 但当此点确实穿过 $K$ 时会发生什么事? 请看图 7-3. 最左方是一个点 $r$, 它靠近环路 $K$, $K$ 还有一部分在图外没有画出来, 设它绕过 $r$ 的次数是 $\nu(K,r)$. 图 7-3 是一串分时图形, 它表明 $r$ 在接近 $K$, 而 $K$ 则变形以使点 $r$ 不穿过自己, 最后 $r$ 走到了 $s$, 而 $K$ 继续变形把左方的缺口又封了起来.

图　7-3

因为这个动点一直没有穿过 $K$ 环路, 环绕数在整个过程中不会变化. 但在最右方, 重新封口的新环路可以看成环路 $K$ 和一个新的圆周 $L$ 之并, $L$ 上的方向也如图 7-3 所示. 于是

$$\nu(K, r) = \nu(K,\ s) + \nu(L,\ s) = \nu(K,\ s) - 1$$
$$\Rightarrow\quad \nu(K,\ s) = \nu(K,\ r) + 1\,.$$

假想我们在 $r$ 处, 而且在接近 $K$ 时一直看着 $K$, 可以把这个结果表述为非常有用的**穿越法则**.

> 当我们即将穿越 $K$ 时, 如果 $K$ 的方向是从我们的左侧指向我们的右侧 (从我们的右侧指向我们的左侧), 则环绕数增加 1 (减少 1). 　(7.1)

利用这个结果, 哪怕是对最复杂的环路, 要找出 $\nu_j$ 也变得难以置信地快捷、容易. 请用图 7-2 试一下. 从明显为 $L$ 外的地方开始, 然后利用 (7.1), 每穿过 $L$ 一次就加 1 或减 1.

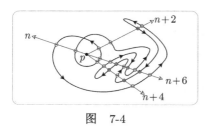

图　7-4

这个思想有一个直接的推论, 即 $n = \nu(K,p)$ 同由 $p$ 发出的射线与 $K$ 的交点的数目之间有一种联系. 设射线位于一般位置, 即它不经过 $K$ 的自交点, 也不切于 $K$. 如果射线上的 $q$ 点离 $p$ 充分远, 则 $K$ 显然不会绕过 $q$; 当我们沿射线由 $p$ 走到 $q$, 环绕数应改变 $n$. 但环绕数只有在穿过 $K$ 时才会变化; 每穿过一次就变一个单位 (即 $+1$ 或 $-1$). 所以射线与 $K$ 至少相交 $|n|$ 次. 然而除了必然会有的 $|n|$ 次穿越外, 还可能有**成对**的穿越被抵消了. 所以交点数一般应为 $|n|, |n| + 2, |n| + 4$, 等等. 图 7-4 上对 $n = 2$ 的

情形画出了种种可能性, 每一个交点上画了一个小圆圈 ⊕ 或 ⊖, 视环绕数为增或减而定.

## 7.2 霍普夫映射度定理

### 7.2.1 结果

我们讨论了这样一个事实, 固定一个环路而让点连续运动, 则只在点穿越环路时环绕数才会改变. 其实很清楚, 对于固定的点和连续运动的环路同样的结果也必为真: 只有在演变中的环路穿过此点时环绕数才会变, 而且仍按同样的穿越法则 ±1. 这样, 如果环路 $K$ 连续变形为另一环路 $L$ 而不穿过点 $p$, 则 $K$ 和 $L$ 绕 $p$ 的环绕数必相等.

很自然地会问, 其逆是否也为真: 若 $K$ 和 $L$ 绕 $p$ 相同多次, 是否一定能把 $K$ 变形为 $L$ 而不穿过 $p$? 这肯定是一个更微妙的问题, 但是画一画图, 你就会被引导着相信它是真的. 我们在本节中将要证实这一猜测, 即证明以下结论:

$$\text{环路 } K \text{ 可以连续变形为另一环路 } L \text{ 而不穿过点 } p, \text{ 当且仅当 } K \atop \text{与 } L \text{ 有同样的绕 } p \text{ 的环绕数.} \tag{7.2}$$

在下一章末尾, 这将是理解复分析的中心结果之一的关键.

(7.2) 中的结果是一个了不起的拓扑学事实的最简单的例子, 这个事实称为**霍普夫**[1]**映射度定理**, 它对任意维数空间都成立. 在二维复平面上, 点可以用封闭的一维曲线（即环路）来包围. 在三维空间中, 点可以用封闭的二维曲面来包围. 正如平面上的圆周只围绕圆心一次, 空间中的球面也只围绕球心一次. 比较一般的情况是, 平面上的自交环路可以围绕某一点若干次, $\nu$ 就是用来计算这个次数的. 类似地, 可以定义一个一般的概念（**度或映射度**）来计算曲面围绕空间中某点的次数. 霍普夫定理指出, 当且仅当两个封闭曲面围绕 $p$ 点同样多次时, 一个封闭的曲面可以连续变形为另一个封闭的曲面, 而不穿越点 $p$. 事实上, 霍普夫定理更进一步指出, 对于封闭的 $n$ 维曲面围绕 $(n+1)$ 维空间中的点, 这也是成立的!

### 7.2.2 环路作为圆周的映射*

作为理解 (7.2) 的第一步, 我们用一个新方法来看待环路. 令 $C$ 为一个单位圆周形状的橡皮圈. 现在把 $C$ 变形为我们希望的任意形状的环路 $L$. 在变形过程终结后, $C$ 上每点 $z$ 都变成 $L$ 上对应的象点 $w$, 所以 $L$ 就可以看作 $C$ 在一连续映射 $w = \mathcal{L}(z)$ 下的象. 见图 7-5.

---

① Heinz Hopf, 1894—1971, 瑞士数学家. ——译者注

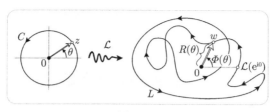

图  7-5

当 $\theta$ 由 0 变到 $2\pi$ 时, $z = \mathrm{e}^{\mathrm{i}\theta}$ 在 $C$ 上转了一周, $w$ 在 $L$ 上转了一周, $w$ 的长度 $R$ 和角度 $\Phi$ 都随 $\theta$ 连续变动, 写作

$$w = \mathcal{L}(\mathrm{e}^{\mathrm{i}\theta}) = R(\theta)\mathrm{e}^{\mathrm{i}\Phi(\theta)},$$

其中 $R(\theta)$ 与 $\Phi(\theta)$ 是 $\theta$ 的连续函数. 如有必要, 可以将 $L$ 旋转一下, 以保证 $\mathcal{L}(\mathrm{e}^{\mathrm{i}0})$ 是一个正实数, 所以可以设 $\Phi(0) = 0$. $w$ 在回到出发点（$z = \mathrm{e}^{\mathrm{i}0}$ 之象）时经过的总旋转 $\Phi(2\pi) = 2\pi\nu$.

很清楚, $w$ 的长度虽然在变动, 但对于理解环绕数是不相干的, 所以我们把 $L$ 上的每一点 $w$ 都径向移到单位圆周上的 $\hat{w} = w/|w|$ 点, 这样摆脱了 $w$ 的长度, 而得到 $L$ 的标准表示 $\hat{L}$. 我们甚至可以把 $L$ 逐渐变形为 $\hat{L}$ 上的目的地 $\hat{w}$ 的过程明显地表示出来. 见图 7-6a. 因为 $(\hat{w} - w)$ 是由 $L$ 上的点 $w$ 到其在 $\hat{L}$ 上的目的地 $\hat{w}$ 的复数, 取分数 $s$, 则此路径上相当于总行程的 $s$（$0 < s < 1$）处的点为

$$\mathcal{L}_s(z) = w + s(\hat{w} - w). \tag{7.3}$$

当 $s$ 由 0 变到 1 时, $\mathcal{L}_s(C)$ 就逐渐地（而且可逆地）由 $L$ 变成了 $\hat{L}$. 图 7-6b 上对接近于 1 的一个 $s$ 值画出了 $\mathcal{L}_s(C)$. 最后还要注意一件显然的事实: 在把 $L$ 逐渐地径向拉到 $\hat{L}$ 的过程中并未穿过原点 $w = 0$.

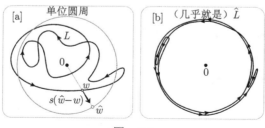

图  7-6

这样抛开了 $w$ 的长度, 我们就来处理由单位圆周到标准化了的环路 $\hat{L}$ 的映射 $\hat{\mathcal{L}}$ 如下:

$$\hat{w} = \hat{\mathcal{L}}(\mathrm{e}^{\mathrm{i}\theta}) = \mathrm{e}^{\mathrm{i}\Phi(\theta)}. \tag{7.4}$$

在此背景下, 通常就去讨论产生 $\hat{L}$ 的映射 $\hat{\mathcal{L}}$ 的度, 而不去说 $\hat{L}$ (或 $L$) 的 "环绕数" 了. 单个实函数 $\Phi(\theta)$ 就完全地描述了映射 $\hat{\mathcal{L}}$, 而图 7-7 表明怎样由 $\Phi(\theta)$ 的图像直接读出 $\hat{\mathcal{L}}$ 的度 (即 $\nu$). 请费一点儿劲, 确保自己已经很明白此图的意思. 例如, 当 $z$ 以单位速度绕 $C$ 运行时, 图像的斜率 (包括符号) 代表什么?

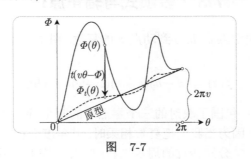

图 7-7

### 7.2.3 解释*

$\hat{\mathcal{J}}_\nu(z) = z^\nu$ 是度为 $\nu$ 的映射的原型, 这时 $\Phi(\theta) = \nu\theta$. 它的图像就是图 7-7 上的直线. 当 $z$ 以单位速度绕 $C$ 一周时, $\hat{w}$ 也以速率 $|\nu|$ 绕过 $\hat{\mathcal{J}}_\nu$ (即绕过 $\hat{\mathcal{J}}_\nu(z)$ 之象) 整数圈, 即绕单位圆周 $|\nu|$ 次 [$\nu > 0$ 时为逆时针方向, $\nu < 0$ 时为顺时针方向].

为了要弄清一个典型的环绕数为 $\nu$ 的标准环路 $\hat{L}$ 如何与原型环路 $\hat{\mathcal{J}}_\nu$ 相联系, 回到图 7-6b, 那条环路的环绕数 $\nu = 2$. 把单位圆周设想为立体圆柱的边缘, 再回想一下, 环路其实是一条会自动收紧的橡皮圈, 那么如果把让 $\hat{L}$ 放开时, 它会怎么样? 松弛的地方会被拉紧而 $\hat{L}$ 会被自动地收缩为原型环路 $\hat{\mathcal{J}}_2$. 可以把这个有说服力的想象的橡皮圈收缩为 $\hat{\mathcal{J}}_\nu$ 的过程形式化, 而证明

任意的环绕数为 $\nu$ 的 $\hat{L}$ 都可以连续变形为原型环路 $\hat{\mathcal{J}}_\nu$, 反过来也对.

"拉紧松弛" 的过程可以用描述 $\hat{L}$ 的 $\Phi$ 的图像来显式地加以描述. 当 $t$ 由 0 变到 1 时,

$$\Phi_t(\theta) = \Phi(\theta) + t[\nu\theta - \Phi(\theta)]$$

的图像会连续而且可逆地由一般的 $\Phi$ 之图像演变为原型的直线图像. 图 7-7 中的虚线就是对某个接近于 1 的 $t$ 值的 $\Phi_t$ 之图像. 定义

$$\hat{\mathcal{L}}_t(e^{i\theta}) = e^{i\Phi_t(\theta)}, \tag{7.5}$$

则当 $t$ 由 0 变到 1 时 $\hat{\mathcal{L}}_t(C)$ 连续而且可逆地由 $\hat{L}$ 演变为 $\hat{\mathcal{J}}_\nu$.

上面给出的显式的两步变形 [先做 (7.3) 再做 (7.5)] 就使我们能把任意的环绕数为 $\nu$ 的环路变形为原型环路 $\hat{\mathcal{J}}_\nu$, 而且不穿过原点. 反过来, 把这两步反过来, 也

可把 $\hat{j}_\nu$ 变形为任意的环绕数为 $\nu$ 的环路. 这就证明了 (7.2), 因为如果 $K$ 与 $L$ 有相同环绕数 $\nu$, 我们可以把 $K$ 变形为 $\hat{j}_\nu$, 再把 $\hat{j}_\nu$ 变形为 $L$.

## 7.3　多项式与辐角原理

令 $A$, $B$, $C$ 为由定点 $a$, $b$, $c$ 到动点 $z$ 的复数. 图 7-8 画了一个圆周 $\Gamma$ 及其在三次映射

$$f(z) = (z-a)(z-b)(z-c) = ABC$$

下的象 $f(\Gamma)$. 注意, $\Gamma$ 包围了映射的三个零点中的两个, 而 $f(\Gamma)$ 关于 0 的环绕数也是 2. 这并非偶然. 因为当我们把复数相乘时, 其角度会相加, 所以 $ABC$ 所转过的周数等于 $A$, $B$ 与 $C$ 分别转过的周数之和. 但当 $z$ 绕 $\Gamma$ 一周后, $A$ 和 $B$ 都各自转了一整周, 而 $C$ 的方向只是摆动了一下, 而没有转整周, 这样 $\nu[f(\Gamma), 0] = 2$.

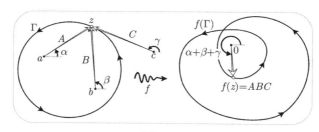

图　7-8

如果我们把 $\Gamma$ 放大, 使得也把 $c$ 点围起来, 则 $C$ 也会转一整周, 所以环绕数会增加到 3. 从而 $\Gamma$ 之内被映到 0 的点数再次等于象绕过 0 的环绕数.

显然这个结果与 $\Gamma$ 是一个圆周并无关系, 而且它可以推广到任意次多项式 $P(z)$, 而有: **若一个简单环路 $\Gamma$ 一次包围了 $P(z)$ 的 $m$ 个根, 则 $\nu[P(\Gamma), 0] = m$.**

根只不过是 0 的原象, 而从几何观点看来, 0 作为特定的象点也没有特殊之处. 所以我们以下会关注一般点 $p$ 的原象, 而称之为此映射的 $p$-点.

**辐角原理**是以上结果的一个极为广泛的推广, 它不仅可以用于一般的解析映射, 而且还包含了环绕数可以给出原象点的数目这样的逆命题:

*若 $f(z)$ 在一个简单环路 $\Gamma$ 的内域和在 $\Gamma$ 上均为解析, 而 $N$ 为 $\Gamma$ 内域中的 $p$-点数目 [按重数计], 则 $N = \nu[f(\Gamma), p]$.* (7.6)

"按重数计" 的意思在下一节解释.

我们想要强调的是: 这个结果与本书前面的思考中起中心作用的共形性, 只是在外表上有关. 事实上, 辐角原理是一个更广泛的拓扑学事实的推论, 而这个事实

只要是连续的映射都可以应用. 因此, 我们的主要精力将用于理解这个一般的结果 (归功于庞加莱), 辐角原理只是它的特例而已.

## 7.4 一个拓扑辐角原理*

### 7.4.1 用代数方法来数原象个数

甚至在图 7-8 那种最简单的情况我们就已看到, 在计算原象个数时需要小心. 如果我们把根 $b$ 移动趋向根 $a$ 时, 0 在 $\Gamma$ 之内仍有两个原象, $\Gamma$ 之象仍然绕 0 两周. 然而, 当 $b$ 到达 $a$ 时, 看起来就只有一个 0 点在 $\Gamma$ 之内了 (即 $a$ 点), 尽管 $f(\Gamma)$ 仍然绕 0 两周. 所以, 如果希望 (7.6) 仍成立, $a$ 就必须算**两次**.

从代数上说, 解决的方法在于: 现在 $a$ 是一个 "二重根", $f(z)$ 的因式分解形式 $f(z) = ABC = A^2C$ 含有 $A = (z-a)$ 的**平方**. 更一般地, 若一多项式的因式分解 含有 $A^n$ (但不含 $A$ 的更高次幂) 为因子, 我们就说 $a$ 是代数重数为 $n$ 的根, 而在 (7.6) 中 $a$ 要按此重数算作 $n$ 个 0 点.

当 $n > 1$ 时, $a$ 还有进一步的含义, 即它为多项式的临界点. 在三次映射 $f(z) = ABC$ 中, 令 $a, b, c$ 为实数, 从而 $f(z)$ 在实轴上取实值. 图 7-9 的左图就是这时 $f$ 的 通常的图像. 当 $b$ 趋向 $a$ 时, $a$ 处的斜率被迫减少, 而最后当 $b$ 到达 $a$ 时变为零.

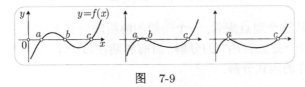

图 7-9

一般来说, 当多项式有两个或多个根重合时, 导数 (现在是伸扭) 为零的情况 一定会发生. 再看图 7-9, 若 $f'(a) \neq 0$, 图像在 $a$ 处不是平坦的, 而 $a$ 附近没有其他 点会被映到 0; 但是当 $b$ 在接近于 $a$ 的时候, 我们仍然坚持这一点. 当我们进到复 平面 $\mathbb{C}$ 以后, 仍然会有基本上相同的事发生, 因为若 $f'(a) \neq 0$, 则以 $a$ 为中心的无 穷小圆盘将被伸扭为以 0 为中心的无穷小圆盘, 使得接近于 $a$ 的所有其他点都不 会被映到 0.

这个结论可以加以精确化. 若多项式 $P(z)$ 的根 $a$ 之重数为 $n$, 则 $P$ 可以因式 分解为 $A^n \Omega(z)$, 而 $\Omega(a) \neq 0$. 由简单的计算可知 $P$ 的前 $(n-1)$ 阶导数均在 $a$ 为 零, 但 $n$ 阶导数不然 [练习], 所以 $a$ 至少是 $(n-1)$ 阶临界点. 我们马上就会看到阶 数确为 $(n-1)$.

我们下一步要设法把 "按代数重数" 来计算原象个数的想法推广到一般的解析 映射. 设 $a$ 为解析映射 $f(z)$ 的一个 $p$-点, 即为 $f(z) - p$ 的一个 0 点, 那么 $a$ 这个 "根" 的代数重数是什么? $f(z)$ 恒可在一个非奇异点的邻域用收敛的泰勒级数来表示[①], 正是因为这个事实, 这个问题完全可以回答. 故若 $\Delta = (z - a)$ 是由 $a$ 到一个邻近的 $z$ 点的复数, 可以写出

$$f(z) - p = f(a + \Delta) - f(a) = \frac{f'(a)}{1!}\Delta + \frac{f''(a)}{2!}\Delta^2 + \cdots.$$

右方第一个非零项就是决定 $f(z) - p$ 的局部性态的一项, 同时也就决定了 $a$ 的重数应该是什么. 典型的情况是: 若 $a$ 不是临界点 $[f'(a) \neq 0]$, 这时 $f(z) - p$ 的局部性态应与 $\Delta$ 的一次幂一样, 这时我们就说 $a$ 是 $f(z) - p$ 的**单根** (简单 0 点或 $f(z)$ 的简单 $p$-点), 其重数为 1.

现在考虑 $a$ 为临界点这个比较少见的情况, 如果临界点的阶数为 $(n - 1)$, 则 $f^{(n)}$ 是第一个在 $a$ 点不为零的导数, 这时起决定作用的第 1 项与 $\Delta^n$ 成比例, 我们就相应地定义 $a$ 的**代数重数**[②]为 $n$. 当 $f^{(n)}(a)$ 是第一个在 $a$ 点不为 0 的导数时, 如果记

$$\Omega(z) = \frac{f^{(n)}(a)}{n!} + \frac{f^{(n+1)}(a)}{(n+1)!}\Delta + \frac{f^{(n+2)}(a)}{(n+2)!}\Delta^2 + \cdots,$$

这个定义与对于多项式的代数重数的定义之类比就跳到台面上来了. 前面的等式现在可以写为 "已分解为因式" 的形式:

$$f(z) - p = \Omega(z)\Delta^n, \tag{7.7}$$

其中 $\Omega(a) \neq 0$. 从这个观点来看, 一个一般的解析映射和多项式之间仅有的区别就在于, 后者有一个 "处处管用" 的分解, 而前者则在每一个 $p$-点的邻域中各有互不相同的 (7.7) 那样的因式分解.

### 7.4.2 用几何方法来数原象个数

回想一下, 我们希望把 (7.6) 解释为一个一般结果的特例, 而这个结果讨论的是仅为连续的映射. 但是因为代数重数概念本身对这种一般映射没有意义, 哪怕只是给出 (7.6) 那种类型命题的框架, 又怎么能做到呢?

现在需要的是一种计数原象点数的几何途径, 而且在限于解析映射时要与前面的代数定义一致. 所以要想找到一个适当的定义, 就需要回到解析映射去, 而且问一问: "一个具有已给代数重数的 $p$-点的**几何指纹**是什么?"

考虑解析的 $f$ 在一个以简单 $p$-点 $a$ 为中心的无穷小圆周 $C_a$ 上的效果. 因为 $f'(a) \neq 0, C_a$ 就被伸扭为以 $p$ 为中心的无穷小圆周. 我们看到, 这时象点绕 $p$ 的环绕数 $(+1)$ 正是 $a$ 的代数重数. 其实, 一般地有: 若代数重数为 $n$, 则象点的环绕数也是 $n$. 环绕数就是我们想要的**几何指纹**.

---

① 这是 9.2.2 节的主要结论. ——译者注
② 也称为 $a$ 的阶或价.

为了证明这个命题, 请记住 $f$ 在 $a$ 附近的局部性态是由 (7.7) 给出的:

$$f(z) = f(a + \Delta) = p + \Omega(z)\Delta^n,$$

这里 $\Omega(a) \neq 0$. 因此基本的解释就在于, 当 $\Delta$ 沿 $C_a$ 转一周时, $\Delta^n$ 的旋转要快到 $n$ 倍, 所以 $f(z)$ 绕 $p$ 转了 $n$ 周. 如果 $\Omega$ 是一常数, 这样处理自然无可指责, 而现在只要稍做计算就可证明, 即使令 $\Omega$ 是变动的, 也不会干扰这个结论:

$$
\begin{aligned}
\nu[f(C_a), p] &= \nu[f(C_a) - p, 0] = \nu[\Delta^n \Omega(C_a), 0] \\
&= n\nu[\Delta, 0] + \nu[\Omega(C_a), 0].
\end{aligned}
\tag{7.8}
$$

当把 $C_a$ 向 $a$ 压缩时 $\Omega(C_a)$ 也向 $\Omega(a)$ 压缩, 但因 $\Omega(a) \neq 0$, 这就意味着一个充分小的 $C_a$ 的象总不会绕着 0 转: $\nu[\Omega(C_a), 0] = 0$. 因为 $\nu[\Delta, 0] = 1$, 我们就可以得出 $\nu[f(C_a), p] = n$. 证毕.

现在我们可以扩大视野并用上面的想法来定义映射 $h(z)$ 的 "重数", 现在的 $h(z)$ 不一定是解析的, 但至少是连续的. 如若 $h(z)$ 是连续的, 而且其 $p$-点是孤立的, 则以下的做法是成立的.[1] 令 $\Gamma_a$ 是绕过 $a$ 的简单环路, 但其内没有其他 $p$-点. 图 7-10 画出了这样一个环路以及其他的 $p$-点, 如 $b, c$ 等. 如果我们让 $\Gamma_a$ 连续变形为 $\widetilde{\Gamma}_a$ (而且在此过程中不越过 $a$ 和其他 $p$-点), 则 $h(\Gamma_a)$ 也会连续变形为 $h(\widetilde{\Gamma}_a)$ 而且不越过 $p$ 点, 这样

$$\nu[h(\widetilde{\Gamma}_a), p] = \nu[h(\Gamma_a), p].$$

于是我们不需进一步弄清 $\Gamma_a$ 是什么而可以无疑义地定义 $a$ 的**拓扑重数**[2]为

$$\nu(a) = \nu[h(\Gamma_a), p].$$

对于图 7-10 上的映射, 我们看到 $\nu(a) = -2$. 如果 $h$ 恰好又是解析的, $a$ 就应该还有代数重数 $n$, 但是通过把 $\Gamma_a$ 变形为无穷小圆周 $C_a$, 这两种重数是相同的: $\nu(a) = n$.

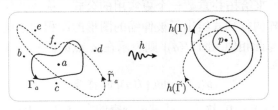

图 7-10

---

[1] 这一段与原书有区别. 实际上, 若仅要求 $h(z)$ 连续则下面讲的 $\Gamma_a$ 与 $\widetilde{\Gamma}_a$ 都可能做不出来. 例如, 令 $h(z) = z\bar{z} - 1$, $p$ 为 0, 它当然是连续的, 但它的 0 点集合是圆周 $|z| = 1$. $z = 1$ 是它的一个 0 点, 但是不是孤立的. 容易看到, 这时 $\Gamma_0$ 和 $\widetilde{\Gamma}_0$ 只要比较小, 一定与某个 0 点相遇, 因而下面的做法不能用, 作者也意识到这一点, 因此在讨论下面的 (7.10) 时规定了 $\Gamma$ 内只有有限个 $p$-点. ——译者注

[2] 也称为 $h$ 在 $a$ 点的**局部拓扑度**.

### 7.4.3 解析函数在拓扑上有何特殊

从几何观点来看, 共形映射（解析映射）比起仅为连续的映射, 在构造上要无比丰富. 然而从拓扑重数的观点来看, 则只有很少的区别, 下面是最引人注目的区别之一:

对于解析函数, $\nu(a)$ 恒正, 而对非解析函数, 它还可能为负.

例如图 7-10 中的映射就不可能是解析的. 对于解析函数 $\nu(a)$ 为正已经得证, 所以我们只需要仔细地看一下非解析函数具有负重数的可能性.

因为一般的连续映射的性态可以非常狂野, 所以我们仅限于在实意义下可微的非解析函数. 例如, 考虑 $h(z) = \bar{z}$, $p$ 的唯一原象是 $a = \bar{p}$, 而任一个绕 $a$ 的简单环路 $\Gamma_a$ 都被 $h$ 反射为按反方向绕 $p$ 一周的环路, 所以 $\nu(a) = -1$.

一般地说, 回忆一下, 我们已说过 [见 4.8.2 节] 包含这样一个可微的非解析映射在内的线性映射在 $p$-点 $a$ 的附近的性态: （在经平移到 $p$ 后）是在某个方向上按因子 $\xi_a$ 伸缩, 再在与此方向垂直的方向上按因子 $\eta_a$ 伸缩, 最后再旋转一个角 $\phi_a$. 例如, 对上述共轭映射, $\xi_a = +1$（第一个方向取为水平方向）, $\eta_a = -1$, $\phi_a = 0$. 当然, 只是因为 $h(x + \mathrm{i}y) = x - \mathrm{i}y$ 是线性映射, 所以这些值才与 $a$ 无关, 对于绝大多数映射, 它们都依赖于 $a$.

一个以 $a$ 为中心的无穷小圆周一般地被变形为一个以 $p$ 为中心的无穷小椭圆 $E_p$, 如果两个伸缩因子 $\xi_a$ 与 $\eta_a$ 符号相同, 这个映射将要**保持方向**, 象点走过 $E_p$ 的方向与原象点走过 $C_a$ 的方向相同, $\nu(a) = +1$. 但若 $\xi_a$ 与 $\eta_a$ 符号相反, 则此映射**反转方向**, $\nu(a) = -1$. 前面的共轭映射即属此种类型. 总之, 我们有

$$\nu(a) = (\xi_a \eta_a) \text{ 的符号}.$$

在 $a$ 点的局部线性变换是由雅可比矩阵 $J(a)$ 来记录其信息的, 我们可以用它的行列式 $\det[J(a)]$ 来给拓扑重数一个更实用的公式. 从线性代数我们知道, 一个常数元的 $2 \times 2$ 矩阵的行列式给出了被伸缩的图形的面积伸缩的因子（其符号表示方向是否改变）. 与此相似, $\det[J(a)]$ 则表示在 $a$ 点的面积的局部伸缩因子, 而且它正是 $(\xi_a \eta_a)$, 这样

$$\nu(a) = \det[J(a)] \text{ 的符号}. \tag{7.9}$$

当然, 若 $\det[J(a)] = 0$, 这个公式就是 "空的". 在几何上这表示在 $a$ 点有局部的坍缩, 和在解析映射情况一样, 这个地方称为**临界点**. 然而, 一个解析函数在临界点上的局部坍缩在各个方向上都是对称的, 对于现在考虑的更一般的映射就不一样了. 例如, 若 $f(x + \mathrm{i}y) = x - \mathrm{i}y^3$, 则 $\det[J] = -3y^2$ [练习], 所以, 虽然 $f$ 把点在水平方向上的间隔保留不动, 由于垂直方向的坍缩的结果, 却使实轴上的所有点都是临界点.

还可以用这个例子来说明另一个区别:

一个解析映射的临界点可以纯粹用其拓扑重数为基础而加以区别, 非解析映射的临界点则不可能这样做.

对于解析函数我们已看到 $\nu(a) = +1$ 当且仅当 $a$ 不是临界点. 对于非解析情况, 当 $a$ 非临界点时 $\nu(a) = \pm 1$, 但当 $a$ 是**临界点**时, 仍然可能 $\nu(a) = +1$ 或 $-1$. 事实上, 可以用上例来验证, 对于临界点或非临界点都有 $\nu(a) = -1$ [练习].

最后还有一个区别:

对于解析映射, $\nu(a)$ 从不为零, 但对于非解析映射, 它可以为零.

我们将在下一小节给出一个具有零拓扑重数的非解析映射之例. 你能自己想出一个例子吗?

### 7.4.4 拓扑辐角原理

令 $\Gamma$ 为一简单环路, $h(z)$ 为一连续映射且在 $\Gamma$ 之内域仅有有限多个 $p$-点. 我们要证明

在 $\Gamma$ 的内域的 $p$-点的总数 (每个 $p$-点均按其拓扑重数计算) 等于 $h(\Gamma)$ 绕 $p$ 的环绕数. $\qquad\qquad$ (7.10)

如果 $h$ 是解析的, (7.10) 就变成了 (7.6), 本章其余部分就致力于挖掘并且拓展这个简单然而很深刻的结果.[1]

在解释 (7.10) 的意义之前, 我们先来介绍它的一个直接推论. 正如图 7-2 所示, $h(\Gamma)$ 一般会把 $w$ 平面分成几个集合, 而 (7.10) 指出, $D_j$ 中各个点的位于 $\Gamma$ 内的原象点的数目都是相同的, 记为 $\nu_j$. 比方说, 如果 $h(\Gamma)$ 是一简单环路, 则它把 $w$ 平面恰好分成两个集合, 即其 "内" 与 "外". 如果 $p$ 在 "内", 则此结果指出, 在 $\Gamma$ 内的 $p$ 点的数目为 1. 但若 $h$ 是解析的, 这些 $p$-点必有严格为正的重数, 所以 $h(\Gamma)$ 之每个内点, 恰有 1 个原象, 换言之, 我们证明了所谓**达布**[2]**定理**:

若一解析函数 $h(z)$ 把 $\Gamma$ 一一地映为 $h(\Gamma)$, 则它也把 $\Gamma$ 的内域一一地映到 $h(\Gamma)$ 的整个内域中.

为了解释 (7.10), 请看图 7-11. 其上画出了位于 $z$ 平面的环路 $\Gamma$ 之内的三个

---

[1] 若用向量场来解释 (参见第 10 章), 这个结果是理解一个非常惊人非常美丽的结果的关键, 这个结果称为**庞加莱–霍普夫定理**.

[2] Jean Gaston Darboux, 1842—1917, 法国数学家. ——译者注

$p$-点 $a, b, c$. 其余 $p$-点分散在 $\Gamma$ 的外域中. 基本思想是, 可以逐渐地把 $\Gamma$ 变形为在 $\beta, \gamma$ 两点连接起来的环路 $\alpha\beta\gamma\delta\gamma\beta\alpha$ (图 7-11 上用虚线表示, 请注意其箭头), 我们称此环路为 $\widetilde{\Gamma}$. 因为在变形过程中没有碰到任何一个 $p$-点, 所以转到 $p$ 所在的 $w$ 平面上, $h(\widetilde{\Gamma})$ 绕过 $p$ 的次数和 $h(\Gamma)$ 绕过 $p$ 的次数一样. 余下要做的事就几乎是显然的了: $\widetilde{\Gamma}$ 是由 $\Gamma_a = \alpha\beta\alpha$, $\Gamma_b = \beta\gamma\beta$ 和 $\Gamma_c = \gamma\delta\gamma$ 构成的, 它们的象绕 $p$ 的次数按定义正是 $a, b, c$ 的拓扑重数.

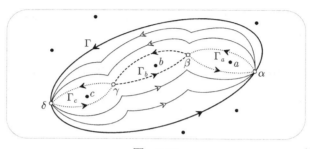

图　7-11

我们还是把这个细节像念经似地念上一番, 尽管这可能是不必要的: 令 $K$ 为一路径, 它可能不是闭的, 用 $\mathcal{R}(K)$ 来记当 $z$ 沿 $K$ 走一圈时 $h(z)$ 绕 $p$ 旋转的总角度. 举例来说, 如果 $K$ 是封闭的, 则 $\mathcal{R}(K) = 2\pi\nu\,[h(K), p]$. 于是

$$
\begin{aligned}
2\pi\nu\,[h(\Gamma), p] &= 2\pi\nu\,\left[h\left(\widetilde{\Gamma}\right), p\right] = \mathcal{R}\,(\alpha\beta\gamma\delta\gamma\beta\alpha) \\
&= \mathcal{R}\,(\alpha\beta) + \mathcal{R}\,(\beta\gamma) + \mathcal{R}\,(\gamma\delta) + \mathcal{R}\,(\delta\gamma) + \mathcal{R}\,(\gamma\beta) + \mathcal{R}\,(\beta\alpha) \\
&= \mathcal{R}\,(\alpha\beta\alpha) + \mathcal{R}\,(\beta\gamma\beta) + \mathcal{R}\,(\gamma\delta\gamma) \\
&= \mathcal{R}\,(\Gamma_a) + \mathcal{R}\,(\Gamma_b) + \mathcal{R}\,(\Gamma_c) \\
&= 2\pi\,[\nu\,(a) + \nu\,(b) + \nu\,(c)].
\end{aligned}
$$

这个思想显然可以推广到 $\Gamma$ 内有任意多个 $p$-点 $a_1, a_2$ 等的情况:

$$
\nu\,[h(\Gamma), p] = \sum \nu\,(a_j), \qquad (\text{对 } \Gamma \text{ 内的 } p\text{-点 } a_j \text{ 求和}). \tag{7.11}
$$

### 7.4.5　两个例子

我们立刻就用两个具体例子来说明以上的结果:

$$
h(x + iy) = x + i|y|.
$$

同前面擀面片的类比 [见 4.8.1 节] 来说, 这个映射就相当于把一张面皮沿实轴打折, 把下半张翻过来放到上半张的上面, 若 $\operatorname{Im}(p) > 0$, 这个 $p$ 就有两个原象: $a_1 = p, a_2 = \bar{p}$. 图 7-12 表明 $\nu(a_1) = +1, \nu(a_2) = -1$, 而若 $\Gamma$ 包含了 $a_1$ 和 $a_2$, 则 $\nu(h(\Gamma), p) = 0$, 均与 (7.11) 一致.

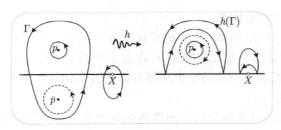

图 7-12

一般说来, $\nu[h(\Gamma), p] = 0$ 只不过表示, 或者 $p$ 在 $\Gamma$ 内没有原象, 或者虽有原象但它们的重数互相抵消, 如本例就是. 然而, 若 $f$ 为解析的且 $\nu[f(\Gamma), p] = 0$, 结论是很确定的, 只有一个可能性: 在 $\Gamma$ 内没有原象. 我们以后还要回到很重要的这一点.

回到本例, 注意, 若 $p = X$ 为实, 则只有一个原象, 即 $X$, 而且 $\nu(X) = 0$. 我们可以用一个巧妙的方法来看待它: 当我们把 $p$ 移动向 $X$ 时, 它的两个原象 $a_1$ 和 $a_2$ 也移向 $X$, 当它们最终在 $X$ 处融合时, 它们的反号的重数就抵消了. 我们在前面已经指出, **只有**对非解析映射, 才会有这种为零的重数.

图 7-13 是一个更精巧的例子: 对一单位圆盘的面片做三阶段的变换 $H$, 而总使其边缘 $\Gamma$（单位圆周）不变: $H(\Gamma) = \Gamma$. 三个阶段如下: (A) 把位于左上图圆盘中用虚线圆周画出的浅灰色一片拉起来成一顶 "帽子" 的帽顶, 虚线外取一部分（环形, 深灰色）竖起来成圆柱形的帽沿（右上图）; (B) 把 "帽" 顶部分径向拉伸成一个半径大于 1 的的圆盘（右下图）; (C) 把它压平, 即把每一点都垂直投影到平面上（左下图）.

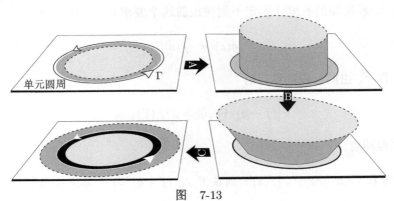

图 7-13

如果在左下图的象平面上取一点, 则在原来的圆盘中的原象点的个数（质朴而不加修饰地看）, 就是在 $p$ 的上方面片的层数, 并在左下图用深浅不同的颜色来表示层数: 浅灰色即帽顶靠内的一部分是**一层**; 深灰色即帽顶超过半径 1 的部分是**二层**（有一层来自帽沿）, 黑环是**三层**（分别来自帽顶、帽沿和原来没有被竖起来的部分). 务必把这一点看清楚.

现在来验证 (7.11). 例如, 若 $p$ 在深灰色的外环中, $\nu[H(\Gamma), p] = \nu[\Gamma, p] = 0$, 可以看到这些点的原象点之重数之和为 0. 在左上平面上围着这两个原象点各做一个小环路, 看一下在映射之下这两个小环路方向是否变化就能证实: 一个原象点之重数为 1, 另一个则为 $-1$.

对于位于内部浅灰色圆盘与中间黑色圆环中的 $p$ 点, 请自行验证 (7.11) 仍成立.

## 7.5　鲁　歇　定　理

### 7.5.1　结果

假想你在公园围绕一棵树遛狗, 你和狗最后都回到了原地. 再想象你用一根系狗绳拉着狗, 而这根系狗绳的长度可以改变 (好像一个有弹簧的钢卷尺那样). 如果在这样一次遛狗时, 你把系狗绳弄短一点, 让狗紧跟着你, 这时很清楚, 你绕树走了多少圈, 狗一定也绕树走那么多圈. 下一次遛狗时, 你把系狗绳放长一点, 狗就可以又跑又跳, 甚至绕着你打转. 然而只要系狗绳仍然够短, 使狗走不到树跟前, 狗绕树的圈数仍然和你绕树的圈数一样.

令树为 $\mathbb{C}$ 的原点, 并令你走的路径是当 $z$ 绕一闭环路 $\Gamma$ 时的某个映射 $f$ 的象 $f(\Gamma)$, 所以你的位置就是 $f(z)$. 同样, 由你到狗的复数 (即向量) 也由 $z$ 决定而为 $z$ 在另一映射 $g$ 下之象 $g(z)$. 这样, 狗的位置 (即由原点到狗的向量) 应为 $f(z) + g(z)$. 系狗绳的长度让狗走不到树跟前这个要求就是: 在 $\Gamma$ 上

$$|g(z)| < |f(z)|.$$

在这些条件下, 由前一段的结果有

$$\nu\left[(f + g)(\Gamma), 0\right] = \nu\left[f(\Gamma), 0\right].$$

由辐角原理即有

> 若在 $\Gamma$ 上 $|g(z)| < |f(z)|$, 则在 $\Gamma$ 内 $(f + g)$ 与 $f$ 零点个数相同.

这就是**鲁歇**[①]**定理**.

请注意 $|g(z)| < |f(z)|$ 是 $f + g$ 与 $f$ 有相同个数的根的充分条件, 但不是必要条件. 考虑 $g(z) = 2f(z)$ 就得到一个例子.

---

① Eugene Rouché, 1832—1910, 法国数学家. ——译者注

### 7.5.2 代数基本定理

代数基定本定理是鲁歇定理的一个经典例证. 该定理指出 $n$ 次多项式

$$P(z) = z^n + Az^{n-1} + Bz^{n-2} + \cdots + E$$

恒有 $n$ 个根. 基本的解释很简单: 若 $|z|$ 很大, $P(z)$ 的第一项在决定 $P(z)$ 的性态上占优, 因此一个充分大的以原点为中心的圆周 $C$ 之象必定绕原点 $n$ 周. 由辐角原理即知 $P(z)$ 在 $C$ 之内域必有 $n$ 个根.

鲁歇定理只不过精确化了上述的基本解释. 记 $P(z)$ 的首项为 $f(z) = z^n$, $P(z)$ 的其余各项之和为 $g(z)$, 于是 $f + g = P$. 令 $C$ 为圆周 $|z| = 1 + |A| + |B| + \cdots + |E|$. 利用在 $C$ 上有 $|z| > 1$ 这一事实, 不难证明在 $C$ 上有 $|g(z)| < |f(z)|$ [练习], 又因 $f(z)$ 在 $C$ 内有 $n$ 个根（全在原点处）, 鲁歇定理说 $P$ 在 $C$ 内也有 $n$ 个根.

注意, 我们不仅是证实了有 $n$ 个根存在, 而且也把它们的位置范围圈定了: 它们一定都在 $C$ 内, 在习题中还会看到鲁歇定理是如何常用于获取方程的根的位置的更精确的信息.

### 7.5.3 布劳威尔不动点定理*

在一杯咖啡上面洒一些滑石粉然后轻轻搅动, 滑石粉的小白点就会旋转起来而最终又停下来, 原来在 $z$ 处的一小粒滑石粉停下来的位置记作 $g(z)$. 如果用一种很匀称的方式轻轻搅动咖啡, 那么, 位于杯子中心的滑石粉颗粒是不动的, 它的最终的位置也就是它的最初的位置. 像这种使得 $g(z) = z$ 的地方就叫作 $g$ 的**不动点**.

现在用一种真正很复杂的方式去搅动咖啡, 然后又让它停下, 有一件事看来令人难以相信, 那就是至少有一个小颗粒恰好停在它出发的位置! 这就是**布劳威尔[①]不动点定理**的一个例子, 该定理断言, **由一个圆盘到其自身的连续映射必有不动点**. 习题 15 中将要证明它成立, 而当前我们只证明一个稍有不同的、条件稍强的结果: 若一个圆盘被连续映射 $g$ 映入其**内域**, 则必有不动点, 而且最多有有限多个不动点.

令此圆盘为 $D: |z| \leqslant 1$, 所谓 "映入其内域" 这个条件就是, 对 $D$ 中一切 $z$ 点, $|g(z)| < 1$, 令 $m(z)$ 表示 $z$ 点在此映射下的运动, 即连接 $z$ 到 $g(z)$ 的复数:

$$m(z) = g(z) - z.$$

不动点就是 "没有运动": $m(z) = 0$. 令 $f(z) = -z$. 在 $D$ 的边缘（即单位圆周）上, 有

$$|g(z)| < 1 = |f(z)|,$$

鲁歇定理指出, $m(z) = g(z) + f(z)$ 在 $D$ 之内域的根的数目与 $f$ 在 $D$ 内的根的数目一样, 即只有一个.

---

① Luitzen Egbertus Jan Brouwer, 1881—1996, 荷兰数学家. ——译者注

如果 $g$ 仅为连续的, 其实可以有几个不动点, 其中有一些重数必定为负. 若 $g$ 为解析的, 则容易确定根的数目: 只有一个.

## 7.6 最大值与最小值

### 7.6.1 最大模原理

再看一下图 7-13 中的非解析映射 $H$, 并请注意圆盘的象 "溢出" 了边缘之象: 即原来在 $\Gamma$ 内域的点停止在 $H(\Gamma)$ **外域**的深灰色环中. 本小节的关注点是: 在解析映射情况下, 这种溢出是不可能的.

$$\text{若 } f \text{ 在一简单环路 } \Gamma \text{ 上为解析的, 则 } f(\Gamma) \text{ 之外的点均不可能} \tag{7.12}$$
在 $\Gamma$ 内域有原象.

现在来问为什么. 辐角原理告诉我们, 位于 $\Gamma$ 内的 $p$-点的重数 $\nu(a_j)$ 的和是 $\nu[f(\Gamma), p]$. 若 $p$ 在 $f(\Gamma)$ 之外, 则由定义 $\nu[f(\Gamma), p] = 0$. 因为对于解析函数 $\nu(a_j)$ 严格为正, 由此可知 $f(\Gamma)$ 之外的点不可能在 $\Gamma$ 内有原象. 另一方面, 若 $p$ 位于 $f(\Gamma)$ 之内, 则 $\nu[f(\Gamma), p] \neq 0$, 所以在 $\Gamma$ 内至少有一个原象. [与 (7.12) 只讲解析映射不同, 这一点对于非解析映射也成立.]

图 7-14 画出了一个解析的 $f$ 把 $\Gamma$ 内的有阴影的内域严格地映到 $f(\Gamma)$ 的有阴影的内域中, 因为 $f(\Gamma)$ 绕颜色较深的区域 2 次, 其中之点必在 $\Gamma$ 内域有两个原象, 我们可以设想这是由于两个浅色阴影区域（每个浅色阴影区域中各有一个原象）互相重叠而来.

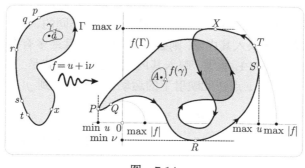

图　7-14

由图 7-13 中映射 $H$ 造成的 "溢出" 现象还有一个方面, 即被映到离原点最远处的 $z$（即使模 $|H(z)|$ 最大的 $z$ 点）位于 $\Gamma$ 内, 反过来说, 对于解析的 $f$ 不发生溢出就意味着

若 $f$ 在一区域内解析 [1]，则 $|f(z)|$ 之**最大值** [2] 必在区域的边界点上达到，而不可能在内点达到．

这就是**最大模原理**，在图 7-14 中画出了它：$|f(z)|$ 的最大值 $|T| = |f(t)|$，这里 $t$ 在 $\Gamma$ 上．

这个结果说明了，唯一的"例外"情况是平凡的解析映射 $z \mapsto$ 常数，因为它把所有点都映到同样的单一象点．把这件事用比较正面的话来说就是：若我们知道解析映射 $f$ 的 $|f|$ 在一内点达到最大值，则 $f(z) =$ 常数．

作为一个简单例子，考虑以下问题．令 $B(z)$ 为由 $z$ 到某个正方形的 4 个顶点 $a, b, c, d$ 的距离之积．若 $z$ 在正方形内部或边上，$B(z)$ 在何处达到最大值？如果猜想在正方形中心达到最大值，这个想法肯定是诱人的，但是错了，这是因为 $B(z) = |(z-a)(z-b)(z-c)(z-d)|$ 是一个解析映射的模，其最大值必在正方形边上某点达到．其确切的位置只需用一点普通的微积分即可求出 [练习]．

回到理论问题上，回忆一下第 2 章的知识，只要把 $z$ 点从复平面铅直向上提升到高度 $|f(z)|$ 处就可以得到 $f$ 的"模曲面"了．看一看这个曲面在 $\Gamma$ 及其内域的上方的那一部分，上面的结果说的就是：最高点总在边界上方而不会在 $\Gamma$ 的内域某点的上方．

虽然高度的绝对最大值总是在边界上出现，但是在内点 $a$ 处，$|f|$ 会不会有局部的最大值（即通常微积分教材中讲的极大值），就是说模曲面会不会在 $a$ 点有一个山峰？不会！因为如果我们围绕着 $a$ 点做一个小的环路 $\gamma$，并且把模曲面在 $\gamma$ 内域上方的那一部分切下来，则最高点就不在这一部分的边界 $\gamma$ 上了．这样，模曲面连山峰也不会有．在习题中还研究了模曲面的其他方面．

可以用图 7-14 来重新解释局部极大也不会出现．辐角原理告诉我们，$\gamma$ 既然包围了 $a$ 点，$f(\gamma)$ 至少要绕过 $A = f(a)$ 一次．这就使我们清楚地看到 $\gamma$ 上一定有这样的点，其象点（在 $f(\gamma)$ 上）离原点比 $A$ 离原点更远．更加形式地说（参见图 7-4），由 $A$ 点（即图 7-4 上的 $p$ 点）发出的任意射线，必与 $f(\gamma)$ 相交．我们就选由 $A$ 点发出的直接背离原点的射线，它与 $f(\gamma)$ 的交点可以保证离原点比 $A$ 离原点更远．所以 $|f|$ 也不会有局部最大值．

### 7.6.2 相关的结果

正如图 7-14 所画的那样，最大模原理是可以由 (7.12) 得出的几个结果之一．例如，如果在 $\Gamma$ 内域没有 0 点，即没有使 $|f(z)| = 0$ 之点，则在右图的 $w$ 平面上离原点最近的 $Q$ 点（即 $|f(z)|$ 取最小值的点）也必定是边界 $\Gamma$ 上某点 $q$ 之象．这很自

---

[1] 且不恒为一常数．——译者注
[2] 如果有最大值存在的话．——译者注

然地称为**最小模定理**.

所以, 如果我们把模曲面在 $\Gamma$ 及其内域上方的一块切下来, 最低点也总在边界上, 除非此曲面在 $f$ 的一个内域 0 点处真正触到了复平面. 用同样方法, 此曲面除在 0 点处以外, 不会再有凹点 [即 $|f|$ 的局部最小值].

和前面一样, 所有这些事的唯一 "例外" 是映射 $z \mapsto$ 常数, 因为这时每一点都给 $|f|$ 以最小值 (其实是它的唯一值). 这样, 如果我们知道如果 $|f|$ 在一个内点达到了正的最小值, 则 $f(z) =$ 常数.

如果 $f = u + iv$ 是解析的, 则由第 5 章习题 2 可知, $u$ 和 $v$ 自动为 "调和的". 我们将在第 11 章看到, 这意味着这些函数将与众多物理现象有密切联系: 稍微举几个, 如热流、静电学和流体动力学等. 所以, 非常值得注意的是, 图 7-14 还表明: $u$ 和 $v$ 也服从这样的原理, 即它们的最大值和最小值只能在 $\Gamma$ 上达到, 而决不能在 $\Gamma$ 内达到. 和前面一样, 如果一个调和函数在一内点处达到最大值或最小值, 它必定为常数.

# 7.7    施瓦茨–皮克引理*

## 7.7.1    施瓦茨引理

想一下非欧几何的庞加莱模型, 我们在第 6 章就已看到以下形式的默比乌斯变换

$$M_a^\phi(z) = e^{i\phi} \frac{z - a}{\bar{a}z - 1} = e^{i\phi} M_a(z) \tag{7.13}$$

所起的特殊的作用, 这里 $a$ 是单位圆盘内的一点. 单位圆盘的这些一一映射是刚性运动, 因为它们保持非欧距离.

本节中除了给出刘维尔[①]定理的一个插曲以外, 还将把第 6 章里开始的工作继续下去, 即展示在非欧几何和共形映射之间先天存在的美丽的和谐性. 这两个学科似乎有 "灵犀一点" 之通的第一个新证据就是下面的命题:

**双曲平面的刚性运动仅有单位圆盘到其自身的解析映射一种**. $\qquad$ (7.14)

从单位圆盘到其自身的其他解析映射当然有许多种, 但是由 (7.14) 知, 它们都不会是**一对一**的. 举例来说, $z \mapsto z^3$ 映单位圆盘为其自身但是它是**三对一**的.

注意, 这个结果可以证明我们以前在讲到黎曼映射定理 (见 3.9.4 节) 时宣布的一件事. 我们在那里说, 单位圆盘的自同构有多少, 那么, 由一个区域到另一个区域的解析映射就有多少. 我们已经知道, 单位圆盘的自同构中包含了默比乌斯映射的一个 3 参数族, 现在 (7.14) 告诉我们, 除此以外再也没有其他自同构了.

---

① Joseph Liouville, 1809—1882, 法国数学家. ——译者注

为了验证 (7.14), 我们要先证明一个有重要意义的引理, 这个引理归功于施瓦茨, 称为**施瓦茨引理**.

> 若单位圆盘到其自身的解析映射保持中心不动, 则或者每个内点都移得更靠近中心, 或者此映射就是简单的旋转.

$f(z) = z^2$ 这个例子表明, 即使令边界点到圆心的距离不变, 该映射也不一定是旋转. 但是对此映射, 内点 $z$, 即 $|z| < 1$, 使 $|f(z)| = |z|^2 < |z|$, 即内点的象点离圆心更近, 与此结果相符合. 施瓦茨引理的证明如下.

令 $f$ 为将单位圆盘映到其自身且保持中心不动的解析映射, 所以在单位圆盘上, $|f(z)| \leqslant 1$ 且 $f(0) = 0$. 我们希望证明, 或者在内点 $|z| < 1$ 处 $|f(z)| < |z|$, 或者 $f(z) = \mathrm{e}^{\mathrm{i}\phi} z$. 为了证明这一点, 考虑 $F(z) \equiv \frac{f(z)}{z}$. 我们已经在 5.5.2 节中指出, 幂级数必定是可微的, 因而一定是解析的. 反过来, 那里还指出, 解析函数一定可以展开为幂级数. 这样, 解析性与可以展开为幂级数是等价的. 虽然最后一步将在 9.2.2 节中证明, 但我们现在就先来应用它, 并且知道 $f(z)$ 必可在单位圆盘 $|z| < 1$ 中写成一个收敛的幂级数 $f(z) = c_0 + c_1 z + c_2 z^2 + \cdots$, 而由 $f(0) = 0$ 知道 $c_0 = 0$. 从而至少在 $0 < |z| < 1$ 处 $F(z) = c_1 + c_2 z + c_3 z^2 + \cdots$, 但是, 此式右方作为一个幂级数, 其收敛半径至少是 1. 所以从表面上看 $f(z)/z$ 似乎在 $z = 0$ 处无定义, 实际上正如微积分中的 "定未定式" 一样, 可以用此幂级数作为 $f(z)/z$ 在整个单位圆盘上的定义而知 $F(z) = f(z)/z$ 在 $|z| < 1$ 中为解析函数[①], 而且 $F(0) = c_1 = f'(0)$. 现在, 在 $|Z| \leqslant r < 1$ 中对 $F(z)$ 应用上面讲的最大模原理, 即有

$$|F(z)| < \max_{|z|=r} |F(z)| = \max_{|z|=r} \left( \frac{|f(z)|}{|z|} \right) = \frac{1}{r}.$$

令 $r \to 1$ 就有: 在 $|z| \leqslant 1$ 中 $F(z) = f(z)/z$ 适合

$$|F(z)| \leqslant 1.$$

如果在这里等号不成立, 就有

$$|F(z)| < |z|, \quad \text{如果 } 0 < |z| < 1;$$
$$|F(0)| = |f'(0)| < 1.$$

如果在这里等号成立了, 则说明在 $z$ 这个内点 $F(z)$ 达到了最大值, 而有

---

① 这里需要做较多的说明, 问题在于, 正文中实际上是在 $z = 0$ 处补充定义了 $F(0) = f'(0)$ 后得到 $F(z) = f(z)/z$ 在 $|z| < 1$ 中为解析函数. 从形式上看, 这与微积分中常用的洛比达法则一样, 但在复分析中还要证明补充定义所得的 $F(z)$ 不仅连续而且解析, 这是一个十分重要的定理: **可去奇点定理**. 本书还有不少地方也用了这个定理. 所以我们将在 9.4.2 节的第一个译者注中详细讨论它. 这一部分译者做了较大改动. ——译者注

$$F(z) = c.$$

很明显 $|c| \leqslant 1$. 因为若 $|c| > 1$, 则当 $z \neq 0$ 时有 $f(z) = cz$ 且一定可以使 $|f(z)|$ 在某点大于 1, 这就违背了 $f$ 映单位圆盘到其自身的假设. 若 $|c| < 1$, 则又回到了上面的情况, 即 $|F(z)| = 1$, 而 $|F|$ 在 $z$ 达到了最大值. 所以一定有 $|c| = 1$, 即 $f(z) = \mathrm{e}^{\mathrm{i}\phi}z$. 总之我们有两个可能性:

(i) $|f(z)| < |z|$, 如果 $0 < |z| < 1$; $\quad |f'(0)| < 1$.

(ii) $f(z) = \mathrm{e}^{\mathrm{i}\phi}z$.

于是, 施瓦茨引理得证.

图 7-15 是对这个结果的解释. 如果 $f$ 不是一个旋转, 则像 $K$ 这样的圆周上的每一点 $z$ 都被扭曲到严格位于 $K$ 之内部的 $w = f(z)$ 点, 而有阴影的区域就被压缩, 如右图所示. 如果把 $K$ 向原点压缩, $f$ 将把 $K$ 伸扭为另一个较小的以原点为中心的无穷小圆周. 所以 $f$ 在原点的伸缩比必小于 1. 只是在旋转的情况下, $|f'(0)|$ 才会等于 1.

现在可以回到命题 (7.14) 的证明. 如同施瓦茨引理的情况一样, 先设 $f$ 使圆心不动, 但取 $f$ 为**一对一**的, 使它有一个合理定义的解析逆 $f^{-1}$, 也把单位圆盘映为自身而且使圆心不动. 由施瓦茨引理, $f$ 把内点 $p$ 映射到一点 $q$, 使其到圆心的距离不比 $p$ 到圆心更远. 但是 $f^{-1}$ 也要服从施瓦茨引理, 所以 $p = f^{-1}(q)$ 离圆心的距离不比 $q$ 离圆心更远. 这两个要求只有当 $|q| = |f(p)| = |p|$ 时才能相容. 这样 $f$ 必须是一个旋转, 这是 (7.13) 类型的刚性运动.

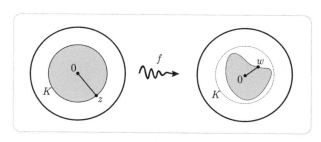

图　7-15

最后, 设一对一的映射 $f$ 并不使圆心不动, 而把它变为 $c$. 我们现在可以把 $f$ 与一个把 $c$ 映回到 0 的刚性运动 $M_c$ 复合起来. 这样就得到一个把单位圆盘映为自身而且保持圆心不动的一对一映射 $(M_c \circ f)$, 它一定是一个旋转 $M_0^\phi$. 但是这就意味着 [练习]

$$f = M_c \circ M_0^\phi$$

是两个刚性运动的复合, 所以它本身也是一个刚性运动. 证毕.

### 7.7.2 刘维尔定理

常值映射 $f(z) = c$ 把整个平面压缩成单个象点 $c$. 我们现在要问, 有无可能一个解析映射把整个平面压到一个位于有限圆内的区域, 而不那么极端地完全压成一点.

如果只要求映射是连续的, 这是可能的. 例如

$$h(z) = \frac{z}{1 + |z|}$$

把全平面映为单位圆盘. 回到解析映射, 我们注意到, 复反演 $z \mapsto w = (1/z)$ 能够把 $z$ 平面的单位圆周以外的无限区域共形地映到 $w$ 平面的单位圆盘中. 看来有点希望: 原来的平面只剩下一个小小的单位圆盘还有待于映射过去.

这样想问题, 就是完全忘记了解析映射的刚性. 既已决定用复反演来映射单位圆盘外的区域, 那么到映射余下的单位圆盘时就不能改用其他的规则来做映射: 在外域的映射 $z \mapsto (1/z)$ 只能以一种方式解析延拓为内域的映射, 即仍为 $z \mapsto (1/z)$. 解析性的要求就逼得那个 "小小的单位圆盘" 炸开来产生一个无穷大的象.

我们现在要证明:

　　若不把全平面压成一个点, 解析映射就不能把全平面压成位于一个有限半径的圆盘内的区域.

这就是**刘维尔定理**. 为了理解它, 我们必须稍微推广施瓦茨引理如下. 设一解析函数 $w = f(z)$ 使原点不动而把圆盘 $|z| \leqslant N$ 压成一个位于圆盘 $|w| \leqslant M$ 内的区域. 仍用前面的推理, 令 $F(z) \equiv f(z)/z$, 即知, 若 $p$ 位于原来的圆盘（其边界圆周记作 $K$）内, 则

$$|F(p)| \leqslant \left[ \max_K |F(z)| \right] = \max_K \left( |f(z)|/N \right) \leqslant \frac{M}{N}.$$

所以

$$|f(p)| \leqslant \frac{M|p|}{N}.$$

但若 $f$ 把整个 $z$ 平面都压缩到位于半径为 $M$ 的圆盘之内的某区域, 则上式不论 $N$ 取多么大都应成立. 所以对所有的 $p$ 都有 $f(p) = 0$. 证毕.

最后, 若 $f$ 并不使原点不动而把它映为 $c$, 我们可以把前面的论证用于函数 $[f(z) - c]$. 这个函数是 $f$ 与把 $c$ 映回到 $0$ 的平移 $-c$ 之复合. 因为 $z$ 平面在映射 $f$ 下的象位于 $w$ 平面的圆盘 $|w| \leqslant M$ 之内, $-c = -f(0)$ 当然也在此圆盘内, 所以 $f$ 之象再经过平移 $-c$ 会生成一个位于 $|w| \leqslant 2M$ 之内的区域. 上面的不等式就变成了

$$|f(p) - c| \leqslant \frac{2M|p|}{N}.$$

再一次令 $N$ 趋向无穷大, 即知对于一切 $p$ 有 $f(p) = c$. 证毕.

### 7.7.3    皮克的结果

我们现在就对非欧几何与共形映射有紧密联系这件事给出一个很美丽的证据. 重新考察图 7-15. 施瓦茨引理告诉我们, 内点到原点的距离在此解析映射之下将会变小（除非此映射为旋转). 这个结果尚有两个瑕疵, 而均与过分强调原点的作用有关: (i) 我们要求此映射让原点不动; (ii) 只证明了到原点的距离在变小.

先考虑 (ii) 而暂时容忍 (i), 仍设此解析映射让原点不动. 虽然我们还没有证明过, 但是我们怀疑, 是否可能还有一个更加对称的结果也成立——除非映射是旋转, 否则该映射自动地让任意一对内点的距离也变小?

很遗憾, 不行. 考虑映射 $f(z) = z^2$（它保持原点不动) 在两点 $a = (3/4)$ 与 $b = (1/2)$ 上的效果. 两点原来的间隔 $|a - b| = 0.25$, 但是其象的间隔是 $|f(a) - f(b)| = 0.3125$. 两点的距离不减**反增**.

但是现在从**庞加莱族**[①]的观点来看, 同样是这个映射对同样是这两个点的效果如何. 当他们测量 $a, b$ 两点的距离时, 他们得到的是（见 (6.46)）$\mathcal{H}\{a, b\} = 0.8473$, 而象的距离是 $\mathcal{H}\{f(a), f(b)\} = 0.7621$. 双曲距离确实在减小. 请你自己选两个点并且考察一下映射 $z \mapsto z^2$ 对它们的双曲间隔的效果.

皮克的光辉的发现在于, 甚至当我们抛弃原点为不动点的要求时, 双曲距离的减少仍是一个普遍现象:

> 一个由圆盘到其自身的解析映射, 除非是一刚性运动, 否则必使每一对内点的双曲距离减小. (7.15)

因为这个结果包含了施瓦茨引理为其特例 [这一点我们马上就会讲清楚], 所以有时称它为**施瓦茨–皮克引理**. 尽管这个结果的本性惊人, 我们却可以很简单地懂得它的实质. 我们只需问一个问题: "庞加莱族怎样看图 7-15?"

因为庞加莱族对角的观念与我们是一样的, 他们对解析函数的观念也就与我们是一样的——$f$ 对于我们和对于他们都是共形的. 此外, 我们和他们都同意, 由原点发出的射线就是我们可以沿着它测量距离的直线. 所以庞加莱族也心甘情愿地承认 $w$ 比 $z$ 更靠近 0, 虽然在定量性地确定到底靠近了多少上面, 他们与我们大不相同. 现在还要回忆起庞加莱模型有一个小毛病: 0 对于我们是很特殊的, 因为它是圆盘的中心, 但是对于居住在无限的均匀的平面上的庞加莱族而言, 0 与他们的世界的任意其他点根本没法加以区别.

图 7-16 把这个解释形式化了. 在左上图中我们看见庞加莱族标定了一个任意点 $a$, 以 $a$ 为中心做了几个同心圆周, 而在最外面的圆周上又标定了第二点 $b$. 他们（还有我们）现在都要考虑一个映他们的世界为其自身的解析映射的效果. $a$ 点

---

① 回忆一下第 6 章, 庞加莱族就是居住在双曲平面的庞加莱模型上的生物.

被映到象点 $A = f(a)$ [右上图], $b$ 点类似地被映到 $B = f(b)$. 为了把 $A$ 与 $B$ 的间隔和 $a$ 与 $b$ 的间隔加以比较, 庞加莱族要做一个刚性运动把以 $a$ 为中心的圆周都映成以 $A$ 为中心的圆周, 但圆周的双曲大小不变(用刚性运动 $M_A \circ M_a$ 即可). 结果, $a$ 与 $b$ 的双曲间隔将因 $f$ 而减少 [或增加], 视 $B$ 在这些圆周的最外一个的内域 [或外域] 中而定. 因为我们期待着皮克的结果, 所以把 $B$ 被画在内域, 从而双曲间隔会减少. 然而, 由前面的数值结果, 通过比较 $|a - b|$ 与 $|f(a) - f(b)|$, 却发现这个间隔是在增加.

庞加莱族为了让我们这些可怜的欧几里得盲人能够看清, 以 $a$ 为中心和以 $A$ 为中心的圆周确实是同心的而且是一样大的(这样 $B$ 就真正更接近了), 他们就分别做了图上所画的刚性运动 $M_a$(其实 6.3.11 节中已经显式地写出了 $M_a(z) = \frac{z-a}{\bar{a}z-1}$)与 $M_A$, 分别把 $a$ 和 $A$ 映到原点 [这就是左下图和右下图], 于是这些圆周在我们看来是同心的, 而在庞加莱族看来, 如左上图和右上图所示, 本来就是同心的. $M_a$ 把 $b$ 映到 $z = M_a(b)$, 而 $M_A$ 则把 $B$ 映到 [右上图到右下图]

$$w = M_A(B) = (M_A \circ f)(b) = (M_A \circ f \circ M_a)(z).$$

[请注意 $M_a$ 是自逆的: $M_a = M_a^{-1}$.] 简记 $(M_A \circ f \circ M_a)$ 为 $F$, 即有 $w = F(z)$.

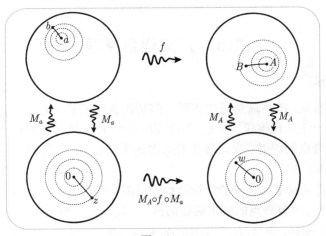

图 7-16

我们现在可以看到, 以下诸式是等价的:

$$\mathcal{H}\{A, B\} < \mathcal{H}\{a, b\} \quad \Leftrightarrow \quad \mathcal{H}\{0, w\} < \mathcal{H}\{0, z\} \quad \Leftrightarrow \quad |w| = |F(z)| < |z| .$$

但是 $F$ 是把单位圆盘映为自身的解析映射, 而且使原点不动, 所以它服从施瓦茨引理. 这样, 除非 $F$ 是一个旋转——这时 $f = (M_A \circ F \circ M_a)$ 也是刚性运动——我们必有 $|w| = |F(z)| < |z|$, 这就是图上画的. 证毕.

最后我们把施瓦茨–皮克引理用式子写出来. 若 $f$ 不是刚性运动, 则 $|F(z)| <$ $|z|$, 它可以显式地写为

$$|(M_A \circ f \circ M_a)(z)| < |z|.$$

上式又可写为

$$|(M_A \circ f)(b)| < |M_a(b)|.$$

所以

$$\left| \frac{B - A}{\overline{A}B - 1} \right| < \left| \frac{b - a}{\overline{a}b - 1} \right|.$$

如果我们让 $b$ 越来越靠近 $a$, 而 $\mathrm{d}a = (b - a)$ 变为一个由 $a$ 发出的无穷小向量, 则它在 $f$ 下的象是一个由 $A$ 发出的无穷小向量 $\mathrm{d}A = (B - A)$. 上面的不等式这时就成了

$$\frac{|\mathrm{d}A|}{1 - |A|^2} < \frac{|\mathrm{d}a|}{1 - |a|^2},$$

这个式子可以解释为: 只要 $f$ 不是一个刚性运动, $\mathrm{d}A$ 的双曲长度就小于其原象 $\mathrm{d}a$ 的双曲长度 [请参照第 6 章中庞加莱圆盘的度量关系 (6.44)]. 这就是命题 (7.15) 的无穷小版本.

## 7.8  广义辐角原理

### 7.8.1  有理函数

我们已经看见, 拓扑辐角原理在限于解析函数时有许多强有力的惊人的推论. 习题中还讲了一些其他推论. 然而, 在前面所有的工作中, 我们只考察了在所考虑的区域中没有奇点的映射. 我们现在要除去这个限制, 而且发现 (7.6) 有一个也能适用于这些情况的推广.

我们原来是从对于无奇点的解析函数的原型 (多项式) 应用辐角原理的讨论开始的. 为了理解它对**有奇点的解析函数**的推广, 我们应该相应地从有理函数开始.

正如图 7-8 那样, 令 $A, B, C$ 为由固定点 $a, b, c$ 到动点 $z$ 的复数. 图 7-17 的左图画出了一个膨胀着的圆周在其膨胀过程中的相继的三个阶段: $\Gamma_1, \Gamma_2, \Gamma_3$. 右图是该圆周 $\Gamma$ 在有理映射

$$f(z) = \frac{(z - a)(z - b)}{(z - c)} = AB \cdot \frac{1}{C} \tag{7.16}$$

下的象 $f(\Gamma_1), f(\Gamma_2), f(\Gamma_3)$.

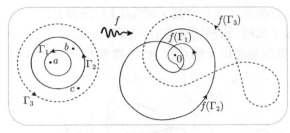

图 7-17

当 $\Gamma$ 膨胀成 $\Gamma_1$ 而包围了 $a$ 点时, 由通常的辐角原理有 $\nu[f(\Gamma_1),0] = 1$. 当 $\Gamma$ 继续膨胀时, 它就会穿越另一个零点 $b$, 而 $f(\Gamma)$ 环绕数变成 $\nu[f(\Gamma_2),0] = 2$. 然后就出现了一个新现象. 当 $\Gamma$ 穿越在 $c$ 点处的奇点时, 其象的环绕数会减少 1 而有 $\nu[f(\Gamma_3),0] = 1$.

解释很简单. 当 $z$ 绕 $\Gamma_3$ 运动时, $f(z)$ 的环绕数是 $A, B$ 和 $(1/C)$ 分别绕行的圈数之和. 前面两个函数 $A$ 和 $B$ 都绕了一圈, 但是当 $C$ 依逆时针向绕一圈时, $(1/C)$ 将按顺时针方向反向绕行, 最后绕了一个**负的**整圈. 由类似的方法可知, 如果 $f$ 的分母中包含了因子 $C^m$, $(1/C^m)$ 会绕 $-m$ 圈, 而环绕数成为

$$\nu[f(\Gamma_3),0] = 2 - m.$$

和计算零点的个数一样, 这时我们就说 $c$ 是一个重数为 $m$ 的奇点 [以后将称 $c$ 这种地方为极点].

前面的式子是下述的**广义辐角原理**的一个例子:

令 $f$ 在一简单环路 $\Gamma$ 上是解析的, 而且在 $\Gamma$ 的内域除有限个极点之外也是解析的. 若 $N, M$ 分别为内域中的 $p$ 点与极点之数目 (均按其重数计算), 则 $\nu[f(\Gamma),p] = N - M$. (7.17)

只要允许 (7.16) 的分子与分母中的因子可以为任意多个, 就会看到这个结果对任意有理函数 $f$ 都成立.

在解释何以在一般情况下也可以使用它之前, 我们先对它在 (7.16) 情况下如何起作用获得一个更生动的理解. 我们肯定已经证明了, 当 $\Gamma$ 穿越 $c$ 时, 环绕数从 2 下降到 1, 但是这种解开环绕究竟是如何发生的呢?

如果我们只是盯着象平面, 则当 $\Gamma$ 穿越 $c$ 点时, $f(\Gamma)$ 的形状会突然发生剧烈的变动: 它突然跳到无穷远处然后又跳回来, 但是这样说并不使我们更加明白. 然而, 如果我们在**黎曼球面**上看 $f(\Gamma)$ 的演化, 就会对此过程得到一种新的、令人愉快的洞察.

图 7-18 (应该像看连环画一样一眼扫过去) 表明了这一点. 在第一幅画面 [左上] 的时刻, $\Gamma$ 已经包围了两个根, 所以我们看见它的象已绕原点两次. 然后 $f(\Gamma)$

就依次演化为其他的画面. 当 $\Gamma$ 穿越 $c$ 时 [右上], 就没有什么令人兴奋的事——$f(\Gamma)$ 只不过是滑过了北极, 这样就解开了一次环绕. 请用计算机对你所选的有理函数 $f$, 做一个当 $\Gamma$ 膨胀穿越根与极点时, $f(\Gamma)$ 在黎曼球面上如何演化的动画.

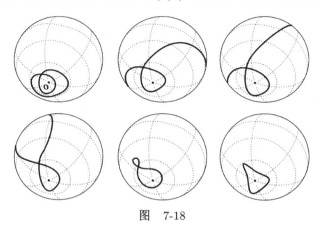

图　7-18

### 7.8.2　极点与本性奇点

在推广通常的辐角原理时, 我们需要自问, 对于一般的解析函数应该怎样计算 $p$ 点的个数. (7.7) 的因子分解显现出了它与多项式的类比, 并给出了 $p$ 点的代数重数（与拓扑重数）的令人满意的定义.

把 (7.17) 由有理函数推广到具有奇点的解析函数, 其方法本质上也是这样. 仅有的复杂化在于, 一个除奇点外均为解析的函数, 事实上有两类可能的孤立[1]奇点.

第一类奇点称为**极点**. 在复分析的应用中, 极点是最常见的类型, 而 (7.17) 也只能适用于这种类型. 下面是它的定义: 若当 $z$ 以任意方式趋向 $a$ 时, $f(z)$ 恒趋向 $\infty$, $a$ 就是 $f$ 的一个极点. 我们可以用 $f$ 的模曲面来理解这个名词, 即在 $a$ 点处此模曲面有无限高的峰或者 "极". 图 2-14 就是一个例子.

因为 $f$ 除在 $a$ 点外是解析的, 故 $F(z) \equiv [1/f(z)]$ 也是这样. 而在 $z = a$ 处可以补充定义 $F(a) = 0$ 从而使 $F(z)$ 在 $a$ 点也是解析的, 而 $a$ 成了它的一个根.[2]若此根的重数为 $m$, 则对于 $F$, 因子分解 (7.7) 成为

$$F(z) = (z - a)^m \Omega(z), \tag{7.18}$$

---

① "孤立" 二字为译者所加, 见 9.4.2 节. ——译者注

② 注意, 因为 $f(z)$ 在 $a$ 点并无定义, 所以 $F(z)$ 也是如此, 而我们仅知道它在 $a$ 附近（但 $a$ 除外）解析. 不过因为 $\lim\limits_{z \to a} f(z) = \infty$, 所以 $F(z)$ 在 $a$ 附近还是有界的, 因此可以用可去奇点定理（见 9.4.2 节的译者注）知道 $F(z)$ 在 $a$ 点也是解析的而且 $F(a) = 0$. 这样, 文中的推理才是正确的.

——译者注

这里的 $\Omega$ 在 $a$ 点为解析的而且不为 0, 事实上我们知道 $\Omega(a) = F^{(m)}(a)/m!$. 所以 $f(z)$ 在 $a$ 附近的性质将由

$$f(z) = \frac{\widetilde{\Omega}(z)}{(z-a)^m} \tag{7.19}$$

给出, 其中 $\widetilde{\Omega}(z) = [1/\Omega(z)]$ 在 $a$ 点解析而且不为 0. 这个式子展现了它与有理函数的类比, 而且使我们能够确定极点 $a$ 的代数重数或阶数 $m$. 按照 $m = 1, 2, 3$ 等, 我们说 $a$ 是**单极点**、**二阶极点**、**三阶极点**等.

　　注意, 我们在此也找到了一个计算极点的阶数的方法: 它就是 $(1/f)$ 的第一个在 $a$ 点不为 0 的导数的阶数. 只要已经确定了极点的位置, 就可用此法找出以下函数的极点之阶数 [练习]:

$$P(z) = \frac{1}{\sin z}, \qquad Q(z) = \frac{\cos z}{z^2}, \qquad R(z) = \frac{1}{(e^z - 1)^3}.$$

你会看到 $P$ 在 $\pi$ 的每个整数倍处有单极点, $Q$ 在 0 处有二阶极点, $R$ 在 $2\pi i$ 的每个整数倍处有三阶极点.

　　还要讲一个名词. 如果一个函数在某区域中除极点外均为解析的, 就说它在此区域中是**亚纯函数**.

　　除极点外, 一个在其他点均为解析的函数还可能具有所谓**本性奇点**. 对于这种地方我们将在以后详细讨论 (关于极点和本性奇点, 将在 9.4.2 节中详细讨论), 但是很清楚, 函数 $f$ 在本性奇点 $s$ 附近的性态将是十分狂野不羁的. 如果 $f$ 在 $s$ 附近是有界的, 则 $s$ 根本不是奇点.[①] 另一方面, 当 $z$ 以任意方式趋近 $s$ 时 $f(z)$ 也不可能都趋于 $\infty$, 因为那样一来 $s$ 就成为一个极点了.

　　考虑一个标准的例子 $g(z) = e^{1/z}$, 它显然在原点有某种类型的奇点. 若写出 $z = re^{i\theta}$, 则

$$|g(z)| = e^{\frac{\cos\theta}{r}}.$$

图 7-19 上画的就是它的模曲面. 如果 $z$ 沿虚轴趋于 0, 则 $|g(z)| = 1$, 但是若 $z$ 沿虚轴左侧 (即 $\cos\theta < 0$) 的一条路径 (例如一条射线) 趋于 0, 则 $g(z)$ 可能趋于 0, 而最后若 $z$ 沿虚轴右侧的路径趋于 0, 则 $g(z)$ 可能趋于 $\infty$. 事实上这时不仅 $|g(z)|$ 会趋向无穷, 而且趋向 $\infty$ 的**速率**也越出了任意极点的知识范畴.

---

① 这里涉及**可去奇点**这个重要概念. 事实上, 若 $f(z)$ 在 $a$ 的某个邻域中除 $a$ 以外都是解析的 (通常我们用 $f(z)$ 在 $0 < |z - a| < \rho$ 中解析, $\rho$ 是一个适当的正数, 来表示这种情况), 而且 $f$ 在包含 $a$ 点的某个圆盘 (例如 $|z - a| < \rho$) 中是有界的, 则必可找到一个在此圆盘中解析的函数 $F(z)$, 使当 $z \neq a$ 时, $f(z) = F(z)$. 如果我们修改 $f(a)$ 之定义, 或补充其定义为 $f(a) = F(a)$, 则 $a$ 不再是奇点, 因此 $a$ 称为可去奇点. 由于它是十分重要且有用的, 我们将在 9.4.2 节中再来证明这个结论.

—— 译者注

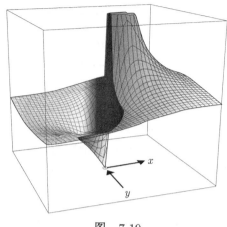

图 7-19

为了看到这一点, 再看一下图 7-19. 极点 $a$ 的阶数 $m$ 越高, 当 $z$ 趋向 $a$ 时 $f(z)$ 增长得越快. 然而不管阶数有多大, 我们知道 $(z-a)^m$ 都会衰减得足够快, 足够抵消这个增长, 即是说, 使得它与 $f$ 的乘积为有界. 其实, 极点的阶就可以定义为足以这样消除 $f$ 的增长性的 $(z-a)$ 的最低次幂.

把这种情况与当 $z$ 趋向 0 这种奇点时 $g(z)$ 的增长性相比较, 例如让 $z$ 沿正实轴趋向 0. 为了证实 $g$ 比任意亚纯函数都增长得更快, 只需回忆一下, 由通常的微积分教材即知, 不论 $m$ 有多大

$$\lim_{x \to 0} x^m \mathrm{e}^{1/x} = \lim_{\lambda \to \infty} \frac{\mathrm{e}^\lambda}{\lambda^m} = \infty \, .$$

所以 $z = 0$ 不是 $g(z)$ 的极点, 而是本性奇点. 这是一个典型例子.

### 7.8.3  解释*

为了解释广义辐角原理 (7.17), 我们先回到对 (7.19) 的解释. 如果把 $f$ 看作到黎曼球面 $\Sigma$ 的映射, 则 $\infty$ 也可以是一象点, 其原象是 $f$ 的极点. 如果你愿意, 也可以称其为 $\infty$ 点. 我们现在的解释将是, 以上所述意味着 $\infty$ 点的拓扑重数也可以用完全同于任意其他 $p$ 点的拓扑重数的方法来定义, 即定义为绕 $a$ 的闭环路之象所绕 $f(a)$ 的次数.

重新考虑 (7.18) 中的 $F$. 由 (7.8) 我们知道, 一个以 $a$ 为中心的小圆周 $C_a$ 将被映为一个小环路 $F(C_a)$ 而绕原点 $m$ 次. 因此 $F(C_a)$ 的球极射影将绕南极 $m$ 次, 而且从 $\Sigma$ 的内部来看是依逆时针方向绕行. 因为复反演（它映 $F(C_a)$ 为 $f(C_a) = 1/[F(C_a)]$）将把 $\Sigma$ 绕实轴旋转 $\pi$, 从而把 0 与 $\infty$ 对换, 这就意味着 $f(C_a)$ 将是一个绕 $\infty$ 点 $m$ 次的小环路. 因为从 $\Sigma$ 的内部来看 $f(C_a)$ 依逆时针方向绕 $\infty$ 点, 它在复平面上的球极射影就是一个很大的依**顺时针**方向绕原点的环路, 这就是

说具有环绕数 $-m$.

顺便提一句, 现在把 (7.19) 重写为

$$f(z) = (z - a)^{-m} \widetilde{\Omega}(z).$$

这样一来, 把 $m$ 阶极点想作一个具有负重数 $-m$ 的根也就有意义了.

现在把注意力从原点移开, 考虑绕黎曼球面上的任意 (有限远) 点 $p$ 的环绕数. 把 $C_a$ 取得充分小, 则 $f(C_a)$ 将变得很大而绕 $p$ 点 $-m$ 周. 但是, 如果我们把 $C_a$ 膨胀成任一个简单环路 $\Gamma_a$ 而不碰上任意 $p$ 点或其他极点, 则其象绕 $p$ 的环绕数不变. 换言之

若 $a$ 是一个 $m$ 阶极点而 $\Gamma_a$ 是包含 $a$ 但不含 $p$ 点与任意其他
极点的简单环路, 则 $\nu[f(\Gamma_a), p] = -m$. $\qquad(7.20)$

最后, 重新考虑图 7-11, 你很容易就会相信, 如果有一些 $a_j$ 是极点而不是 $p$ 点, 导出 (7.11) 的推理仍是适用的. 把这些奇点记为 $s_j$. 于是

$$\nu[f(\Gamma), p] = \sum_{p\,\text{点}} \nu[f(\Gamma_{a_j}), p] + \sum_{\text{极点}} \nu[f(\Gamma_{s_j}), p].$$

应用 (7.20) 即知

$$\nu[f(\Gamma), p] = [\Gamma\ \text{内}\ p\ \text{点的数目}] - [\Gamma\ \text{内极点的数目}],$$

这就是我们要证明的.

# 7.9　习　　题

1. 一个 "简单" 环路其实可以很复杂 (见图 7-20). 然而, 如果我们想象, 这个复杂环路是通过把一个圆周逐步变形而产生的, 则它绕过其内点恰好一次. 令 $N(p)$ 为这个简单环路与由 $p$ 发出的射线相交的次数 (与图 7-4 比较). $N$ (内点) 可能取的值与 $N$ (外点) 可能取的值有何区别? 现在 (对于简单环路) 有一个快速决定一点为内或外的规则来代替 "穿越法则" (7.1). 可以用这个结果和朋友 F 玩一个小游戏: (1) 为了不让他疑心你在造假, 让 F 自己画一个折转多次的复杂的简单环路; (2) 在错综复杂的线条之间随机地选一个点, 然后问 F 此点在环内还是环外? 也就是从此点可否逃到迷宫外面去? (3) 在使得 F 承认要回答这个问题既费时又费劲以后, 让 F 取一个点由你来做; (4) 你在心中暗暗画一条射线, 沿着这个射线心中暗数交点个数. 你马上就可以求出解来, 让 F 大吃一惊.

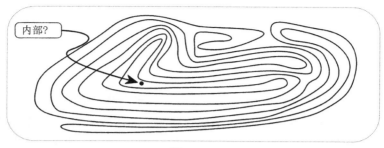

图　7-20

2. 重新考虑 (7.4) 中将单位圆盘映为其自身的映射 $\hat{\mathcal{L}}$, 以及相关的图 7-7 中的函数 $\Phi(\theta)$. 若 $\Phi'(a) > 0$, 则在点 $\theta = a$ 上方, 图像是上升的, $z$ 的小小的运动会生成 $w$ 的**相同方向**的小小运动. 这时就说 $\Phi$ 在 $a$ 点保持方向, 而 $z = \mathrm{e}^{\mathrm{i}a}$ 作为 $w = \mathrm{e}^{\mathrm{i}\Phi(a)}$ 的原象, 其拓扑重数 $\nu(a) = 1$. 类似地, 若 $\Phi'(a) < 0$, 则此映射是反转方向的且 $\nu(a) = -1$. 换言之

$$\nu(a) = \Phi'(a) \text{ 的符号}.^{\textcircled{1}}$$

请与二维的公式 (7.9) 比较.

(i) 在图 7-7 中, 说明怎样通过画一族水平直线 $\Phi = A, A \pm 2\pi, A \pm 4\pi$ 等, 来得出 $w = \mathrm{e}^{\mathrm{i}A}$ 的全部原象之集合.

(ii) 如果原象集合是典型的（即指在每个原象上 $\Phi' \neq 0$）, 把这些拓扑重数加起来会得出什么? 这样, 说 $\hat{\mathcal{L}}$ 的映射度（即 $L$ 的环绕数）为 $\nu$, 基本上就是指 $\hat{\mathcal{L}}$ 是 $\nu$ 对 1 的映射. [提示: 在图 7-4 中, 把射线看作描述 $w$ 的位置的工具.]

3. 对以下每个函数 $f(z)$, 求出其在指定圆盘内的所有 $p$ 点, 决定其重数, 并用计算机画出其边缘圆周的象, 来验证辐角原理.

(i) $f(z) = \mathrm{e}^{3\pi z}$, $p = \mathrm{i}$, 圆盘 $|z| \leqslant (4/3)$.

(ii) $f(z) = \cos z, p = 1$, 圆盘 $|z| \leqslant 5$.

(iii) $f(z) = \sin z^4, p = 0$, 圆盘 $|z| \leqslant 2$.

4. 重新考虑图 7-8.

(i) 用计算机画出一个膨胀着的圆周 $\Gamma$ 在三次映射

$$f(z) = (z - a)(z - b)(z - c)$$

下的象, 观察当 $\Gamma$ 穿越根 $a, b, c$ 时环绕数增加的方式. 特别是请注意, 出现一个 "$\prec$" 形状的图形, 就是生成新环路的标志.

---

① 原书用了 "sign of $\Phi(a)$" 的说法. 这个 "sign" 虽然直译为 "符号", 其实是一个函数

$$\mathrm{sign}(x) = \begin{cases} 1, & x > 0; \\ -1, & x < 0. \end{cases}$$

(7.9) 的 "符号" 也是如此, 它就是二次型的符号差函数（signature）. 在讲映射度的书以及本书 (7.9) 中都是这样用的. ——译者注

(ii) 若 $f'(p) \neq 0$, 则 $\Gamma$ 的经过 $p$ 的那一小段只是被伸扭为经过 $f(p)$ 的另一小段几乎成为直线的曲线. 由此导出, 仅当 $\Gamma$ 碰上临界点时才会出现一个 "$\prec$" 形. 解释为什么 $\prec$ 这个特定的形状与 1 阶临界点相容.

(iii) 观察在 $\Gamma$ 的演化过程中只在两个点上生成 $\prec$ 形. 以 $f'$ 的映射度来代数地解释这件事.

(iv) 令 $T$ 为以 $a, b, c$ 为顶点的三角形. 可以在 $T$ 内做许多椭圆切于 $T$ 之三边, 但是其中只有一个椭圆 (记它为 $\mathcal{E}$) 恰好切 $T$ 于三边的**中点**.

(v) [难题]证明 $f$ 的两个临界点正是 $\mathcal{E}$ 的**焦点**.

5. 如 7.4.3 节那样, 用 $\xi_a, \eta_a, \phi_a$ 来记述一个映射在 $a$ 点的局部线性变换的两个正交方向上的伸缩因子与旋转角. 考虑 $(\pi/4)$ 的旋转这个特例, 这时 $J$ 为常数, 证明: 一般说来, $\xi$ 与 $\eta$ 并非雅可比矩阵 $J$ 的特征根 $\lambda_1$ 和 $\lambda_2$. 然后验证, 对于这个映射, $\det(J) = \lambda_1 \lambda_2 = \xi \eta$.

6. 甚至在三维或更高维情况下, 由映射 $f$ 在 $a$ 点诱导出的局部线性变换仍可用雅可比矩阵 $J(a)$ 来表示. 若 $a$ 不是临界点, 记 $a$ 为 $f(a)$ 的一个原象, 拓扑重数 $\nu(a)$ 仍由 (7.9) 给出. 若 $n$ 为 $J(a)$ 的负实特征根的个数 (各征根均按其代数重数计), 证明

$$\nu(a) = (-1)^n.$$

[提示: 因为特征方程 $\det[J(a) - \lambda I] = 0$ 有实系数, 复特征根必成对共轭出现.]

7. 考虑非解析映射 $h(z) = |z|^2 - \mathrm{i}\overline{z}$.

(i) 求 $h$ 之根.

(ii) 计算雅可比矩阵 $J$, 由此求出 $\det(J)$.

(iii) 用 (7.9) 计算 (i) 中的根的重数.

(iv) 求当 $z = 2\mathrm{e}^{\mathrm{i}\theta}$ 画出圆周 $|z| = 2$ 时 $h(z)$ 所画出的象曲线, 并证实由拓扑辐角原理所做的预测.

(v) 注意到 $h(z) = \overline{z}(z - \mathrm{i})$, 从而对上面的事实有更好的理解, 然后模仿对于图 7-8 所做的那样的分析.

(vi) 利用由上一部分所给出的洞察来求 $\nu(\mathrm{i}/2)$, 它不能用 (7.9) 求出.

8. 令 $Q(t)$ 为时间 $t$ 的实函数且满足常系数线性微分方程

$$c_n \frac{\mathrm{d}^n Q}{\mathrm{d}t^n} + c_{n-1} \frac{\mathrm{d}^{n-1} Q}{\mathrm{d}t^{n-1}} + \cdots + c_1 \frac{\mathrm{d}Q}{\mathrm{d}t} + c_0 Q = 0.$$

回忆起这个方程可以用形如 $Q_j(t) = \mathrm{e}^{s_j t}$ 的特解的线性叠加解出. 把 $Q_j(t)$ 代入上述方程, 证明 $s_j$ 是多项式

$$F(s) \equiv c_n s^n + c_{n-1} s^{n-1} + \cdots + c_1 s + c_0$$

的根. 注意, 若 $s_j$ 具有负实部则 $Q_j(t)$ 随时间衰减到 0. 因此这个微分方程的通解是否随时间衰减到 0 这个问题, 就归结为 $f(s)$ 的所有 $n$ 个根是否都位于半平面 $\mathrm{Re}(s) < 0$ 内的

问题. 令 $\mathcal{R}$ 表示当 $s$ 沿虚轴自下往上运动时 $F(s)$ 的净旋转. 解释以下的结果: 上述微分方程的通解衰减到 0 的充要条件是

$$\mathcal{R} = n\pi.$$

这个条件称为**奈奎斯特**[①]**稳定性判据**, 适合这个条件的多项式 $F$ 称为**胡尔维茨**[②]**多项式**. [提示: 做一环路如下, 先沿虚轴由 $-iR$ 走到 $+iR$, 接着再沿以这一段虚轴为直径的两个半圆周之一回到 $-iR$. 最后令 $R$ 趋向 $\infty$. 对此环路应用辐角原理.]

9. 按照上题考察微分方程

$$\frac{\mathrm{d}^3 Q}{\mathrm{d}t^3} - Q = 0.$$

 (i) 对此方程求 $\mathcal{R}$. 它是否满足奈奎斯特稳定性判据?

 (ii) 显式地解出此方程来验证你的结论.

10. 若 $a$ 为大于 1 的实数, 用鲁歇定理证明方程

$$z^n \mathrm{e}^a = \mathrm{e}^z$$

在单位圆盘内有 $n$ 个解.

11. (i) 对 $f(z) = 2z^5$ 与 $g(z) = 8z - 1$ 应用鲁歇定理, 证明方程 $2z^5 + 8z - 1 = 0$ 的所有 5 个根都在圆盘 $|z| < 2$ 中.

 (ii) 变换 $f$ 与 $g$ 的地位, 证明 $2z^5 + 8z - 1 = 0$ 只有 1 个根位于单位圆盘内. 由此导出, 它在环 $1 < |z| < 2$ 中有 4 个根.

12. 我们可以把对鲁歇定理的解释形式化并稍加推广如下:

 (i) 若 $p(z)$ 与 $q(z)$ 在简单曲线 $\Gamma$ 上不等于 0, 而 $\widetilde{\Gamma}$ 是 $\Gamma$ 在映射 $z \mapsto p(z)q(z)$ 下的象, 证明

$$\nu(\widetilde{\Gamma}, 0) = \nu[p(\Gamma), 0] + \nu[q(\Gamma), 0].$$

 (ii) 记

$$f(z) + g(z) = f(z)\left[1 + \frac{g(z)}{f(z)}\right] = f(z)H(z).$$

 若在 $\Gamma$ 上 $|g(z)| < |f(z)|$, 画一个典型的 $H(\Gamma)$ 之草图, 并由此导出

$$\nu[H(\Gamma), 0] = 0.$$

 再用前一部分得出鲁歇定理.

 (iii) 如果只规定在 $\Gamma$ 上 $|g(z)| \leqslant |f(z)|$, 则 $H(\Gamma)$ 可能有一部分与圆周 $|z - 1| = 1$ 重合而不是严格位于该圆周之内, 这时 $\nu[H(\Gamma), 0]$ 不能合理地定义. 然而, 若我们进一步设在 $\Gamma$ 上 $f + g \neq 0$, 证明这时仍有 $\nu[H(\Gamma), 0] = 0$. 由此导出

$$\nu[(f + g)(\Gamma), 0] = \nu[f(\Gamma), 0].$$

---

① Harry Nyquist, 1889—1976, 美国物理学家. ——译者注
② Adolf Hurwitz, 1859—1919, 德国数学家. ——译者注

13. 令 $w = f(z)$ 在简单环路 $\Gamma$ 上及在其内为解析, 又设 $f(\Gamma)$ 是一个以原点为中心的圆周.

   (i) 若 $\Delta$ 是 $z$ 沿 $\Gamma$ 的无穷小运动, $\phi$ 是 $w$ 的相应的无穷小旋转, 用几何方法证明

$$\frac{f'\Delta}{f} = \mathrm{i}\phi.$$

   (ii) 当 $z$ 沿 $\Gamma$ 运行一周时, 解释为什么 $\nu[\Delta, 0] = 1$ 而 $\nu[\mathrm{i}\phi, 0] = 0$.

   (iii) 利用上题的 (i), 证明

$$\nu[f(\Gamma), 0] = \nu[f'(\Gamma), 0] + 1.$$

   (iv) 由辐角原理导出, 在 $\Gamma$ 内 $f$ 比 $f'$ 多一个根. 这个结果有时称为**麦克唐纳定理**（Macdonald Theorem）, 虽然我相信它基本上可以追溯到黎曼.

   (v) 由此特别可以导出 $f$ 在 $\Gamma$ 内至少有一个根. 考虑模曲面在 $\Gamma$ 及其内域上方的一部分以直接导出这个结果.

14. 与解析映射成为对照的是: 连续的非解析映射完全可能把一段曲线或一个区域压成一点而不把其定义域的其余部分也压成一点. 我们来举例说明, 拓扑辐角原理不适用于这种情况. 当 $\phi$ 为 $r$ 的连续函数时, 映射 $h(z) = \phi(r)z$ 是一个连续映射, 这里 $r = |z|$. 考虑连续映射 $h(z)$, 它相应于以下的 $\phi(r)$,

$$\phi(r) = 0, \qquad 0 \leqslant r < (1/2),$$
$$\phi(r) = 2r - 1, \qquad (1/2) \leqslant r \leqslant 1.$$

   (i) 用生动形象的语言描述这个映射.

   (ii) 取 $\Gamma$ 为圆周 $|z| = (3/4)$, $p = 0$, 试着使 (7.11) 有意义（会失败）.

15. 正文中讲的布劳威尔定理的陈述在以下两个方面与完整的结果相比尚有不足: (A) 我们假设了在 $D$ 上 $|g| < 1$ 而不是 $|g| \leqslant 1$; (B) 我们在本质上使用了拓扑辐角原理, 而上题说明, 对于有限区域中有无穷多个 $p$ 点的一般的连续映射, 这个原理是不能用的. 现在设法除去这些瑕疵. 再一次令 $m(z) = g(z) - z$ 为点 $z$ 的运动, 并设布劳威尔定理不成立, 所以在整个圆盘 $|z| \leqslant 1$ 上 $m \neq 0$. 如下即可得出矛盾:

   (i) 由假设 $m(z) = g(z) - z = g(z) + f(z)$ 在单位圆周 $C$ 上不为 0. 用习题 12(iii) 证明: 若 $|g| \leqslant 1$, 则 $\nu[m(C), 0] = 1$.

   (ii) 令 $C_r$ 为圆周 $|z| = r$, 从而 $C_1 = C$. 考虑 $\nu[m(C_r), 0]$ 当 $r$ 由 0 增加到 1 时的演化, 从而得出与 (i) 相矛盾.

$\nu[m(C), 0] = 1$ 这个关键事实可以更直观地得出. 由 $z$ 出发做运动向量 $m(z)$, 并且注意它与 $C$ 在 $z$ 点的内法线向量 $(-z)$ 成一**锐角**. 但是很明显, 当 $z$ 沿 $C$ 绕行一周时, 这个法线向量依正向转一周. 由此导出向量 $m$ 也会拖后一周.[①]

---

① 布劳威尔定理由于应用极为广泛而被许多数学家关注. 实际上对于一维空间, 它就是连续函数的中值定理. 本书只讲了二维情况, 因此证明比较简单. 对一般的 $n$ 维情况, 有许多证明. 值得注意的是米尔诺（John Willard Milnor, 1931—    , 美国数学家）的 J. Milnor, Analytic Proofs of the Hairy Ball Theorem and the Brouwer Fixed Point Theorem, *Amer. Math. Monthly*, Vol 85 (1979), 521~524. 译者的书《重温微积分》, 高等教育出版社, 2004, 第 417~421 页转述了这个证明. ——译者注

16. 令 $f(z)$ 为 $z$ 的**奇次幂**, 考虑它对单位圆周 $C$ 的效果. 注意两个事实: (1) 若点 $p$ 在 $C$ 上, 则 $f(-p)$ 指向与 $f(p)$ 相反的方向; (2) $\nu[f(C), 0] =$ 奇数, 特别是, 它不可能为 0. 这只是一个一般事实的例子. 证明: 由 (1) 恒可得出 (2), 哪怕 $f$ 仅为连续的. [提示: 若 $f$ 满足 (1), 当 $z$ 沿着半圆周由 $p$ 转到 $-p$ 时, 对 $f(z)$ 的净旋转 $\mathcal{R}$ 可以得出什么? 另外一个半圆周产生的旋转与 $\mathcal{R}$ 的关系如何?]

17. 考虑放在一个平面上的球形气球 $S$. 如果把 $S$ 渐渐压到此平面上, 就会得到由 $S$ 到此平面内的一个映射 $H$. 注意, 互为对径点的南极和北极有相同的象. **博苏克－乌拉姆定理**[①]指出, 由 $S$ 到平面的任意连续映射 $H$ 都将把某一对对径点映为相同的象. 考虑映射 $F(p) = H(p) - H(p^*)$, $p^*$ 是 $p$ 的对径点. 这个定理就是说, $F$ 在 $S$ 上某处有根. 证明这一点. [提示: 只需考察 $F$ 在北半球面上的效果. 取此半球面的边界 (即赤道) 为上题中的圆周 $C$, 并导出 $\nu[H(C), 0] \neq 0$.]

18. 若 $f$ 在一简单环路 $\Gamma$ 上解析, 令 $p$ 为 $f(\Gamma)$ 上一点的原象且 $|f|$ 在此点达到最大值. 若 $\xi$ 是 $\Gamma$ 在 $p$ 点的切向量 (向量理解为复数) 而且与 $\Gamma$ 一样指向逆时针方向. 用几何方法证明: $\xi f'(p)$ 与 $if(p)$ 有相同方向. 对于 $|f|$ 的正最小值, 类似的结果是什么?

19. (i) 若 $p$ 不是解析函数的临界点, 用几何方法证明: $f$ 在 $[f(p)/f'(p)]$ 方向上增加得最快.

    (ii) 用 $p$ 点处的模曲面说明, 这个方向就是曲面的切线有最大 "斜率" (即此切线与复平面交角的正切) 的方向. 证明这个最陡切线的斜率为 $|f'(p)|$, 并注意它与实函数的通常图像的斜率之类比.

    (iii) 在 $n$ 阶根处模曲面是什么样子?

    (iv) 在 $m$ 阶临界点上方模曲面是什么样子? 用 $m = 1$ 的情况解释: 为什么这种地方叫作**鞍点**.

    (v) 用模曲面在 $\Gamma$ 及其内域上方的那一部分 $\mathcal{A}$ 中的坑的个数 $P$ 与鞍点个数 $S$ 来重新表述习题 13 中的麦克唐纳定理.

    (vi) 麦克唐纳定理这样表述后, 可以做出几乎完全是拓扑学的解释, 这是一个美丽的事实. 以下的解释转述自 Pólya [1954], 但我相信其基本思想可以追溯到麦克斯韦和凯莱. 既然 $|f|$ 在 $\Gamma$ 上为常数 ($f(\Gamma)$ 是单位圆周), $\mathcal{A}$ 的边缘就是一条水平的曲线 $K$, 而因 $f$ 是解析的, 故 $K$ 比 $\mathcal{A}$ 的其余部分都高. 还要回忆到模曲面不会有峰. 为简单计, 设 $f$ 与 $f'$ 都只有单根 (个数分别为 $P$ 与 $S$), 所以坑一定是锥形的而鞍点看起来确实像马鞍 (或者说是地理学里的山口).

    现在想象有雨水不断地落在曲面 $\mathcal{A}$ 上. 坑就慢慢装满水而成为 $P$ 个湖, 我们设想它们的深度都相同. 那么当水位逐渐上升超过一个山口时, 湖的个数会发生什么变化? 当水位最终升到高度 $K$ 时, 还剩下几个湖? 我们想要证明的就是

$$P = S + 1.$$

    (vii) 把上面的论证推广到根与临界点不是简单的情况.

---

① 博苏克, Karol Borsuk, 1905—1982; 乌拉姆, Stanislaw Ulam, 1909—1984, 都是波兰数学家.

——译者注

20. 令 $f(z)$ 和 $g(z)$ 都在一个简单环路上及其内域中解析. 对 $(f - g)$ 应用最大模原理证明, 若在 $\Gamma$ 上 $f = g$, 则在其整个内域中也有 $f = g$.

21. 令 $\mathcal{R}(L)$ 为 $z$ 绕行环路 $L$ 一周时 $f(z)$ 绕过 $p$ 点的总旋转数, 若 $p$ 不在 $L$ 上, 则

$$\nu[L,\, p] = \frac{1}{2\pi}\mathcal{R}(L).$$

以此公式作为 $\nu$ 的定义, 则当 $\Gamma$ 上有若干极点与 $p$ 点时广义辐角原理 (7.17) 仍成立, 不过, 这时, 在 $\Gamma$ 上的极点与 $p$ 点的重数要**折半**计算.

22. 在图 7-11 中我们使用了形变的概念来导出辐角原理. 图 7-21 是另一个方法. 把 $\Gamma$ 的内域 (其中有不同的 $p$ 点与极点) 粗略地分成若干个胞腔 $C_j$, 使每个胞腔中所含 $p$ 点或极点之总数不超过 1 个, 现在把每个胞腔都想象为一个环路, 且按一种规定好的方向运动, 图上就两个相邻胞腔画出了这个方向.

   (i) 分别就以下各情况求 $\nu[f(C_j), p]$ 之值: 假设 $C_j$ 中, (1) 没有 $p$ 点与极点, (2) 有一个 $m$ 阶 $p$ 点, (3) 有一个 $n$ 阶极点.

   (ii) 证明

$$\sum_j \nu[f(C_j), p] = \nu[f(\Gamma), p],$$

并由此得出辐角原理. [提示: 若某个胞腔的一个边不是 $\Gamma$ 的一部分, 则它必是另一个相邻胞腔的一边, 但沿相反向运行. 当 $z$ 沿此边的一个方向运行一次, 又沿相反方向再运行一次, $f(z)$ 绕 $p$ 的净旋转量是多少? ]

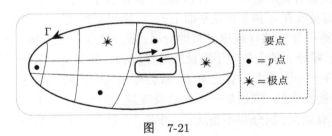

图 7-21

# 第 8 章　复积分：柯西定理

## 8.1　引　　言

在前几章中, 我们把微分的思想推广到复映射的努力已经得到了丰硕的回报. 我们在开始时不很在意地推广实导数, 但是很快就被引导到伸扭概念, 从而一门新的完全具有自己特性的学科诞生了. 虽然许多结果仍然带有老的实数世界的身影, 但许多其他结果就不这样了, 而真正动人的是掌握这些结果所用的论证的风味. $z$ 能在平面上自由邀游的能力为我们释放了可视的想象力的新维度, 如果我们只能看着实数 $x$ 在它的 1 维樊篱下孤独地踟蹰, 这个新维度一定是沉睡着的.

这个小小的对于复平面的颂歌在积分问题里又会响起, 而且更加响亮. 如果说微分为这个新学科吹进了生命的气息, 积分则可以说是给了它灵魂. 只有在懂得了这个灵魂以后, 才能证明诸如解析映射的无穷可微性这样一些基本事实![1]

在通常的微积分里, $\int_a^b$ 这个记号的含义是很清楚的. 然而, 如果我们想把推广到 $\mathbb{C}$, 立即就会看到这里需要一种新思想, 问题在于如何由 $a$ 走到 $b$? 在 $\mathbb{R}$ 中只有一个途径, 但是现在 $a$ 和 $b$ 都是平面上的点, 所以必须指定一条道路（称为**回路**）以便 "沿此回路积分". 这样就很自然地会问：积分之值是否依赖于回路的选择.

一般说来, 积分之值会依赖于路径的选择. 例如, 我们马上就会遇到一个复映射的积分, 如果在一个回路上计算它的值, 就会得出这个回路所围区域的面积——面积之值对回路极其依赖. 应该从一开始就说清楚, 微分只是对于一类严格局限的解析函数集合才有意义, 积分却不是这样. 事实上, 我们上面讲的例子就涉及非解析函数的积分.

本章的主要目的（超越了仅仅是建立积分学）就是去发现积分之值不依赖于回路选择的条件. 这种结果之一是实分析中微积分基本定理的类比, 出于对实分析这一学科的尊重, 在复分析中这个类比也沿用了这个名称. 然而, 在复领域中, 这却用语不当, 因为在复分析中存在一个更深刻而且在实数世界中没有对应的基本结果, **称为柯西定理**.

正如我们曾说过的那样, 对非解析函数做积分不仅是可能的, 有时还是有用的. 然而, 不应该感到吃惊的是, 如果集中于解析映射的积分, 就会产生新现象. 柯西定

---

[1] 自 20 世纪 60 年代以来, 由于怀伯恩（G. T. Whyburn）等人开创性的工作, 已经可以不用积分也能做这些事了. 然而仍然是积分给出了最简单的途径.

理是这些新现象的本质. 这个定理本质上就是说, 只要被积的映射在这两条回路之间的区域中处处都是解析的, 这两个由 $a$ 到 $b$ 的积分就是一致的, 即其值相同. 这门学科的几乎所有的基本结果 (包括有些已经讲过的) 都是从这个聚宝盆里出来的.

## 8.2　实　积　分

### 8.2.1　黎曼和

和处理微分一样, 我们现在也从比较熟知的实函数积分的概念开始. 这个过程的历史根源, 以及使之可视化的主要手段, 都是计算函数图像下的面积问题.

我们先用矩形来逼近所求面积. 见图 8-1, 把积分区间分成 $n$ 个线段 $\Delta_i$ (用作矩形之底, 其长度也用 $\Delta_i$ 来表示), 从每个线段中随机地取一点 $x_i$, 并以函数在此点上方的高度 $f(x_i)$ 作为此矩形的高. 于是每个矩形的面积就是 $f(x_i)\Delta_i$, 而 $f$ 下方总的矩形面积逼近值就是

$$R \equiv \sum_{i=1}^{n} f(x_i)\Delta_i. \tag{8.1}$$

$R$ 就称为**黎曼和**. 最后, 要求 $n$ 趋于无穷且每一个 $\Delta_i$ 都趋于零, 就得到所求的面积.

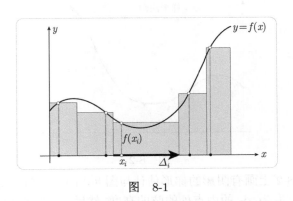

图　8-1

在图 8-1 中, 我们可以不用关心对于 $x_i$ 的准确选取, 因为我们盯着的是这个最终的求极限过程. 当每个 $\Delta_i$ 收缩时, $x_i$ 的选择余地也就越来越小, $x_i$ 的不同选取方法对矩形面积的影响也趋于消失. 但是如果我们不愿意或者不能够实现这个极限过程, 则在选取 $x_i$ 上就不能那么漠不关心了.

你可能还模模糊糊地记得哪位教授以前对你讲过 (8.1), 甚至说不定你还自己用这个方法做过计算. 但是, 一旦注意上了微积分的基本定理, 肯定就会很快忘记

这些. 如果要求 $x^4$ 的积分, 既然已经知道那个微分以后等于 $x^4$ 的函数就是 $\frac{1}{5}x^5$, 又何必费心去计算某个很复杂的级数的极限呢?

基本定理是一个奇妙的东西, 但是必须记住, 很多很普通的函数就是不具有可以用初等函数表示的原函数 (或称反导数). 举一个简单例子, 统计学中的正态分布就要用到曲线 $e^{-x^2}$ 下的面积, 但是只能**数值地**计算它, 说不定就是用黎曼和来计算.

在用 (8.1) 做数值计算时, 哪怕是求一个面积, 只要是要求完全的精确性, 就要花无限时间. 因此, 在求 $\lim\limits_{n\to\infty} R$ 时, 重要的是只用有限的 $n$ 值也能得到好的近似. 有好几个这样的方法, 其中较为人们熟知的有**辛普森**[①]**法则**和**梯形法则**. 因为后者更容易推广到复域, 我们就来复习它.

### 8.2.2    梯形法则

望文生义, 我们现在用梯形而不是矩形来逼近面积. 为方便起见, 取所有的 $\Delta_i$ 均有相同长度, 虽然这并非完全必要. 从图 8-2 上就可以清楚地看到, 不太大的 $n$ 就可以给出相当精确的估计. 因为图 8-2 的形状和图 8-1 不同, 相应的梯形公式 (我们不打算把它写出来) 与 (8.1) 也大不相同. 然而, 如果我们打算继续使用 (8.1), 也不难找到一个极其模仿梯形的黎曼和, 从而保持梯形和的精度.

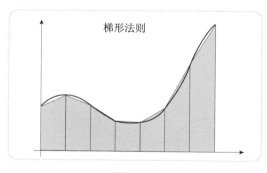

图    8-2

首先注意图 8-2 上画有阴影的梯形估计与图 8-3 的矩形估计是完全一样的, 在图 8-3 中的矩形高取为 $\Delta_i$ 的中点处的弦的高度. 然后, 为了恢复到黎曼和, 我们又把弦的高度代以在那个中点处曲线的高度. 见图 8-4. 换言之, 只要取 $x_i$ 为 $\Delta_i$ 的中点, 就能对不太大的 $n$ 得到一个黎曼和 (8.1) 而给出积分的精确估计, 我们称这个黎曼和为**中点黎曼和**, 记作 $R_M$.

---

① Thomas Simpson, 1701—1761, 英国数学家. ——译者注

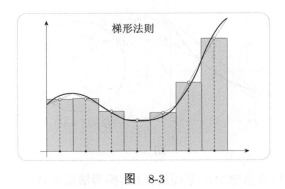

图 8-3

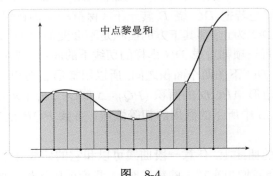

图 8-4

### 8.2.3 误差的几何估计

我们在上面介绍过, 若在 (8.1) 中取中点将得出精确的估计, 但是要多精确才算是 "精确的估计" 呢? 首先我们重新考虑随机选取 $x_i$ 的情况并设所有的 $\Delta_i$ 均有相同长度 $\Delta$. 重新考虑图 8-1 就会发现, 在每个 $\Delta_i$ 上的真正面积与近似矩形面积之差应为 $\Delta^2$ 数量级. 因为矩形总数为 $1/\Delta$ 数量级, 所以总误差是 $\Delta$ 数量级, 这样, 如果上面说的 $n$ 在增加, $\Delta$ 在缩小, 则总误差最终会消失. 我们现在要证明, 若采用 $R_M$ 或与它几乎等价的梯形法则, 会产生小得多的总误差——事实上, 这个误差按 $\Delta$ 的**平方**那样消失.

关于误差衰减的标准结果可以在许多高等微积分书里找到, 我们不来重复这些标准的计算, 而是给出一个新奇的几何处理.[①] 图 8-5a 画了在 $R_M$ 中所用的一个小矩形的顶部的放大图. 图上画出了图 8-2 的梯形的斜边, 即弦 $AB$, 以及图 8-4 中的 $R_M$ 的一个矩形的顶即虚线 $\widetilde{D}\widetilde{C}$, 注意 $\widetilde{D}\widetilde{C}$ 与 $AB$ 的中点 $P$ 与 $Q$ 恰好位于 $R_M$ 中所用的点 $x_i$ 的上方.

---

① 如果说本书的许多论证是受到了牛顿在《原理》一书中的思维方式的启发, 那这里则是一个非常接近他真正使用的方法的例子.

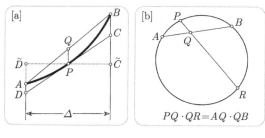

图 8-5

可视化地看，很容易把 $AB$ 下面的面积 [梯形法则中使用] 与曲线下面的面积加以比较，但是要把 $\tilde{D}\tilde{C}$ 下的面积 [$R_M$ 法则中使用] 与曲线下面的面积加以比较就不能那么说了．但是若把 $\tilde{D}\tilde{C}$ 绕 $P$ 转一下（保持端点仍在铅直边上），直到它变为过 $P$ 的**切线** $DC$ 为止，那其下方的面积是不会变的 [为什么？]．所以我们可以自由地把 $R_M$ 的每一项都看成 $DC$ 那样的切线下的面积．现在就清楚了，真正的面积值位于 $AB$ 和 $DC$ 下的两个面积之间，所以用梯形法则和 $R_M$ 法则所引入的误差不会超过小四边形 $ABCD$ 的面积 $(PQ) \cdot \Delta$ [练习]．为了求出 $ABCD$ 的面积，我们将要应用图 8-5b 中所示的圆周的初等性质：当弦 $PQR$ 绕固定点 $Q$ 旋转时，$PQ \cdot QR$ 之值不变．

在一段充分小的曲线上，任意一段曲线可以和它的切线互换，然而，在稍大一些曲线段上（或者当我们想有较大的精度时），我们就应该把一段曲线用其**曲率圆**（就是与该曲线在所讨论点上有相同曲率 $\kappa$ 的圆周）的一段来代替．在图 8-6 中，我们就画出了在 $P$ 点的一段曲线以及 $P$ 点处的曲率圆．上面的结果告诉我们

$$PQ \cdot QR = (AQ)^2. \tag{8.2}$$

当 $\Delta$ 收缩为 $P$ 点时，$(AQ/DP)$ 与 $(QR/PR)$ 均趋向 1，所以在这个极限情况下可以用 $DP$ 代替 $AQ$，用 $PR$ 代替 $QR$．若在 $P$ 点的切线对水平方向的倾角为 $\theta$（于是 $OP$ 与铅直方向也成角 $\theta$），则 $DP = \frac{1}{2}\Delta \sec\theta$，$PR = (2/\kappa)\cos\theta$．把它们代入 (8.2) 即得

$$(ABCD \text{ 之面积}) = PQ \cdot \Delta = \left(\frac{1}{8}\kappa \sec^3\theta\right)\Delta^3. \tag{8.3}$$

若在积分区间（其长度为 $L$）内，$(\frac{1}{8}\kappa \sec^3\theta)$ 之最大值为 $M$，则每一小段 $\Delta$ 上的误差将不大于 $M\Delta^3$．因为一共有 $(L/\Delta)$ 段，故有 $(L/\Delta)$ 个这样的误差项，所以

$$\text{总误差} < (LM)\Delta^2,$$

它确实以我们所说的方式消逝．[现在请看习题 1.]

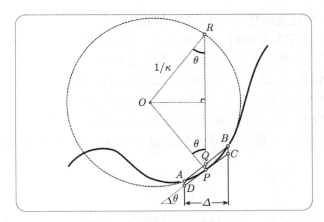

图 8-6

因为由 $R_M$ 和由梯形法则引出的误差有相同的数量级, 所以在推广到复域时我们将不去区分二者. 讲完了这一点, 还有一点有关教学的奇怪的事需提一下. 从图 8-5a 可以清楚地看到, 曲线对其切线的偏离其实小于对其弦的偏离, 既然 $R_M$ 与梯形法则产生的误差有相同数量级, 那么 $R_M$ 在二者中将实际给出更精确的值. 情况确实如此, 而事实上还可以证明, 它们的精度是二倍的关系 [见习题 2]. 除了精度以外, $R_M$ 怎么说也比梯形法则容易记容易用. 所以这就令人加倍地迷惑, 在初等微积分课程中都要教梯形法则, 而对中点黎曼和 $R_M$ 却极少提到[①].

## 8.3 复 积 分

### 8.3.1 复黎曼和

在实积分情况下, 我们由一个很明确的几何目标 (求面积) 开始, 然后发明了积分作为达到目的的手段. 在复情况下, 我们则把这个过程颠倒过来, 也就是说, 首先 "盲目地" 推广实积分 (通过黎曼和), 只是到后来才会问问自己究竟创造出什么了. 首先, 在本章, 我们将找出一种方法把积分 "画" 成单个复数. 然后在第 11 章, 我们将从一种完全不同的观点看出, 一个积分的实部和虚部分别有生动的几何 (和物理) 意义. 如果想要事前就猜想出有关的几何实体, 然后再去发明复积分作为找出这些几何实体的合适的工具, 那就需要在想象力方面有一次惊人的巨大飞跃——历史上没有发生过这样的事. 稍想一下就会发现, 在微分方面情况也是类似的, 那里从斜率概念开始, 然后经过一个开始时的盲目外推过程, 最终得到了一

① 一本在我国相当流行的苏联教材——斯米尔诺夫,《高等数学教程》第 1 卷第 3 章就讲了这个公式. 其中的 (44) 就是图 8-4 的 $R_M$. 不过在那里称为 "切线法", 而且没有如本书那样用几何方法非常漂亮地估计其误差. ——译者注

个很不相同的（但是直观性并不稍次的）伸扭的思想.

考虑图 8-7, 为了将复映射 $f(z)$ 从 $a$ 到 $b$ 积分, 我们需指定一条连接两点的曲线并沿着它做积分. 这条曲线（记为 $K$）现在就起积分区间的作用, 和图 8-1 一样, 我们将它分为小段 $\Delta_i$, 这里为方便起见, 设它们均有相同长度. 这里与图 8-1 的区别在于, 现在这些小段的方向并不一致. 为了构造黎曼和, 我们在 $K$ 的每一小段中取 $z_i$ 点然后做乘积 $f(z_i)\Delta_i$ 的和. 最后, 让小段的数目增加而使 $\Delta_i$ 越来越紧贴着 $K$, 这时黎曼和将趋向一极限值（只要映射是连续的）, 这个极限值就是复积分的定义, 记作

$$\int_K f(z)\mathrm{d}z.$$

和实积分一样, 我们可以不取极限而得积分的精确估计, 只要取 $z_i$ 为 $K$ 的各小段的**中点**, 而不是随机地取 $z_i$. 事实上, 在图 8-7 中我们就是这样做的. 我们再一次把这个特别准确的黎曼和记作 $R_M$.

为了进而理解 $R_M$ 的几何意义, 请看图 8-8. 图上画出了 $K$ 在映射 $z \mapsto w = f(z)$ 下的象, 特别是标出了图 8-7 中的各点 $z_i$ 之象 $w_i$. $R_M$ 中相应的项是 $\widetilde{\Delta}_i \equiv w_i\Delta_i$, 我们把它看作 $w_i$ "作用于" $\Delta_i$ 所得的向量, 即将 $\Delta_i$ 之长放大 $|w_i|$ 倍并旋转一个角 $\arg(w_i)$.

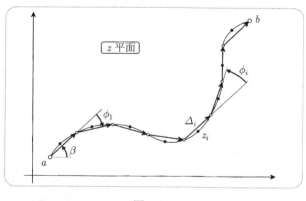

图    8-7

在得到每一个 $\widetilde{\Delta}_i$ 后, 我们再把它们首尾相接地联起来, 如图 8-9 所示. $R_M$ 之值, 亦即积分的近似值, 就是连接起点到终点的复数.[1] 注意, 因为所得是**连接二点**的复数（向量）, 所以原点取在哪里并无关系.

---

[1] 伟大的物理学家费曼用一个类似的图来解释他的量子力学, 即使用 "路径积分", 它也是复的, 虽然它与回路积分不同. 见 Feynman [1985].

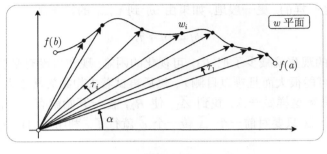

图　8-8

　　图 8-9 本来是用于传递一般思想的, 事实上它却成了对应于图 8-7 和图 8-8 的特定 $R_M$ 的忠实的估计, 你会逐渐相信这一点的. 做到这一点的最容易的办法可能是集中注意 $\widetilde{\Delta}_i$ 的长度而把角度分开考虑. 当 $w$ 画出图 8-8 中的象曲线时, $\Delta_i$ 的长度会逐渐消逝, 这就使图 8-9 中相应的 $\widetilde{\Delta}_i$ 也收缩. 类似地, $w$ 的辐角的增加则使 $\widetilde{\Delta}_i$ 发生越来越大的旋转.

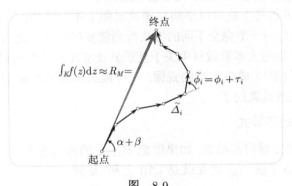

图　8-9

### 8.3.2　一个可视化技巧

　　选取 $\Delta_i$ 具有相等长度虽然不是严格必要的, 但它的好处大概是很清楚的: $\widetilde{\Delta}_i$ 的长度一定正比于 $|w_i|$, 所以用肉眼来追踪 $|\widetilde{\Delta}_i|$ 的演化也非难事. 但是, 想要可视化地追踪 $\widetilde{\Delta}_i$ **辐角**的演化就不那么容易了.

　　当在图 8-7 中沿 $\Delta_i$ 运动时, 我们要转一连串急弯. 图 8-7 中画出了一个典型的弯道, 其转角为 $\phi_i$. 那么黎曼和 $R_M$ 在相应的弯道处的转角 $\widetilde{\phi}_i$ 是什么? 举例来说, 如果 $w_{i+1}$ 与 $w_i$ 指向相同方向, 则 $\Delta_{i+1}$ 与 $\Delta_i$ 各受复数 $w_{i+1}$ 与 $w_i$ 所施加的旋转是同样的, 因此黎曼和中由 $\widetilde{\Delta}_i$ 到 $\widetilde{\Delta}_{i+1}$ 的旋转角 $\widetilde{\phi}_i$ 与图 8-7 中由 $\Delta_i$ 到 $\Delta_{i+1}$

的旋转角 $\phi_i$ 是一样的. 更一般地, 如果由 $w_i$ 到 $w_{i+1}$ 的转角是 $\tau_i$, 则

$$\widetilde{\phi}_i = \phi_i + \tau_i. \tag{8.4}$$

这个简单的观察就减少了把 $R_M$ 可视化的困难. 现在再没有必要去看每个 $w_i$ 的辐角 (它们可能很大而且难以目测), 然后再试着去想象旋转以后的 $\widetilde{\Delta}$ 的方向. 事实上, 我们只需这样做一次, 找到 $\widetilde{\Delta}_1$, 使 $R_M$ 在一开始就有一个正确的初始方向. 然后下一个 $\widetilde{\Delta}$ 只要对前一个 $\widetilde{\Delta}$ 转一个 $\widetilde{\phi}$ 就行了. 利用 (8.4), 这些 $\widetilde{\phi}_i$ 很容易目测.

我们就图 8-7 与图 8-8 所给的具体例子, 把这个做法慢慢地详细讲一讲. 在图 8-9 中我们先把 $\Delta_i$ (其辐角为 $\beta$) 再转一个角 $\alpha$ (即 $w_i$ 的辐角), 得出 $\widetilde{\Delta}_1$ 的辐角为 $\alpha + \beta$ (见图 8-9). 以后只需用 (8.4) 就可以做出 $R_M$ 的其余各项. 为了做出下一个 $\widetilde{\Delta}$, 例如 $\widetilde{\Delta}_2$, 只需知道 $\widetilde{\Delta}_2$ 是由 $\widetilde{\Delta}_1$ 转过一个角 $\widetilde{\phi}_1 = \phi_1 + \tau_1$ 而来. 在图 8-7 上 $\phi_1$ 是负角, 图 8-8 上的 $\tau_1$ 是一个小的正角, 可以消去 $\phi_1$ 的一部分而在 $R_M$ 中生成一个转角较小的弯道. 在做出 $\widetilde{\Delta}_2$ 以后又要对它做上面的事. 例如 $\phi_3$ 为正, 对它还要增加一个 $\tau_3$, 它比 $\tau_1$ 和 $\tau_2$ 大约要大两倍左右, 这样就得到了 $\widetilde{\phi}_3$. 你现在来做 $R_M$ 余下的各项, 应该比以前更细致了.

虽然上面的思想马上就可以证明在理论层面上很有价值, 但很明显不太实用. 在第 11 章里我们会用一个完全不同的方法得到使复积分可视化的另一个不那么费劲的方法. 这就使得绝大多数教材中关于复积分没有几何解释的说法 (它们甚至认为这是不值挂齿的事!) 成为双重的荒谬. 很可能只因为这种说法被重复的次数太多, 人们就认为它就是真的了.

### 8.3.3　一个有用的不等式

从图 8-9 就可以看得很清楚, 如果能把 $R_M$ 中的那些弯道拉直, 它就会变得更长, 进一步说, 拉直了后 $R_M$ 之长就是 $|\widetilde{\Delta}_i|$ 之和, 这样

$$|R_M| \leqslant \sum |w_i| \cdot |\Delta_i|,$$

而等号当且仅当所有 $\widetilde{\phi}_i = 0$ 时成立.[①] 若令 $M$ 为图 8-8 中的象曲线离原点的最大距离, 就有

$$|R_M| \leqslant M \sum |\Delta_i|.$$

但右方的和正是 $K$ 的折线逼近的长度, 所以不会超过 $K$ 的真实长度. 取极限后 $R_M$ 变成了积分, 得到

$$\left| \int_K f(z)\mathrm{d}z \right| \leqslant M \cdot (K\text{之长度}). \tag{8.5}$$

---

① 第 11 章中使复积分可视化的新方法让我们能把这个等号成立的条件以特别简单的形式表示出来. 见第 11 章习题 6.

例如, 设 $f(z) = (1/\bar{z})^2$, $K$ 为圆周 $|z| = r$, 则 (8.5) 蕴涵了 $\left| \int_K f(z)\mathrm{d}z \right| \leqslant (2\pi/r)$. 这特别意味着 $\lim\limits_{r\to\infty} \int_K f(z)\mathrm{d}z = 0$. 这是 (8.5) 的一个典型的（虽然有些简单化）用处: 一个很常见的事是希望证明当 $K$ 在某一族曲线（例如半径渐增的一族圆周）中演化时, $K$ 上的积分最终会消失. (8.5) 表明, 只要证明 $K$ 上的 $f(z)$ 的最大模衰减得比 $K$ 之长度的增加更快就行了.

### 8.3.4 积分法则

因为复积分是以与实积分完全类似的方式定义的, 所以从实积分中继承了许多性质. 下面列举一些实积分和复积分共有的性质:

$$\int_K cf(z)\mathrm{d}z = c\int_K f(z)\mathrm{d}z,$$

$$\int_K [f(z) + g(z)]\mathrm{d}z = \int_K f(z)\mathrm{d}z + \int_K g(z)\mathrm{d}z,$$

$$\int_{K+L} f(z)\mathrm{d}z = \int_K f(z)\mathrm{d}z + \int_L f(z)\mathrm{d}z,$$

$$\int_{-K} f(z)\mathrm{d}z = -\int_K f(z)\mathrm{d}z.$$

前两个等式的意义是自明的, 后两个则需要进一步澄清.

如果 $L$ 是从 $K$ 的终点开始的（见图 8-10a）, 则沿 $K + L$ 积分意味着先沿 $K$ 积分, 再继续沿 $L$ 积分, 所以得到的总的积分自然是两段分别积分之和. 注意, 回路是允许打结的, 事实上, 回路的定义只要求这种打结之处不会有无限多个.

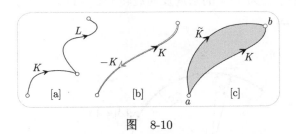

图　8-10

第 4 个法则类似于在实积分对换积分限, $-K$ 按定义仍然是 $K$, 但是要依与 $K$ 相反的方向运行（见图 8-10b）.

不管你对实微积分中的这些法则多么熟悉, 也不管它们在复域中的推广对于你是多么容易, 我们还是要请你重新结识一下每一个结果, 最好是用图 8-7、图 8-8 和图 8-9 那样的图形来做.

回想一下, 我们在本章的引言中已指出, 我们的目的是发现积分与积分路径的选择无关的条件, 而这个路径一定是连接平面上两点的曲线. 后两条法则可以用来把这个问题重写为更干净利落的形式. 设图 8-10c 中的两条路径 $K$ 与 $\widetilde{K}$ 都给出相等的由 $a$ 到 $b$ 的积分值. 于是有

$$0 = \int_K f(z)\mathrm{d}z - \int_{\widetilde{K}} f(z)\mathrm{d}z = \int_K f(z)\mathrm{d}z + \int_{-\widetilde{K}} f(z)\mathrm{d}z = \int_{K-\widetilde{K}} f(z)\mathrm{d}z.$$

所以, 两个积分的相等就化为此积分在闭环路 $(K - \widetilde{K}) = (K$ 后面接着 $-\widetilde{K})$ 上的积分为 0. 反过来, 如果在过 $a$, $b$ 两点的所有闭环路上积分都为 0, 则在所有由 $a$ 到 $b$ 的曲线上, 此积分都取相同的值. 简而言之, 积分对路径的无关性等价于闭环路上的积分为 0. 整个复分析的核心就是这个现象与解析性的联系. 柯西定理就是认识到环路上的积分为零正是映射的一个局部性质的非局部表现, 这个局部性质就是此映射在环路内的每一点处都是一个伸扭.

## 8.4 复 反 演

### 8.4.1 一段圆弧

复分析中一个最重要的积分可能就是复反演映射 $z \mapsto 1/z$ 的积分. 这句话所包含的真理只会逐渐地显现, 这就是我们在这个特例上不惜花费大量精力的理由.

我们先从最简单的情况开始, 即积分路径 $K$ 是以原点为中心、以 $A$ 为半径的一段圆弧的情况 (见图 8-11a). 和在图 8-7 中一样, 我们把这条路径分成许多长度相等的小段 (最终是无穷小段). 显然所有转角 $\phi_i$ 都是相等的, 用 $\phi$ 记此公共值. 因为每一段在原点处所张的角也是 $\phi$, 所以 $|\Delta| = A\phi$. 当 $z$ 绕此圆周旋转时, 其象 $w = 1/z$ 将绕一个半径为 $1/A$ 的圆周反向旋转 (图 8-11b), 所以 $w$ 把每一个 $\Delta$ 都缩为长度为 $\phi$ 的 $\widetilde{\Delta}$.

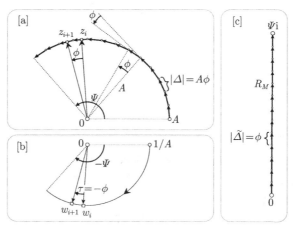

图　8-11

因为 $\Delta_1$ 与 $w_1$ 最终分别为铅直的向量与水平的向量, 即为纯虚的复数和实的复数, 所以 $R_M$ (我们从图 8-11c 的原点开始来画它) 开始时是朝着铅直方向进行的, 即 $\widetilde{\Delta}_1 = w_1\Delta_1$ 是一个实数 $1/A$ 乘以纯虚数 $iA\phi$ 而为 $i\phi$. 但是现在我们看到 $\tau = -\phi$, 所以 $\widetilde{\phi} = \phi + \tau = 0$. 即 $R_M$ **不会转弯**, 它一直沿虚轴方向上行[①]. 这样不管半径多么大, 积分总等于 $z$ 在 $K$ 上转过的角 $\Psi$ 乘以 i, 即 $i\Psi$. 请你自己验证, 若令 $K$ 是从圆周上随机取的一个点, 而不是从圆周与实轴的交点开始, 则这个结果依然正确.

特别地, 也是关键性重要的情况, 是 $z$ 一直绕着圆周转而成一个闭环路的情况. 这时积分值为 $2\pi i$. 警觉的读者立即会为此而烦恼. 为什么? 因为表面上看起来, 它这是公然违背了柯西定理. 我们前面已用几何方法证明了复反演是解析映射, 那么它在环路上的积分怎么会不为零呢?! 答案在于柯西定理要求此映射在环路之内**处处解析**. 但是我们的环路内含有原点, 而复反演的解析性正是在这里遭到了破坏.

### 8.4.2 一般环路

上面的讨论不仅解释了为什么我们的环路积分不为 0, 还使我们预期, 若环路**不包含**原点, 则积分**将为** 0. 我们要证明确实如此, 由此更增加了我们对柯西定理的信任.

我们之所以能很容易地就算出了图 8-11 的积分, 是由于所有的 $\Delta_i$ 都与 $z_i$ 正交, 因而总是切向的. 图 8-12a 画出了一个更典型的 $\Delta$, 它除了切向分量以外还有径向分量. 你会看到, $\Delta$ 可以分解为一个切向分量 $rd\theta$, 它与铅直方向 (虚轴方向) 所成的角是 $\theta$, 还有一个与切向分量正交的径向分量 $dr$. 要想得到 $R_M$ 中相应的 $\widetilde{\Delta}$ (见图 8-12b) 需要用 $w$ 去乘, 即把切向与径向分量都用 $w$ 分别去乘, 因而它们的方向都要旋转一个角 $-\theta = \arg w$, 从而切向分量变到铅直方向上, 径向分量变到水平方向, 而其长度则分成了 $d\theta$ 和 $(dr/r)$.

现在看一下, 如果对于如 $L$ 那样的闭环路 (图 8-13a) 把所有的 $\widetilde{\Delta}_i$ 都连起来会发生什么事, 但现在 $L$ 不包围原点. 为了完成这件事, 我们要舍弃前面把所有 $\Delta_i$ 都选为相同长度的做法, 而像图 8-13a 所示, 画了很稠密然而均匀分布的以原点为中心的同心圆族 (虚线)[②]. 考虑图 8-13a 中夹在两个相邻的同心圆周之间的一对 $\Delta_j$ 和 $\Delta_k$. 由于 $L$ 是一个闭环路, 因此 $\Delta$ 总是这样成对出现的. 因为如果 $L$ 是从某个虚线圆周的内域通向外域的, 它就必定要按反方向重新越过这个虚线圆周回到

---

① 我们在这里使用转角的概念是为了以后能直接推广到 $z$ 的其他幂, 在目前其实是不需要它的. 在圆周上角 $\theta$ 处的 $\Delta_i$ 的方向与铅直方向成角 $\theta$, 所以 $w$ 又把它转回到铅直方向上来.

② 如果 $L$ 有一部分与此族中某一个圆弧重合, 这个做法就失效了, 但是即使发生了这样的事也没有关系, 因为我们已经知道这一部分的积分等于 $i\Psi$.

内域来, 这样才能与它自己接起来. 当然 $L$ 会绕过这些虚线圆周多次出出进进（例如 $a, a^*; b, b^*; c, c^*$ 都是成对的交点）, 要点在于这些进出穿越必然是成对反向的.

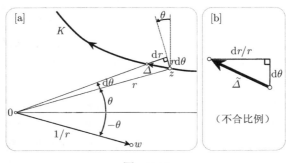

图　8-12

我们在图 8-13b 上看见了这样做对 $R_M$ 产生了什么后果. 由图 8-12b 已经看得很清楚, 对于这样一对 $\tilde{\Delta}_i$ 与 $\tilde{\Delta}_k$, 其水平分量将互相**抵消**. 因为我们已经看到, **每一个 $\Delta$** 都各属于自己的这样一对 $\Delta_j$ 与 $\Delta_k$, 所以对于任一个闭环路, $R_M$ 没有水平分量, 而不论原点是否被环路所围. 从图 8-12b 还看到, 铅直的黎曼和的高度可以由组成它的那些 $\Delta$ 所张的（有符号）角度 $d\theta$ 相加而得. 对于如图 8-13a 那样的不包围原点的环路, 这些角度之和为零：当 $z$ 沿 $L$ 运动时, $z$ 的辐角 $\theta$ 只是在摆动而不会绕过完整的一周. 所以, 如图 8-13b 所示, $R_M$ 最终还是封闭起来了. 此外, 如果我们把 $L$ 平移到一个使它能包围原点的位置, $z$ 就可以旋转完整的一周, 而图 8-13b 就变成了图 8-13c.

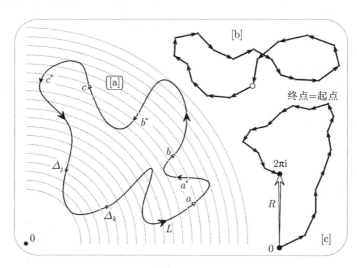

图　8-13

### 8.4.3 环绕数

现在总结一下. 如果一个闭环路不包围原点, 则复反演映射在其内处处解析, 这时积分按照柯西定理规规矩矩地变成零. 如果包围原点在内, 则柯西定理不再要求积分变成零: 因为被包围的区域中有一个点 (原点) 使得复反演映射在那里不是解析的. 其实我们已经看到对于以原点为中心的圆周, 答案不是零而是 $2\pi\mathrm{i}$. 此外, 一般的研究还揭示出, 如果我们用了椭圆形环路, 甚至正方形环路, 答案也完全一样. 因为如果我们把圆周扭曲成这种比较一般的形状, 对于 $R_M$ 的影响只不过是: 它会在自己的净铅直行程中蜿蜒上下走到 $2\pi\mathrm{i}$, 如图 8-13c 所示, 而不是如图 8-11c 那样笔直走到 $2\pi\mathrm{i}$.

我们看见, 真正起作用的并不是环路的形状, 而是它对于原点的环绕数. 所以可以把我们的发现干干净净地概括如下: 若 $L$ 是任意闭环路, 则

$$\oint_L \frac{1}{z}\mathrm{d}z = 2\pi\mathrm{i}\nu(L,0),\tag{8.6}$$

积分号上加一个圆圈是用以提醒, 我们是在一个闭回路上积分 (这已经是一个标准的记号了). 图 8-14 (请注意它就是第 7 章引进环绕数概念时用的图 7-1) 画出了不同的环路以及在每一个环路上 $(1/z)$ 的积分的值 (在图 7-1 上则是注明了环绕数之值). 最后请注意, (8.6) 可以很容易地推广如下 [练习]:

$$\oint_L \frac{1}{z-p}\mathrm{d}z = 2\pi\mathrm{i}\nu\left(L,p\right).\tag{8.7}$$

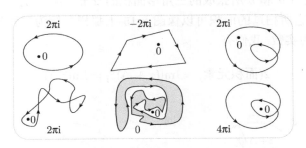

图 8-14

## 8.5 共 轭 映 射

### 8.5.1 引言

在本章引言中我们强调了积分对任意连续复映射都有意义, 不论它是否是解析的. 然而, 相对不甚规矩的非解析函数之积分, 其行为就不如它的解析对手那样可

以预测了. 特别是, 柯西定理在此没有裁判权, 我们也就没有理由期望积分对路径的无关性, 或者用与此等价的说法, 不能期望有闭路上积分为零的性质. 作为这一类性态的例子, 我们马上就来证明, 非解析的共轭映射 $z \mapsto \bar{z}$ 在环路上的积分将给出此环路所围区域的面积. 暂时先承认这个结果, 我们用 $\bar{z}$ 和 $(1/z)$ 两个例子来详细说明非解析情况与解析情况的区别.

在解析情况下, 只要 $z = 0$ 这个特殊的点没有被包含在环路内, 环路上的积分必为零. 甚至在 $(1/z)$ 的积分不为零时, 它可能取的值仍以 $2\pi i$ 为单位而干净利落地量子化: 环路每包围这个特殊的点 $z = 0$ 一次, 积分值就增加一个单位. 我们后面会看到, 这种性态是很典型的, 虽然一个比较普遍的映射可以有多个特殊的点 (在那里解析性遭到破坏) 散布在平面上, 积分仍然对于环路的准确形状不敏感. 只要没有这种特殊的点被围在环路内, 积分就会为零. 然而, 若有几个这样的点被围起来了, 则各自对积分做出不一定相同的贡献 (一般不是 $2\pi i$), 每包围一次就得到一个单位的贡献, 积分的值正是这些离散的贡献之和.

非解析的例子则完全不同. 环路所围区域的面积几乎从不为零 ($\bar{z}$ 的积分也就如此). 进而言之, 积分之值不再是由稳定的拓扑性质所决定的, 其对环路的详尽的几何形状是敏感的. 最后, 积分之值也没有优雅地量子化, 而随着环路形状的改变会连续地变化.

### 8.5.2 用面积来解释

现在我们来验证一下 $\bar{z}$ 的积分的面积解释. 回忆一下, 我们在第 1 章就讲过, $\mathrm{Im}(a\bar{b})$ 就是由 $a$ 和 $b$ 所张成的三角形面积的 2 倍. 当 $z$ 绕图 8-15a 中的环路 $L$ 运行时, 设想它所扫过的面积可以像图 8-15 上那样分解为三角形的元素. 于是, 因为 $z\bar{z} = |z|^2$ 为实数, 我们有

$$2(\text{面积元素}) = \mathrm{Im}[(z + \Delta)\bar{z}] = \mathrm{Im}(\bar{z}\Delta).$$

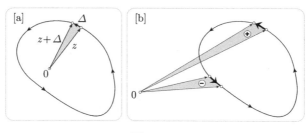

图  8-15

把这些面积元素加起来, 我们就得到相应于 $\bar{z}$ 的积分的黎曼和的虚部. 这样我们就得出结论

$$\text{Im} \oint_L \overline{z}\,dz = 2(L \text{ 所围的面积}).$$

如果注意到 $\overline{z}$ 和 $(1/z)$ 均为同方向的点（向量），这个结果还可以进一步简化. 由此可知，可以做一个类似于图 8-12 的图，唯一的区别在于，在图 8-12 中为了得到 $\widetilde{\Delta}$ 我们要除以 $r$，而现在要乘以 $r$. 所以由图 8-12 而来的推理仍然有效，由此导出 $\overline{z}$ 沿闭环路的积分为纯虚数. 这样

$$\oint_L \overline{z}\,dz = 2\mathrm{i}(L \text{ 所围的面积}). \tag{8.8}$$

现在我们要问，如果原点在环路**之外**，该公式将如何改变？图 8-15b 表明有一个让人高兴的答案："什么也没有改变！"要点在于积分把 $\Delta$ 对于原点所张的**有符号**的面积都加了起来. 在远处，$\Delta$ 是让 $z$ 沿逆时针方向走，所以给出正的面积元素. 但是在近处 $z$ 沿顺时针方向运动，给出负的面积元素. 当它们相加时，位于回路之外的面积抵消，所以用不着考虑. 余下的恰好是被围着的面积.

作为一个简单的例子，考虑一个以 $a$ 为中心、以 $r$ 为半径的圆周 $C$，它的方程为 $r^2 = |z-a|^2 = (z-a)(\overline{z}-\overline{a})$. 由它解出 $\overline{z}$ 再利用 (8.7) 即可得出

$$\oint_C \overline{z}\,\mathrm{d}z = \overline{a}\oint_C \mathrm{d}z + r^2\oint_C \frac{1}{z-a}\mathrm{d}z = 0 + r^2 2\pi\mathrm{i}$$
$$= 2\mathrm{i}(C \text{ 所围的面积}).$$

由我们迄今所做，你会以为 $\overline{z}$ 在非平凡（即没有缩为一点）的环路上的积分不会等于零. 其实只要看一下图 8-16a 上 8 字形的环路就知道这种想法是错误的. 这个环路可以看作两个独立的环路之并，上一个环路是依正向绕行的，所以给出通常的面积 $A_1$；下一个环路依反向绕行，所以给出 $(-A_2)$，即通常面积的负值. 所以积分值为 $2\mathrm{i}(A_1 - A_2)$，如果环路是对称的，则积分为零.

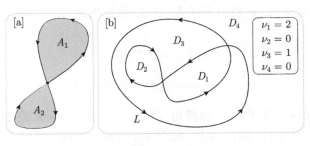

图 8-16

### 8.5.3    一般环路

为了把这个例子告一段落, 我们想解释一下环绕数的概念怎样用于计算更复杂环路上的积分. 如图 8-16b (注意, 此图就是第 7 章的图 7-2), 那样一些典型的环路把平面分成若干个集合 $D_j$, 而在第 7 章中我们定义环路的 "内" 就是那些相应的环绕数 $\nu_j \neq 0$ 的 $D_j$ 组成的, 而其余的 $D_j$ 则组成 "外", 我们现在陈述一般的结果, 请细想一下是否为真:

$$\oint_L \bar{z}\mathrm{d}z = 2\mathrm{i} \sum \nu_j A_j \quad (\text{对内部的 } D_j \text{ 求和}), \tag{8.9}$$

其中 $A_j$ 表示 $D_j$ 的面积. 例如, 图 8-16b 的环路 $L$ 给出 $\oint_L \bar{z}\mathrm{d}z = 2\mathrm{i}[2A_1 + A_3]$. 本章稍后再来解释这个一般公式 (8.9).

## 8.6    幂 函 数

### 8.6.1    沿圆弧的积分

既已懂得了 $(1/z)$ 的积分, 也就容易懂得其他幂的积分了. 我们再次用图 8-11 的方法从沿圆弧 $K$ 的积分开始. 我们将得到的结果与实积分的结果

$$\int_A^B x^m \mathrm{d}x = \frac{1}{m+1}[B^{m+1} - A^{m+1}] \qquad (m \neq -1)$$

形式完全一致, 区别在于, 在复情况下我们可以真正看见它!

图 8-17a 中是与图 8-11a 相似的回路, 而由图 8-11b 变到图 8-17b 表示从复反演到一般整数幂 $w = z^m$ 的变化. 图 8-17 的主要目的是传递一般的论证, 但是如果我告诉你, 它其实画的是 $m = 2$ 的特例, 你就会更好地理解它的细节.

当 $z$ 沿 $K$ 运动时, $w$ 将沿半径为 $A^m$ 的象圆周运动, 但角速度是 $z$ 的角速度的 $m$ 倍, 所以

$$|\widetilde{\Delta}| = A^m(A\phi) = A^{m+1}\phi,$$

$$\widetilde{\phi} = \tau + \phi = m\phi + \phi = (m+1)\phi.$$

因为所有的 $\widetilde{\Delta}$ 都有相同的长度和转角, 所以 $R_M$ 是一个圆弧的多边形逼近, 我们把它的圆心放在图 8-17c 的原点上. 我们现在要决定这段圆弧所对的圆心角, 还有它的半径.

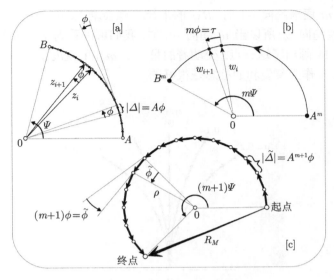

图 8-17

每个 $\widetilde{\Delta}$ 在圆心所张的角就是转角 $\widetilde{\phi}$, 亦即 $\Delta$ 的转角的 $(m+1)$ 倍, 这样

$$\text{终点的辐角} = (m+1)\Psi.$$

还有, 若用 $\rho$ 表示 $R_M$ 的半径, 则由图 8-17c 可以看到

$$\rho\widetilde{\phi} = |\widetilde{\Delta}| \qquad \Rightarrow \qquad \rho = \frac{A^{m+1}}{m+1}.$$

由此我们可以得出如下结论:

$$R_M = \text{终点} - \text{起点} = \frac{1}{m+1}[A^{m+1}\mathrm{e}^{\mathrm{i}(m+1)\Psi} - A^{m+1}]$$
$$= \frac{1}{m+1}[B^{m+1} - A^{m+1}], \tag{8.10}$$

它正如我们所许诺的, 形式上与实的结果完全一样. 希望你会同意: 能用一种在实情况下不可能做到的办法使它可视化, 这是颇为引人入胜的.

我们上面说了, 图 8-17 画的其实是 $m=2$ 的具体情况. 在往下读以前, 希望你费心略述一个其他情况: $m=-2$ 可能是有趣的.

### 8.6.2 复反演作为极限情况*

和在普通微积分中一样, $m=-1$ 的情况 (复反演) 是很独特的. 然而, 把这个特殊的幂作为其他幂的极限情况, 我们就能理解它的性态. 只要对多值函数的分支略微小心一点, 就可以看出甚至在放松 $m$ 为整数这个要求以后, 上面的结果仍然是成立的. 当 $m$ 逐渐趋向 $-1$ 时, $R_M$ 的半径 $\rho$ 就会增大, $R_M$ 也就越来越不弯曲, 同时 $\widetilde{\Delta}$ 的长就趋向 $\phi$. 所以当 $m$ 趋向 $-1$ 时, 我们可以看到 $R_M$ 将沿虚轴笔直上行到 $i\psi$. 图 8-18 画出了这一点. 变动着的量 $n \equiv m+1$ 量度了 $m$ 和 $-1$ 之差, 所以在此图上以 $n$ 作为黎曼和的标志是很好的.

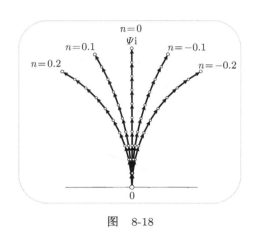

图    8-18

回到整数幂的情况, 我们下面就会看到, 对于完整的圆形环路, 复反演与所有其他的幂有一个惊人的基本区别: 若 $m \neq -1$, 积分会变成零. 这是由于 $R_M$ 将绕圆周转 $|n|$ 整圈 [$n < 0$ 时按顺时针方向转, $n > 0$ 时按逆时针方向转], 所以最后回到了起点.

### 8.6.3    一般回路和形变定理

迄今为止, 我们只是在 $A, B$ 两点由一个简单弧 (即不自交的弧) 来连接的情况证明了 (8.10), 但事实上它对几乎所有的回路都是真的. 先看 $n > 0$ 的情况. 因为 $z^m$ 这时在全平面上解析, 由柯西定理直接可得所有连接 $A, B$ 两点的回路都给积分以相同的值. 然而 $n < 0$ 的情况就比较微妙.

正如复反演在原点破坏了解析性一样, $z$ 的其他负幂也都如此. 所以柯西定理只能保证, 当这两条连接 $A, B$ 两点的路径合起来并未包围原点时, 积分值是相同的. 对于包围原点的环路, 积分值并不为 0, 例如在 $z^{-1}$ 的情况积分值为 $2\pi i$.

然而, 直接计算可知, 对于 $z$ 的其他负整数幂 (即 $m \neq -1$), 绕着以原点为中心的圆周环路的积分**确实**为 0, 尽管这不是柯西定理所要求的[①]. 我们现在要给柯西定理一个新形式, 它使我们看到积分变成 0 并不是来自环路具有圆周的特殊形状带来的侥幸的事情.

考虑图 8-19a, 其中的两个环路均包围某个映射的奇点, 因此柯西定理并未要

---

① 我们将在 11.2.8 节中给出复反演与其他负整数幂的区别的物理解释.

求沿 $J$ 或 $L$ 的积分为 0. 然而, 若此映射在两环路之间的阴影区域中为解析的, 我们可以证明这两个积分必相等. 首先考虑沿 $L$ 之积分里面来自 $p, q$ 间的一段的贡献. 设我们对这一段稍做形变使之成为连接 $p, q$ 的一个肿块. 因为映射在这两条连接 $p, q$ 的路径所围的区域中解析, 由柯西定理, 沿这两条路径的积分必相等. 再则, 因为 $L$ 的其余部分没有变, 所以沿有肿块的环路上的积分 = 沿没有肿块的环路 (即原来的 $L$) 上的积分. 现在为了得到我们所需要的结果还需要我们做的就只是让这个肿块长大而且形变 (如图 8-19b 所示), 直到 $L$ 变成 $J$ 为止.

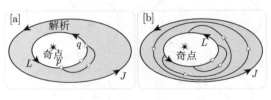

图　8-19

关键性的思想就是:

如果回路在形变中只扫过解析点, 则积分值不会改变. (8.11)

我们称这个结果为**形变定理**. 这样, 如果把回路想象成一条橡皮圈, 而把奇点想象为由钉在平面上的小木桩 (其作用是挡住橡皮圈的运动), 不管这条橡皮圈变成了什么形状, 其上的积分之值总是相同的.

我们马上就可以把形变定理应用于我们的问题. 因为如果这映射是 $z^{-1}$ 以外的 $z$ 的其他负整数幂, 则我们已经证明了的事实, 即在圆周环路上积分为 0, 就蕴涵了, 只要这个圆周在形变时能够不碰到原点处的奇点, 则在它能变成的一切环路上积分都为 0, 所以, (8.10) 甚至对负整数幂也是与路径无关的.

形变定理也给出了关于复反演映射在一般环路上的积分公式 (8.6) 的一个简单得多的推导. 设想取一根很长的有弹性的绳子在一个以原点为中心的圆周上缠 $\nu$ 圈, 然后把它的两头接起来成一个闭环路. 由以前的工作可知 $z^{-1}$ 在其上的积分值为 $2\pi i\nu$. 但是形变定理说, 不论怎样使这条绳子形变, 只要不让它越过原点 (奇点) 处的小木桩, 积分的值就仍是 $2\pi i\nu$. 但是霍普夫映射度定理指出, 它能够变成的环路一定是环绕数为 $\nu$ 的环路.

### 8.6.4 定理的进一步推广

我们 "动态" 版本的柯西定理还可以进一步推广到具有**好几个**奇点的映射. 考虑包围两个奇点 (小木桩) 的环路 $L$ (图 8-20a), 推广到有更多奇点的映射是显而易见的. 如果我们让 $L$ 形变但是不碰到小木桩, 我们知道积分之值不变. 由图 8-20a

经图 8-20b 到图 8-20c 的过程是这种形变的一例. 图 8-20c 是很有趣的. 现在回路
变成在 $q$ 点连在一起了, 于是积分的值可以认为是两个在 $q$ 点相切的圆周上的积
分之和. 但是现在可以再应用通常的论证方法, 可以让这两个圆周分别形变, 这样
就完成图 8-20c 到图 8-20d 的转变. 于是我们得到以下结论:

$$\oint_L f(z)\mathrm{d}z = \oint_J f(z)\mathrm{d}z + \oint_K f(z)\mathrm{d}z. \tag{8.12}$$

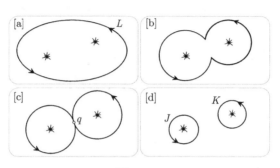

图    8-20

　　现在举一个例子说明 (8.12). 考虑 $f(z) = 2/(z^2 + 1)$, 它在 $z = \pm\mathrm{i}$ 处有奇点.
只要注意到 $f(z)$ 还有另一个表达式

$$f(z) = \frac{\mathrm{i}}{z + \mathrm{i}} - \frac{\mathrm{i}}{z - \mathrm{i}}$$

就能在任一环路 $C$ 上计算这个积分了. 应用 (8.7) 可得

$$\oint_C f(z)\mathrm{d}z = 2\pi[\nu(C, \mathrm{i}) - \nu(C, -\mathrm{i})].$$

像图 8-20a 中那样让 $L$ 包围这两个奇点, 请用这个公式来对这个特殊的函数验证
(8.12).

### 8.6.5    留数

　　我们现在对幂函数的环路积分已经有了相当完备的理解, 因此要对比较简单的
有理函数做积分就相对容易了: 只要找到它的所谓分项分式 (或称部分分式) 分解,
然后再逐项积分即可. 在上一小节末尾的例子中, 我们做的就是这件事.

　　下面是一个稍微复杂的例子, 即在图 8-21 的回路 $K$ 上 $f(z) = z^5/(z + 1)^2$ 的
积分. 把分子写为 $[(z + 1) - 1]^5$, 很快就有

$$f(z) = -\frac{1}{(z + 1)^2} + 5\left[\frac{1}{(z + 1)}\right] - 10 + 10(z + 1) - 5(z + 1)^2 + (z + 1)^3.$$

但是我们已经知道, 除幂为 $-1$ 的情况以外, 其他整数幂幂函数的积分均为零, 所以上式中只有复反演项 [在方括弧内] 对积分有贡献. 详细些说,

$$\oint_K f(z)\mathrm{d}z = 5 \times 2\pi \mathrm{i}\nu[K, -1] = -20\pi \mathrm{i}.$$

所以, 积分之值由两个因素决定: 环路的环绕数以及在此映射分解中复反演项的多少（即其系数）. 因为后者是函数积分后仅有的留下的部分, 它就称为函数在奇点处的留数. 通常情况下, $f(z)$ 在奇点 $s$ 处的留数用记号 $\mathrm{Res}[f(z), s]$ 来表示, 所以在上例中, $\mathrm{Res}[z^5/(z+1)^2, -1] = 5$.

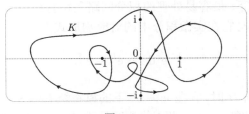

图 8-21

其实留数的概念远远不只是对简单的有理函数有意义, 下一个例子就可以说明这一点. 我们以前曾经不甚明确地指出过 (5.5.3 节 (5.8) 后面) 一个非常值得注意的事, 即解析函数是无穷可微的, 而在解析函数类中, 它就等价于解析函数在非奇点的邻域中必可用幂级数（泰勒级数）来表示. 例如 $\sin z$ 以原点为中心的泰勒级数就是

$$\sin z = z - \frac{1}{3!}z^3 + \frac{1}{5!}z^5 - \frac{1}{7!}z^7 + \cdots.$$

很明显在映射的奇点处这种展开式是不可能的. 然而, 只需简单地把幂级数概念拓宽到也能包括**负整数幂**, 则在奇点附近也能恢复到一个相似的结果. 这样的级数称为**洛朗级数**[1].

考虑 $(\sin z)/z^6$, 它以原点为奇点, 但只要用 $z^6$ 去除上面的泰勒级数, 则在此奇点 $z = 0$ 附近即可得到以下的洛朗级数:

$$\frac{\sin z}{z^6} = \frac{1}{z^5} - \frac{1}{3!z^3} + \frac{1}{5!}\left[\frac{1}{z}\right] - \frac{1}{7!}z + \frac{1}{9!}z^3 - \cdots.$$

将一函数在奇点处的留数再次定义为复反演项的系数, 现在就有 $\mathrm{Res}[(\sin z/z^6), 0] = \frac{1}{5!}$. 如果一个幂级数在回路的每个点上都收敛, 我们暂时承认对级数逐项积分是有

---

① 洛朗, Pierre Alphonse Laurent, 1813—1854, 法国数学家. ——译者注

意义的[①], 就会再一次看到只有留数项才对积分有贡献, 例如设 $K$ 为图 8-21 中的回路, 则有

$$\oint_K \frac{\sin z}{z^6} \mathrm{d}z = \frac{1}{5!} 2\pi \mathrm{i}\nu(K, 0) = -\frac{2\pi \mathrm{i}}{5!}.$$

上面用留数来计算回路积分的例子是**柯西留数定理**的实例. 我们将在本章的末尾回到这个问题, 而且下一章还要更仔细地讲. 目前我们只是提醒一下, 若一映射有几个奇点, 则对每个奇点可以各赋予一个留数.

## 8.7　指　数　映　射

在指数映射情况下, 最容易处理的积分回路是铅直线段 $L$, 如图 8-22a 的 $AB$. 我们又会发现其结果与它在实微积分中的对应物形式上完全一样:

$$\int_L \mathrm{e}^z \mathrm{d}z = \mathrm{e}^B - \mathrm{e}^A. \tag{8.13}$$

当 $z$ 由 $A$ 上行到 $B$ 时, 它在 $w = \mathrm{e}^z$ 下的象将绕着图 8-22b 中的圆弧运动. 为了验证 (8.13), 我们现在来证明 (设从 $\mathrm{e}^A$ 开始画 $R_M$), 这个圆弧也准确地是黎曼和 $R_M$ 的路径.

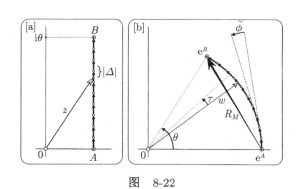

图　8-22

首先注意, 因为 $\Delta_1$ 和 $w_1$ 分别有效地是水平的和铅直的, 所以 $R_M$ 出发时将是沿铅直方向, 这正是我们需要的. 还要注意, 所有的 $\widetilde{\Delta}$ 都有相同长度, 即 $|\widetilde{\Delta}| = \mathrm{e}^A|\Delta|$. 最后, 因为 $L$ 没有急弯 (即 $\phi = 0$), 所以 $\widetilde{\phi} = \tau = |\Delta|$. 既然所有 $\widetilde{\Delta}$ 的长度和转角均相同, $R_M$ 将沿一圆弧运动. 余下要证明的仅有: 若从 $\mathrm{e}^A$ 开始画它, 则此圆弧就是图 8-22b 中同一个圆弧.

---

① 这是可以证明的, 但是对于回路还要加一些条件, 例如假设此幂级数的收敛圆盘严格地包含回路.

下一节将给出证明这一点的最简单的方法, 然而下面的几何论证也相当直截了当. 我们先验证 $R_M$ 的弧与 $w$ 的弧有相同半径. 每一个 $\widetilde{\Delta}$ 在圆心所张的角就是转角 $\widetilde{\phi}$. 所以

$$\text{半径} = \frac{\text{弧长}}{\text{角度}} = \frac{|\widetilde{\Delta}|}{\widetilde{\phi}} = e^A,$$

这就是我们想要证明的. 最后, 圆弧所对圆心的总圆心角正是所有 $\widetilde{\phi}_i = |\Delta_i|$ 之和, 即 $\theta$. 由此得证这两个圆弧完全相同.

因为 $e^z$ 没有奇点, 柯西定理保证了它在环路上的积分为零, 所以 (8.13) 对任意的由 $A$ 到 $B$ 的回路都是成立的.

# 8.8 基 本 定 理

## 8.8.1 引言

通过特定的几何作图, 加上应用柯西定理, 我们已经学会了某些重要函数的积分的许多知识, 然而还有两个立即出现的问题有待解决: 一个是实用性的, 另一个是审美性的.

实用性的问题在于 (8.10) 和 (8.13) 都只对 $A$, $B$ 两点有特殊的构形时适用: (8.10) 的推导假设 $A$, $B$ 两点离原点距离相等; 而对于 (8.13), 则设它们是一条铅直线上的两点. 肯定地说, 各种形式的柯西定理可以保证不论 $A$, $B$ 两点位置如何, 所考虑的积分都是与路径无关的. 问题在于, 我们还没有证明这种与路径无关的积分之值仍由前述的公式给出. 本节中我们会看到积分之值确实仍由同样公式给出.

审美性的问题在于: 我们推导 $z$ 的负整数幂的积分与路径无关的方式, 尚可推敲. 回想一下, 当时我们之所以能应用柯西定理是因为我们已经显式地画出环路积分的一个例子 (即取环路为圆周), 使得尽管环路中包含了奇点, 这个环路积分仍然为零. 虽然这个推导本身很干净利索, 却留下一个感觉, 即在理解奇点出现时环路积分仍然可以为零这件事情上, 应用柯西定理还不是最直接的途径.

这两个问题都由所谓的**环路积分的基本定理**解决了——这个定理形式上也和普通微积分中的同名对应物一个样. 然而给它起这么个名字却不太合适, 至少在复分析中如此. 说到底, 迄今为止, 没有这个基本定理我们的日子也过得不错. 这就说明, 如果这个定理可以称为 "基本" 的话, 那么柯西定理就应该称为 "超基本" 了!

## 8.8.2 一个例子

作为这个定理的第一个例子, 我们回到上一节讲的指数映射, 目的是弄清楚为什么 (8.13) 对任意一对点 $A$, $B$ 都成立, 而不一定要求它们位于同一铅直线上. 正如在数学中时常发生的那样, 需要的只是稍微转换一下视角.

图 8-23 画出了一条曲线 $K$（连接两个典型的点 $A$ 和点 $B$），它被指数映射 $e^z$ 映为连接 $e^A$ 和 $e^B$ 的曲线 $\tilde{K}$. 现在, 把关于积分以及黎曼和的一切统统忘掉（当然是暂时的）, 而从微分的观点来看看图 8-23.

所有从 $K$ 上某点发出的小箭头都被映为从 $\tilde{K}$ 上某点发出的象（仍为小箭头）. 特别是, 如果箭头 $\Delta$ 是 $K$ 的一小段弦（收缩以后就变成切线）, 它的象 $\tilde{\Delta}$ 也是 $\tilde{K}$ 的一小段有一定方向的弦. 但是对于解析映射（如现在正在考虑的 $e^z$）, 原来的箭头只不过被伸扭一下再映为其象：

$$\tilde{\Delta} = (e^z \text{ 的伸扭}) \cdot \Delta = e^z \cdot \Delta. \tag{8.14}$$

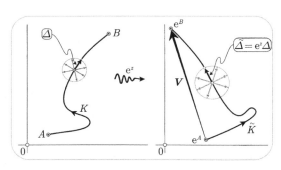

图　8-23

如果把所有这些作为 $\tilde{K}$ 的弦的向量 $\tilde{\Delta}$ 加起来, 就会得到连接 $\tilde{K}$ 的起点与终点的向量 $V$, 但是 (8.14) 告诉我们, 向量 $V$ 也可以看作相应于 $e^z$ 在 $K$ 上的积分的黎曼和. 由此即证得 (8.13) 对一切位置上的 $A, B$ 两点仍然有效：

$$\int_K e^z \mathrm{d}z = V = e^B - e^A.$$

为了强调这个做法与路径的无关性, 设想选另一条由 $A$ 到 $B$ 的路径. 它的象曲线 $\tilde{K}$（也就是新的黎曼和）由另一条路径由 $e^A$ 走到 $e^B$, 当然向量 $V$ 不会受到影响.

### 8.8.3 基本定理

基本定理其实就是用一般的语言来重述上面的思想. 设我们想用上面的方法来计算 $\int_K f(z)\mathrm{d}z$. 就必须找另一个**解析映射** $F(z)$, 使它的伸扭 $F'(z)$ 恰好就是 $f(z)$. 假设有一个 $F$ 已经找到 [这样一个玩意儿是否存在我们马上就来讲], 我们就可以做出图 8-24, 其中就有 $K$ 在映射 $F$ 下的象曲线 $\tilde{K}$. 仍用上面同样的术语, (8.14) 就变成

$$\tilde{\Delta} = [F(z) \text{ 的伸扭}] \cdot \Delta = f(z)\Delta.$$

和前面完全一样, 我们知道 $\tilde{K}$ 其实就是 $f$ 的黎曼和画出的路径, 而向量 $\boldsymbol{V}$ 又一次就是与路径无关的积分值:

$$\int_K f(z)\mathrm{d}z = \boldsymbol{V} = F(B) - F(A). \tag{8.15}$$

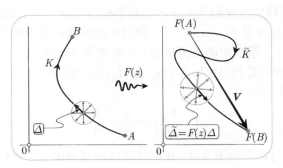

图 8-24

和在普通微积分中一样, 函数 $F$ 不可能是唯一的, 因为 $\hat{F} = F+$ 常数. 和 $F$ 共有同样的伸扭. 用图 8-24 的语言来说, $\hat{F}$ 和 $F$ 的关系只不过是把 $F$ 做一个平移, 但这个平移对于连接 $\tilde{K}$ 的两端的向量 $\boldsymbol{V}$ 并无影响.

在普通微积分中, 一个实连续函数 $f(x)$ 总有一个原函数[①] $F(x)$ 使 $F'(x) = f(x)$. 当然 $F(x)$ 不一定容易找, 也不一定能用初等函数表示 (例如 $f(x) = \mathrm{e}^{-x^2}$ 的原函数就不能用初等函数来表示), 但至少它是存在的. 在复领域中则不然, 我们知道解析函数只是非常特殊的复函数, 所以对于一般的复函数, 原函数如果不存在其实也不足为奇. 其原因如下: 回忆一下若这样的 $F$ 存在, 则 $f$ 的积分必与路径无关. 所以, 例如对非解析的 $f(z) = \bar{z}$, 这样的 $F$ 就不可能存在, 尽管现在的 $f(z)$ 确实是连续的. 事实上, 我们会需要求助于关于解析函数必为无穷可微这个尚未证明的结果. 由它可以看见, 一般说来 $f$ 的解析性是原函数 $F$ 存在的必要条件. 因为如果 $F$ 是解析的, 它的导数 $F'$ (即 $f$) 也一定是解析的.

当遇见一个非解析函数的积分时, 去找它的原函数以便应用 (8.15) 是毫无希望的——原函数不可能存在. 对 $z \to \bar{z}$ 这个特例, 有可能把非封闭的路径的面积解释加以推广, 从而计算出其积分, 但是对一般的非解析函数这样的解释是得不到的. 虽然这种积分比之解析函数的积分对于我们意义要小得多, 我们仍将在下一节找出一个计算它们的方法.

在回到一般的讨论之前, 我们想再给出一个关于这个定理如何起作用的例子. 考虑 $f(z) = z^2$, 如果我们定义 $F(z) = \frac{1}{3}z^3$, 则 $F' = f$, 所以当我们沿某一路径做

---

[①] 原书中没有使用原函数一词, 而是用的 "反导数" (anti-derivative), 因为这里并未介绍任何新思想, 为方便读者, 译文中仍用原函数一词. ——译者注

积分时, 黎曼和的路径正是原来积分路径在映射 $z \mapsto \frac{1}{3}z^3$ 下的象. 这就使我们能从新的角度重新看一下图 8-17 的做法. 回忆一下, 那里的关于一般幂函数的积分的图其实是对 $z^2$ 这个特例做的. 我们看到, $z \mapsto \frac{1}{3}z^3$ 确实把图 8-17a 中的路径映为图 8-17c 中的黎曼和, 这与我们的新的一般结果是一致的.

这个定理是怎样回应我们关于 $z$ 的负幂的积分之路径无关性的审美要求的呢? 作为一个例子, 重新考虑 $f(z) = (1/z^2)$, 我们希望你确实已经按我们的建议画出了图 8-17 的类似物了. 不必求助柯西定理(从而避免了为着和它一起出来的原点处的奇性的担心), 我们看到, 因为 $(-1/z)' = (1/z^2)$, 所以所有[①]连接 $A$ 和 $B$ 的路径都会给出同样的积分值:

$$\int_A^B \frac{1}{z^2}\mathrm{d}z = \frac{1}{A} - \frac{1}{B}.$$

附带说一下, 因有与路径的无关性, 我们就可以恢复使用 $\int_A^B$ 这样的记号而不必担心出现歧义.

我们不必再用柯西定理也能把这个积分在圆周上为零这件事推广为: 在任意环路上的这个积分也为零. 结论是直截了当的: 因为 $B = A$, 所以上式为零.

### 8.8.4 积分作为原函数

我们已经看到, 如果 $f$ 的**原函数** $F$(定义为 $F' = f$)存在, 则 $f$ 的积分与路径无关. 我们现在要来证明其逆: 若 $f$ 之积分与路径无关, 则原函数 $F$ 存在.

我们先给出基本定理的另一个简单例子. 因为 $(\sin z)' = \cos z$, 所以 $\cos z$ 的积分应与路径无关. 设我们从原点积分到动点 $Z$, 则会得到一个合理定义的函数

$$F(Z) = \int_0^Z \cos z \ \mathrm{d}z = \sin Z.$$

我们毫不惊奇地知道, 它就是 $\cos Z$ 的原函数. 如果我们从另一个任意点而不是原点开始积分, 则得到的结果与上式只差一个常数, 所以仍是一个完全好的原函数.

为了证明第一段话里给出的结果, 只需要证明上面的例子是典型的即可. 若已知映射 $f$ 的积分是与路径无关的, $A$ 是任意的固定起点, 我们来证明

$$F(Z) = \int_A^Z f(z)\mathrm{d}z \tag{8.16}$$

就是 $f$ 的一个原函数. 其实我们就是想要证明原函数是存在的, 即是说我们想要证明, 若从 $P$ 点发出一个无穷小箭头, 则在映射 $F$ 之下, 这个小箭头仅仅是被伸扭了一下, 而在 $P$ 点, 这个伸扭就是 $f(P)$.

---

① 除了实实在在地穿过奇点的路径以外.

我们首先要注意到用图 8-25a 表示的关于积分之差的一件简单的事. 设 $L$ 和 $M$ 是连接 $A$ 到两个不同点 $P$ 和 $Q$ 的路径, 我们知道, 对于任意函数 $f(z)$ 都有

$$\int_M f(z)\mathrm{d}z - \int_L f(z)\mathrm{d}z = \int_{-L+M} f(z)\mathrm{d}z.$$

右方的积分路径 $(-L+M)$ 就是图 8-25b 上由 $P$ 到 $Q$ 的弯曲的路径, 但是如果知道积分是与路径无关的, 则可以用直线路径 $S$ 来代替它: 回到 (8.16) 所用的记号, 我们就有

$$F(Q) - F(P) = \int_S f(z)\mathrm{d}z.$$

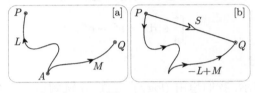

图　8-25

在极限情况下 $Q$ 与 $P$ 重合, $S$ 就变成由 $P$ 发出的无穷小 "向量" $\Delta$(稍微有点用词随意), 而以上等式左方就是 $\Delta$ 在 $F$ 下的象 $\widetilde{\Delta}$, 因此

$$F: \Delta \mapsto \widetilde{\Delta} = \int_\Delta f(z)\mathrm{d}z.$$

但若 $\Delta$ 是无穷小, 则上面的积分等于 $f(p)\Delta$, 这样就证明了上面给出的结论:

$$F: \Delta \mapsto \widetilde{\Delta} = f(P)\Delta.$$

我们现在就可以求助于柯西定理把所要求的积分与路径的无关性与函数的解析性联系起来了. 若 $f$ 在某个区域中是解析的, 它的积分一定是与路径无关的, 所以必存在原函数 $F$. 换言之, *每个解析映射本身一定是另一个解析映射的导数*.

我们以 $F$ 的解析性的一个有趣的应用来结束这一小节. 在上一小节里我们完全忽略了以前所用的几何做法, 而代之以求助于基本定理来证明, 例如

$$\int_A^B z^2 \mathrm{d}z = \frac{1}{3}(B^3 - A^3)$$

对 $A$, $B$ 两点之所有位置都成立. 这看起来明显地比图 8-17 进了一步, 因为在那里只对 $A$, $B$ 两点距原点等距离这一特例证明了上式. 然而我们现在可以看到解析性反而使这个特例包含了一般情况, 这似乎是一个悖论.

考虑两个函数

$$F(Z) = \int_A^Z z^2 \mathrm{d}z, \quad G(Z) = \frac{1}{3}(Z^3 - A^3),$$

我们现在看到, 二者都是解析的. 由图 8-17 我们知道, 当 $Z$ 在一个以原点为中心而且通过 $A$ 的圆周上运动时, 有

$$F(Z) = G(Z).$$

但由解析函数的唯一性 (5.11.3 节) 即知此式当 $Z$ 在圆周**外**游荡时也是成立的, 由此可得上述的一般结果.[①]

把完全一样的推理用于指数映射, 就可以把 (8.13) 的适用性从一条铅直直线上分离的 $A$, $B$ 两点外推到 $Z$ 在过 $A$ 的铅直直线以外, 从而有

$$\int_A^Z \mathrm{e}^z \mathrm{d}z = \mathrm{e}^Z - \mathrm{e}^A,$$

### 8.8.5 对数作为积分

由基本定理的启示, 我们想由 $(\log z)' = (1/z)$ 跳到以下结论

$$\int_1^Z \frac{1}{z} \mathrm{d}z = \log Z, \tag{8.17}$$

与实分析情况一样, 在一定意义下这是对的, 但是需要小心一点.

微妙之处当然在于原点处的奇性使得 $(1/z)$ 的积分不再是单值的. 这样我们必须先确定由 1 到 $Z$ 的路径 $K$, 积分 (8.17) 之值才能适当定义. 另一方面, 只有在 $Z$ 的辐角 $\theta(z)$ 的无穷多值中选定了一个以后, (8.17) 右方的值也才能适当定义. 这两个困难却按下面的方式互相抵消了.

在图 8-26 中我们对 $Z$ 的特定的值 $Z = 1 + \mathrm{i}\sqrt{3}$ 画了 3 个不同的路径. 如果我们用 $\theta_K(Z)$ 来记追随路径 $K$ 时所得的 $Z$ 的辐角的净旋转, 则

$$\theta_{K_0}(Z) = (\pi/3),$$
$$\theta_{K_1}(Z) = (\pi/3) + 2\pi,$$
$$\theta_{K_2}(Z) = (\pi/3) + 4\pi.$$

在一定意义下, 把所使用的路径也包括在辐角定义中, 就使得积分成了单值的. 注意, 这里积分的定义并不依赖于 $K$ 的确切形状而只依赖于它包围原点多少次. 注意, 路径 $K$ 不能通过原点, 这时会出现新的问题与新的研究.[②]

---

① 这个论证当 $A$ 是原点时不能用, 因为这时此圆周退缩为一点而不能用唯一性定理. 但是 $F(Z) = \int_0^Z z^2 \mathrm{d}z = \frac{1}{3}Z^3 = G(z)$ 仍然成立. ——译者注

② 最后这句话是译者加的. ——译者注

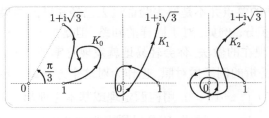

图 8-26

这样就可以把达到 $Z$ 的方式吸收到 $\log(Z)$ 的定义之中而得到单值的答案:

$$\log_K(Z) = \ln |Z| + \mathrm{i}\theta_K(Z).$$

于是 (8.17) 的没有歧义的正确形式将是

$$\int_K \frac{1}{z}\mathrm{d}z = \log_K(Z).$$

当然, $\log$ 的多值本性并未消除, 只是变了个形式. 然而, 追随这个思想将引导到考虑所谓**黎曼曲面**, 多值函数在那里可以变成单值的. 但这里不讨论黎曼曲面.

## 8.9 用参数做计算

在没有更漂亮的方法来计算回路积分的时候, (在原则上)仍可将它表示为普通的实积分. 我们现在简短地讲讲这个方法.

基本的思想是把回路看成一个运动质点的轨迹, 这个质点在时刻 $t$ 的位置是 $z(t)$. 其实, 不必用 $L$ 的很短的弦这种很小的向量做黎曼和, 我们同样可以用**切于 $L$ 的很小的向量**. 使用切向的复速度 $v = \frac{\mathrm{d}z}{\mathrm{d}t}$ 就可以做到这一点: 弦本来是表示 $\delta t$ 这一时间段的位移的, 现在改用切向量 $v\delta t$ 来代替它. 这样, 如果在时间区间 $a \leqslant t \leqslant b$ 中, 这个动点画出了 $L$, 则

$$\int_L f(z)\mathrm{d}z = \int_a^b f[z(t)]v\mathrm{d}t.$$

例如, 设 $L$ 是以 $q$ 为中心、$\rho$ 为半径的逆时针圆周回路, 而 $f[z] = \overline{z}$. 则由前面的知识（8.5.2 节 (8.8)）可知此积分值应为 $2\pi\mathrm{i}\rho^2$. 按现在的做法, 因为 $z(t) = q + \rho\mathrm{e}^{\mathrm{i}t}$（$0 \leqslant t \leqslant 2\pi$）, $v = \mathrm{i}\rho\mathrm{e}^{\mathrm{i}t}$, 我们会得到

$$\int_L \overline{z}\mathrm{d}z = \int_0^{2\pi} \left(\overline{q} + \rho\mathrm{e}^{-\mathrm{i}t}\right) \mathrm{i}\rho\mathrm{e}^{\mathrm{i}t}\mathrm{d}t = \mathrm{i}\rho\overline{q} \int_0^{2\pi} (\cos t + \mathrm{i}\sin t)\mathrm{d}t + \mathrm{i}\rho^2 \int_0^{2\pi} \mathrm{d}t = 2\pi\mathrm{i}\rho^2.$$

这正是我们所预期的.

当然, 这个方法的要点并不是要去验证过去已经知道的结果, 而是想去计算一些过去算不出来的积分. 例如, 对于同样的回路, 但是换一个 $f(z) = \bar{z}^2$, 答案就猜不出来了. 然而, 按现在的做法, 你会轻易地就发现答案是 $4\pi\mathrm{i}\bar{q}\rho^2$.

与上面关于非解析的例子做对照, 也作为对这个方法进一步的练习, 可以验证 (仍用同样的回路 $L$) $\int_L z^2\mathrm{d}z = 0$, 用柯西定理或基本定理都会预计得到这个结果. 类似地可以验证 $\int_E z\mathrm{d}z = 0$, 这里 $E$ 是以原点为中心的椭圆. [提示: 请回忆一下 $z(t) = p\mathrm{e}^{\mathrm{i}t} + q\mathrm{e}^{-\mathrm{i}t}$ 就是沿一椭圆运动的.]

最后一个例子, 取回路为抛物线 $y = x^2$ 在 0 和 $1+\mathrm{i}$ 中的一段, 用时间参数可以把这个抛物线写成 $z(t) = t + \mathrm{i}t^2$ ($0 \leqslant t \leqslant 1$). 沿此回路求 $z$ 的积分, 先用基本定理, 再用参数计算. 类似地请用基本定理计算 $\mathrm{e}^z$ 在此回路上的积分, 让你的答案的虚部与参数计算的虚部比较, 可以得出

$$\int_0^1 (2t\cos t^2 + \sin t^2)\mathrm{e}^t\mathrm{d}t = \mathrm{e}\sin 1.$$

这个结果不用复数也容易算出 [练习]. 然而我们以后会遇到用普通的方法不太容易算出的实积分, 但是若把它们看成来自**复积分**, 就突然变得很容易了.

## 8.10   柯 西 定 理

### 8.10.1   一些预备知识

我们在本章中已经一再地见证柯西定理的用处了, 证明它确实成立, 此其时矣! 我们先从回路 $C$ 为 "简单" 闭曲线, 即不自交的曲线这个情况开始. 见图 8-27.

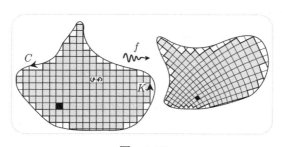

图    8-27

我们用边长为 $\varepsilon$ 的小正方形网格填到 $C$ 的内域中, 网格方向是实轴和虚轴方向. 我们把整个正方形全在 $C$ 的内域中的方格加上阴影, 而令这个阴影区域的边缘为回路 $K$, 并规定在 $K$ 上沿逆时针方向运动. 因为我们画的正方形格子还比较大

（目的是使图形看得更清楚），$K$ 现在只是 $C$ 的一个粗糙的近似. 然而, 若令 $\varepsilon$ 缩小, 有阴影的区域会越来越完全地填满 $C$ 的内域, 而 $K$ 也就越来越精确地追随 $C$. 这样, 为了看出一个映射 $f$ 在 $C$ 上的积分是否为零, 只需研究 $f$ 在 $K$ 上的积分当 $\varepsilon$ 趋向零时的性态即可. [习题 20 将更详细地论证这一点.]

下一步则来寻求 $K$ 上的积分与映射在 $K$ 所包围的阴影区域内的性态的联系. 考虑 $f$ 在每一个无穷小有阴影正方形边上按逆时针方向的积分之和. 图 8-27 左图就画出了两个相邻的有阴影小正方形边缘上逆时针方向的积分. 当把这两个正方形边上的积分相加时, 公共边走了两次, 其方向恰好相反, 所以在公共边上的两次积分互相抵消. 但是对于每一个位于阴影区域之内的正方形边这都是成立的, 所以当我们把所有阴影正方形边上的积分加起来后, 不会被抵消的就只有构成 $K$ 的正方形边上的积分:

$$\oint_K f(z)\mathrm{d}z = \sum_{\text{阴影正方形}} \oint_\square f(z)\mathrm{d}z, \tag{8.18}$$

右方是对所有有阴影的正方形求和. 这样, 研究 $f$ 沿 $C$ 的积分就归结为研究 $f$ 在内域的无穷小正方形内的局部效果.

应该强调, 迄今为止的讨论对于非解析映射和解析映射都同等适用. 例如, 对于 $f(z) = \overline{z}$, (8.18) 只不过是说 $K$ 内的面积就是有阴影的小正方形面积之和 [见 (8.8)]. 为了真正理解柯西定理, 就必须把图 8-27 专门限于 $f$ 在 $C$ 内各点的局部效果都是伸扭这一特例. 然而我们还是先来猜一下, 对于一般的复映射, (8.18) 右方每一个典型的积分的大小是怎样依赖于 $\varepsilon$ 的（即当正方形缩为一点时, 其大小如何）.

我们研究实积分的经验以及不等式 (8.5) 都会引导我们去设想, 在每个无穷小正方形边上的积分都与正方形周长（也就是与 $\varepsilon$）以同样速率衰减为 0, 这是不对的. 正方形边是一个**闭回路**, 而且复积分又是一类**向量**性质的求和, 这两点都蕴涵了, 此积分可能衰减得快得多. 在上面讲共轭映射的积分时, 我们就已看到每一项的准确值为 $2\mathrm{i}\varepsilon^2$, 而这就指引到一个正确的猜想, 即各项都如 $\varepsilon$ 的**平方**那样衰减. 我们马上就来详细地验证, 但在目前, 下面的粗糙论证也就够了.

我们知道, 对一般的映射 $f$, $K$ 上的积分（因此还有 (8.18) 右方的和）都是非零而有限的. 这使我们相信, 各项随 $\varepsilon$ 之衰减的速率与项数随 $\varepsilon$ 之衰减而增长的速率恰成反比. 但是项数之增长正如（$C$ 内域的固定面积除以每个小正方形面积）一样, 也是与 $(1/\varepsilon^2)$ 同阶. 所以我们期望每一项将如 $\varepsilon^2$ 一样衰减. 如果我们原来的猜想是正确的, (8.18) 中的和式之阶将是 $\varepsilon(1/\varepsilon^2)$, 而当正方形缩为一点时, 就会给出一个无限大的结果, 这当然是不对的. 反过来说, 如果各项的贡献比 $\varepsilon$ 的二次幂更高, 则它不会影响最后的结果.

### 8.10.2 解释

我们再回到图 8-27 以及对柯西定理的解释, 解析映射 $f$ 将把左方有阴影的小正方形伸扭为右方有阴影的小正方形, 图 8-28 则把一个典型的小正方形及其象 (即图 8-27 中的黑色小正方形) 放大. 用我们特别精确的中点黎曼和 $(R_M)$, 沿此正方形底边的积分可以用单独一项 $A\varepsilon$ 来估计: $A$ 就是中点 $a$ 的象再乘以这一边的长 $\varepsilon$. 这似乎符合于我们关于沿整个正方形边的积分与 $\varepsilon$ 同阶的错误估计. 但是若加上对边的积分, 就会得到以下答案:

$$A\varepsilon + C(-\varepsilon) = (A - C)\varepsilon = p\varepsilon.$$

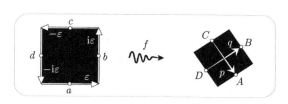

图 8-28

如果 $f$ 只是在实意义下可微, 而不是局部为一伸扭, $|p|$ 仍然与 $\varepsilon$ 成正比, 从而 $p\varepsilon$ 之大小将正比于 $\varepsilon^2$, 类似于此, 另外两边之贡献也与 $\varepsilon^2$ 同阶, 具体说来是 $(B - D)\mathrm{i}\varepsilon = \mathrm{i}q\varepsilon$.

你可能已经看见了光明: 如果 $f$ 局部为一伸扭, 则这个正方形的象仍是一个正方形, 所以

$$\mathrm{i}q = q \text{ 旋转一个直角} = -p$$
$$\Rightarrow \oint_\square f(z)\mathrm{d}z = \varepsilon(p + \mathrm{i}q) = 0. \tag{8.19}$$

我们由 (8.18) 得出的结论是: 解析映射的环路积分为零只是其局部伸扭性质的非局部表现!

为了把这一点与非解析映射加以对照, 请看图 8-29. 设一个映射仅仅是在实意义下可微, 我们在 4.8.2 节中已经看到, 它的局部效果是在两个互相垂直的方向上各自 (按不同的因子) 膨胀, 再继以一个扭转. 所以一个无穷小正方形的象一般地是一个平行四边形, $p$ 与 $q$ 长度不等, 一般也不正交. 我们看到 $p$ 与 $\mathrm{i}q$ 不能抵消, 所以 $\varepsilon(p + \mathrm{i}q)$ 只能与 $\varepsilon^2$ 同阶. 当我们把 (8.18) 的各项加起来时, 项数又只能与 $(1/\varepsilon^2)$ 同阶, 所以答案是非零而有限.

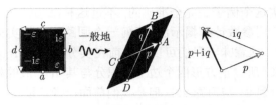

图 8-29

对非解析映射的如上所说的这种不能互相抵消, 共轭映射给出一个特别令人震撼的例子, 请看图 8-30. 用前一段的说法, 可见, 在水平方向上膨胀因子处处为 1, 而在铅直方向上, 膨胀因子处处为 $-1$, 扭转度为零. 正方形的象虽然**仍为**正方形, 但图 8-28 与图 8-30 有一个关键的区别. 共轭映射是反共形的, 它会把正方形的方向反转, 从而

$$\oint_{\square} \bar{z} \mathrm{d}z = \varepsilon(p + q) = \varepsilon(\mathrm{i}\varepsilon + \mathrm{i}\varepsilon) = 2\mathrm{i}\varepsilon^2.$$

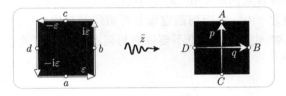

图 8-30

回到解析性的问题, 并将 (8.19) 与图 8-29 比较, 我们就会得到柯西定理的逆定理. 如果已知 $f$ 在一切环路上的积分都为零, 特别地, 它们沿无穷小正方形边缘上的积分为 0, 例如在图 8-29 左方的正方形边上积分为 0. 所以 $p + \mathrm{i}q = 0$. 但是很清楚, 只有在象是另一个与原正方形方向相同的无穷小正方形时才会发生这样的事 (请与图 8-30 比较). 所以 $f$ 的局部效果必为伸扭, 这个逆定理称为**莫雷拉**[1]**定理**.

正如本书对待其他新思想一样, 我们不打算以严格的形式来陈述我们的论证. 我们的口号永远是: "洞察力" 而不是 "证明". 例如, 考虑对于图 8-27 和图 8-28 的几何论证的反对意见 (其严酷程度在不断升级): 不论正方形多么小, 其象的边不会是**完美的**直边 (但是交角却是完美的直角); 中点 $a$ 不会恰好被映为象的**精确的**中点; 尽管 $R_M$ 对于小的回路有无可置疑的精确度, 它也不会给出积分的**精确**值.

然而, 在计算中起决定作用的是: 积分的每一项的贡献, 均与 $\varepsilon^2$ 同阶, 在这一点上图 8-28 和与之相关的推理大概都是无懈可击的. 其实, 图 8-30 的例子会更令人相信以上的反对意见其实并不相干, 因为在那个情况下我们知道, 答案至少准确

---

① Giacinto Morera, 1856—1907, 意大利数学家. ——译者注

到与 $\varepsilon$ 同阶. [其实这个例子是完全准确的, 不过这种准确性只是一个巧合.] 更一般地说, 回忆一下, 用参数计算揭示出, 任何一个回路积分的实部和虚部都可以表示为通常的实积分. 这意味着我们可以把以前在实分析中对 $R_M$ 引起的误差估计 (8.3) 移到复域中来. 所以正方形四个边上的积分与其 $R_M$ 值的相差衰减得不会比 $\varepsilon$ 的**立方**更慢 [见习题 21 与习题 22]. 但是我们前面已经论证过, 当 $\varepsilon$ 趋于 0 时, 这些误差不会影响 (8.18) 中的和. 虽然我们不再讨论这个问题, 其他的反对意见也都可以类似地处理.

# 8.11　一般的柯西定理

### 8.11.1　结果

考虑一个除在图 8-31 上标出的奇点以外均为解析的映射. 它在 $K$ 上的积分是否必定为零? 你会看见问题所在. 对于不自交的简单环路 (见图 8-27) 上那一种, 奇点是否躲在环路之 "内", 从而柯西定理是否可用都是完全清楚的. 但是在图 8-31 上, 甚至什么是 "内" 也不清楚, 更不要说它与柯西定理有何关系了.

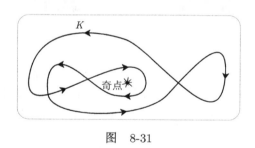

图　8-31

回忆一下, 前面在试图沿一个复杂的环路积分 $\bar{z}$ 时就已遇到了这个问题 [请参看 (8.8) 以及 7.1.2 节中对此的讨论]. 我们对它的解决方法是: 定义所谓 "内" 就是使环绕数不为零的所有点的集合, 而 "外" 就是使环绕数为零的所有点的集合.

有了这些定义以后, 柯西定理的完全一般的形式就简单得令人吃惊了.

> 若一解析映射在一环路之 "内" 没有奇点, 则它绕此环路的积分为零.
>
> (8.20)

本节的目的就是理解这个美丽的结果.

先回答开始时提出的问题. 在图 8-31 中, $K$ 并未绕过奇点, 所以 (按上述定理) 积分应该为零. 在理解定理的这个特例的过程中, 我们将被引导到对其适用性的完全一般的论证.

### 8.11.2 解释

正如在图 8-16b 中一样, 图 8-31 的回路 $K$ 把复平面分成互不相交的几块, 特别是 $K$ 的 "内部" 分成了 $D_1$, $D_2$ 和 $D_3$, 见图 8-32. 令 $C_j$ 为 $D_j$ 的边缘, 而且规定要依逆时针方向绕行. 为了不把图画得太乱, 我们不把这些回路的符号都标在图形上, 而在区域内用一个小椭圆单独来记, 并规定它们都共同取逆时针方向. 图上还用小方框标出了 $K$ 沿每个区域 $D_j$ 的环绕数. 因为在构成 $K$ 的内域的那些区域 $D_j$ 中没有奇点, 我们关于柯西定理的基本形式可以应用于每一个这样的简单回路 $C_j$, 而给出

$$\oint_{C_j} f(z)\mathrm{d}z = 0. \tag{8.21}$$

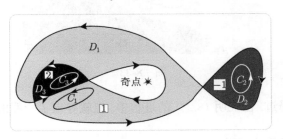

图　8-32

现在到了关键性的地方, 沿 $K$ 的积分可以表示为沿这些 $C_j$ 的积分的线性组合, 这里 $C_j$ 包围了 $D_j$ 的内域. 在图 8-32 的情况下就有

$$\oint_K f(z)\mathrm{d}z = \oint_{C_1} f(z)\mathrm{d}z - \oint_{C_2} f(z)\mathrm{d}z + 2\oint_{C_3} f(z)\mathrm{d}z. \tag{8.22}$$

例如考虑回路 $C_3$, 其上的逆时针方向恰好与 $K$ 在这一部分 (黑色部分) 上的方向一致. 另一方面, $C_2$ 则依相反方向绕行了 $K$ 的另一部分, 即为另一个黑色区域的边缘. 这样最终结果相当于按正的方向绕 $C_1$ 一次, 绕 $C_3$ 两次, 并且按相反方向绕 $C_2$ 一次. 请自行核算一下是否把 $K$ 全按正确方向走遍了. 把 (8.21) 代入 (8.22) 就对这个特殊的回路验证了一般柯西定理所预测的结果.

因为 (8.22) 对任意 $f$ 均成立, 我们可以抽象 $f$ 而把 (8.22) 写为

$$K = C_1 - C_2 + 2C_3.$$

注意, 此式中 $C_j$ 的系数正是 $K$ 关于 $D_j$ 的**环绕数** $\nu_j$, 所以我们可以把上式写为

$$K = \sum_j \nu_j C_j. \tag{8.23}$$

从上面的例子就可以清楚地看到, 为了证明一般形式的柯西定理, 就只需证明 (8.23) 对任意回路 $K$ 都是成立的.

考虑图 8-33, 上面画的是任意回路 $K$ 的夹在两个区域 $D_j$ 和 $D_k$ 之间的一部分, $D_j$ 和 $D_k$ 是 $K$ 把复平面分成的区域中的两个. 图上同时也画出了其边缘 $C_j$ 与 $C_k$ 上的逆时针方向. 利用 7.1.3 节的 "穿越法则" (7.1), 可以导出 $\nu_j = \nu_k + 1$. 于是在 (8.23) 中, 与 $K$ 的方向一致的 $C_j$ 总比与 $K$ 的方向相反的 $C_j$ 多一个, 从而净效果是依与 $K$ 一致的方向绕行一次, 证毕.

图 8-33

前面已经解释过, 在证明 (8.23) 的过程中, 也就导出了一般的柯西定理.

### 8.11.3 一个更简单的解释

形变定理 (8.11) 也是由基本的柯西定理导出的 [在导出形变定理时基本的柯西定理尚未证明], 我们现在将用它来对一般柯西定理给出更简单也更直观的解释.

设一个回路可以形变并缩为一点, 而且不遇到函数的奇点(这函数在其他点上都解析). 由不等式 (8.5), 积分之值在此过程终结时将成为零. 但由形变定理, 在整个过程中积分之值不变. 所以我们有

$$\text{若一闭回路可以缩为一点而不遇到奇点, 则解析函数沿此回路的积分为 0.} \tag{8.24}$$

为了把这一切都整理起来, 我们还需要一个方法来识别何时这个收缩过程是可能的. 例如图 8-31 中的 $K$ 能不能缩为一点? 图 8-34 说明这是可能的. 所以由 (8.24) 即知在 $K$ 上的积分为零, 这与一般柯西定理一致.

这两个定理明显地是密切相关的. 事实上只要看到最终缩到的环路的环绕数为 0, 即可由 (8.24) 导出一般柯西定理. 霍普夫映射度定理现在告诉我们:

(8.24) 中所说的收缩过程当且仅当回路不包围任意奇点时才是可能的.

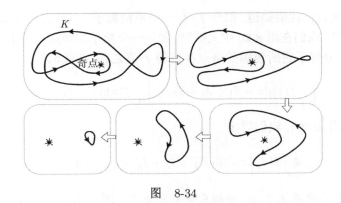

图 8-34

## 8.12 回路积分的一般公式

考虑计算 $\oint_K f(z)\mathrm{d}z$ 这个一般问题, 这里 $K$ 是一个一般的（可能自交的）环路, 而 $f$ 在 $K$ 的内域中可能有几个奇点 $s_1, s_2$, 等等, 但除此以外是解析的. 图 8-35 就画了这样一个情况之例.

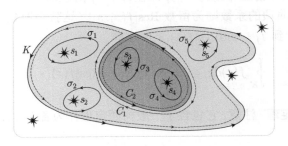

图 8-35

于此, 在 $K$ 的内域包含了两个单联通区域, $D_1$ 是浅灰色的而 $D_2$ 是深灰色的, 其边缘各为 $C_1$ 与 $C_2$（虚线）. 因为 $K$ 绕浅灰色区域中的点一次（$\nu_1 = 1$）, 而绕深灰色区域中的点两次（$\nu_2 = 2$）, 一般结果 (8.23) 正确地预示了

$$K = \sum_j \nu_j C_j = 1 \cdot C_1 + 2 \cdot C_2. \tag{8.25}$$

如图所示, 设 $\sigma_j$ 是一个包围 $s_j$（但不包围 $f$ 的其他奇点）的简单的（即不自交的）逆时针方向的回路, 而我们定义

$$I_j \equiv \oint_{\sigma_j} f(z)\mathrm{d}z.$$

由形变定理 (8.11), 我们知道, 积分 $I_j$ 有一个不依赖于 $\sigma_j$ 之大小或形状而显示其特征的值. 此外, 我们在图 8-20 中又看到, 如果一个简单的环路包围了几个奇点, 则此环路上的积分等于它所包围的奇点各自的 $I$ 值之和. 在我们的例子中, 即有

$$\oint_{C_1} f(z)\mathrm{d}z = I_1 + I_2 + I_5, \quad \oint_{C_2} f(z)\mathrm{d}z = I_3 + I_4.$$

最后, 再用 (8.25), 我们得出

$$\oint_K f(z)\mathrm{d}z = 1 \cdot [I_1 + I_2 + I_3] + 2 \cdot [I_3 + I_4],$$

这里每个 $I$ 值均被乘上了 $K$ 绕相应奇点的次数. 因为 (8.23) 对于任意环路都成立, 所以这个结论也对任意环路都成立. 我们这样就得出了解析函数在环路上的积分的完全一般的公式:

$$\oint_K f(z)\mathrm{d}z = \sum_j \nu(K, s_j) I_j.$$

这就是本章的宏伟的终曲.

最后还需要计算这些 $I_j$ 的有效方法——这可以算作蛋糕上的小奶油花了. 在下一章我们要证实以前宣布过的事情, 即在每个 $s_j$ 附近都存在唯一的洛朗级数 [见 8.6.5 节], 而复反演项的系数则为留数 $\mathrm{Res}[f(z), s_j]$ (这就是留数的定义). 有了这些以后, 我们就看到 $I_j = 2\pi\mathrm{i}\mathrm{Res}[f(z), s_j]$. 这样

$$\oint_K f(z)\mathrm{d}z = 2\pi\mathrm{i} \sum_j \nu(K, s_j)\mathrm{Res}[f(z), s_j]. \tag{8.26}$$

这就是**一般留数定理**. 注意, 它包含了一般柯西定理作为各个 $\nu(K, s_j) = 0$ 时的特例.

我们在下一章还会看到, 这个公式中的留数可以直接求出来而不必费劲去找出整个的洛朗级数. 这样, 尽管我们还没有把 (8.26) 的用法具体地加以实现, 但是已经很清楚, 我们在这里会得到一个在实用上和理论上都强有力的结果.

## 8.13   习       题

1. 设想 $x$ 表示时间, $z(x) = x + \mathrm{i}f(x)$ 就是通常的图像 $y = f(x)$ 的参数表示.
   (i) 证明这时复速度是 $v = 1 + \mathrm{i}\tan\theta, \theta$ 是此图像切线与水平直线的交角. 再证复加速度为 $a = \mathrm{i}f''(x)$.
   (ii) 第 5 章习题 20 中证明了轨道的曲率为 $\kappa = [\mathrm{Im}(a\bar{v})]/|v|^3$. 由 (i) 导出
   $$\kappa \sec^3 \theta = f''(x).$$

(iii)　由 (ii) 得出：误差方程 (8.3) 可以写作

$$(ABCD) \text{ 之面积} = \frac{1}{8}f''(x)\Delta^3.$$

2. 在图 8-6 中证明

$$\lim_{\Delta \to 0} \frac{\text{弦 } AB \text{ 与曲线之间的面积}}{\text{切线 } CD \text{ 与曲线之间的面积}} = 2.$$

换言之，$R_M$ 的准确度是梯形公式的两倍.

3. 在求通常的实函数 $f(x)$ 的积分时，令 $L$ 记积分区间的长度，$M$ 记此区间内 $|f''(x)|$ 之最大值. 由习题 1 和习题 2 得出标准的结果，

$$\text{梯形公式总误差} < \frac{1}{12}LM\Delta^2.$$

类似于此，导出不甚为人熟知的结果，

$$R_M \text{ 的总误差} < \frac{1}{24}LM\Delta^2.$$

4. 按以下所选的 $C$ 写出 $\oint_C (1/z)\mathrm{d}z$ 之值，并用参数计算方法验证你的答案.

(i) $|z| = 1$.　　(ii) $|z - 2| = 1$.　　(iii) $|z - 1| = 2$.

5. 用参数方法计算 $(1/z)$ 在一个正方形上的积分，此正方形的四个顶点是 $\pm 1 \pm \mathrm{i}$，证实答案确为 $2\pi\mathrm{i}$.

6. 用参数计算方法来验证 $z^m$ 在以原点为中心的圆周上之积分为 0，除非 $m = -1$.

7. 把一个硬币（半径为 $A$）平放在一个平坦的平面上，再让另一个半径为 $B$ 的硬币沿着它滚动. 滚动着的硬币边缘上一点所画出的轨迹称为**圆外旋轮线**（或**外摆线**），当 $A = nB$（$n$ 为一整数）时它是封闭曲线.

(i)　以固定硬币的中心为原点，证明圆外旋轮线可以参数表示为

$$z(t) = B[(n+1)\mathrm{e}^{\mathrm{i}t} - \mathrm{e}^{\mathrm{i}(n+1)t}].$$

(ii)　以参数方法计算 (8.8) 中的积分，证明

$$\text{外旋轮线所包围面积} = \pi B^2 (n+1)(n+2).$$

8. 图 8-36 中画了四个简单环路，每种情况我们都注明了它包围了多大的阴影面积. 用参数计算的方法对这四个环路的每一个验证等式 (8.8).

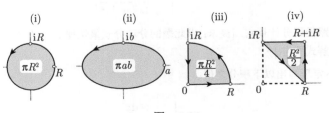

图　8-36

9. 若路径不是封闭的, (8.8) 将推广成什么?

10. 用 (8.23) 来验证 (8.9).

11. 图 8-18 的完全的对称性来自绕**单位**圆周的积分. 如果在一个稍大的圆周上做积分. 图形大体上看来如何?

12. 令 $K$ 为图 8-21 中的回路.

   (i) 将被积函数的分母做因式分解从而将被积函数化为分项分式, 由此计算下面的积分

$$\oint_K \left( \frac{z}{z^2 - iz - 1 - i} \right) dz.$$

   (ii) 写出 $(\cos z / z^{11})$ 的以原点为中心的洛朗级数, 并求出

$$\oint_K \left( \frac{\cos z}{z^{11}} \right) dz.$$

13. 本题表明一类很难算的实积分如何可以用复积分容易地算出. 令 $L$ 为实轴上由 $-R$ 到 $+R$ 的路径, $J$ 为在上半平面中由 $+R$ 回到 $-R$ 的半圆周路径. 于是完整的路径 $L + J$ 是一个闭环路.

   (i) 用习题 12 中分项分式的思想, 证明当 $R < 1$ 时积分

$$\oint_{L+J} \frac{dz}{(z^4 + 1)}$$

为 0, 当 $R > 1$ 时求它的值.

   (ii) 利用 $z^4 + 1$ 为由 $-1$ 到 $z^4$ 的复数, 写出当 $z$ 沿 $J$ 运动时 $|z^4 + 1|$ 的最小值. 现在考虑 $R$ 很大的情况, 用不等式 (8.5) 证明, 当 $R$ 增长到无限时 $J$ 上的积分衰减到 0.

   (iii) 由前一部分计算出

$$\int_{-\infty}^{\infty} \frac{dx}{(x^4 + 1)}.$$

14. (i) 积分

$$\int_{-\infty}^{\infty} \frac{dx}{(x^2 + 1)}$$

用通常的方法很容易算出, 但请用习题 13 的方法来算它.

   (ii) 类似于此, 先用通常方法计算

$$\int_{-\infty}^{\infty} \frac{dx}{(x^2 + 1)^2},$$

再用路径积分计算它. [提示: 求此题的分项分式最快捷的方法是把 $1/(z^2 + 1)$ 的分项分解式平方.]

15. (i) 用基本定理写出以下积分之值:

$$\int_0^{a+ib} e^z dz.$$

(ii) 把上述答案与用参数方法算出的沿由 0 到 $(a + ib)$ 的直线路径的积分值等值起来, 由此得出

$$\int_0^1 e^{ax} \cos bx dx = \frac{a(e^a \cos b - 1) + be^a \sin b}{a^2 + b^2},$$

$$\int_0^1 e^{ax} \sin bx dx = \frac{b(1 - e^a \cos b) + ae^a \sin b}{a^2 + b^2}.$$

(iii) 用通常的方法证明 (ii) 中的结果.

16. (i) 证明在求解析函数乘积的积分时, 可以用通常的 "分部积分法".

(ii) 令 $L$ 为由实数 $-\theta$ 到 $+\theta$ 的路径. 证明

$$\int_L z e^{iz} dz = 2i(\sin\theta - \theta\cos\theta),$$

再取 $L$ 为直线段并用参数方法做积分来验证它.

17. 令

$$f(z) = \frac{1}{z}\left(z + \frac{1}{z}\right)^n,$$

$n$ 为正整数.

(i) 用二项式定理在 $n$ 为偶数或奇数时分别求 $f$ 在原点的留数.

(ii) 若 $n$ 为奇数, $f$ 在任意不通过原点的环路上的积分值是多少?

(iii) 若 $n = 2m$ 为偶而 $C$ 是绕原点一次的简单环路, 由 (i) 有

$$\oint_C f(z)dz = 2\pi i \frac{(2m)!}{(m!)^2}.$$

(iv) 取 $C$ 为单位圆周, 导出以下由沃利斯 (Wallis) 得出的公式

$$\int_0^{2\pi} \cos^{2m}\theta d\theta = \frac{(2m)!}{2^{2m-1}(m!)^2}\pi.$$

(v) 类似地, 通过考虑形如 $z^k f(z)$ 的函数 (其中 $k$ 为整数), 计算

$$\int_0^{2\pi} \cos^n\theta \cdot \cos k\theta d\theta \quad \text{和} \quad \int_0^{2\pi} \cos^n\theta \cdot \sin k\theta d\theta.$$

18. 令 $E$ 为椭圆轨道 $z(t) = a\cos t + ib\sin t$, 其中 $a, b$ 为正, $t$ 由 0 变到 $2\pi$. 通过考虑 $(1/z)$ 在 $E$ 上的积分, 证明

$$\int_0^{2\pi} \frac{dt}{a^2\cos^2 t + b^2\sin^2 t} = \frac{2\pi}{ab}.$$

19. 现在来验证第 5 章习题 19 所说的, 若一函数之施瓦茨导数为 0, 则它必为默比乌斯变换. 按 Beardon [1984, 第 77 页], 设 $\{f(z), z\} = 0$, 并定义 $F \equiv (f''/f')$.

(i) 证明 $1/F(z) - 1/F(w) = -(z - w)/2$.

(ii) 导出必有某个常数 $a$ 使得 $\frac{\mathrm{d}}{\mathrm{d}z}\ln f'(z) = -2/(z-a)$.

(iii) 再做两次积分即可得出 $f(z)$ 为默比乌斯变换的结论.

20. 考虑图 8-27 中夹在 $K$ 与 $C$ 之间的正方形的余下的白色碎片.

(i) 证明沿这些碎片边缘的积分之和等于 $C$ 与 $K$ 上的积分之差.

(ii) 当 $\varepsilon$ 趋于 0 时, 以上级数的每一项的近似值是多少?

(iii) 这个级数大体上有多少项?

(iv) 由以上各部分, 当 $\varepsilon$ 趋于 0 时, 能对 $C$ 上与 $K$ 上的积分的差说些什么?

21. 令 $K$ 是由 $a - (\varepsilon/2)$ 到 $a + (\varepsilon/2)$ 的直线路径, $\varepsilon$ 是一个长度很小而方向任意的复数.

(i) 用基本定理求 $z^2$ 沿 $K$ 的积分, 然后写出只含一项的 $R_M$ 而得出的积分值. 证明由 $R_M$ 导出的误差是 $\frac{1}{12}\varepsilon^3$.

(ii) 和 (i) 中一样, 求出 $\mathrm{e}^z$ 沿 $K$ 积分的精确值以及 $R_M$ 的值. 把 $\mathrm{e}^{\varepsilon/2}$ 展开为幂级数, 由此得出这个情况下的误差大约是 $\frac{1}{24}\mathrm{e}^a\varepsilon^3$.

(iii) 对于非解析的函数 $\bar{z}^2$ 重复前两部分的误差分析. [可以用参数方法算出积分的精确值.]

22. 令 $K$ 为前题中很短的路径. 设 $f(z)$ 有一个以 $a$ 为中心的泰勒级数在 $K$ 上各点均收敛:

$$f(a+h) = f(a) + \frac{f'(a)}{1!}h + \frac{f''(a)}{2!}h^2 + \frac{f'''(a)}{3!}h^3 + \cdots.$$

[对于解析函数, 这种级数的存在将在下一章给出.]

(i) 沿 $K$ 积分这个级数, 证明精确的积分与 $R_M$ 值的差大约是 $\frac{1}{24}f''(a)\varepsilon^3$. 验证习题 21 中前两部分的结果与此一致.

(ii) 用这个级数证明由 $K$ 之中点的象到 $K$ 的两端之象的中点的复数大约是 $\frac{1}{4}f''(a)\varepsilon^2$. 当 $\varepsilon$ 缩为 0 时这两种中点能否用生成图 8-28 的放大镜头区别开来?

(iii) 由基本定理推出, 这种级数的存在蕴涵着 $f$ 绕位于收敛圆盘内的环路上的积分为 0.

23. 令 $f(z)$ 在一区域中解析而此区域包含一个以 $a, b, c$ 为顶点的三角形, 从而其三个边为 $A \equiv (c-b)$, $B \equiv (a-c)$, $C \equiv (b-a)$. 给出一对点 $p, q$, 我们定义 $w_{pq}$ 为 $f(z)$ 在线段 $pq$ 上的某种平均值:

$$w_{pq} \equiv \frac{1}{(q-p)}\int_p^q f(z)\mathrm{d}z.$$

证明这个复平均映射把三角形 $abc$ 的三个边映为一个相似三角形的顶点 $w_{ab}, w_{bc}, w_{ca}$! 这个结果显然应归于 Echols [1923], 我们只不过是重新发现了它. [提示: 证明 $Aw_{bc} + Bw_{ca} + Cw_{ab} = 0$, 并利用 $A + B + C = 0$.]

24. 令 $K$ 为一闭回路, $\nu$ 为它绕 $a$ 点的环绕数. 证明

$$\oint_K \left(\frac{\mathrm{e}^z}{z-a}\right)\mathrm{d}z = 2\pi\mathrm{i}\nu\mathrm{e}^a.$$

[提示：把 $\mathrm{e}^z$ 写成 $\mathrm{e}^a \mathrm{e}^{(z-a)}$ 并将 $\mathrm{e}^{(z-a)}$ 展开为幂级数.] 这是所谓**柯西积分公式**（将在下一章解释）的特例, 这个公式说, 若 $f$ 在 $K$ 内为解析, 则

$$\oint_K \frac{f(z)}{(z-a)}\mathrm{d}z = 2\pi\mathrm{i}\nu f(a).$$

25. 考虑圆盘 $|z| \leqslant R$ 在映射 $z \to kz^m$ 下的象. 当此圆盘的一条半径扫过此圆盘一次时, 它的象必扫过半径为 $|k|R^m$ 的象圆盘 $m$ 次. 所以我们可以有意义地定义象的面积为 $m\pi(|k|R^m)^2$. 按此理解, 证明若一映射有收敛的幂级数展形式

$$f(z) = a + bz + cz^2 + dz^3 + \cdots,$$

则其象的面积正是它在级数的每一项下的象的面积之和:

$$象的面积 = \pi(|b|^2 R^2 + 2|c|^2 R^4 + 3|d|^2 R^6 + \cdots).$$

这就是**比贝尔巴赫**[1]**面积定理**. 提示：面积的局部膨胀因子是 $|f'|^2$, 所以象的面积是

$$\iint_{|z| \leqslant R} |f'|^2 \mathrm{d}x\mathrm{d}y = \int_0^R \left[ \int_0^{2\pi} f'(r\mathrm{e}^{\mathrm{i}\theta})\overline{f'(r\mathrm{e}^{\mathrm{i}\theta})}\mathrm{d}\theta \right] r\mathrm{d}r.$$

26. (i) 若 $f$ 是解析函数, 它在环路 $L$ 上没有奇点或 $p$-点, 则

$$\nu[f(L), p] = \frac{1}{2\pi\mathrm{i}} \oint_L \frac{f'(z)}{f(z) - p}\mathrm{d}z.$$

(ii) 现令

$$f(z) = \frac{(z-a_1)^{A_1}(z-a_2)^{A_2}\cdots(z-a_n)^{A_n}}{(z-b_1)^{B_1}(z-b_2)^{B_2}\cdots(z-b_m)^{B_m}},$$

通过考虑 $(\ln f)'$ 来求 $(f'/f)$.

(iii) 在 (i) 中令 $p = 0$ 而取 $L$ 为包含根 $a_1$ 到 $a_r$ 与极点 $b_1$ 到 $b_s$ 的简单环路. 由此通过计算得出有理函数的广义辐角原理:

$$\nu[f(L), 0] = \sum_{j=1}^r A_j - \sum_{j=1}^s B_j$$

$$= (内域中根的数目) - (内域中极点的数目).$$

---

① Ludwig Bieberbach, 1880—1982, 德国数学家. ——译者注

# 第 9 章  柯西公式及其应用

## 9.1  柯 西 公 式

### 9.1.1  引言

本章比较简短, 主要目的之一是把前几章松散的线索连起来, 把缺少的证明补起来. 特别是, 我们前面已经宣布了解析函数 $f(z)$ 有如下 3 个重要性质（但是尚未解释和证明）.

- $f(z)$ 可以微分任意多次——它是 "无穷可微的".
- 在通常的点附近, $f(z)$ 可以表示为泰勒级数.
- 在奇点附近, $f(z)$ 可以表示为洛朗级数.

这些事实的经典解释[①]依赖于以下的结果. 若 $f(z)$ 在简单环路 $L$ 之上及其内域均是解析的, 而 $a$ 为 $L$ 内域中的一点, 则

$$\frac{1}{2\pi i}\oint_L \frac{f(z)}{z-a}\mathrm{d}z = f(a). \tag{9.1}$$

此式称为**柯西公式**, 它正是 5.2 节中所说的解析函数的刚性的准确表述. 这个公式说的就是: $f$ 在 $L$ 上的值, 刚性地决定了它在 $L$ 内各处之值.

我们将给出 (9.1) 的两种解释, 二者都坚实地以柯西定理为基础.

### 9.1.2  第一种解释

因为已经假设 $f(z)$ 在 $L$ 的内域是解析的, 所以函数 $[f(z)/(z-a)]$ 在那里除了在 $z=a$ 处有一个奇点外, 也是解析的. 由 8.6.3 节 (8.11), 如果把 $L$ 向其内域形变, 只要不碰上 $a$, 积分 (9.1) 的值是不会改变的.

令 $C_r$ 是以 $a$ 为中心、$r$ 为半径且严格位于 $L$ 之内的圆周. 从图 9-1a 可以看到, $L$ 可以向内形变为 $C_r$ 而不碰到 $a$, 所以不会改变积分之值, 从而有

$$\frac{1}{2\pi i}\oint_L \frac{f(z)}{z-a}\mathrm{d}z = \frac{1}{2\pi i}\oint_{C_r} \frac{f(z)}{z-a}\mathrm{d}z. \tag{9.2}$$

这个变换的好处是 $C_r$ 上的积分既简单, 又有很有帮助的解释.

---

① 在 20 世纪 50 年代末, 发展起来一种利用如第 7 章的那种拓扑学思想的处理方法, 我们本来也想在这里采用这种方法. 然而想把这些思想归结为可视的本质, 我们既缺少时间, 也缺少想象力, 所以, 虽然心有不甘, 也只好回归到以积分为基础的方法. 关于拓扑方法, 请详见 Whyburn [1955, 1964] 和 Beardon [1979].

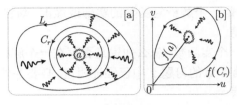

图 9-1

首先回想一下, 当 $z_\theta = a + re^{i\theta}$ 时 $f(z_\theta)$ 绕圆周 $C_r$ 的平均值 $\langle f \rangle_{C_r}$ 的定义为

$$\langle f \rangle_{C_r} \equiv \frac{1}{2\pi} \int_0^{2\pi} f(z_\theta) \mathrm{d}\theta.$$

我们在前一章曾经从几何上看到, 当 $\theta$ 增加 $\mathrm{d}\theta$, 使得 $z_\theta$ 沿着圆周 $C_r$ 移动 $\mathrm{d}z$, 则 $\mathrm{d}z/(z-a) = \mathrm{i}\mathrm{d}\theta$. 代入 (9.2), 我们就发现原来的沿 $L$ 的积分可以解释为 $f$ 在任一个 $C_r$ 上的平均值:

$$\frac{1}{2\pi\mathrm{i}} \oint_L \frac{f(z)}{z-a} \mathrm{d}z = \langle f \rangle_{C_r}.$$

请特别注意 $\langle f \rangle_{C_r}$ 之值与圆周的半径无关. 为了完成 (9.1) 的推导, 只需证明这个与半径无关的平均值正是 $f$ 在圆心 $a$ 处之值.

为了更好地掌握平均值 $\langle f \rangle_{C_r}$ 的含义, 设在 $C_r$ 上有等距分布的点 $z_1, z_2, \cdots, z_n$, 而 $w_1, w_2, \cdots, w_n$ 是它们在映射 $z \mapsto w = f(z)$ 下的象. 这些象点的普通平均值 $W_n \equiv \frac{1}{n} \sum_{j=1}^n w_j$ 就是它们的**形心**, $\langle f \rangle_{C_r}$ 就是 $W_n$ 当 $n$ 趋近无穷时的极限位置. [关于平均值和形心的更详细讨论, 请参见第 2 章最后一节.]

现在让圆周 $C_r$ 缩向圆心 $a$, 如图 9-1a 所示. 甚至只需 $f$ 为**连续的**(而不必是解析的), 就可以看到 $f(C_r)$ 将缩为 $f(a)$, 如图 9-1b 所示. 因为 $C_r$ 上任意 $n$ 个点的象 $w_1, w_2, \cdots, w_n$ 都趋于 $f(a)$, 它们的形心 $W_n$ 当然也是这样. 于是

$$\lim_{r \to 0} \langle f \rangle_{C_r} = f(a),$$

柯西公式的第一种解释至此完成.

### 9.1.3 高斯平均值定理

在上面的研究过程中, 我们还得到了一个有趣的附加结果:

  若 $f(z)$ 在一个以 $a$ 为中心的圆周 $C$ 上及其内部均为解析的, 则 $f$ 在 $C$ 上的平均值等于它在圆心处的值: $\langle f \rangle_C = f(a)$.

如果把 $f$ 分成实部和虚部: $f = u + iv$, 则立即有 $\langle u \rangle_C + i\langle v \rangle_C = u(a) + iv(a)$, 所以

$$\langle u \rangle_C = u(a) \quad \text{而且} \quad \langle v \rangle_C = v(a).$$

所以若一个实函数 $\Phi$ 是一个解析复函数的实部或虚部, 则它在一个圆周上的平均值等于它在圆心处的值.

但是若我们已知一个实函数, 怎么知道是否存在一个解析复函数, 使其实部或虚部恰好就是 $\Phi$? 在第 5 章的习题 2 中已经证明过, 必要条件是 $\Phi$ 为**调和函数**, 亦即它满足拉普拉斯方程

$$\Delta\Phi \equiv (\partial_x^2 + \partial_y^2)\Phi = 0.$$

其实我们将在第 12 章中看到, 它也是一个充分条件, 这就给出了**高斯平均值定理**:

调和函数在一个圆周上的平均值等于它在圆心处的值.

### 9.1.4 第二种解释和一般柯西公式

如果不要求 $L$ 为简单环路, 则对柯西公式会发生什么? 和在前一章一样, 现在重要的是要仔细地定义 $L$ 的 "内部" 为那些使得 $L$ 具有非零环绕数的点的集合:

$$\text{"内部"} = \{p\,|\,\nu[L, p] \neq 0\}.$$

在图 9-2 中, $f$ 在 $L$ "内部" 没有奇点. $[f(z)/(z-a)]$ 在 "内部" 的奇点则只在 $z = a$ 处有一个. 从图上还看到 $L$ 绕 $a$ 两次, 即 $\nu[L, a] = 2$. 由对于简单环路的柯西公式, 有 $\frac{1}{2\pi i}\oint_L \frac{f(z)}{z-a}\mathrm{d}z = 2f(a)$.

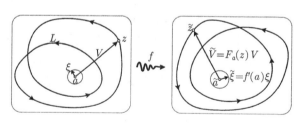

图　9-2

一般地说, 这样的推理思路暗示, 会有以下的一般柯西公式: *若 $f(z)$ 在一个一般的环路 $L$ 上及 $L$ 内均是解析的, 则*

$$\frac{1}{2\pi i}\oint_L \frac{f(z)}{z-a}\mathrm{d}z = \nu[L, a]f(a). \tag{9.3}$$

但是按照以上的思路, 此式是否一般为真, 还不太清楚. 霍普夫映射度定理 (即 7.2.1 节 (7.2)) 肯定可以保证 $L$ 可以形变为以 $a$ 为中心的圆周, 并绕它 $\nu[L, a]$ 次, 而不会遇到 $a$ 点. 但是, 虽然 $f(z)$ 在 $L$ 内是解析的, 却不能保证, $f$ 的奇点不分布在 $L$ 的附近, 使得在 $L$ 形变的过程中不会碰上一个奇点.

我们鼓励你继续沿这一思路思考, 但是这里将给出一个不同的途径, 能够清楚而直接地给出 (9.3). 考虑图 9-2 中的映射 $z \mapsto \tilde{z} = f(z)$, 并定义

$$F_a(z) \equiv \frac{f(z) - f(a)}{z - a} = \frac{\tilde{z} - \tilde{a}}{z - a}.$$

如果把 $V \equiv (z - a)$ 画成由 $a$ 发出的向量, 而把 $\tilde{V}$ 画成由 $\tilde{a} = f(a)$ 发出的象向量, 则 $F_a(z)$ 描述了由 $V$ 到 $\tilde{V}$ 的旋转和伸缩的总量, 也就是伸扭 $f'(a)$ 的非无穷小类比物, 后者则把无穷小向量 $\xi$ 映为其象 $\tilde{\xi} = f'(a)\xi$, 而且

$$F_a(a) \equiv \lim_{z \to a} F_a(z) = f'(a).$$

因为已经假设 $f(z)$ 是解析的, 而且在 $L$ "内部" 没有奇点, 所以 $F_a(z)$ 也是这样. 一般柯西公式[①]告诉我们

$$\frac{1}{2\pi i} \oint_L F_a(z) \mathrm{d}z = 0.$$

换言之,

$$0 = \frac{1}{2\pi i} \oint_L \frac{f(z)}{z - a} \mathrm{d}z - f(a) \frac{1}{2\pi i} \oint_L \frac{\mathrm{d}z}{z - a}$$

$$= \frac{1}{2\pi i} \oint_L \frac{f(z)}{z - a} \mathrm{d}z - \nu[L, a] f(a).$$

证毕.

## 9.2 无穷可微性和泰勒级数

### 9.2.1 无穷可微性

现在我们回到 $L$ 为简单环路的情况, 并且来证明若 $f$ 在 $L$ "内部" 解析, 则 $f'(z)$ 也是. 由此用归纳法, 即知 $f(z)$ 为**无穷**可微的.

我们需要证明的就是, 若 $f$ 是共形的, 则 $f'(z)$ 也是. 换言之, 若把 $f'$ 看作一个映射 $z \mapsto \tilde{z} = f'(z)$, 则每个由 $a$ 发出的无穷小向量 $\xi$ 都经过**同样总量**的旋转与伸缩, 才达到由 $\tilde{a}$ 发出的象向量 $\tilde{\xi}$. 就是说, 必存在单一的复数 $f''(a)$（即 $f'$ 的伸扭）使得 $\tilde{\xi} = f''(a)\xi$.

---

① 这里不能直接应用柯西定理, 因为不能确定 $F_a(z)$ 在 $a$ 点是解析的, 只能得知它在例如 $0 < |z - a| < \rho$ 这样的区域中解析, 这里 $\rho$ 是一个适当的正数; 同时还可以知道 $\lim_{z \to a} (z - a) F_a(z) = 0$. 但是 Ahlfors [1979] 第 4 章的定理 5（中译本 113 页）指出, 这时柯西定理仍然成立. 证法与本书 (8.10) 很相近. 更好的办法是看到 $z = a$ 其实是 $F_a(z)$ 的可去奇点. 请看 9.4.2 节的脚注. ——译者注

第一步是要找到一个干净的表达式, 把 $f'(a)$ 用 $f(z)$ 在 $L$ 上的值表示出来. 本页译者注中已经指出, 对于 $F_a(z)$ 可以应用柯西定理, 当然也就可以应用柯西公式, 这样就可以得出

$$f'(a) = F_a(a) = \frac{1}{2\pi i} \oint_L \frac{F_a(z)}{z-a} dz$$

$$= \frac{1}{2\pi i} \oint_L \frac{f(z)}{(z-a)^2} dz - \frac{f(a)}{2\pi i} \oint_L \frac{dz}{(z-a)^2}.$$

因为第二个积分为零, 所以有

$$f'(a) = \frac{1}{2\pi i} \oint_L \frac{f(z)}{(z-a)^2} dz. \tag{9.4}$$

现在我们要利用此式来给出一个由 $a$ 发出的小向量 $\xi$ 在映射 $z \mapsto \tilde{z} = f'(z)$ 下的象 $\tilde{\xi}$. 略去与 $\xi^2$ 同阶的项, 即得 [练习]

$$\tilde{\xi} \equiv f'(a+\xi) - f'(a) = \left[ \frac{2}{2\pi i} \oint_L \frac{f(z)}{[z-(a+\xi)]^2(z-a)} dz \right] \xi.$$

令 $\xi$ 为无穷小向量, 我们就导出了所需的结果: 每个由 $a$ 发出的无穷小向量 $\xi$ 总被伸扭为 $\tilde{\xi} = f''(a)\xi$, 其中

$$f''(a) = \frac{2}{2\pi i} \oint_L \frac{f(z)}{(z-a)^3} dz. \tag{9.5}$$

注意到

$$\frac{d}{da}\left[ \frac{1}{z-a} \right] = \frac{1}{(z-a)^2}, \quad \frac{d^2}{da^2}\left[ \frac{1}{z-a} \right] = \frac{2}{(z-a)^3},$$

就可以看到 (9.4) 和 (9.5) 均可以由公式

$$f(a) = \frac{1}{2\pi i} \oint_L \frac{f(z)}{z-a} dz$$

在积分号下直接对 $a$ 求导而得. 继续这样做下去, 我们就可以猜想到 $n$ 阶导数 $f^{(n)}$ 可以写为

$$f^{(n)}(a) = \frac{n!}{2\pi i} \oint_L \frac{f(z)}{(z-a)^{n+1}} dz. \tag{9.6}$$

我们马上就会看到, 此式为真.

### 9.2.2　泰勒级数

现在我们来证明, 如果 $f(z)$ 在一个以原点为中心、以 $R$ 为半径的圆周上以及内部为解析, 则 $f(z)$ 可以展开为在此圆盘中收敛的幂级数:

$$f(z) = c_0 + c_1 z + c_2 z^2 + c_3 z^3 + \cdots.$$

我们在第 5 章里已经看到, 这样一个幂级数在其收敛圆盘中是无穷可微的. 所以, 幂级数展开的存在, 就给出了解析函数的无穷可微性的第二个证明. 由此展开式也可以得出, 其系数 $c_n$ 可以表示为

$$c_n = \frac{f^{(n)}(0)}{n!}, \tag{9.7}$$

所以, 这个幂级数其实就是泰勒级数, 而其系数并不依赖于 $R$:

$$f(z) = f(0) + f'(0)z + \frac{f''(0)}{2!}z^2 + \frac{f'''(0)}{3!}z^3 + \cdots.$$

要想证明这种级数展开式的存在, 我们回到柯西公式 (9.1). 改变记号之后就可以把它重写为

$$f(z) = \frac{1}{2\pi i}\oint_C \frac{f(Z)}{Z-z}dZ = \frac{1}{2\pi i}\oint_C \frac{f(Z)}{Z}\left[\frac{1}{1-(z/Z)}\right]dZ.$$

请看图 9-3. 因为 $z$ 处于 $Z$ 所在的圆周的内部, $|z| < |Z| = R$, $|(z/Z)| < 1$. 所以 $1/[1-(z/Z)]$ 可以看作无穷几何级数的和, 而有

$$f(z) = \frac{1}{2\pi i}\oint_C \frac{f(Z)}{Z}[1 + (z/Z) + (z/Z)^2 + (z/Z)^3 + \cdots]dZ.$$

只要这里无穷级数的逐项积分有意义, $f(z)$ 就确能展开为幂级数:

$$f(z) = \sum_{n=0}^{\infty} c_n z^n, \quad \text{其中 } c_n = \frac{1}{2\pi i}\oint_C \frac{f(Z)}{Z^{n+1}}dZ. \tag{9.8}$$

进一步还有, 将此式与 (9.7) 比较, 又可得到 (9.6).

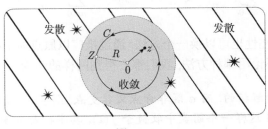

图 9-3

为了证明这里的逐项积分合法, 考虑级数 (9.8) 的前 $N$ 项之和 $f_N(z) \equiv \sum_{n=0}^{N-1} c_n z^n$. 如果我们能够证明当 $N \to \infty$ 时 $f_N(z) \to f(z)$, 就证明了这个结果.

因为

$$\frac{1}{1-(z/Z)} - [1 + (z/Z) + (z/Z)^2 + \cdots + (z/Z)^{N-1}] = \frac{(z/Z)^N}{1-(z/Z)},$$

所以有

$$f(z) - f_N(z) = \frac{1}{2\pi i} \oint_C \frac{(z/Z)^N f(Z)}{(Z-z)} dZ.$$

最后再回想一下, 8.3.3 节 (8.5) 告诉我们, 一个积分的最大模不会超过积分路径的长度乘以被积函数在积分路径上的最大模. 如果用 $M$ 表示 $|f(Z)/(Z-z)|$ 在 $C$ 上的最大值, 即有

$$|f(z) - f_N(z)| \leqslant RM|(z/Z)|^N.$$

所以 $\lim_{N\to\infty} f_N(z) = f(z)$. 证毕.

我们得到的这个级数的收敛半径是多少? 我们知道, 如果 $f$ 在 $C$ 的内部是解析的, 则级数 (9.8) 在此圆盘中收敛于 $f(z)$. 这样从图 9-3 上看, 可以把 $C$ 扩大到图上的虚线圆周, 在那里, 它第一次碰到了 $f$ 的奇点. 更一般的情况是 $f$ 可以是一个多值函数的单值支. 我们在第 2 章中学到过, 支点和奇点是同样的障碍. 这样, 收敛半径是展开式的中心到最近的奇点或支点的距离.

最后还有一点. 我们是选择了原点作为展开式的中心的, 目的是减少代数上的麻烦, 但是这样的选择并不影响一般性. 设我们是选取了 $a$ 作为中心, 即是说, 想把 $f(z)$ 按 $(z-a)$ 的幂展开. 如果 $f(z)$ 在 $a$ 点解析, 令 $z = a+\xi$, 则 $F(\xi) \equiv f(a+\xi) = f(z)$ 在 $\xi$ 平面的原点解析, 所以它具有以 $\xi$ 平面的原点为中心的展开式,

$$F(\xi) = \sum_{n=0}^{\infty} \frac{F^{(n)}(0)}{n!} \xi^n \quad \Rightarrow \quad f(z) = \sum_{n=0}^{\infty} \frac{f^{(n)}(a)}{n!} (z-a)^n.$$

这个级数的存在性也可以换一个方法, 通过推广以原点为中心的展开式的论证直接得出 [练习]. 不论用哪种方法, 我们都会得到同样的结论:

若 $f(z)$ 为解析的, 而 $a$ 既非奇点又非支点, 则 $f(z)$ 可以表示为以下的幂级数, 它在这样一个圆盘中收敛于 $f(z)$, 其半径是 $a$ 到 $f(z)$ 最近的奇点或支点的距离:

$$f(z) = \sum_{n=0}^{\infty} c_n(z-a)^n, \quad 其中 \frac{f^{(n)}(a)}{n!} = c_n = \frac{1}{2\pi i} \oint_L \frac{f(z)}{(z-a)^{n+1}} dz.$$

# 9.3 留 数 计 算

## 9.3.1 以极点为中心的洛朗级数

设 $a$ 是解析函数 $f(z)$ 的极点, 即 $\lim_{z \to a} f(z) = \infty$. 我们在第 7 章中是通过假设泰勒级数的存在 (现在已经证明了) 来研究极点的, 而由此发现 [7.8.2 节 (7.19)] 可以在 $a$ 点附近把 $f(z)$ 写为

$$f(z) = \frac{\phi(z)}{(z-a)^m},$$

这里 $\phi(z)$ 在 $z = a$ 附近解析而且 $\phi(a) \neq 0$. 回忆一下, 正整数 $m$ 称为极点的 "阶", 阶越大, 当 $z$ 趋近 $a$ 时, $f(z)$ 趋近 $\infty$ 也越快.

我们知道, $\phi(z)$ 可以展开为以 $a$ 为中心的泰勒级数:

$$\phi(z) = \sum_{n=0}^{\infty} c_n (z-a)^n, \quad \text{其中 } c_n = \frac{\phi^{(n)}(a)}{n!}.$$

由此, 我们得到

若解析函数 $f(z)$ 在 $a$ 点有 $m$ 阶极点, 则在此极点附近 $f(z)$ 具有以下形式的洛朗级数

$$f(z) = \frac{c_0}{(z-a)^m} + \frac{c_1}{(z-a)^{m-1}} + \cdots + \frac{c_{m-1}}{(z-a)} + c_m + c_{m+1}(z-a) + \cdots.$$

回忆一下, $1/(z-a)$ 的系数 $c_{m-1}$ 称为 $f(z)$ 在 $a$ 点的 "留数", 记为 $\text{Res}[f, a]$. 也请回忆一下留数在计算积分中的关键作用: 若 $L$ 是一个简单环路, 包围 $a$ 但不包围 $f$ 的其他奇点, 则

$$\oint_L f(z)\mathrm{d}z = 2\pi\mathrm{i}\text{Res}[f, a].$$

一般地说, 不要求 $L$ 为简单环路, 而且 $a_1$ 和 $a_2$ 等几个点都是 $f(z)$ 的极点. 在第 8 章中讨论这个情况时, 未证洛朗级数的存在, 正是缺失之处. 若已证明 $f$ 在每个极点附近均有洛朗级数, 我们也已经证明了一般留数定理 [8.12 节 (8.26)]:

$$\oint_L f(z)\mathrm{d}z = 2\pi\mathrm{i} \sum_n \nu[L, a_n]\text{Res}[f, a_n]. \tag{9.9}$$

## 9.3.2 计算留数的一个公式

很容易找到在极点计算留数的显式公式. 再看一下上面对于洛朗级数的推导, 即知

$$\text{Res}[f, a] = c_{m-1} = \frac{\phi^{(m-1)}(a)}{(m-1)!}$$

因为 $\phi(z) = (z-a)^m f(z)$, 我们得到

若 $a$ 为 $f(z)$ 的 $m$ 阶极点, 则

$$\mathrm{Res}[f(z), a] = \frac{1}{(m-1)!} \left[ \frac{\mathrm{d}}{\mathrm{d}z} \right]^{m-1} [(z-a)^m f(z)]\big|_{z=a}. \tag{9.10}$$

从这个一般结果, 可以导出其他一些在常见情况下加速留数计算的结果. 例如, 假设 $f = (P/Q), Q$ 在 $a$ 点有一个单根, 使得 $f$ 在 $a$ 点有一个 "简单" 极点（即一阶极点）. 这时

$$\mathrm{Res}[f(z), a] = \lim_{z \to a} (z-a) f(z) = \lim_{z \to a} \frac{P(z)}{(Q(z) - Q(a))/(z-a)}.$$

这样, 若 $f(z) = P(z)/Q(z)$, $a$ 是 $Q(z)$ 的单根, 则

$$\mathrm{Res}[f(z), a] = P(a)/Q'(a). \tag{9.11}$$

例如, 考虑 $f(z) = \mathrm{e}^z/(z^4 - 1)$, 它在 $\pm 1, \pm i$ 各有简单极点. 若 $L$ 为圆周 $|z-1| = 1$, 则在 $L$ 内部只有一个极点 $z = 1$, (9.11) 给出

$$\oint_L \frac{\mathrm{e}^z}{z^4 - 1} \mathrm{d}z = 2\pi \mathrm{i} \mathrm{Res}[f, 1] = 2\pi \mathrm{i} \frac{\mathrm{e}^z}{4z^3}\big|_{z=1} = \frac{1}{2}\pi \mathrm{i} \mathrm{e}.$$

其实, 我们可以用柯西公式核算这个结果. 因为

$$(z^4 - 1) = (z-1)(1 + z + z^2 + z^3),$$

我们可以写出 $f(z) = F(z)/(z-1)$, 这里 $F(z) \equiv \mathrm{e}^z/(1 + z + z^2 + z^3)$. 因为 $F(z)$ 在 $L$ 内部是解析的, 所以

$$\oint_L \frac{\mathrm{e}^z}{z^4 - 1} \mathrm{d}z = \oint_L \frac{F(z)}{z-1} \mathrm{d}z = 2\pi \mathrm{i} F(1) = \frac{1}{2}\pi \mathrm{i} \mathrm{e},$$

和前面得到的结果是一样的.

### 9.3.3　对实积分的应用

我们在第 8 章的习题里已经看到, 某些类的实积分如何用复回路积分表示正相当于计算留数. 按照 (9.9), 计算留数是一件直截了当的事情. 这样, 留数定理提供了计算实积分的强有力的方法.

从历史上看, 柯西在计算原来无法处理的积分上取得的成功, 是其发现的力量的第一个切实的信号. 许多现代教材（例如 Marsden [1973]）仍然详细讨论怎样把留数定理用于实积分, 继续来庆祝这个成就. 然而毫无疑问, 这项应用已经远不如

过去那么重要了. 今天, 一个物理学家、工程师或者数学家, 如果遇到难办的积分, 不太可能从计算留数开始, 而更可能去求助于计算机. 所以, 我们只做几个说明性的例子, 虽然在习题中还有一些进一步的例子.

以第 8 章的习题 14 为例, 我们用分项分式计算了积分 $\int_{-\infty}^{+\infty} (x^2+1)^{-2} \mathrm{d}x$. 为了用留数再算一次, 我们沿一个简单环路 $L+J$ (图 9-4a) 来求 $f(z) = 1/(z^2+1)$ 的积分. 这里 $L$ 是实轴上从 $-R$ 到 $+R$ 的一段, 而 $J$ 是上半平面由 $+R$ 回到 $-R$ 的半圆弧. 把 $f(z)$ 重写为 $f(z) = 1/(z+\mathrm{i})^2(z-\mathrm{i})^2$, 我们看到唯一的奇点是在 $z = \pm\mathrm{i}$ 处的二阶极点. 这样, 如果 $R > 1$ (图上就是这样画的), 则 (9.10) 给出

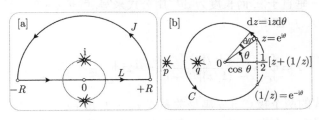

图　9-4

$$\oint_{L+J} f(z)\mathrm{d}z = 2\pi\mathrm{i}\,\mathrm{Res}[f,\mathrm{i}] = 2\pi\mathrm{i}\frac{\mathrm{d}}{\mathrm{d}z}\frac{1}{(z+\mathrm{i})^2}\Big|_{z=\mathrm{i}} = 2\pi\mathrm{i}\frac{-2}{(2\mathrm{i})^3} = \frac{\pi}{2}.$$

但是, 另一方面,

$$\oint_{L+J} f(z)\mathrm{d}z = \int_{-R}^{+R} \frac{\mathrm{d}x}{(x^2+1)^2} + \int_J f(z)\mathrm{d}z.$$

在前面的习题中已经证明了当 $R$ 趋向无穷时, $J$ 上的积分趋于零. 这样,

$$\int_{-\infty}^{+\infty} \frac{\mathrm{d}x}{(x^2+1)^2} = \frac{\pi}{2}.$$

著名物理学家费曼曾经有一次和他的同事们打赌[1]说:"不管是谁, 用回路积分算出的任何积分, 我都能用其他方法算出来." 费曼终于赌输了, 也算是对复分析的一种致敬吧. 然而, 我们可以用一点小技巧检验一下上述积分, 正是这个小技巧使得费曼可以时常不用回路积分: 这就是对一个比较简单的积分应用对参数的求导.

考虑以下初等的结果

$$\int_{-\infty}^{+\infty} \frac{\mathrm{d}x}{x^2+a^2} = \left[\frac{1}{a}\arctan\left(\frac{x}{a}\right)\right]_{-\infty}^{+\infty} = \frac{\pi}{a}.$$

---

[1] Feynman [1985′, 第 195 页].

对 $a$ 求导给出

$$\int_{-\infty}^{+\infty} \frac{2a}{(x^2 + a^2)^2} \mathrm{d}x = \frac{\pi}{a^2},$$

以 $a = 1$ 代入, 即可证实留数的计算.

第二个例子是计算

$$I \equiv \int_0^{2\pi} \frac{\mathrm{d}\theta}{\cos\theta + a}, \quad a > 1,$$

把它写成单位圆周 $C$ 上的回路积分, 如图 9-4b 所示. 从图上可以看到 $\cos\theta$ 是 $z$ 与 $(1/z)$ 的中点, $\mathrm{d}z$ 垂直于 $z$, 而长度为 $\mathrm{d}\theta$. 用公式来写, 就是 $\cos\theta = \frac{1}{2}[z + (1/z)]$, $\mathrm{d}z = \mathrm{i}z\mathrm{d}\theta$. 把它们代入 $I$, 即有

$$I = \oint_C \frac{(\mathrm{d}z/\mathrm{i}z)}{[z + (1/z)]/2 + a} = -2\mathrm{i}\oint_C \frac{\mathrm{d}z}{z^2 + 2az + 1}.$$

因为被积表达式的两个极点 $p, q$ 满足关系式 $pq = 1$, $|p+q| = |-2a| > 2$, 所以它们必有一个而且只有一个在 $C$ 内——事实上, 二者互为几何倒数. 于是可得 [练习]

$$I = 4\pi\mathrm{Res}\left[\frac{1}{(z-p)(z-q)}, q\right] = \frac{4\pi}{(q-p)} = \frac{2\pi}{\sqrt{a^2 - 1}}.$$

### 9.3.4 用泰勒级数计算留数

要想用 (9.10) 计算留数, 就需要先知道极点的阶数 $m$. 如果 $f(z)$ 是由已知其泰勒级数的比较简单的函数造出来的, 求 $m$ 最快的方法是用级数做运算. 这个方法还可以进而用来计算留数本身, 常常比用 (9.10) 简单. 稍举几个例子就足以解释这个方法了.

第一个例子是取 $f(z) = (\sin^2 z / z^5)$, 它显然在原点有某种奇点. 对于很小的 $z$, $\sin z \approx z$, 所以 $f(z) \approx (1/z^3)$, 极点的阶数 $m = 3$. 在 $\sin z$ 的泰勒级数中多取几项, 就可以在 $f(z)$ 的洛朗展开中多得几项, 从而可以得到留数:

$$f(z) = \frac{1}{z^5}\left[z - \frac{z^3}{6} + \cdots\right]^2 = \frac{1}{z^5}\left[z^2 - (2z)\left(\frac{z^3}{6}\right) + \cdots\right]$$

$$= \frac{1}{z^3} - \frac{1}{3z} + \cdots$$

$$\Rightarrow \quad \mathrm{Res}[f, 0] = -\frac{1}{3}.$$

要想领略一下这个方法的效率, 请换用 (9.10) 来验算一下这个结果.

下面这个例子还有有用的推论. 令 $g(z) = (1/z^2)\cot(\pi z)$, 它显然在原点有奇点. 要求它的阶数和留数, 我们先来求 $\cot(\pi z)$ 的洛朗级数. 在进行这项计算时, 重要的

是要记住, 我们需要的并非整个洛朗级数. 我们需要的是 $g(z)$ 的 $(1/z)$ 项, 而它来自 $\cot(\pi z)$ 的 $z$ 项, 所以只需要做到下面几步就行了:

$$\cot(\pi z) = \frac{\cos \pi z}{\sin \pi z} = \left[1 - \frac{(\pi z)^2}{2!} + \cdots\right]\left[\pi z - \frac{(\pi z)^3}{3!} + \cdots\right]^{-1}$$

$$= \frac{1}{\pi z}\left[1 - \frac{(\pi z)^2}{2} + \cdots\right]\left[1 - \frac{(\pi z)^2}{6} + \cdots\right]^{-1}$$

$$= \frac{1}{\pi z}\left[1 - \frac{(\pi z)^2}{2} + \cdots\right]\left[1 + \frac{(\pi z)^2}{6} + \cdots\right]$$

$$= \frac{1}{\pi z} - \frac{\pi z}{3} + \cdots.$$

特别请注意, 以后会用到 $\mathrm{Res}[\cot(\pi z), 0] = (1/\pi)$.

回到原来的函数 $g$, 我们发现

$$g(z) = \frac{1}{\pi z^3} - \frac{\pi}{3z} + \cdots.$$

所以原点是三阶极点, 而且 $\mathrm{Res}[g, 0] = -(\pi/3)$. 也请换用 (9.10) 验算.

对这个例子继续看下去. 很清楚, $g(z)$ 在每一个整数 $z = n$ 处都有奇点. 为了找到 $z = n$ 处的留数, 我们当然可以令 $z = n + \xi$, 并把 $g$ 展为 $\xi$ 的幂的洛朗级数. 但是不必这样做. 因为 $(1/z^2)$ 在 $z = n \neq 0$ 处并无奇点, 又因为 $\cot[\pi(n + \xi)] = \cot \pi\xi$, 所以,

$$\mathrm{Res}[(1/z^2)\cot(\pi z), n] = (1/n^2)\mathrm{Res}[\cot(\pi z), n]$$
$$= (1/n^2)\mathrm{Res}[\cot(\pi z), 0]$$
$$= 1/(\pi n)^2.$$

一般说来, 如果 $f(z)$ 是一个在 $z = n$ (整数) 处无奇点的解析函数, 则有

$$\mathrm{Res}[f(z)\cot(\pi z), n] = \frac{1}{\pi}f(n). \tag{9.12}$$

此式当然也可以用 (9.11) 来证明 [练习].

### 9.3.5 在级数求和上的应用

从历史上看, $1 + \frac{1}{2^2} + \frac{1}{3^2} + \frac{1}{4^2} + \cdots$ 是数学家们不能用初等代数方法求和的级数. 在伯努利家族的数学家们试过而且失败了以后, 欧拉终于在 1734 年[1]用一种非正统的论证破解了它. 他所得到的答案, 和他的方法一样出人意料:

$$\sum_{n=1}^{\infty}\frac{1}{n^2} = \frac{\pi^2}{6}.$$

[1] 见习题 13 和 Stillwell [1989, 第 124 页].

今天, 这类结果可以系统地用留数导出. 再来考虑上面的函数 $g(z) = (1/z^2)$ $\cot(\pi z)$. 取 $N$ 为一个正整数, $S$ 为以原点为中心、$\left(N + \frac{1}{2}\right)(\pm 1 \pm i)$ 为顶点的正方形, 如图 9-5 所示. 把 $g(z)$ 在图中所示的 $S$ 中的奇点上的留数加起来, 就有

$$\frac{1}{2\pi i} \oint_S g(z)\mathrm{d}z = \operatorname{Res}[g(z), 0] + \sum_{n=-N}^{-1} \operatorname{Res}[g(z), n] + \sum_{n=1}^{N} \operatorname{Res}[g(z), n]$$

$$= -\frac{\pi}{3} + \frac{2}{\pi} \sum_{n=1}^{N} \frac{1}{n^2}.$$

我们立刻就会看到, 当 $N \to \infty$ 时, 左方的积分趋于零, 由此立即得出欧拉的结果.

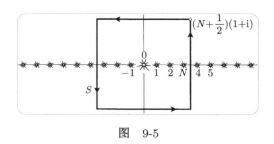

图　9-5

为了证明 $g(z) = (1/z^2)\cot(\pi z)$ 的积分当 $S$ 无限膨胀时确实趋于零, 我们必须证明, 被积表达式的大小的衰减比 $S$ 的周长 $(8N + 4)$ 的增加更快. 先看容易的部分: $|g(z)| = |1/z^2||\cot(\pi z)|$, 因为在 $S$ 上 $|z| > N$, 所以 $|1/z^2| < (1/N^2)$.

然后再看 $|\cot(\pi z)|$ 在 $S$ 边缘上的大小, 这时,

$$|\cot(\pi z)| = \left| \frac{\mathrm{e}^{\mathrm{i}\pi z} + \mathrm{e}^{-\mathrm{i}\pi z}}{\mathrm{e}^{\mathrm{i}\pi z} - \mathrm{e}^{-\mathrm{i}\pi z}} \right|.$$

我们从水平边缘 $y = \pm \left(N + \frac{1}{2}\right)$ 开始. 因为 $|\mathrm{e}^{\pm \mathrm{i}\pi z}| = \mathrm{e}^{\mp \pi y}$, 不难看到 [练习] 当 $N$ 合理地大时, $|\cot(\pi z)|$ 很接近 1. 这样, 当 $N$ 充分大时可以肯定 $|\cot(\pi z)| < 2$.

最后看铅直边缘, 在那里有 $z = \pm \left(N + \frac{1}{2}\right) + \mathrm{i}y$, 由此可知 [练习]

$$|\cot(\pi z)| = \left| \frac{1 - \mathrm{e}^{-2\pi y}}{1 + \mathrm{e}^{-2\pi y}} \right| \leqslant 1.$$

现在对充分大的 $N$ 我们已经证明了在 $S$ 上处处有 $|\cot(\pi z)| < 2$, 再由 8.3.3 节 (8.5), 即有

$$\left| \oint_S g(z)\mathrm{d}z \right| \leqslant (\max_S |g|)(S\text{的周长}) < \frac{2}{N^2}(8N + 4).$$

不等式右边当 $N \to \infty$ 时趋于零, 证毕.

一般说来, 如果 $f(z)$ 是一个解析函数, 而且当 $|z|$ 充分大时满足不等式 $|f(z)| <$ (常数)$/|z|^2$. 于是很清楚, 以上的论证, 完全适用于 $f(z)\cot(\pi z)$ 的积分, 于是有

$$
\begin{aligned}
0 &= \lim_{N \to \infty} \frac{1}{2\pi i} \oint_S f(z)\cot(\pi z)\mathrm{d}z \\
&= \sum \operatorname{Res}[f(z)\cot(\pi z)] \quad \text{(对所有极点求和)} \\
&= \sum_{n=-\infty}^{\infty} \operatorname{Res}[f(z)\cot(\pi z), n] + \sum \operatorname{Res}[f(z)\cot(\pi z)] \quad \text{(对 } f(z) \text{ 的极点求和)} \\
&= \frac{1}{\pi} \sum_{n=-\infty}^{\infty} f(n) + \sum \operatorname{Res}[f(z)\cot(\pi z)] \quad \text{(对 } f(z) \text{ 的极点求和)},
\end{aligned}
$$

最后一个等式来自 (9.12).

这样, 我们得到

若 $f(z)$ 是一个解析函数, 而且对于充分大的 $|z|$ 满足不等式 $|f(z)| <$ (常数)$/|z|^2$, 则

$$
\sum_{n=-\infty}^{\infty} f(n) = -\pi \sum \operatorname{Res}[f(z)\cot(\pi z)] \quad \text{(对 } f(z) \text{ 的极点求和)}. \tag{9.13}
$$

当然如果 $f(z)$ 有一些极点为整数, 那么, 这些整数 $n$ 应该从上式左方除去.

请注意, 正是由于有对称性才能用 (9.13) 来计算 $\sum_{n=1}^{\infty}(1/n^2)$ 与 $\sum_{n=1}^{\infty}(1/n^4)$ 这样的和, 但是, 不能用 (9.13) 来计算 $\sum_{n=1}^{\infty}(1/n^3)$ 这样的和. 你可能会问这个级数的和是多少? 答案是: **谁也不知道!**

作为 (9.13) 的进一步的例证, 考虑 $f(z) = 1/(z-w)^2$, 其中 $w$ 是任意一个 (非实整数的) 复数. 从几何上看, $|z-w|$ 是 $w$ 与 $z$ 的距离, 所以容易看到, $|f(z)|$ 适合 (9.13) 中的要求. 因为 $f(z)$ 的唯一奇点是 $z = w$ 处的二阶极点, 所以

$$
\sum_{n=-\infty}^{\infty} \frac{1}{(n-w)^2} = -\pi \operatorname{Res}\left[\frac{\cot(\pi z)}{(z-w)^2}, w\right].
$$

利用 (9.10) 我们得到

$$
\operatorname{Res}\left[\frac{\cot(\pi z)}{(z-w)^2}, w\right] = \frac{\mathrm{d}}{\mathrm{d}z}\cot(\pi z)\Big|_{z=w} = -\frac{\pi}{\sin^2(\pi w)}.
$$

这样, 就得到一个引人注目的结果:

$$
\frac{\pi^2}{\sin^2(\pi w)} = \cdots + \frac{1}{(2+w)^2} + \frac{1}{(1+w)^2} + \frac{1}{w^2} + \frac{1}{(1-w)^2} + \frac{1}{(2-w)^2} + \cdots.
$$

这个级数最早是欧拉在 1748 年发现的. 这个公式最引人注意之处在于, 它左方函数的周期性由右方的级数**显式地**表示出来. 这就是说, 如果把 $w$ 换成 $w + 1$, 级数明显地不会改变.

## 9.4  环形域中的洛朗级数

### 9.4.1  一个例子

我们看到, 洛朗级数是泰勒级数的自然推广, 即将展开式的中心由非奇异点变为极点. 然而, 绝不是仅有这个情况下我们才需要洛朗级数.

例如, 考虑函数

$$F(z) = \frac{1}{(1 - z)(2 - z)},$$

图 9-6a 上画出了它的单极点. 因为 $F(z)$ 在单位圆盘中是解析的, 所以它具有 $z$ 的幂构成的泰勒级数. 这件事用分项分式来做, 是最容易不过的了:

$$
\begin{aligned}
F(z) &= \frac{1}{1 - z} - \frac{1}{2 - z} \\
&= \frac{1}{(1 - z)} - \frac{1}{2[1 - (z/2)]} \\
&= \sum_{n=0}^{\infty} z^n \, (\text{适用于 } |z| < 1) - \frac{1}{2} \sum_{n=0}^{\infty} (z/2)^n \, (\text{适用于 } |z| < 2) \\
&= \frac{1}{2} + \frac{3}{4} z + \frac{7}{8} z^2 + \cdots + [1 - (1/2)^{n+1}] z^n + \cdots \quad (\text{适用于 } |z| < 1).
\end{aligned}
$$

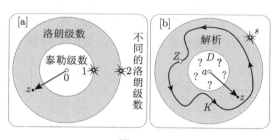

图  9-6

在 $z = 1$ 处有极点意味着在单位圆盘之外 $F$ 不能写成 $z$ 的幂级数. 然而在图 9-6b 的阴影环形 $1 < |z| < 2$ 中, 它可以写成 $z$ 的**洛朗级数**:

$$F(z) = -\frac{1}{z[1 - (1/z)]} - \frac{1}{2[1 - (z/2)]}$$

$$= -\sum_{n=0}^{\infty} (1/z)^{n+1} \, (\text{适用于 } |z| > 1) - \frac{1}{2} \sum_{n=0}^{\infty} (z/2)^n \, (\text{适用于 } |z| < 2)$$

$$= \cdots - \frac{1}{z^3} - \frac{1}{z^2} - \frac{1}{z} - \frac{1}{2} - \frac{z}{4} - \frac{z^2}{8} - \frac{z^3}{16} - \cdots \quad (\text{适用于 } 1 < |z| < 2).$$

最后, 在圆环外的区域 $|z| > 2$ 中, 我们会得到 [练习] 一个不同的洛朗级数:

$$F(z) = \frac{1}{z} + \frac{1}{z^2} + \frac{3}{z^3} + \cdots + \frac{(2^{n-1} - 1)}{z^n} + \cdots \quad (\text{适用于 } |z| > 2).$$

### 9.4.2 洛朗定理

我们刚才所看到的只是一个一般现象的表现. 见图 9-6b.

如果 $f(z)$ 在一个以 $a$ 为中心的环形区域 $A$ 中解析, 则 $f(z)$ 在 $A$ 中可以表示为洛朗级数. 事实上, 如果 $K$ 是一个位于 $A$ 中的简单环路, 而且绕行 $a$ 一周, 则

$$f(z) = \sum_{n=-\infty}^{\infty} c_n (z-a)^n, \quad \text{其中 } c_n = \frac{1}{2\pi i} \oint_K \frac{f(Z)}{(Z-a)^{n+1}} dZ. \tag{9.14}$$

这就是**洛朗定理**. 在证明它之前, 先对它的意义做如下说明.

- 这个结果的惊人之处, 在于洛朗级数的**存在性**, 而不在于它是收敛于一个环形之中. 之所以如此是因为我们已经知道 $(z-a)$ 的幂级数收敛于一个以 $a$ 为中心的圆盘中, 所以 $1/(z-a)$ 的幂级数将收敛于一个以 $a$ 为中心的圆盘外 [练习]. 既然一个洛朗级数按定义就是一个 $(z-a)$ 的幂级数和一个 $1/(z-a)$ 的幂级数之和, 它自然是在一个环形区域中收敛.

- 我们前面只能在极点附近导出洛朗级数的存在. 现在的结果有力得多: 例如在图 9-6b 的内圆 $D$ 中, 我们对 $f(z)$ 没有任何假设, 仍能得出 (9.14). 图 9-6b 内圆中的问号就是这个意思. 在实际运用时, 环形的外缘可以向外推到碰上 $f(z)$ 的奇点 $s$ 为止; 类似地, 内边缘也可以压缩到离 $a$ 最远而仍在 $D$ 中的奇点.[①]

---

① 我们在前面多次提到**可去奇点**, 并在 7.7.1 节、7.8.2 节和 9.1.4 节的几个译者注中讲到它. 可去奇点是一个很有用的概念, 而在有了洛朗级数后也是一个很容易解释的问题. 鉴于作者本章的目的是把松散的线索连接起来, 并且给出证明, 我们现在也按此精神, 给出可去奇点问题的一个明确说明.

　　**可去奇点定理**　设 $f(z)$ 在 $a$ 点附近, 但不包括 $a$ 点的区域 $D$ (例如 $0 < |z-a| < \rho$, 其中 $\rho$ 是一个适当正数) 中解析而且有界. 则必可找到一个在区域 $\widetilde{D}: |z-a| < \rho$ 中解析的 $F(z)$, 使得在 $D$ 中 $f(z) = F(z)$.

　　证明很容易. 因为 (9.14) 成立, 我们现在证明当 $n < 0$ 时 $c_n = 0$. 事实上, 仍用图 9-6b, 并把 $c_n$ $(n = -m)$ 的公式中的积分路径改为圆周 $C_\varepsilon: |z-a| = \varepsilon$, 这里 $m$ 为一个正整数, 而 $\varepsilon$

(下转下页脚注)

- 如果在 $D$ 中没有奇点, 则环形的内边缘可以完全塌缩, 而圆环变成圆盘. 这时, (9.14) 不包含负幂. 这是因为, 当 $n$ 为负整数时 $f(z)/(z-a)^{n+1}$ 在 $K$ 的内域解析, 所以 $c_n = 0$. 这样我们又得到泰勒级数的存在性, 它是洛朗定理的特例.

- 设 $a$ 为奇点, 且对充分小的 $\varepsilon$, 在距 $a$ 不到 $\varepsilon$ 处, 没有其他奇点. 这时就说 $a$ 是 $f(z)$ 的 **孤立奇点**. 对圆环 $0 < |z-a| < \varepsilon$ 应用洛朗定理, 就看到恰好有两个基本不同的可能性: 洛朗级数的主部（即负幂部分）或者有有限多项, 或者有无限多项. 前一种情况下 $a$ 点是极点; 后一种情况下, 由定义, $a$ 点是 "本性奇点". 在 7.8.2 节中, 我们给出了一个经典的例子

$$e^{1/z} = 1 + \frac{1}{1!z} + \frac{1}{2!z^2} + \frac{1}{3!z^3} + \cdots.$$

总结起来我们有:

> 解析函数的孤立奇点, 或为极点, 或为本性奇点.

现在来证明 (9.14). 为计算简单计, 我们只处理 $a = 0$ 的情况, 见图 9-7a. 这里 $z$ 是环形中的一般点, $\mathcal{C}$ 和 $\mathcal{D}$ 是逆时针方向的圆周, 而 $z$ 在它们之间, $\mathcal{L}$ 则是完全位于环内的绕 $z$ 的简单环路.

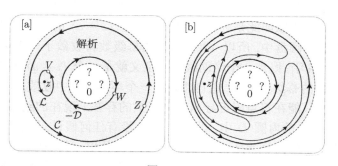

图　9-7

（上接上页脚注）

为一个正数. 由柯西定理或形变定理, 这样做都是合理的. 但是这样一来, $c_n = c_{-m}$ 就有了两个式子: 一个仍是 (9.14), 由它易见 $c_n = c_{-m}$ 与 $\varepsilon$ 无关; 另一个, 则把积分路径换成了 $C_\varepsilon$ 而有 $c_{-m} = \frac{1}{2\pi i} \oint_{C_\varepsilon} (z-a)^{m-1} f(z) \mathrm{d}z$. 注意到 $m-1 \geqslant 0$, 利用 8.3.3 节不等式 (8.5) 易证, （这里用到 $f(z)$ 的有界性）当 $\varepsilon \to 0$ 时 $c_n = c_{-m}$ 也趋于零, 所以 $c_n = c_{-m} = 0$. 证毕.

这里的 $F(z)$ 是 $f(z)$ 的解析延拓. 本来 $f(z)$ 在 $a$ 点没有定义而 $a$ 可能是奇点. 现在用 $F(a)$ 作为 $f(a)$ 的补充定义以后, $a$ 就不会再是奇点了. 9.1.4 节中说 $F_a(z)$ 在 $z=a$ 处为解析, 原因即在这里. 可去奇点一词, 也就由此而来. 读者可能感觉这就是微积分中定未定式的洛比达法则. 其实不全一样. 在微积分中, 定未定式以后, 一般只能得到适当可微的函数, 现在得到的是解析函数.

——译者注

先由柯西公式得

$$f(z) = \frac{1}{2\pi i} \oint_{\mathcal{L}} \frac{f(V)}{V-z} dV = \frac{1}{2\pi i} \oint_{\mathcal{C}} \frac{f(Z)}{Z-z} dZ - \frac{1}{2\pi i} \oint_{\mathcal{D}} \frac{f(W)}{W-z} dW.$$

其中第二个等式来自以下事实: $\mathcal{L}$ 可以在环内形变为 $(\mathcal{C}) + (-\mathcal{D})$, 如图 9-7b 所示.

下一步我们把上式重写为

$$f(z) = \frac{1}{2\pi i} \oint_{\mathcal{C}} \frac{f(Z)}{Z} \left[ \frac{1}{1 - (z/Z)} \right] dZ + \frac{1}{2\pi i} \oint_{\mathcal{D}} \frac{f(W)}{z} \left[ \frac{1}{1 - (W/z)} \right] dW.$$

这样做的意义在于 $|(z/Z)| < 1$, $|(W/z)| < 1$, 所以右方的两个被积函数都可以像图 9-6a 那样展开为几何级数.

再回到泰勒级数 (9.8) 的推导, $\mathcal{C}$ 上的积分可以写为

$$\frac{1}{2\pi i} \oint_{\mathcal{C}} \frac{f(Z)}{Z} \left[ \frac{1}{1 - (z/Z)} \right] dZ = \sum_{n=0}^{\infty} \left[ \frac{1}{2\pi i} \oint_{\mathcal{C}} \frac{f(Z)}{Z^{n+1}} dZ \right] z^n.$$

用基本上同样的推理 [练习], 也可论证, 对 $\mathcal{D}$ 上的积分可以逐项积分:

$$\frac{1}{2\pi i} \oint_{\mathcal{D}} \frac{f(W)}{z} \left[ \frac{1}{1 - (W/z)} \right] dW = \sum_{n=1}^{\infty} \left[ \frac{1}{2\pi i} \oint_{\mathcal{D}} W^{n-1} f(W) dW \right] \left( \frac{1}{z} \right)^n.$$

这样就证明了洛朗级数

$$f(z) = \cdots + \frac{d_3}{z^3} + \frac{d_2}{z^2} + \frac{d_1}{z} + c_0 + c_1 z + c_2 z^2 + \cdots$$

的存在性, 这里

$$d_m = \frac{1}{2\pi i} \oint_{\mathcal{D}} W^{m-1} f(W) dW \quad \text{而} \quad c_n = \frac{1}{2\pi i} \oint_{\mathcal{C}} \frac{f(Z)}{Z^{n+1}} dZ.$$

最后, 注意到以下两点就可以把结果写得更干净. 首先, 由 8.6.3 节的形变定理, 我们可以让 $\mathcal{C}$ 压缩而 $\mathcal{D}$ 膨胀, 直到二者重合为**同一个圆周**, 而定义 $d_m$, $c_n$ 的积分之值不变. 事实上我们还可以把 $\mathcal{C}$, $\mathcal{D}$ 都换成同一个含于圆环之内并绕行一周的任意的简单环路 $K$. 其次, 把 $m$ 写成 $m = -n$, 则定义 $z^n$ 的系数 $d_{-n}$ 的积分之被积函数成为 $W^{-n-1} f(W) = f(W)/W^{n+1}$ 而与 $c_n$ 的被积函数形状一样. 这样, 洛朗级数就得到了紧凑的形式 (9.14):

$$f(z) = \sum_{n=-\infty}^{\infty} c_n z^n \quad \text{其中} \quad c_n = \frac{1}{2\pi i} \oint_K \frac{f(Z)}{Z^{n+1}} \mathrm{d}Z,$$

这就是我们要证明的.

　　下面是译者增加的一个补充, 介绍一个在理论上和应用上都非常重要的定理, 即关于一致收敛的解析函数序列的魏尔斯特拉斯定理: 如果在开区域 $\Omega$ 中有一个一致收敛的解析函数序列 $\{f_n'(z)\} \to F(z)$, 则极限函数也在 $\Omega$ 中解析, 这个序列可以逐项求导, 而且在每一个位于 $\Omega$ 内的紧集 $K$ 中, 导函数序列仍然一致收敛到极限函数的导函数, $\{f_n'(z)\} \to f'(z)$. 5.5.2 节中把这个定理用于一个幂级数在其收敛圆内的部分和序列, 因为由 2.3.3 节定理 (2.12) (阿贝尔的定理) 知, 一个幂级数可以逐项求导. 这个定理的证明和上面几个定理很类似, 只要利用柯西积分公式即可. 所以也补充在这里.[①]

## 9.5　习　　题

1. 若 $C$ 为单位圆周, 证明

$$\int_0^{2\pi} \frac{\mathrm{d}t}{1 + a^2 - 2a\cos t} = \oint_C \frac{\mathrm{i}\mathrm{d}z}{(z-a)(az-1)}.$$

再用柯西公式证明, 若 $0 < a < 1$, 则

$$\int_0^{2\pi} \frac{\mathrm{d}t}{1 + a^2 - 2a\cos t} = \frac{2\pi}{1 - a^2}.$$

2. 令 $f(z)$ 在圆周 $K : |z - a| = \rho$ 的内部为解析函数, $M$ 为 $|f(z)|$ 在 $K$ 上的最大值.

(i) 用 (9.6) 证明

$$|f^{(n)}(a)| \leqslant \frac{n!M}{\rho^n}.$$

---

① 为简单计, 设 $\Omega$ 的边界是一个光滑的闭环路 $L$, $f_n(z)$ 和 $f(z)$ 在 $L \cup \Omega$ 中都是解析的. 做这样的假设, 是为了避免积分等运算会发生困难. 由于我们假设了 $K$ 是开区域 $\Omega$ 的紧子集, 所以由 $K$ 的任意点到 $L$ 的任意点的距离必定大于某个正数 $\rho$. 这样

$$f_n(a) - f_m(a) = \frac{1}{2\pi i} \oint_L \frac{f_n(z) - f_m(z)}{z - a} \mathrm{d}z.$$

又因 $|z - a| \geqslant \rho > 0$, 由此不难证明 $\{f_n(a)\}$ 对于 $a \in K$ 一致收敛. 类似于此, 由于

$$f_n'(a) = \frac{1}{2\pi i} \oint_L \frac{f_n(z)}{(z - a)^2} \mathrm{d}z,$$

依照上面的做法, 立即得到逐项求导的结论. 更详细的证明请参看阿尔福斯《复分析》中译本第 175 页定理 1. ——译者注

(ii) 设对一切 $z$ 均有 $|f(z)| \leqslant M$, 这里 $M$ 是一个常数. 在上面的不等式中令 $n = 1$, 重新导出刘维尔定理 (7.6.2 节).

(iii) 设对一切 $z$, 均有 $|f(z)| \leqslant M|z|^n$, 其中 $n$ 是某正整数, 证明 $f^{(n+1)}(z) \equiv 0$, 而 $f$ 是一个次数不超过 $n$ 的多项式.

3. (i) 证明若 $C$ 是绕原点的任意简单环路, 则

$$\binom{n}{r} = \frac{1}{2\pi i} \oint_C \frac{(1+z)^n}{z^{r+1}} dz.$$

(ii) 取 $C$ 为单位圆周, 导出

$$\binom{2n}{n} \leqslant 4^n.$$

关于复分析对涉及二项系数的其他有趣的应用, 请参看 Bak and Newman [1982, 第 11 章].

4. **勒让德**[1]**多项式** $P_n(z)$ 定义为

$$P_n(z) = \frac{1}{2^n n!} \frac{d^n}{dz^n} [(z^2 - 1)^n].$$

这些多项式在许多物理问题中是很重要的, 包括对氢原子的量子描述.

(i) 计算 $P_1(z)$ 和 $P_2(z)$, 解释为什么 $P_n$ 的次数为 $n$.

(ii) 用 (9.6) 证明

$$P_n(z) = \frac{1}{2\pi i} \oint_K \frac{(Z^2 - 1)^n}{2^n (Z - z)^{n+1}} dZ,$$

其中 $K$ 是按逆时针方向绕 $z$ 的任意简单环路.

(iii) 取 $K$ 为以 $z$ 为中心、以 $\sqrt{|z^2 - 1|}$ 为半径的圆周, 导出

$$P_n(z) = \frac{1}{\pi} \int_0^\pi (z + \sqrt{z^2 - 1} \cos \theta)^n d\theta.$$

(iv) 验证这个公式对 $P_1(z)$ 和 $P_2(z)$ 给出在 (i) 中得到的相同结果.

5. 若 $C$ 为单位圆周, 证明

$$\int_0^{2\pi} \frac{\sin^2 \theta}{5 - 4\cos \theta} d\theta = -\frac{i}{4} \oint_C \frac{(z^2 - 1)^2}{z^2 (z - 2)(2z - 1)} dz = \frac{\pi}{4}.$$

6. 令 $f(z)$ 为一解析函数, 在实轴上没有极点, 而且对于充分大的 $|z|$ 满足不等式

$|f(z)| < (常数)/|z|^2$. 在图 9-4a 的回路 $(L + J)$ 上对 $f(z)e^{iz}$ 积分, 由此导出

$$\int_{-\infty}^{+\infty} f(x) \cos x \, dx + i \int_{-\infty}^{+\infty} f(x) \sin x \, dx = 2\pi i \sum \text{Res}[f(z)e^{iz}],$$

---

[1] Adrien-Marie Legendre, 1752—1833, 法国数学家. ——译者注

这里是对上半平面的极点求和. [提示: 先证明若 $y > 0$ 则 $|e^{iz}| < 1$.]

7. 用上题求解以下各题, 其中设 $a > 0$.

(i) 证明

$$\int_{-\infty}^{+\infty} \frac{\cos x}{x^2 + a^2} dx = \frac{\pi}{a} e^{-a}.$$

(ii) 计算

$$\int_{-\infty}^{+\infty} \frac{x \sin x}{(x^2 + a^2)^2} dx.$$

8. 令 $F_n(z) = 1/(1 + z^n)$, 其中 $n$ 为偶数.

(i) 利用 (9.11) 证明, 若 $p$ 是 $F_n$ 的极点, 则 $\mathrm{Res}[F_n, p] = -(p/n)$.

(ii) 利用 (i) 证明 $F_n$ 在上半平面的留数之和是一个几何级数, 其和为 $1/[i \, n \sin(\pi/n)]$.

(iii) 把留数定理用于图 9-4a 所示的 $(L + J)$, 并导出

$$\int_0^\infty \frac{dx}{1 + x^n} = \frac{\pi}{n \sin(\pi/n)}. \tag{9.15}$$

(iv) 虽然以上推导在 $n$ 为奇数时无效, [为什么?] 用计算机验证 (9.15) 仍然成立.

9. 继续上题, 考虑图 9-8 的楔形区域

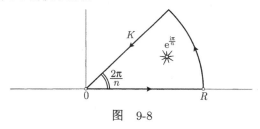

图    9-8

(i) 利用留数定理证明: 如果 $n = 2, 3, 4, \cdots$ 而 $R > 1$ (见图), 则

$$\oint_K \frac{dz}{1 + z^n} = -\frac{2\pi i}{n} e^{i(\pi/n)}.$$

(ii) 证明

$$\lim_{R \to \infty} \oint_K \frac{dz}{1 + z^n} = [1 - e^{i(2\pi/n)}] \int_0^\infty \frac{dx}{1 + x^n}.$$

(iii) 由此导出, (9.15) 其实对于奇数 $n$ 和对于偶数 $n$ 同样成立.

10. 利用 (9.13) 证明 $\sum_{n=1}^{\infty} (1/n^4) = (\pi^4/90)$.

11. 证明: 若 $f(z)$ 为解析函数而且对充分大的 $|z|$ 满足 $|f(z)| < (\text{常数})/|z|^2$, 则

$$\sum_{n=-\infty}^{\infty} (-1)^n f(n) = -\pi \sum \mathrm{Res}[f(z) \csc(\pi z)],$$

右方是对 $f(z)$ 的极点求和. 在这个公式中应该理解, 若 $f(z)$ 有些极点恰为整数 $n$, 则相应的 $f(n)$ 应从左方除去.

12. 利用上题的结果, 来做以下各题.

(i) 证明

$$1 - \frac{1}{4} + \frac{1}{9} - \frac{1}{16} + \cdots = \frac{\pi^2}{12}.$$

(ii) 求下面的级数之和:

$$\frac{1}{2} - \frac{1}{5} + \frac{1}{10} - \frac{1}{17} + \cdots + \frac{(-1)^{n+1}}{(n^2+1)} + \cdots.$$

13. (i) 证明

$$\sum_{n=-\infty}^{\infty} \frac{1}{z^2 - n^2} = \frac{\pi \cot(\pi z)}{z}.$$

(ii) 证明上面的等式可以重写为

$$\cot z = \frac{1}{z} + \sum_{n=1}^{\infty} \frac{2z}{z^2 - n^2\pi^2}.$$

(iii) 证明上式又可重写为

$$\frac{\mathrm{d}}{\mathrm{d}z}[\ln(\sin z/z)] = \sum_{n=1}^{\infty} \frac{\mathrm{d}}{\mathrm{d}z} \ln(z^2 - n^2\pi^2).$$

(iv) 将上式沿着连接 0 到 $z$ 但是避开所有整数的路径积分, 再对两边应用指数函数, 导出

$$\sin z = z \left(1 - \frac{z^2}{\pi^2}\right) \left(1 - \frac{z^2}{2^2\pi^2}\right) \left(1 - \frac{z^2}{3^2\pi^2}\right) \cdots.$$

[提示: 记住 $\lim\limits_{z \to 0}(\sin z/z) = 1$.]

这个著名的公式归功于欧拉, 他利用此式求出了 $\sum_{n=1}^{\infty}(1/n^2)$. 见 Stillwell [1989, 第 124 页].

# 第10章　向量场：物理学与拓扑学

## 10.1　向　量　场

### 10.1.1　复函数作为向量场

迄今我们在全书中都依赖于单一的手段把复函数可视化, 就是把它看作一个复平面的点到另一个复平面的点的映射. 这个观念已经证明是极为有力的, 因为用了它即知, 复导数不会比局部伸扭更复杂. 但是, 尽管它有种种好处, 我们在本章却要放弃映射范式, 引入一个全新的概念代替它, 从而在这门学科中注入许许多多新的洞察, 揭示它与物理学的惊人联系.

复函数 $f(z)$ 的新图像只需要一个复平面. 和前面一样, 把变量 $z$ 看成此平面的一个点, 但是现在出现了新观念: $f(z)$ 之值被画成由 $z$ 点发出的向量. 这样得到的在每一个点上附加一个向量的图像, 就称为 $f$ 的**向量场**（也就是说, 向量场就是把向量 $f(z)$ 的起点放在 $z$ 处.）图 10-1a 和图 10-1b 分别画出了函数 $z^2$ 和 $(1/z)$ 的向量场. 在往下读之前, 请仔细研究这两个图, 使得自己对其正确性深信不疑. 再自己画一些 $z$ 的另外的幂的向量场, 并与计算机画的精确的向量场相比较. 也请用计算机来检验一下 $e^z, \ln z$ 和 $\sin z$ 的向量场.

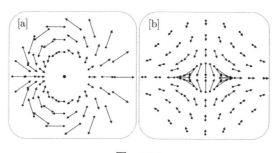

图　10-1

向量场的概念可以补救映射观点的一个明显的缺陷. 虽然我们可以从特定形状的图像知道许多有关映射的信息, 但是对其总体的形态, 却得不到一个感觉. 但是如果用眼睛扫视一个复函数的向量场, 我们确实可以得到这样一个鸟瞰, 很像扫视一个实函数的图像就可以总揽其性态一样.

一个复映射可以决定一个向量场, 一个向量场也决定一个复映射——这两个概念是等价的. 更明确地说, 已知一个由 $z$ 发出的（即以 $z$ 为起点的）向量 $V$, 可以对它做平移, 把起点搬到原点, 则其终点就定义了 $z$ 的象 $f(z)$.

作为例子, 考虑图 10-2a 和图 10-2b. 如果 $z$ 位于以原点 0 为中心、以 $r$ 为半径的圆周上, 则图 10-2a 的向量场是径向的, 其长为 $(r/2)$; 图 10-2b 的向量场长度相同, 但是方向不同, 是切向的. 可以看出, 如果看作映射, 前者对应于复平面按因子 $(1/2)$ 膨胀, 后者则对应于同样的膨胀, 但之后（或之前）旋转了 $(\pi/2)$.

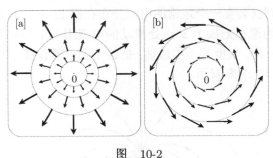

图　10-2

如果图 10-2a 的向量是指向内的, 相应的映射是什么?

### 10.1.2 物理向量场

因为范围极其广泛的物理现象的最自然描述方法是描述为向量场, 这个新的把复映射看作向量场的方法, 显然应该有很大的应用价值.

作为一个例子, 考虑在你身边颤动跳跃着的电磁扰动的极为复杂的阵列. 把这本书的字迹投射到你的视网膜上的可见光, 同时播送到你家里的那么多电视和广播节目——这些只是一小部分. 但是, 值得注意的是, 这一大堆信号, 其实可以用两个向量场完全地描述! 在每个时刻 $t$, 从空间的每一点, 都在发送着两个向量场, 即电场向量 $\boldsymbol{E}(p,t)$ 和磁场向量 $\boldsymbol{B}(p,t)$, 这两个向量场就给出了电磁场的完整描述.

如果我们想用复映射来描述这些物理向量场, 马上就会出现两个问题. 电视机是固定在空间中的（例如放在家里）, 而它随时都通过监视这个位置的随**时间变动**着的电磁向量场来生成画面. 但是, 一个复映射却是与时间无关的, 它不论何时对于 $z$ 点都指定一个复数（即向量）$f(z)$. 这是问题之一. 所以, 如果我们不打算从根本上改变关于复映射的观念, 就只能用这个方法来描述不随时间变化的物理向量场. 我们将称这种向量场为**定常向量场**.

所幸, 定常向量场在物理上既常见, 又重要. 例如, 行星轨道总是不会改变, 反映了太阳的引力场不随时间变化. 事实上, 牛顿告诉我们, 作用在位于空间中 $p$ 点的具有单位质量的质点上与时间无关的力可以用一个向量来表示, 此向量发自 $p$ 点, 指向太阳的中心 $c$, 长度为 $M/[cp]^2$, 这里 $M$ 正比于太阳的质量. 画出穿过这个空间的向量就得到一个定常向量场.

以上电磁场和引力场的例子又表明了第二个问题: 这两个场均存在于**三维**空间中, 而复平面只适用于**二维**向量场. 这个问题无法回避, 但是幸运的是, 在物理现象中又一次有一种很重要的类型, 它们内在地具有二维本质, 所以可以用复平面来描述. 我们先从一片导电材料板上的电的流动开始.

取两根电线, 把它们的一端连接在电池上, 另一端则分别与一片铜板上的 $A$、$B$ 两点接触. 几乎立刻就会有一个定常的电流分布在板上, 从一个电极流向另一个电极. 见图 10-3. 我们现在把板上 $z$ 点处流动的电流用一个与时间无关的向量来表示, 其方向即电流方向, 长度等于电流值. 把这个铜板看作复平面 $\mathbb{C}$ 的一部分, 电的流动可用复函数 $V(z)$ 来表示.

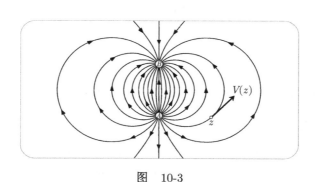

图　10-3

在图 10-3 上画的并不是真实的向量场, 而是电流流动的路径. 这样一个图称为向量场的**相图**, 流动实际发生在一些有向曲线上, 称为其**积分曲线**或**流线**. 如图 10-3 所示例子的流线其实是连接两个电极的圆弧. 我们马上就来给出证明.

相图很容易为人们可视化地接受, 所以是表示向量场的常用方法. 由定义, 向量场处处切于流线, 所以从相图上很容易找到其方向. 另一方面, 看起来似乎相图一定不能包含有关向量**长度**的信息. 一般说来, 这是对的, 但是对于物理学中出现的许多向量场, 有一个特殊的画相图的方法, 使得流的强度表现在流线拥挤的程度上: 流线越靠近, 流的强度就越大.[1] 我们以后还会详细解释这个思想, 但现在就应提一下, 图 10-3 就是按这个特殊方法画的. 例如当我们靠近连接电极的线段时, 就

---

[1] 法拉第 (Michael Faraday, 1791—1867, 英国物理学家) 是第一个这样考虑向量场的人. 麦克斯韦后来使这个思想数学上精确化了, 而且彻底地使用了它. (其实, 麦克斯韦一开始仍然用流体的模型来研究电和磁. ——译者注)

看到流线更加密集, 说明电流更强. [1]

### 10.1.3 流场和力场

    同一个向量场或相图可以表示很不相同的物理现象. 例如, 重新考虑图 10-3 里的铜板, 并且想象把它夹在两层不导热的材料中间. 除去电极, 不再从 $A$ 点向它以定常的速率输入电流, 而是以定常的速率输入热量. 类似地, 我们以同样的定常速率从 $B$ 点把热吸走. 不一会儿, 就会在铜板上建立起热由 $A$ 流到 $B$ 的定常的状态. 在此定常状态中, 我们也可以对每一点指定一个向量, 其方向即热的流动方向, 其长度则是热流的强度.

    值得注意的是, 在这个定常态中, 管辖热的性态的物理法则和原来描述电流的物理法则是一样的, 所以电流的相图 10-3 也就是新的热流的相图.

    这里图 10-3 还有另一个解释. 为了理解真实的流体 (例如水) 的流, 考虑一种理想流体是很有帮助的, 这种理想流体有以下性质: 它是无摩擦的, 不可压缩的, 还是 "无旋的". 最后这个名词的精确意义, 我们马上就来解释. 设想有很薄一层这样的理想流体, 夹在两片水平板之间, 在其中的一片板上, 在 $A$、$B$ 两点各开一个小孔. 如果用很细的管子把这两个小孔与一个水泵接通, 使得在同一段时间里, 流进多少流体也就流出多少流体, 则在这一层流体中, 就会形成一个定常的流, 于是在每一点可以画出速度向量. 这个向量场的相图又一次仍由图 10-3 给出!

    虽然图 10-3 的这三个解释肯定有重要的区别, 但是我们仍然把它们归为一类, 因为它们讲的都是什么东西的流. 不论是电, 是热, 还是流体, 这个向量场总可以看成什么流动的 "东西" 的速度向量场, 流线就是这个东西流动的路径.

    **力场**则是物理上很不相同的另一类场. 例如, 我们虽然在前面讨论过太阳的引力场怎样可以表示为一向量场, 但这时在空间的某点的向量并不是某种流动的东西的速度, 而是放在该点处的单位质量所受的**力**. 在力场的背景下, 积分曲线称为力线而不是流线. 这里力线是从太阳中心发出的 (说成指向太阳中心更好). 虽然这个力场是三维的, 但太阳的球对称性[2]意味着, 在经过太阳中心的所有平面上, 力场都是一样的. 所以仍可以用一个复函数完整描述.

    虽然没有什么东西实实在在地沿着力线流动, 我们仍然可以换用流的观点, 假装是有什么东西在流动, 从而把力场也解释为某种流动的东西的速度场. 这不是狡辩, 而是有一个值得注意的事实, 就是对于最重要最常见的力场 (例如引力场和静电场), 这个流动的虚拟东西的行为与前面讨论的理想流体完全一样.

    为了说明这一点, 我们转到静电场中的一个例子. 在空的空间中放两根很长的

---

  ① 法拉第和麦克斯韦常用 $2\pi$ 条均匀分布的电力线来表示均匀的平面静电场——三维空间则用 $4\pi$
    条——原因就在此. 本书下面常说到 $2\pi$ 条流线, 也是为此. ——译者注

  ② 这也是一种理想化, 太阳和地球一样, 在两极比较扁平.

（甚至说是长度无穷的）平行导线，其上（每个单位长度上）都有大小相等但方向相反的电荷. 放置在空间每一点的单位电荷都会受到一个力，用向量来表示这个力，于是（按定义）得到一个向量场，即电场 $\boldsymbol{E}$，在每一个垂直于这两根导线的平面上，可以证明相图是一样的. 图 10-3 就是取了这样一个平面，$A$、$B$ 是导线穿过平面的点，力场的相图和前面讲的理想流体的相图是一样的.

### 10.1.4 源和汇

为了对图 10-3 做定量分析，我们引入（二维的）源和汇的概念. 用上面的理想流体的语言来说，强度为 $S$ 的源就是这样一个点，我们通过它，每单位时间注入 $S$ 单位的流体. 图 10-4a 画出了原点处孤立的源的对称速度向量场.

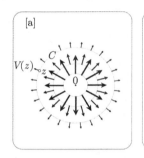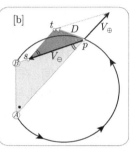

图 10-4

在一般的流中，给出一个（开或闭的）曲线，每个单位时间通过它的流体总量称为**流量（通量）**. 很明显，穿过一个微小的曲线元素的流量等于此元素的长度乘以速度在垂直方向的分量. 于是，穿过此曲线的总流量就是这些流量元素之和（积分）. 回到图 10-4a 的特例，不可压缩性的假设指出，穿过任意的包围原点的简单环路的流量必定就是在 0 点输入的流体总量 $S$. 因为这个流垂直于以 0 为中心、$r$ 为半径的圆周 $C$，我们导出

$$2\pi r|V| = S.$$

写出 $z = r\mathrm{e}^{\mathrm{i}\theta}$，我们就得到这个源的向量场是

$$V(z) = |V|\mathrm{e}^{\mathrm{i}\theta} = \frac{S}{2\pi}\left(\frac{\mathrm{e}^{\mathrm{i}\theta}}{r}\right) = \frac{S}{2\pi}\left(\frac{1}{\bar{z}}\right).$$

[我们不加证明地指出，若一条很长的直线导线上，每单位长度都荷载了均匀的电荷 $S$，则在任意的垂直于此导线的平面上的静电场也是这个向量场.] 图 10-3 的源位于 $A$ 点而非原点，所以它的向量场由下式描述：

$$V_{\oplus}(z) = \frac{S}{2\pi}\left(\frac{1}{\bar{z} - \bar{A}}\right).$$

汇可以想象为具有负强度的源: 它就是把流体输出而不是输入的地方. 在每个打算用图 10-3 来描述的流的实验中, 在 $B$ 处的汇都与在 $A$ 处的源强度相同, 所以其向量场是

$$V_{\ominus}(z) = -\frac{S}{2\pi}\left(\frac{1}{\overline{z} - \overline{B}}\right).$$

现在我们知道了图 10-3 中的源和汇单独存在时的向量场 $V_{\oplus}(z)$ 和 $V_{\ominus}(z)$, 若二者同时存在, 流又当如何? [附带说一下, 强度相同的源与汇的组合, 称为一个**偶极子**①.] 如果我们换用通过 $A$、$B$ 两点的很长的平行荷电导线这个静电问题来解说, 答案可能更清楚. $z$ 点处的单位电荷受到 $A$ 的排斥, 排斥力为 $V_{\oplus}(z)$, 又受到 $B$ 的吸引, 吸引力是 $V_{\ominus}(z)$. 所以偶极子作用于此电荷的总力 $D(z)$ 就是这两个单独的力的**向量和**:

$$D(z) = V_{\oplus}(z) + V_{\ominus}(z) = \frac{S}{2\pi}\left(\frac{1}{\overline{z} - \overline{A}} - \frac{1}{\overline{z} - \overline{B}}\right) = \frac{S}{2\pi}\frac{(\overline{A} - \overline{B})}{(\overline{z} - \overline{A})(\overline{z} - \overline{B})}. \tag{10.1}$$

我们现在还要用几何方法指出, 在 $p$ 点 (即 $z$ 点) 总力的方向, 如图 10-3 所示, 切于过 $A, p, B$ 的圆周. 考虑图 10-4b, 很容易看到 [练习], 当且仅当标有记号 ● 与 ⊙ 的两角相等时, $D$ 切于这个圆周, 所以我们就来证明这两个角确实相等. 如图所示, 角 $ApB$ 与角 $pst$ 很明显是相等的. 但是我们又有

$$\frac{ts}{ps} = \frac{|V_{\oplus}|}{|V_{\ominus}|} = \frac{Bp}{Ap}.$$

所以两个阴影三角形相似, 从而有 ● = ⊙. 证毕.

## 10.2 环绕数与向量场*

### 10.2.1 奇点的指数

我们现在限于讨论除了有限多个点以外, 处处有适当定义而且方向连续变化的向量场. 而在这有限多个点上, 向量场或者为零或者为无穷, 这种点称为向量场的**奇点**②. 很容易在相图中找到这些点, 它们常是不同流线的交点. 图 10-5 上画出了某些简单类型奇点附近的相图, 注明了这些类型的名称及其 "指数" —— 此词的意义我们马上来讲.

---

① 英文是 dipole 或者 doublet, 意思都一样, 所以以下面只用偶极子一词. ——译者注

② 也称为临界点, 而此词已有其他意义. (在一般关于向量场的奇点的文献中, 奇点并不指向量失去了光滑性的地方, 例如某个分量成为无穷的点. 奇点专指向量的方向无法定义之点, 本书做此改变可能是为了把解析函数的极点也纳入讨论. 因为所谓极点无非是使向量各个分量之值落到了黎曼球面北极上, 这时方向也无法定义. 这个变化, 虽然对本书的讨论有利, 却不常见. ——译者注)

图 10-6 是图 10-5 的左上角的简单交叉点（通称**鞍点**）的放大图, 在此图中. 我们环绕奇点 $s$ 画了一个简单环路 $\Gamma_s$ 以及其上几个点处的向量 $V$. 因为 $\Gamma_s$ 不经过任意奇点, 所以其上所有的 $V$ 的方向都是完全确定而且连续的. 这样我们就能计算当 $z$ 绕 $\Gamma_s$ 运行时 $V(z)$ 旋转的总圈数. 我们称此数为环路 $\Gamma_s$ 相对于向量场 $V$ 的**指数**, 并且记作 $\mathscr{I}_V[\Gamma_s]$. 如果已经明白所讲的 $V$ 是哪一个向量场, 就可以把记号简化为 $\mathscr{I}[\Gamma_s]$. 例如, 在图 10-6 中我们有 $\mathscr{I}[\Gamma_s] = -1$. 注意, 我们在 $\Gamma_s$ 上画出了向量 $V$ 只是为了更容易计算指数值. 事实上, 因为只需要向量的方向, 有相图也就够了.

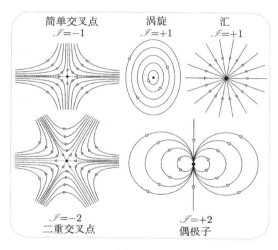

图　10-5

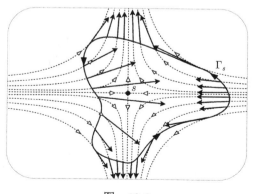

图　10-6

如果我们让 $\Gamma_s$ 连续形变而不经过 $s$（或任意其他奇点），则 $\mathscr{I}[\Gamma_s]$ 之值将连续变化，而因为它是整数，所以它就只能保持不变. 这样，我们可以无歧义地定义奇点 $s$ 的**指数**即为绕 $s$ 一次，但不绕其他奇点时环路的指数. 如果我们使用记号随便一点，就记它为 $\mathscr{I}(s)$ 也不会引起误会. 把这个定义用于你自选的环路，请自行验证图 10-5 中给出的 $\mathscr{I}$ 值.

在往下读之前，我们先注意指数的 3 个性质.

(i) 没有什么妨碍我们把指数概念用于非奇点，但这时指数必定为零. 选择 $\Gamma_s$ 为很小的环路，$s$ 不是奇点就蕴涵了，在 $\Gamma_s$ 上所有的 $\boldsymbol{V}$ 大体上指向同一方向，所以 $\mathscr{I}(s) = 0$.

(ii) 如果当我们沿一段曲线运行时 $\boldsymbol{V}$ 经历了一定的旋转，则 $(-\boldsymbol{V})$ 也将经历同样的旋转. 这样，当我们在每个相图上颠倒流的方向时，指数不变. 例如源和汇应有同样的指数：$\mathscr{I} = 1$.

(iii) 正如指数对于 $\Gamma_s$ 的准确形状不敏感一样. 它对流线的准确形状也不敏感. 假设把图 10-6 画在橡皮薄膜上，逐渐拉它，将会生成新的扭曲了的相图. 在 $\Gamma_s$ 的每一点上，$\boldsymbol{V}$ 的方向都会经历一个连续变化，所以在绕 $\Gamma_s$ 时，它的旋转的总圈数也只能连续变化. 所以指数必定保持不变.

很清楚，"指数"这个新概念与"环绕数"这个老概念是有联系的，但是，具体联系如何？如果我们把向量场 $\boldsymbol{V}(z)$ 看成一个映射，即是映 $\Gamma_s$ 上的向量的起点到其终点的映射，这些终点就构成一个新的环路 $\boldsymbol{V}(\Gamma_s)$，稍想一想就知道 $\Gamma_s$ 的指数就是象环路的环绕数的新解释：

$$\mathscr{I}_V[\Gamma_s] = \nu[\boldsymbol{V}(\Gamma_s), 0]. \tag{10.2}$$

由 7.4.2 节中介绍的**拓扑重数**的概念就知道，点 $s$ 的指数 $\mathscr{I}(s)$ 就是 $\nu(s)$ 作为 0 的原象的拓扑重数. 特别地，若 $V$ 是解析的，则有

$$\mathscr{I}(n\text{ 阶的根}) = n, \quad \mathscr{I}(m\text{ 阶极点}) = -m.$$

请以图 10-1 为例来检验此式.

如果以前没有做过，现在就请用计算机画几个简单的多项式与有理函数的向量场. 请注意，根和极点是怎样生动地表现出来的，正如实函数图像中根表现为图像与 $x$ 轴的相交，极点表现为图像具有铅直渐近线一样生动. 还请注意，在向量场中多么容易通过拉长镜头来求出它们的精确位置.

事实上，向量场比通常的函数图像还要更加生动，下面的例子就说明了这一点. 做函数

$$F(x) = \frac{(x-1)^2}{(x+2)^3} \quad \text{和} \quad G(x) = \frac{(x-1)^4}{(x+2)^7}$$

的图像, 其结果定性地是相同的: 在 $x=1$ 附近, 都有点像抛物线; 在渐近线 $x=-2$ 的两侧, 都各有一支趋向其上下相反的两端; 当 $|x|$ 很大时, 看来都有点像 $(1/x)$.

现在把 $x$ 换成 $z$ 并用计算机画出相应的向量场. 差别确实惊人! 如果我们沿一个小环路绕 $z=1$ 一圈, $F$ 将依正向绕两整圈, 而 $G$ 则会绕 4 圈; 对 $z=-2$ 这样做, $F$ 将绕负 3 圈, 但 $G$ 则绕负 7 圈; 沿一个很大的以原点为中心的圆周, $F$ 会绕负 1 圈, 而 $G$ 则绕负 3 圈.

再回来讨论 (10.2) 的一般意义, 考虑环路 $L$ 的通常的环绕数 $\nu[L,0]$. 现在可以把它看作 $L$ 关于恒等映射的向量场的指数:

$$\nu[L,0] = \mathscr{I}_z[L].$$

图 10-7 画出了结果: $\mathscr{I}_z[L]=1$. $L$ 绕一般点 $a$ 的环绕数类似地也就是它对向量场 $(z-a)$ 的指数:

$$\nu[L,a] = \mathscr{I}_{(z-a)}[L].$$

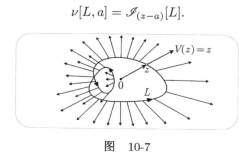

图 10-7

### 10.2.2 庞加莱怎样看指数

图 10-8a 上, 画了一个环路 $L$ 以及其上的一个向量场 $V$. 让我们用这个简单的例子 (显然有 $\mathscr{I}_V[L]=1$) 来解释在比较复杂情况下求指数的 (庞加莱的) 方法.

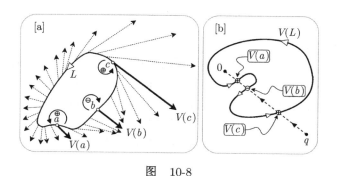

图 10-8

考虑 $L$ 上 $V$ 取一个任意选定的方向的地方（在本例中，即 $a, b, c$ 诸点）. 在这些点中，有一些是使得 $z$ 经过它时 $V(z)$ 向正向旋转的，其数为 $P$，另一些点则使得 $V(z)$ 向反向旋转，其数为 $N$. 即使在比较复杂的情况下，$P$ 与 $N$ 也会比较容易求出. 我们现在可以得出指数是二者之差：

$$\mathscr{I}_V[L] = P - N. \tag{10.3}$$

在我们的情况下 $P = 2$，因为在 $a, c$ 两点 $V(z)$ 做正向旋转，而 $N = 1$，因为在 $b$ 处 $V(z)$ 做反向旋转. 这样 $\mathscr{I}_V[L] = 1$，而且事实就是如此. 请就图 10-5 各例检验一下这个公式.

虽然，说 (10.3) 成立在直觉水平上大概没有问题，但从 7.1.3 节计算环绕数的"穿越法则"(7.1) 来导出它，仍然是有启发的.

图 10-8b 画出了把 $V$ 看作映射时 $L$ 的象 $V(L)$. [检验一下，它确实是象!] 使用这种语言，所求的指数正是 $\nu[V(L), 0]$. 由 0 画出原来选定的方向的射线，并且让 $q$（从远处）沿此射线走向 0. 在此行程中，$q$ 将在 $V(c), V(b)$ 和 $V(a)$ 穿过 $V(L)$. 在向量场的图像图 10-8a 中，$V$ 在 $c$ 处做正向旋转，蕴涵了，（在图 10-8b 中）从 $q$ 看来，当它在 $V(c)$ 点第一次穿过 $V(L)$ 时，$V(L)$ 是由左向右. 反之，$V(L)$ 在 $V(b)$ 处的反向旋转，蕴涵了，当 $q$ 靠近 $V(b)$ 时，$V(L)$ 在此处是由右向左. 但是我们在 7.1.3 节中论证过，$\nu[V(L), 0]$ 正是 $V(L)$（从 $q$ 接近 $V(L)$ 时来看）由左到右的点数减去由右到左的点数. 这正是"穿越法则"的内容. 证毕.

### 10.2.3 指数定理

在确立了指数与环绕数的联系后，拓扑辐角原理就可以用向量场的语言重新解释如下：简单环路的指数就是它所包围的奇点的指数之和. 我们现在可以用一个比第 7 章更加干净的论证把这个定理推广到多连通区域. 回想一下，**多连通区域**就是有洞的区域，如图 10-9 所示，在那里有两个洞.

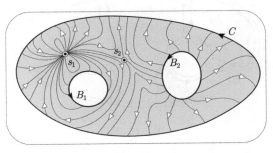

图 10-9

图中的有阴影的区域由位于 $C$ 之内而在 $B_1, B_2$ 之外的点构成. 一般情况下, 可能有很多个洞, 例如 $g$ 个, 而边缘曲线 $B_1, B_2, \cdots, B_g$ 有逆时针方向. 图上标明在此区域中我们有一个向量场, 令 $s_1, s_2, \cdots, s_n$ 为区域内的奇点. 在我们的情况下, 恰有两个: $s_1$ 是一个偶极子, $s_2$ 是一个鞍点. 辐角原理的推广就是

$$\mathscr{I}[C] - \sum_{j=1}^{g} \mathscr{I}[B_j] = \sum_{j=1}^{n} \mathscr{I}[s_j],$$

此式称为**指数定理**.

请用 (10.3) 来验证一下, 在我们的例子中, $\mathscr{I}[C] = 2$, $\mathscr{I}[B_1] = 0$, $\mathscr{I}[B_2] = 1$, 所以 (10.3) 的左方等于 1, 右方为

$$\mathscr{I}(\text{偶极子}) + \mathscr{I}(\text{鞍点}) = 2 + (-1) = 1,$$

这就验证了本定理在此例中的预测.

为了理解这个结果, 考虑图 10-10, 其中用虚线把此区域分成若干个曲边多边形, 每一个至多含有一个奇点, 边缘 $K_j$ 取逆时针方向. 若把所有 $K_j$ 的指数加起来, 就得到指数定理的右方. 因为, 如果 $K_j$ 不包围奇点, 则其指数为零, 若其内有一个奇点, 则 $K_j$ 的指数 (按定义) 就是它所围的奇点的指数.

另一方面, 要决定单个 $K_j$ 的指数, 就要研究当 $z$ 点走过 $K_j$ 的各边时向量场旋转多少, 然后把这些净旋转角加起来, 看总的圈数是多少而定. 但是当我们把这些指数加起来的时候, $K_j$ 的每一段内边缘 (即图上用虚线画出的部分) 都走了两遍, 而且两次的方向相反, 所以旋转角**抵消**. 各 $K_j$ 的余下的边共同组成 $C$ 以及 $-B_1, -B_2$ 等. 把这些旋转角加起来 (再除以 $2\pi$) 就给出指数定理的左方. 证毕.

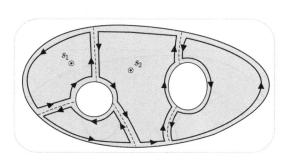

图 10-10

# 10.3 闭曲面上的流*

### 10.3.1 庞加莱–霍普夫定理的陈述

如果 $S$ 是空间中的一个"光滑"曲面，即指在其每一点上都有切平面，这样，说一个向量场在各点都切于 $S$ 是有意义的。[①] 直观地说，我们可以形象地把一个向量场描绘为流体在 $S$ 上形成的速度场。

图 10-11 在球面画出了两个这样的流的流线。它们每一个都有自己的奇点：图 10-11a 有两个涡旋，而图 10-11b 则有一个偶极子。事实上，二维[②]球面上，找不到没有奇点的向量场。这是一个极为漂亮的结果（称为**庞加莱–霍普夫定理**）的推论之一，我们现在就来简述其陈述。

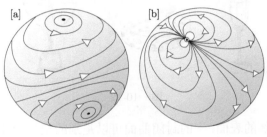

图 10-11

曲面上的奇点的指数应该如何给以准确的定义，并不是马上就能看清楚的，所以我们现在暂时先认可有这样一个整数存在，而且其值和平面上可以类比的奇点指数一样。这样，如果我们把图 10-11a 的所有指数加起来，就有

$$\mathscr{I}(涡旋) + \mathscr{I}(涡旋) = 1 + 1 = 2.$$

若对图 10-11b 做同样的事，则有

$$\mathscr{I}(偶极子) = 2.$$

可以拿一个橘子，在上面任意画流线，然后把它的所有奇点的指数加起来。结果一定仍然是 2！这是巧合吗？

---

[①] 光滑不仅是指有切平面存在，而且要求切平面的方向在一定程度上是连续可微的。可微的程度，各书讲法不一。最方便的是设为 $C^\infty$ 的，就是需要微分多少次都是可以的。如果没有这个条件，下面许多论证都会出毛病。本书的特点是不去涉及这类问题。这里我专门做了提示，是为了读者在进一步研究时的方便。——译者注

[②] 以致任意偶数维球面。——译者注

数学里**没有巧合**! 在球面情况下, 庞加莱–霍普夫定理指出, 如果把球面上任意向量场的指数加起来, 结果一定得到 2. 其实, 它讲的是, 对于任意拓扑上为一球面的曲面都会得到这个答案. 所谓拓扑上为一球面, 就是说此曲面可以用一个可逆而且双方连续的变换变为一个球面. 如果设想球面是橡皮薄膜做的, 通过拉伸但不拉破地从它变出来的曲面就是拓扑上为一球面的曲面. 图 10-12a 上画的杏子和酒杯都是这种拓扑球面的例子.

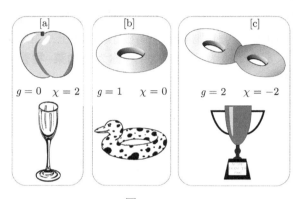

图　10-12

球面是空间球体的表面, 别的封闭曲面可以是别的空间物体的表面. 例如轮胎的表面称为一个环面[1] (见图 10-12b 的上图), 很清楚, 它下面那个沙滩玩具鸭子和轮胎是拓扑上相同的曲面. 但是似乎同样清楚的是, 不管怎样把它们拉伸扭曲 (但是不准弄破), 它们也不能变成球面. 所以图 10-12a 和图 10-12b 上的曲面是拓扑上不同类型的曲面. 图 10-12c 显然又是第三种拓扑上不同的类型. 这样加上越来越多的洞, 就会不断地把这个清单继续下去.

我们不去讲证明这些事情所需的拓扑思想[2], 但是再一次清楚不过的是, 这些拓扑上不同类别的封闭曲面, 可以纯粹以洞的数目为基础来分类. 这个数目称为曲面的**亏格**. 图 10-12 上各个曲面边上注明的 $g$ 就是该曲面的亏格. 现在我们可以把一般结果陈述如下:

在亏格为 $g$ 的封闭曲面上, 任意向量场只要奇点的数目有限, 则它们的指数之和必为 $(2-2g)$.　　　(10.4)

这就是著名的**庞加莱–霍普夫定理**, 其中出现的常数 $\chi \equiv (2-2g)$ 称为此曲面

---

[1] 许多文献喜欢称之为 doughnut 的表面. doughnut 是一种外国零食, 许多文献常译为 "油炸甜面圈" 之类, 中国读者未必习惯. 所以这里直接说是轮胎, 反而一说就懂了. ——译者注

[2] 见本章末尾的进一步阅读的材料.

的**欧拉示性数**[①]. 这个概念在许多地方枝繁叶茂, 结出了许多重要的拓扑硕果. 所以用 $\chi$ 来对曲面分类, 比用 $g$ 分类更为自然, 图 10-12 上我们对各个曲面都注明了其欧拉示性数.

(10.4) 的一个直接推论就是, 没有奇点的向量场只能存在于具有零欧拉示性数的曲面上, 就是拓扑轮胎上[②]. 甚至, 这个定理也没有保证这样的向量场存在, 而只是说, 如果有奇点存在, 则它们的指数必互相抵消. 然而, 可以看出, 在轮胎上, 这种无奇点的向量场**确实**是存在的.

### 10.3.2 定义曲面上的指数

为了对图 10-11 的各个曲面的每个奇点给出指数的准确定义, 我们大概会在曲面上做一个包围奇点的环路, 然后去找一个向量场绕此环路运行时的总旋转角度. 但是, 相对于什么来计算旋转角度?

为了回答这个问题, 我们重新来检查一下我们熟悉的平面上的旋转. 图 10-13a 表明, 在平面上 $V(z)$ 沿 $L$ 的旋转, 可以看作相对于具有水平流线的**基准向量场**（比如 $U(z) = 1$）发生的. 如果我们定义 $U$ 和 $V$ 之间的夹角为 $\angle UV$, 用 $\delta_L(\angle UV)$ 表示此角沿 $L$ 的净变化, 则我们关于指数的老定义就是

$$\mathscr{I}_V[L] = \frac{1}{2\pi}\delta_L(\angle UV). \tag{10.5}$$

如果我们让图 10-13a 中 $U$ 的水平流线连续地形变成为图 10-13b 中的流线, 用我们用惯了的论证方法（即一个量既只能取整数值, 又只能连续变化, 则它不会变化）就知道 (10.5) 的右方是不会变化的. 这样我们就得知, 即使把 $U$ 改成任意的在 $L$ 上和 $L$ 内均无奇点的向量场, (10.5) 仍然是正确答案.

现在假设图 10-13b 是画在一张橡皮膜上的. 如果把它连续地拉成图 10-13c 那样的曲面, 则不但 (10.5) 的右方仍然有意义, 而且其值也不会变化. 总结起来, 若 $s$ 是曲面 $S$ 上的向量场 $V$ 的奇点, 我们定义其指数如下: 取 $S$ 的一小片, 使之覆盖 $s$, 而且其内再无其他奇点, 再做一个绕 $s$ 的简单环路 $L$, 最后应用 (10.5) 来定义指数, 即当我们绕 $L$ 时, $V$ 相对于 $U$ 的净旋转.

---

[①] 取这个名称可以说是为了纪念欧拉, 因为他发现了这个概念的最常见的原型: 关于多面体的欧拉公式 $V - E + F = 2$. 这个公式的种种推广和各方面的联系, 极大地打开了我们的眼界. ——译者注

[②] 所以在球面上不会有. 因为如果没有奇点, 其指数和必为 0, 而不可能是现在的 $\chi = 2 - 2 \times 0 = 2$, （对于球面, 亏格 $g = 0$.）这个定理称为 hairy ball 定理, 见第 7 章习题 15 的脚注. ——译者注

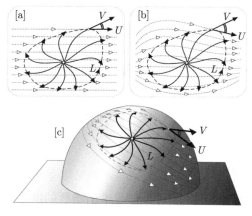

图　10-13

### 10.3.3　庞加莱–霍普夫定理的解释

现在我们可以给定理 (10.4) 一个非常漂亮的证明. 这个证明是霍普夫本人的, 见 Hopf [1956]. 论证分成两步：第一步证明, 在亏格已知的曲面上, 所有向量场的指数和都是相同的; 第二步, 再找一个具体的向量场之例, 证明这个和就是欧拉示性数. 于是定理得证.

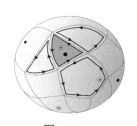

图　10-14

设 $V, W$ 是一个给定的封闭曲面上的两个向量场. 见图 10-14. 若 $v_j$ 是 $V$ 上的奇点（标记为 ●）, 而 $w_j$ 是 $W$ 上的奇点（标记为 ⊙）, 我们需要证明

$$\sum \mathscr{I}_V[v_j] = \sum \mathscr{I}_W[w_j].$$

与我们对图 10-10 的处理方法很类似, （用虚线）把 $S$ 分成若干曲边多边形, 使得每一个曲边多边形至多含一个 $v_j$ 和一个 $w_j$.

现在集中考虑一个多边形及其边缘 $K_j$, 并在其上规定方向, 如果从 $S$ 外面（注意, $S$ 是一个封闭曲面, 因此把空间分成内外两部分）看, $K_j$ 的方向是逆时针方向, 就说这个方向是正向. 为了求 $V$ 和 $W$ 沿 $K_j$ 的指数, 在此多边形上做任意的非奇异的向量场 $U$ 并应用 (10.5). 于是, $V$ 和 $W$ 沿 $K_j$ 的指数之差为

$$\mathscr{I}_V[K_j] - \mathscr{I}_W[K_j] = \frac{1}{2\pi}[\delta_{K_j}(\angle UV) - \delta_{K_j}(\angle UW)] = \frac{1}{2\pi}\delta_{K_j}(\angle WV),$$

很明显, 它与作为基准的局部向量场 $U$ 无关.

由此我们导出

$$\sum \mathscr{I}_V[v_j] - \sum \mathscr{I}_W[w_j] = \sum_{K_j}(\mathscr{I}_V[K_j] - \mathscr{I}_W[K_j])$$

$$= \frac{1}{2\pi}\sum_{K_j}\delta_{K_j}(\angle WV) = 0.$$

这是因为曲边多边形的每一个边都按正反两个方向各走了一次, 因而造成了 $\angle WV$ 大小相同, 符号相反的变化.[①] 我们这样完成了证明的第一步: 证明指数之和与向量场无关.

因为在图 10-11a 的例子中, 指数和为 2, 我们现在知道了对于拓扑球面上的任意向量场, 指数和也为 2. 一般证明的第二步, 也就是在任意亏格 $g$ 的曲面中找到一个例子, 使得指数和为 $\chi = (2-2g)$. 图 10-15 就是 $g = 3$ 时的例子, 对于更大亏格的曲面, 找一个这样的曲面也是显然的. 现在我们设想, 把糖浆从这个曲面的顶上往下倒, 它就会慢慢地往下流, 从底部流出去, 而成为曲面上的一个流 (也就是一个向量场). 这个图就解释了, 指数之和为 $\chi$.[②]

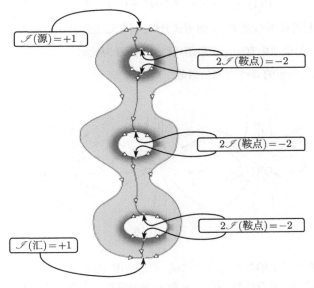

图 10-15

**进一步阅读的材料.** 这些拓扑思想, 再加上后两章的一些思想, 打开了通向一

---

① 这里还请注意, 曲面 $S$ 是封闭的, 它自己没有边缘, 所以我们只需考虑多边形 $K_j$ 的各边即可.
　　　　　　　　　　　　　　　　　　　　　　　　　　　　　　　　　——译者注
② 这里实际上用到了微分拓扑的一个基本结果, 即 "任意" 二维曲面都在拓扑上与一个图 10-15 那样的曲面 (但是洞的数目, 即亏格是任意整数 $g$) 等价. 做这样的曲面, 如作者所说 "是显然的", 但是这个结论的准确提法以及证明绝非易事. 所以作者很细心地说这个小节只是庞加莱–霍普夫定理的解释, 而不说是证明. 有兴趣的读者, 可以去阅读微分拓扑学的专著. ——译者注

个重要分支**黎曼曲面**的大门. 特别是, 我们希望你在阅读克莱因的重要著作 Klein [1881] 时, 会容易一些, 这一著作支持了黎曼原来的用空间曲面上流体的流动的途径来研究多值函数. 也请参看 Springer [1957, 第 1 章], 它基本上重述了克莱因的专著, 但加上了一些有益的附加评论. 对于黎曼曲面比较抽象比较现代的介绍, 可见 Jones and Singerman [1987]. 最后, 更多地讲拓扑学本身, 我们推荐 Hopf [1956], Prasolov [1995], Stillwell [1980, 1989], 特别是, Fulton [1995].[①]

## 10.4　习　　题

1. 用代数和几何两种方法证明向量场 $z^2$ 的流线是在原点切于实轴的圆周. 解释为什么对于向量场 $1/\bar{z}^2$ 此事也成立.

2. 用计算机画出 $1/(z\sin^2 z)$ 的向量场. 利用图形来决定各个极点的位置与阶数.

3. 用计算机画出

$$P(z) = z^3 + (-1 + 5\mathrm{i})z^2 + (-9 - 2\mathrm{i})z + (1 - 7\mathrm{i})$$

的向量场. 利用此图形做 $P(z)$ 的因式分解, 再把这些因式的括号乘开来验证结果.

4. 设向量场 $V$ 的流线中有一个简单闭环路 $L$. 解释为什么 $L$ 一定会包围 $V$ 的奇点.

5. 求出图 10-16 所示的 3 个奇点的指数.

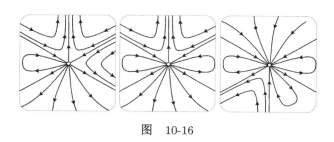

图　10-16

6. 请注意, 本章所研究的各个奇点的邻域, 都是由图 10-17 画出的 3 类扇形构成的, 各称为**椭圆的、抛物的**和**双曲的**. 用 $e$、$p$ 和 $h$ 来记围绕一个奇点的 3 种类型的扇形的个数.

---

① 我愿向希望多知道一些拓扑学的读者, 推荐 W. G. Chinn and N. E. Steenrod, *First Concepts of Topology*, (The Math. Assoc. of America 1966) 一书. 中译本, 蒋守方, 江泽涵译,《拓扑学的首要概念》, 上海科学技术出版社, 1984. Steenrod 是拓扑学大师, 他写这本书 (以及此书所属的一套丛书) 的目的是向 "广大中学生和非专学数学的外行人" 介绍拓扑学是什么. 特别是, 作者们的取材与本书很相近, 这样, 读者更容易看到在复分析中介绍拓扑学的这些内容是多么自然, 也更容易理解本书的许多拓扑概念的本质.　——译者注

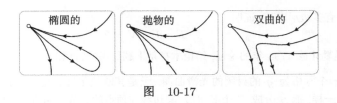

图 10-17

(i) 验证上题的 3 个奇点的指数可以用**本迪克孙**[①]**定理**正确而轻松地预测如下:

$$\mathscr{I} = 1 + \frac{1}{2}(e - h).$$

(ii) 解释这个公式.

7. 已给一个定义在圆周 $C$ 上的向量场 $V$, 在 $C$ 上另做一个向量场 $W$, 如图 10-18 所示. 如果 $\mathscr{I}_V[C] = n$, 求 $\mathscr{I}_W[C]$. [此题取自 Prasolov [1995, 第 6 章], 答案也可在此书中找到.]

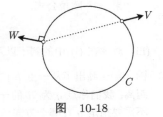

图 10-18

8. 若 $f, g$ 是球面 $S$ 到其自身的连续的一对一映射, 则其复合 $f \circ g$ 也是. 现在来证明 $f$、$g$ 和 $f \circ g$ 中, 至少有一个有*不动点*. 我们用反证法证明如下.

   (i) 证明若此结果不真, 则对 $S$ 上任一点 $p$, $f(p)$ 与 $[f \circ g](p)$ 必为不同点.

   (ii) 这时可以导出, $S$ 上有唯一的有向圆周 $C_p$, 并按指定的顺序通过 $p$、$f(p)$ 和 $[f \circ g](p)$ 三点.

   (iii) 设有质点以单位速度沿 $C_p$ 运动, 令 $V(p)$ 为它过 $p$ 点时的速度向量. 因为 $p$ 是任意的, $V$ 就是 $S$ 上的向量场.

   (iv) 求助于庞加莱–霍普夫定理, 得出想求的矛盾.

9. 继续上题, 像下面这样来应用这个结果.

   (i) 令 $g = f$, 导出 $f \circ f$ 必有不动点.

   (ii) 令 $g$ 为对径映射, 证明: 或者 $f$ 有不动点, 或者 $f$ 把某点映为其对径点.

10. 在封闭光滑曲面 $S$ 上, 任取一组点 $s_1, s_2, \cdots, s_n$. 请试着以水果或者蔬菜的表面为例, 研究以下的说法: 在 $S$ 上存在一个流, 以 $s_1, s_2, \cdots, s_n$ 为其仅有的奇点, 而且其奇异性的性态 (偶极子、涡旋等), 除了一个点外均可任意地确定.

11. 设想单位球面 $S$ 分成为 $F$ 个多边形, 其边缘为 "球面上的直线", 即大圆. 令 $E$ 和 $V$ 是这样分割所得的边缘与顶点的数目.

   (i) 用 $\mathscr{P}_n$ 表示单位球面上的 $n$ 边形, 用 6.2.1 节的 (6.9) 证明

$$\mathcal{A}(\mathscr{P}_n) = [\mathscr{P}_n \text{ 的顶角之和}] - (n - 2)\pi.$$

[提示: 把 $\mathscr{P}_n$ 的各个顶点与一个内点连接起来, 把 $\mathscr{P}_n$ 分解为 $n$ 个三角形.]

---

① Ivar Bendixson, 1861—1935, 瑞典数学家. ——译者注

(ii) 对所有多边形求和, 证明

$$F - E + V = 2.$$

[这是勒让德 1794 年的论证, 结论本身是下题结果的特例.]

12. 令 $S$ 是一个亏格为 $g$ 的封闭的光滑曲面, 于是其欧拉示性数是 $\chi(S) = 2 - 2g$. 和图 10-14 一样, 把 $S$ 分成 $F$ 个多边形, 其边缘与顶点的总数分别为 $E$ 和 $V$.

(i) 在橘子表面上画一个图, 使你通过作图确信可以在整个曲面上得到一个流, 而其奇点仅是: (1) 在 $F$ 个多边形的每一个中都有一个源; (2) 在 $E$ 条边缘的每一条上, 都有一个简单鞍点; (3) $V$ 个顶点都是汇.

(ii) 对于一般曲面 $S$ 上的这种流, 应用庞加莱–霍普夫定理, 导出以下的值得注意的结果——欧拉公式:

$$F - E + V = \chi(S).$$

(iii) 对你在 (i) 中的例子以及轮胎曲面验证 (ii) 中的结果.

13. 图 10-19 画出了从一点 $p$ 向光滑曲面 $S$ 所做的法线. 令 $R(q)$ 记由 $p$ 到 $S$ 中的点 $q$ 的距离. 我们称点 $q$ 为 $R$ 的一个**临界点**, 如果当 $q$ 在 $S$ 内运动时, $R$ 的变化率为零. 我们不需要指定 $q$ 在哪个方向运动, 因为我们假设了 $S$ 在 $q$ 点有切平面.

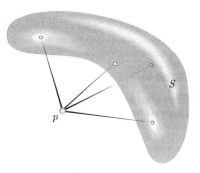

图　10-19

(i) 解释为什么当且仅当 $q$ 为 $R$ 的临界点时 $pq$ 才是 $S$ 的法线.

(ii) $R$ 在 $S$ 上的水平曲线就是以 $p$ 为中心的同心球面族——"洋葱头" 与 $S$ 的截面. 在图上所画出 $R$ 的临界点的附近画出这些水平曲线的草图. 注意, $R$ 的局部极大点或极小点与 $S$ 的其他点的区别在于, 在其他点处, 若 $q$ 沿着不同方向离开临界点, $R$ 可以增加或减少.

(iii) 假想 $p$ 点会生成一个吸引力场, 使得空间中的质点受到指向 $p$ 点的力 $\boldsymbol{F}$. 例如我们可以假设 $p$ 是地球的中心, 这时 $\boldsymbol{F}$ 就是地球的引力场. 如果一个质点被约束只能在 $S$ 上运动, 则此质点只对 $\boldsymbol{F}$ 关于 $S$ 的投影 $\boldsymbol{F}_S$ 有响应. 画出 $\boldsymbol{F}_S$ 的流线. 它们与 (ii) 中讲的 $R$ 的水平曲线有何关系?

(iv) 你刚才看到了 $R$ 的临界点就是 $\boldsymbol{F}_S$ 的奇点. 怎样用 $\boldsymbol{F}_S$ 的奇点的指数 $\mathscr{I}(q)$ 来区分 (ii) 中所讨论的临界点的类型?

(v) 我们就用这个指数 $\mathscr{I}(q)$ 来定义法线 $pq$ 的**重数**. 用庞加莱–霍普夫定理来导出以下的结果:

> 由任意点 $p$ 可以向 $S$ 做出的法线的总数 (按其重数计) 与 $p$ 的位置以及 $S$ 的准确形状均无关系, 而等于 $\chi(S)$.

[这个可爱的结果基本上归属于里希[1], 见 Reech [1858], 虽然他并未使用 $\chi(S)$ 的语言, 他也没有用以上的论证. 事后看来, 里希的工作很明显是莫尔斯[2]理论的前驱, 而且大约早了 70 多年. ]

(vi) 当 $S$ 是一个环面 (轮胎) 时, 找几个 $p$ 点的位置来验证里希的定理.

---

[1] Ferdinand Reech, 1805—1884, 法国工程师. ——译者注
[2] Harold Calvin Marsten Morse, 1892—1977, 美国数学家. ——译者注

# 第 11 章　向量场与复积分

## 11.1　流 量 与 功

我们早就承诺过, 有一种理解复积分的方式, 比第 8 章中几何化的黎曼和更加生动. 我们将在本节为这种更漂亮的新途径打下基础. 如果对向量计算已经很熟悉了, 可以直接去读 11.2 节.

### 11.1.1　流量

为了比以前更仔细地定义流量, 请看图 11-1. 在有向路径 $K$ 的每一点处都做一个切于 $K$ 的单位切向量 $\boldsymbol{T}$ ($\boldsymbol{T}$ 的方向同 $K$) 和一个单位法向量 $\boldsymbol{N}$, $\boldsymbol{N}$ 的方向定义为: 当我们沿 $K$ 的方向运动时, $\boldsymbol{N}$ 指向我们的右侧. 若用相应的复数来表示, 这个规定就相当于

$$\boldsymbol{T} = \mathrm{i}\boldsymbol{N}.$$

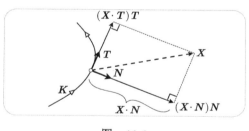

图　11-1

此图还显示了怎样把一个向量场 $\boldsymbol{X}$ (暂时看作平面上流体的速度场) 分解为切向分量和法向分量:

$$\boldsymbol{X} = (\boldsymbol{X} \cdot \boldsymbol{T})\boldsymbol{T} + (\boldsymbol{X} \cdot \boldsymbol{N})\boldsymbol{N}.$$

这两个分量中只有第二个能携带流体穿过 $K$, 而在单位时间内穿过路径的无穷小段 $\mathrm{d}s$ 的流体总量 (即**流量**) 为 $(\boldsymbol{X} \cdot \boldsymbol{N})\mathrm{d}s$. 这对于以前的定义是一个改进, 因为现在流量有了**符号**: 因为 $\boldsymbol{N}$ 指向 $K$ 的右方, 故若流体由左流向右, 流量就是正的, 反之则是负的. $\boldsymbol{X}$ 穿过 $K$ 的总流量 $\mathcal{F}[\boldsymbol{X}, \boldsymbol{K}]$ 就是穿过这些线元的流量的积分:

$$\mathcal{F}[\boldsymbol{X}, K] = \int_K (\boldsymbol{X} \cdot \boldsymbol{N})\mathrm{d}s.$$

请自行验证流量满足关系式

$$\mathcal{F}[-\boldsymbol{X}, K] = \mathcal{F}[\boldsymbol{X}, -K] = -\mathcal{F}[\boldsymbol{X}, K].$$

图 11-2 就 $K$ 为包围阴影区域 $R$ 的简单闭环的情况进一步说明了流量的概念. 图 11-2a 画出了 $\boldsymbol{X}$ 的法向分量, 我们对这个有符号的量做积分就可以得出 $\mathcal{F}[\boldsymbol{X}, K]$. 图 11-2b 说明如何估计流量. 我们用具有有向边缘 $\Delta_j$ 的多边形逼近来代替 $K$, 并在每个 $\Delta_j$ 的中点做 $\boldsymbol{X}$ 的法向分量. 于是流量就可以用有阴影的矩形的有符号的面积的代数和来逼近. 在图上所画的情况下, 正面积显然多于负面积, 所以流量为正. 当这些 $\Delta_j$ 越变越小, 其数目越来越多时, 这个近似就越来越好.

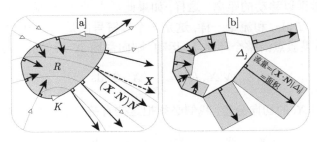

图 11-2

在图 11-2a 的简单环路 $K$ 的情况下, 对于流量还有一种有趣的看法:

$\mathcal{F}[\boldsymbol{X}, K] = $ [单位时间流出 $R$ 的流体总量] − [单位时间流入 $R$ 的流体总量].

以下我们恒设流体是**不可压缩的**. 这样只要在 $R$ 内没有源和汇, 流入 $R$ 的流体必定都会流出 $R$, 所以

$$\mathcal{F}[\boldsymbol{X}, K] = 0.$$

其实我们还要反过来应用此式来给出一个定义: 如果对于区域 $R$ 内的**所有**简单环路, 流量均为零, 就说这个区域内的流体是**无源的**. 这种没有任何有限的源或汇的流的最简单例子就是 $\boldsymbol{X} = $ 常数. 如果环路中包含了 (例如) 一个源, 则不可压缩性就指出, 流量就是这个源的强度.

虽然我们只讨论二维流, 至少也应该提一下三维流量的概念. 如果流体在通常的空间中流动, 谈论穿越一条曲线的流量是没有意义的, 但是确实可以讨论流体穿越一个**曲面**的总量对于时间的变化率. 如果现在 $\boldsymbol{N}$ 表示曲面的单位法线向量, 则穿过曲面的无穷小面积 $\mathrm{d}A$ 的流量又可由 $(\boldsymbol{X}\cdot\boldsymbol{N})\mathrm{d}A$ 来表示. 于是穿过曲面的总流量就是此量在此曲面上的积分. 和二维情况一样, 三维流的不可压缩性等价于说: 若一封闭曲面不包含源或汇, 则必有零流量.

最后还要指出, 流量一词译自 flux, 这是一个拉丁词, 意为 "流动" (flow), 现在标准的做法是, 对于任意向量场, 在讲到这个数学定义时, 总是使用 "流量" 一词,

而不问它讲的是不是某种流动的物质. 例如电场表示一种力, 但是电磁学的 4 个基本定律之一 (麦克斯韦方程) 指出, 我们可以把它想象为一种不可压缩流, 而正负电荷则起了源和汇的作用, 所以穿过空间中任一封闭曲面的流量, 就等于此曲面所包围的总电荷 (高斯定律). [①]

### 11.1.2　功

迄今为止, 我们只讨论了 $X$ 的法向分量, 现在转到切向分量. 为此, 我们现在把 $X$ 想象为一个**力场**而不是流体的流场. 如果一个质点受到某个力场 $X$ 的作用而得到无穷小位移, 则由初等物理知道, 此力场所做的功 (即所耗能量) 等于 $X$ 在位移方向的分量乘以移动的距离. 这样, 如果此质点沿 $K$ 运动一个距离 ds, 则 $X$ 所做的功为 $(X \cdot T)\mathrm{d}s$. 和流量一样, 这是一个**有符号**的量, 符号的物理意义我们马上就来解释. 如果质点沿整个环路 $K$ 运动, 则向量场 $X$ 所做的总功为

$$\mathcal{W}[X, K] = \int_K (X \cdot T)\mathrm{d}s.$$

图 11-3a 画出了 $X$ 的切向分量, 我们必须把这些有符号的量加起来, 才能得出 $\mathcal{W}$.

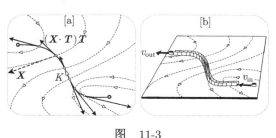

图　11-3

和对 $\mathcal{F}$ 一样, 请验证 $\mathcal{W}$ 适合下式:

$$\mathcal{W}[-X, K] = \mathcal{W}[X, -K] = -\mathcal{W}[X, K].$$

注意, 和流量 $\mathcal{F}$ 不同, 如果想把这个概念推广到三维力场, 对 $\mathcal{W}$ 无须做任何修正: 考虑力场对于沿空间曲线运动的质点所做的功是完全有意义的, 而且公式也和二维情况一样.

图 11-3b 画出了一个既能解释 $\mathcal{W}$ 的大小又能解释其符号的理想实验. 想象力场作用的平面是冰面, 质量 $m$ 很小的冰球可以在上面无摩擦地滑动. 我们在冰面上做一条狭窄的无摩擦的小沟, 形状如 $K$, 其宽度足够把一个小冰球以速度 $v_{\text{in}}$ 射入沟中. 从图上可以看到, 在小冰球的旅程开始一段, 力场中的力是反抗它的运动的, 如果 $v_{\text{in}}$ 不够大, 它就会慢下来, 然后停止, 以后就会沿着原路回到出发点. 但

---

① 也正因为如此, 在我国许多文献中常用 "通量" 一词, 例如电通量、磁通量等. —— 译者注

是同样清楚的是, 如果我们以足够的速度射入小冰球, 它就会克服 $\boldsymbol{X}$ 的反抗, 而最终以速度 $v_{\text{out}}$ 出现在小沟的终点. 令小冰球开始和末尾的动能为 $\mathcal{E}_{\text{in}}$ 和 $\mathcal{E}_{\text{out}}$, 则

$$\mathcal{E}_{\text{in}} = \frac{1}{2}mv_{\text{in}}^2, \quad \mathcal{E}_{\text{out}} = \frac{1}{2}mv_{\text{out}}^2.$$

物理学的一个最神圣的原理就是 "能量守恒". 它宣布, 能量既不能创造, 也不能毁灭, 只能从一个种类变成另一个种类. 所以力场 $\boldsymbol{X}$ 在小冰球身上耗用的能量, 也就是它所做的功 $\mathcal{W}$, 就会变成小冰球的动能的改变量:

$$\mathcal{W}[\boldsymbol{X}, K] = \mathcal{E}_{\text{out}} - \mathcal{E}_{\text{in}} = \left[\frac{mv_{\text{out}} + mv_{\text{in}}}{2}\right](v_{\text{out}} - v_{\text{in}})$$
$$= [\text{平均动量}](\text{速度改变量}).$$

这个公式也给出了功的符号的清楚的意义: 它就是速度改变量的方向. 这样, 如果 $\mathcal{W}$ 为正, 向量场将耗用能量来加速冰球, 从而增加它的动能, 如果 $\mathcal{W}$ 为负, 冰球就要放弃部分动能以做功抵抗向量场.

下一步再想象把 $K$ 弯过来, 使它的两头几乎连接起来成为一个闭环. 当冰球在相应的小沟里运行时, 出口基本上就是入口. 假设冰球在出口的速度大于在入口的速度. 把小沟两头连接起来, 冰球就会在闭环上一圈又一圈地越转越快, 每转一圈都得到一点能量 —— 要是能控制这个能量, 就能解决世界能源危机了!

虽然我们能做出如此的数学模型, 但如果不从外部向这个冰球–力场系统输入能量, 这个物理系统决不会如此运行: 它将保持能量不变, 使得冰球在出口处的速度与射入时的速度相同[①]. 这样的向量场称为**保守的**. 从数学上看, $\boldsymbol{X}$ 为保守的当且仅当

$$\mathcal{W}[\boldsymbol{X}, \text{任意闭环}] = 0. \tag{11.1}$$

正如我们可以把流量概念用于并不表示流动物质的向量场, 我们也可以把功的概念用于并不表示力的向量场. 然而, 在这种一般的背景下, 标准的说法是把 $\mathcal{W}[\boldsymbol{X}, K]$ 称为 $\boldsymbol{X}$ 沿 $K$ 的**环流**, 而不称为功. 和 "流量" 一词一样, 这个词也来自于把 $\boldsymbol{X}$ 想象为表示一个流. 要想知道为什么, 取 $K$ 为一闭环, 并且做下面的理想实验(见 Feynman [1963]). 设想在平面上有流体流动, 其速度场为 $\boldsymbol{X}$. 如果突然把流体处处都冰冻起来, 只有那条小沟除外, 而小沟里的流动情况和没有结冰以前一样. "环流" 就是未结冰的流体绕 $K$(就是 "环着" $K$)的速度乘以 $K$ 的长度 [练习].

---

① 如果从系统外输入能量, 则沿着闭环所做的功不一定为零. 事实上, 所有电机的运行全有赖于旋转的磁铁能生成能够加速冰球的电场. 然而这并不违反能量守恒, 因为要使磁铁旋转就必须做功. 见 Feynman [1963].

如果对每一个闭环环流都是零, 就说这个流是**无旋流**. 正如 "环流" 就是指的 $\mathcal{W}[\boldsymbol{X}, K]$ 而不问 $\boldsymbol{X}$ 的物理本质是什么一样, "无旋" 也同样一般地只是数学命题 (11.1) 的简称而已. 这样保守力场也就可以说是无旋力场.

### 11.1.3　局部流量和局部功

现在我们关于无源和无旋向量场 $\boldsymbol{X}$ 的定义是

$$\mathcal{F}[\boldsymbol{X}, \text{任意闭环}] = 0 \quad \text{以及} \quad \mathcal{W}[\boldsymbol{X}, \text{任意闭环}] = 0. \tag{11.2}$$

我们的下一个目标是证明 $\boldsymbol{X}$ 还有两个非常简单的局部性质等价于上面两个非局部的性质.

为此我们需要计算流量与功当闭环很小而趋于一点时的极限状况, 即为 "无穷小闭环" 时的状况. 我们以后还要证明这种极限状况与无穷小闭环的形状无关. 这样我们就可自由地把闭环选成小正方形, 其中心为我们关心的点, 比如 $z$ 点, 边为水平的直线段与铅直的直线段, 长为 $\varepsilon$. 见图 11-4.

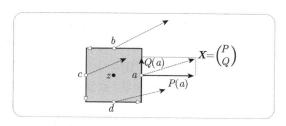

图　11-4

$\mathcal{F}$ 与 $\mathcal{W}$ 的准确计算可以通过在正方形四边的四个中点 $(a, b, c, d)$ 处分别计算 $\boldsymbol{X}$ 的值, 再对适当分量求和来求出. 当 $\varepsilon \to 0$ 时, 近似值就成了精确值, 下面的方程也是这样, 我们马上就会用到它们:

$$P(a) - P(c) = \varepsilon \partial_x P(z),$$

这里 $\partial_x P(z)$ 就是 $\partial_x P$ 在 $z$ 点之值.

于是对于流量我们有

$$\begin{aligned} \mathcal{F}[\boldsymbol{X}, \square] &= \varepsilon P(a) + \varepsilon Q(b) - \varepsilon P(c) - \varepsilon Q(d) \\ &= \varepsilon[\{P(a) - P(c)\} + \{Q(b) - Q(d)\}] \\ &= \varepsilon^2[\partial_x P(z) + \partial_y Q(z)]. \end{aligned}$$

如果考虑**梯度算子** $\nabla$ 与向量场 $\boldsymbol{X}$ 的形式点积

$$\nabla \cdot \boldsymbol{X} = \begin{pmatrix} \partial_x \\ \partial_y \end{pmatrix} \cdot \begin{pmatrix} P \\ Q \end{pmatrix} = \partial_x P + \partial_y Q,$$

即可化简此式. 量 $\nabla \cdot \boldsymbol{X}$ 称为 $\boldsymbol{X}$ 的**散度**（许多书上记作 div$\boldsymbol{X}$），利用这个概念就有

$$\mathcal{F}[\boldsymbol{X}, \square] = [\nabla \cdot \boldsymbol{X}(z)](\square \text{ 的面积}). \tag{11.3}$$

在下一节里, 我们将看到, 即使将 $\square$ 代以任意形状的无穷小环路, (11.3) 仍然成立. 这个重要结果还可以解释 "散度" 一词的来由, 因为这个公式说的就是 $\nabla \cdot \boldsymbol{X}$ 即为穿过每个包围着 $z$ 的单位面积**流出**（即**散出**）的局部流量. 以后我们就把 "单位面积的局部流量" 简单地说成 "流量密度".

对于功也重复以上的分析, 我们就会得到 [练习]

$$\mathcal{W}[\boldsymbol{X}, \square] = [\nabla \times \boldsymbol{X}(z)](\square \text{ 的面积}), \tag{11.4}$$

这里的形式叉积定义为

$$\nabla \times \boldsymbol{X} = \begin{pmatrix} \partial_x \\ \partial_y \end{pmatrix} \times \begin{pmatrix} P \\ Q \end{pmatrix} = \partial_x Q - \partial_y P.$$

量[①] $\nabla \times \boldsymbol{X}$ 称为 $\boldsymbol{X}$ 的**旋度**（许多书上记作 curl $\boldsymbol{X}$）. 几何上说, 它量度 $\boldsymbol{X}$ "绕着 $z$ 点旋转" 的程度. 在物理上, 如果用力场来讲, 旋度就是绕单位面积运动所做的功, 或者说是 "功密度". 用流体来讲也有一个很生动的解释. 如果我们把剪成小圆盘的小纸片, 丢在流体表面的 $z$ 点处, 一般说来, 它不仅会随着过 $z$ 的流线以速度 $|\boldsymbol{X}(z)|$ 运动（平动）, 还会绕圆心以某个角速度 $\omega(z)$ 旋转. 可以证明, $\boldsymbol{X}$ 的决定角速度的方面就是其旋度:

$$\omega(z) = \frac{1}{2}[\nabla \times \boldsymbol{X}(z)].$$

正因为如此, curl 在许多书上记作 **rot**, 即旋转（rotation）的简写.

### 11.1.4 散度和旋度的几何形式*

上面, 我们是从考虑特殊形状的区域中流出的流体来得到散度的表达式的, 但区域的形状与流并无内在的关系. 如果考虑从另一个无穷小 "矩形" $R$ 流出的流体,

---

[①] 叉积本来是向量, 这个概念内蕴地只能用于三维空间. 但是在我们的情况下二维向量场 $\boldsymbol{X}$ 可以看作三维向量的特例: $\boldsymbol{X} = (X_1(x, y), X_2(x, y), 0)$, $\nabla = (\partial_x, \partial_y, \partial_z)$. 按三维叉积的定义, 应该有 $\nabla \times \boldsymbol{X} = (\partial_y 0 - \partial_z X_2, \partial_z X_1 - \partial_x 0, \partial_x X_2 - \partial_y X_1) = (0, 0, \partial_x X_2 - \partial_y X_1)$. 这里我们本质地应用了各个分量都只依赖于二维变量 $(x, y)$, 即 $z$. 这样 $\nabla \times \boldsymbol{X}$ 就成了 "标量"（更准确地说应该是一个 "赝标量", 因为若采用了左手坐标系, 它将为反号）. 所以在复分析的框架下, 叉积成了一个标量. 1.3.7 节中就是这样解释叉积的. 所以这里只是泛称 $\nabla \times \boldsymbol{X}$ 为一个 "量". 如果想要更加协调地解释这个问题, 或者想要推广到更高维的空间, 通用的也是最简单的方法, 是应用外代数理论.

—— 译者注

那么将会得到更多的洞察, 这个 "矩形" 有两边是向量场 $\boldsymbol{X}$ 的流线, 而另两边则是流线的正交轨迹的一段. 见图 11-5.

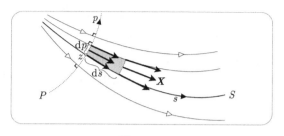

图　11-5

图中 $z$ 是一点, 而 $R$ 最终将会缩成这一点, 我们就是要在此点求 $\boldsymbol{X}$ 的散度. 令 $S$ 和 $P$ 是过 $z$ 点的流线及其正交轨迹, $s$ 和 $p$ 分别是 $S$ 和 $P$ 上的弧长, $p$ 的增加方向选定与 $\boldsymbol{X}$ 成正的直角 (如图上的箭头所示).

从 $R$ 的净流出流量等于流入流量与流出流量之差, 前者是 $|X|\mathrm{d}p$, 后者仍是此式, 不过要取在 $R$ 的对边上而且反号. 现在很清楚, 有两个因素使得流出的流体多于流入的流体: (1) 在出口处流速 $|X|$ 更大; (2) 在出口处两条流线的距离 $\mathrm{d}p$ 更大.

第二个因素显然受 $\boldsymbol{X}$ 的方向在 $\mathrm{d}p$ 间距中有多大的变化所控制, 即受 $P$ 在 $z$ 点的**曲率** $\kappa_P$ 控制. 说精确一点, 如果用 $\delta$ 来表示一个量在流线上运动 $\mathrm{d}s$ 时的增长量, 则 $\delta(\mathrm{d}p) = \kappa_P \mathrm{d}s \mathrm{d}p$ [练习]. 这样

$$(R\text{的净流出量}) = \delta\{|X|\mathrm{d}p\} = \delta(|X|)\mathrm{d}p + |X|\delta(\mathrm{d}p)$$
$$= (\partial_s|X| + \kappa_P|X|)(R\text{的面积}).$$

所以, 流量密度是

$$\nabla \cdot \boldsymbol{X} = \partial_s|X| + \kappa_P|X|. \tag{11.5}$$

事实上, 这个公式对于三维向量场也成立 [练习], 只要存在[①]一个正交于流线的**曲面** $P$, 且 $\kappa_P$ 是其主曲率之和.

现在转到绕 $R$ 的环流. 用完全同样的推理, 就会给旋度以同样干净的公式 [练习]:

$$\nabla \times \boldsymbol{X} = -\partial_p|X| + \kappa_S|X|, \tag{11.6}$$

这里 $\kappa_S$ 是流线 $S$ 在 $z$ 点的曲率.

虽然我们相信 (11.5) 和 (11.6) 必定已经为麦克斯韦、凯尔文和斯托克斯等人所知, 但在现代的文献中没有看到有人引用过它们.

---

① 这种存在的条件是: 旋度或者为零, 或者正交于向量场.

### 11.1.5 零散度和零旋度向量场

由定义 (11.2) 以及结果 (11.3)、结果 (11.4) 可知, 若 $X$ 在某区域 $R$ 中为无源且无旋的, 则在 $R$ 的每一点均有

$$\nabla \cdot X = 0 \quad \text{以及} \quad \nabla \times X = 0.$$

这时我们就说 $X$ 在 $R$ 中是**零散度和零旋度**的.

例如, 考虑一个具有强度 $S$ 的源点的向量场:

$$X(z) = \frac{S}{2\pi \bar{z}} \quad \Leftrightarrow \quad X = \frac{S}{2\pi} \begin{pmatrix} x/(x^2+y^2) \\ y/(x^2+y^2) \end{pmatrix}.$$

除在原点外, 它应该处处有零流量密度 (即散度), 而在原点, 此向量场无定义. 请自行验证此事. 回想一下, 我们以前说过, 它也是一根很长的有电荷均匀分布的导线所生成的静电场. 我们现在看见了, 说这个场是局部保守的也是有物理意义的. 如果是局部保守的, 当我们把冰球 (现在它必须带有电荷才能感到静电场的作用力) 射入一个无穷小环路, 在回到起点时, 冰球的动能不变. 要证明这个局部保守性, 就必须验证这个场是零旋度的.

我们已经看到, 一个无源且无旋的向量场必是零散度和零旋度的. 在本节结束时, 我们想要证明其逆: 若在一区域中, 一个向量场散度和旋度均为零, 则它对区域中所有简单环路的流量和功也都为零. 这时, 我们有:

> 一向量场在一单连通区域中无源且无旋, 当且仅当它具有零散度和零旋度.[①]

为了理解这个逆定理, 考虑图 11-6 (它其实是复制了图 8-27 的一部分). 把那个图所说明的推理再重复一次. 首先注意, 如果图上的网格越来越细, 则 $K$ 上的流量和功就趋于 $C$ 上的流量和功. 其次, 把流量和功与 $K$ 内的散度和旋度联系起来. 请验证, 原来给出

$$\oint_K f(z)\mathrm{d}z = \sum \oint_\Box f(z)\mathrm{d}z \quad (\text{这里是对有阴影的正方形求和})$$

的推理现在就会给出

$$\mathcal{F}[X, K] = \sum \mathcal{F}[X, \Box] \quad (\text{这里是对有阴影的正方形求和}),$$

以及

$$\mathcal{W}[X, K] = \sum \mathcal{W}[X, \Box] \quad (\text{这里是对有阴影的正方形求和}).$$

---

① 因为这个原因, 在大多数文献中就只说一个向量场为无源或无旋, 而不用零散度或零旋度的说法.

—— 译者注

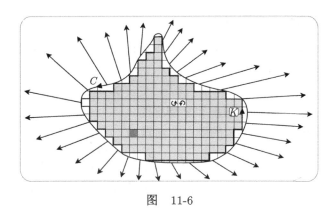

图　11-6

然而, 在现在的背景下, 这些结果都可以从物理直观上得到. 第一个结果是说, 由 $K$ 流出的流体总量等于由各个内部小正方形流出的流体流量之和. 第二个结果说明什么呢?

现在让网格中的小正方形缩小以致覆盖 $C$ 的整个内域 $R$. 利用 (11.3) 和 (11.4) 并把对于小正方形的求和代以对于无穷小面积 $\mathrm{d}\mathcal{A}$ 的二重积分, 我们就会得到**高斯定理**

$$\mathcal{F}[\boldsymbol{X}, C] = \iint_R [\nabla \cdot \boldsymbol{X}]\mathrm{d}\mathcal{A}, \tag{11.7}$$

以及**斯托克斯定理**

$$\mathcal{W}[\boldsymbol{X}, C] = \iint_R [\nabla \times \boldsymbol{X}]\mathrm{d}\mathcal{A}. \tag{11.8}$$

从这些公式就可以看到, 若散度和旋度在 $R$ 中处处为零, 则 $C$ 上的流量和功也为零, 这就是我们想证明的事情.

仍然追随第 8 章的逻辑, 我们来看当一个闭回路 (或具有固定端点的开回路) 连续形变时, 对于流量和功会发生什么事情. 你应该能够看到 (11.7) 和 (11.8) 蕴涵两个形变定理:

若回路只扫过散度为零的点, 则流量不变. $\qquad$ (11.9)

若回路只扫过旋度为零的点, 则功不变. $\qquad$ (11.10)

## 11.2　从向量场看复积分

### 11.2.1　波利亚向量场

现在从向量场的观点来考察积分

$$\int_K H(z)\mathrm{d}z.$$

见图 11-7. 在求它的黎曼和时, 像 8.3.1 节那样, 不把 $H = |H|e^{i\beta}$ 与 $dz = e^{i\alpha}ds$ 画在各自的复平面上, 我们只能得到不多的好处. 而我们仍然面临着一个问题, 就是涉及了两个角的**相加**: $Hdz = |H|e^{i(\alpha+\beta)}ds$, 而角的相加不容易做到可视化. 正如向量的减法比加法更为自然 [连接两个向量的端点即可], 角的减法也比较自然, 因为只需做两个方向的夹角即得.

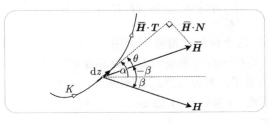

图 11-7

现在考虑一个新向量场, 即在 $z$ 点不画出 $H(z)$ 而画出其**共轭** $\overline{H}(z) = |H|e^{-i\beta}$, 这样我们提出的从向量场的观点来考察积分的问题, 就可以得到一个更简单更漂亮的解决. 我们称这个新向量场为 $H$ 的**波利亚**[①]**向量场**. 在说明这个新向量场是如何解决我们的问题以前, 我们要: (i) 先给一个警告; (ii) 再做一个保证.

(i) $H$ 的波利亚向量场并不是由 $H$ 的普通向量场对实轴做反射而得, 如果那样做, 就会对 $\bar{z}$ 点附加一个向量 $\overline{H(z)}$. 如果亲手画 (或者用计算机画) 一下 $z$ 和 $z^2$ 的波利亚向量场, 这一点就会变得很清楚. 与图 10-1 比较, 就可以看到所得的相图 (而不是向量场) 与 $(1/z)$ 和 $(1/z^2)$ 的相图一样. 这是因为, $\overline{z^n}$ 和 $(1/z^n)$ 指向相同方向.

(ii) 我们立刻就会看到, 用波利亚向量场来表示 $H$, 所得极多, 而在目前, 我们只想强调指出, 这样做毫无损失: 新向量场和老向量场含有相同的信息. 例如, 当我们转到波利亚向量场时, 环路 $L$ 的指数只改变符号:

$$\mathscr{I}_{\overline{H}}[L] = -\mathscr{I}_H[L].$$

这样, 一个解析的 $H$ 的 $n$ 阶零点, 仍然清楚地表现为其波利亚向量场的奇点, 只不过其指数不再是 $n$ 而是 $-n$. 类似地, $m$ 阶极点, 仍然表示为其波利亚向量场的指数 $m$ (而非 $-m$) 的奇点.

现在回到积分问题, 波利亚向量场的一大优点就在于它与回路所成的角 $\theta$ (见图 11-7) 现在是 $\theta = \alpha - (-\beta) = \alpha + \beta$, 这正是我们想要使之可视化的两角之和, 也就是黎曼和中 $Hdz$ 这一项的辐角. 更好的是, 我们还有

$$Hdz = |\overline{H}|e^{i\theta}ds = [|\overline{H}|\cos\theta + i|\overline{H}|\sin\theta]ds$$

① George Pólya, 1887—1985, 匈牙利裔美国数学家. —— 译者注

$$= [\overline{\boldsymbol{H}} \cdot \boldsymbol{T} + \mathrm{i}\overline{\boldsymbol{H}} \cdot \boldsymbol{N}]\mathrm{d}s.$$

这样,黎曼和每一项的实部与虚部正分别是其波利亚向量场对于回路的相应元素的功与流量. 我们就这样发现了, $H$ 在一个回路上的复积分, 可以用其波利亚向量场在此回路上的功与流量给出生动的解释(这也是波利亚的功劳[①]):

$$\int_K H(z)\mathrm{d}z = \mathcal{W}[\overline{\boldsymbol{H}}, K] + \mathrm{i}\mathcal{F}[\overline{\boldsymbol{H}}, K]. \tag{11.11}$$

由于以下的事实, 这个解释变得特别有用: 计算机可以立即画出你的被积函数的波利亚向量场. 只要看一看向量场沿着回路和穿越回路流过多少, 就可以对积分之值很快得到一个感觉了. 例如, $(\bar{z}^2 z)$ 沿着从 $1 - \mathrm{i}$ 到 $1 + \mathrm{i}$ 的直线段的积分显然应该是 $\mathrm{i}$ 乘以一个正数. (为什么?) 想要知道更多的利用 (11.11) 计算积分的真相, 请参见 Braden [1987].

我们对于 (11.11) 的兴趣主要不是来自这种实际的方面, 更多的是来自它在理论上的意义: 关于流场和力场的思想, 可以对复积分提供一种新视角, 反过来也是一样. 下面我们将要给出这两个方向的例子.

### 11.2.2 柯西定理

如果给定了复映射 $H(z) = u + \mathrm{i}v$ 的向量场的图像, 我们能不能一下子说出来, $H$ 是不是**解析的**? 按照问题的这样的提法, 就我所知, 问题没有满意的回答. 然而, 如果我们看波利亚向量场, 则是有答案的, 而且这个答案揭示了物理学和复分析之间一个美丽的联系:

> $H$ 的波利亚向量场具有零散度和零旋度当且仅当 $H$ 为解析的. (11.12)

证明只不过是简单的计算:

$$\boldsymbol{\nabla} \cdot \overline{\boldsymbol{H}} = \begin{pmatrix} \partial_x \\ \partial_y \end{pmatrix} \cdot \begin{pmatrix} u \\ -v \end{pmatrix} = \partial_x u - \partial_y v,$$

以及

$$\boldsymbol{\nabla} \times \overline{\boldsymbol{H}} = \begin{pmatrix} \partial_x \\ \partial_y \end{pmatrix} \times \begin{pmatrix} u \\ -v \end{pmatrix} = -(\partial_x v + \partial_y u).$$

这样, $\overline{H}$ 的散度和旋度均为零, 当且仅当 $H$ 满足柯西–黎曼方程. 为了将来的应用, 请注意这两个方程只是一个复方程的两个侧面:

$$\mathrm{i}\partial_x H - \partial_y H = \boldsymbol{\nabla} \times \overline{\boldsymbol{H}} + \mathrm{i}\boldsymbol{\nabla} \cdot \overline{\boldsymbol{H}}, \tag{11.13}$$

---

① 见 Pólya and Latta [1974].

令其左方为零就是 CR 方程的紧凑写法.[①]

有了这样的联系, 就有了柯西定理的第二个解释, 即**物理解释**. 与第 8 章的几何解释相比, 这个解释的直观性绝不逊色. 因为如果 $H$ 在包围区域 $R$ 的简单环路 $K$ 内处处为解析的, 则它的波利亚向量场在 $R$ 内有零流量密度 (作为流场), 还有零功密度 (作为力场). 这就意味着, 作为流场, 从 $R$ 内不会有流体的净流出; 作为力场, 绕 $K$ 射出的冰球回到原地后, 动能不变. 由 (11.11) 知 $H$ 沿 $K$ 的积分必为零.

在上一小节末尾, 对于这个物理解释还给出了一个更加数学化的版本, 就是使用高斯和斯托克斯定理的版本. 如果在现在的背景下来重述那里的论证, 对于包围区域 $R$ 的简单环路 $K$, 把 (11.7) 和 (11.8) 代入 (11.11), 就有

$$\oint_K H(z)\mathrm{d}z = \iint_R [\boldsymbol{\nabla} \times \overline{\boldsymbol{H}}]\mathrm{d}\mathcal{A} + \mathrm{i}\iint_R [\boldsymbol{\nabla} \cdot \overline{\boldsymbol{H}}]\mathrm{d}\mathcal{A}, \tag{11.14}$$

如果 $\overline{\boldsymbol{H}}$ 在 $R$ 中具有零旋度和零散度, 它自然为零.

### 11.2.3 例子: 面积作为流量

作为一个有趣而且有启发性的例子, 我们用物理上很直观的高斯定理和斯托克斯定理来重新考虑以下结果:

$$\oint_K \overline{z}\mathrm{d}z = 2\mathrm{i}\mathcal{A}. \tag{11.15}$$

注意 $H(z) = \overline{z}$ 的波利亚向量场是 $\overline{H(z)} = z$, 它是沿半径方向由原点向外的, 像源点一样. 但是和源点不同, 流速随距离**增加**, 这就使得这个流很清楚不会是零散度的. 实际上, 经过计算其流量密度, 就有

$$\boldsymbol{\nabla} \cdot \overline{\boldsymbol{H}} = \begin{pmatrix} \partial_x \\ \partial_y \end{pmatrix} \cdot \begin{pmatrix} x \\ y \end{pmatrix} = 2.$$

换言之, 在每个单位时间, 都有 2 单位流体输入每个单位面积. 所以流体流出 $K$ 的流量是 $2\mathcal{A}$. 另一方面, 这个流是零旋度的:

$$\boldsymbol{\nabla} \times \overline{\boldsymbol{H}} = \begin{pmatrix} \partial_x \\ \partial_y \end{pmatrix} \times \begin{pmatrix} x \\ y \end{pmatrix} = 0,$$

所以绕 $K$ 的环流为零. 把这些事实代入 (11.14) 即得 (11.15).

---

① 另一个常用的记号是 $\frac{\partial}{\partial \overline{z}} = \frac{1}{2}(\partial_x + \mathrm{i}\partial_y)$, 于是 (11.13) 左方为零又可以写为 $\frac{\partial}{\partial \overline{z}}H = 0$. 这个记号称为庞培 (Dimitrie Pompeiu, 1873—1954, 罗马尼亚数学家) 记号. 这也是 CR 方程常用的写法. 见第 12 章习题 7. —— 译者注

图 11-8 就是用这种新方法观看 (11.15) 的例子, 把 $K$ 的形状选为圆周, 为的是使得环流和流量的值都成为明显看得出来的.

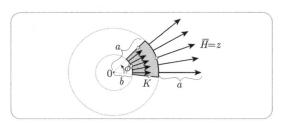

图 11-8

很清楚, 在图上的两个圆弧上, $\overline{H(z)} = z$ 没有环流, 而在两个直线边上, 环流大小相等, 方向相反. 所以绕 $K$ 的总环流为零. 同样清楚的是, 穿过两个直线边的流量为零. 较远的大弧长为 $a\phi$, 穿过它的流速为 $a$, 所以穿过大弧的流量是 $a^2\phi$; 类似地, 穿过小弧的流量是 $b^2\phi$. 这样,

$$\mathcal{F}[z, K] = (流出的流体) - (流入的流体) = 2\left[\frac{1}{2}a^2\phi - \frac{1}{2}b^2\phi\right] = 2\,(阴影面积).$$

在往下讲以前, 先来弄清有关向量场 $z$ 的一个悖论似的特点: 流体是**均匀地穿过平面输入的**, 然而又只从一个点, 即原点, 放射出去. 这一点的解释（见图 11-9）在于, 平凡的恒等式 $z = z_0 + (z - z_0)$ 表明, 从原点发出的流其实是两个流的叠加: 一个是无源且无旋的向量场 $z_0$, 另一个是原来的流, 但是以 $z_0$ 为中心而不是以原点为中心.

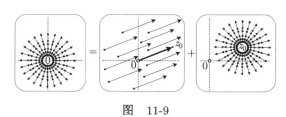

图 11-9

### 11.2.4 例子: 环绕数作为流量

其次, 对于具有基本重要性的公式

$$\oint_L \frac{1}{z}\mathrm{d}z = 2\pi\mathrm{i}\nu[L, 0], \tag{11.16}$$

我们来看一下波利亚向量场怎样也给予它新意义. 按照 (11.11),

$$\oint_L \frac{1}{z}\mathrm{d}z = \mathcal{W}[(1/\overline{z}), L] + \mathrm{i}\mathcal{F}[(1/\overline{z}), L].$$

波利亚向量场 $(1/\bar{z})$ 是我们的老朋友 —— 位于原点而强度为 $2\pi$ 的源.

图 11-10 从新观点表现了这个结果的直观本性. 如果环路不包围源, 则流入与流出的流体等量; 如果环路包围了源, 则它与在原点输入的所有的 $2\pi$ 条流线相截. 更一般地说, 每当环路包围源点一次, 就会生成 $2\pi$ 流量.

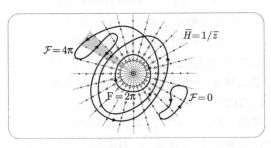

图 11-10

为了结束对于 (11.16) 的解释, 我们还要证明源是纯粹的流量, 就是说, 在这个场中, 每个环路生成的功 (环流) 为零. 因为源除了在原点以外均为零旋度的, 斯托克斯定理保证了对于不包围 0 的环路, 场所做的功为零. 如果环路包围了 0, 情况就不那么显然. 然而对于以原点为中心的圆周, 情况仍是显然的. 再求助于形变定理, 就能够自己完成全部论证了.

考虑图 11-10 中的有阴影的扇形, 则与另外一件事情有关. 这事情就是: 在回路与扇形相截的每一段曲线, 流量大小总是相同的, 但是流量的**符号**却与回路的方向有关. 请静心想一下这件事与环绕数的穿越法则 (见 7.1.3 节 (7.1)) 的联系.

### 11.2.5 向量场的局部性态*

我们前面已经对于无穷小正方形证明了 $\nabla \cdot \overline{H}$ 和 $\nabla \times \overline{H}$ 表示 $\overline{H}$ 的流量密度和功密度. 但是为使 (11.7) 和 (11.8) 真正有意义, 还需证明这个解释对于任意形状的无穷小环路仍然持续有效. 现在我们就通过验证散度与旋度具有与无穷小环路的选择无关的意义来把 (11.7) 和 (11.8) 放在更可靠的基础上. 为此, 我们先来分析一般的波利亚向量场 $\overline{H}$ 在原点附近的局部性态. 想要推广到原点以外的其他点是自明的.

在原点附近的任意点 $z = x + \mathrm{i}y$, 下面的公式是 $H(z)$ 的很好近似, 其中的偏导数都是取在原点处的:

$$H(z) - H(0) = x\partial_x H + y\partial_y H = \frac{1}{2}(z+\bar{z})\partial_x H - \frac{\mathrm{i}}{2}(z-\bar{z})\partial_y H$$
$$= \frac{1}{2}[\partial_x H - \mathrm{i}\partial_y H]z + \frac{1}{2}[\partial_x H + \mathrm{i}\partial_y H]\bar{z}.$$

令 $|z| \to 0$ 取极限, 就会得到精确的式子.

回到波利亚向量场本身, 并以 (11.13) 代入上式, 即得到关于波利亚向量场 $\overline{H}$ 的近似展开式

$$\overline{H(z)} = \overline{H(0)} + (\boldsymbol{\nabla} \cdot \overline{\boldsymbol{H}})\frac{z}{2} + (\boldsymbol{\nabla} \times \overline{\boldsymbol{H}})\frac{\mathrm{i}z}{2} + C\overline{z}, \tag{11.17}$$

其中 $C = \frac{1}{2}[\partial_x H - \mathrm{i}\partial_y H]$. 注意, 当 $H$ 为解析函数, 从而向量场 $\overline{H}$ 无源又无旋时, (11.17) 就正确地化归为泰勒级数的前两项: $H(z) = H(0) + H'(0)z + \cdots$.

图 11-11 画出了分解式 (11.17) 的意义. 除非 $H(0) = 0$, 否则此式的第一项占优: 在原点附近, 向量 $H(z)$ 与**原点处的**向量 $H(0)$ 几乎没有区别. (11.17) 的后三项是对此的近似修正. 第二项是一个无旋的向量场 (请与图 11-8 比较) 且其散度为常值, 与 $\overline{H}(z)$ 在原点处的散度相同. 第三项是一个无源的向量场, 其旋度等于 $\overline{H}(z)$ 在原点处的旋度, 是常值. 最后一项为既无旋又无源的.

注意, 这个分解在几何上是有意义的, 因为每一个分向量场, 定性地说, 并不受系数大小的影响.[①] 我们希望观察到这些, 这会使 (11.17) 既可信又有意义.

现在回到原来的问题. 令 $K$ 为绕原点的任意形状的小简单环路, $\mathcal{A}$ 为它所包围的面积. 我们想要证明, $\overline{H}$ 在 0 的散度与旋度, 正是单位面积的流量和单位面积的功当 $K$ 缩为原点时的极限值. 在 (11.11) 中利用 (11.17), 我们得到

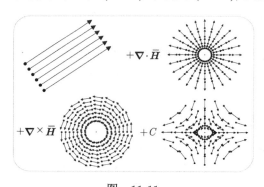

图　11-11

$$
\begin{aligned}
\mathcal{W}[\overline{\boldsymbol{H}}, K] + \mathrm{i}\mathcal{F}[\overline{\boldsymbol{H}}, K] &= \oint_K H(z)\mathrm{d}z \\
&= H(0)\oint_K \mathrm{d}z + \frac{1}{2}[\boldsymbol{\nabla} \cdot \overline{\boldsymbol{H}} - \mathrm{i}\boldsymbol{\nabla} \times \overline{\boldsymbol{H}}]\oint_K \overline{z}\,\mathrm{d}z + \overline{C}\oint_K z\,\mathrm{d}z.
\end{aligned}
$$

当 $K$ 缩为一点时, 这个近似式就会变为精确式. 即使 $K$ 不是很小, 我们也知道这三个积分精确值为

$$\oint_K \mathrm{d}z = 0, \quad \oint_K \overline{z}\,\mathrm{d}z = 2\mathrm{i}\mathcal{A}, \quad \oint_K z\,\mathrm{d}z = 0.$$

---

[①] 对于第 2 项 (源) 和第 3 项 (涡旋) 这是显然的, 但是对最后一项则不然, 见习题 10.

所以

$$\mathcal{W}[\overline{\boldsymbol{H}}, K] + \mathrm{i}\mathcal{F}[\overline{\boldsymbol{H}}, K] = [\boldsymbol{\nabla} \times \overline{\boldsymbol{H}} + \mathrm{i}\boldsymbol{\nabla} \cdot \overline{\boldsymbol{H}}]\mathcal{A}.$$

令左右两边实部和虚部分别相等, 就得到我们想证明的结果.

### 11.2.6 柯西公式

波利亚向量场还使我们能把柯西公式的数学解释写成更具有物理直观的形式. 考虑函数

$$H(z) = \frac{f(z)}{(z-p)},$$

其中 $f(z)$ 是解析的. 因为 $H(z)$ 除在 $p$ 点之外都是解析的, 它的波利亚向量场 $\overline{H}$ 除在 $p$ 点之外流量密度和环流密度都是零. 这样, 如果 $C$ 是绕 $p$ 点的一个简单环路, 则其所有流量和环流均应由 $p$ 发出. 为了找出 $\mathcal{W}[\overline{H}, C]$ 和 $\mathcal{F}[\overline{H}, C]$, 我们应该在 $p$ 的紧邻处研究 $\overline{H}$.

如果 $f(p) = A + \mathrm{i}B$, 则在紧邻 $p$ 处波利亚向量场 $\overline{H}$ 与

$$\frac{A - \mathrm{i}B}{\overline{z} - \overline{p}} = A\left[\frac{1}{\overline{z} - \overline{p}}\right] - B\left[\frac{\mathrm{i}}{\overline{z} - \overline{p}}\right]$$

无法区分. 图 11-12 对于正的 $A, B$ 画出了这个向量场, 并显示了上面的代数分解式的几何意义.

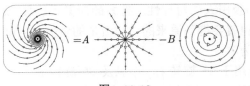

图 11-12

第 1 项很熟悉, 是位于 $p$ 点强度为 $2\pi A$ 的源, 若 $A$ 为负, 则是一个汇. 第 2 项是一种不太熟悉的场 $\mathrm{i}/(\overline{z} - \overline{p})$ 的倍数, 它表示一个在 $p$ 点处的**涡旋**.[①] 很容易看到, 在绕此涡旋的任意圆周流线上的环流都是 $2\pi$, 所以在绕 $p$ 的任意简单环路上, 环流之值也是 $2\pi$, 因此我们说这个涡旋的强度是 $2\pi$. 但另一方面, 它在任意环路上的流量总是零. 所以我们说, 源是纯粹的流量, 而涡旋则是纯粹的环流.

这些观察给了我们一个稍有不同的观看柯西公式的方法:

$$\oint_C \frac{f(z)}{(z-p)}\mathrm{d}z = \mathcal{W}[\overline{H}, C] + \mathrm{i}\mathcal{F}[\overline{H}, C]$$
$$= -2\pi B + \mathrm{i}2\pi A = 2\pi\mathrm{i}f(p).$$

---

① 我们现在是使用涡旋一词的狭义. 原来我们使用它则是指所有在拓扑意义下具有这个形状的场.

### 11.2.7    正幂

如果 $n$ 是一个正整数, 则 $z^n$ 处处解析, 它的波利亚向量场 $\overline{z^n}$ 相应地处处有零散度与零旋度. 柯西定理的物理版本就给出

$$\oint_C z^n \mathrm{d}z = \mathcal{W}[\overline{H}, C] + \mathrm{i}\mathcal{F}[\overline{H}, C] = 0.$$

至少在 $C$ 是以原点为中心的圆周时, 可以把这一点变得更加栩栩如生.[①]图 11-13 画出了 $\overline{z}$ 和 $\overline{z^2}$ 在这种圆周上的性态. 现在看来很清楚, 对于每一个有阴影的圆盘, 流入的流体和流出的流体一样多, 所以 $\mathcal{F} = 0$. 也可以看到,(如果把向量场看成力场,)任意质点绕任意一个这样的圆周转动一周所做的净功为零, 所以 $\mathcal{W} = 0$.

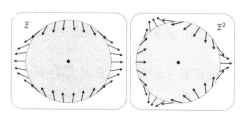

图    11-13

我们可以把这个想法弄得更精确. 首先请注意, 对于圆周上的任意向量场, 把整个图形绕圆心做任意旋转, 并不会改变功与流量之值. 其次, 我们要利用这些特殊的向量场所具有的吸引人的对称性. 把 $\overline{z}$ 的向量场旋转 $(\pi/2)$ 就会得到原向量场的反号, 而相应地也就会得到原来的功与流量的负值. $\mathcal{W}$ 和 $\mathcal{F}$ **既要**维持原值, **又要**反号, 它们就只能为零.

同样的论证也可用于 $\overline{z^2}$ 旋转 $(\pi/3)$ 以及 $\overline{z^n}$ 旋转 $\pi/(n+1)$. 请用计算机验证 $n = 3$ 的情况. 要想更好地理解这里的对称性, 请参看习题 10.

### 11.2.8    负幂和多极子

考虑负幂函数 $(1/z^m)$, 其中 $m$ 是正整数. 它们的波利亚向量场除了在原点有奇点外, 处处为零散度和零旋度. 所以如果一个简单环路 $C$ 不包围原点, 则沿它的流量和环流均为零. 然而, 我们既然已经在 $m = 1$ 的情况下知道了, 奇点能够生成流量和环流, 多少有点神秘的是, 除了 $m = 1$ 的情况以外, 即使 $C$ 包围了**奇点**, $\mathcal{W}$ 和 $\mathcal{F}$ 仍然为零.

下面来看 $m \neq 1$ 时的负幂函数 $(1/\overline{z^m})$. 在以原点为中心的圆周的情况下, 我们仍然可以和在正幂的情况一样, 看出这个结果. 图 11-14a 对于所谓偶极子场 $(1/\overline{z^2})$ 表明了这一点. 论证和前面一样: 这个向量场在旋转 $\pi$ 以后会反号, 对于更一般的

---

① 在 $z^2$ 这一特例下, Braden [1991] 也看到了这一点, 但是他并没有给出下面的一般论证.

$(1/\overline{z}^m)$, 其中 $m \neq 1$, 则在旋转 $\pi/(m-1)$ 后反号. 知道了对于圆周 $\mathcal{W}$ 和 $\mathcal{F}$ 为零, 就知道 [参见 (11.9) 和 (11.10)] 对于一切通过圆周的连续变形可以变成的环路, 它们仍然为零, 但是在形变过程中, 不得穿越原点.

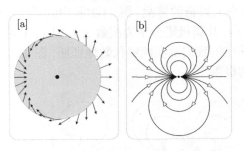

图 11-14

现在让我们超越几何解释来寻求更能服人的**物理**解释. 图 11-14b 画出了偶极子 $(1/\overline{z}^2)$ 的相图, 其流线看起来都是圆形的. 用简单的几何论证就可以证明他们的确是完美的圆周 [练习]. 我们以前看见过类似的东西吗? 答案是有的: 第 10 章, 图 10-3 画的由同样强度 $S$ 的源和汇组成的一对电荷的场就是. 所以, 看起来只要让源和汇合并起来成为一个偶极子就行了. 这就以一种惊人的漂亮方式解开了这个奥秘: 源和汇都不产生环流, 而包围源和汇在内的环路, 则分别得到相等但反号的流量, 加起来流量也就是零.

这个解释基本上是正确的. 然而, 当源和汇越来越靠近时, 就有更大一部分流体还没有从源流出去, 就被汇吞进去了, 在源和汇碰到一起的那一瞬间, 就彼此消灭了, 所以就根本没有了场. 现在利用 10.1.4 节 (10.1) 从代数上来研究它.

设源和汇沿一条固定直线 $L$ 接近原点, 而 $L$ 与实轴成角 $\phi$. 这条对称直线 $L$ 称为这个电荷系统的轴. 在上述 (10.1) 中令 $A = \varepsilon \mathrm{e}^{\mathrm{i}\phi} = -B$, 则电荷对的场 (10.1) 变成

$$D(z) = \left[ \frac{2\varepsilon S \mathrm{e}^{-\mathrm{i}\phi}}{2\pi} \right] \frac{1}{(\overline{z}^2 - \varepsilon^2 \mathrm{e}^{-\mathrm{i}2\phi})}, \tag{11.18}$$

当源和汇的间隔 $2\varepsilon \to 0$ 时它就会消逝. 那么, 怎样在这时求这一对电荷所成的场呢? 办法就是: 与间隔 $2\varepsilon$ 成反比地增加强度 $S$, 而使 $2\varepsilon S$ 保持常值不变. 如果把这个常数值记作 $2\pi k$, 电荷对的场就有极限 (当 $\varepsilon \to 0$ 时)

$$D(z) = \frac{k\mathrm{e}^{-\mathrm{i}\phi}}{\overline{z}^2},$$

它是把图 11-14 中的一般的偶极子场旋转角度 $+\phi$, 而且把流速按因子 $k$ 放大而得, 这个 $k$ 就叫作偶极子的 "强度". 这样看来, $(d/z^2)$ 的波利亚向量场就是一个偶极子, 其轴指向 $d$ 的方向, 其强度是 $|d|$. 复数 $d$ 称为**偶极矩**.

上面我们是让两个强度相等而符号相反的源互相融合,同时增加其强度以防止彼此消灭,这样得出了偶极子. 我们要问,如果继续这个把戏,"让两个强度相等而符号相反的**偶极子**融合,同时又增加其强度,以防止彼此消灭,又会发生什么事情呢?" 图 11-15 揭露出令人兴奋的答案. 图 11-15a 中画了一对强度相等但符号相反的偶极子,分别位于 $\pm \varepsilon$,其偶极矩分别为实数 $\pm d$,图 11-15b 画了 $(1/z^3)$ 的波利亚向量场. 二者惊人地相似,我们确实能够代数地证明,图 11-15b,即所谓**四极子**,确实是图 11-15a 适当的极限.

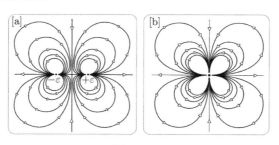

图    11-15

图 11-15a 中的场是

$$Q(z) = d\left[\frac{1}{(\overline{z}-\varepsilon)^2} - \frac{1}{(\overline{z}+\varepsilon)^2}\right] = 4d\varepsilon\,\frac{\overline{z}}{(\overline{z}^2-\varepsilon^2)}. \tag{11.19}$$

再一次令 $d$ 与间隔 $\varepsilon$ 成反比增长而保持 $k = 4d\varepsilon$ 不变,则这一对强度相等但符号相反的偶极子融合以后就生成**四极子**

$$Q(z) = \frac{k}{\overline{z}^3}.$$

一般地说 $(q/z^3)$ 的波利亚向量场就称为具有**四极矩** $q$ 的四极子.

我们就这样解释了何以 $(1/\overline{z}^3)$ 的环流和流量都为零:图 11-15a 的每一个偶极子都不会生成环流和流量,所以它们融合而成的四极子 [图 11-15b] 也不会. 请按此思路继续下去,用几何和代数两种方法证明,两个矩大小相等但反号的四极子融合成所谓**八极子场** $(1/\overline{z}^4)$,并依此类推.

偶极子、四极子、八极子等,总称为**多极子**,偶极矩、四极矩、八极矩等总称为**多极矩**.

### 11.2.9 无穷远处的多极子

虽然正整数幂函数的环流和流量为零再也没有神秘之处了,但是找出它们类似于负幂情况的物理解释仍然是很好的. 要想知道怎样做,我们先从常值函数 $f(z) = a$ 开始,它的波利亚向量场是具有常值速度 $|a|$ 而与 $\overline{a}$ 同方向的流.

如果站在这个流中间, 你会感到流是从天边沿着 $\vec{a}$ 的方向流过来, 然后又在反方向的天边消失, 就好像在无穷远处有一个源和一个汇一样. 为了使这个想法真正有意义, 用球极射影把流线映到黎曼球面上. 因为这些流线是沿方向 $\vec{a}$ 的平行直线, 它们的射影就是沿此方向通过北极的圆周, 我们于是就会得到类似于图 10-11b 那样的图形: 在无穷远处有一个偶极子!

现在对此做进一步的分析. 如果我们站在 10.1.2 节中图 10-3 的那一对源和汇的中点, 在我们邻近处的流将近似地有常值的速度和方向. 如果源和汇都退向无穷远处, 最终在无穷远点融合为一个偶极子, 则对于常值场的近似就会越来越好. 障碍只在于, 在此过程中, 任意有限远点处场的大小会不会衰减为零.

我们可以用 (11.18) 来代数地看到: 当 $\varepsilon \to \infty$ 时, 确实有 $D(z) \to 0$. 但是如果让 $S$ 与间隔**成正比地**增长, 使得 $(S/\varepsilon) = $ 常数 $= k\pi$, 则当 $\varepsilon \to \infty$ 时电荷对的场趋于常值场 $D(z) = -ke^{i\phi}$.

既已知道 $z^0$ 给出无穷远处的偶极子, 那么, $z^1$ 的波利亚向量场相应于什么? 请用计算机来证明, 它相应于无穷远处的四极子. 也可以用 (11.19) 来从代数上证明它. 按此方式进行下去, 又会得知 $z^2$ 相应于无穷远处的八极子 [练习], 依此类推.

### 11.2.10 洛朗级数作为多极子展开

上面的思想使我们对于洛朗级数和留数定理有了新的视角. 设除了在原点处有 3 阶极点外, $f(z)$ 为解析的. 第 9 章告诉我们, $f(z)$ 有以下形状的洛朗级数:

$$f(z) = \frac{q}{z^3} + \frac{d}{z^2} + \frac{\rho}{z} + a + bz + cz^2 + \cdots . \tag{11.20}$$

在奇点 $z = 0$ 附近, 它的性态由其主部 $P(z) = \frac{q}{z^3} + \frac{d}{z^2} + \frac{\rho}{z}$ 决定, 而主部的波利亚向量场为

$$\overline{P(z)} = \frac{\overline{q}}{z^3} + \frac{\overline{d}}{z^2} + \frac{\overline{\rho}}{z},$$

易知, 它是由一个四极子、一个偶极子和一个如图 11-12 所示的那种类型的源/涡旋的组合叠加而成的. 所以洛朗级数的主部就是物理学家所说的**多极子展开**.

为了可视化地掌握这种展开式的意义, 请看图 11-16 所示的一个典型的 $\overline{P}$. 在非常接近奇点处, 这个场完全由第一项的四极子统治, 其特征是有 4 个环, 但是只要稍微离开一点点, 四极子的影响比之第 2 项的偶极子, 就有所衰落了. 说实在的, 在不远不近处, 我们清楚地看到一个偶极子场的两个环这一特征. 最后, 如果距离再大一点, 四极子和偶极子相对于第 1 项的源/涡旋组合, 都要退居后位了, 这时, 场的精确的形状将由留数 $\rho$ 决定. 请与图 11-12 比较, 在此图中 $\rho = A + iB$.

我们再继续向外走, 比方说远远超越单位圆周, 整个主部比之 (11.20) 的其余部分都可以忽略不计了. 首先是 $a$ 变得很重要, 然后 $bz$ 取而代之, 如此等等. 这样,

当我们接近无穷远点时, 这个场先是像一个偶极子, 然后像一个四极子, 如此等等. 然而, 和接近极点不同, 在我们走向无穷远处的旅程中, 我们经历的是阶数越来越高的多极子, 没有终止.

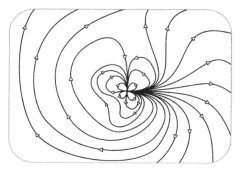

图    11-16

当然, 一般的 $f$ 还可能有其他奇点, 当 $|z|$ 增加到接近原点和最近的另一个奇点的距离时, (11.20) 就不再有意义了. 但无论如何, 在 (11.20) 仍然有效的区域内, 我们总可以把非负幂想作代表无穷远处的多极子.

总结起来说, 洛朗级数和留数定理可以从物理上这样来理解: 会生成非零的环流和流量的唯一一项是 $\overline{(\rho/z)}$, 它又可以分解成一个强度为 $\mathcal{W} = -2\pi\mathrm{i}\mathrm{Im}(\rho)$ 的涡旋和一个强度为 $\mathcal{F} = 2\pi\mathrm{Re}(\rho)$ 的源的组合. 所有其他的项则相应于既不生成环流又不生成流量的多极子, 其中有限多个位于各个极点处, 其余的则位于无穷远处.

# 11.3  复  位  势

## 11.3.1  引言

相图用起来这样方便, 以致时常让人忘记, 一般说来它们不能表示向量的长度. 在本节中我们会看见, 如果一个向量场或者无源或者无旋, 或者二者兼备, 则有一种画相图的特殊方法, 使得长度也能表示出来.

虽然最终我们要考虑解析函数的波利亚向量场, 它是既无源又无旋的, 但是, 分别考虑无源性和无旋性的意义仍是有启发的, 考虑到最终的目的, 我们继续把向量场写作 $\overline{H}$.

## 11.3.2  流函数

现在设 $\overline{H}$ 是一种流体的无源流. 形变定理 (11.9) 告诉我们, 如果一条曲线连接两个定点, 则穿过此曲线的流量与曲线的选取无关. 这样, 如果 $K$ 是由任意定点

$a$ 到动点 $z$ 的回路, 则穿过它的流量

$$\Psi(z) = \mathcal{F}[\overline{H}, K]$$

将是 $z$ 的适当定义的函数, 称为**流函数**. 若选另一点 $a$, 则新的流函数与老的流函数只差一个附加常数.

设 $z$ 位于过 $a$ 的流线上任意地方, 见图 11-17. 选 $K$ 为此流线上由 $a$ 到 $z$ 的一段, 我们看到 $\Psi(z) = 0$. 类似地, 设 $q$ 位于过另一点 $p$ 的流线上某处. 取 $K$ 为这样的路径: 先从 $a$ 到 $p$, 继之以由 $p$ 到 $q$ 的流线, 我们看到 $\Psi(q) = \Psi(p)$. 换言之,

**流线就是流函数的水平曲线.**

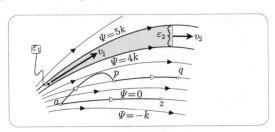

图　11-17

我们现在不再如以前那样随机地画一些流线来做相图, 而按如下方式做图: 选一个数 $k$, 只做 $\Psi = 0, \pm k, \pm 2k, \pm 3k, \cdots$ 这些流线. 见图 11-17. 用这个特殊方法做出相图, 则流速将由这些流线密集的程度来表示. 现在来论证这一点, 并且把它弄得更准确.

因为没有流体穿过流线, 所以我们可以把两条相邻流线之间的区域看成一根管道, 而流体就在此管道中流动. 连接管道两侧的任意一段曲线都有相同流量, 即 $k$. 这样我们就可以采用法拉第和麦克斯韦的语言, 比较定量地称这个管道为 $k$ 流管.

图 11-17 中的阴影区域就是这样一个流管的一部分, 其开始处和结尾处的截面都画成垂直于流线 (长度分别是 $\varepsilon_1$ 和 $\varepsilon_2$). 如果 $k$ 选得充分小, 则在每个截面的各点处, 流速 $v = |\overline{H}|$ 都近似地相同, 故可设在两个截面上的流速分别为 $v_1$ 和 $v_2$, 而流入和流出这个阴影区域的流量分别近似地为 $\varepsilon_1 v_1$ 和 $\varepsilon_2 v_2$ (都近似地等于 $k$). 当 $k$ 取得越来越小时, 这两个近似值也就越来越精确, 即有

$$v_1 = \frac{k}{\varepsilon_1}, \quad v_2 = \frac{k}{\varepsilon_2}. \tag{11.21}$$

为了维持常值的流量, 管道变宽时, 流速就一定下降.

总结起来有:

用 $k$ 流管做一个无源向量场相图如上. 若 $k$ 取得很小, 则在任
意点的流速近似地等于 $k$ 除以该点附近的流管宽度. 对于无穷小的　　(11.22)
$k$, 就得到精确的结果.

然而, 经过一个区域的 $k$ 流管的根数与 $k$ 成反比变动, 所以若 $k$ 选得太小, 相图就
变得挤成一片. 事实上, 只要画少数几条流线, 就会对流速的大小有很好的感觉了.
请与 10.1.2 节的图 10-3 比较.

现在把这个想法用于 $H(z) = \mathrm{i}\bar{z}$ 这个简单的 (非解析) 的例子. 它的波利亚向
量场是

$$\overline{H} = -\mathrm{i}z \quad \Leftrightarrow \quad \overline{H} = \begin{pmatrix} y \\ -x \end{pmatrix},$$

流线是一顺时针方向绕原点的圆周, 绕每个圆周的角速度等于其半径. 见图 11-18.

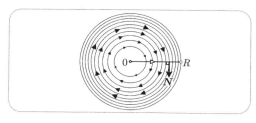

图　11-18

虽然这个向量场不是无旋的 $[\nabla \times \overline{H} = -2]$, 却是无源的 $[\nabla \cdot \overline{H} = 0]$, 所以具
有流函数. 为方便起见, 令 $a = 0$. 我们已经知道流线是以原点为中心的圆周, 所以
为了求半径为 $R$ 的流线上的 $\Psi$ 值, 就必须找到通过由原点到此圆周上任一点的路
径的流量. 选此路径为正实轴上由 $0$ 到 $R$ 的一段, 我们看到

$$\mathrm{d}s = \mathrm{d}x, \quad \boldsymbol{N} = \begin{pmatrix} 0 \\ -1 \end{pmatrix}.$$

这样,

$$\Psi = \int (\overline{H} \cdot \boldsymbol{N})\mathrm{d}s = \int_0^R x\mathrm{d}x = \frac{1}{2}R^2.$$

知道了流函数以后, 就能做出特殊的相图了. 令 $k = (1/2)$, 我们就知道流线的
半径是 $\sqrt{1}, \sqrt{2}, \sqrt{3}, \cdots$. 图 11-18 上就画出了这些流线, 并且定性地证实了 (11.22)
的预测: 当我们由原点向外走时, 流线就越来越靠拢, 反映了流速的增加.

### 11.3.3　梯度场

上面我们看到了, 怎样在已知流函数 $\Psi$ 以后用几何语言做出一个无源的向量
场 $\overline{H}$. 为了找到一个用 $\Psi$ 来表示 $\overline{H}$ 的简单公式, 我们需要**梯度场** $\nabla\Psi$ 的概念. 它

的定义就是下面的向量场

$$\boldsymbol{\nabla}\Psi = \begin{pmatrix} \partial_x \\ \partial_y \end{pmatrix} \Psi = \begin{pmatrix} \partial_x\Psi \\ \partial_y\Psi \end{pmatrix} \quad \Leftrightarrow \quad \boldsymbol{\nabla}\Psi = \partial_x\Psi + \mathrm{i}\partial_y\Psi.$$

梯度场 $\boldsymbol{\nabla}\Psi$ 可以用图 11-17 中的流线做简单的几何解释. 为了看到这一点, 我们把由于无穷小运动 $\mathrm{d}z = \mathrm{d}x + \mathrm{i}\mathrm{d}y$ 而产生的无穷小变化 $\mathrm{d}\Psi$ 用点积表示为

$$\mathrm{d}\Psi = (\partial_x\Psi)\mathrm{d}x + (\partial_y\Psi)\mathrm{d}y = \begin{pmatrix} \partial_x\Psi \\ \partial_y\Psi \end{pmatrix} \cdot \begin{pmatrix} \mathrm{d}x \\ \mathrm{d}y \end{pmatrix} = \boldsymbol{\nabla}\Psi \cdot \mathrm{d}\boldsymbol{z}.$$

如果 $\mathrm{d}z$ 切于流线, 则 $\mathrm{d}\Psi = 0$, 所以 $\boldsymbol{\nabla}\Psi$ 与此方向的点积为零. 还有, 如果 $\mathrm{d}z$ 与 $\boldsymbol{\nabla}\Psi$ 成锐角, 则 $\Psi$ 增加. 这样, 我们有

> $\boldsymbol{\nabla}\Psi$ 的方向与流线方向正交, 而且 $\Psi$ 沿此方向增加. 这样, $-\mathrm{i}\boldsymbol{\nabla}\Psi$ 指向 $\overline{H}$ 的方向. (11.23)

见图 11-19.

关于 $\boldsymbol{\nabla}\Psi$ 的方向就讲这么多, 它的大小又如何? 在图 11-19（它基本上是图 11-17 的复本）中, 我们设想 $k$ 为无穷小. 在 $\boldsymbol{\nabla}\Psi$ 的方向取 $\mathrm{d}z = \mathrm{e}^{\mathrm{i}\theta}\mathrm{d}s$, 这里 $-\theta$ 是 $\boldsymbol{\nabla}\Psi$ 的辐角, 我们就有 $\mathrm{d}\Psi = |\boldsymbol{\nabla}\Psi|\mathrm{d}s$. 特别是, 若令 $\mathrm{d}s = \varepsilon$（$k$ 流管的宽度）, 则 $\mathrm{d}\Psi = k$. 所以

$$|\boldsymbol{\nabla}\Psi| = (k/\varepsilon).$$

其右方就是我们前面得出的流速公式 (11.22) $v = |\overline{H}|$! 这样, $|\boldsymbol{\nabla}\Psi| = |\overline{H}|$.

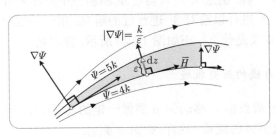

图 11-19

把这个结果与 (11.23) 联合起来, 我们就得到用 $\Psi$ 表示 $\overline{H}$ 的简单公式:

$$\overline{\boldsymbol{H}} = -\mathrm{i}\boldsymbol{\nabla}\Psi \quad \Leftrightarrow \quad \overline{\boldsymbol{H}} = \begin{pmatrix} \partial_y\Psi \\ -\partial_x\Psi \end{pmatrix}. \tag{11.24}$$

请对我们前面的例子 $H(z) = \mathrm{i}\overline{z}$ 试一试这个公式. 对那个例子我们已经知道, 波利亚向量场有流函数 $\Psi = (x^2 + y^2)/2$.

现在考虑下面的问题："如果还要求 $\overline{H}$ 为**无旋的**, 则 $\Psi$ 还必须满足什么附加的条件?" 答案是, 它必须满足**拉普拉斯方程**:

$$\Delta\Psi \equiv \partial_x^2\Psi + \partial_y^2\Psi = 0.$$

拉普拉斯方程的解称为**调和函数**, 所以我们可以把这个结果重述如下:

当且仅当流函数为调和函数时, 无源场才是无旋的.

证明只是简单的计算:

$$\boldsymbol{\nabla}\times\overline{H} = \begin{pmatrix} \partial_x \\ \partial_y \end{pmatrix} \times \begin{pmatrix} \partial_y\Psi \\ -\partial_x\Psi \end{pmatrix} = -\Delta\Psi.$$

### 11.3.4 势函数

下一步设 $\overline{H}$ 是已知其为保守的 (即无旋的) 力场. 这时, 是功而非流量与路径无关. 这样, 如果 $K$ 是由任意定点 $a$ 到动点 $z$ 的回路, 则这个场对于沿 $K$ 运动的单位质量的质点所做的功是 $z$ 的一个适当定义的函数

$$\Phi(z) = \mathcal{W}[\overline{H}, K].$$

这个函数称为**势函数**, 然而在不同前后文中又有不同的名称, 例如静电学中称为 "静电势 (位)", 流体力学中称为 "速度势", 而在热流的情况下就是我们熟知的温度. 和流函数的情况一样, 另选 $a$ 点只会对 $\Phi$ 添加一个附加常数.

现在我们来对 $\Phi$ 进行以前对 $\Psi$ 进行过的研究. 水平曲线 $\Phi = $ 常数称为**等势 (位) 线**. 它的几何意义是什么? 正如图 11-20 所示, 答案是:

等势线是力线的正交轨迹. (11.25)

理由是很清楚的, 把质点由 $a$ 移动到 $p$ 需做一定的功 $\Phi(p)$, 再沿过 $p$ 的正交轨迹移动到 $q$, 则不需要另外的能量. 这样, $\Phi(p) = \Phi(q)$.

在图 11-20 上, 仿照图 11-17 中对于流函数的特殊做法, 我们没有画出随机的等势线: 只画了 $\Phi = 0, \pm l, \pm 2l, \pm 3l, \cdots$ 这些流线. 在此图上, 把质点从一条等势线移动到紧邻着的下一条, 需要做一定量 $l$ 的功. 所以我们把这样两条相邻的等势线所围成的区域称为一个 $l$ 功管.

设 $l$ 取得很小, 考虑把一个质点移过图 11-20 中的短截面 $\delta$ 所做的功. 对于趋于零的 $l$, 我们发现

$$|\overline{H}| = \frac{l}{\delta}. \tag{11.26}$$

这样, 力的大小将由等势线的拥挤程度来表示:

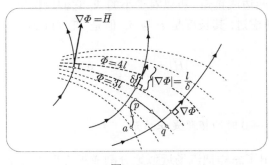

图　11-20

设保守力场的等势线是按上述方式由 $l$ 功管构成的. 如果 $l$ 选得很小, 则在任一点, 力的大小将近似地由 $l$ 除以这个功管在此点附近的宽度来表示. 当 $l$ 为无穷小时, 所得的结果是准确的. (11.27)

因为梯度场 $\nabla\Phi$ 自动地垂直于等势线而且大小为 $(l/\delta)$, 故可将 (11.25) 和 (11.27) 综合为一个简单的公式:

$$\overline{H} = \nabla\Phi \quad \Leftrightarrow \quad \overline{H} = \begin{pmatrix} \partial_x\Phi \\ \partial_y\Phi \end{pmatrix}. \tag{11.28}$$

最后, 再设 $\overline{H}$ 是无源的. 因为

$$\nabla \cdot \overline{H} = \begin{pmatrix} \partial_x \\ \partial_y \end{pmatrix} \cdot \begin{pmatrix} \partial_x\Phi \\ \partial_y\Phi \end{pmatrix} = \Delta\Phi, \tag{11.29}$$

我们看到

保守力场为无源的, 当且仅当其势函数为调和的. (11.30)

### 11.3.5　复位势

现在我们关于无源且无旋的向量场 $\overline{H}$ 已经知道了两件事: (i) $\Phi$ 和 $\Psi$ 均存在; (ii) 它是一个解析函数的波利亚向量场. 我们在本节中将要试图说明这两件事的联系.

既然 $\Phi$ 和 $\Psi$ 均存在, 我们可以把图 11-17 和图 11-20 类型的图形叠加起来, 这样, 同时用互相正交的 $k$ 流管和 $l$ 功管来把流分割开来. 在画这样一个图形以前, 我们先取功的增量与流的增量在数值上相同: $l = k$.

我们把一个 $k$ 流管和一个 $k$ 功管交叠而成的区域称为一个 $k$ 胞腔. 我们已经知道 $k$ 胞腔的相邻两边成直角, 所以对于小的 $k$, 它们近似地为矩形. 这样的矩形的两边, 我们以前考虑过, 其长度是 $\varepsilon$ 与 $\delta$. 但是, 把 (11.21) 和 (11.26) 综合起来, 我们就看到

$$\frac{k}{\varepsilon} = |\overline{H}| = \frac{k}{\delta} \quad \Rightarrow \quad \delta = \varepsilon.$$

所以

$k$ 胞腔在 $k \to 0$ 时的极限是正方形. (11.31)

图 11-21 的左图画出了怎样把流场近似地分割成正方形 $k$ 胞腔. 我们在右图上特地用黑色标出了 $\Phi = 11k$ 和 $\Psi = 3k$ 的 $k$ 胞腔, 请把其余的流线和等势线标出来 [练习]. 这种标志方法是唯一的.

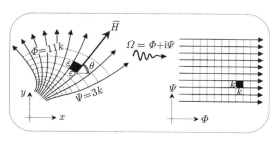

图　11-21

注意, 只要对很小的 $k$ 画出了这个特殊的相图 (包括等势线), $\int_L H \mathrm{d}z$ 的值就很好求了. 因为如果 $L$ 穿过 $m$ 条等势线和 $n$ 条流线, 则 $k(m + \mathrm{i}n)$ 就是此积分很好的近似值. 如果 $L$ 穿过同一条等势线或流线不止一次, $m$ 和 $n$ 应该怎样计算?

顺便提一下, 麦克斯韦对于 $k$ 胞腔给出了一个很有趣的物理解释 (见 Maxwell [1881])[1]. 设向量场表示一种流体的流, 而此流体在单位面积上有单位质量. 在 $k \to 0$ 的极限状况下, 在任一胞腔内, 速度 $v$ 都取常值, 而且在此胞腔内的流体的动能是

$$\text{动能} = \frac{1}{2}(\text{面积})v^2 = \frac{1}{2}\varepsilon^2 \left(\frac{k}{\varepsilon}\right)^2 = \frac{1}{2}k^2.$$

这样,

---

[1] 在 M. Kline 主编的论文集 (*Mathematics in the Modern World*, W. H. Freeman & Company, 1968) 中有一篇麦克斯韦传, 作者是纽曼 (James R. Newman), 对于麦克斯韦如何用流体模型解释电磁现象, 有很精彩而且通俗的解释. 对于理解本书这几章很有好处. 此书有中译本, 由齐民友等译, 书名《现代世界中的数学》, 上海教育出版社, 2004. 所引用的纽曼一文见该书第 98~117 页.

—— 译者注

　　　每个 $k$ 胞腔都含有相同数量的能量, 要计算某个区域中的总能量, 只
需计算此区域中所含的 $k$ 胞腔的数目即可.

如果我们把这个向量场重新解释为静电场, 并把 "能量" 重新解释为静电能, 这个
结果仍然有效. 麦克斯韦正是在这样的解释下发现这个结果的.

　　结果 (11.31) 与复分析有密切的关系. 为了看出这个关系, 把势函数和流函数
合并成单个复函数 $\Omega$, 称为**复位势**:

$$\Omega(z) = \Phi(z) + i\Psi(z).$$

回到在本书中一直占主要地位的观点, 把 $\Omega$ 想成一个**映射**, 图 11-21 的右图画出了
特殊相图在此映射下的象:

　　　复位势映流线为水平直线, 映等势线为铅直直线. 进一步看, 它映每
一个正方形的 $k$ 胞腔为边长为 $k$ 的正方形. 这样, $\Omega$ 是解析映射.

我们可以用公式来验证这一点. 令 (11.24) 与 (11.28) 相等, 即得

$$\begin{pmatrix} \partial_x\Phi \\ \partial_y\Phi \end{pmatrix} = \begin{pmatrix} \partial_y\Psi \\ -\partial_x\Psi \end{pmatrix},$$

这正是 $\Omega$ 的 CR 方程.

　　复位势的伸扭是什么? 考虑图 11-21 左右两图的黑色胞腔就会发现, 如果过 $z$
的流线与水平方向的夹角是 $\theta$, $\Omega$ 在 $z$ 点的扭转角就是 $-\theta$, 这也就是 $H(z)$ 的辐角.
我们也看到, $\Omega$ 的伸缩率是 $(k/\varepsilon)$, 这也就是 $|\overline{H}| = |H|$. 所以,

$$\Omega' = H.$$

既然 $H$ 是一个解析函数的导数, 它自己当然也是解析的. 这样就得到了以下事实
的第二个更加几何化的证明, 这个事实就是: 无源又无旋的向量场类和解析函数的
波利亚向量场类是一致的.

　　$\Omega' = H$ 这个结果也可以用式子来验证. 把 $\Omega$ 的 CR 方程之一代入 (11.28), 就
得到

$$\overline{H} = \nabla\Phi = \partial_x\Phi + i\partial_y\Phi = \partial_x\Phi - i\partial_x\Psi = \overline{\partial_x\Omega} = \overline{\Omega'}.$$

　　当我们把一个解析函数 $f$ 看作一个共形映射时, $f'$ 就表示它的伸扭. 但是因为
任何一个这样的函数又可以看作一个流的复位势, 我们现在就有了导数 $f'$ 的另一
个解释, 即是由 $f$ 所描述的流的速度的共轭. 相应地, 我们对于临界点也有了新解
释: 它们就是速度为零之处. 这种点称为流的**驻点**.

　　通过对无源性和无旋性的意义分别考虑, 我们就能理解非解析函数的波利亚向
量场: 它们可能有流函数或者势函数, 但不能二者兼有. 如果我们从一开始就限于
研究解析函数的波利亚向量场, 则可以更快地得到复位势如下 (但是稍欠启发性).

若 $L$ 是从任意定点 $a$ 到动点 $z$ 的回路, 我们可以定义

$$\Omega_L(z) = \int_L H(w)\mathrm{d}w = \mathcal{W}[\overline{\boldsymbol{H}}, L] + \mathrm{i}\mathcal{F}[\overline{\boldsymbol{H}}, L].$$

但是我们在第 8 章中已经看到, 若 $H$ 为解析的, 则此积分与路径 $L$ 无关, 而为适当定义的函数

$$\Omega(z) = \int_a^z H(w)\mathrm{d}w = \Phi(z) + \mathrm{i}\Psi(z),$$

它在事实上是 $H$ 的原函数. 更明确地说, 由 $p$ 点到 $q$ 点的回路 $L$ 的象 $\Omega(L)$ 就是 $H$ 沿 $L$ 的积分之黎曼和所走的路径. 于是, 积分值是连接 $\Omega(L)$ 的起点到终点的向量, 就是 $\Omega(q) - \Omega(p)$.

### 11.3.6 例

(1) 我们在前面就已经宣称, 偶极子 $\overline{H} = (1/\bar{z}^2)$ 的流线是完美的圆周, 并且请你给出简单的几何证明. 下面是另一个利用其复位势的证明:

$$\overline{H} = \frac{1}{\bar{z}^2} \quad \Rightarrow \quad \Omega' = \frac{1}{z^2} \quad \Rightarrow \quad \Omega = -\frac{1}{z} + c.$$

流线就是水平直线在映射 $\Omega^{-1}(z) = -1/(z-c)$ 下的象. 因为这是一个反演, 直线在反演下的象一定是经过原点的圆周.

(2) 一个向东的均匀流具有复位势 $\Omega = z$. 如果我们把一个复位势为 $\Omega = (1/z)$ 的偶极子放到这个流中 (也就是把例 1 那样的偶极子放进去), 这两个单独的流就会叠加成为一个新的流, 而其复位势也就是它们二者的复位势的叠加:

$$\Omega(z) = z + \frac{1}{z}.$$

请用计算机验证, 这个新流的流线和等势线如图 11-22 所示. 请注意由偶极子发出的流线被均匀流扭曲变形, 而不再是完美的圆周, 但是越靠近原点, 扭曲就越小.

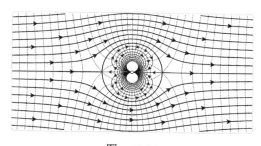

图 11-22

(3) 位于原点的强度为 $2\pi$ 的源具有向量场 $\overline{H} = (1/\overline{z})$. 如果我们沿着从 $z = 1$ 发出的路径 $L$ 来计算功与流量, 就会得到其复位势为

$$\Omega(z) = \Phi(z) + \mathrm{i}\Psi(z) = \log_L(z) = \ln|z| + \mathrm{i}\theta_L(z).$$

它的功 $\Phi$ 是单值的, 但是流量 $\Psi$ 是多值函数, 其各个值相差 $2\pi$ 的整数倍. 这是完全有道理的, 因为每当 $L$ 绕过源一周, 它就会截全部输入源点的 $2\pi$ 条流线一次. 请注意 $\Omega(z)$ 的单值逆映射（即反函数）$\Omega^{-1}(z) = \mathrm{e}^z$ 确实把这个源点的流线与等势线映为水平与垂直的直线.

如果我们想要得到单值的复位势, 只要集中注意于不包含源点的单连通区域就可以了. 图 11-23 中的阴影区域 $D$ 就是一个例子. 完全位于 $D$ 内的由 1 到 $z$ 的两条路径都可以互相变形而不必离开 $D$, 所以也就不会越过源点, 从而不改变流量. 举一个例子, 对于图 11-23 的那个特定的区域 $D$, $\Psi$ 在 $(1 + \mathrm{i})$ 和 $(2 + 2\mathrm{i})$ 处唯一的值分别是 $(\pi/4)$ 和 $(9\pi/4)$. 然而若取另外的 $D$, 则在这两点很可能得到 $\Psi$ 的不同值.

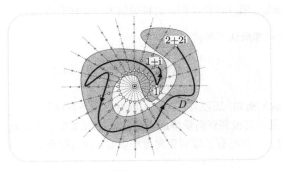

图 11-23

一般说来, 如果 $D$ 是一个单连通区域, $H$ 在其中解析而且没有奇点, 则它的波利亚向量场 $\overline{H}$ 在 $D$ 中必有单值的复位势.

# 11.4 习 题

1. 对以下各个向量场 $X$, 验证几何公式 (11.5) 和 (11.6), 给出散度和旋度的正确的值.

   (i) $X = (1/\overline{z})$.

   (ii) $X = \overline{z}$.

   (iii) $X = x^2$, 其中 $z = x + \mathrm{i}y$.

   (iv) $X = y^2$, 其中 $z = x + \mathrm{i}y$.

   (v) $X = \mathrm{i}(1/r^2)\mathrm{e}^{\mathrm{i}\theta}$, 其中 $z = r\mathrm{e}^{\mathrm{i}\theta}$.

2. 对以下各个向量场 $X$, 对已给的环路 $C$ 计算 $\mathcal{F}[X, C]$ 和 $\mathcal{W}[X, C]$, 并把计算结果代入 (11.7) 和 (11.8) 来验证你的答案.

   (i) $X = x^2$, $C$ 是矩形 $a \leqslant x \leqslant b, -1 \leqslant y \leqslant 1$ 之边, 并沿逆时针方向运行.

   (ii) $X = \mathrm{i}(1/r^2)\mathrm{e}^{\mathrm{i}\theta}$, $C$ 是区域 $a \leqslant r \leqslant b, 0 \leqslant \theta \leqslant \pi$ 的边界, 并沿逆时针方向运行.

3. 用计算机画出 $f(z) = 1/[z\sin z]$ 的波利亚向量场, 由此确定 $f(z)$ 的极点的位置和阶数. 对于以下每一种 $C$ 的选择, 利用在屏幕上对向量的测量来估计积分 $\oint_C f(z)\mathrm{d}z$, 然后估计绕 $C$ 的流量和环流. 在各个情况下, 再用留数理论算出精确值来检验你的答案.

   (i) 令 $C$ 为以 $-\pi$ 为中心的小圆周.
   (ii) 令 $C$ 为以 $0$ 为中心的小圆周.
   (iii) 令 $C$ 为以 $\pi$ 为中心的小圆周.
   (iv) 令 $C$ 为以 $2\pi$ 为中心的小圆周.
   (v) 令 $C$ 为矩形 $1 \leqslant x \leqslant 7, -1 \leqslant y \leqslant 1$ 的边.

4. 令 $f(z) = z\mathrm{cosec}^2 z$, 重复上题的 (i) 和 (ii).

5. 令 $L$ 为由实数 $-\theta$ 到 $+\theta$ 的回路. 取 $L$ 为直线段, 画出 $L$ 上各点的波利亚向量场来证明 $\int_L z\mathrm{e}^{\mathrm{i}z}\mathrm{d}z$ 是纯虚的. 通过计算此积分的精确值来验证你的结果.

6. 所有的复分析教材都承认不等式

$$\left| \int_L f(z)\mathrm{d}z \right| \leqslant \int_L |f(z)| \cdot |\mathrm{d}z| \tag{11.32}$$

极为有用, 但就我们所知, 还没有任何一本教材试图回答以下问题: "何时等号成立?" 这可能是因为, 如果没有波利亚向量场的概念就看不出来漂亮的答案 (请与我们在第 8 章中的意图做比较). 然而有了波利亚向量场以后, 就会得到我们将称为**布拉顿定理**的结果[①]:

(11.32) 中等号成立当且仅当回路 $L$ 与 $f$ 的波利亚向量场的流线成常角.

请解释布拉顿定理.

7. 继续前题, 并设 $f(z) = \overline{z}$.

   (i) 证明: 如果 $L$ 是极坐标方程为 $r = \mathrm{e}^\theta$ 的螺线的一段, 则布拉顿定理的条件得到满足.

   (ii) 通过显式的计算来证明 (11.32) 中等号确实如所预示地成立.

8. 考虑由 $(2n + 1)$ 个强度均为 $2\pi$ 的源所生成的流, 这些源分别位于以下各点:

$$0, \pm\pi, \pm2\pi, \cdots, \pm n\pi.$$

---

[①] 见 Braden [1987]. 我们在大约与他差不多的时间独立地认识到这一点.

(i) 若用 $\Omega_n(z)$ 记此流的复位势, 证明

$$\Omega_n(z) = \ln\left[z\left(1 - \frac{z^2}{\pi^2}\right)\left(1 - \frac{z^2}{2^2\pi^2}\right)\cdots\left(1 - \frac{z^2}{n^2\pi^2}\right)\right] + \text{常数}.$$

(ii) 略去上式中的常数项, 再用第 9 章的习题 13 导出, 当源点的个数无穷增加时, $\Omega_n(z)$ 趋向 $\Omega(z) = \ln[\sin z]$.

(iii) 用计算机画出速度向量场 $V = \overline{\Omega'}$, 以验证这个结果.

9. (i) 解释为什么源的复位势的导数会给出偶极子的复位势.

  (ii) 就前题画一个草图来预测复位势为 $\Omega(z) = \frac{d}{dz}\ln[\sin z]$ 的流的外形. 用计算机画出图来验证你的答案.

10. 重新考虑由 (11.17) 所给出的一般向量场的局部分解式中的 $C\bar{z}$ 一项. 见图 11-11.

  (i) 证明向量场 $C\bar{z}$ 的外观基本上与 $C$ 之值无关. 更准确地说, 若 $C = e^{i\phi}$, 则 $\phi$ 的增加只会引起向量场 $C\bar{z}$ 的整个图形旋转, 而且旋转的速度只是 $e^{i\phi}$ 旋转速度的一半.

  (ii) 为使结果更生动, 请用计算机做出, 当 $\phi$ 由 0 增加到 $\pi$ 时, 向量场 $e^{i\phi}\bar{z}$ 旋转的动画.

  (iii) 更一般地, 证明: 如果 $n$ 是整数, $F(z)$ 或者表示 $\overline{z^n}$, 或者表示 $z^{-n}$, 则 $e^{i\phi}F$ 的向量场, 可以由 $F$ 的向量场旋转 $\phi/(n+1)$ 而得到. [注意, $n = -1$ 是例外情况 (其中包括源和涡旋).]

11. 考虑一个流, 其逆的复位势是 $\Omega^{-1}(w) = w + e^w$. 用计算机画出它的流线, 并且从数学上证明, 这个流可以解释为从渠道 $-\pi \leqslant \text{Im}(z) \leqslant \pi, \text{Re}(z) \leqslant -1$ 中流出的流.

12. 考虑具有复位势

$$\Omega(z) = \frac{1}{2}\left[\frac{e^z + 1}{e^z - 1}\right]$$

的流. 用计算机画出它的流线, 并且从数学上验证这个流可以解释为一个具有复位势 $\Omega(z) = (1/z)$ 的偶极子的流在渠道 $-\pi \leqslant \text{Im}z \leqslant \pi$ 中的限制.

13. 继续前一题. 如果在放入偶极子之前, 就已经有流体在此渠道中以常速 $v$ 流动, 则新的复位势是什么? 请用计算机画出流线来验证你的答案.

14. 设在 $z = 1$ 处有一个强度为 $2\pi$ 的源, 在 $z = -1$ 处有一个同样强度的汇. 把这一对源和汇放进具有正速度 $v$ 的均匀流中. 找出总流动的 "驻点" (流速为零的点) 的位置, 并且 (最好用计算机) 描述当 $v$ 由 0 变到 3 时, 这个流如何变动.

15. 如果有两个源位于一个正方形的两个相对顶点处, 两个汇则位于另两个顶点处, 而且它们都相同. 证明过此 4 个顶点的圆周是一条流线. 用计算机画出整个流来验证你的结果.

16. 证明两个强度相同的涡旋所生成的流线是卡西尼曲线 (见图 2-8b), 涡旋就在焦点处. [请注意, 你的结果可以立刻推广如下: 具有 $n$ 个焦点的卡西尼曲线是 $n$ 个强度相同的涡旋生成的流线, 这些涡旋就位于焦点处.]

17. 证明图 11-15b 中的流线和四极子的等势线都是双纽线 (见图 2-9).

# 第 12 章   流与调和函数

## 12.1   调 和 对 偶

### 12.1.1   对偶流

和前一章一样, 令 $\overline{H} = \overline{\Omega'}$ 为一个定常的无源且无旋的向量场, $\Omega = \Phi + \mathrm{i}\Psi$ 为其复位势. 如果在每一点我们都把 $\overline{H}$ 旋转一个固定角 $\vartheta$, 我们将会得到解析函数 $H_\vartheta \equiv \mathrm{e}^{-\mathrm{i}\vartheta} H$ 的波利亚向量场, 即 $\overline{H}_\vartheta = \mathrm{e}^{\mathrm{i}\vartheta}\overline{H}$. 于是, 这个经过旋转的向量场将自动地是无源和无旋的, 其复位势是 $\Omega_\vartheta = \mathrm{e}^{-\mathrm{i}\vartheta}\Omega$. 如果我们写出 $\Omega_\vartheta = \Phi_\vartheta + \mathrm{i}\Psi_\vartheta$, 则这个向量场的位势和流函数应该是

$$\Phi_\vartheta = (\cos\vartheta)\Phi + (\sin\vartheta)\Psi \quad \text{以及} \quad \Psi_\vartheta = (\cos\theta)\Psi - (\sin\vartheta)\Phi.$$

以下我们将集中注意于一个特别简单而且重要的情况, 即 $\vartheta = +(\pi/2)$ 的情况. 把 $\overline{H}$ 转过这个直角, 就会得到 $H_{\pi/2}$ 的波利亚向量场, 我们给它一个专门的记号 $\hat{H}$. 于是 $\hat{H} = \overline{H}_{\pi/2} = \mathrm{i}\overline{H}$. 在复分析中, 标准的用语是说流 $\hat{H}$ "共轭" 于原来的流 $\overline{H}$. 但是, 我不知道流的共轭和我们通常说的复数的共轭, 在数学上[1]有什么联系. 进一步说, 我们使用了波利亚向量场（其中倒是有真正的复数的共轭）, 更使得共轭一词的这两种用法直接冲突, 因为共轭流**并不是**把原来的流中的复数取其共轭复数而得到的.

幸而, 在数学的其他分支（例如在拓扑学）中, 通常使用另外一个名词来描述这个情况, 这就是使用**对偶**一词. 所以, 我们建议称 $\hat{H}$ 为 $\overline{H}$ 的**对偶流**. 类似于此, 我们也称对偶流的位势和流函数为**对偶位势和对偶流函数**.[2]

我们以后会看到, 对偶流是一个很有用的概念. 例如, 在找到流体绕一个障碍物的流动以后, 对偶流就表示静电学中类似问题的静电场.

---

① 然而从语言学来说, 这两个意义的共轭都来自同一个拉丁字 "conjugatus", 意为 "连在一起".

② 在介绍波利亚向量场时就已指出（见 11.2.1 节）, 它并不是在共轭的点 $\overline{z}$ 取共轭向量值 $\overline{H}$ 所得的向量场. 原书定义 $\hat{H}$ 是指在同一个 $z$ 点取共轭复数为向量值而得到的向量场. 如果我们把 $z$ 称为自变量, 向量的值称为函数值, 则波利亚向量场是指自变量不变, 而函数值变为原来函数值的共轭复数. 原书说波利亚向量场的引入造成了这两种用法的直接冲突, 就是指本应把自变量与函数分开, 可是按照我们通常的习惯用法, 则容易混淆不清. 至于说到拓扑学, 在那里（还有在泛函分析里）会把例如函数 $w = f(z)$ 写成 $\langle w, z \rangle = \langle f, z \rangle$ 而把 $w$ 看成一个泛函作用在 $z$ 上. 前者属于另一个空间, 称为 $z$ 空间的对偶空间. 把这个思想用于波利亚向量场, 则应该把 $\overline{H}$ 所在的空间看成 $z$ 空间的对偶空间. 这样就有了 $z$ 不变而 $H$ 变为其共轭复数, 从而得到波利亚向量场. 所以原书作者申明, 自己是借用了拓扑学的思想. —— 译者注

作为对偶流的一个有趣的例子, 考虑在奇点附近发生什么情况. 图 12-1 表明, 当 $\vartheta$ 逐渐由 0 变成 $(\pi/2)$ 时, 源是如何逐渐演化为具有相等强度的对偶的涡旋的. 注意, 图中间的流可以看成原来的流和对偶流的叠加（参见图 11-12）. 实际上, 相当一般地有:

$$\overline{H}_\vartheta = (\cos\vartheta)\overline{H} + (\sin\vartheta)\overline{\hat{H}}.$$

请你自己验证, 图 12-1 所表现的流的类型的定性的改变, 在高阶多极子的情况下不会发生. 例如, 偶极子的对偶不过是另一个偶极子. 当 $\vartheta$ 由 0 变成 $(\pi/2)$ 时, 所有对应于 $\vartheta$ 的中间值的流是否仍为偶极子? 请参见第 11 章的习题 10.

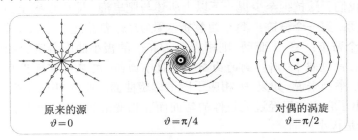

原来的源
$\vartheta = 0$

对偶的涡旋
$\vartheta = \pi/2$

$\vartheta = \pi/4$

图　12-1

顺便可以看到, 当一个流变成对偶流时, 流线和等势线互换: 对偶流的流线是原来的流的等势线, 而对偶流的等势线是原来的流的流线. 用式子来表示, 这种互换表现在对偶的位势和流函数恰好是:

$$\hat{\Phi} = +\Psi \quad \text{而且} \quad \hat{\Psi} = -\Phi.$$

只要看一看图 12-2, 这两个式子里符号的变化就容易理解了, 此图描述了典型的流及其对偶. [图上实线是流线, 而虚线是等势线.] 请回忆一下, 如果我们把这个图形看成力场, 则当质点沿力线运动时, 场将会做功, 所以原来的位势和对偶的

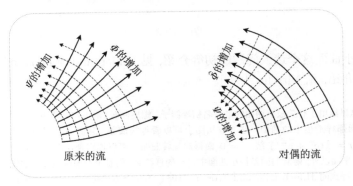

原来的流

对偶的流

图　12-2

位势都沿箭头所指的方向增加. 类似地, 如果看成流体的流, 当流体从一条有向曲线的左侧向右侧流动时, 则流量为正, 所以原来的流函数和对偶的流函数, 都在图示的箭头方向上增加. 我们现在就清楚地看到了 $\hat{\Phi}$ 和 $\Psi$ 在同样的方向上增加, 而 $\hat{\Psi}$ 和 $\Phi$ 增加的方向则相反.

如果已知一个复位势 $\Omega = \Phi + i\Psi$, 我们既可以把 $\Psi$ 看成流函数, 又可以把它看作对偶流的势函数. 类似于此, 我们既可以把 $\Phi$ 看成势函数, 又可以把它看作对偶流的流函数反号. 因为任意一个解析函数 $f = u + iv$ 都可以看成复位势, 我们可以把这里的用语转用于解析函数, 而说 $v$ 对偶于 $u$, $-u$ 对偶于 $v$.

最后, 我们无法抗拒至少提一下以上所述与肥皂泡 (即所谓**极小曲面**) 有两个奇迹般的联系. **第一个奇迹**: 每个复解析函数 $H(z)$ 都描述一个极小曲面, 反过来也对. **第二个奇迹**: 令 $\vartheta$ 变动, 则相应于 $H_\vartheta(z)$ 的极小曲面必定会经历一个无拉伸的弯曲, 在此过程中, 所得到的曲面全是极小曲面, 而且所有这些曲面都有同样的内蕴几何. 举例来说, 如果 $H$ 相应于所谓**螺旋曲面**, 则 $\hat{H}$ 相应于所谓**悬链曲面**, 图 12-3 画出了它们如何经过无拉伸的弯曲而互相变形的过程, 而且在此过程中出现的曲面全是极小曲面.[①]

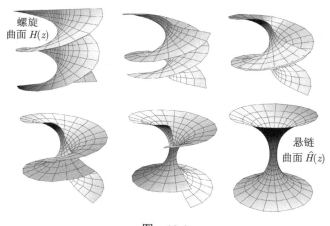

图　12-3

关于极小曲面这个迷人问题的初等介绍, 见 Hildebrandt and Tromba [1984]; 从数学上详细介绍, 见 Nitsche [1989].

---

① 作者在这里给出了有关极小曲面的最著名初等例子. 螺旋曲面 (helicoid) 是由螺旋线 (helix) 如同造旋转楼梯那样造出来的曲面, 这一点从图上可以看得很清楚. 悬链曲面则是由旋链线 (catenary curve) $y = \frac{1}{2}(e^x + e^{-x})$ 绕 $y = 0$ 而得的旋转曲面. 可以说它是仅次于平面的最简单的极小曲面. 除了平面以外, 螺旋曲面是极小曲面中仅有的直纹面, 而悬链曲面则是极小曲面中仅有的旋转曲面. 作者提到的 Hildebrandt and Tromba [1984] 有中译本《镗镗宇宙》, 上海教育出版社, 2005.

—— 译者注

### 12.1.2 调和对偶

我们知道, 解析函数的实部和虚部都自动地是调和的. 所以自然会问, 其逆是否成立, 即每个调和函数是否必为一个解析函数的实部或虚部? 我们将会看到情况确实如此. 就是说, 若已给一个调和函数 $u$, 我们一定能找到另一个调和函数 $v$, 即 $u$ 的所谓**调和对偶**, 使得 $f = u + iv$ 是解析的. [注意, 标准的用语, 则称 $v$ 为 $u$ 的**调和共轭**.]

在往下讲以前, 我们先做两点说明. 第一点: 若 $v$ 是 $u$ 的一个调和对偶, 则 $v + $ 常数也是. 所以, 为了唯一地确定 $v$, 还需要加上附加的条件, 例如要求它在某个特定的点为零. 第二点: 单值函数的调和对偶, 可以是多值的, 图 12-1 中的 $u = \ln|z|$ 就是证据: $v = \arg(z)$.

设已给一个无旋向量场, 我们知道怎样做出一个势函数. 但是反过来, 如果给一个实函数 $\Phi(z)$, 我们也可以做出一个无旋向量场 $\overline{H}$, 使 $\Phi$ 为其势函数, 即使得

$$\overline{H} = \nabla\Phi.$$

如果 $\Phi$ 还是调和的, 我们又知道, $\overline{H}$ 还是无源的 [见 11.3.4 节 (11.30)], 所以它还会有一个流函数 $\Psi$. 既然 $\overline{H}$ 是无旋的, 则 $\Psi$ 是调和的. 这时, 复位势 $\Omega = \Phi + i\Psi$ 将是一个以已给的调和函数 $\Phi$ 为实部的解析函数. 换言之, 我们已经证明了

> 已知调和函数 $\Phi$ 的调和对偶就是向量场 $\nabla\Phi$ 的流函数.

另一方面, $\Psi$ 又是 $\nabla\Phi$ 的调和对偶的势函数.

这个结果意味着, 关于解析函数的结果有时可以改造成为关于调和函数的结果. 例如在第 9 章里我们看到, 若 $f = u + iv$ 是解析函数, 则 $\langle f \rangle = f(p)$, 这里 $\langle f \rangle$ 表示 $f$ 在任意的以 $p$ 为中心的圆周上的平均值. 由此可知, $f$ 的调和实部也服从平均值定理: $\langle u \rangle = u(p)$. 但是我们又知道了, 对于任意已给的调和函数 $u$, 总可以做出一个解析函数以它为实部, 这样我们就得到了关于调和函数的**高斯平均值定理**:

> 调和函数在圆周上的平均值必等于它在圆心上的值.

重新考察 7.7.1 节的图 7-14, 又可以得到一个例子, 在那个图中, 我们看到了如果 $f = u + iv$ 在某连通区域[①]中解析, 而此区域的边界是 $\Gamma$, 则 $u$ 的最大值只能在 $\Gamma$ 上达到 (除非在此区域中 $u \equiv$ 常数). 因此, 从调和对偶的存在性可知

> 若一个函数在某连通区域中调和, 除非它恒等于一常数, 否则它必定只能在此区域的边界上达到最大值.

---

① 原书在这里有时漏掉了区域连通性的假设, 这里做了适当的补白. —— 译者注

对于调和函数的非零最小值, 也有同样的结果.

下面, 我们给出在连通区域中构造 $\Phi$ 的调和对偶 $\Psi$ 的显式公式. 为使 $\Psi$ 为唯一的, 我们要求它在某定点 $a$ 处为零. 这样, 如果 $K$ 是由 $a$ 到 $p$ 的路径, 我们就会有流量公式

$$\Psi(p) = \int_K (\nabla\Phi) \cdot N \mathrm{d}s.$$

换成用复积分来表示, 就是

$$\Psi(p) = \mathrm{Im}\left[\int_K \overline{(\nabla\Phi)} \mathrm{d}z\right].$$

正如我们所看到的, 如果限制于一个单连通区域, $\Phi$ 在其中调和, 则这些积分必为单值的. 然而, 若区域不是单连通的, 或者 $\Phi$ 在其中有奇点, 则 (一般说来) $\Psi$ 将是多值函数.

我们现在以 $\Phi = x^3 - 3xy^2$ 为例来说明这些公式, $\Phi$ 显然是调和的. 取 $a = 0$, $p = X + \mathrm{i}Y$, 再选 $K$ 为连接这两点的直线段, 其参数表示为 $z = x + \mathrm{i}y = (X + \mathrm{i}Y)t$, $0 \leqslant t \leqslant 1$. 因为

$$\nabla\Phi = \begin{pmatrix} 3x^2 - 3y^2 \\ -6yx \end{pmatrix} = \begin{pmatrix} 3X^2 - 3Y^2 \\ -6YX \end{pmatrix} t^2, \quad N = \frac{1}{\sqrt{X^2 + Y^2}} \begin{pmatrix} Y \\ -X \end{pmatrix},$$

$\mathrm{d}s = \sqrt{X^2 + Y^2}\mathrm{d}t$, 由第一个公式就得出 [练习]

$$\Psi = 3X^2Y - Y^3.$$

换一个做法, 因为

$$\overline{\nabla\Phi} = (3x^2 - 3y^2) + \mathrm{i}6xy = 3z^2,$$

第二个公式就给出

$$\Psi = \mathrm{Im}\left[\int_0^{X+\mathrm{i}Y} 3z^2\mathrm{d}z\right] = \mathrm{Im}\,(X + \mathrm{i}Y)^3 = 3X^2Y - Y^3.$$

第二个方法比较简单, 关键在于我们有办法把 $\overline{\nabla\Phi}(x, y)$ 写成 $z$ 的函数 $\Omega'(z)$, 但一般说来, 这并不是很显然的. 然而, 如果 $\Phi$ 是定义在一个包含了实轴的一段的区域中, 存在一个做成这件事的系统的方法.

设此向量场限制在实轴上成为 $V(x)$, 即 $V(x) = \overline{\nabla\Phi}(x, 0)$. 如果 $\Phi(x, y)$ 是一个可以用我们熟悉的函数 (例如幂函数、三角函数、指数函数等) 的显式公式来表示的函数, 而这些函数又很容易得到在复域中的推广, 那么 $V(x)$ 也就会有这样一个公式. 如果在此公式中把 $x$ 换成复数 $z$, 就会得到一个解析函数 $V(z)$ 使得当 $z$

取实值时就具有我们需要的性质：$V(z) = \Omega'(z)$. 但是我们在第 5 章中就已看到, 这意味着, 对于**复的** $z$, 这两个函数也相等.

所以我们寻找的用 $z$ 表示 $\Omega'(z)$ 的显式公式的办法就是: 先算出 $\overline{\nabla\Phi}(x, y)$（不管是不是用我们熟悉的初等函数来算）, 再令 $y = 0$, 最后再把 $x$ 换成 $z$:

$$\Omega'(z) = \overline{\nabla\Phi}(z, 0).\tag{12.1}$$

例如, 如果 $\Phi = \cos[\cos x \sinh y]\, \mathrm{e}^{\sin x \cosh y}$, 则 [练习]

$$\overline{\nabla\Phi}(x, y) = \cos[\cos x \sinh y]\, \mathrm{e}^{\sin x \cosh y} \cos x \cosh y + F,$$

这里的 $F$ 是 3 项之和, 但是每一项都在 $y = 0$ 处为零. 利用 (12.1) 就有 $\Omega'(z) = \mathrm{e}^{\sin z} \cos z$, 所以 $\Psi = \mathrm{Im}\, \mathrm{e}^{\sin z}$.

## 12.2　共形不变性

### 12.2.1　调和性的共形不变性

令 $w = f(z)$ 为 $z$ 的复解析函数. 我们把它看成由 $z$ 平面到 $w$ 平面的一个共形映射（而不看成向量场）. $z$ 平面上的任意一个实函数 $\Phi(z)$ 都可以用 $f$ 摹写[①]（或移植）为 $w$ 平面上的函数 $\widetilde{\Phi}(w)$ 如下:

$$\widetilde{\Phi}[f(z)] \equiv \Phi(z).\tag{12.2}$$

换言之, 对于两个平面上的对应点, 赋予同样的函数值. 我们现在要证明（先用式子证明, 再用几何证明）

> 调和性是共形不变的, 即当且仅当 $\Phi(z)$ 为调和时, $\widetilde{\Phi}(w)$ 才是调和的 (12.3)

和前面一样, 把 $\widetilde{\Phi}(w)$ 看成向量场 $\widetilde{V} \equiv \nabla\widetilde{\Phi}$ 的位势. 当且仅当 $\widetilde{\Phi}$ 为调和时, $\widetilde{V}$ 才有解析的复位势 $\widetilde{\Omega}(w) = \widetilde{\Phi}(w) + \mathrm{i}\widetilde{\Psi}(w)$, 其中流函数 $\widetilde{\Psi}(w)$ 是 $\widetilde{\Phi}(w)$ 的调和对偶. 因为 $f$ 是解析的, 它与解析的 $\widetilde{\Omega}(w)$ 的复合也是解析的:

$$\Omega(z) \equiv \widetilde{\Omega}[f(z)] = \Phi(z) + \mathrm{i}\Psi(z).$$

这样 $\Phi(z)$ 作为解析函数的实部也是调和的.

在这个重要结果后面有一个非常简单的几何思想. 图 12-4 描绘出了检验一个已给的实函数 $\Phi$ 是否为调和的可视的方法. 我们再次把 $\Phi$ 看成力场 $V = \nabla\Phi$ 的位

---

① 这里有一个非常重要的条件, 粗略地说, 即要求作为一个映射, $f$ 局部地是一对一的. 否则可能无法定义这里讲的 "摹写". 认真研究这里涉及的问题超出了本书的范围. —— 译者注

势. 我们知道, 当且仅当 $V$ 有复位势时, $\Phi$ 才是调和的. 而当且仅当这个力场可以分割为（无穷小）正方形 $k$ 胞腔时才会有复位势.

为了验证这一点, 我们来做一个 "试验网格":

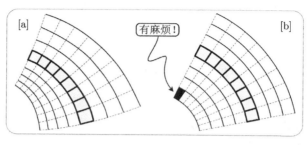

图 12-4

（ⅰ）对于很小的 $k$, 画出等势线: $\Phi = 0, \pm k, \pm 2k, \pm 3k, \cdots$.

（ⅱ）选取一个所得的 $k$ 功管 [即图上的阴影带形], 再做一些短直线段, 把这个管子分成小正方形.

（ⅲ）把这些直线段延伸成为 $V$ 的力线 [即图上的虚线], 也就是等势线的正交轨迹.

于是 $\Phi$ 为调和的, 当且仅当这些力线把所有其他的 $k$ 功管也都分成正方形. 图 12-4a 画的是通过了试验且是调和的 $\Phi$, 图 12-4b 画的则是没有通过试验, 因此不是调和的 $\Phi$. 现在可以把结果 (12.3) 看作对一个几何试验结果的预告, 这个几何试验就是共形不变性. 我们现在把这一点讲清楚.

(12.2) 也在 $z$ 平面的每一点定义了位势 $\Phi(z)$, 即把 $w$ 平面上相应点的位势 $\widetilde{\Phi}(w)$ 之值定义为 $z$ 平面的相应点处的位势 $\Phi(z)$ 的值, 这里的相应点 $w$ 就是 $z$ 平面的 $z$ 点在映射 $f$ 下的象. 这样 $f$ 把 $\Phi$ 的 $k$ 功管映为 $\widetilde{\Phi}$ 的 $k$ 功管. 见图 12-5. 最后, 因为 $f$ 是共形的, 对 $\Phi$ 所做的试验网格由正方形组成, 当且仅当象网格由正方形组成. 图 12-5 画出了位势是调和的情况.

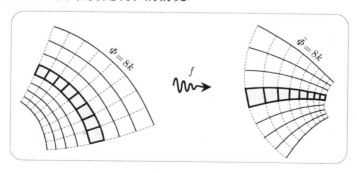

图 12-5

### 12.2.2 拉普拉斯算子的共形不变性

(12.3) 只是关于拉普拉斯算子 $\Delta$ 的共形不变性的更一般结果的特例:

$$\Delta\Phi(z) = \left[\Delta\widetilde{\Phi}(w)\right]|f'(z)|^2. \tag{12.4}$$

对这个结果, 我们要做两种解释.

在第一个解释中, 我们要用流量密度的语言来重述这个结果. 正如我们在 $w$ 平面所做的那样, 我们在 $z$ 平面上做向量场 $V \equiv \nabla\Phi$, 并且希望弄明白下面这件事:

$$\nabla \cdot V(z) = \left[\nabla \cdot \widetilde{V}(w)\right]|f'(z)|^2. \tag{12.5}$$

现在考虑图 12-6, 它是这个现象的一个简单得如同玩具一样的模型. 位势 $\Phi(z) = (S/4)|z|^2$ 生成一个向量场 $V = (S/2)z$, 且具有均匀的散度 $\nabla \cdot V = S$. 对于很小的 $k$, 图 12-6 的左图是一组特殊的等势线 $\Phi = 0, \pm k, \pm 2k, \pm 3k, \cdots$, 场强反比于两条相邻曲线的间隔. 现在对它做映射 $w = f(z) = cz$, 就是先旋转一个角 $\arg(c)$, 再按因子 $|c|$ 膨胀. 按定义, 这些膨胀后的曲线就是 $\widetilde{\Phi}(w)$ 的同值的等势线, 所以,

$$\widetilde{\Phi}(w) = \Phi(z) = \frac{1}{4}S|z|^2 = \frac{1}{4}\frac{S}{|c|^2}|w|^2.$$

所以场 $\widetilde{V} = \nabla\widetilde{\Phi}$ 有均匀的流量密度 $\nabla \cdot \widetilde{V} = S/|c|^2$, 于是这个特例下的 (12.5) 得证.

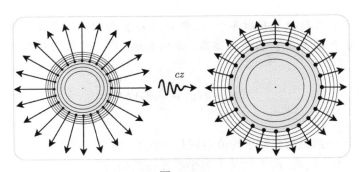

图 12-6

还可以更直观一点. 图 12-6 比较了左右两图中离开阴影圆盘的流量. 因为相邻的等势线的间隔从左到右, 上升了一个因子 $|c|$, 所以在右方象圆盘边缘上的场强就比左方要下降一个因子 $|c|$, 但边缘圆周的长度又会上升一个因子 $|c|$. 所以就流出象圆盘的总流量而言, 仍与从原来阴影圆盘流出的 $V$ 的流量相同. 最后, 又因圆盘面积右方比左方上升了一个因子 $|c|^2$, 所以就**流量密度**而言, 右方比左方下降一个因子 $|c|^2$. 这就是 (12.5) 的意义.

为了把这个思想用于一般背景下, 只需要认识到, 我们的玩具位势和一般的位势, 就**局部性态**而言, 是非常相似的, 而一般的解析映射 $f$ 与我们的玩具映射 $z \mapsto cz$, 就**局部效果**而言, 也是非常相似的, $|f'|$ 就起了 $|c|$ 的作用.

我们不想现在就把它完全说明白, 因为我们马上就能给出第二个更简单的解释. 然而按照 11.2.5 节 (11.17), 在非常接近 $z_0$ 处, $V(z)$ 的性态可以表示为

$$V(z) = [\boldsymbol{\nabla} \cdot \boldsymbol{V}(z_0)] \frac{(z - z_0)}{2} + Y(z),$$

这里的 $Y(z)$ 是无源的, 当然也是无旋的. 相应地, 位势的局部性态[1]则是

$$\Phi(z) = \frac{1}{4} [\boldsymbol{\nabla} \cdot \boldsymbol{V}(z_0)] r^2 + \Upsilon(z), \tag{12.6}$$

这里 $\Upsilon$ 是调和函数, 而 $r = |z - z_0|$ 是由 $z_0$ 到 $z$ 的很小的距离. 我们已经把一般情况与玩具模型的关系说清楚了, 所以细节就留给有兴趣的读者自己去完成了.

### 12.2.3 拉普拉斯算子的意义

给出 $z$ 平面上的实函数 $\Phi(z)$, 我们已经看到, 它的梯度向量场 $\nabla \Phi$ 是一个几何量, 说是几何量, 就是说它与表示 $z$ 所用的坐标无关. 我们也看到, 向量场的散度是其流量密度的度量, 所以也是几何地加以定义的. 由此可知, 拉普拉斯算子 $\Delta \Phi = \boldsymbol{\nabla} \cdot \boldsymbol{\nabla} \Phi$ 必定有与坐标无关的解释.

为了陈述这个解释, 回忆一下, 如果 $C$ 是以 $p$ 为中心的圆周, 而 $\langle \Phi \rangle$ 表示 $\Phi$ 在 $C$ 上的平均值, 我们要证明

$\Phi$ 在 $p$ 处的拉普拉斯算子, 度量 $\Phi$ 在以 $p$ 为中心的无穷小圆周上的平均值与 $\Phi$ 本身在 $p$ 的值的偏离. 准确些说, 若 $r$ 为此圆周的无穷小半径, 则

$$\langle \Phi \rangle - \Phi(p) = \frac{1}{4} r^2 \Delta \Phi. \tag{12.7}$$

请注意, 这个结果与高斯平均值定理是一致的, 这个定理指出若 $\Phi$ 是调和函数, 则对于任意大小的圆周, 而不只是无穷小半径的圆周, 都有 $\langle \Phi \rangle - \Phi(p) = 0$. 事实上, 如果已经信服了 (12.6), 就可以利用 $\Upsilon$ 为调和, 从而适合高斯平均值定理这一事实, 直接导出 (12.7) [练习].

在给 (12.7) 一更直接的证明以前, 让我们回到高斯平均值定理, 并且不用复分析来重新导出它[2]. 令 $V = \nabla \Phi$ 为势函数 $\Phi$ 的向量场. $V$ 流出半径为 $r$ (非无穷小) 的圆周 $C$ 的流量是 [练习]

---

[1] 当然也可以用 $\Phi$ 的泰勒级数直接导出下式, 并且把结果重写, 但是读起来就不那么显然了.
[2] 以前我们是利用 $\langle f \rangle = f(p)$ 来得到高斯平均值定理的, 但现在此式来自柯西公式.

$$\mathcal{F}[\boldsymbol{V},\, C] = 2\pi r \partial_r \langle \Phi \rangle.$$

因此, 如果 $\Phi$ 是调和的, 则 $\boldsymbol{V}$ 是无源的, 而由 11.1.5 节 (11.7) 即有 $\mathcal{F} = 0$. 既然 $\partial_r \langle \Phi \rangle = 0$, 我们就知道 $\langle \Phi \rangle$ 与 $C$ 的半径无关, 令 $C$ 缩为 $p$ 点, 即得这个与半径无关的值是 $\Phi(p)$. 证毕.

现在设 $\boldsymbol{V}$ 不是无源的, 但是设其流量密度 $\boldsymbol{\nabla} \cdot \boldsymbol{V} = \Delta \Phi$ 为常数, 高斯散度定理 (即 11.1.5 节 (11.7)) 就会给出 $\mathcal{F}[\boldsymbol{V},\, C] = \pi r^2 \Delta \Phi$. 以此代入前面的结果, 即有

$$\partial_r \langle \Phi \rangle = \frac{1}{2} r \Delta \Phi.$$

把它积分一下, 就得到 (12.7). 要想完成 (12.7) 的整个解释, 就只需看到任意 $\Phi$ 的拉普拉斯算子在无穷小圆周之内总是常数即可.

理解了拉普拉斯算子的意义以后, 再去理解由 (12.4) 所表示的共形不变性就是一件简单的事情了. 解析映射 $f$ 把一个以 $p$ 为中心的无穷小圆周 $C$ 伸扭为一个以 $\widetilde{p}$ 为中心的无穷小圆周 $\widetilde{C}$, 新的半径则是 $\widetilde{r} = |f'(p)| r$. 由定义, $\widetilde{\Phi}(\widetilde{p}) = \Phi(p)$. 类似地, $\widetilde{\Phi}$ 在 $\widetilde{C}$ 上各点的值等于 $\Phi$ 在 $C$ 上的原象点处的值, 所以 $\widetilde{C}$ 上的 $\langle \widetilde{\Phi} \rangle$ 等于 $C$ 上的 $\langle \Phi \rangle$. 这样. (12.7) 就蕴涵了

$$r^2 \Delta \Phi(p) = \widetilde{r}^2 \Delta \widetilde{\Phi}(\widetilde{p}) = |f'(p)|^2 r^2 \Delta \widetilde{\Phi}(\widetilde{p}),$$

(12.4) 可以由此直接得出.

## 12.3　一个强有力的计算工具

几何迷会希望有一个理想王国, 在这个国度里, 所有的计算都没必要了, 而统统归结为对于几何学所提供的洞察做验证. 可惜, 即使本书的作者也不得不承认, 难免计算走到理解之前! 我们现在要讲述一种强有力的计算工具, 它在复分析的许多领域里, 大大节省了人们的劳动. 下一节对于 "复曲率" 的研究 (请与第 5 章比较) 将会很好展示这个工具的简单和优美.

向量分析中的梯度算子 $\boldsymbol{\nabla}$ 是作用在一个实函数 $R(x,\, y)$ 上的, 从而生成了梯度向量场

$$\boldsymbol{\nabla} R(x,\, y) = \begin{pmatrix} \partial_x \\ \partial_y \end{pmatrix} R(x,\, y) = \begin{pmatrix} \partial_x R \\ \partial_y R \end{pmatrix},$$

我们可自由地把这个向量想做一个复函数 (前面我们已经这样做了)

$$\boldsymbol{\nabla} R = \partial_x R + \mathrm{i} \partial_y R.$$

由此, 我们可以抽选出**复梯度算子** $\nabla$ 及其伴随算子（或称共轭算子）$\overline{\nabla}$ 的概念如下：

$$\nabla = \partial_x + \mathrm{i}\partial_y \quad \text{以及} \quad \overline{\nabla} = \partial_x - \mathrm{i}\partial_y.^{①}$$

这两个算子开辟了令人激动的新计算方法的道路.

设已给一个向量场

$$\boldsymbol{f} = \begin{pmatrix} u \\ v \end{pmatrix},$$

我们已经看到了 $\nabla$ 对应的实算子 $\boldsymbol{\nabla}$, 可以形式地与 $\boldsymbol{f}$ 做点乘和叉乘, 从而给出 $\boldsymbol{f}$ 的散度 $\boldsymbol{\nabla} \cdot \boldsymbol{f}$ 和旋度 $\boldsymbol{\nabla} \times \boldsymbol{f}$. 把这些量解释为流量密度和功密度, 说明它们真正是几何量, 就是说它们是与坐标无关的. 但是, 似乎找不到一种自然的方法把 $\boldsymbol{\nabla}$ 直接应用于 $\boldsymbol{f}$ 以得出一个新向量场 $\boldsymbol{\nabla}\boldsymbol{f}$. 然而, 如果我们用复算子 $\nabla$ 来取代 $\boldsymbol{\nabla}$, 并且把 $\boldsymbol{f}$ 换成一个复函数 $f = u + \mathrm{i}v$, 那么确实有一个很自然的定义如下：

$$\nabla f = (\partial_x + \mathrm{i}\partial_y)(u + \mathrm{i}v) = (\partial_x u - \partial_y v) + \mathrm{i}(\partial_x v + \partial_y u).$$

等价的表达式

$$\nabla f = \nabla u + \mathrm{i}\nabla v = \nabla u + (\nabla v\, \text{旋转}\pi/2)$$

能够使我们看到 $\nabla f$ 在几何上是有意义的（因为 $\nabla u$ 和 $\nabla v$ 都在几何上有意义）.

复梯度算子的力量来自以下的基本结果 [练习]：

> 复函数 $f$ 为解析的, 当且仅当 $\nabla f = 0$, 这时 $\overline{\nabla} f = 2f'.^{②}$

容易验证 $\nabla$ 有以下的有用的性质：

- $\nabla(f + g) = \nabla f + \nabla g$ .
- $\nabla(fg) = f\nabla g + g\nabla f$.
- 若 $f$ 为解析的, 则 $\nabla f[g(z)] = f'[g(z)]\nabla g$ . 例如

$$\nabla \mathrm{e}^{g(z)} = \mathrm{e}^{g(z)}\nabla g.$$

- 散度和旋度的概念可以干净地包含在 $\nabla$ 中：

$$\overline{\nabla} f = \boldsymbol{\nabla} \cdot \boldsymbol{f} + \mathrm{i}\boldsymbol{\nabla} \times \boldsymbol{f}.$$

类似地还有

$$\nabla f = \boldsymbol{\nabla} \cdot \overline{\boldsymbol{f}} - \mathrm{i}\boldsymbol{\nabla} \times \overline{\boldsymbol{f}},$$

---

① 也就是我们前面介绍过的庞培记号 $\nabla = 2\partial_{\overline{z}}$ 以及 $\overline{\nabla} = 2\partial_z$. —— 译者注

② 这个结果在许多文献中是用庞培记号来表述的：$f$ 为解析的充分必要条件是 $\frac{\partial}{\partial \overline{z}}f = 0$, 而且 $\frac{\partial}{\partial z}f = f'$. —— 译者注

此式又一次证明了, 一个向量场为无源且无旋的, 当且仅当它是解析函数的波利亚向量场.

- 拉普拉斯算子 $\Delta$ 可以干净地表示为 $\nabla\overline{\nabla} = \Delta = \overline{\nabla}\nabla$.

你将在下一节和本章末尾的习题中看到这个新技巧的力量. 也可以在前几章中找到一些习题, 它们用新方法求解更加容易. 暂时, 我们先从两个例子看看复梯度的用处.

第一个只是简单地看到高斯和斯托克斯定理（11.1.5 节 (11.7) 和 (11.8)）用复梯度来表述多么干净利落. 令 $C$ 是单连通区域 $R$ 的边界曲线, 则

$$\oint_C f \mathrm{d}z = \mathrm{i}\iint_R \nabla f \mathrm{d}\mathcal{A}.$$

如果 $f$ 是解析的（$\nabla f = 0$）, 那么立即得到柯西定理. 当然, 这不是一个新解释, 只不过是前面的物理解释的数学上更精简的写法.

第二个例子是结果 (12.4) 的另一个推导. 令 $z = x + \mathrm{i}y$, $w = u + \mathrm{i}v$, 于是这两个平面上的复梯度算子分别是 $\nabla_z = \partial_x + \mathrm{i}\partial_y$ 和 $\nabla_w = \partial_u + \mathrm{i}\partial_v$. 我们想要证明的结果可以（比以前更少歧义地）写为

$$\nabla_z \overline{\nabla}_z \widetilde{\Phi}[f(z)] = |f'|^2 \nabla_w \overline{\nabla}_w \widetilde{\Phi}(w).$$

因为 $w = f(z)$, 直接应用链法则就可以给出 [练习]

$$\nabla_z = \overline{f}' \nabla_w \quad \text{以及} \quad \overline{\nabla}_z = f' \overline{\nabla}_w. \tag{12.8}$$

例如,

$$\overline{\nabla}_z f(z) = f' \overline{\nabla}_w w = f'(\partial_u - \mathrm{i}\partial_v)(u + \mathrm{i}v) = 2f'$$

（本来就该是这样）. 回到我们的问题, 就容易得出

$$\begin{aligned}
\nabla_z \overline{\nabla}_z \widetilde{\Phi}[f(z)] &= \nabla_z \left\{ f' \overline{\nabla}_w \widetilde{\Phi}(w) \right\} \\
&= (\nabla_z f') \overline{\nabla}_w \widetilde{\Phi}(w) + f' \nabla_z \overline{\nabla}_w \widetilde{\Phi}(w) \qquad (\text{注意} \nabla_z f' = 0) \\
&= |f'|^2 \nabla_w \overline{\nabla}_w \widetilde{\Phi}(w).
\end{aligned}$$

## 12.4 回顾复曲率*

### 12.4.1 调和等势线的几何性质

设已给一个实函数 $\Phi(x, y)$, 图 12-4 给出了一个试验它是否调和的几何方法. 然而, 这个试验的第一步就是非几何的, 因为它用到了函数 $\Phi$ 的值, 而不是仅用了曲线 $\Phi = $ 常数的几何性质. 这就引导我们来证明一个更微妙的问题. 已给一族曲线

$\mathcal{E}$, 使它们能把平面的一个区域填满, 我们怎么才能判断是否存在一个调和函数 $\Phi$, 使得 $\mathcal{E}$ 恰好是它的等势线族?

例如, 设 $\mathcal{E}$ 是以原点为中心的同心圆周族. 如果我们按照规则 $\Phi(z) = |z|$ 对每个圆周指定一个位势值, 就会得到图 12-4b, 其上的黑色方块 "有麻烦!", 所以这个位势不是调和的. 但是我们现在问的问题是, 仍然是同一族曲线, 能否按不同规则来指定另一位势, 而它却是调和的? 事实是可以. 只要令 $\Phi(z) = \ln|z|$ 就行!

如果对一族曲线能够如此调和地指定位势, 我们就把 "调和" 一词也推广用于这一族曲线. 这样, 我们就会说这一族同心圆周是调和的. 这样就可以把未解决的问题, 简洁地重述为

$\mathcal{E}$ 的什么几何性质决定了它是或者不是调和的?

回答这个问题的方法之一是把图 12-4 的试验推广为图 12-7 上的试验.

( i ) 在 $\mathcal{E}$ 中选两条很靠近的曲线.

(ii) 在这两条曲线从区域中分出来的带形 [图上的阴影区域] 中做一些直线段, 把它分割成小正方形.

(iii) 把这些直线段延长成流线 [图上的虚线], 即 $\mathcal{E}$ 的正交轨迹.

(iv) 选一个这样得出的流管 [图上深灰色的区域], 再做一些直线段把它分成小正方形.

( v ) 把这些直线段延长为 $\mathcal{E}$ 的元.

于是, $\mathcal{E}$ 为调和的当且仅当所得的网格是由正方形构成的.

我们已经知道一族同心圆周是调和的, 图 12-7a 表明, 对称性怎样保证了它能通过试验. 图 12-7b 则表明, 一族相似的同心椭圆族不是调和的.

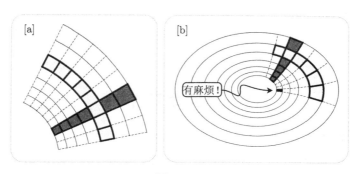

图　12-7

### 12.4.2 调和等势线的曲率

我们现在转到这个问题的第二个, 也是更漂亮的一个解答. 令 $\mathcal{S}$ 为正交于 $\mathcal{E}$ 的曲线族 (即流线族). 看一看图 12-7 就会有一个感觉, 即为了构成正方形网格, $\mathcal{E}$ 中的曲线的弯曲, 一定要以某种特殊的方式与 $\mathcal{S}$ 中的曲线的弯曲相联系. 只要检验一下这两类曲线的曲率, 就会发现, 事实确实如此.

我们先对 $\mathcal{E}$ 和 $\mathcal{S}$ 的曲线赋以特定的方向, 使得它们的曲率具有确定的符号. $\mathcal{S}$ 中的曲线的方向可以随意规定, 但 $\mathcal{E}$ 中曲线的方向要这样规定, 使得由 $\mathcal{S}$ 的切向量 (按照前述的规定赋予了方向) 转过一个正直角后就得到 $\mathcal{E}$ 的方向. 经过任意已知点 $w_0$ 必有 $\mathcal{S}$ 中一条曲线 $C_1$ 和 $\mathcal{E}$ 中一条曲线 $C_2$ 通过. 令它们的曲率分别是 $\kappa_1$ 和 $\kappa_2$, 令 $s_1$ 和 $s_2$ 分别为 $C_1$ 和 $C_2$ 上的弧长. 我们将会得到下面的惊人的结果:

$$\mathcal{E} \text{ 是调和的, 当且仅当 } \frac{\partial \kappa_1}{\partial s_1} + \frac{\partial \kappa_2}{\partial s_2} = 0. \tag{12.9}$$

换言之, 当且仅当这两类曲线的曲率对于相应弧长的变率, 大小相等而符号相反时, $\mathcal{E}$ 是调和的. 注意, 即使我们没有在这两类曲线上分别指定方向, 这两个曲率的变率仍然可以合理地定义, 因为, 如果把曲线的方向反过来, 则 $\kappa$ 和 $\partial s$ 会同时反号, 使得 (12.9) 的每一项不变.

图 12-8 画出了对于图 12-7 的同心圆周和椭圆如何通过或者通不过新的试验. 因为图 12-8a 的圆周和直线都具有常值曲率, (12.9) 的成立是平凡不足道的. 在图 12-8b 中, 在指定点处, 这两个曲率都是下降的, 所以 (12.9) 在该点不会成立.

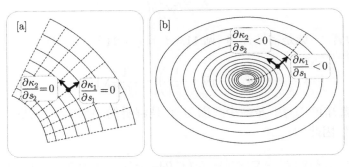

图 12-8

结果 (12.9) 似乎首先发表于一篇很有趣的文章 Bivens [1992] 中. 我们在研究第 5 章所介绍的 "复曲率" 概念时碰到了它. 可以得到以下的待证明的相关的结果:

$$\text{解析映射 } f \text{ 的复曲率向量场自动地是无源的, 其流函数是 } \Psi = 1/\|f'\|. \tag{12.10}$$

(12.9) 和 (12.10) 这两个结果有何联系? 首先要看到, $w$ 平面上的族 $\mathcal{E}$ 为调和的当且仅当它是 $z$ 平面上的铅直直线族在一解析映射 $w = f(z)$ 下的象. 这是因为, 如果 $\mathcal{E}$ 是调和的, 则其势函数 $\Phi(w)$ 是一个复位势 $z = \Omega(w)$ 的实部, 而此复位势映 $\mathcal{E}$ 为铅直直线. 所以, 若令 $f(z) \equiv \Omega^{-1}(z)$, 则这个 $f$ 就是具有所求性质的解析映射. 反过来说, 若 $\mathcal{E}$ 是垂直直线族在一个解析映射下的象, 则它当然是调和的, 它的调和位势就是由此映射得到的复位势 $\Omega(w) \equiv f^{-1}(w)$ 的实部.

这样, 若 $\mathcal{E}$ 是调和的, 则过 $w_0 = f(z_0)$ 的曲线 $C_1$ 和 $C_2$ 就是过 $z_0$ 的水平直线和铅直直线在 $f$ 下的象. 但是按照介绍复曲率的 5.9.1 节的图 5-20, 我们看到 (12.9) 中的 $\kappa_1$, $\kappa_2$ 恰好就是复映射 $f$ 在 $z_0$ 点的复曲率的实部与虚部:

$$\mathcal{K}(z_0) = \kappa_1 + \mathrm{i}\kappa_2.$$

因为无穷小的水平运动 $\mathrm{d}x$ 和铅直运动 $\mathrm{d}y$, 在复映射 $f$ 下被放大 $|f'(z_0)|$ 倍而成为沿 $C_1$ 和 $C_2$ 的运动 $\mathrm{d}s_1$ 和 $\mathrm{d}s_2$, 所以复曲率的流量密度为

$$\nabla \cdot \mathcal{K} = \frac{\partial \kappa_1}{\partial x} + \frac{\partial \kappa_2}{\partial y} = |f'(z_0)| \left[ \frac{\partial \kappa_1}{\partial s_1} + \frac{\partial \kappa_2}{\partial s_2} \right].$$

所以结果 (12.10)（即 $\mathcal{K}$ 为无源的而其流量密度为零）蕴涵了条件 (12.9) 是 $\mathcal{E}$ 为调和的必要条件. (12.9) 的充分性马上来讲.

为了证明结果 (12.10), 我们要利用前节介绍的复梯度技巧, 以后我们还会给出一个适当的几何解释. 我们需要证明 $\Psi = 1/|f'|$ 是复曲率

$$\mathcal{K} = \frac{\mathrm{i}\overline{f''}}{\overline{f'}|f'|}$$

的流函数, 换言之, 就是需要证明 [见 11.3.3 节 (11.24)] $\mathcal{K} = -\mathrm{i}\nabla\Psi$.

因为

$$-\mathrm{i}\nabla\Psi = -\mathrm{i}\nabla\left(\frac{1}{|f'|}\right) = \frac{\mathrm{i}}{|f'|^2}\nabla|f'|,$$

所以我们需要知道 $\nabla|f'|$ 是多少. 因为 $f$ 是解析的, 所以 $f'$ 也是, 从而 $\nabla f' = 0$, $\overline{\nabla} f' = 2f''$. 因此

$$2|f'|\nabla|f'| = \nabla|f'|^2 = \nabla\left(f'\overline{f'}\right) = f'\nabla\overline{f'} + \overline{f'}\nabla f' = 2f'\overline{f''}$$

$$\Rightarrow \quad \nabla|f'| = \frac{f'\overline{f''}}{|f'|}.$$

把此式代入前面的方程, 就得到所要证明的结果:

$$-\mathrm{i}\nabla\Psi = \frac{\mathrm{i}f'\overline{f''}}{|f'|^3} = \frac{\mathrm{i}\overline{f''}}{\overline{f'}|f'|} = \mathcal{K}.$$

要理解调和性蕴涵 (12.9) 这件事也可以不必求助于复分析. 令 $\mathcal{S}$ 和 $\mathcal{E}$ 表示向量场 $\boldsymbol{X}$ 的流线及其正交轨迹, 应用现在的记号, 11.1.4 节的结果 (11.5) 和 (11.6) 成为

$$\boldsymbol{\nabla} \cdot \boldsymbol{X} = \frac{\partial |X|}{\partial s_1} + \kappa_2 |X|, \quad \boldsymbol{\nabla} \times \boldsymbol{X} = -\frac{\partial |X|}{\partial s_2} + \kappa_1 |X|.$$

为使 $\mathcal{E}$（或 $\mathcal{S}$）为调和的, $\boldsymbol{X}$ 必须是零散度与零旋度的, 所以

$$\kappa_1 = \frac{\partial}{\partial s_2} \ln |X|, \quad \kappa_2 = -\frac{\partial}{\partial s_1} \ln |X|,$$

由此立即得出 (12.9).

作为本小节的结束, 现在反过来证明 (12.9) 是 $\mathcal{E}$ 为调和的充分条件. 令 $\Theta(w)$ 为 $w$ 平面上过 $w$ 的 $C_1$ 曲线与 $w$ 平面的水平直线所成的角. 所以 $w$ 平面上过 $w$ 的 $C_2$ 曲线与水平直线所成的角为 $\Theta + \frac{\pi}{2}$. 因为 $C_1$ 和 $C_2$ 的曲率就是这两个角对于这两条曲线上的距离的变率, 我们就有

$$\kappa_1 = \frac{\partial \Theta}{\partial s_1} \quad \text{以及} \quad \kappa_2 = \frac{\partial \Theta}{\partial s_2}.$$

下一步我们来计算 $\Theta$ 的拉普拉斯算子, 理由一会儿就明白了. 因为拉普拉斯算子是与坐标无关的, 我们可以选用切于 $C_1$ 和 $C_2$ 的方向为坐标方向, 这样得出

$$\Delta\Theta = \frac{\partial}{\partial s_1}\left(\frac{\partial \Theta}{\partial s_1}\right) + \frac{\partial}{\partial s_2}\left(\frac{\partial \Theta}{\partial s_2}\right) = \frac{\partial \kappa_1}{\partial s_1} + \frac{\partial \kappa_2}{\partial s_2}.$$

这样, 方程 (12.9) 就表示 $\Theta(w)$ 是调和的, 而这时它就是某一解析函数（例如 $G(w)$）的实部. 我们现在定义一个解析函数 $H(w) = e^{-iG} \propto e^{-i\Theta}$, 这样 $\overline{H} \propto e^{i\Theta}$ 处处切于 $\mathcal{S}$. 所以, $\mathcal{S}$ 和 $\mathcal{E}$ 恰好是一个解析函数的波利亚向量场的流线和等势线. 证毕.

### 12.4.3 关于复曲率的进一步计算

再次设 $\mathcal{S}$ 和 $\mathcal{E}$ 是 $z$ 平面的水平直线和铅直直线在解析映射 $w = f(z)$ 下在 $w$ 平面上的象. 于是它们就是向量场 $\overline{\Omega'}$ 的流线和等势线, 这里 $\Omega$ 是 $z = \Omega(w) = f^{-1}(w)$ 的复位势, 而且把 $w$ 平面上的 $\mathcal{S}$ 和 $\mathcal{E}$ 映回到 $z$ 平面的水平直线与铅直直线.

现在, 在 $w$ 平面的 $w_0 = f(z_0)$ 点的曲率 $\kappa_1$ 和 $\kappa_2$, 可以表示为 $f$ 在 $z$ 平面的 $z_0$ 点的复曲率的两个分量: $\mathcal{K}_f(z_0) = \kappa_1 + i\kappa_2$. [我们在 $\mathcal{K}$ 后加了下标 $f$, 因为我们马上就会要考虑好几个映射的曲率.] 但是, 如果我们把复位势 $\Omega(w)$ 看成基本的, 而不是把 $w = f(z)$ 看成基本的, 不是只把 $\Omega(w)$ 看作 $f$ 的逆, 那么怎样直接用 $\Omega(w)$ 来表示曲率呢?

我们将要导出 $f$ 在 $z$ 点的曲率 $\mathcal{K}_f(z)$ 与 $\Omega$ 在象点 $w$ 处的复曲率 $\mathcal{K}_\Omega(w)$ 之间的一个十分简单的关系式, 以此来回答上面的问题. 因为 $f'(z) = 1/\Omega'(w)$, 由 (12.8) 就有

$$\mathcal{K}_f(z) = -\mathrm{i}\nabla_z(1/|f'|) = -\frac{\mathrm{i}}{\overline{\Omega'}}\nabla_w|\Omega'|$$

$$= -\frac{|\Omega'|^2}{\overline{\Omega'}}\left[-\mathrm{i}\nabla_w\left(1/|\Omega'|\right)\right] = -\Omega'(w)\mathcal{K}_\Omega(w). \tag{12.11}$$

这是很有趣的. 回忆一下, 一个由 $z$ 发出的无穷小复数（即向量）$\varepsilon$ 将被伸扭为由 $w$ 发出的象复数 $f'(z)\varepsilon$. 这样, 因为 (12.11) 又可以写为

$$\mathcal{K}_\Omega(w) = -f'(z)\mathcal{K}_f(z),$$

我们就看到, $\mathcal{K}_f(z)$ 就好像一个无穷小向量一样被变换, 不过它在 $w$ 处的象是负的 $\mathcal{K}_\Omega(w)$.

在下一小节, 我们还会从某种几何视角来看这个结果, 但是在目前, (12.11) 就已经对于无源而且无旋的向量场的流线与等势线的曲率给出了我们想要的结果, 若用复位势来表示就是:

$$\kappa_1 + \mathrm{i}\kappa_2 = -\mathrm{i}\frac{|\Omega'|\overline{\Omega''}}{\left(\overline{\Omega'}\right)^2},$$

不过这个结果已经见于 Bivens [1992].

下一步我们转到 $\mathcal{K}$ 的旋度. 复曲率就是函数 $\left(\frac{-\mathrm{i}f''}{f'|f'|}\right)$ 的波利亚向量场. 分母上出现 $|f'|$ 就已经说明它不可能是解析的. 这样, 尽管已经证明 $\mathcal{K}$ 具有零散度, 它却不会有零旋度. 那么, 它的旋度是多少呢?

为了求出它, 回忆一下

$$\overline{\nabla}\mathcal{K} = \boldsymbol{\nabla} \cdot \mathcal{K} + \mathrm{i}\boldsymbol{\nabla} \times \mathcal{K}.$$

因为 $\overline{\nabla f'} = 0 = \overline{\nabla f''}$, 所以

$$\overline{\nabla}\mathcal{K} = \overline{\nabla}\left\{\frac{\mathrm{i}\overline{f''}}{\overline{f'}|f'|}\right\} = \frac{\overline{f''}}{\overline{f'}}\left\{\mathrm{i}\overline{\nabla}\left(\frac{1}{|f'|}\right)\right\} = \frac{\overline{f''}}{\overline{f'}}\left\{\overline{\mathcal{K}}\right\} = -\mathrm{i}\frac{|f''|^2}{|f'|^3}.$$

这样 $\boldsymbol{\nabla} \cdot \mathcal{K} = 0$（这是已经证明过的）, 而且

$$\boldsymbol{\nabla} \times \mathcal{K} = -\frac{|f''|^2}{|f'|^3}.$$

虽然我们对 $\mathcal{K}$ 又微分了一次, 出现在 $\overline{\nabla}\mathcal{K}$ 中的 $f$ 的导数的最高阶数仍然是 2, 和出现在 $\mathcal{K}$ 中的 $f$ 的导数的最高阶数一样. 其实, 这个结果还可以重写为

$$\boldsymbol{\nabla} \times \mathcal{K} = -|f'||\mathcal{K}|^2. \tag{12.12}$$

因为 $\mathcal{K}$ 是由 $f$ 几何地定义的, 又因为旋度算子也是几何地定义的, 所以 $\mathcal{K}$ 的旋度必定隐藏了关于映射 $f$ 的某些几何信息 (可能是很简单的). 不幸的是, 我们迄今还没能解读出这个信息.

### 12.4.4 复曲率的其他几何性质

以上的结果完全是通过计算得出的, 其目的是说明如何应用复梯度技巧. 现在转过头来寻找更加几何化的解释, 我们从 (12.10) 开始.

在 5.9.3 节中曾用几何方法导出结果 (5.31), 它部分地说复曲率的流线就是放大率 $|f'|$ 的水平曲线. 图 12-9 说明这一点: 两条相邻的流线的弧段被 $f'$ 映为两段以原点为中心的圆弧. 它还画出了沿着过 $a$ 点的流线的无穷小复数 (即向量) $\mathrm{d}z_1$, 是怎样被 $f''(a)$ 伸扭为 $f'(a)$ 处的无穷小复数 $f''(a)\mathrm{d}z_1$ 的, 它是沿圆周 $|f'(z)| = |f'(a)| = $ 常数指向逆时针方向的. 于此相应, 过 $a$ 点的正交无穷小复数 $\mathrm{d}z_2 = -i\mathrm{d}z_1$ 被伸扭为过 $f'(a)$ 的沿半径方向指向外的无穷小复数.

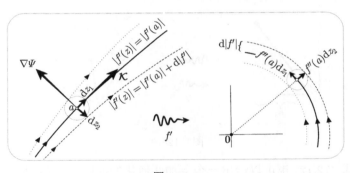

图 12-9

为使 $\mathcal{K}$ 为无源的, 就需要它具有形式 $\mathcal{K} = -i\nabla\Psi$, 所以 $\nabla\Psi$ 的方向必定如图所示 (即 $\Psi$ 上升最快的方向), 而 $\Psi$ 必定是 $|f'|$ 的函数. 因为 $|f'|$ 在 $\mathrm{d}z_2$ 的方向上是上升的, 而 $\nabla\Psi$ 指向相反的方向, 所以 $\Psi$ 必为 $|f'|$ 的下降函数. 这样, 如果 $\Psi$ 是 $|f'|$ 的任意下降函数, 则 $-i\nabla\Psi$ 将是与 $\mathcal{K}$ 同方向的无源向量场. 余下的只是需要证明, 对于特定的函数 $\Psi = 1/|f'|$, $\mathcal{K}$ 与 $\nabla\Psi$ 的大小也相同, 即 $|\mathcal{K}| = |\nabla\Psi|$.

令 $\mathrm{d}|f'|$ 和 $\mathrm{d}\Psi$ 是 $|f'|$ 和 $\Psi$ 的相应于运动 $\mathrm{d}z_2$ 的改变量. 从图上我们看到 $\mathrm{d}|f'| = |f''(a)|\mathrm{d}z_2$, 所以对于 $\Psi = 1/|f'|$ 有

$$|\nabla\Psi| = -\frac{\mathrm{d}\Psi}{|\mathrm{d}z_2|} = \frac{1}{|f'|^2}\frac{\mathrm{d}|f'|}{|\mathrm{d}z_2|} = \frac{|f''|}{|f'|^2} = |\mathcal{K}|.$$

证毕.

下面再给出 (12.11) 的一个更几何化的推导. 图 12-10 画出了 $z$ 点处的一个水

平直线段怎样被 $f$ 映为 $w$ 处的曲线段, 其曲率为 $\kappa_1$, 而单位切向量记为 $\hat{\xi}$. $f$ 的逆映射 $\Omega$ 则把这个曲线段拉直再送回 $z$ 点成为直线段. 所以由曲率的一般变换规则, 有

$$\mathcal{K}_\Omega \cdot \hat{\xi} + \kappa_1/|\Omega'| = 0.$$

换句话说, $-\mathcal{K}_\Omega$ 在 $\hat{\xi}$ 方向的分量是 $\kappa_1/|\Omega'| = \kappa_1|f'|$. 与此类似, 正交于此方向的分量是 $\kappa_2|f'|$.

我们现在看见了由 $\mathcal{K}_f$ 先膨胀 $|f'|$ 倍, 再旋转一个角 $\arg(\hat{\xi})$, 即可得到 $-\mathcal{K}_\Omega$. 但是 $z$ 点处的一个无穷小实数 $\varepsilon$ 也被 $f$ 伸扭为 $w$ 点处与 $\hat{\xi}$ 同方向的无穷小复数 $\varepsilon f'(z)$, 我们看到 $\arg(\hat{\xi}) = \arg(f')$, 所以

$$-\mathcal{K}_\Omega(w) = f'(z)\mathcal{K}_f(z),$$

这就是我们要证明的.

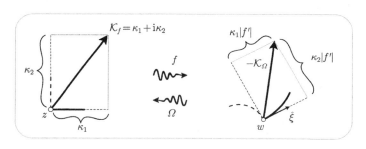

图　12-10

对于结果 (12.12) 也可以给出一个更加几何化的证明. 但是我们不想再做下去了, 因为还不能确定这样做的意义.

## 12.5　绕障碍物的流

### 12.5.1　引言

考虑流体典型的流, 如图 12-11 所示. 从我们关于流体无黏性的假设 [这完全肯定是理想状况] 可知, 如果我们把某一流管 (图 12-11 的阴影区域) 内的流体突然冻结起来, 则没有冻结的流体仍然和以前一样地流动. 如果认为图 12-11 表示的是热流, 同样的想法仍然是成立的: 如果把金属板上的阴影区域突然换成不导热的材料, 则金属板的其余部分的热流不会受到扰动. 这个情况比之流体的情况就不那么理想化了.

反过来, 如果我们把一个障碍物放到流中, 则新的被扰动的流一定是这样的: 障碍物的边缘 $B$ 一定是一条流线, 或者由几条流线构成. 如果我们把被扰动流的

复位势 $\Omega$ 看成一个映射, 以上所述就意味着, $\Omega$ 映 $B$ 为水平直线, 或一条水平直线的几段.

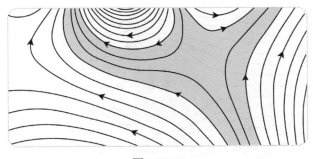

图　12-11

所以求绕着给定的 $B$ 的流这个问题, 就相当于求具有这个性质的共形映射 $\Omega$. 事实上, 因为一个已给的流的复位势只能确定到相差一个常数, 所以我们还可以进一步要求这个水平的象直线就是实轴. 这个问题的描述方式, 也可以换一个方式重述如下: 求一个调和的流函数 $\Psi$, 使之在 $B$ 上为零. 当然, 满足这个要求的不同的流有无限多. 如果再加上其他要求, 就会只有一个解, 例如要求在远离障碍物处流是均匀的. 事实上, 任意两个绕 $B$ 的流叠加起来将给出第三个这样的流.

### 12.5.2　一个例子

作为出现障碍物情况下的流的第一个例子, 考虑 $\Omega(z) = z + (1/z)$ 的情况. 见图 12-12. 正如我们以前讨论过的那样, 此图表示在一个向右的均匀流中于原点处插入一个偶极子. 另一方面, 对此图肯定也可以做第二种解释: 它是把一个圆形障碍物 (即有阴影的圆盘) 放在均匀流中产生的流. [以后我们会看到, 此图有两种解释并非偶然.] 单位圆周 $C$ 的上下两半各是流线 $\Psi = 0$ 的一段, 这件事很容易从以下事实看出来, 即 $\Omega$ 把这两个半圆周都映到实轴的线段 $-2 \leqslant x \leqslant 2$:

$$\Omega(\mathrm{e}^{\mathrm{i}\theta}) = \mathrm{e}^{\mathrm{i}\theta} + \mathrm{e}^{-\mathrm{i}\theta} = 2\cos\theta.$$

请注意图上的网格在 $\pm 1$ 处的破裂, 并请验证这两点都是流的驻点.

虽然这个流是绕 $C$ 的在无穷远处为均匀的可能的流, 但它绝非唯一的这种流. 我们先在绕任意形状的障碍物的背景下来讨论这个问题.

对于绕一障碍物的任意的流, 障碍物的边缘曲线 $B$ 都是由流线组成的, 所以 $B$ 具有零流量. 如果把这个障碍物放进均匀流中, 则在 $B$ 外 (无穷远点除外) 没有奇点, 所以由关于零散度流的形变定理 (即 11.1.5 节 (11.9)) 可知, 如果把 $B$ 变形为绕障碍物的任意闭环, 通过它的流量始终为零. 不包围障碍物的闭环则可以不越过奇点而收缩为一点, 所以通过它的流量也为零. 既然所有的闭环都有零流量, 这个流就不只是局部无源的, 而且是完全无源的. 换一种方式来说, 通过连接两点的任意曲线的流量不依赖于此曲线的选取.

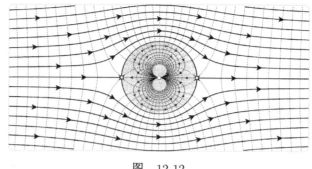

图　12-12

但是对于绕 $B$ 的环流/功来说, 情况就完全不同了, 因为没有任何事先已知的理由使得此环流为零. 令 $S$ 表示环流值, 则由关于零旋度流的形变定理 (11.1.5 节 (11.10)), 对于绕此障碍物的任意简单闭环, 环流都为 $S$, 而对于不包围障碍物的闭环, 环流为零. 换一种方式来说, 这就是说闭环的环流依赖于路径的选取, 视其关于障碍物的环绕数而定. 所以, 沿着由一定点到动点 $z$ 的路径的环流 $\Phi(z)$ 是 $z$ 的多值函数: 如果这样两条路径构成的闭环绕障碍物 $n$ 周, 则沿这样两条路径所得的 $\Phi(z)$ 之值相差 $nS$.

至于把一个给定的障碍物放到一定速度均匀流中所产生的流的唯一性的结果, 我们现在可以陈述如下 (但不给出证明): 对于环流 $S$ 的每一个值, 恰好有一个流. 特别是, 只有一个无旋流, 即使得 $S = 0$ 的流. 对于圆形障碍物, 这个流就是图 12-12 所示的流.

在圆盘的情况下, 很容易做出 $S \neq 0$ 的流. 我们只要把图 12-12 的完全无旋流与原点处的一个强度为 $S$ 的涡旋的流叠加起来就行了. 图 12-13 画的就是具有很小的 $S$ 之值的流. 我们强烈鼓励读者自己用计算机验证一下这个图形.

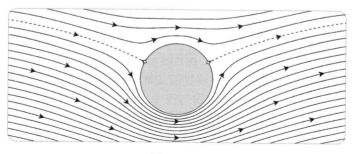

图　12-13

当逐渐增加 $S$ 的值时, 就会看见圆周上的两个驻点相向运动, 直到最终在 i 点处融合. $S$ 取何值时会出现这个情况? 请用精确的计算来验证你的经验的答案. 让 $S$ 的值继续增加, 这个驻点就会离开圆周沿着虚轴向上运动, 这样就会得到定性地与图 12-13 中流不同的流, 见图 12-14.

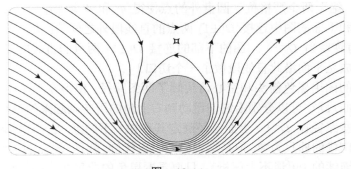

图 12-14

现在再回到图 12-12 中的完全无旋流. 图 12-15 试图比以前更细致地表现其复位势的几何性质. 图的上部, 其实基本上是图 12-12 的复制, 而下部则是它在复位势映射下的象. 虽然做这个图时希望它是自明的, 我们还是要给出以下说明.

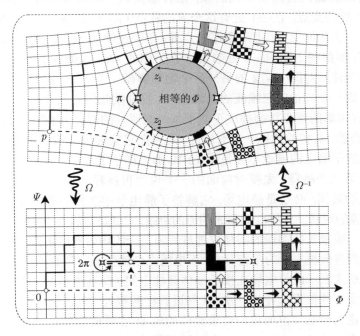

图 12-15

- 如果我们选择由 $p$ 发出的路径来测量环流和流量, 则 $\Omega(p) = 0$.
- 图上的流是完全无源而且无旋的, 所以 $\Omega(z)$ 是 $z$ 的单值函数.
- 由 $p$ 到 $z_1$ 和 $z_2$ 的路径具有同样的环流和流量: $\Omega$ 在圆盘的边缘上是二对一的.
- 然而, 绝无两个严格位于圆盘外的点使得 $\Phi$ 和 $\Psi$ 取相同的值, 所以, 在圆盘外和下面的图中连接 $\Omega(\pm 1)$ 两点的直线段外之间的区域, $\Omega$ 是一对一的 (即有逆映射 $\Omega^{-1}$). [图的下部的连接 $\Omega(\pm 1)$ 两点的直线段以外的区域时常说成是平面沿此直线段做了一个**切口**.]
- 下面的图用黑色箭头和空心箭头画了两条路径, 使得左下角中间画满小圆点的曲尺形, 可以分别沿它们运动到右上角的用砖砌起来的曲尺形. 上图则是这些路径在 $\Omega^{-1}$ (上面已经确定其存在) 下的象. 它们也都给出同样的用砖砌成的曲尺为象, 但是这样做要付出代价, 就是, 现在的 $\Omega^{-1}$ 在切口上是不连续的 (更谈不上解析): 只要看看黑色的曲尺在空心箭头路径下的命运 —— 沿着画了阴影的圆周被切成两块 —— 这就是一个见证. 然而, 请看另一种做法. 仍然考虑空心箭头的路径, 并且画出越过切口解析延拓 $\Omega^{-1}$ 的草图. [提示: 看一下图 12-12 的单位圆周内的流.]
- 用砖砌的曲尺有两个不同的象, 这件事反映了这两条路径包围了 $\Omega^{-1}$ 在 $\Omega(1)$ 处的支点. 在 $\pm 1$ 处有这个流的驻点 (即 $\Omega$ 的临界点) 也蕴涵了这个情况. 从几何上看, 上半图在驻点处, 角经过映射 $\Omega$, 在下半图的象点加了一倍, 例如在上图的 $-1$ 处的角 $\pi$ 在下图的 $\Omega(-1)$ 处成了 $2\pi$.

我们现在转到对图 12-12 的另外两个物理解释. 第一个是我们可以把图 12-12 的二维流看成一个真正的三维流的二维截口. 假设做此图的照片几千份, 并且叠成一摞. 于是有阴影的圆盘将会叠成正交于每一张照片的圆柱, 每条流线都表示绕此圆柱的流. 当然, 真实的圆柱一定有端面, 而当把它放进与其轴正交的均匀流中时, 在靠近端面的平面上的流就不会是图 12-12 那个样子了.

要给出第二个解释, 先要对前面的一个说明再解释一番. 这个说明就是, 绕障碍物的流的对偶, 必定是静电场, 它解答了静电学中类似问题. 图 12-16 画出了图 12-12 的流的对偶. 因为 $C$ 是原来的流的流线, 它就是对偶流 (静电场) 的等势线.

假如把一根很长的铜做的圆柱放进与其轴正交的均匀静电场内. 圆柱内的自由电荷几乎立刻就会被安置为平衡分布, 而电场立刻就变成定常的场 (即 "静电场"). 于是图 12-16 就表示此静电场在接近导体圆柱中间 (即远离端面) 的某处, 且垂直与其轴的平面上的截面. [再说一次, 在靠近圆柱两端处, 场是不一样的.]

现在来说为什么. 正如我们要求流体的流 $\Psi$ 在障碍物的边缘为常数一样, 现在我们也要求 $\Phi$ 在导体边缘上为常数. 这就等价于要求静电场在导体边缘处垂直于导体边缘, 不难看到为何必然如此. 因为如果静电场 $E = \nabla \Phi$ 不垂直于边缘, 它就必定有导体边缘的切向的非零分量. 这就意味着那里的自由电荷会受到一个力的作用而移动, 这与此场已经安置成一静电场相矛盾.

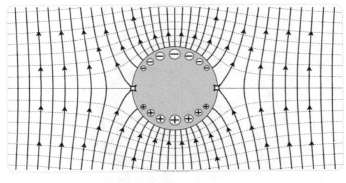

图 12-16

图上还画出了负电荷 ⊖ 与正电荷 ⊕ 在圆柱表面上的平衡分布. 这个分布应该是这样的, 即电荷密度正比于表面上的（有符号的）电场强度. 如果把相图分成小正方形（图 12-16 已经这样做了）, 这意味着, 电荷密度正比于（每个单位长度上）离开导体表面的电力线的密度. [为什么?] 想要更多了解静电学的物理学, 请读 Feynman [1963]; Maxwell [1881] 则给出了一个几何处理方法.

### 12.5.3 镜像法

前面我们是把单位圆盘放进均匀流中, 得到了图 12-12 中的流, 为了说明当同一个障碍物出现时, 还有哪些不同种类的流是可能的, 现在把单位圆盘放进这样一个流中, 它由位于 $z = 2$ 且偶极矩为 $-(1 + \mathrm{i})$ 的偶极子所生成, 看一看会出现什么样的流. 因此, 未经扰动的复位势是

$$\Omega_u(z) = \frac{(1 + \mathrm{i})}{z - 2}. \tag{12.13}$$

很明显, 扰动后的流的复位势看起来一定像图 12-17: 在接近 $z = 2$ 处和在远离障碍物处, 流线一定像 $\Omega_a$ 的流线, 而且单位圆周也是一条流线. 下面我们要用所谓**镜像法**证明, 图 12-17 除了因为要好看而有一点差错外, 正是精确的图. 为了解释这个方法, 我们从一个简单得多的例子开始.

考虑位于 $(2 + \mathrm{i})$ 处强度为 $2\pi$ 的源的流, 如果放进下半平面作为障碍物, 会得到什么样的流? 未扰动的流的复位势是

$$\Omega_u(z) = \log(z - 2 - \mathrm{i}).$$

很明显, 扰动后的流的复位势 $\Omega_d$（这是我们想去求的）的流线看起来大概是像图 12-18 那样的: 在奇点附近很像 $\Omega_u$ 的流线, 而且障碍物的边缘也是流线. 图 12-18

其实是**精确**的图, 这样可以看出来: 画出等势线 [虚线], 把流场分割为小正方形. 我们现在来讲解怎样用镜像法求 $\Omega_d$.

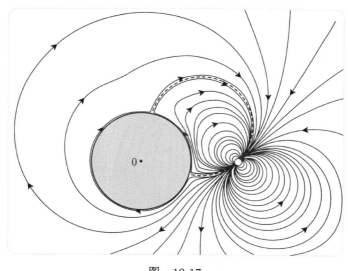

图 12-17

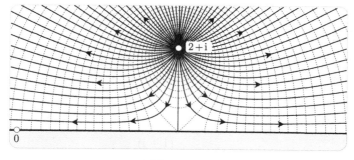

图 12-18

我们在第 5 章中就已看到, 施瓦茨对称原理 (见 5.9.5 节) 指出, 在实轴一侧为解析, 而且在实轴上取实值的函数 (例如 $\Omega_d$, 注意现在实轴是一条流线, 不妨设为 $\Psi = 0$), 必可通过在共轭点取共轭象而解析延拓到实轴另一侧. 这件事在图 12-18 上看得很清楚而且很生动: 上半平面的正方形网格经过对实轴的反射就成为下半平面的正方形网格. 于是图 12-19 就给出了完整的流.

直观地看, 我们发现了在出现障碍物时可以这样来找出流: 把障碍物拿走, 而在实轴的镜像点处放一个与原来的源同样强度的源就行了. 这样 $\Omega_d$ 就由这两个源叠加而成:

$$\Omega_d(z) = \log(z - 2 - \mathrm{i}) + \log(z - 2 + \mathrm{i}).$$

请用计算机做图来验证此式恰好生成图 12-19.

更一般地说, 如果在上半平面放置了许多多极子 (包括源、涡旋、偶极子等),
记这组多极子所生成的未扰动的复位势为 $\Omega_u$, 若在其中放进下半平面作为障碍物,
扰动了的复位势 $\Omega_d$, 将是这组多极子的未扰动流, 与它们的镜像的未扰动流的叠
加. 注意, 尽管镜像多极子的类型与大小均与原来的多极子相同, 其多极矩的方向
则不同. 例如一个方向为 $(3-2i)$ 的偶极矩, 将会反射为具有共轭方向 $(3+2i)$ 的偶
极矩. 一般地说, 具有多极矩 $Q$ 的多极子会反射为具有共轭多极矩 $\overline{Q}$ 的多极子.

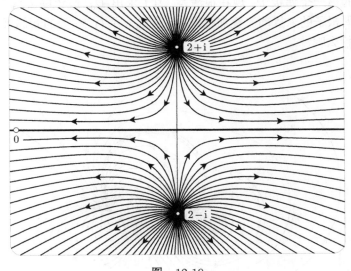

图    12-19

现在我们把这个方法变成一个公式. 我们在第 5 章中已经证明, 从已给的解析
映射 $f(z)$ 可以按下式生成一个新的解析映射 $f^*(z)$:

$$f^*(z) = \overline{f(\overline{z})}. \tag{12.14}$$

这个新解析函数的物理意义很容易看到: 如果 $\Omega_u$ 仍表示一组在上半平面的多极子
所生成的未扰动的复位势, 则 $\Omega_u^*$ 将是它们在下半平面的镜像的未扰动的复位势.
这样, 扰动了的复位势的公式就是

$$\Omega_d(z) = \Omega_u(z) + \Omega_u^*(z). \tag{12.15}$$

注意, 这个公式确实满足施瓦茨对称原理: $\Omega_d^*(z) = \Omega_d(z)$, 所以实轴仍是一条流线.
自然, 如果 $\Omega_u$ 表示下半平面的一组多极子生成的未扰动的复位势, (12.15) 仍是在
出现了障碍物 —— 现在是上半平面 —— 后的解答.

可以用基本上相同的方法来求图 12-17 那种障碍物为圆周而非直线时的扰动了的流. 请再看那个图. 我们随意画出了一条流线 $\Psi =$ 常数, 如果我们像图 12-12 中那样, 按一个算术级数来取 $\Psi$ 的值, 就能够把这个流场分割为无穷小正方形网格, 并使单位圆周由这些无穷小正方形的边组成. 正如我们在第 5 章中所看到的那样, 可以把这个网格拓展过障碍物 (见图 12-12), 但是这时必须把关于直线的反射换成它在圆周时的类似物 ——**反演**.

做了关于单位圆周的反演以后, 就会得到图 12-20, 在 $z = 2$ 处的偶极子变成了在 $(1/2)$ 处的另一个偶极子. 现在很清楚, 为了求出 $\Omega_d$, 应该除去这个障碍物, 并且把这两个偶极子的未扰动流叠加起来. 但是这个在 $(1/2)$ 处的新偶极子的未扰动复位势又是什么呢?

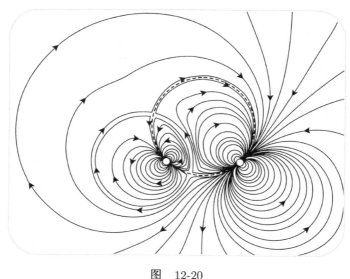

图    12-20

我们在第 5 章中已经看到, 如果把关于直线的反射换成关于单位圆周的反演, 则可以修改 (12.14) 以生成一个新解析函数 $f^\dagger$, 其定义如下:

$$f^\dagger(z) = \overline{f\left(\dfrac{1}{\bar{z}}\right)}. \tag{12.16}$$

这个新解析函数的物理意义很像前面所述: 如果 $\Omega_u$ 表示单位圆周外的一组多极子所生成的未扰动的复位势, 则 $\Omega_u^\dagger$ 将是它们在单位圆周内的反演象所生成的未扰动复位势. 类比于 (12.15) 的公式就是

$$\Omega_d(z) = \Omega_u(z) + \Omega_u^\dagger(z). \tag{12.17}$$

它自动地满足关于对称性的要求 $\Omega_d^\dagger(z) = \Omega_d(z)$, 所以单位圆周也是一条流线. 这

个结果称为**米尔恩–汤姆森**[1]**圆周定理**. 如果 $\Omega_u$ 表示一组全都位于单位圆周内的多极子, 则这个 $\Omega_d$ 仍然表示出现障碍物时的解答. 强调**全都**二字的理由, 下面会要解释.

现在应用这个方法来求图 12-20 的流的经过扰动的复位势 (当然也就求出了图 12-17 的流的经过扰动的复位势). 如果 $\Omega_u$ 是由 (12.13) 给出的, 则

$$\Omega_u^\dagger(z) = \frac{(1-\mathrm{i})}{(1/z)-2} = \frac{(1-\mathrm{i})z}{1-2z}.$$

只要把它写成

$$\Omega_u^\dagger(z) = -\frac{(1-\mathrm{i})}{4}\left[\frac{1}{z-(1/2)}\right] - \frac{(1-\mathrm{i})}{2},$$

就容易看出它确实是位于 $(1/2)$ 处偶极子. 因为上式后面的常数项对流并无影响, 所以它就是位于 $(1/2)$ 处而且偶极矩为 $(1-\mathrm{i})/4$ 的偶极子. 注意, 与关于直线的反射不同, 现在不仅偶极矩的方向受到反演的影响, 其大小也受到影响: 反演后的偶极子强度只有原偶极子的 $(1/4)$. 把这两个偶极子叠加起来, 我们就得到

$$\Omega_d(z) = \Omega_u(z) + \Omega_u^\dagger(z) = \frac{(1+\mathrm{i})}{z-2} + \frac{(1-\mathrm{i})z}{1-2z},$$

你可以用计算机来验证这个公式确实给出了图 12-20 中的流.

图 12-20 和图 12-19 一样有对称性, 但是和以前的情况比较, 更为微妙: 由它的做法来看, 在关于单位圆周做反演后, 此图将被复制. 如果把图 12-20 映到黎曼球面上, 这个对称性也就跳到黎曼球面上去了. 我们在第 3 章里已经讲过, 关于单位圆周的反演等价于黎曼球面关于其赤道平面的反射, 所以南半球面上的流和北半球面上的流应该彼此互为关于这个平面的镜像. 看看图 12-21 吧! 请注意, 在球面上这两个偶极子的强度相同.

我们现在看到, 图 12-12 只不过是图 12-21 的极限情况, 因为当南半球的偶极子向南极 (即 0) 移动时, 它的反射就向北极 ($\infty$) 移动, 而在 $\infty$ 处的单独的偶极子的场将投影为平面上的均匀流.

我们在第 5 章里已经看到, 关于直线的反射和关于圆周的反演, 都只是关于曲线的施瓦茨反射的特例. 我们现在利用这一事实来推广镜像法. 举例来说, 把一个椭圆 $E$ 放进均匀流中. 很清楚, 这时的流将会是像图 12-22 那样的流. 说这个流就是精确的流, 仍然可以从流场可以分割为正方形网格看出来. 那么, 怎样去分割呢?

---

① Louis Melville Milne-Thomson, 1891—1974, 英国数学家. —— 译者注

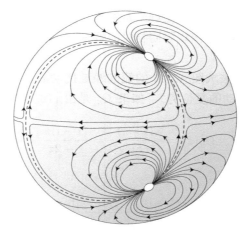

图 12-21

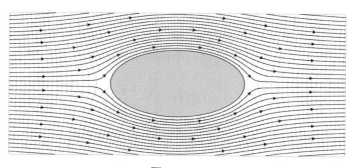

图 12-22

在关于曲线 $K$ 的施瓦茨反射 $\Re_K$ 的情形, (12.14) 和 (12.16) 的推广是

$$f^{\ddagger}(z) \equiv \overline{f\left[\Re_K(z)\right]}.$$

例如, 若 $K$ 是实轴 (这时 $\Re_K(z) = \bar{z}$), 则 $f^{\ddagger} = f^*$, 若 $K$ 是单位圆周 (这时 $\Re_K(z) = 1/\bar{z}$), 则 $f^{\ddagger} = f^{\dagger}$. 这样, 若 $\Omega_u$ 是位于 $K$ 的一侧的一组多极子的未扰动的复位势, 则以 $K$ 为障碍物的经过扰动的复位势将是

$$\Omega_d(z) = \Omega_u(z) + \Omega_u^{\ddagger}(z).$$

这个公式自动地适合 $\Omega_d^{\ddagger} = \Omega_d$, 所以 $K$ 是一条流线.

例如, 设图 12-22 中的椭圆 $E$ 的方程是 $(x/2)^2 + y^2 = 1$ . 这时有 (见 5.11.5 节)

$$\Re_E(z) = \frac{1}{3}\left[5\bar{z} - 4\sqrt{\bar{z}^2 - 3}\right].$$

所以, 对于 $\Omega_u(z) = z$, 我们有

$$\Omega_d(z) = \frac{4}{3}\left[2z - \sqrt{z^2 - 3}\right],$$

您可以用计算机来验证这个公式会给出图 12-22. 然而, 并不是所有的事情都真正是 "似乎是这样". 尽管 $\Omega_u$ 是速度为 1 的向右的均匀流, $\Omega_d$ 对于很大的 $|z|$ 却是速度为 $(4/3)$ 向右的均匀流. 当然, 如果我们希望流在远离椭圆处有单位速度, 只要把 $\Omega_d$ 乘上 $(3/4)$ 即可.

### 12.5.4 把一个流映为另一个流

我们前面已经确定了一件事实, 即一个共形映射把一个无源且无旋的定常流的流线和等势线, 映为另一个同类的流的流线和等势线. 这个思想有许多理论和实际的用处.

它在理论上有一个好处, 它对于复位势概念本身提供了一种新的洞察. 重新考察一下 11.3.5 节的图 11-21. 对左方的定常无源无旋流施加任意的共形映射 $f$, 就在右方给出另一个定常无源无旋流. 复位势可以定义为特殊的映射 $f = \Omega$, 其象流是具有速度 1 的均匀流. 例如, 可以问, 一个具有速度 1 的均匀流的复位势是什么? 从新观点来看, 这就是一个映这个流为具有速度 1 的均匀流的共形映射. 所以, 它就是恒等映射 $\Omega(z) = z$. 它也应该就是这样!

为了说明把一个流映为另一个流的共形映射的实用性, 我们回到把一个障碍物放进均匀流内, 再求绕此障碍物的流这个问题. 作为一个例子, 我们重新来推导图 12-22 中的绕椭圆 $(x/2)^2 + y^2 = 1$ 的流. 假设我们已经知道一对一的共形映射 $w = f(z)$, 它是由 $z$ 平面上的单位圆周 $C$ 的外域, 到 $w$ 平面上的椭圆 $E$ 的外域的. 我们已经知道把单位圆盘塞进一个速度为 1 的均匀流以后绕 $C$ 的流, 对此流施以映射 $f$ 就给出绕 $E$ 的流. 如果我们还要求绕 $E$ 的流在远离 $E$ 处为均匀的, 则我们必须要求 $f(z)$ 在远离 $C$ 处很接近恒等映射的常数倍, 即当 $|z|$ 很大时, $f(z) \approx cz$. 如果对 $\Psi$ 在原流线和象流线指定同样的值, 则象流在远离 $E$ 处就将是一个速度为 $(1/|c|)$ 且与 $c$ 同方向的均匀流. [为什么?]

回忆一下 5.10.2 节的图 5-22. 当 $z = e^{it}$ 描出 $C$ 时, $w = pe^{it} + qe^{-it}$ 就会描出椭圆 $(x/a)^2 + (y/b)^2 = 1$, 这里 $p = (a+b)/2$, $q = (a-b)/2$. 所以在 $(x/2)^2 + y^2 = 1$ 的情况, 所求的映射为

$$w = f(z) = \frac{1}{2}\left(3z + \frac{1}{z}\right). \tag{12.18}$$

如图 12-23 所示, $C$ 被映为 $E$, 而与 $C$ 同心的圆周则被映为与 $E$ 共焦的椭圆. 在远离 $C$ 处, 这个映射接近于 $(3/2)z$; 可以看到, 当左方的圆周变大时, 它们的象将

接近是它们 (3/2) 倍大的圆周. 这样, $f$ 将映绕 $C$ 的流为, 把 $E$ 塞进速度为 (2/3) 的均匀流以后得到的流.

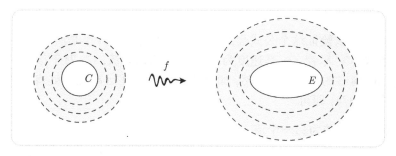

图　12-23

现在做详细的计算来验证确实恢复了图 12-22 中的流. 因为绕 $C$ 的流的复位势是 $\Omega(z) = z + \frac{1}{z}$, 因为在 $z$ 的象点 $w = f(z)$ 处, 复位势 $\widetilde{\Omega}(w)$ 的值按定义就是 $\Omega(z)$, 所以有 $\widetilde{\Omega}(w) = z + (1/z)$. 为了把它表示为 $w$ 的显示的函数, 我们从 (12.18) 中把 $z$ 解出来, 得到

$$z = \frac{1}{3}\left(w + \sqrt{w^2 - 3}\right),$$

[为何只取 + 号?] 虽然我们可以立刻就把它代入 $\widetilde{\Omega}(w)$ 的式子而得其值, 但是最好少用一点代数, 首先注意, 由 (12.18) 有 $(1/z) = 2w - 3z$. 于是

$$\widetilde{\Omega}(w) = z + (1/z) = 2(w - z) = \frac{2}{3}\left(2w - \sqrt{w^2 - 3}\right).$$

除了有一个因子 (2/3) 以外, 它与我们以前利用施瓦茨反射得到的公式是一样的, 而此因子表示在远离 $E$ 处速度为 (2/3), 这正是我们期望的.

作为这个思想的另一个例子, 现在设把 $E$ 放进一个方向为 $\mathrm{e}^{\mathrm{i}\phi}$ 的均匀流中. 为了找到绕 $E$ 的流, 我们只需要找出, 当把 $C$ 放进这样一个流时所得到的流, 然后再以 $f$ 作用于它. 因为未扰动的复位势是 $\Omega_u(z) = \mathrm{e}^{-\mathrm{i}\phi}z$, 由镜像法即知绕 $C$ 的流是

$$\Omega_d(z) = \Omega_u(z) + \Omega_u^\dagger(z) = \mathrm{e}^{-\mathrm{i}\phi}z + \frac{\mathrm{e}^{\mathrm{i}\phi}}{z}.$$

当 $\phi = (\pi/4)$ 时, 就得到图 12-24 左方的流. 右方则是对绕 $C$ 的流以 $f$ 作用后所得到的绕 $E$ 的流, 也就是我们想要的流. 请用你的计算机来验证这个图.

用这个方法, 只要选取一个解析映射 $w = f(z)$, 它把 $C$ 的外域一对一地共形地映到一个障碍物的外域, 而且 $f(z)$ 在远离 $C$ 处性态接近于 $cz$, 就可以得到绕无穷多个障碍物的流, 其复位势是 $\widetilde{\Omega}(w) = f^{-1}(w) + \left[1/f^{-1}(w)\right]$, 这个障碍物的边缘是曲线 $B = f(C)$.

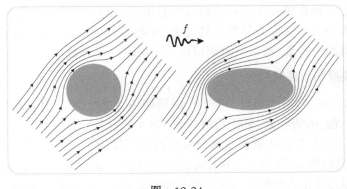

图 12-24

# 12.6 黎曼映射定理的物理学

### 12.6.1 引言

回忆一下, 黎曼映射定理 (3.9.1 节 (3.54)) 指出, 任意单联通区域 $R$, 只要不是全平面, 必可一对一地共形地映为任意其他的这类区域 $S$. 承认了这件事, 我们就看到, 取 $S$ 为单位圆盘 $D$ 不会失去一般性, 而且, $D$ 有多少自同构, 就有多少由 $R$ 到 $S$ 的这种映射. 后来, 7.7.1 节 (7.14) 又指出, 这些自同构都是刚性的双曲运动, 它们具有 3 个自由度. 这样, 我们想要证明的, 就是如下的完整结果: **在 $R$ 与 $D$ 间, 存在一对一共形映射的一个 3 参数族.**

这个基本的结果至少有两个标准的证明, 每一本比较深的复分析教材都包含了其中的一个. 尽管其中一个论证 (属于克贝[①]) 本质上是构造性的 (因此在原则上是可以理解的), 但是我们却未能找到一种与本书目的相符的表述方法. 有兴趣的读者可以在 Hilbert [1932] 中找到关于克贝证明的基本思想的极好讲解, 其技术细节则可在 Nehari [1968] 或 Nevanlinna and Paatero [1969] 中找到.[②]就我们所知, 这个思想最深刻的研究是由 Henrici [1986] 给出的.

但是还是出现了一个更明亮的音调, 上面关于流的思想, 将要使我们更深刻地

---

① Paul Koebe, 1882—1940, 德国数学家. 克贝的这个证明公认为写得很晦涩难解, 似乎本书作者因为它本质上是构造性的证明, 才说它在原则上是可以理解的? 另一种证明是什么, 作者没有提到. 是否指的是黎曼基于狄利克雷原理的证明? 如果是, 则在缺少很大的准备之前, 还很难在复分析的基本教材中向读者介绍. 所以, 这一节标题是黎曼映射定理的物理学, 似乎着眼于其物理意义, 而没有给出完整的数学证明. —— 译者注

② 读者也可以在 Ahlfors [1979] (中译本,《复分析》, 上海科学技术出版社, 1984, 第 228 页) 中找到简化了的克贝的证明; 原书提到的 Hilbert [1932] 也有中译本:《直观几何》, 人民教育出版社, 1964; 所说的证明见下册第 261~264 页. —— 译者注

洞察这种映射的存在以及这一族映射具有自由度 3 这个事实. 我们将要把从一个流到另一个流的共形映射的思想反转过来, 从而做到这一点. 也就是说, 求助物理实验就可以得到一些流, 而这些流则可以用来构造共形映射.

### 12.6.2 外映射和绕障碍物的流

考虑图 12-25. 它的上部画的是一个障碍物 $R$ 被塞进速度为 1 的均匀流中. 如果我们不引入绕 $R$ 的环流, 前面已经说过, 这个流是唯一的. 下一步, 在图上任选一点 [图上未标出] 并由此点出发来计算环流和流量, 也就是选一个点使得在此点势函数 $\Phi$ 和流函数 $\Psi$ 均为零. 再用很小的 $k$ 来做 $k$ 流管和 $k$ 功管, 这样把 $R$ 的外域分成近似为小正方形的 $k$ 胞腔. 和通常的做法一样, 设想 $k$ 趋于零, 则这些 $k$ 胞腔最终成为正方形.

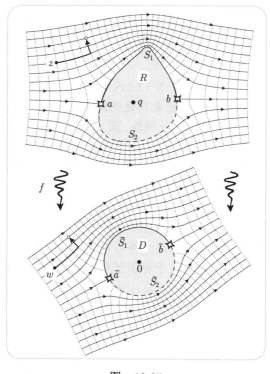

图 12-25

如图所示, 设 $a$ 和 $b$ 是 $R$ 的边缘上的驻点 (其次序是使流由 $a$ 流向 $b$), 再令 $S_1$ 和 $S_2$ 是边缘流线上连接这两个驻点的曲线段. 因为流是完全无旋的, 沿 $S_1$ 和 $S_2$ 的环流必相等, 其公共值就是 $a$ 和 $b$ 的位势差

$$[\Phi] = \Phi(b) - \Phi(a) .$$

用几何语言来说, 就是毗邻于 $S_1$ 和 $S_2$ 的小正方形的个数一定相同. 因为 $k$ 功管以等势线为管壁, 所以每个小正方形的对边的位势差为 $k$, 这样, 毗邻于 $S_1$ 和 $S_2$ 的小正方形的个数必为 $[\Phi]/k$.

现在把单位圆盘 $D$ 塞进速度为 $ve^{i\phi}$ 的均匀流中, 并把所得的流分割为 $k$ 胞腔, 所用的 $k$ 值与前相同. 我们对于新流的任一物理量或几何量都采用原来的流中的记号, 但是加一个上标 "~": 这样, 驻点就是 $\tilde{a}$ 和 $\tilde{b}$, 连接它们的流线段就是 $\tilde{S}_1$ 和 $\tilde{S}_2$, (相对于任意选定点的) 势函数和流函数就是 $\tilde{\Phi}$ 和 $\tilde{\Psi}$.

将 $R$ 外的点 $z$ 共形映射到 $D$ 外的 $w = f(z)$ 点这个方法, 现在就很明白了, 这就是把两个网格的相应正方形等同起来! 现在请别太兴奋, 先把这个实验做到底再说. 我们规定, 所谓 "相应" 就是指, 如果我们已知一个网格格点 $z$ 的象 $w$, 则任意其他格点的象都由这一对网格来决定: 如果 $z$ 沿流线向下游移动 4 格, 再沿等势线向 "上" 移动 2 格, 则 $w$ 也要这样移动. 见图 12-25.

然而, 我们不能任意地把一个特定的 $z$ 点映到特定的 $w$ 点, 因为理想的共形映射 $w = f(z)$ 一定把驻点 $a$ 和驻点 $b$ 映为驻点 $\tilde{a}$ 和 $\tilde{b}$. 这是因为临界点 $a$ 的几何 "签名" 就是: 在 $a$ 处, 流线与等势线之间的角度是 $(\pi/4)$ [这一点在图上没有画出来], 而共形映射能保持这个性质.

障碍在于, 如果定义 $a$ 的象为 $\tilde{a}$ (必须做到这一点), 则 $b$ 被映到 $\tilde{b}$ 当且仅当毗邻 $\tilde{S}_1$ 的正方形的个数与毗邻 $S_1$ 的正方形个数相同. 仔细看看图 12-25, 就会发现现在情况并不如此: 沿 $\tilde{S}_1$ 的正方形比沿 $S_1$ 的正方形少. 为了纠正这一状况, 我们必须稍稍增加流绕圆盘的速度 $v$. 更准确地说, 必须这样选择 $v$, 使得穿越 $D$ 的位势差 $[\tilde{\Phi}]$ 等于穿越 $R$ 的位势差 $[\Phi]$. 因为已知 $[\tilde{\Phi}] = 4v$, 我们由此导出

当且仅当把圆盘塞进速度为 $v = [\Phi]/4$ 的均匀流时, 才能得到网格之间的一对一的共形映射.

虽然我们希望利用网格有助于使映射更加生动 (也有助于证明此映射是一对一的共形映射), 然而我们也应指出, 网格对于决定这个映射 $f$ 并非必不可少. 我们所做的只不过是利用环流和流量来确定 $z$ 的象: $w = f(z)$ 应由

$$\tilde{\Omega}(w) = \Omega(z) + \left[\tilde{\Omega}(\tilde{a}) - \Omega(a)\right]$$

来确定, 方括号中的常数是用来保证 $\tilde{a} = f(a)$ 的.

因为在每个流中, 确定什么点为流量和环流的零点, 对于构造 $f$ 并无关系, 我们就看怎样确定对我们更加有利. 以下, 我们就以原来的流的零点之象作为象流的零点. 例如, 在图 12-25 中, 如果我们取 $a$ 点为绕 $R$ 的流的零点, 即令 $\Omega(a) = 0$, 我们就必须取绕 $D$ 的流的零点为 $\tilde{a}$ (即令 $\tilde{\Omega}(\tilde{a}) = 0$). 所以上面的方程就成为

$$\tilde{\Omega}(w) = \Omega(z).$$

换言之, 当且仅当 $w$ 与 $z$ 的环流与流量均相等时, 这两点才是对应点.

这时, 对于映射 $f$ 为什么可以写成 $f = \widetilde{\Omega}^{-1} \circ \Omega$, 可做如下解释. 请看图 12-25 和图 12-15. 复位势 $\Omega(z)$ 和复位势 $\widetilde{\Omega}(w)$, 分别把严格位于 $R$ 的外域的点和 $D$ 的外域的点, 映到沿实轴上的区间 0 到 $[\Phi]$ 割开的复平面上的点. 这样, $f$ 可以看作首先把 $R$ 的外域用 $\Omega$ 映到有割口的复平面, 再用 $\widetilde{\Omega}^{-1}$ 把有割口的复平面映到 $D$ 的外域.

现在回到映射本身, 并且问, 用这样的做法能做出 "多少个" 这样的映射? 我们首先要解释清楚, 这种做法的表观的自由度有一些其实是虚幻的. 首先, 为什么不把 $R$ 塞进具有任意速度的均匀流中? 我们当然可以这样做, 但是这不会带给我们什么新的流. 举例来说, 如果我们把流速加倍, 则 $v$ 也会加倍, 因为我们需要维持毗邻 $S_1$ 和 $\widetilde{S}_1$ 的 $k$ 胞腔的个数相同. 但是这就会给出原来的映射 $f$. 其次, 当我们在 $D$ 外构造网格时, 为什么不选用另外的 $\widetilde{k}$, 使它与原来用于 $R$ 之外的 $k$ 不同? 还是为了维持毗邻 $S_1$ 和 $\widetilde{S}_1$ 的正方形个数相同, 这就要求把 $v$ 改成 $\widetilde{k}[\Phi]/4k$, [为什么?] 而这又会给出和前面同样的网格和映射.

然而很清楚, 如果我们改变绕 $D$ 的流的方向 $\phi$, 确实会得到新的映射. 如果用 $F$ 来记相应于 $\phi = 0$ 的那个特别的映射 $f$, 则相应于一般值 $\phi$ 的映射 $F_\phi$ 应为 $F_\phi = e^{i\phi} F(z)$, 即在构造了 $F$ 之后, 再来一个旋转.

若把 $R$ 放进一个有不同方向 (例如 $\theta$) 的流中, 似乎有可能会得到不同的映射. 并非如此. 因为如果把圆盘放进这样一个方向为 $\theta$ 的均匀流中, 再用 $F^{-1}$ 作用于它, 就会得到这时的绕 $R$ 的流. 请细看图 12-23 和图 12-24, 来把这一点想清楚. 这样看来, 把 $R$ 和 $D$ 塞进有不同方向的均匀流中而得到的映射, 其实只对于这两个方向 $\theta$ 和 $\phi$ 之差 $\phi - \theta$ 敏感: 所得的映射就是 $F_{(\phi-\theta)}$.

因为 $\phi$ 是仅有的真正的自由度, 我们做出来的映射构成一个单参数族. 所以, 我们还丢掉了两个自由度. 虽然我们马上就要来解释这一点, 还是请你在往下读之前自己想想这件事.

要感谢大自然的宽宏大度, 给了我们这些绕障碍物的流, 使我们现在有了决定映射的物理方法, 但是我们还缺少一个数学方法. 这是一个很难的问题. 但是当 $R$ 是由一个多边形围成的区域时, 这个 $f$ 确有显式的公式. 它称为**施瓦茨–克里斯托弗尔**[1]**公式**, 这个结果在 Nehari [1952] 和 Pólya and Latta [1974] 中有很好的讨论.[2] 我们在此不讨论这个问题, 只是提醒一下, 高速计算机的降临, 给我们开辟了一条道路, 使得可以用多边形逼近 $R$ 的边缘来求出 $f$. Trefethen [1986] 和 Henrici [1986] 给出了这个问题的多种算法处理.

---

[1] Erwin Bruno Christoffel, 1829—1900, 德国数学家. —— 译者注
[2] 也可参看 Ahlfors [1979] (中译本《复分析》第 6 章, 第 234~240 页). —— 译者注

### 12.6.3 内映射和偶极子

设在图 12-25 中已经把绕 $D$ 的流速调整为 $[\Phi]/4$，就可以得到 $R$ 的外域和 $D$ 的外域之间的共形映射. 如果我们对 $D$ 的边缘做反演，就会得到单位圆周 $C$ 内的一个流，如图 12-26b 所示. 这是我们熟悉的，正是把一个偶极子放进一个圆形水池中所产生的流.

类似于此，如果选定 $R$ 的任意内点 $q$，然后对以 $q$ 为中心的单位圆周做反演[1]，就会得到图 12-26a 中的流. 请用计算机或者波塞利耶铰链 [见第 3 章习题 2] 来验证 $R$ 的边缘确实变成了图 12-26a 中的曲线 $R^{\dagger}$. 在图 12-25 中，远离 $R$ 的流线是平行直线，所以反演变换把它们映为一族彼此切于 $q$ 点的小圆周. 这样，如图所示，图 12-26a 中的流表示在 $R^{\dagger}$ 围成的水池中放进了一个偶极子. 事实上，因为原来的均匀流有单位速度，在 $q$ 点的偶极子也就有单位强度 [练习].

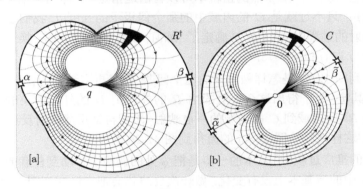

图 12-26

这样，在原来的 $R$ 的外域和 $C$ 的外域之间的一对一的共形映射，现在给出了一个 $R^{\dagger}$ 的内域和 $C$ 的内域之间的这种映射. 比方说，驻点 $\alpha$ 现在变成驻点 $\tilde{\alpha}$，$q$ 点变到了 $0$ 点，而 $R^{\dagger}$ 内的黑色 T 形的区域变成 $C$ 内的黑色 T 形区域. 虽然当趋近 $q$ 时，流速无限增大，映射的性态在 $q$ 附近却没有大变. 作为一个例子，请想一下，当 T 形区域沿流线向 $q$ 滑动时，其象将会如何.

我们也可以用大不相同的方法来考虑这种做法. 设 $R^{\dagger}$ 是一个已给的固定曲线，我们想把它的内域共形映到单位圆盘内. 可以如下得出这个映射 $f$.

(i) 把一个单位强度的水平偶极子放在 $R^{\dagger}$ 的任意内点 $p$ 处. 把 $R^{\dagger}$ 的内域分割成流的 $k$ 胞腔，并以 $N$ 记毗邻于 $R^{\dagger}$ 的 $k$ 胞腔的个数.

(ii) 在 $C$ 的中心 $0$ 处再放一个强度为 $d$、方向为 $\phi$ 的偶极子. 把 $C$ 的内域

---

[1] 有关下文的思想可以见于 Bak and Newman [1982，第 186 页]，Siegel [1969，第 148 页]，特别是 Courant [1950]. 虽然黎曼本人是应用了物理推理，但是把他的映射定理与偶极子联系起来，似乎是由 Hilbert [1909] 开端的.

（即圆盘 $D$）也分割成 $D$ 中之流的 $k$ 胞腔, 调整强度 $d$, 使得毗邻于 $C$ 的 $k$ 胞腔个数也是 $N$. 如果仍然用 $[\Phi]$ 来表示边缘流线上连接驻点 $\alpha$ 和 $\beta$ 的那一段流线的环流, 只要令 $d = [\Phi]/4$ 就能满足这个要求.

(iii) 除了 $R^\dagger$ 的内域的偶极子是放在任意的 $p$ 处（而不是特定的 $q$ 处）以外, 我们又回到了图 12-26 所画的情况, 于是映射 $f$ 得以完全确定.

这个由 $R^\dagger$ 的内域到单位圆盘 $D$ 的一对一的共形映射 $f$ 是此类映射中最一般的. 这一点可以从以下事实看出来: 这个映射具有完全的三个自由度, 其中两个用于决定偶极子的位置 $p$, 另一个用于决定 $C$ 中偶极子的方向 $\phi$. 不难看到这种物理的自由度的几何意义: $p$ 就是被映为圆盘中心的点, 即 $f(p) = 0$; $\phi$ 很明显就是 $f$ 在 $p$ 处的扭转率, 即 $\phi = \arg[f'(p)]$.

还要注意, 尽管 $f$ 在 $p$ 点的扭转率可以自由地指定, 其伸缩率 $|f'(p)|$ 则不然. 事实上, $|f'(p)|$ 只不过就是 $C$ 的内域中的那个偶极子的强度 $d$, 我们已经看到, 在构造这个映射的过程中, 它已经被确定了 [练习, 或者继续往下读]. 换一个说法, 就是已经确定为 $|f'(p)| = [\Phi]/4$.

现在回到图 12-25 是怎样做出来的这个问题, 而且再来看看为什么有两个自由度丢掉了. 其实, 为了得出这个一般的由 $R$ 的外域到 $D$ 的外域的映射, 我们也可以先做出由 $R^\dagger$ 的内域到 $C$ 的内域的一般映射, 然后再把反演映射反过来（即再做一次反演）, 这样就能从图 12-25 的流得到图 12-26 的流.

在以上的推广过程中, 基本的一步是把 $q$ 处的偶极子移动到任意的内点 $p$. 既然图 12-26b 中的流基本上没有变化, 做一次反演就会把它返回到图 12-25 的绕 $D$ 的流. 然而要把图 12-26a 中的 $R^\dagger$ 返回为 $R$ 的边缘, 就需要对以 $q$（现在取为原点）为中心的单位圆周做反演, 而 $p$ 处的偶极子在 $R^\dagger$ 之内生成的流就会反演为 $(1/\overline{p})$ 处的偶极子在 $R$ 之外生成的流. 图 12-17 就是 $R$ 为一圆盘时的这种流.

于是, 图 12-25 的流的做法就可以看成 $p = q$ 时的特例, 这时 $R$ 外的偶极子被放在了 $\infty$ 处, 而不是放在任意点处. 这里就找到了丢失的两个自由度: 把 $D$ 外的偶极子放在 $\infty$ 处, 没有任何错误, 但是我们（没有必要）非把另一个偶极子也放在那里不可. 就前面得到的映射来说, 这样做就是坚持一定要把 $\infty$ 映到 $\infty$, 而我们的一般的做法则是把 $R$ 外任意点处放上一个偶极子, 从而把这个点映到了 $\infty$.

### 12.6.4　内映射、涡旋和源

既已得到了利用多极子来构造映射这个灵感, 我们就会问, 是否可以用最原始的多极子（就是源）来构造映射, 这样来简化这个偶极子方法. 然而如果我们继续用流体的语言来想问题, 这个想法就不会起作用. 因为, 如果我们在想要映射的区域内放一个源, 从源出来后进入区域的流就无处可去了! 唯一的出路是再放上一个同样强度的汇,[①] 这样构成一对. 但是这并没有对我们在上面使用的偶极子方法有什么改进, 因为偶极子只不过是这样一对源和汇的极限情况.

然而, 我们马上就来说明, 使用源来构造映射这个企图的失败, 只是由于我们用了某个奇怪形状的池塘里的流体来思考. 如果应用电场或者热流, 我们确实能够利用源来构造映射.

暂时还继续应用流体的解释, 其实偶极子方法还有一个简单的替代, 但是在源所在的地方, 现在放上涡旋. 令 $B$ 是我们想要映射到单位圆周 $C$ 之内的连通区域的边缘. 为了构造出此映射, 我们在 $B$ 的任意内点 $p$ 处放一个涡旋, 再把另一个涡旋放在 $C$ 的中心 0 处. 见图 12-27. 和以前一样, 把这两个流都分割成 $k$ 胞腔, 共形映射就会跃然而出. 下面请看详情.

第一步, 在定义这两个网格之间的对应时, 我们必须把 $p$ 映到 0. 第二步, 如果已经确定了 $B$ 内部的涡旋的强度 $S$, 则 $C$ 内部的那个涡旋的强度 $\tilde{S}$, 必须使毗邻 $C$ 的 $k$ 胞腔的个数 $\tilde{N}$ 与毗邻 $B$ 的 $k$ 胞腔的个数 $N$ 相同 (图上就是这样画的). 想法和前面用偶极子来构造映射是一样的, 但是答案简单得多: 令 $\tilde{S} = S$ 即可. 怎样解释呢?

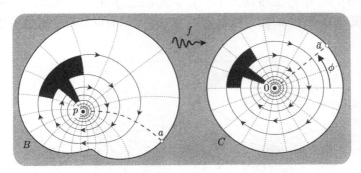

图 12-27

解释也和答案一样简单. 请集中注意一个涡旋, 例如 $B$ 内部的那一个. 它的强度, 按照定义, 就是沿绕 $p$ 的任意简单环路的环流, 我们不妨就取此简单环路为一流线. 等势线把这个流线切成了 $N$ 段, 而每一段的环流为 $k$. 这样, $S = Nk$, 类似地, $\tilde{S} = \tilde{N}k$. 由此立即得到, $N = \tilde{N}$ 就是 $\tilde{S} = S$.

最后一步, 注意, 我们还没有把映射定死. 在图 12-25 和图 12-26 中, 都有驻点, 我们必须把它们对应起来, 由此即可自动地定死映射. 然而, 现在没有了驻点, 我们只好自己动手来做这件事. 一个普通的做法如下: 在 $B$ 和 $C$ (它们都是流线) 上各取特定的点 $a$ 和 $\tilde{a}$, 并令它们在映射下对应.

如果我们还想更加确定一点, 则可像下面这样做. 考虑 $B$ 内部的用粗虚线画的

---

① 当然也可以放上几个汇, 并使其总强度与源的强度一样, 但这只会把事情弄得更加一团糟.

等势线. 它由 $p$ 出发向东行进, 我们就取 $a$ 为这个等势线与 $B$ 的交点. 见图 12-27. 如果我们现在取 $\tilde{a} = e^{i\phi}$, 这两个网格之间的映射 $f$ 就完全定下来了. 例如, $B$ 内部的黑色 T 形区域就被映为 $C$ 内部的黑色 T 形区域. 用这个特定方法确定 $a$ 和 $\tilde{a}$ 的唯一好处就是, 现在 $\phi$ 可以用 $f$ 做简单解释: 它很明显就是 $f$ 在 $p$ 处的扭转率: $\phi = \arg[f'(p)]$.

和偶极子方法一样, 我们得到的是完全的含三个参数的映射族: 两个参数用于决定是哪个点 $p$ 被 $f$ 映到 $C$ 的中心, 一个用于决定 $f$ 在 $p$ 的扭转率.

现在我们转到这个构造的另一个物理解释. 取图 12-27 的对偶流, 即得图 12-28 中的流. 等势线变成了流线, 而流线 (特别是 $B$ 和 $C$) 变成了等势线. 用以上同样的推理, 每个源的强度都几何地表示为 $k$ 乘上由它出发的流线数目.

现在让我们稍稍偏离主题. 既然源的强度是用从此点发出的 $k$ 流管的数目来度量的, 那么一个共形映射必定把一个源映为另一个同样强度的源. 很明显, 对于汇也是这样. 回到图 12-26, 我们就能理解为什么在 $C$ 内的偶极子的强度 $d$ 恰好就是 $f$ 在 $p$ 点的伸缩率了. 在 $p$ 点的具有单位强度偶极子可以看成一对源和汇, 它们相隔无穷小距离 $\varepsilon$, 强度均为 $(1/\varepsilon)$. 共形映射 $f$ 把它们映为在 $0$ 点的另一对源和汇: 强度保持不变, 而间隔被放大了 $|f'(p)|$ 倍. 所以偶极子的强度也有同样的放大.

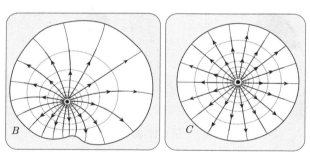

图  12-28

回到图 12-28 的物理解释. 我们已经看到, 如果把它看作流体的流, 则这个图形用源来解释是没有意义的. 但若看成静电场, 则是完全有意义的. 把图 12-28 的阴影区域看成两个铜块的断面, 在这两个铜块上, 则各钻了一个 "柱形" 的孔, 其边缘分别是 $B$ 和 $C$. 现在想象在 $p$ 和 $0$ 处各有一根很长很细的导线穿过这个孔, 其上有相同的均匀电荷. 由这些导线生成的静电场自然以 $B$ 和 $C$ 为等势线, 所以图 12-28 忠实地表现了这些场, 不过流线成了电场线.

也可以用热流来解释图 12-28. 想象由 $B$ 和 $C$ 包围的白色区域是从导热的金属板上切下来的空洞, 暗色区域充满了冰, 使得 $B$ 和 $C$ 维持恒温 (温度就是位势).

如果在 $p$ 和 $0$ 处以定常的速率引入或导出热量, 则热流将最终定局为图 12-28 中的场, 而用虚线画的等势线就成了等温线.

然而, 必须看到, 热流的点源远不如由很细的荷电导线生成的静电场点源在物理上那么合理. 理由在于, 当着趋近一个源时, 势函数 $\Phi$ 会变得任意大. 在静电学中, 这不会产生任何困难, 但在用热流解释时, $-\Phi$ 表示温度, 所以在我们想象的热源附近, 金属就会**气化了**（vaporize）! Maxwell [1881] 的第 51 页以后, 对于这种物理区别给出了绝佳的讨论.

可能许多读者对静电学不甚熟悉, 但是大概没有什么人对于热也会不熟悉. 所以尽管有如上反对的理由, 我们还是坚持用热的理论的语言, 而不用静电学的语言, 来表达我们的思想.

### 12.6.5 一个例子: 圆盘的自同构

让我们在 $B = C$ 的情况下, 把图 12-27 所示的构造过程显式地完成, 这样从一个新的观点重新得到单位圆盘的自同构.

图 12-29 描绘了这时的构造. 我们以前并没有指定这两个涡旋的强度 $S$, 因为这对最终的映射并无影响, 但是现在我们取 $S = -2\pi$. 对于图 12-29b 中的流, 设其流量的零点与环流的零点均在 $z = 1$ 处, 于是图 12-29b 的流的复位势是

$$\widetilde{\Omega}(w) = \mathrm{i} \log w.$$

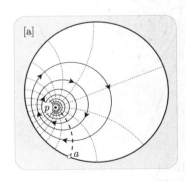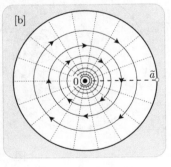

图　12-29

现在考虑图 12-29a 中的流. 我们可用镜像法来求其复位势.[①] 就是说, 我们把位于 $p$ 处的一个真实的涡旋, 与它关于 $C$ 的反射, 即位于 $(1/\bar{p})$ 处的一个强度的大小相同但是反号的虚拟的涡旋叠加起来. 见图 12-30. 于是图 12-29a 中的流的复位势是

$$\Omega(z) = \mathrm{i} \log(z - p) - \mathrm{i} \log(z - 1/\bar{p}) - \gamma$$

---

① 但请注意, 我们不用 (12.17). 理由可见习题 14.

$$= \mathrm{i} \log \left[ \frac{z - p}{\overline{p}z - 1} \right] - \delta , \tag{12.19}$$

这里 $\gamma$, $\delta$ 是常数.

在图 12-29b 中, 我们是选了一个边缘上的点作为计算流量和环流的起点, 现在对图 12-29a 中的流, 我们也这样做. 就等式 (12.19) 来说, 这就等价于要求常数 $\delta$ 是任意**实数** [练习].

为了完全确定所求的映射, 现在需要决定 $a$ 和 $\tilde{a}$. 但是这次我们不像在图 12-27 的流那样, 而是在这两个流中各取一个边缘上的点来作为计算流量和环流的起点. 如前面讨论过的那样, 只需令这两个流的环流和流量相等, 就能确定所求的映射:

$$\tilde{\Omega}(w) = \Omega(z) .$$

由此式解出 $w$, 我们真就恢复了我们熟悉的圆盘的自同构:

$$w = f(z) = \mathrm{e}^{\mathrm{i}\theta} \left[ \frac{z - p}{\overline{p}z - 1} \right] . \tag{12.20}$$

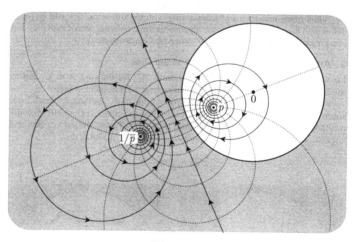

图 12-30

当然, 我们所做的事不全是新的, 因为我们应用了镜像法, 这不过是对称原理变个样子, 原来的结果就是用对称原理得来的. 然而, 希望你会因为能从一个新的更有物理味儿的观点来看待圆盘的自同构而得到教益, 并感到赏心悦目.

### 12.6.6 格林函数

我们现在回到图 12-28, 以及用热流来构造共形映射的方法.

图 12-31 基本上是图 12-28 的复制, 但是加了一些我们马上就会用到的细节. 我们以定常的速率 $2\pi$ 向区域 $R$ 中的 $p$ 点注入热量, 同时让边缘 $B$ 上的温度保持

为零. 当热的分布达到稳定以后, $R$ 中的温度将是一个适当定义 ($p$ 点除外) 的调和函数 $\mathcal{G}_p(z)$, 称为 $R$ 的以 $p$ 为**极点**[①]的**格林函数**[②].

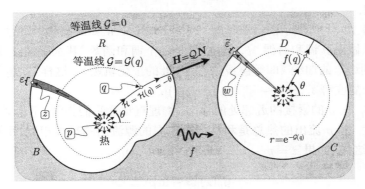

图　12-31

作为一个例子, 我们来求单位圆盘的格林函数. 在图 12-29a 中, 我们考虑了在 $p$ 点放一个强度为 $-2\pi$ 的涡旋所产生的流. 因为我们选了 $C$ 上一点作为流量和环流的零点, 所以在边缘流线上, 流函数之值为零. 所以, 它的对偶流就是我们所求的格林函数: 在 $p$ 点有强度为 $2\pi$ 的源, 而边缘维持在零位势上. 由 (12.19), 它的复位势是

$$\Omega(z) = \Phi(z) + \mathrm{i}\Psi(z) = \log\left[\frac{z-p}{\bar{p}z-1}\right] + \mathrm{i}\delta\,,$$

其中 $\delta$ 是实常数. 这样, 圆盘内的温度由下式给出:

$$\mathcal{G}_p(z) = -\Phi(z) = -\ln\left|\frac{z-p}{\bar{p}z-1}\right|\,. \tag{12.21}$$

注意, 也可以写出 $\mathcal{G}_p(z) = -\ln|f(z)|$, 其中的 $f(z)$ 是适合条件 $f(p) = 0$ 的任意映到单位圆盘的共形映射, 这些共形映射构成一个单参数族. 我们会看到, 这在相当一般情况下都成立.

还请注意, 格林函数具有很有趣的对称性质:

$$\mathcal{G}_p(q) = \mathcal{G}_q(p)\,.$$

这样, 如果把边缘上堆满了冰, 则由 $p$ 处的点源在 $q$ 点产生的温度, 等于在 $q$ 处的点源在 $p$ 点产生的温度. 值得注意的是, 对于具有任意形状的区域中的格林函数, 这种对称性都成立!

---

① 注意, 这里的 "极点" 一词有新的含义, 与 7.8 节所定义的 "极点" 不同. —— 译者注
② 格林: George Green, 1793—1841, 英国数学家. —— 译者注

格林函数在好几个数学领域都是有力的工具. 但在目前, 我们只考虑它与把区域 $B$ 的内域映到单位圆盘的共形映射 $w = f(z)$ 的关系. 下一节中再讨论它的另一个重要应用.

回到图 12-31 所表示的一般情况, 假设已知 $\mathcal{G}_p$. 正如前面已经讲过的那样, 我们这时可以做出其调和对偶 $\mathcal{H}_p(z)$, 它也是一个调和函数, 其水平曲线就是热流沿之由 $p$ 流到边缘的曲线 (即等温线 $\mathcal{G}_p = $ 常数的正交轨迹). 这样, 知道了 $\mathcal{G}_p$ 就足以造出整个复位势 $\Omega(z) = -[\mathcal{G}_p(z) + \mathrm{i}\mathcal{H}_p(z)]$.

考虑 $\mathcal{G}_p$ 在 $p$ 的紧接的近邻处的性态. 物理直觉让我们想到, 不论对 $B$ 指定什么样的温度, 由 $p$ 流出的热总是和从一个孤立的源流出的热很相近, 所以 $\Omega(z) \approx \log(z - p)$. 这样, 如果 $z = p + \rho\mathrm{e}^{\mathrm{i}\theta}$, 则对于很小的 $\rho$,

$$\mathcal{G}_p(z) \approx -\ln\rho \, . \tag{12.22}$$

与此类似, $\mathcal{H}_p(z) \approx -(\theta + \phi)$, 这里 $\phi$ 是一个常数. 我们将会看到, 选择 $\phi$ 的自由, 等价于选择 $B$ 上的哪一点被映为 $C$ 上的特定点. 如果我们取 $\phi = 0$, 则 $\mathcal{H}_p$ 在一个典型的点 $q$ 处的值有特别简单的解释. 见图 12-31. 如果热随着流由 $q$ 回到 $p$, 则它进入 $p$ 的角度就是 $-\mathcal{H}_p(q)$.

回到 (12.22), $\mathcal{G}_p$ 的准确式与 $-\ln(\rho)$ 相差一个在 $R$ 内调和的函数 $g_p(z)$:

$$\mathcal{G}_p(z) = -\ln\rho + g_p(z) \, .$$

因为 $\mathcal{G}_p$ 在边缘上为零, $g_p$ 在 $B$ 上的值就直接由 $B$ 的形状以及 $p$ 在 $B$ 内的位置决定:

$$g_p(z) = \ln\rho \, .$$

所以, 构造 $\mathcal{G}_p$ 的问题, 就等价于求一个在 $B$ 上取给定的值而在其内域为调和的函数 $g_p(z)$ 的问题. 这是下一节要讲的 "狄利克雷问题" 类型的一个例子. 这个问题的解决也就给出了 $\mathcal{H}_p$, 因为我们可以做 $g_p(z)$ 的调和对偶 $h_p$, 而得 $\mathcal{H}_p = -\theta + h_p$.

要做由 $R$ 到单位圆盘 $D$ 的共形映射 $w = f(z)$ 并使 $f(p) = 0$, 如前面说过的那样, 只需令 $R$ 中的流的复位势 $\Omega(z)$ 等于 $D$ 中的复位势 $\widetilde{\Omega}(w) = \log w$, 这里在 $D$ 中的 $0$ 处有一个热源, 而且在 $D$ 的边缘上温度要为零. 这样

$$w = f(z) = \mathrm{e}^{\Omega(z)} = \mathrm{e}^{-\mathcal{G}}\mathrm{e}^{-\mathrm{i}\mathcal{H}} \, . \tag{12.23}$$

正如图 12-31 所示, 左方的用虚线画的温度为 $\mathcal{G}(q)$ 的等温线被 $f$ 映为右方用虚线画的半径为 $\mathrm{e}^{-\mathcal{G}(q)}$ 的圆周, 而以角度 $\theta$ 进入 $p$ 的流线 $\mathcal{H} = \mathcal{H}(q) = -\theta$ 被映为右方的以角度 $\theta$ 进入 $0$ 的射线. 所以 $f$ 在 $p$ 的扭转率为零. 这就是我们前面对于 $f$ 取 $\phi = 0$ 的意义, 一般情况下, 我们取 $\arg[f'(p)] = \phi$.

现在设我们已经有了映射 $f$, 则 $R$ 上的任意调和的温度分布 $T(z)$ 都可以通过 $f$ 移植为 $D$ 上的调和函数 $\widetilde{T}(w)$, 就是规定, 在两个区域的对应点 $z$ 与 $f(z)$ 上, 它

们要取相同的值: $\widetilde{T}[f(z)] = T(z)$（反过来也一样），特别是 $T$ 在 $B$ 上的值被移植到 $C$ 上.

这一点使我们懂得了: 如果我们知道了由 $R$ 到 $D$ 的共形映射 $w = f(z)$, 使得 $f(p) = 0$, 则 $R$ 的以 $p$ 为极点的格林函数是

$$\mathcal{G}_p(z) = -\ln|f(z)|.$$

为了看到这一点，考虑用 $f$ 把 $\mathcal{G}_p$ 移植到 $D$ 中得到的温度分布 $\widetilde{\mathcal{G}}_p(w)$. 我们知道，共形移植能够保持 $\mathcal{G}_p$ 的调和性，并且把 $p$ 处的源送到 $f(p) = 0$ 处的同样强度的源，而在 $B$ 上为零的温度移植到在 $C$ 上为零的温度. 于是这个在 $D$ 中的温度分布 $\widetilde{\mathcal{G}}_p(w) = \mathcal{G}_p\left[f^{-1}(w)\right]$ 必定是以 $0$ 为极点的格林函数，但我们已经知道，这个格林函数就是 $-\ln|w|$. 证毕.

完全同样的推理，还给出了以下的推广. 令 $J(z)$ 是由 $R$ 到另一个以 $Y$ 为边缘的单连通区域 $S$ 的一对一的共形映射. 则 $J$ 把 $R$ 的以 $a$ 为极点的格林函数 $\mathcal{G}_a(z)$ 共形移植到 $S$ 的以 $J(a)$ 为极点的格林函数. 特别是，$R$ 中的流线被映为 $S$ 中的流线. 在这个意义下，**格林函数的概念是共形不变的**.

这个结果立刻给出了 (12.21) 当 $R$ 的格林函数以任意点 $s$ 而不只是 $f^{-1}(0)$ 为极点时的推广. 由 (12.21)，我们可以得到极点已由 $0$ 移到了 $f(s)$ 时圆盘的格林函数的公式. 用 $f^{-1}$ 做共形移植，这个极点又被移植到 $R$ 中的 $s$ 点（这正是我们要求的），所以

$$\mathcal{G}_s(z) = -\ln\left|\frac{f(z) - f(s)}{\overline{f(s)}f(z) - 1}\right|.$$

作为一个意外收获，这个一般公式还证明了前面已经提到的格林函数的 "对称性":

$$\mathcal{G}_s(z) = \mathcal{G}_z(s).$$

习题 15 给出了研究对称性的比较普遍的方法.

现在以一个以后用得着的结果来结束本节. 流体的速度在热流中的类比是所谓**热流向量** $H$; 在现在的情况下，其定义是 $H = -\Delta\mathcal{G}$. 我们称其大小 $Q \equiv H$ 为**局部热流量**; 它是流体速率（即速度的大小，不计方向）的类似物，它表示穿过短短的正交于热流向量的直线段的（单位长度）热流量. 因为 $B$ 是一条等温线，$H$ 垂直于 $B$, 所以在边缘上的 $z$ 点，局部热流量可以表示为

$$Q(z) = -\frac{\partial\mathcal{G}}{\partial n}, \tag{12.24}$$

这里 $n$ 量度 $B$ 的外法线方向 $N$ 上的长度（见图 12-31）. 现在我们把这个结果陈述为:

**在边缘点 $z$ 处，局部热流量等于 $f$ 的伸缩率:** $Q(z) = |f'(z)|.$ $\qquad$ (12.25)

例如, 利用 (12.20), 这个结果预示了, 单位圆盘边缘上的局部热流量是 [练习]:

$$Q(z) = |f'(z)| = \frac{1-p^2}{|z-p|^2} = \frac{1-p^2}{\rho^2} . \tag{12.26}$$

这个公式将在下一节起中心作用. 当然直接把 (12.21) 代入 (12.24) 也可以得到 $Q(z)$ [练习], 但是现在的做法要简单一些.

对于一般结果 (12.25) 可以做很直观的理解. 见图 12-31. 对于无穷小的 $k$ 值, 做由 $p$ 发出而且于 $z$ 点达到 $B$ 上的 $k$ 流管, 并设它在 $z$ 处宽度为 $\varepsilon$. 它在映射 $f$ 下的象是由 0 发出而且于 $w = f(z)$ 点达到 $C$ 上的 $k$ 流管. [注意, $f$ 原来就是定义为具有这个性质的!] 令 $\tilde{\varepsilon}$ 是象流管在 $w$ 点的宽度. 因为 $B$ 在 $z$ 点的长为 $\varepsilon$ 的线段被 $f'(z)$ 伸扭为 $C$ 在 $w$ 点的长为 $\tilde{\varepsilon}$ 的线段, 所以

$$|f'(z)| = \frac{\tilde{\varepsilon}}{\varepsilon}.$$

回想一下, 一条 $k$ 流管在给定点的宽度等于 $k$ 除以该点的局部热流量 [原来在流体情况下是除以流体速率]. 因为在 $C$ 上的局部热流量是常数, 它在 $w$ 的值就是在 0 处热源的强度除以 $C$ 的周长, 而由我们的做法, 这个比就是 $(2\pi/2\pi) = 1$. 因为在 $z$ 处的局部热流量是 $Q(z)$, 我们看到

$$\tilde{\varepsilon} = k/1 , \quad \varepsilon = k/Q.$$

所以,

$$|f'(z)| = \frac{\tilde{\varepsilon}}{\varepsilon} = \frac{k}{k/Q} = Q(z) ,$$

证毕.

## 12.7  狄利克雷问题

### 12.7.1  引言

考虑一片表面绝热的金属板内的定常热流, 除了在奇点以外, 温度 $T(z)$ 是一个调和函数, 而 (局部) 无源的热流向量场是 $H = -\nabla T$.

我们来量度绕一个半径为 $R$ 的圆周 $C$ 的温度, 并设圆周之内, 没有源和汇, 为方便计, 取圆心为原点. 当 $z = Re^{i\theta}$ 沿着圆周 $C$ 运动时, 可以把量度到的温度记为角度 $\theta$ 的函数: $T = T(\theta)$. 我们希望这些温度值在物理上真正有可能决定任意内点 $a$ 处的温度. 事实上, 如果 $a = 0$, 我们知道 [高斯平均值定理], 在圆心处的温度是 $C$ 上的温度的平均值:

$$T(0) = \langle T \rangle = \frac{1}{2\pi} \int_{-\pi}^{\pi} T(\theta) \mathrm{d}\theta. \tag{12.27}$$

我们最终会看到, 这个结果对于 $a \neq 0$ 的情况的推广是

$$T(a) = \frac{1}{2\pi} \int_{-\pi}^{\pi} \left[ \frac{R^2 - a^2}{|z - a|^2} \right] T(\theta) \mathrm{d}\theta . \qquad (12.28)$$

如果把 $a$ 写作 $a = r\mathrm{e}^{\mathrm{i}\alpha}$ $(r < R)$, 再用余弦定理 [练习] 即得这个公式的通常写法:

$$T(a) = \frac{1}{2\pi} \int_{-\pi}^{\pi} \left[ \frac{R^2 - r^2}{R^2 + r^2 - 2Rr\cos(\theta - \alpha)} \right] T(\theta) \mathrm{d}\theta .$$

这个公式通称**泊松**[1]**公式**, 方括号中的量式称为**泊松核**, 以后我们记作 $\mathcal{P}_a(z)$.

(12.28) 说, $T(a)$ 是 $T$ 在 $C$ 上的**加权**平均值, $C$ 的每一个元素对于温度 $T(a)$ 的贡献, 均正比于其权重 $\mathcal{P}_a(z)$. 注意, $\mathcal{P}_a(z)$ 按此元素到 $a$ 的距离的平方成反比地衰减, 所以如果某一元素到 $a$ 的距离比另一元素到 $a$ 的距离大两倍, 它对 $a$ 点的温度的影响就只有另一个元素的 $1/4$. 如果 $a = 0$, 则 $C$ 的各个部分 (因为到 $a$ 有相同距离) 都有相同的影响, 你会看到, 我们将又回到 (12.27).

泊松公式联系着下面的重要而又困难的问题, 即**狄利克雷**[2]**问题**. 这个问题不是处理已经确定了的调和函数, 而是对于一个单连通区域 $R$[3], 在其边缘上任意指定了一个 (分段连续) 函数以后, 求一个在 $R$ 中连续的调和函数, 使得在趋近边缘时, 取此函数值.

在圆盘情况下, 施瓦茨不仅证明了狄利克雷问题的解存在, 而且证明了它恰由 (12.28) 显式地表示. 如果给了我们一个在 $C$ 上分段连续的函数 $T(\theta)$, 我们就能在 $C$ 的内域按泊松公式做出函数 $T(a)$. 施瓦茨的解答就相当于说, $T(a)$ 自动地是调和的, 而且当 $a$ 趋近于 $C$ 上 $T(\theta)$ 为连续的点时, $T(a)$ 趋近已给的 $T(\theta)$. 我们现在开始来解释这一切.[4]

### 12.7.2 施瓦茨的解释

施瓦茨关于公式 (12.28) 有一个非常可爱的几何解释 (见 Schwarz [1890]), 可惜的是, 这个解释现在远未得到它理应得到的注意.

> 要求 $a$ 点的温度, 可把 $C$ 上各点的温度移植到与此点隔着 $a$ 正相对的点 (即与 $a$ 连线延长到与 $C$ 相交的交点), 然后对 $C$ 上的新的温度分布再求平均值即可. (12.29)

① Siméon Dennis Poisson, 1781—1840, 法国数学家. —— 译者注
② Johann Peter Gustav Lejeune Dirichlet, 1805—1859, 德国数学家. —— 译者注
③ 狄利克雷问题不一定限于 $R$ 为单连通情况. —— 译者注
④ 以下材料大部分见于 Needham [1994]. (本书的许多书评都指出: 本书部分获得美国数学协会 (MAA) 1995 年的 Carl B. Allendoefer 奖, 就是指的这一部分. 这个奖项颁给优秀的介绍性的期刊论文, 而不是颁给整个一本书. Needham [1994] 就得到了这个奖. —— 译者注)

施瓦茨是从泊松公式推出这个结果的, 而泊松公式本身则是从直接计算得到的. 我们现在不这样做, 而是直接地、几何地证明这个结果, 并把泊松公式作为其推论得出.

图 12-32 的例子, 说明了 (12.29) 的美丽. 在图 12-32a 中, $C$ 有一半 (就是用粗黑线画的一半) 用蒸汽保持其温度为 100 度, 另一半 (就是用虚线画的一半) 则用冰维持其温度为 0 度. $a$ 点因为靠近冷的一半, 可以预期那里比较凉. 图 12-32b 则表示通过 $a$ 做反射式的温度移植后的新的温度分布. 现在非常清楚地看到, 距 $a$ 较远的热的一半, 经对 $a$ 反射后 "聚焦" 为小得多的圆弧, 于是在 $C$ 上给出较小的平均值, 也就在 $a$ 点给出较低的温度.

在开始论证 (12.29) 前, 我们先回忆一下调和函数的共形不变性: 如果 $T(z)$ 是任意调和函数, $h(z)$ 是任意共形映射, 则 $T(z^*)$ 也是 $z$ 的调和函数, 这里 $z^* = h(z)$.

现在设 $h(z)$ 把圆盘映为其自身. 如果 $z = R\,\mathrm{e}^{\mathrm{i}\theta}$ 位于 $C$ 上, 则 $z^* = R\,\mathrm{e}^{\mathrm{i}\theta^*}$ 也在 $C$ 上, 而因为我们已经在整个 $C$ 上量度了温度, 我们也就知道了 $z^*$ 处的温度 $T(\theta^*)$. 既已知道了 $T(\theta^*)$ 之值, 就能用它做积分 (12.27) 来计算调和函数 $T[h(z)]$ 在 $z = 0$ 处的值,

$$T(0^*) = \frac{1}{2\pi} \int_{-\pi}^{\pi} T(\theta^*)\mathrm{d}\theta \,, \tag{12.30}$$

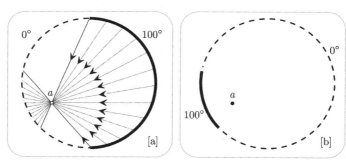

图　12-32

这里应该注意 $0^* = h(0)$, 而且积分变量仍是原来的 $z$ 的辐角 $\theta$, 而不是其象 $z^*$ 的辐角 $\theta^*$.

我们对 (12.30) 的解释如下: 在 $0^*$ 的温度, 是经过移植所得的 (即把在 $z$ 处量度到的温度移到 $z^*$ 处) 在 $C$ 上的新温度分布的平均值. 现在离施瓦茨的结果还有一半路. 要求出在 $a$ 点的温度, 只需要找到一个把圆盘映为其自身, 而且把 0 映到 $a$ 的共形映射, 然后再求新温度分布的平均值就行了.

但是把圆盘看作双曲平面的庞加莱模型, 就会发现我们其实已经对这种映射很熟悉了! 暂时先对图 12-33b 稍微瞥上一眼, 我们不久还会回到这个图来. 如果 $m$ 是线段 $0a$ (在双曲意义下) 的中点, 则把双曲平面绕 $m$ 旋转半周, 即做

$z \mapsto z^* = M_a(z)$, [1] 就可以把 $0$ 与 $a$ 对调, 即 $0^* = a$ (这正是我们想要的), $a^* = 0$. 所以, 为了证明 (12.29), 只需要证明图上画出来的事实: 若 $z$ 位于 $C$ 上, 则 $z^*$ 就是过 $z$ 和 $a$ 的 (欧几里得意义下) 弦 $B$ 的另一端点. 我们在第 3 章中导出过 $M_a(z)$ 的公式, 所以计算起来也很容易, 但是我们更喜欢直接的几何证明.

我们先需要一个简单的结果, 图 12-33a 是它的解释. 考虑集合

$$\mathcal{N} \equiv \{\text{过 } z \text{ 和 } z^* \text{ 的圆弧}\},$$

这里 $z^*$ 暂时看成 $C$ 上的给定点. 图 12-33a 上画了 $\mathcal{N}$ 中的三个元素, 即过 $0$ 的圆弧 $A$、欧几里得弦 $B$ 和双曲直线 $L$. [回忆一下, $\mathcal{N}$ 的元素就是 $L$ 的等距曲线.] 我们需要的结果就是:

**欧几里得弦 $B$ 是 $\mathcal{N}$ 中唯一的使得 $L$ 平分 $A$ 和 $B$ 交角的元素.** (12.31)

因为 $\mathcal{N}$ 中的元素都由它自 $z$ 出发的方向决定, 又因半径 $z0$ 在 $z$ 点切于 $L$, 所以 (12.31) 这个关系就等价于: 若 $tz$ 和 $t0$ 分别在 $z$ 和 $0$ 切于 $A$, 则黑色的角 $tz0$ 与阴影的角 $z^*z0$ 相等. 这个关系从图上看得很清楚, 所以留给读者自己证明.

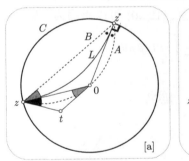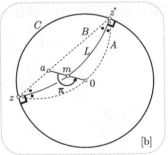

图 12-33

现在请把注意力转到图 12-33b, 其中的 $z^*$ 是 $z$ 在绕 $m$ 旋转半周后的象. 为了最终证明施瓦茨的结果, 我们必须证明图上画出来的事实, 即 $a$ 位于弦 $B$ 上. 为此, 考虑 $A$ 的象 $A^*$. 因为旋转半周将把 $z$ 和 $z^*$ 对换, $0$ 和 $a$ 对换, 所以 $A^*$ 必是 $\mathcal{N}$ 的一个经过 $a$ 的元素. 但是 $L^* = L$, 故由映射的共形性知道, $A^*$ 与 $L$ 的夹角等于 $A$ 与 $L$ 的夹角. 由 (12.31) 可知, 这个经过 $z$, $a$ 和 $z^*$ 的弧 $A^*$ 只能是 $B$. 证毕. [2]

### 12.7.3 圆盘的狄利克雷问题

图 12-32 的例子讲得太急了一点. 在眼下, 施瓦茨的结果只是说, 对于一个已给定于圆盘中的调和函数, 怎样从它在 $C$ 上的值, 找到它在 $C$ 的内域中的值. 但是

---

① 见 3.9.2 节 (3.52).
② 与 Needham [1994] 中那个更初等的论证相比, 这里的论证在概念上更清晰.

在图 12-32 中, 我们却不经意地就假设了, 只要给出了任意分段连续的边界值, 我们构造出的圆盘中这个函数就有这样的性质. 换言之, 我们就假设了, 已经得到了施瓦茨关于圆盘内的狄利克雷问题的解答. 在引言里, 我们确实说过, 这是可以做到的. 现在我们来论证这一点.

图 12-34a 画出了 $a$ 趋近边缘上的 $z$ 点, 也画出了两段邻接于 $z$ 的很短的圆弧 ($C_1$ 与 $C_2$) 在越过 $a$ 点做上述的投影后的象 ($C_1^*$ 与 $C_2^*$). 如果已给的边界值在 $z$ 点连续, 则 $T$ 在 $C_1 \cup C_2$ 基本上是一个常数 (因为 $C_1$ 和 $C_2$ 都很短), 所以新的温度分布在 $C_1^* \cup C_2^*$ 上类似地也几乎就是常数. 所以, 当 $a$ 趋近 $z$ 时, 做出来的函数 $T(a)$ **确实**趋近 $T(z)$, 这就是我们要求的.

虽然狄利克雷问题对于当 $a$ 趋近 $T$ 在边缘上的**不连续点**时, $T(a)$ 的性态如何并未做出要求, 但是要看出究竟发生了什么事情, 并非难事 (虽然计算起来并不简单). 假设从 $C_1$ 进到 $C_2$ 时, 边缘上的温度由 $T_1$ 跳到 $T_2$. 如果 $a$ 是沿一个与 $C$ 成角 $\beta\pi$ 的方向趋近 $z$, 则 $T(a)$ 将趋近 $[\beta T_1 + (1-\beta)T_2]$ [练习]. 这个结果与不连续函数的傅里叶级数表示有关.

现在, 只需证明所构造的函数确实是调和的. 我们在此暂停一下, 先转来把泊松公式恢复到它的经典形式. 首先要注意, (12.30) 可以重写为 [为什么?]

$$T(a) = \frac{1}{2\pi} \int_{-\pi}^{\pi} T(\theta)\mathrm{d}\theta^*. \tag{12.32}$$

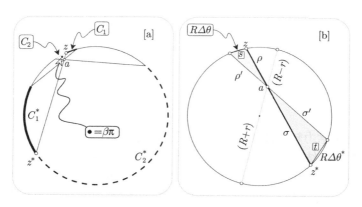

图　12-34

为了把它写成与 (12.28) 同样的形状, 就要把 $\mathrm{d}\theta^*$ 用 $\mathrm{d}\theta$ 表示出来.

考虑图 12-34b, 上面画的是当 $z$ 做运动 $R\Delta\theta$ 时, $z^*$ 的运动 $R\Delta\theta^*$. 这些弧最终[1]等于弦 $s$ 和 $t$, 所以 $(\Delta\theta^*/\Delta\theta)$ 最终等于 $(t/s)$. 但是 $s$ 和 $t$ 是两个相似三角形

---

[1] 在 1.3.4 节中解释了本书中对于 "最终" 二字的用法. 例如在这里, "最终" 是指 $R\Delta\theta$ 与 $s$ 之差对于 $\Delta\theta$ 是高阶无穷小. —— 译者注

[画有阴影] 的对应边, 所以 $(t/s) = (\sigma'/\rho)$. 最后, 因为最终有 $(\sigma'/\rho) = (\sigma/\rho)$, 我们得到

$$\frac{\mathrm{d}\theta^*}{\mathrm{d}\theta} = \left[\frac{\sigma}{\rho}\right].$$

这样, (12.32) 变成了

$$T(a) = \frac{1}{2\pi} \int_{-\pi}^{\pi} \left[\frac{\sigma}{\rho}\right] T(\theta)\mathrm{d}\theta. \tag{12.33}$$

由此得知, 为了导出泊松公式, 我们只需证明 $[\sigma/\rho]$ 就是泊松核 $\mathcal{P}_a(z)$. 施瓦茨本人则是按反方向进行的: 他原来是从泊松公式导出他的结果 (12.29) 的.

有一条初等的几何定理, 说明 $\rho\sigma = \rho'\sigma'$ 是一个仅仅依赖于 $a$ 的常数, 利用过 $a$ 的直径（虚线）即得 $\rho\sigma = (R^2 - r^2)$. 这样我们就真的得到了

$$\left[\frac{\sigma}{\rho}\right] = \left[\frac{R^2 - r^2}{\rho^2}\right] = \mathcal{P}_a(z).$$

作为泊松核的几何解释的一个有趣推论, 我们看到, 对于固定的 $z$, 作为 $a$ 的函数 $\mathcal{P}_a(z)$, 它的水平曲线是一族切于 $z$ 的圆周, 而 $C$ 本身则是 $\mathcal{P}_a(z) = 0$, 即极限圆.

回到调和性问题, 我们看到, 只要能对 $a$ 在积分号下求导（这当然是许可的, 因为现在 $z$ 在圆周 $C$ 上, 从而 $r < R$）, 然后再证明 $[\sigma/\rho]$ 是 $a$ 的调和函数就够了. 要证明这一点, 请看图 12-35. 因为在 $E$ 点的角是直角, 所以

$$\left[\frac{\sigma}{\rho}\right] = \frac{|z + a|\cos\gamma}{|z - a|} = \mathrm{Re}\left(\frac{z + a}{z - a}\right).$$

既然 $[\sigma/\rho]$ 是 $a$ 一个解析函数的实部, 它就自然是调和的. 证毕.

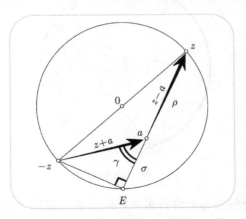

图 12-35

从推理的思路, 还可以得到一项副产品. 令 $S$ 为 $T$ 的调和对偶, 从而 $f = T + iS = -$ (复位势) 是解析函数. 这时, 除了相差再加上一个虚常数以外, 这个函数是唯一决定的, 而它必定由下式给出:

$$f(a) = \frac{1}{2\pi} \int_{-\pi}^{\pi} \left( \frac{z+a}{z-a} \right) T(\theta) \mathrm{d}\theta \, ,$$

因为这是一个解析函数, 它的实部就是 $T(a)$. 这个结果称为**施瓦茨公式**, 它使我们能从一解析函数实部在 $C$ 上的值恢复完整的函数 $f$.

### 12.7.4 诺依曼和波歇的解释

如果我们在上半平面的边缘 (即实轴) 上指定了任意的分段连续的温度 $T(x)$, 则有另一个也属于泊松的公式给出上半平面的任意点 $a = X + iY$ ($Y > 0$) 处的温度如下:

$$T(a) = \frac{1}{\pi} \int_{-\infty}^{\infty} \left[ \frac{Y}{(X-x)^2 + Y^2} \right] T(x) \mathrm{d}x \, . \tag{12.34}$$

我们将用双曲几何重新解释 (12.32), 这样来解释这个结果. 这样一来, 从 (12.28) 转到 (12.34) 只不过就是从双曲平面的庞加莱模型转到它的上半平面模型而已. 然而我们先要给出泊松公式的另一个几何解释.

为简单计, 令 $C$ 为**单位圆周**. 考虑图 12-36. 设在弧 $K$ ($K$ 也表示其弧长的弧度值) 上有单位温度, 而在 $C$ 的其余部分上, 温度则保持为零. 由施瓦茨的结果, 在 $a$ 点的温度为 $T(a) = (K^*/2\pi)$ (这里 $K^*$ 如前所述, 是 $K$ 通过 $a$ 在 $C$ 上的投影, 也表示其弧长的弧度值), 而在圆心处的温度则是 $T(0) = (K/2\pi)$.

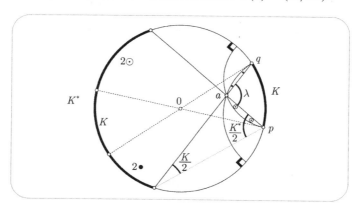

图 12-36

想象你站在 $a$ 处向外看着许许多多等距分布在圆周上的温度计. 当你把头转一整圈 —— 当然脚跟也得跟着转! —— 用《$T$》$_a$ 表示你所看见的 (一切方向上的) 温度的平均值. 例如, 出现在高斯平均值定理中的 $\langle T \rangle$ 就是《$T$》$_0$.

在我们的情况下，《$T$》$_a = (\lambda/2\pi)$，其中 $\lambda$ 是 $K$ 对 $a$ 点所张的角的弧度值. 从图上我们看到[①]

$$\lambda = \frac{1}{2}(K^* + K),$$

所以《$T$》$_a = \frac{1}{2}[T(a) + T(0)]$：你所看到的边缘温度平均值等于你所在处的温度和圆心处的温度的平均. 然后就容易看到，对于许多有不同温度的弧，以及对于最终[②]一般的分段连续的温度分布，这个结果也是对的. 这样，泊松公式可以重新写为

$$T(a) = 2《T》_a - T(0).$$

这是诺依曼[③]的结果，见 Neumann [1884]，我们只是重新发现了它，而 Duffin [1957] 则从另一个角度重新发现了它. 在 Perkins [1928] 中还有一个有趣的推广.

图 12-37 的目的就是想让这个结果更加生动：你连续不断地扭头，每次都扭动同样的小角度 •，你就能看到边缘上空心圆点处放置的一个温度计. 它们所记载的温度的平均值就是《$T$》$_a$ 的很好的近似 [当 • → 0 时则得到准确值]，也就是你所处位置的温度与在 0 点的温度平均值的很好的近似. 请注意，在边缘最接近你的地方，这些空心圆点是怎样挤到一起来了. 这样，正如你能够预期到的那样，这一部分边缘会对你所站位置的温度具有最大的影响.

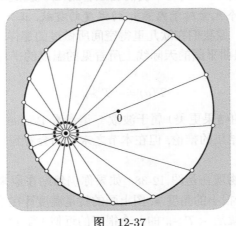

图 12-37

---

① 附带提到，这也意味着等温线就是过 $p$ 和 $q$ 的圆弧.
② 请注意前一个译者注. —— 译者注
③ Carl Gottfried Neumann, 1832—1925, 德国数学家. Carl 的父亲（1798—1895）也是一位大数学家和物理学家. 是哥尼斯堡学派的创始人. 希尔伯特其实也是出自这个学派. 但是偏微分方程理论中的诺依曼问题，则是因儿子 Carl 命名的. 但是请勿与 20 世纪的大数学家，计算机科学的开创者之一的冯·诺伊曼（John von Neumann, 1903—1957）混淆，这一位是匈牙利人，希尔伯特的学生，与我们这里讲的诺伊曼毫无关系. —— 译者注

为了得到泊松公式的第三种, 也就是最后一种解释, 请把这个圆盘想成双曲平面的庞加莱模型, 你又一次站在 $a$ 处向 $K$ 瞭望, 现在 $K$ 成了无穷远处的天际线 (其定义见 6.3.4 节, 例如图 6-21). 那么, 在这个扭曲了的几何中, $K$ 有多大? 如果你是上帝那样的观测者, 能够俯视双曲平面的这个模型, 那么光所行走的直线在你看来就是正交于 $C$ 的圆弧, 所以你看见 $K$ 所张的角就是

$$双曲角度 = \lambda + (\bullet + \odot).$$

但是我们从图 12-36 看到 $K^* = K + 2\odot + 2\bullet$, 即

$$(\bullet + \odot) = \frac{1}{2}(K^* - K),$$

这样我们就得到一个值得注意的事实:

$$双曲角度 = \frac{1}{2}(K^* + K) + \frac{1}{2}(K^* - K) = K^* = 2\pi T(a).$$

这就是说, 你所处位置的温度恰好正比于你所看到的 $K$ 的大小! [直接求助于我们前面讲过的双曲旋转半周 $M_a(z)$ 的共形性以及它只保持圆周的性质, 也能得到这个结果.]

现在就能重新解释 (12.32) 了, 我们已经看到 $\mathrm{d}\theta^*$ 就是 $C$ 的元素对 $a$ 点所张的双曲角度: $C$ 的每个元素对于内点 $a$ 的温度的贡献, 正比于此元素对于点 $a$ 所张的双曲角度的大小. 像我们在欧几里得空间所做过的那样, 用 $\prec T \succ_a$ 记你站在 $a$ 点环顾一周时, 在双曲平面的天际线上所看见的温度的平均值. 于是我们发现了关系式

$$T(a) = \prec T \succ_a. \tag{12.35}$$

这个结果 (比施瓦茨的结果更美) 属于波歇[1], 请参看 Bôcher [1898], [1906]. 我们是把它表述为施瓦茨的结果的推论, 但在本节之末我们会看到, 还可以用简单得多的方法去理解它.

图 12-37 的类似物现在是图 12-38. 如果你仍然站在原来的地方, 不断扭头环顾四周, 每次都扭一个很小的角度 $\bullet$, 图上画的就是温度计在边缘上的新位置. 这些温度计读数的平均值就是 $\prec T \succ_a$ 的一个很好的近似 [当 $\bullet \to 0$ 时则得准确值], 因此也是你所处位置的温度的一个很好的近似. 请注意, 在边界最接近你的部分, 空心圆点变得拥挤起来, 因此这一部分边缘对你所处位置的温度影响最大.

从 (12.35) 这个有利的视点来看, (12.27) 和 (12.32) 的区别就烟消云散了. 本来双曲平面上的每一点都和其他点是平等的, 只不过在 $a = 0$ 时, 双曲角度 $\mathrm{d}\theta^*$ 恰好等于我们更熟悉的欧几里得角度 $\mathrm{d}\theta$.

---

[1] Maxime Bôcher, 1867—1918, 美国数学家. —— 译者注

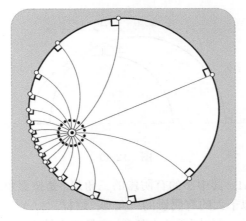

图 12-38

把结果这样陈述出来, 就使我们能把它转移到双曲几何的上半平面模型中来. [这种转移的完全的论证将在本节之末给出.] 对于上帝那样的观测者, 现在天际线是实轴, 而直线则是与实轴交成直角的半圆弧. 你所处位置的温度就是图 12-39 中那些空心圆点的温度的平均值 (当然须令 ● → 0).

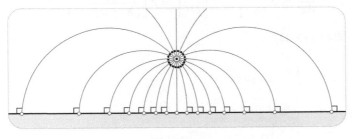

图 12-39

图 12-40 对此做了更详细的分析. 它画出了天际线上的元素 $\Delta x$ 对 $a$ 点所张的双曲角度 $\Delta\theta^*$ 和欧几里得角度 $\Delta\theta$. 把 $\Delta x$ 取得充分小, 就可以认为 $T(x)$ 在其上基本上是常数, 对于 $a$ 处温度的贡献是 $(1/2\pi)T(x)\Delta\theta^*$. 沿整个天际线积分, 我们得到

$$T(a) = \frac{1}{2\pi} \int_{x=-\infty}^{x=\infty} T(x)\mathrm{d}\theta^*. \tag{12.36}$$

为了把它写成 (12.34) 同样的形状, 我们需要找到 $(\mathrm{d}\theta^*/\mathrm{d}x)$. 我们将通过一个很吸引人而且很令人吃惊的结果来做这件事: 非欧角度 $\Delta\theta^*$ 正是欧几里得角度 $\Delta\theta$ 的两倍, 即使 $\Delta x$ 不是很小时也如此. 为了看到这一点, 请注意与实轴交于 $p$ 点的半圆弧. 过 $a$ 点的虚线切线与过 $p$ 的铅直直线的交角, 很明显就是弦 $ap$ 与这条铅直直线交角的两倍. 于是立即可得上述结果.

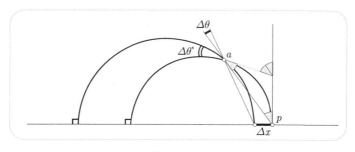

图　12-40

现在再看图 12-41. 其中小的有阴影的三角形, 是按直角三角形画的, 因此当 $\Delta\theta \to 0$ 时, 最终相似于大的有阴影的三角形. 这样, $(\xi/\Delta x)$ 最终等于 $(Y/\Omega)$. 还有, 因为 $\xi$ 很像半径为 $\Omega$ 的圆周的小弧段, 它最终会等于 $\Omega\Delta\theta$. 所以, 只要 $\Delta\theta$ 为无穷小, 就有

$$\frac{\Omega\Delta\theta}{\Delta x} = \frac{\xi}{\Delta x} = \frac{Y}{\Omega} .$$

把此式与前面的结果结合起来, 我们就得到

$$\frac{\mathrm{d}\theta^*}{\mathrm{d}x} = 2\left[\frac{\mathrm{d}\theta}{\mathrm{d}x}\right] = 2\left[\frac{Y}{\Omega^2}\right] = 2\left[\frac{Y}{(X-x)^2 + Y^2}\right] .$$

代入 (12.36) 即得 (12.34).

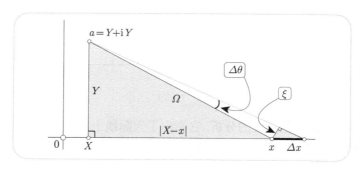

图　12-41

以上的论证, 形式虽然是新的, 但是把波歇的结果从圆盘转移到半平面这个基本思想, 则由 Osgood [1928] 给出. Lange and Walsh [1985] 是 (12.34) 的另一个处理方法. 关于迄今所得的三个解释的更多知识, 可见 Perkins [1928].

### 12.7.5　一般的格林公式

若 $R$ 是任意形状的单连通区域, 泊松公式有一个推广（归功于格林）, 可把 $R$ 的任意内点 $a$ 处的温度用边缘 $B$ 上的温度值 $T(z)$ 表示出来. 和前面一样, 令 $\mathcal{G}_a(z)$

为此区域当热源放在 $a$ 处时的格林函数, 所以在边界点 $z$ 处的局部热流量是

$$\mathcal{Q}_a(z) = -\frac{\partial \mathcal{G}_a}{\partial n}.$$

借助 $\mathcal{Q}_a$ 我们就能决定 $T(a)$. 下面就是非常引人注目的**格林公式**:

$$T(a) = \frac{1}{2\pi} \oint_B \mathcal{Q}_a(z)T(z)\mathrm{d}s, \tag{12.37}$$

这里 $\mathrm{d}s$ 是沿 $B$ 的弧长元素, 这样, $\mathcal{Q}_a$ 在这里所起的作用就和泊松核 $\mathcal{P}_a$ 在 (12.28) 中所起的作用一样. 事实上, 我们在前面曾经就单位圆盘的情况计算过 $\mathcal{Q}_a$, 即 (12.26) 中的 $\mathcal{Q}(z) = \mathcal{Q}_0(z)$, 我们现在认出了它就是泊松核 $\mathcal{P}_a$.

虽然 (12.37) 在理论上和实用上都很有价值, 应该指出, 它不如泊松公式那么明确而直接, 因为, 为了找出 $\mathcal{Q}_a$ 就要先找出格林函数 $\mathcal{G}_a$. 但是我们前面已经讲过, 求 $\mathcal{G}_a$ 的问题本身就是一个狄利克雷问题: 为了构造

$$\mathcal{G}_a(z) = -\ln \rho + g_a(z),$$

就要先做出一个以 $\ln \rho$ 为边值的调和函数 $g_a$. 所以 (12.37) 其实说的是, 如果能够解决这个特殊的狄利克雷问题, 就能解决所有的狄利克雷问题.

先设想 $T(z)$ 是给定的一个 $R$ 中的调和函数, 我们希望从它的边值来决定它在内点 $a$ 处的值 $T(a)$. 我们对于 (12.37) 的解释背后的思想其实很简单.[①]格林函数 $\mathcal{G}_a$ 使我们能够做出区域 $R$ 与单位圆盘 $D$ 之间的共形映射 $f$ 及其逆映射 $f^{-1}$, 而使得 $a$ 对应于原点. 图 12-42 基本上就是图 12-31 的复制, 在其中解释了这点.

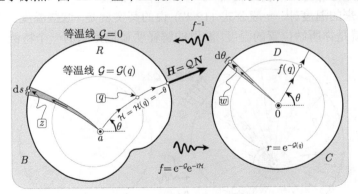

图 12-42

利用共形映射 $z \mapsto w = f(z)$ 就把 $R$ 中的调和函数 $T(z)$ 移植到 $D$ 中的调和函数 $\widetilde{T}(w) \equiv T(f^{-1}(w))$. $B$ 上的边值变成 $C$ 上的边值. 但是 $C$ 上的这些边界温度的平均值就是圆心处的温度, 而这就是我们想要的, 因为 $\widetilde{T}(0) = T(a)$.

---

① 参看 Maxwell [1873], 其中用静电能对 (12.37) 给出了美丽的物理解释, Maxwell [1881, 第 3 章] 更好.

用公式来表示这里的思想, 我们有

$$T(a) = \frac{1}{2\pi} \oint_C \widetilde{T}(w)\mathrm{d}\theta .$$

如果在 $C$ 上的 $w = f(z)$ 处的元素 $\mathrm{d}\theta$, 是 $B$ 上的 $z$ 处的元素 $\mathrm{d}s$ 的象, 则

$$\mathrm{d}\theta = |f'(z)|\mathrm{d}s ,$$

所以

$$T(a) = \frac{1}{2\pi} \oint_B T(z)|f'(z)|\mathrm{d}s .$$

最后再回忆起 (12.25): 伸缩率 $|f'(z)|$ 等于局部热流量 $Q_a(z)$. 这就完成了 (12.37) 的推导.

这里的论证还解释了更强的结果, 即 (12.37) 解决了关于 $R$ 的狄利克雷问题. 用 $f$ 把 $B$ 上给定的边值共形地移植到 $C$ 上, 我们已经知道, 泊松公式使我们能给出 $D$ 上的狄利克雷问题的解. 用 $f^{-1}$ 把这个解从 $D$ 移回到 $R$, 我们就找到了 $R$ 中的调和函数 $T$, 它在 $a$ 点的值必由 (12.37) 给出. 你现在能理解为什么我们舍得花那么大的精力在圆盘这个特例上了.

在结束本节时, 我们给出格林公式 (12.37) 的美丽的几何解释, 如图 12-43 左方. 和在图 12-38 中一样, 设想你站在 $a$ 处, 不断把头每次扭转一个小角 $\bullet$. 但是现在假设光是沿着图上所画的热流 $H = -\nabla\mathcal{G}_a$ 的流线行走的. 我们这样就会看见边缘上画出来的温度计. 一般公式 (12.37) 说的其实就是, 这些温度的平均值 (当 $\bullet \to 0$ 时) 就是你所站位置的温度! 波歇的解释明显地是它的一个特例.[1]

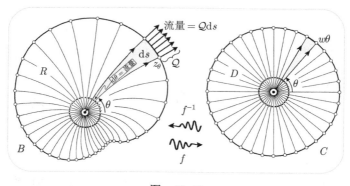

图    12-43

---

[1] 如果我们定义 $R$ 中间隔为无穷小的两个点的距离, 就是这两点在 $D$ 中的象的双曲距离, 则 $R$ 变成双曲平面的另一个 (非标准的) 共形模型, 图 12-43 中由 $a$ 发出的流线就是其测地线. 于是这两个结果就是完全相同的.

这个解释本质上只不过是重复了 (12.25) 的推导. 令 $z_\theta$ 是你向 $\theta$ 方向看见的边界点. 格林公式说的就是, $z_\theta$ 处的元素 d$s$ 处的温度 $T(z_\theta)$ 对于 $a$ 点的温度的贡献正比于 $\mathcal{Q}_a(z_\theta)$d$s$, 即 $H$ 通过 d$s$ 的流量. 现在随着图上有阴影的流管回到 $a$ 点处的源, 令此流管在 $a$ 处所张的角为 d$\theta$. 因为正比于 $2\pi$ 的总流量在 $a$ 点的分布是对称的, 所以流入这个流管的流量 $\mathcal{Q}_a(z_\theta)$d$s$ 等于 d$\theta$. 这样, (12.37) 可以重写为

$$T(a) = \frac{1}{2\pi} \oint_B T(z_\theta) \mathrm{d}\theta, \tag{12.38}$$

这就是各方向的边缘温度 $T(z_\theta)$ 的平均值. 证毕.

我们是用图 12-43 作为 (12.37) 的几何解释的, 我们也能用它来简化与说明那个公式的推导. 关键之处在于看到 (甚至不需令 ● 趋于零), 图 12-43 中在 $B$ 上观测到的温度的平均值是共形不变的. 和前面一样, 令 $J(z)$ 是由 $R$ 到另一个边缘为 $Y$ 的单连通区域 $S$ 的一对一共形映射. 和处理 $f$ 一样, 我们选取 $J$ 使得过 $a$ 的曲线的方向在此映射下没有扭转 (即 $\arg[J'(a)] = 0$). 令 $w_\theta \equiv J(z_\theta)$ 为 $B$ 上的 $z_\theta$ 在 $Y$ 上的象.

由格林函数的共形不变性, 按角度 $\theta$ 离开 $a$ 的流线的象就是以同一角度离开 $J(a)$ 的流线. 这样, $w_\theta$ 不仅是 $z_\theta$ 的象, 它也是 $J(a)$ 处的观测者向着 $\theta$ 方向看见的边界点. 但是, 由定义, $B$ 上每点 $z_\theta$ 的温度都被移植到了 $Y$ 上的 $w_\theta$ 点, 所以, $J(a)$ 处的观测者在 $Y$ 上看到的温度与 $a$ 处的观测者在 $B$ 上看到的温度一样. 证毕.

令 ● 趋于零来取极限, 平均值的共形不变性就可以表示为

$$\frac{1}{2\pi} \oint_B T(z_\theta) \mathrm{d}\theta = \frac{1}{2\pi} \oint_Y \widetilde{T}(w_\theta) \mathrm{d}\theta .$$

图 12-43 画的是 $J = f$ 的特例, 即前面构造的将 $R$ 映为 $D$ 并将 $a$ 映为 0 的共形映射. 这个特例的优点在于, 现在可以算出这个共形不变的平均值. 由高斯平均值定理, 移植后的温度的平均值, 即在 $C$ 上的 $\widetilde{T}(w_\theta) \equiv T(z_\theta)$ 的平均值, 就是在圆心处的温度 $\widetilde{T}(0) \equiv T(a)$:

$$\frac{1}{2\pi} \oint_B T(z_\theta) \mathrm{d}\theta = \frac{1}{2\pi} \oint_C \widetilde{T}(w_\theta) \mathrm{d}\theta = T(a) .$$

这样, 再回到 $R$, 并且令 ● 趋于零而取极限, 就知道, 所观测到的温度的平均值就是你所处位置的温度. 最后, 图 12-43 的推理表明, (12.38) 等价于 (12.37).

图 12-44 说明的是, 共形不变的平均值这一思想使我们做过的许多事情有了统一性. 图的上部中间画的是高斯平均值定理: 当 ● 趋于零时, 边缘上的空心圆点处的温度的平均值等于圆盘中心的温度. 对此图应用一个自同构, 就给出圆盘的泊松公式的可视化形式 (上左); 应用默比乌斯变换把双曲平面的庞加莱模型变为上半

平面模型, 就得到上半平面的泊松公式的可视化形式 (下图); 而用更一般的共形映射, 则给出格林公式的可视化形式.

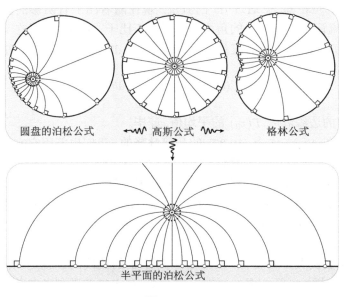

图 12-44

## 12.8 习 题

1. (i) 证明偶极子的对偶仍是偶极子.

   (ii) 把偶极子看成一个对子 [强度相同的源和汇所成的一对] 的极限. 画出这个对子的对偶的草图, 并由此弄清 (i) 的几何意义.

2. 若 $\Phi$ 是一个实调和函数, $\hat{\Phi}$ 是其调和对偶, 证明 $\Phi\hat{\Phi}$ 也是调和函数. [提示: 考虑复函数 $(\Phi + i\hat{\Phi})$ .]

3. 利用高斯平均值定理证明调和函数不可能具有局部极大值.

4. 求 (12.7) 在三维空间的推广.

5. (i) 若 $f$ 为解析的, 证明 $\nabla|f| = (f\overline{f'})/|f|$, 并且说明为什么此式与第 7 章习题 19 的 (i) 一致.

   (ii) 证明: 若 $\Delta$ 是拉普拉斯算子, 则 $\Delta|f|^2 = 4|f'|^2$. 请使用硬算来导出此式.

6. 令 $f(z)$ 为解析的. 依次对 $(f + \overline{f})$ 和 $(f\overline{f})$ 应用 $\nabla$, 证明: 若 $f$ 的实部或模为常数, 则 $f$ 本身也为常数.

7. (i) 把 $z$ 和 $\overline{z}$ 看成 $x$ 和 $y$ 的函数, 偏微分的链法则证明 (至少是形式上证明)
$$\partial_z = \frac{1}{2}\overline{\nabla}, \quad \partial_{\overline{z}} = \frac{1}{2}\nabla .$$

(ii) 由此导出（至少是形式上导出）：一个解析函数 $f$ 依赖于 $z$, 但不依赖于 $\overline{z}$:

$$\partial_z f = f', \quad \partial_{\overline{z}} f = 0.$$

8. 令 $J$ 表示变换 $z \mapsto w$ 的雅可比矩阵. 对于上题, 证明其行列式为 $\det(J) = |\partial_z w|^2 - |\partial_{\overline{z}} w|^2$.

9. 从习题 7(i) 我们看到 $\Delta = \nabla\overline{\nabla} = 4\partial_z\partial_{\overline{z}}$. 利用这一事实解决以下各问题.

   (i) 证明 $\Phi = \left[1 - (x^2 + y^2)\right]^{-1}$ 满足 $\Delta\Phi = 4\Phi^2(2\Phi - 1)$.

   (ii) 从 $\Delta F = \mathrm{e}^z$ 形式地先对 $z$ 积分再对 $\overline{z}$ 积分来解出 $F$. 由此导出 $R = \frac{1}{4}\mathrm{e}^x(x\cos y + y\sin y)$ 是方程 $\Delta R = \mathrm{e}^x\cos y$ 的一个解. 通过显式地计算出 $\Delta R$ 来验证这个结果.

   (iii) 证明：若 $f$ 是平面上的最一般的调和函数, 则 $f(z, \overline{z}) = p(z) + q(\overline{z})$, 其中 $p$ 和 $q$ 是任意解析函数.

10. 和通常一样, 令 $\hat{\xi}$ 是一条曲率为 $\kappa$ 的曲线的单位切向量, $\tilde{\kappa}$ 是此曲线在解析映射 $f(z)$ 下的象的曲率. 又令 $s$ 和 $\tilde{s}$ 分别表示原曲线和象曲线的弧长. 最后, 令 $\Psi = (1/|f'|)$ 是复曲率 $\mathcal{K} = -\mathrm{i}\nabla\Psi$ 的流函数.

    (i) 利用 5.9.3 节 (5.30) 证明 $\partial_{\tilde{s}}\tilde{\kappa} = \Psi\partial_s\left[\kappa\Psi + \mathcal{K}\cdot\hat{\xi}\right]$.

    (ii) 证明 $\partial_s\hat{\xi} = \mathrm{i}\kappa\hat{\xi}$, 同时 $\partial_s\Psi = \hat{\xi}\cdot(\mathrm{i}\mathcal{K})$.

    (iii) 导出

    $$\partial_{\tilde{s}}\tilde{\kappa} = \Psi^2\partial_s\kappa + \Psi(\partial_s\mathcal{K})\cdot\hat{\xi}.$$

    [提示：记住（或者证明）$(\mathrm{i}\boldsymbol{a})\cdot(\boldsymbol{b}) + (\boldsymbol{a})\cdot(\mathrm{i}\boldsymbol{b}) = 0.$]

    (iv) 回忆一下第 5 章的习题 18, 其中我们看到牛顿当年如何企图把两条相切的曲线间的 "角" $\Theta$ 定义为它们的曲率之差: $\Theta \equiv (\kappa_1 - \kappa_2)$. 虽然这不是共形不变的, 但请证明 $[\Theta^2/\partial_s\Theta]$ 是一个共形不变量. 角的概念的这个有几何意义的推广称为**卡斯纳不变量**（Kasner Invariant）.

11. 用上题的记号, 令 $p$ 度量正交于此曲线的方向 $\mathrm{i}\hat{\xi}$ 的距离. 把 $\mathcal{K} = -\mathrm{i}\nabla\Psi$ 代入 5.9.3 节 (5.30), 证明象曲线的曲率可以表示为一个很干净的公式:

$$\tilde{\kappa} = \partial_p\Psi + \kappa\Psi.$$

12. 考虑位于 $p$ 处强度为 $S$ 的源在一解析映射 $f$ 下的象.

    (i) 先几何地证明再代数地证明, 若 $p$ 不是 $f$ 的临界点（即 $f'(p) \neq 0$）, 则象是另一个位于 $f(p)$ 处, 强度仍为 $S$ 的源.

    (ii) 先几何地证明再代数地证明, 若 $p$ 是 $f$ 的 $(n-1)$ 阶临界点, 则象仍是一个源, 但现在强度为 $(S/n)$.

13. 对于位于 $p$ 处的偶极子重复上题的研究.

14. 证明：若把米尔恩–汤姆森公式 (12.17) 用于位于单位圆内的 $p$ 处的涡旋, 则给出两个新的涡旋, 一个位于 $1/\overline{p}$ 处, 另一个位于 $0$ 处. 借助于黎曼球面上的图像来解释此事.

15. (i) 证明: 若 $u$ 与 $v$ 为调和的, 则 $X \equiv (u\nabla v - v\nabla u)$ 是无源的.

   (ii) 取 $u = T$, $v = \mathcal{G}_a$ 来证明 (12.37), 然后令 $X$ 流出 $B$ 的流量等于由圆心在 $a$ 的无穷小圆周流出的流量.

   (iii) 取 $u = \mathcal{G}_a$, $v = \mathcal{G}_b$ 来证明格林函数的对称性质: $\mathcal{G}_a(b) = \mathcal{G}_b(a)$.

16. 将单位圆周的上半圆周（$\mathrm{Im}(z) > 0$）的温度保持为 $+(\pi/2)$, 下半圆周的温度保持为 $-(\pi/2)$, 记这时的单位圆盘的温度分布为 $T(z)$, 证明

$$T(z) = \mathrm{Arg}\left[\frac{1+z}{1-z}\right].$$

17. 令 $T(z)$ 为圆盘 $|z| \leqslant R$ 内的非负温度分布. 记 $|a| = r$, 用泊松公式来导出**哈纳克**[①]**不等式**:

$$\left(\frac{R-r}{R+r}\right) T(0) \leqslant T(a) \leqslant \left(\frac{R+r}{R-r}\right) T(0).$$

18. 利用哈纳克不等式 [即上题] 证明刘维尔定理在调和函数中的如下类比: *若 $T$ 在全平面上是调和的, 而且是上有界（或下有界）, 则 $T$ 为一常数.*

19. 把圆盘的格林函数 (12.21) 代入 (12.24), 由此证实圆盘边缘的热流公式 (12.26).

20. (i) 用镜像法求上半平面的格林函数.

   (ii) 用此式证明一般的格林公式 (12.37) 确实给出上半平面的泊松公式 (12.34).

21. 用镜像法的思想证明, 若 $0 < \mathrm{Re}(p) < 1$, 则上半圆盘（$\mathrm{Re}(z) \geqslant 0$, $|z| \leqslant 1$）的格林函数是

$$\mathcal{G}_p(z) = -\ln\left|\frac{z-p}{\overline{p}z-1}\right| + \ln\left|\frac{z+\overline{p}}{pz+1}\right|.$$

通过用计算机做 $\mathcal{G}_p(z)$ 的草图来验证这一点.

---

① Carl Gustav Axel Harnack, 1851—1888, 德国数学家. —— 译者注

# 参 考 文 献

**L. V. Ahlfors**

[1979] *Complex Analysis*. Third Ed., McGraw-Hill.

**S. Altmann**

[1989] Hamilton, Rodrigues, and the Quaternion Scandal, *Math. Mag.*, **62**, 291–308.

**V. I. Arnol'd**

[1990] *Huygens & Barrow, Newton & Hooke*. Birkhäuser Verlag.

**J. Bak and D. J. Newman**

[1982] *Complex Analysis*. Springer-Verlag.

**A. F. Beardon**

[1979] *Complex Analysis*. Wiley.

[1984] *A Primer on Riemann Surfaces*. Cambridge University Press, Cambridge.

[1987] Curvature, Circles, and Conformal Maps. *Amer. Math. Monthly*, **94**, 48–53.

**E. Beltrami**

[1868] Essay on the Interpretation of Non-Euclidean Geometry. Translated in Stillwell [1996].

[1868'] Fundamental Theory of Spaces of Constant Curvature. Translated in Stillwell [1996].

**I. C. Bivens**

[1992] When Do Orthogonal Families of Curves Possess a Complex Potential? *Math. Mag.*, **65**, 226–235.

**R. P. Boas**

[1987] *Invitation to Complex Analysis*. Random House.

**M. Bôcher**

[1898] Note on Poisson's Integral. *Bull. Amer. Math. Soc.*, **4**, 424–426.

[1906] On Harmonic Functions in Two Dimensions. *Proc. Amer. Acad. Arts & Sci.* **41**, 577–583.

**K. Bohlin**

[1911] Note sur le problème des deux corps et sur une intégration nouvelle dans le problème des trois corps. *Bull. Astr.*, **28**, 113–119.

**B. Braden**

[1987] Pólya's Geometric Picture of Complex Contour Integrals. *Math. Mag.*, **60**, 321–327.

[1991] The Vector Field Approach in Complex Analysis. In *Visualization in Teaching and Learning Mathematics*. MAA Notes Number 19.

**E. Brieskorn and H. Knörrer**

[1986] *Plane Algebraic Curves*. Translated from the German by John Stillwell. Birkhäuser, Basel.

**C. Carathéodory**

[1950] *Theory of Functions of a Complex Variable*. Vol. 1, p. 156, Chelsea Publishing Company, 1954.

**S. Chandrasekhar**

[1995] *Newton's Principia for the Common Reader*. Clarendon Press, Oxford.

**R. Courant**

[1950] *Dirichlet's Principle, Conformal Maping, and Minimal Surfaces*. Interscience, New York.

**H. S. M. Coxeter**

[1946] Quaternions and Reflections. *Amer. Math. Monthly*, **53**, 136–146.

[1967] The Lorentz Group and the Group of Homographies. *Proc. Internat. Conf. Theory of Groups*, pp.73–77, Edited by L. G. Kovacs and B. H. Neumann, Gordon and Breach, New York.

[1969] *Introduction to Geometry*. Second Ed., Wiley.

**H. S. M. Coxeter and S. L. Greitzer**

[1967] *Geometry Revisited*. New Mathematics Library, Mathematical Association of America.

**P. J. Davis**

[1974] *The Schwarz Function and Its Applications*. Carus Mathematical Monographs, 17, MAA.

**P. J. Davis and H. Pollak**

[1958] On the Analytic Continuation of Mapping Functions. *Trans. Amer. Math. Soc.*, **87**, 198–225.

**M. do Carmo**

[1994] *Differential Forms and Applications*. Springer-Verlag.

**R. J. Duffin**

[1957] A Note on Poisson's Integral. *Quarterly of Applied Math.*, **15**, 109–111.

**W. H. Echols**

[1923] Some Properties of a Skewsquare. *Amer. Math. Monthly*, **30**, 120–127.

**H. Eves**

[1992] *Modern Elementary Geometry.* Jones and Bartlett.

**R. P. Feynman**

[1963] *The Feynman Lectures on Physics.* Addison-Wesley, 1963–1965.

[1966] *The Development of the Space-Time View of Quantum Field Theory.* Nobel lecture, Stockholm. Reprinted in *Phys. Today*, August 1966, pp. 31–34.

[1985] *QED: The Strange Theory of Light and Matter.* Princeton University Press.

[1985'] *"Surely You're Joking, Mr. Feynman!".* W. W. Norton & Co., Inc.

**R. L. Finney**

[1970] Dynamic Proofs of Euclidean Theorems. *Math. Mag.*, **43**, 177–185. Also reprinted in *Selected Papers on Geometry.* MAA, 1979.

**L. R. Ford**

[1929] *Automorphic Functions.* Corrected Edition, Chelsea Publishing Company, 1951.

**W. Fulton**

[1995] *Algebraic Topology: A First Course.* Springer-Verlag.

**K. F. Gauss**

[1827] *General Investigations of Curved Surfaces.* Raven Press, New York, 1965.

**M. J. Greenberg**

[1993] *Euclidean and Non-Euclidean Geometries.* Third Ed., W. H. Freeman.

**P. Henrici**

[1986] *Applied and Computational Complex Analysis.* Vol. 3, Wiley.

**D. Hilbert**

[1901] *Gesammelte Abhandlungen.* Vol. 2, pp. 437–448, Chelsea Publishing Company, 1965. English translation in Hilbert's *Foundations of Geometry.* Open Court, 1971.

[1909] *Gesammelte Abhandlungen.* Vol. 3, pp. 73–80, Chelsea Publishing Company, 1965.

[1932] *Geometry and the Imagination.* Chelsea Publishing Company, 1952.

**S. Hildebrandt and A. Tromba**

[1984] *Mathematics and Optimal Form.* Scientific American Books, Inc.

**S. G. Hoggar**

[1992] *Mathematics for Computer Graphics*. Cambridge University Press, Cambridge.

**H. Hopf**

[1956] *Differential Geometry in the Large*. Lecture Notes in Mathematics, **1000**, Springer-Verlag, 1989.

**B. K. P. Horn**

[1991] Relative Orientation Revisited. *Journal of the Optical Society of America, A*, **8**, 1630–1638.

**G. A. Jones and D. Singerman**

[1987] *Complex Functions*. Cambridge University Press, Cambridge.

**E. Kasner**

[1912] Conforman Geometry. In *Proceedings of the International Congress of Mathematicians*, Vol. 2.

[1913] *Differential-Geometric Aspects of Dynamics*. AMS.

**S. Katok**

[1992] *Fuchsian Groups*. University of Chicago Press.

**F. Klein**

[1881] *On Riemann's Theory of Algebraic Functions and Their Integrals*. Dover, 1963.

**T. W. Körner**

[1988] *Fourier Analysis*. Cambridge University Press, Cambridge.

**C. Lanczos**

[1966] *Discourse on Fourier Series*. Hafner Publishing Co., New York.

**R. Lange and R. A. Walsh**

[1985] A Heuristic for the Poisson Integral for the Half Plane and Some Caveats. *Amer. Math. Monthly*, **92**, 356–358.

**J. E. Marsden**

[1973] *Basic Complex Analysis*. W. H. Freeman.

**A. I. Markushevich**

[1965] *Theory of Functions of a Complex Variable*. Chelsea Publishing Company.

**J. McCleary**

[1994] *Geometry from a Differentiable Viewpoint*. Cambridge University Press.

**J. C. Maxwell**

[1873] *A Treatise on Electricity and Magnetism*. Clarendon Press, Oxford. See Third Ed., Vol. 1, pp. 103–107, Dover, 1954.

[1881] *An Elementary Treatise on Electricity*. Clarendon Press, Oxford.

**J. Milnor**

[1982] Hyperbolic Geometry: the first 150 years. *Bull. Amer. Math. Soc.* (new series) **6**, 9–24.

**T. Needham**

[1993] Newton and the Transmutation of Force. *Amer. Math. Monthly*, **100**, 119–137.

[1994] The Geometry of Harmonic Functions. *Math. Mag.*, **67**, 92–108.

**Z. Nehari**

[1952] *Conformal Mapping.* McGraw-Hill.

[1968] *Introduction to Complex Analysis.* Revised Ed., Allyn and Bacon.

**C. Neumann**

[1884] *Vorlesungen über Riemann's Theorie der Abel'schen Integrale.* Second Ed., B. G. Teubner, Leipzig.

**R. Nevanlinna and V. Paatero**

[1969] *Introduction to Complex Analysis.* Addison-Wesley.

**I. Newton**

[1670] *The mathematical papers of Isaac Newton,* Vol. III, p. 166, Edited by D. T. Whiteside, Cambridge University Press, Cambridge, 1969.

[1687] *Philosophiae Naturalis Principia Mathematica.* Cambridge University Press. English translation, University of California Press, 1934.

**V. V. Nikulin and I. R. Shafarevich**

[1987] *Geometries and Groups.* Springer-Verlag.

**J. C. C. Nitsche**

[1989] *Lectures on Minimal Surfaces.* Cambridge University Press, Cambridge.

**C. S. Ogilvy**

[1969] *Excursions in Geometry.* Oxford University Press, New York. Reprinted by Dover in 1990.

**B. O'Neill**

[1966] *Elementary Differential Geometry.* Academic Press, New York.

**W. F. Osgood**

[1928] *Lehrbuch der Funktionentheorie.* Fifth Ed., Vol. 1, pp. 666–670, Chelsea Publishing Company.

**R. Penrose**

[1978] The Geometry of the Universe, in *Mathematics Today*, Springer-Verlag.

[1989] *The Emperor's New Mind.* Oxford University Press, Oxford.

[1994] *Shadows of the Mind*. Oxford University Press, Oxford.

**R. Penrose and W. Rindler**

[1984] *Spinors and Space-Time*. Vol. 1, Cambridge University Press, Cambridge.

**F. W. Perkins**

[1928] An Intrinsic Treatment of Poisson's Integral. *Amer. Jour. of Math.*, **50**, 389–414.

**H. Poincaré**

[1882] Theory of Fuchsian Groups. English translation in Poincaré [1985] and in Stillwell [1996].

[1883] Memoir on Kleinian Groups. English translation in Poincaré [1985] and in Stillwell [1996].

[1985] *Papers on Fuchsian Functions*. Translation and introduction by J. Stillwell, Springer-Verlag.

**G. Pólya**

[1954] *Mathematics and Plausible Reasoning*. Vol. 1, p.163, Princeton University Press.

**G. Pólya and G. Latta**

[1974] *Complex Variables*. Wiley.

**V. V. Prasolov**

[1995] *Intuitive Topology*. Mathematical World, Vol. 4, AMS.

**Reech**

[1858] *Journal de l'Ecole Polytechnique*, **27**, 167–178.

**H. A. Schwarz**

[1870] *Gesammelte Mathematische Abhandlungen*. Vol. II. pp. 144–171, Chelsea Publishing Company, 1972.

[1890] *Gesammelte Mathematische Abhandlungen*. Vol. II. p. 360, Chelsea Publishing Company, 1972.

**H. S. Shapiro**

[1992] *The Schwarz Function and Its Generalization to Higher Dimensions*. Wiley.

**C. L. Siegel**

[1969] *Topics in Complex Function Theory*. Vol. 1, Wiley-Interscience.

**D. M. Y. Sommerville**

[1914] *The Elements of Non-Euclidean Geometry*. Dover, 1958.

**G. Springer**

[1957] *Introduction to Riemann Surfaces*. Chelsea Publishing Company.

**I. Stewart and D. Tall**

[1983] *Complex Analysis*. Cambridge University Press, Cambridge.

**J. C. Stillwell**

[1980] *Classical Topology and Combinatorial Group Theory*. Springer-Verlag.

[1989] *Mathematics and Its History*. Springer-Verlag.

[1992] *Geometry of Surfaces*. Springer-Verlag.

[1994] *Elements of Algebra: geometry, numbers, equations*. Springer-Verlag.

[1996] *Sources of Hyperbolic Geometry*. History of Mathematics, Vol. 10, AMS.

**W. P. Thurston**

[1997] *Three-Dimensional Geometry and Topology*. Princeton University Press.

**L. N. Trefethen**

[1986] *Numerical Conformal Mapping*. North-Holland, Amsterdam.

**B. L. van der Waerden**

[1985] *A History of Algebra*. Springer-Verlag.

**R. S. Westfall**

[1980] *Never at Rest: a biography of Isaac Newton*. Cambridge University Press, Cambridge.

**G. T. Whyburn**

[1955] Introductory Topological Analysis. In *Lectures on Functions of a Complex Variable*. University of Michigan Press.

[1964] *Topological Analysis*, Second Ed., Princeton University Press.

**I. M. Yaglom**

[1988] *Felix Klein and Sophus Lie*, Birkhäuser.

# 译　后　记

在译完这本书后, 我有一些想法愿与读者分享.

我在翻译过程中看到几位读者对本书的评论, 还有一些刊物上的书评, 以及读过部分内容的读者的意见. 他们几乎一致的看法是, 这本书有很高的独创性: 在一门有近 200 年历史, 而且已经有了数十部公认名著的基础分支学科里, 能够写出如此不同凡响的著作, 实在难得. 但是应该承认, 本书仍然是一本基础教科书. 因为一方面它的基本内容确实属于复分析的传统领域; 另一方面, 它所要求于读者的预备知识也仅限于 "比较认真地" 读过微积分与线性代数（当然, "比较认真地" 也是说起来容易做起来难）. 那么, 还有什么可以向读者说一说的呢?

## I

这本书的书名就标明了**可视化**. 可视化当然属于当前最热门的时尚 "品牌", 而且完全是由信息技术派生出来的. 那么, 本书的要点是否教读者如何使用计算机之类的方法呢? 否. 本书确实强调计算机的作用, 甚至许多习题需要用计算机来完成. 但是, 正如作者指出的那样, *应该像物理学家对待实验室那样对待计算机: 用它来发现或验证新思想, 解决新问题.* 作者认为, 他的这本书出生于 "牛顿的《原理》一书的创世纪中". 他从牛顿那里学到了方法, 甚至学到了技巧. 这就是强调问题的几何本质; 或者说, 强调从事物的几何与物理侧面来直观地理解事物. 著名数学家克莱因（即埃尔朗根纲领的提出者）在他的名著《高观点下的初等数学》（此书中译本由复旦大学出版社出版）的第 1 卷关于 "数学的现代发展及一般结构" 的一节中指出, 数学的发展和教学有三种进程, 即进程 A、进程 B 和进程 C. 进程 A 的特点是强调概念的明确性, 逻辑上的无懈可击, 方法的单纯性, 逐步演绎, 环环相扣, 绝无不必要的引申, 总之, 使数学成为严整的体系. 其陈述方式是: 定义、定理、证明、推论, 等等, 每句话、每个式子都要有根据. 进程 B, 这是克莱因特别推崇的进程, 强调数学概念的生成和发展, 强调各个分支的相互联系, 强调逻辑推理背后的直觉和物理内涵. 其陈述方式主张夹叙夹议, 娓娓道来, 生动活泼, 发人深省. 已故的吴大任教授在为《高观点下的初等数学》中译本写的序言中说, 克莱因的思想可以用 "融合" 二字来概括: 数学与物理学的融合, 数学各分支的融合, 逻辑推理与直觉的融合, 还有数学的逻辑展开与历史发展的融合.

克莱因还以欧拉公式 $e^{ix} = \cos x + i \sin x$ 为例详细比较了进程 A 和进程 B. 他尖锐地批评了当时（指 19 世纪末）的德国数学教学. 实际上, 他的批评对我们今天的教学也完全适用：这个 $e$ 是怎样来的？为何以它为底的对数称为自然对数？其"自然"何在？欧拉公式难道是天上掉下来的吗？我自己就遇到过类似的问题：幂级数 $e^{ix} = \sum_{n=0}^{\infty} \frac{(ix)^n}{n!}$ 的每一项都没有周期，为什么加起来以后就出现了周期？总之，学生们在逻辑上接受了某个结论，不等于"实际上"理解了这个结论. 这就是在教学上过分强调进程 A 带来的副作用. 本书作者强调自己是认真研究了牛顿的《原理》以后才理解的，必须从数学问题的直觉、经验的侧面去"体会"数学，才能得到真正的理解，才能"悟"其真谛. 因此，他用了极大的精力去探求复分析的许多我们已经非常熟悉的结论的几何内涵和处理方法，包括对上述欧拉公式的理解. 所以，读后确有耳目一新之感.

比较克莱因的说法与作者的说法，这本书可以说是作者在按照进程 B 帮助读者教或学复分析上所做的努力，而作者取得的成功是有目共睹的.

进程 C 是另外一回事，这里不去讨论.

如果要比较进程 A 和进程 B 的优劣，就会得到进程 B 远优于进程 A 的结论. 本书作者当然是这样看的. 但是，克莱因尽管充分评价进程 B，而且一直身体力行，但没有说出孰高孰低. 他认为，这两种进程都为数学发展所必需，互相切磋，又互相补充. 克莱因说得很对，在教学与研究中，采取哪一种进程，视各人的学识素养与爱好而定，也视整个数学发展的需要而定. 为什么牛顿特别倾向几何学？至少部分由于在牛顿的时代几何学最为成熟，而且是人们（不只是牛顿）解决科学问题的最有力工具. 牛顿以及他同时代的大科学家（还应加上伽利略）都是欧氏几何的高手. 他的《原理》一书可以说是充满了求解"几何难题"的例子，以致微积分的基本思想——略去高阶无穷小，也时常隐藏在几何难题后面，所以读起来很难得其三昧. 说个笑话：如果你不能放开慧眼，从几何与物理角度审视问题，就难以看穿大千世界；但是，如果你这样做了，立定足跟，循此渐进，自然能进入牛顿的不二法门——一种几何化的物理科学.

本书作者这样的做法，值得我们效仿. 这当然有很大的难度. 所以牛顿以后，如欧拉、拉格朗日和拉普拉斯，就以分析的方法来处理同样的问题. 欧拉说过，完全几何的方法，时常难以解决力学问题，或者只能部分地解决；而拉普拉斯的名著《天体力学》则把天体运动的研究完全归结为研究微分方程. 再考虑到微积分的基础经过两百多年的锤炼，借助 $\varepsilon\text{-}\delta$ 语言得到了较完美的解决，进程 A 就占据了统治地位. 当然，从几何和物理侧面考察问题的方法，也就退居后台了. 19 世纪的数学发展，风向似乎又有了改变. 这里起了决定作用的有高斯，特别是黎曼（他是本书特别推崇的大师）. "回到牛顿"可能是 20 世纪才有的口号，但是潮流的改变在当时已经十分明显. 不妨说，这是本书的一条主线. 但是，作者并没有简单地着力于几个几何难题（但是看来本书作者对几何难题情有独钟，所以本书中有不少很有趣的几何题），所谓强调几何和物理实质，其具体内容读者能在书中看到. 这里需要特别强调的是，计算机的出现不仅对于研究工作的影响已经有目共睹，而且它为数学教学开辟了多么广阔的前景远非我们今天敢于估计的. 作者将**可视化**展现在本书书名中，不但是由于数学的本质就有可视化这一侧面，而且由于今天的信息技术的现状使我们能够在前人无法想象的程度上揭示这个侧面.

当然，任何事物都有两个方面. 强调了几何直觉一面，就有可能对于数学严格性有所忽视. 作者并没有回避这一点. 他明确地宣称，他总是把"洞察力"置于严格性之前. 为了得到更深刻的洞察，宁可（在某种程度上）牺牲严格性. 全书基本上没有用 $\varepsilon\text{-}\delta$ 语言，而且非常自由地把小量与无穷小量混起来用. 作者常用"最终相等"之类的说法，时常把相差高阶无穷小就说成是相等. 当然，作者明白地说，这些说法都有确切的数学含义，但是他并不引述任何一本数学书，而是引证了一位大物理学家 S. Chandrasekhar 的 *Newton's Principia for the Common Readers* 一书（在这部关于复分析的近 600 页的大书里，竟然没有魏尔斯特拉斯的名字①，这恐怕只能以作者是"性情中人"来解释了）. 读者当然会问，这样做利弊如何，是有利于学生更深刻地理解数学概念、方法、理论的实质，还是实际上在鼓励一种大而化之的空疏作风？这当然要看教学的实际情况而定. 但是，问题并不如此简单. 例如在第5 章里，作者实际上宣布了，一个解析函数序列只要收敛，必可逐项求导. 这当然是错了，但是，即使像柯西这样的大师，也犯过类似错误. 正是阿贝尔以致魏尔斯特拉斯等人按照进程 A 的要求正确地处理了这个问题，否则就不会有今天的复分析. 至于译者，在大多数问题上是尊重了原作者的处理，但在这类问题上，就不能简单、客气地说原书错了，只好写一个比较长的脚注. 这里并不是讨论数学方法论或教学论的合适地方，但是应该指出，并非所有数学概念、方法和理论都可以或者适合于可视化. 进程 B 和进程 A 相辅相成甚至相反相成，能不能说，进程 B 帮助我们**放开慧眼**，而进程 A 则让我们**立定足跟**？对于译者，本书的启示在于，数学书没有一个至高无上不得违抗的写法，现今最流行的不一定是最好的，更不一定是最适合你的. 这就给学数学和教数学留下了广阔的创造空间.

II

一个数学分支被认为是基本分支，一门课程被认为是基础课，有两个原因：首先它从其他分支吸取营养；其次它又影响其他分支的发展或其他课程的教学. 数学和其他极为广博的科学一样，虽然是一座高耸入云的伟大建筑，必然有一些最为基础、影响又最为深远的思想和方法等，这些可以说是其精华. 基础课的教学有一个无可推卸的责任，就是把这些精华交给学生. 为此，按当前流行的做法，就是开许多

---

① 正文中只有一次提到魏尔斯特拉斯，还是译者加注的. —— 译者注

课程, 各司其职, 分兵把关. 姑且不论多数学校有没有可能开这么多课程, 即使开设了, 也一定会助长各门课程孤立分离, 看不到数学作为一个整体是如何在发展, 有什么真正关键的问题. 这也是进程 A 带来的副作用. 因此, 解决之道, 在于从进程 B 找出路. 正如吴大任先生给克莱因的思想所做的概括: 在**融合**二字上下功夫. 下面看一下本书是怎样处理这个问题的. 作者按照复分析发展的内在要求, 也按照自己的科学兴趣, 选择了三个问题, 使读者能从数学发展的整体来看待复分析, 引导读者走向更广阔的科学天地.

### A. 几何学和非欧几何

什么是几何学? 克莱因在他的《埃尔朗根纲领》里给出了回答: 几何学所研究的就是几何图形在某类运动所成的群下面的不变性质. 这本是每一个想学数学的大学生都应该了解的. 遗憾的是, 绝大多数大学生也就只是知道这一句话而已. 似乎多数大学里也找不到一门课认真地解释这个极其重要的思想 (但是有不少大学为文科学生开设的 "数学与文化" 之类的课程里却简单地介绍了一下). 原因可能在于, 现在我国多数大学数学系里, 几何教学很不恰当地被削弱了, 而一门几何课要能够认真地介绍《埃尔朗根纲领》, 必定有相当份量, 对教学两方面都是不轻的负担. 请看本书是如何解决这个问题的. "怎样来描述运动?" 对于实轴的情况, 运动简单地就是 $x \mapsto ax + b$, 其中 $a$ 和 $b$ 都是**实数**, 而且 $a \neq 0$. 对于二维欧氏平面, 本书指出, 只要进入复域, 就立刻可见运动就是 $z \mapsto az + b$, 其中 $a$ 和 $b$ 都是**复数**, 而且 $a \neq 0$. 作者这样讲, 本是为了克服一个大家都知道是历史的虚构说法: "复数出现于需要求解二次方程 $x^2 + 1 = 0$." (这样讲最 "方便".) 复数的出现深刻地适合了描述空间本性的需要, 而非简单地来自什么 "实际需要". 作者还指出, 物理学中有许多类似情况是复数的用武之地. 例如 (下面的例子是译者在教学中遇到过的, 而不一定就是作者心目中所想的, 因为作者的兴趣明显地在于理论物理等方面) 我们在工科数学中都会讲如何用复数讲交变电流和振动现象, 表面上看, 这也是一种 "方便", 其实, 稍想一下就会发现, 并不是电流、电压等取了虚数值, 而是实数现在已经不足以描述它们. 需要平面向量, 而平面向量就是复数. 这里的情况和二维欧氏平面的运动需用复数来描述是一样的. 读者自然会问, 是否有一种 "空间复数" 足以描述三维欧氏空间的运动? 从作者的分析看到, 这是不可能的. 怪就怪在, 到了四维欧氏空间却又可能了, 这就是四元数. 对大学生讲四元数, "离经叛道", 匪夷所思. 然而, 作者非常顺畅地引导读者和他一同在这条思想的小道上漫步, 真可谓 "花径不曾缘客扫, 蓬门今始为君开". 关键在于, 放开慧眼, 得到了一个深刻的洞察: 数学为的是更加深刻地描述大自然. 当然, 这样做要有本事, 具体说来就是要比较认真地读过线性代数. 其实, 所用的线性代数知识有限, 并无 "超纲" 之嫌, 很容易懂. 问题仍然在于, 大学生们是否想过 "线性代数还可以这样读", 那么很好,

这本书这样告诉你了, 帮助你放开慧眼.[①]

再转到非欧几何. 这时我们遇到的情况也与以上说到的相仿, 可能大多数学生知道的仅限于几何学中的一桩 "公案": 过直线外一点对此直线是否可以做出恰好一条 (或多于一条或少于一条) 平行线, 或者三角形三内角之和 = (>, <) π. 但是, 每一个学数学的学生都应该知道, 在高斯, 特别是黎曼以后, 问题的症结就变得很明显了: "现实的物理空间是什么样的空间? 是否是欧氏空间?" 这个问题在黎曼手上成了一个微分几何问题. 于是出现了内蕴几何与外在几何的区别和联系, 出现了空间的度量问题、曲率问题, 等等. 贝尔特拉米发现曲率为 −1 的常负曲率曲面 —— 伪球面上的几何就是双曲几何, 即罗巴切夫斯基的非欧几何, 他还做出了几个不同的伪球面映为平面的映射 (本书就说是几种不同的地图), 得到了罗巴切夫斯基的非欧几何的几种不同的 "模型". 那么, 非欧几何也是几何, 按照克莱因的观点应该有相应的运动群. 而庞加莱发现这些运动全是默比乌斯变换 $z \mapsto \frac{az+b}{cz+d}$. 于是非欧几何与复分析的深刻内在联系浮出了水面. 在讲复分析的同时也讲非欧几何就是题中之义了. 在 20 世纪 50 年代曾出版过一本从苏联引进的教材: 普里瓦洛夫的《复变函数引论》, 认真来说, 它只是用小字号文字介绍了默比乌斯变换, 并且兼及罗巴切夫斯基度量. 后来大概再也没有哪本教材涉足于此. 于是学生们对非欧几何的了解, 最多也就是当作一桩公案, 或者只知道一点公理系统的相容性独立性. 对于它在现时数学发展中的地位作用就不明白了. 总之, 我们失去了一个让学生接触一项数学精华的机会. 本书可以说是 "借题发挥", 简单而负责地介绍了有关知识, 使得大学生在低年级就能不太困难地接触内蕴几何的许多基本思想, 直到高斯的**绝妙定理** (Theorema Egregium), 而且告诉学生们, 如果想在这条微分几何的路上走下去, 你可以读些什么. 作者认为这是复分析的意义最为重大的一部分, 这当然是由于他是彭罗斯的学生, 走的是彭罗斯的路子. 在此愿请读者去找一下华罗庚先生的《从单位圆谈起》一书. 华先生也是沿着自己的学术道路 (例如多复变函数论和矩阵几何等) 介绍了许多关于非欧几何的知识, 读后必可大获教益.

**B. 拓扑学与复分析**

拓扑学与复分析有着深刻的内在联系, 这已是众所周知的事情. 可以沿着多种不同的途径来揭示二者的联系. 例如, 把积分回路看成某个同调类的元, 被积式 (一个微分形式) 看成上同调类的元, 积分是二者的对偶. 由此再进一步就到达了 de Rham 理论. 许多书都是这样做的, 只是走多远各有不同. 例如 Ahlfors 的名著《复

---

[①] 但是最新的科学发展证明, 四元数绝非是一种仅有历史兴趣的 "遗产". 正文中就提到四元数理论与计算机图形学的关系, 这是很有趣的. 读者如果有兴趣, 不妨读一下 Joan Lasenby, Anthony N. Lasenby and Chris J. L. Doran 的文章 "A Unified Mathematical Language for Physics and Engineering in the 21st Century". 可见, 切勿以为我们所不习惯的事情就是 "离经叛道" "匪夷所思", 那只会妨碍科学的创新. —— 译者注

分析》就给出了十分清晰简明的初步介绍. 本书则由分析学的另一个基本问题开始, 即方程 $g(x) = 0$ 的解的存在问题. 先看特别简单的一维问题. 这时假定 $g(x)$ 在 $[0, 1]$ 上连续. 如果记 $g(x) = f(x) - x$, 问题就归结为求映射 $f(x)$ ($f(x)$ 也在 $[0, 1]$ 上连续) 的不动点, 即求一个 $x$ 使得 $f(x) = x$. 一个非常本质的假设是: 设 $f$ 作为一个映射, 将 $[0, 1]$ 映射到其自身. 如果 $x = 0$ 或 $x = 1$ 已经是不动点, 自然无话可说了. 如若不然, 则 $0 < f(0) < 1$, $f(x) - x|_{x=0} > 0$; 同理 $f(x) - x|_{x=1} < 0$. 由**连续函数的介值定理**知道, 一定存在至少一个 $x_0 \in [0, 1]$ 使得 $f(x_0) = x_0$, 即为所求的不动点. 这个定理是极其重要的. 如果 $g(x) = 0$ 是一个代数方程, 在次数不高于 4 时, 可以用根式和其他代数式把解写出来. 5 次以至于更高次代数方程的解用根式来表示的问题, 则引申到群论的发现. 这是另外一个故事了. 如果就根的存在问题而言, 第一个正确的证明应该归功于高斯 (1799). 高斯前后给出过好几个证明, 最后才明确了必须在复平面上才能解决问题. 复平面的提出者之一 Argand 也就这个问题提出 i 就是旋转 $\pi/2$. 看起来高斯本人对这个定理十分看重, 所以才称之为**代数基本定理**. 高斯的证明本质上是一个拓扑证明, 而且就是依赖于上述的连续函数的介值定理. 但是高斯并未认识到这是一个有待证明的重要定理, 是波尔察诺指出了高斯的毛病. 其实波尔察诺是想用我们现在使用的实数完备性的结果来证明, 但他也不知道实数完备性理论一直到 19 世纪末才完全地确立. 那么, 看起来需要的是在二维平面 (即复平面) 上建立上述的不动点定理. 回到本书, 作者不是简单地说代数基本定理是复分析的某个具体结果的推论, (是偶然的推论吗?) 而是进一步看出复分析这么一大块都具有拓扑学的本质. 由辐角原理和鲁歇定理到代数基本定理, 只不过是 "这一大块" 出其余绪而已. 这样我们又一次得到了新的洞察, 引导我们走向广阔的新天地. 复变量的解析函数, 作为从一个二维空间 ($z$ 平面) 到另一个二维空间 ($w$ 平面) 的映射, 只不过是很大一类映射的特例. 因此在本书的这一部分里, 作者总是把解析映射和更一般的非解析映射对照起来, 力图把解析映射的拓扑特性说明白. 例如上面讲的不动点定理, 在二维情况下就是: 如果由 $z$ 平面到 $w$ 平面的**连续映射** (不一定解析) $z \mapsto w = f(z)$ 把单位圆盘 $|z| \leqslant 1$ 映射到另一个单位圆盘 $|w| \leqslant 1$, 则它必有至少一个不动点. 这就是著名的布劳威尔不动点定理的二维情况. 一维情况的证明是很容易的 (如果你认为连续函数的介值定理也算很容易的定理的话), 二维情况的证明也不算难. 但是更高维数的情况又如何? 对于 $n$ 维空间的单位球体, 它仍然是对的. 但是其证明就需要全新的概念和方法. 这就是环绕数和映射度等. 作者由此进到霍普夫定理、奇点的指数、欧拉示性数、庞加莱–霍普夫定理等, 直到发现连中学生都知道的欧拉公式 $V - E + F = 2$ 其实是一只 "微笑着的大恐龙"! 这块新天地有自己的尊神, 例如庞加莱. 我想借此机会请读者们, 特别是大学生, 看一篇文章: 辛布洛特的《不动点定理》, 见《现代世界中的数学》(齐民友等译, 上海教育出版社, 2004 年, 第 242~251 页), 可能有助于体

会这个新世界是多么美丽而有趣.

### C. 黎曼的思想

1851 年, 黎曼发表了以高斯为评阅人的著名博士论文, 题为《单复变函数的一般理论基础》("Grundlagen für eine Allgemeine Theorie der Funktionen einer veränderlichen complexen Grösse"). 高斯通常很少称赞他同时代的人, 但是对于黎曼他却热情地称赞说: "黎曼先生提交的这篇论文令人信服地证实了他在这篇论文处理的主题上深刻而彻底的研究, 表现了一种创造的、富有活力的、真正的数学才智, 一种光辉的富有成果的独创性." 黎曼的基本思想可以说是把函数概念从某种固定的代数形式 (例如幂级数) 下解放出来, 而放在几何与物理学的基础上. 为此, 他使用了 (宁可说是创造了) 许多今天看来极其重要的概念和方法. 他对解析函数的研究基本上是从柯西–黎曼方程出发, 即设 $f(z) = u + iv$, 其中 $u$ 和 $v$ 是一对共轭调和函数. $f(z)$ 是一个共形映射, 为了确定它, 需要在某个 (或某些) 边值条件下求 $u$ 和 (或) $v$. 例如在条件 $u|_{\text{boundary}} = \phi$ (已知函数) 下求 $u$. 黎曼指出, 为此只需求一个适合上述条件的函数 $u$, 使得所谓能量泛函 (这个名词来自 $u$ 在物理上表示如静电场的能量) $I(u) = \iint \left[u_x^2 + u_y^2\right] \mathrm{d}x\mathrm{d}y$ 达到最小值. 黎曼把这个方法称为狄利克雷原理. 这并非由于狄利克雷发现了这个方法, 事实上, William Thomson (即凯尔文勋爵, Lord Kelvin, 这是他的贵族封号, 而不是人名, 但是人们时常弄混了)、Kirchhoff, Stokes 和高斯本人都使用了它. 黎曼是因为这是狄利克雷教他的, 所以这样称呼. 黎曼用这个方法证明了共形映射的基本定理. 尤其值得注意的是, 黎曼是把复变量的解析函数作为静电场来处理的, 而由把静电场看成一种理想流体的流场. 所以, 在物理上成立的, 黎曼就认为在数学上也成立. 他至少是把这样的方法看成探索数学真理的手段. 这是十分值得注意的, 而本书, 特别是在最后三章里充分发挥了这一点.

黎曼在这篇博士论文中提出了现在以他的名字命名的几何对象 —— 黎曼曲面. 现在的教本里通常要么根本不提黎曼曲面, 要么就把它说成是一个奇怪的崂山道士可以钻过来钻过去的虚构的 "曲面"—— 一切都是为了 "方便" 的权宜之计. 这就离黎曼的思想相距太远了. 黎曼曲面是具有深刻几何 (准确些说, 是拓扑) 内涵的数学对象, 而一个解析函数的本性, 可以说是由它的黎曼曲面决定的. 后来, 由于克莱因和庞加莱等人的功绩, 直到外尔 (Hermann Weyl) 1913 年发表《黎曼曲面概念》(Die Idee der Riemannsche Fläche) 这部名著, 才明确了黎曼曲面是一个微分流形. 由于微分流形的概念, 再加上黎曼提出的许多新的拓扑概念或思想, 因此说黎曼是拓扑学的奠基人之一绝不过分. 黎曼的这些贡献对 20 世纪 (以及 21 世纪) 的数学发展影响如何深远, 绝非这里能够讨论的. 我们只能就本书的写法, 介绍一点情况, 以供本书的读者参考而已.

如上所述, 不妨认为黎曼的函数论是进程 B 的代表, 那么, 另一位大师魏尔斯特拉斯的函数论则可以说是进程 A 的代表. 尽管黎曼和魏尔斯特拉斯互相很熟悉, 他们的研究工作互相借鉴也很多, 可是在函数论的发展方向上, 二人却是针锋相对: 魏尔斯特拉斯认为研究解析函数必须依托其具体的表示 —— 幂级数. 从一个幂级数开始, 做一切可能的解析延拓所得的总体, 魏尔斯特拉斯称之为一个 analytic configuration. 他认为如黎曼曲面那样的东西是 "超验的", 即人类经验无法接受与理解的, 也是靠不住的. 魏尔斯特拉斯指出, 黎曼的狄利克雷原理是错误的. 因为对于所有 "可容许" 的函数 $u$, 上面的能量泛函 $I(u) \geqslant 0$, 所以集合 $\{I(u)\}$ 下有界, 从而有下确界. 但是, 下确界不一定是最小值. 魏尔斯特拉斯还举出了一个反例说明, 一个有下确界的泛函可以根本达不到下确界, 因此没有最小值. 这个批评确实是击中了要害. 据说当时的数学家们反而有一种如释重负的感觉, 因为黎曼的基本思想虽有极大的说服力 (也许可以说是 "诱惑力"), 可是黎曼的文章太难懂, 甚至找不到一个具体例子. 有人说这就是 "雄鹰不去抓苍蝇"! 有了魏尔斯特拉斯, 似乎就用不着再去跟黎曼较劲了. 但是数学家是不会放弃这样精彩的几何与物理直觉的. 经过好几十年的努力, 直到 1901~1902 年才由希尔伯特 "挽救" 了狄利克雷原理, 由此发展起来的理论对于当代的数学和物理等是极为重要的. 不过要掌握它, 必须要有进程 A 的良好训练. 经过希尔伯特 "挽救" 的狄利克雷原理也部分地失去了原来数学与物理学融合的风韵. 这个 "故事" 是否能够说明, 进程 A 和进程 B 甚至可以是相反相成的呢?

回到本书. 作者感到遗憾地说, 由于篇幅的限制, 他不可能完全地介绍黎曼曲面的理论, 虽然他也很想这样做. 这是很自然的, 因为这个理论确实超出了作为大学生基础课所能够容许的程度. 但是本书最后三章的风格, 恐怕在其他数学教材 (不止是复分析教材) 是未曾见到过的. 作者把复解析函数的概念与理想流体的流场、静电场以及温度场完全地融为一体. 可能读者会问, 怎么能够要求一个数学的学生或老师知道那么多物理学呢? 作者说, 尽管你对于电场可能很生疏, 但是绝大多数人对于热和温度还是熟悉的. 其实就静电场的理论而言, 本书并未超出高中物理学多少. 问题的症结可能是, 学数学的时候总以为物理学是另一个天地, 是我们管不了的; 学物理的时候又很少想到, 这也是数学的用武之地. 总之, 没有按照克莱因的进程 B 所要求的那样, 在数学和物理学的融合上花力气. 请看本书, 讲的是一个解析函数, 也就如同在讲一个流场: 它可能是源或者汇生成的, 也可能是一个偶极子或多极子生成的; 洛朗级数讲的无非就是把这些东西叠加起来, 正幂部分表示在无穷远处有源或者汇或者其他什么, 负幂部分表示有限远处有这些东西; 在某一个流场内放进例如一个单位圆盘, 或者另一个障碍物 $R$, 流场的变化就是由 $R$ 的外域到单位圆盘的外域的共形映射. 这样的变化当然是存在的, 这就意味着这个共形映射也是存在的. 当然我们还需要一个数学证明, 但是应该理解, 这个证明是对一个物理事实的数学说明, 而这个物理事实也就是对一个数学结论的物理说明. 这已经十分引人入胜了, 而且还发现了许多原来以为并无联系的结果, 从双曲几何的视角来看原来是一回事. 全书就结束在双曲几何的和弦的交响中.

如果要用几句话来说明这一大段文字的意思, 那就是: 学了一门基础课, 就应该是打开了通向数学发展的主流的一扇门. 可不可以说, 这正是本书最值得注意的特点呢?